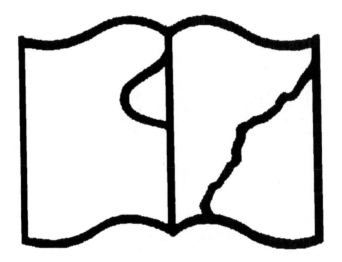

Texte détérioré - reliure défectueuse

**NF Z 43**-120-11

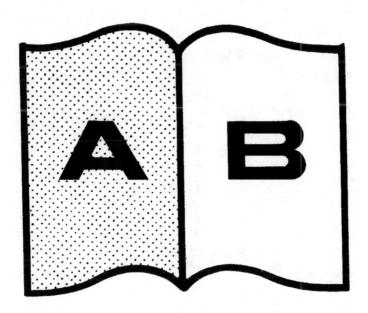

Contraste insuffisant

**NF Z 43**-120-14

Livre très rare à trouver

De ce Livre n'a été publié que la 1ʳᵉ partie. M. Daniel Elrick
Capit. d'Artillerie de la Ville de Francfort en a Donné un
Supplement imprimé en 1676. à Francfort.

Haug

V. 454.
A.

## Cubic Taffel.

Wie sie Vor- und aufeinander folgen, da der erste Satt 1000.
theil ein gerundtig Zahlen — um die Maaßstäb aufzustellen. —

| #. | Zahl | #. | Zahl | #. | Zahl | #. | Zahl |
|---|---|---|---|---|---|---|---|
| 1 | 1000 | 29 | 3072 | 57 | 3848 | 85 | 4396 |
| 2 | 1259 | 30 | 3107 | 58 | 3870 | 86 | 4410 |
| 3 | 1442 | 31 | 3141 | 59 | 3892 | 87 | 4430 |
| 4 | 1587 | 32 | 3174 | 60 | 3914 | 88 | 4447 |
| 5 | 1709 | 33 | 3207 | 61 | 3936 | 89 | 4467 |
| 6 | 1817 | 34 | 3239 | 62 | 3957 | 90 | 4481 |
| 7 | 1912 | 35 | 3271 | 63 | 3978 | 91 | 4497 |
| 8 | 2000 | 36 | 3302 | 64 | 4000 | 92 | 4517 |
| 9 | 2080 | 37 | 3332 | 65 | 4020 | 93 | 4530 |
| 10 | 2154 | 38 | 3362 | 66 | 4042 | 94 | 4546 |
| 11 | 2222 | 39 | 3391 | 67 | 4061 | 95 | 4562 |
| 12 | 2289 | 40 | 3419 | 68 | 4082 | 96 | 4578 |
| 13 | 2354 | 41 | 3448 | 69 | 4102 | 97 | 4594 |
| 14 | 2416 | 42 | 3467 | 70 | 4128 | 98 | 4610 |
| 15 | 2466 | 43 | 3508 | 71 | 4141 | 99 | 4626 |
| 16 | 2519 | 44 | 3538 | 72 | 4161 | 100 | 4642 |
| 17 | 2571 | 45 | 3558 | 73 | 4170 | 101 | 4657 |
| 18 | 2620 | 46 | 3587 | 74 | 4181 | 102 | 4672 |
| 19 | 2668 | 47 | 3608 | 75 | 4217 | 103 | 4687 |
| 20 | 2714 | 48 | 3658 | 76 | 4235 | 104 | 4702 |
| 21 | 2758 | 49 | 3659 | 77 | 4299 | 105 | 4717 |
| 22 | 2802 | 50 | 3680 | 78 | 4272 | 106 | 4732 |
| 23 | 2848 | 51 | 3708 | 79 | 4290 | 107 | 4747 |
| 24 | 2884 | 52 | 3732 | 80 | 4308 | 108 | 4762 |
| 25 | 2924 | 53 | 3756 | 81 | 4326 | 109 | 4778 |
| 26 | 2962 | 54 | 3729 | 82 | 4348 | 110 | 4791 |
| 27 | 3000 | 55 | 3802 | 83 | 4362 | 111 | 480 |
| 28 | 3038 | 56 | 3825 | 84 | 4378 | 112 | 482 |

Vergleichung des Nürnbergischen Gewichts auff
Frembdes orth.

| | |
|---|---|
| Antorff. — — — — | 108. |
| Augspurg — — — — | 104. |
| Ancona — — — — | 148. |
| Bern — — — — | 150. |
| Bellonia — — 139 in 140. | |
| Bozer groß gewicht — | 100 |
| Bresslau — — — | 128. |
| Chatfalonia — — — | 160. |
| Cölln — — — — | 102. |
| Costnitz — — — | 108. |
| Cracau — — 126 in 127. | |
| Cur — — — — | 98. |
| Dantzig — — — | 122. |
| Florentz — — — | 142 |
| Ferrar — — — | 144 |

100 ℔ zu Nürnberg thun zu

| | |
|---|---|
| Franckfurt — — — | 108. |
| Ulm — — — | 108. |
| Genua — — 152 in 153. | |
| Wien — — — | 90. |
| Genff — — 110 in 111. | |
| Krembs — — — | 90. |
| Leipzig — — — | 110. |
| Lion — — — | 120. |
| London — — — | 112. |
| Lübeck — — — | 108. |
| Lüblin — — — | 128. |
| Luca — — — | 142. |
| Mayland — 155 in 156. | |
| Ravena — — — | 161. |
| Prag — — — | 92. |
| Saltzburg — — — | 90. |
| Straspurg — — — | 104. |
| Venedig — — — | 106. |

Zum Exempel darff ich.

Ich hätte im Welschlande
mit dem Nürnbergischen
maßstab gewisß, und des
selb. Lufft 35 ℔. Lb. schifft
frag ich wie viel schifft gedacht.
Lufft pfund Lbs. zu Florentz
facit &c. —

$49 \frac{7}{10}$ ℔:
L. m.
100.

L. zu Florentz Lb.
35.

142.
35.
——
710.
426.
——
4970.
10.

# GRAND ART
# D'ARTILLERIE

*Par le Sieur*

## CASIMIR SIEMIENOWICZ,
### CHEVALIER LITVANIEN.

### Lieutenant General de l'Artillerie dans le
#### Royaume de Pologne

MISE

*De Latin en François, par*

# PIERRE NOISET
#### Macerien,

# GRAND ART
# D'ARTILLERIE
*Par le Sieur*
## CASIMIR SIEMIENOWICZ
*Chevalier Litvanien ;*
*Iadis Lieutenant General de l'Artillerie*
*dans le Royaume de Pologue*
*Mise en François par*
### PIERRE NOIZET
Macerien.

*Apud* IOANNEM IANSSONIVM. *M DC LI.*

# GUILLAUME FRIDERIC

Conte de Naſſau, Catzenellenbogen, Vian-
den, Dietz, & Spiegelbergh: Seigneur de Bylſteyn: Baron de
Liesfeld: Gouverneur de Frize : General de l'ARTILLERIE
des Provinces unies des Pays-Bas &c.

*MONSEIGNEUR,*

E Grand & Divin Platon a raviſſamment bien raiſonné ce me ſemble, quand il a dit que ces republiques
feroient arrivées au plus eminent degré de leur bonheur, deſquelles les Gouverneurs feroient Philoſophes,
& les Philoſophes Gouverneurs.   Et certes combien
eſt puiſſante & energique la verité de cete ſentence, il ny à que ceux-
là qui ont en main les rénes du gouvernement d'une Republique qui
en peuvent ſainement juger ; c'eſt de là que ie ſupplie qu'il me ſoit
permis de former cét axiome militaire & indubitable neantmoins
puiſque la profeſſion que ie fais de ſoldat ſemble me donner cete liberté, qui eſt que les evenemens de ces guerres ſont touſiours com-
bléz de bonheur lors que les chefs & principaux conducteurs ſont
Philoſophes, & Guerriers tout enſemble.   Il n'eſt pas beſoin que ie
m'eſtende icy beaucoup ſur l'explication de cete Philoſophie militaire, il ny a perſonne dans l'âge où nous ſommes, qui ne ſcache aſſez dans quelle reputation elle eſt, & comme elle s'appelle : c'eſt de
cete rare ſcience que ces braves Genies de guerre tiennent ce titre
d'Ingenieurs, leur induſtrie toute particuliere, & la force de leurs
beaux eſprits leur ont acquis cét éloge. Or la principale & plus noble
partie de cete ſcience militaire eſt cét excellent art duquel nous faiſons profeſſion,& celle dont nous traiterons particuliérement dans
cét œuvre; puis qu'il s'y treuve tant de ſignaléz autheurs qui ont pris
le ſoin de cultiver les autres, & de les porter s'il eſtoit poſſible dans le
plus haut degré de leur perfection. C'eſt doncques de cete Philoſophie
de laquelle ie ſouhaiterois, que tous ces braves Capitaines, Chefs,
& Generaux d'armées fuſſent parfaitement imbus, ſi la choſe pouvoit
arriver ſelon mon ſouhait.   Il n'eſt pas neceſſaire que j'aille rechercher parmy les monuments de l'Antiquité une infinité preſque de teſmoignages & d'arguments invincibles de tous les Anciens pour
confirmer cete verité, puiſque nous avons encore devant les yeux &

de fresche memoire les images de ces trois Illustres Heros, qui depuis un si grand nombre d'années se sont non seulement opposez aux puissants efforts d'un des plus Grands Monarques de toute la terre : mais aussi mesprisez ses forces qui paroissoient à tout autre invincibles, quoy que mesme il les eut fait venir de l'un & l'autre hemisphere. Ie diray encore bien d'avantage que ces esclatantes lumiéres de là tres illustre maison de Nassau, l'une des plus nobles, des plus renommées, & des plus anciennes de l'Europe, le pere espaullé de ses deux filz, & fortifié de leurs puissans bras, pour luy ayder comme à un autre Atlas, ont porté avec tant de force, & de courage le ciel de ces Provinces unies, & l'ont élevé jusques à un tel comble de gloire, qu'ils en ont laissé tout le monde non moins remply d'estonnement que d'emulation & d'envie. En sorte que si tout l'enfer eût mesme ramassé toutes ses forces en une, & que toutes les mains des mal-veillants se fussent unies ensemble, pour faire un effort general, & s'opposer à cete entreprise ils eussent rencontré assez de force, decourage, & d'industrie pour les épescher tous de nuire à leurs desseins. C'est donc à ces nvincibles Heros, à qui la posterité reconnessante doit pour leurs incomparables merites, presenter la palme, & le trophée d'une gloire immortelle; c'est à ceux-là dis-ie à qui nous devons avec justice & raison attribuer le titre & la qualité de Grands Capitaines. Sçavoir maintenant de quels moyens il se sont servis pour s'acquerir des si rares qualitéz, si nous voulons fueilleter les plus celebres autheurs touchant les choses notables qui se sont faites un peu auparavant nostre âge, (car pour le regard des plus recentes elles ne sont point encore écoulées de nostre memoire) il nous sera fort facile de reconnestre, que tant de stratagemes, tant d'ingenieuses inventions, tant de preuves signalées d'une merueilleuse industrie, & d'une incomparable vertu, que ils ont tesmoigné dans les deffences, & attaques des villes, & des places les plus fortes & les mieux munies, soit en batailles rengées, & dans les combats navales, n'ont jamais eu d'autres maistresse que cete parfaite connessance qu'ils s'estoient acquise dans nostre Philosophie Militaire, laquelle ils ont toûjours cultivée avec un soin si particulier, qu'on peut dire qu'ils ont esté les premiers, qui apres l'avoir tirée de la poussiére des choses abandonnées, & du mespris de ceux qui croyoient que l'Art Militaire ne gisoit qu'en la seule vertu, & forces du corps, ou à la bonne fortune des conquerants, l'ont par un certain rappel retablie en sa premiére splendeur, & élevée dans le plus haut degré d'honneur, & de gloire, que iamais elle eût pû esperer; les premiers dis-ie qui ont enseigné à la posterité l'estime qu'en devoient faire tous ceux qui deffendent leurs propres interrets par les armes, ou qui envahissent les biens de leurs voisins pour étendre les limites

de

de leur empire; tant par leurs authentiques écrits, & un exercice continuel du manimēt des armes, que par une infinité de martiales actions qu'ils ont auſſi dignement qu'heureuſement executées ; n'eſtans pas ignorans de l'importance qu'il y a d'apprendre, & de pratiquer un art, ſans lequel tous les autres ne ſçauroient ſubſiſter. Or comme ce Grand Prince auquel ſeul appartenoit par une puiſſance abſoluë, & ſouveraine, de conférer les charges, & diſtribuer les emplois, ſelon ſon bon plaiſir, eſtoit parfaitement bien informé, que VOSTRE EXCELLENCE avoit dés ſon bas âge eu de l'inclination pour les armes, & qu'en effet Vous Vous eſtiez attaché avec tant d'ardeur à l'étude de cete noble, & excellente diſcipline militaire, ſous des maîtres experts, (en quoy Dieu mercy foiſonnent ces Pays Bas.) qu'en fin Vous eſtiez monté au plus éminent degré de ſa perfection, il Vous honora de la charge de General d'Artillerie, au grand advantage des Provinces confederéez. Et ſans doute cete heureuſe Republique épreuvera un jour, ſi jamais Mars y fait entendre le ſon de ſes trompetes, & rappelle aux combats cete nation belliqueuſe, combien il importe pour le maniement & la conduite des affaires de la guerre, d'avoir des ſemblables chefs, & des conducteurs allaitéz de Bellone, exercéz de Mars, nourris & élevez de noſtre Philoſophie Militaire. Les anciens Romains n'admettoient point de chefs, pour conduire ou gouverner leurs machines, qu'ils n'euſſent ces belles qualitez, voila pourquoy (ſuivant le teſmoignage de Vegeſe) ils choiſiſſoient pour telle charge celuy, lequel apres une longue experience, ils reconnoiſſoient eſtre le plus expert & le mieux entendu, afin qu'il pût enſeigner aux autres ce que luy meſme avoit executé avec beaucoup de dignité. Ie ne doute pas MONSEIGNEVR que Vos hauts faits d'armes, & toutes Vos actions heroïques, ne treuveront aſſez décrivains, qui en publiront les loüanges par leurs eſcrits, & qui feront retentir le ſon de Vos éminentes vertus, par la vive voix de la renommée dans les ſiecles les plus eſloignéz à venir: pour moy ie n'oſe pas l'entreprendre ma plume ſe ſent trop foiblette pour porter ſon effort ſi haut, & mon eloquence me manqueroit infailliblement au beſoin; joint que ce n'eſt pas icy ny le lieu ny le temps. Ie me rejoüis neantmoins en moy meſme & congratule infinimēt à ma bonne fortune, qui m'a fait autrefois ſi heureux que de m'avoir rendu teſmoing & admirateur tout enſemble, de Vos heroïques & genereuſes actions, leſquelles ie ne les conſideray jamais mieux que lorſque VOSTRE EXCELLENCE contraignît par une ingenieuſe violence, & par un artifice admirable le fort de Murſpeye à ſe rendre, c'eſt là où ſuivant l'armée de Meſſeigneurs les Eſtats ſous Voſtre conduite, & ſous Vos commendements, ie ſuivois l'Artillerie en qualité de Gentil-homme du canon, c'eſt là où j'ay appris quanti-

t6

tité de choses remarquables que j'ay inseréez dans ce petit ouvrage
que ie donne aujourdhuy au Public.

Ces raisons MONSEIGNEVR ont esté les principaux motifs qui
m'ont obligé de consacrer à VOSTRE EXCELLENCE cete premiere partie de mes labeurs, laquelle nous avons fait parler François,
ne connessant personne au monde, qui puisse en juger plus sainement
ny plus dignement que VOSTRE EXCELLENCE: Vous di-je
MONSEIGNEVR qui excellez en cét art si éminemment, que difficilement y pourroit-on rencontrer Vostre égal, aussi ay-ie creu que ce
present ne pouvoit estre adressé à une personne plus digne, qu'a VO-
STRE GRANDEVR: Et veritablement j'aurois creu commettre
un crime d'ingratitude & d'incivilité tout ensemble, si ie ne Vous
avois éleu pour arbitre de mes affaires, & juge de ces petites pratiques
militaires que ie me suis acquises dans les guerres de ces provinces
unies, desquelles ie fais part de tout mon cœur au Public, Que VO S-
TRE EXCELLENCE daigne s'il luy plait donner un accuëil favorable à ce petit ouvrage; petit en effet au regard de la masse du livre; mais
assez grand neantmoins quant à la dignité de sa matiére. Vous y trouverez MONSEIGNEVR, si Vous commendez à quelque expert Ingenieur à feu d'en faire les espreuves, de quoy adoucir Vos soins
continuels, par un divertissement militaire, autant recreatif qu'admirable; Vous aurez continuellement devant Vos yeux les images de
Vos avantures martiales, pendant que la paix, qui regne maintenant
sur ces peuples unis, leur tiendra les yeux bandez, pour ne plus voir
les veritables spectacles de ces horribles combats, & les oreilles bou-
chées, pour ne plus oüir les mugissemêts épouvantables de ces effroyables machines de guerre. Vivez donc heureux MONSEIGNEVR,
& jouissez en paix des faveurs & des benedictions que le ciel fera
pleuvoir sur Vous; cependant je luy feray des vœux continuels pour
la conservation de VOSTRE EXCELLENCE, & l'obligeray par
mes frequentes prieres à m'octoyer autant de graces qu'il en faut
meriter la qualité de

## MONSEIGNEVR

### DE VOSTRE EXCELLENCE.

*Le tres humble & tres obeissant*
*Serviteur.*

CASIMIR SIEMIENOWICZ,
Chevalier Lituanien, Lieutenant
General de l'Artillerie dans le
Royaume de Pologne.

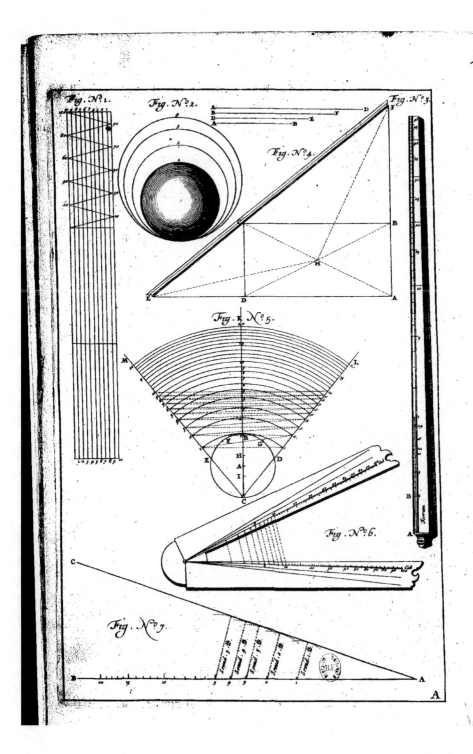

Fig. Nº 1.

Fig. Nº 2.

Fig. Nº 3.

Fig. Nº 4.

Fig. Nº 5.

Fig. Nº 6.

Fig. Nº 7.

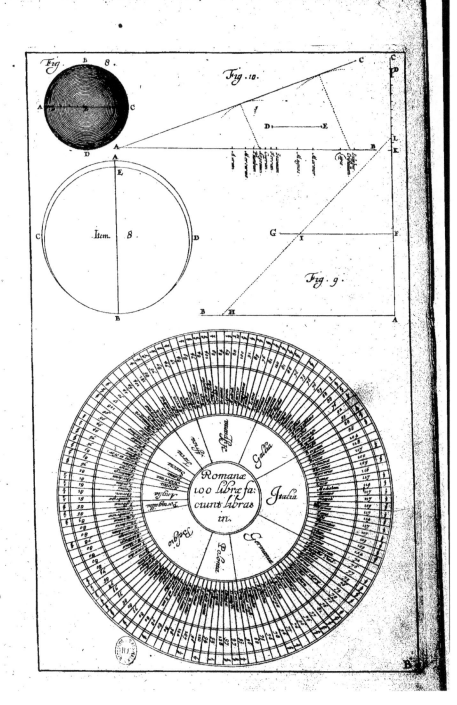

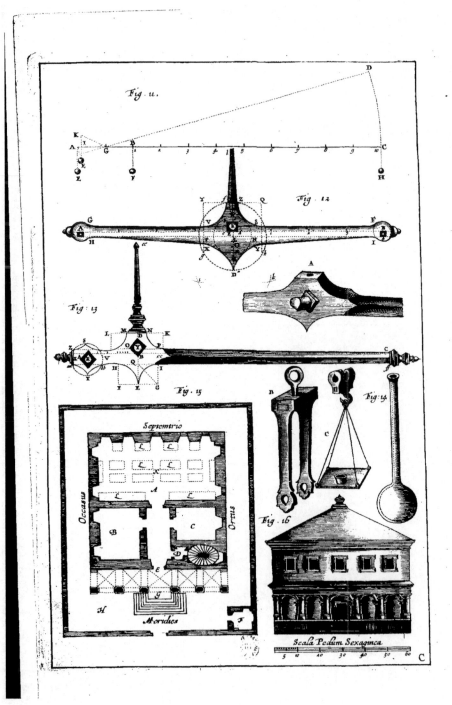

Fig. 11.

Fig. 12

Fig. 13

Fig. 15

Fig. 14

Fig. 16

Septemtrio

Occasus

Ortus

Meridies

Scala Pedum Sexaginca

C

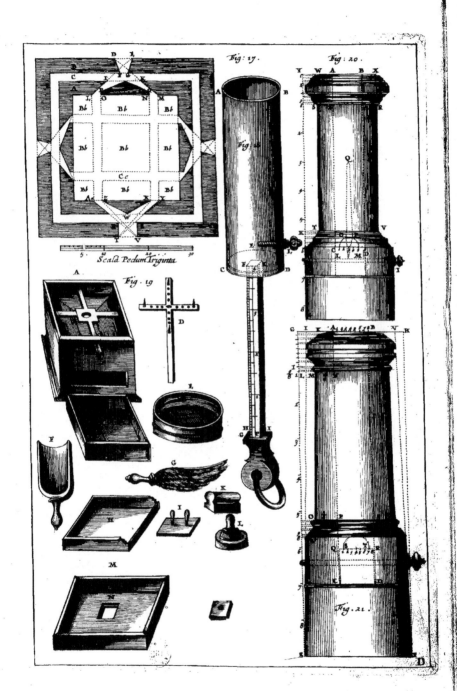

Fig: 17.    Fig: 20.

Fig: 19.

Scala Pedum Triginta.

Fig: 21.

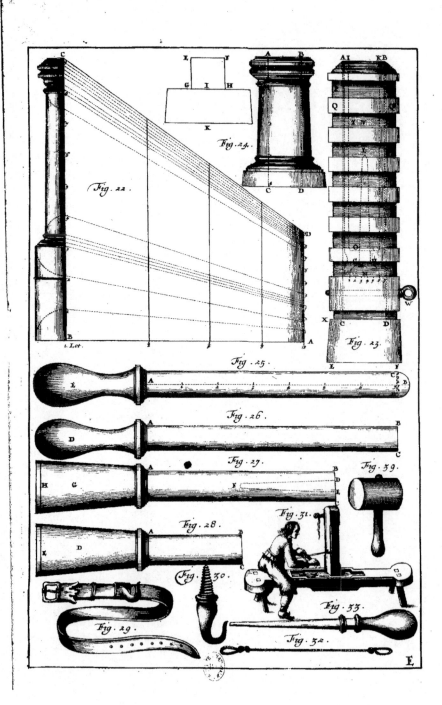

Fig. 22.

Fig. 24.

Fig. 23.

Fig. 25.

Fig. 26.

Fig. 27.

Fig. 39.

Fig. 28.

Fig. 31.

Fig. 30.

Fig. 33.

Fig. 29.

Fig. 32.

E

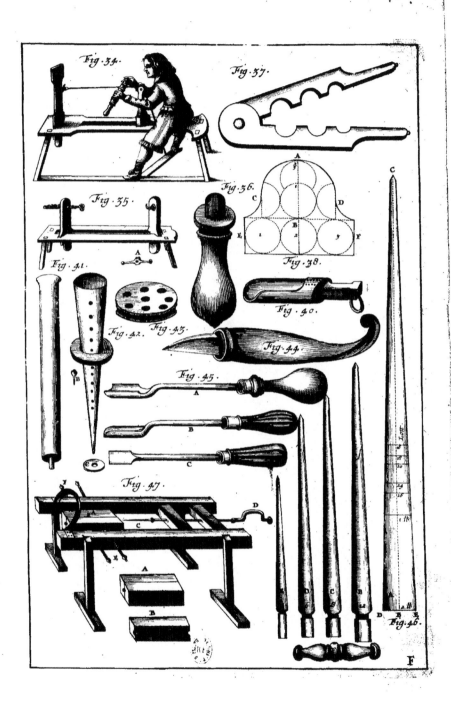

Fig. 34.

Fig. 37.

Fig. 35.

Fig. 36.

Fig. 38.

Fig. 41.

Fig. 40.

Fig. 42.

Fig. 43.

Fig. 44.

Fig. 45.

Fig. 47.

Fig. 46.

F

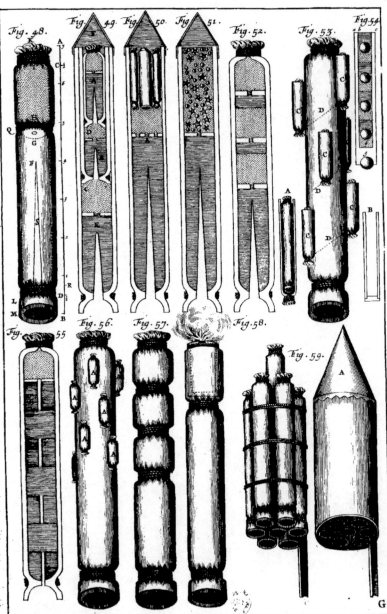

Fig. 48.  Fig. 49.  Fig. 50.  Fig. 51.  Fig. 52.  Fig. 53.  Fig. 54.

Fig. 55.  Fig. 56.  Fig. 57.  Fig. 58.  Fig. 59.

G

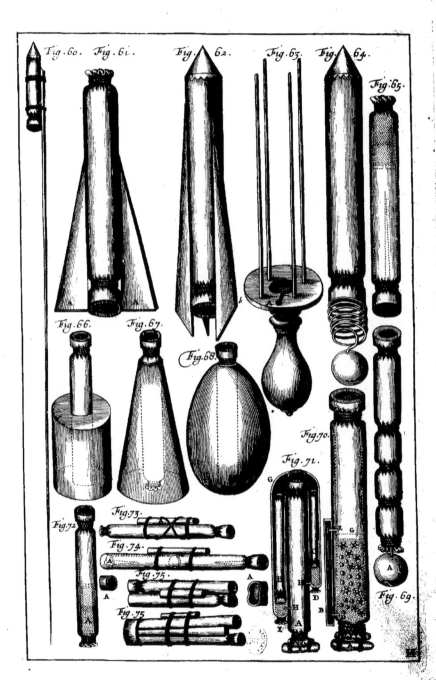

Fig. 60. Fig. 61. Fig. 62. Fig. 63. Fig. 64. Fig. 65. Fig. 66. Fig. 67. Fig. 68. Fig. 69. Fig. 70. Fig. 71. Fig. 72. Fig. 73. Fig. 74. Fig. 75. Fig. 76.

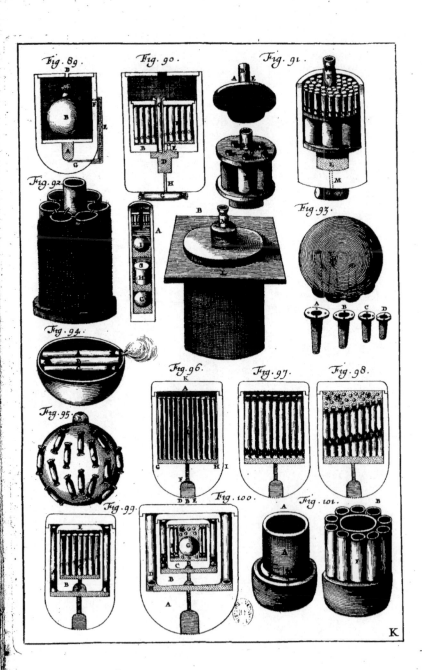

Fig. 89.    Fig. 90.    Fig. 91.

Fig. 92.    Fig. 93.

Fig. 94.    Fig. 96.    Fig. 97.    Fig. 98.

Fig. 95.    Fig. 99.    Fig. 100.    Fig. 101.

K

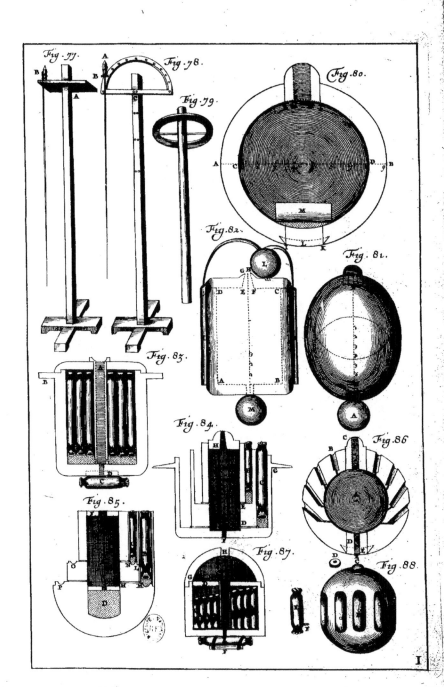

Fig. 77.  Fig. 78.  Fig. 79.  Fig. 80.  Fig. 81.  Fig. 82.  Fig. 83.  Fig. 84.  Fig. 85.  Fig. 86.  Fig. 87.  Fig. 88.

I

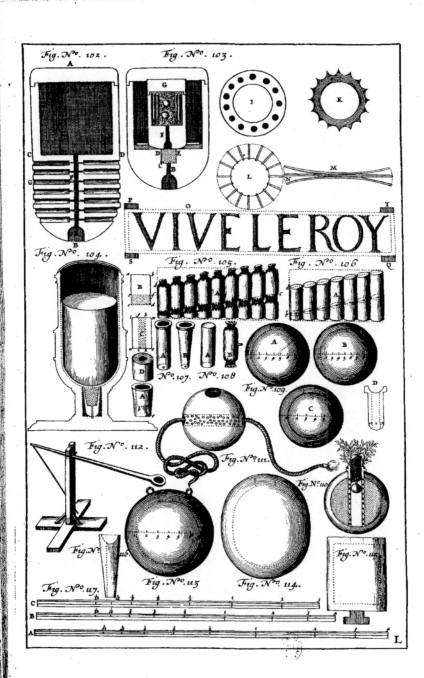

Fig. Nº. 102.    Fig. Nº. 103.

VIVE LE ROY

Fig. Nº. 104.    Fig. Nº. 105.    Fig. Nº. 106.

Nº. 107.    Nº. 108.    Fig. Nº. 109.

Fig. Nº. 112.    Fig. Nº. 111.    Fig. Nº. 110.

Fig. Nº. 115.

Fig. Nº. 116.    Fig. Nº. 113.    Fig. Nº. 114.

Fig. Nº. 117.

L

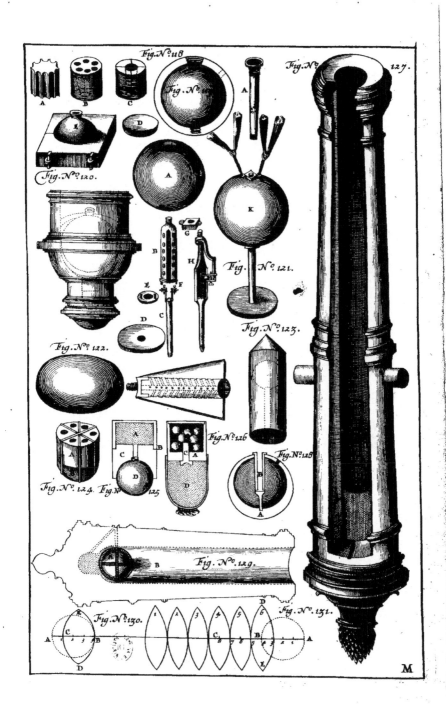

Fig. N° 118

Fig. N° 119

Fig. N° 120.

Fig. N° 127.

Fig. N° 121.

Fig. N° 123.

Fig. N° 122.

Fig. N° 126.

Fig. N° 128.

Fig. N° 124. Fig. N° 125.

Fig. N° 129.

Fig. N° 130. Fig. N° 131.

M

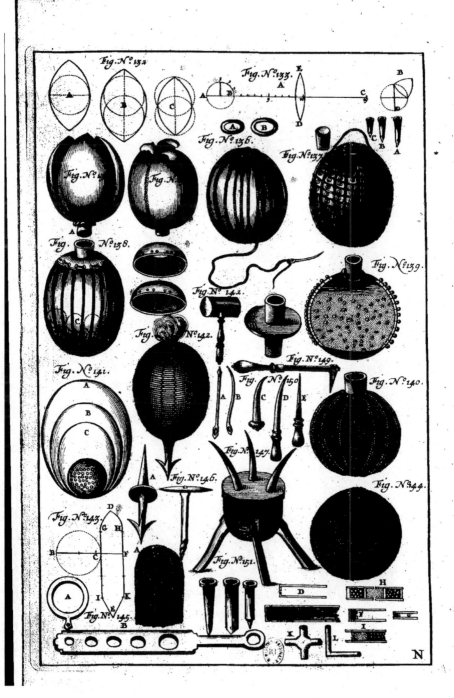

Fig. Nº 134.

Fig. Nº 135.

Fig. Nº 136.

Fig. Nº 137.

Fig. Nº

Fig. Nº

Fig. Nº 138.

Fig. Nº 139.

Fig. Nº 144.

Fig. Nº 142.

Fig. Nº 141.

Fig. Nº 149.

Fig. Nº 150.

Fig. Nº 140.

Fig. Nº 147.

Fig. Nº 146.

Fig. Nº 143.

Fig. Nº 344.

Fig. Nº 151.

Fig. Nº 145.

N

Fig. Nº 152.    Fig. Nº 153.    Fig. Nº 154.    Fig. Nº 155.

Fig. Nº 157.    Fig. Nº 159.

Fig. Nº 156.    Fig. Nº 158.

Fig. Nº 160.    Fig. Nº 161.

Fig. Nº 162.    Fig. Nº 166.

Fig. Nº 163.    Fig. Nº 167.

Fig. Nº 164.

Fig. Nº 165.    Fig. Nº 168.

Fig. Nº 171.    Fig. Nº 172.

Fig. Nº 173.    Fig. Nº 169.

Fig. Nº 176.    Fig. Nº 177.

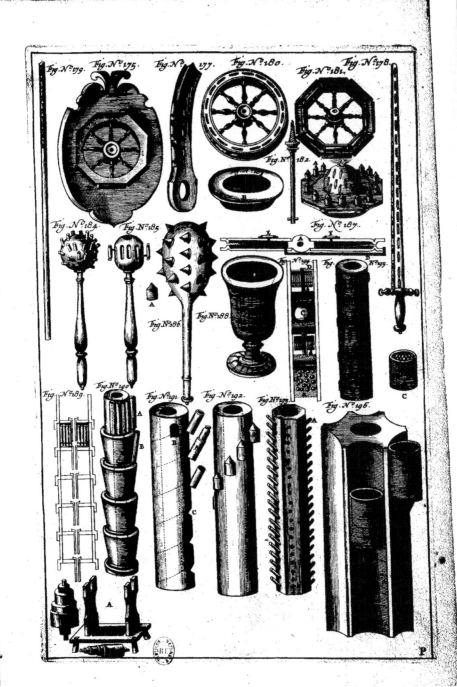

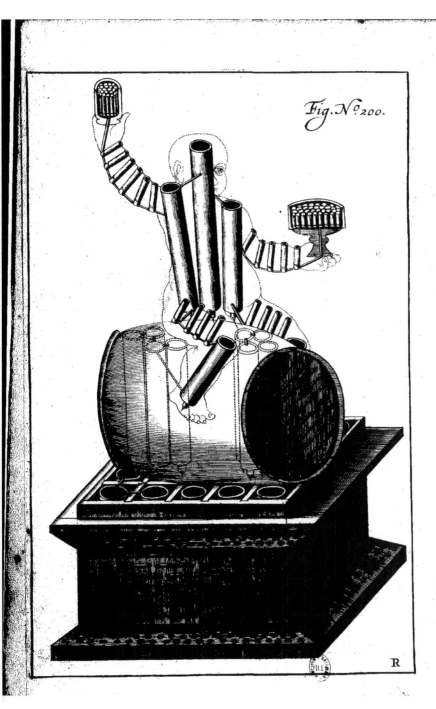

Fig. Nº 200.

R

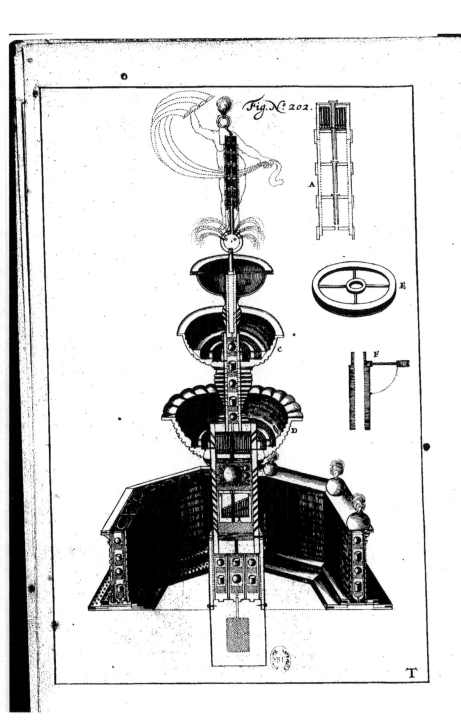

Fig. Nº 202.

A

E

F

C

D

T

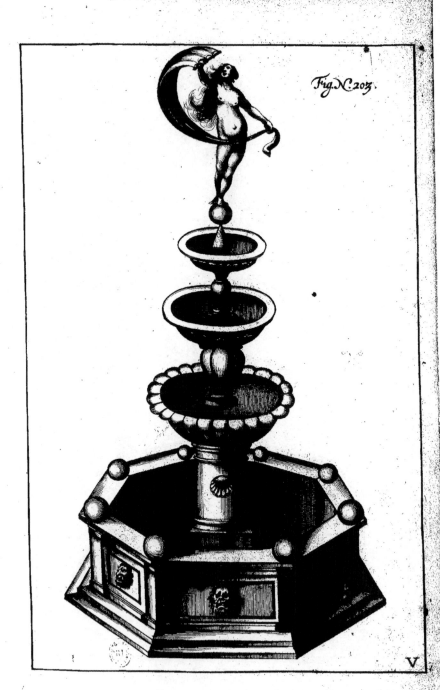

Fig. N: 203.

V

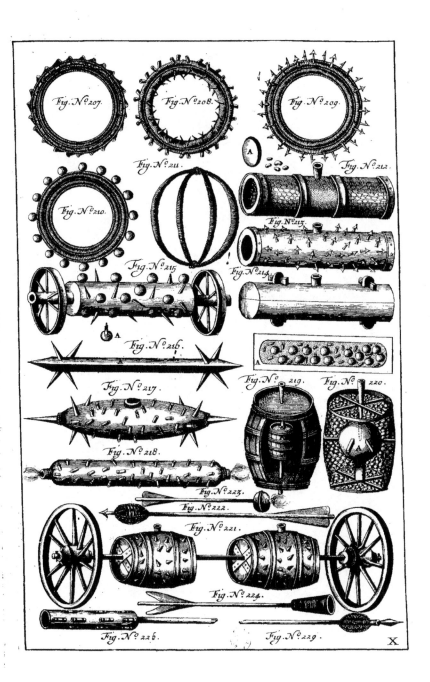

Fig. Nº 207.

Fig. Nº 208.

Fig. Nº 209.

Fig. Nº 211.

Fig. Nº 212.

Fig. Nº 210.

A

Fig. Nº 213.

Fig. Nº 215.

Fig. Nº 214.

Fig. Nº 216.

A

Fig. Nº 217.

Fig. Nº 219.

Fig. Nº 220.

Fig. Nº 218.

Fig. Nº 223.

Fig. Nº 222.

Fig. Nº 221.

Fig. Nº 224.

Fig. Nº 226.

Fig. Nº 229.

X

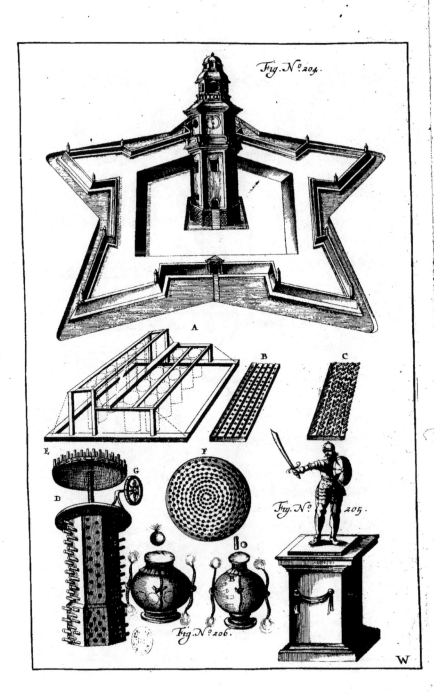

Fig. Nº 204.

A

B          C

E

D          G          F

Fig. Nº 205.

Fig. Nº 206.

W

# DU GRAND ART
# D'ARTILLERIE
## PREMIERE PARTIE
### LIVRE I.

### De la Reigle du Calibre

Le Premier & le Principal Inſtrument de tous les Pyroˢ
techniques que nous appellons REIGLE DU CA-
LIBRE, ſuivant le mot dont ſe ſervent univerſellement
tous les Pyrotechniciens , ou Ingenieurs à feu, tant
Eſpagnols,François,qu'Italiens, eſt appellé chez les Al-
lemands *Mas-ſtab*,ou *Viſier-ſtab*, chez les Flamends *Talſtock*,mais par les
Latins beaucoup plus proprement *Virga* ou bien *Regula Sphæreometrica*.
que nous appellerons avec eux en noſtre langue Françoiſe, *Verge* ou
*Reigle Sphæreometrique* ; Il ne faut pas vous imaginer autre choſe par ces
differentes appellations cy deſſus alleguées , qu'un certain Inſtrument, ou eſpece de Reigle, laquelle a un grand rapport avec le Priſme Parallelipipede, un coſté duquel eſt plus long que l'autre, ou
bien avec la Pyramide, quarrée, ſolide, & coupée, laquelle doit
eſtre faite d'un metal qui ne plie pas ayſement, ou d'un bois aſſez
dur,en l'une des ſuperficies delaquelle,eſt une ligne droite . (comme on fait ordinairement ) laquelle eſt diviſée en parties inéˢ
gales ( ſuivant la prattique de la Stereometrie, ou du Cube )
& bien proprement ajuſtée pour examiner le poids de tous les boulets
de fer par leurs propres diametres. Et pour cet effect cette Reigle
donne a connoiſtre tous les diametres des autres boulets qui ſont de
meſme metal, depuis le diametre d'un boulet d'une ℔, voire d'un
lot, juſques à l'infiny, qui veut dire autant que la longueur de la ligne
le peut permettre. Pareillement ſur la ſeconde & troiſieſme ſuperficie de cette meſme Reigle, vous voyez des lignes tirées, toutes divi-
ſées en diametres qui s'entreſuivent d'un ordre naturel pour les
boulets de plomb,& de pierre,de differentes peſanteurs,& bien ordo-
nées,pour examiner les poids des boulets faits de ces meſmes metaux.
La quatrieſme & derniere ſuperficie de ce meſme Inſtrument , nous
monſtre la meſure du pied Rhenan, ou comme quelques uns veulent dire de L'ancien pied Romain, qui ſe diviſe en douze onces , ou

A                    douˢ

douze poulces ; & ce sera de cette mesure, de laquelle nous pourrons
mesurer non seulement tous les corps Pyrotechniques, mais aussy
toutes sortes de superficies planes, & de lignes,

Maintenant que nous vous avons fait voir l'instrument de la
REIGLE du CALIBRE; la raison veut que nous vous enseig-
nons les divers moyens de le construire, & de plus que nous vous de-
clarions son usage particulier dans l'Artillerie ; le tout selon l'ordre
& la methode qui s'ensuit.

# Chapitre I.

### Comme il faut construire la Reigle du Calibre par la voye d'Arithmetique.

IL se trouve plusieurs, & divers moyens presque chez tous ceux
qui font profession de l'Arithmetique, & de la Geometrie tant
Theorique que Prattique, voire mesme chez la plus part des Mechaniques, pour construire la ligne Cubique ou Stereometrique
( d' ou nostre Reigle du Calibre a tiré son origine, & d' ou est
sorty ce mot de Calibrer & mesurer tant les globes, ou boulets,
comme les bouches des canons ) soit que l'on vueilles diviser quelque autre ligne en parties proportionelles, suivant la raison cubique ; Pour venir
à bout de cecy, il faut seulement sçavoir bien doubler, tripler, & multiplier
le premier cube, jusques a tel nombre qu'il vous semblera bon : mais comme cette operation ne se peut faire par un moyen plus exacte, ny par une
voye plus certaine que par un calcul d'Arithmetique, l'ay trouvé bon de
vous en donner d'abord un moyen tres facile, & de vous proposer une voye
qui me semble à la verité, la plus noble & la plus excellente de toutes celles
que i'ay tenté, bien que ( pour dire vray ) tous ceux qui prattiquent cette
science, aussy bien comme le reste des méchaniques ayent appris à l'eviter
à cause de l'extraction de la racine cubique qui est un peu fascheuse, & difficile, & se contentent seulement de diviser toute sorte de lignes proposées
en proportionalité Stereometrique, par le moyen de certaines tables qui
auparavant ont esté calculées par d'autres Arithmeticiens, dont ils se servent franchement dans toutes leurs operations, Mais veu qu'il n'importe pas peu à ceux qui desirent se rendre parfaits dans cet Art, d'avoir la connoissance de cette methode, nous proposerons cy dessoubz quelques reigles fort succinctes de la Racine Cubique, avec la façon de faire les tables Ste-
reometriques ; par le moyen desquelles nous pourons sans aucune difficulté
construire nostre Reigle du Calibre.

### Methode fort breve pour tirer la Racine Cubique, compri- se dans les Reigles suivantes.

LES Arithmeticiens appellent nombre cubique, celuy qui est fait & formé
d'un nombre multiplié par soy mesme, & derechef du mesme nombre
multiplié par le produit, Par exemple, si ce nombre, 10 est multiplié par
soy mesme c'est a dire par 10 il fera 100, lequel si vous multipliez derechef
par 10, produira 1000, qui est le nombre, que nous appellons Cube, & 10.

la

la Racine Cubîque ; ce qui d'abord eſtant bien conneu, il vous ſera bien facile de tirer la Racine Cubique de quelque nombre que ſe ſoit, particulierement ſi vous obſervez bien les preceptes ſuivants.

1. Il faut avoir devant les yeux une Table des neuf premiers Cubes, &
de leur Racines: ce que vous obtiendrez ayſement, ſi vous multipliez Cubiquement, les premiers ſimples nombres, depuis l'unité juſqu'au nombre de
de neuf, comme on peut voir en cette table ſuivante.

| Racines | Cubes |
|---------|-------|
| 1 | 1 |
| 2 | 8 |
| 3 | 27 |
| 4 | 64 |
| 5 | 125 |
| 6 | 216 |
| 7 | 343 |
| 8 | 512 |
| 9 | 729 |

2. Avant que commencer voſtre operation, faut diſtinguer le nombre
donné, par des petits points, commençant de la main droite vers la gauche,
en ſorte que la premiere figure de la main droite, ſoit marquée d'un point ;
puis apres la quatrieſme tirant vers la gauche, puis la ſeptieſme, apres la di-
xieſme, & ainſi conſequemment juſqu'à la derniere figure laiſſant touſiours
deux d'icelles interpoſées entre chaque point, comme on peut voir icy.
34258630921.

3. Portez les yeux ſur voſtre table ſuperieure, & prenez moy la racine
du nombre compris ſouz le premier point vers la main gauche, ſoit qu'il
n'ait qu'une figure, ſoit qu'il en ait deux, ou trois ; C'eſt adire cherchez le
nombre dans voſtre table des Cubes que vous avez devant les yeux, que ſi
d'avanture il ne s'y rencontre point, prenez le nombre inferieur qui en approche le plus, & en marquez la racine à l'eſcart, au dela d'un petit demy-
cercle, qui eſt fait à deſſein à coſté des nombres. Comme dans noſtre exemple, cherchez la Racine du nombre 34, laquelle ne ſe trouvant pas ex-
preſſement dans la Table des Cubes, prenez le nombre le plus proche au
deſſoubs, àſçavoir 27, & marquez la racine 3 en cette façon 34258630921.(3

4. Tirez le cube de cette Racine hors du nombre compris ſoubz ledit
premier point, àſçavoir 27 de 34, & poſez au deſſus le 7 qui eſt de reſte,
comme on fait dans une ſoubſtraction vulgaire.

$$\begin{array}{l} 7 \\ 34258630921\,(3 \\ 27 \end{array}$$

5. Triplez la racine trouvée, & en mettez le produit ſoubz la figure qui de-
vance immediatement celle qui eſt marquée du ſuſdit point, que ſi ce nombre triplé ſe rencontre de pluſieurs figures, faudra les poſer ſuivant l'ordre
d'Arithmetique vers la gauche.

6. Cherchez voſtre diviſeur en cette façon ; faites tripler voſtre quotient, &
en eſcrivez le produit en un en droit plus bas, & plus reculé d'une figure, vers
lagauche, que le nombre triplé, affin que ces deux nombres ſoient tout à fait
ſeparez & diſtincts, l'un deſquels vous appellerez, nombre Triplé, ou Triple,
& l'autre le Diviſeur. Si maintenant vous diviſez le nombre qui eſt eſcript au
deſſus, par ce diviſeur ; vous aurez la ſeconde figure de la racine au quotient.

A 2                                                           7. Tri-

7. Triplez en apres tout ce qui se trouve au quotient, & multipliez le produit de rechef par la figure du quotient, laquelle vous avez trouvé immediatement par la division, à ce produit adioutez le Cube du mesme nombre, en tel ordre toutefois que la derniere figure de ce nombre cube, ne soit pas mise vers la droite immediatement au dessouz, de la derniere figure d'en haut, mais qu'elle soit advancée de l'intervalle d'une figure vers la droite.

8. Vous soustrairez du nombre superieur, le produit, ou aggregat de tous ces nombres disposéz suivant cet ordre (si faire se peut) & poserez au dessus le reste (s'il y en a) sinon il faudra diminuer le quotient jusques à ce que le produit que vous aviez trouvé puisse estre soustrait du superieur sans aucunement alterer, changer, ou destruire, le Triple, ny le Diviseur, comme dans nostre exemple, Triplez la racine 3. elle sera 9. que vous escrirez soubz 5. multipliez en apres 9. par trois, ou 3. par 9. vous aurez 27. que poserez plus bas que le triple, le reculant toutes fois d'une distance vers la gauche, à sçavoir soubz 72. divisez maintenant 72 par 27 vous aurez 2 au quotient que vous poserez aupres de la premiere racine au dela de vostre demy-cercle, qui feront en semble 32, multipliez les par 9 vous aurez au produit 288 que multiplierez derechef par le nombre immediatement trouvé, asçavoir par 2, qui est la seconde figure de vostre quotient, vous aurez pour second produit 576; en fin adjoutez y le cube dudit nombre trouvé 2. asçavoir 8, il sortira un produit de tous ces nombres ainsi disposéz, tel que Celuy cy 5768 lequel estant tiré hors du nombre qui est au dessus asçavoir, de 7258 laisse pour reste 1490.

$$
\begin{array}{l}
\phantom{0}1 \\
7\cancel{2}90 \\
\cancel{3}4\cancel{2}\cancel{8}8630921 \quad (\ 321 \\
\end{array}
$$

| | |
|---|---|
| 9 | Nombre triple |
| 27 | Diviseur |
| 32 | Racine entiere |
| 288 | Produit |
| 2 | Nombre immediatement trouvé |
| 876 | Second produit |
| 8 | Cube |
| 8678 | Produit ou aggregat, |

Voyla le point principal de toute cette operation; si toute fois il y reste encore quelques figures, desquelles la Racine Cube ne soit pas extraite, l'operation ne differe en rien de la forme cy dessus enseignée. C'est à dire qu'il faut tripler tout le quotient, que le triple soit multiplié par la Racine immediatement trouvée, & que soit adjouté à ce produit le Cube de la mesme Racine trouvée, puis en fin que le produit, ou aggregat de tous ces nombres, soit tiré hors du superieur, & que le reste (s'il y en a) soit escrit au dessus, comme on peut voir dans l'exemple proposé; auquel comme il y reste, beaucoup de figures, & de nombres, il est besoin de tirer la racine cubique; ce pourquoy si vous continuez à faire le reste de l'operation suivant la mesme methode, & le mesme ordre, que ie viens de dire, vous aurez la Racine Cubique du nombre proposé, 34258630921. (3247.) & de reste. 45480628.

Si apres que l'operation sera faite vous desirez en faire la preuve, il faudra

dra cuber toute la Racine trouvée, & au Cube adjouter le nombre qui re-
ſtoit de l'operation, que ſi l'aggregat, ou produit de tous ces nombres remis
enſemble ſe trouve conforme au nombre duquel on a tiré la racine, l'operation en eſt bonne, ſinon il faut recommencer de nouveau & chercher une autre Racine pour reparer voſtre faute.

Que ſi apres l'extraction de la Racine il y demeure quelques nombres ſuper
flus ( ce qui arrive fort ſouvent ) le nombre propoſé ſera irrationnel, ou comme l'on dit ſourd, c'eſt a dire que la veritable racine cubique luy manquera :
c'eſt pourquoy pour trouver la Racine la plus approchante de voſtre nombre, il faut adjouter au reſte de l'extraction, certaine quantité de zero
ternaires, ou trois à trois, & continuer l'operation ſuivant la methode que
nous en avons donné, puis marquer au deſſoubz de la racine trouvé, comme ſi c'eſtoit le numerateur, une unité avec autant de zero que vous
en avez poſé de ternaires, au nombre duquel l'extraction à eſté faite.

Or comme il arrive fort ſouvent qu'il faille tirer la Racine Cubique de
quelque nombre donné, qui ne l'a pas bien exactement, en ce cas pour ne
point employer le temps inutilement, i'ay iugé à propos de vous donner
quelques Reigles par leſquelles vous puiſſiez connoiſtre ſans aucune difficulté tous ces nombres qui n'ont pas exactement la Racine Cubique.

1. Tout nombre duquel les dernieres figures ſont des zero & qui ne ſe
peut pas bien meſurer par le nombre ternaire, c'eſt a dire qui ne ſe peut exactement diviſer par trois, ne peut avoir ſa Racine parfaictement Cubique,
comme ces nombres : 3420, 62800, 453000, ne ſont aucunement Cubiques.

2. Tout nombre duquel la derniere figure eſt 2. ou 4. & la penultieſme
toute autre qu'un nombre impair, ne peut eſtre exactement Cubique, comme ceux cy : 3522, 62846. ne ſont point Cubiques.

3. Tout nombre duquel la derniere figure eſt 4 ou 8, & la penultieſme
tout autre qu'un zero, ou bien qu'un nombre pair, ne peut eſtre ponctuellement Cubique, comme par exemple : 456174, 110038, ne ſont Cubiques en
aucune façon.

4. Tout nombre duquel la preuve par le neuf eſt toute autre qu'un zero,
n'eſt iamais exactement Cubique, c'eſt pourquoy ce nombre 12000 ne peut
former un Cube parfait, puis que les neuf eſtant rejectez il ſe trouve encore
ce nombre 3. de ſupernumeraire.

Contentez vous ( s'il vous plaiſt ) pour cette fois de ce peu que nous venons de dire touchant l'extraction de la Racine Cube, & la connoiſſance de ſes nombres Cubiques; ſon uſage va bien mieux paroiſtre dans la ſuitte de nos prattiques, & dans nos operations ſuivantes.

Il faut conſtruire une table des Racines Cubiques depuis l'unité montantes juſques à l'inſiny. Vous prendrez donc quelque nombre, tel qu'il vous
plaira, pour vous ſeruir comme de Racine, lequel eſtant multiplié Cubiquement par ſoy meſme produiſe le premier nombre Cubique, ſa Racine ou
le nombre que vous aurez pris pour ſa Racine Cubique, ſera placée la premiere ſur cette table. Comme par exemple ſi vous prenez le nombre 100
pour Racine, & qu'il ſoit multiplié Cubiquement par ſoy meſme, il en ſortira
pour premier Cube 1000000, & pour Racine Cubique 100, leſquels vous
marquerez ſur voſtre table pour premier nombre, & pour premiere Racine.

Que ſi vous deſirez tirer la Racine Cubique du Cube double, doublez
premierement le Cube, & il en ſortira 2000000, de ce nombre ſi vous en
cherchez la Racine Cubique, elle ſe trouvera environ de 125, qui ſera la ſeconde

conde Racine de voftre table,& la feconde figure. Que fi vous voulez avoir
les Racines du Cube triplé, quadruplé,& ainfi augmenté jufques à l'infiny,
triplez premierement le Cube,ou le quadruplez,ou bien le multipliez jufques
a l'infiny, & de ces nombres en tirez les Racines Cubiques, & les difpofez en bel ordre dans voftre table, y ioignant à cofté les nombres montans
d'une fuitte, & d'un ordre naturel, depuis l'unité jufques à l'infiny. C'eft
la methode, & l'artifice duquel ie me fuis fervi pour conftruire la table
cy deffoubz pofée, de laquelle s'il vous plait vous ayder, pour former la
*Reigle du Calibre*, il eft neceffaire que vous ayez premierement le diametre
d'un boulet d'une ℔,fait de ce mefme metal,pour lequel calybrer vous voulez
conftruire la *Regile du Calibre*. Comme par exemple vous avez deffein de
preparer l'Inftrument,ou Reigle du Calybre,pour Calybrer des boulets de fer,
divifez le diametre d'un boulet de fer d'une livre, pris fur un boulet de fer,
( ie monftreray cy apres comme cela fe fait ) en autant de parties égales, que
la premiere Racine de la table des Cubes contient d'unitéz : Comme icy en
noftre table, la premiere Racine Contient 100 unitez, divifez donc le diametre de ce boulet de fer d'une ℔. que vous avez entre les mains en 100.
particules égales, ce qui fera tres aifé a faire, a l'ayde du parallelogramme
marqué du Nº. 1. puis ayant tiré de cette efchelle avec un compas commun,toutes les particules en mefme ordre, que les nombres font difpoféz
dans la table des cubes, tranfportez tous les diametres des boulets dans
la *Reigle du Calibre*; comme fi vous prenez 100 pour le diametre d'un boulet de fer d'une ℔, il vous faudra mettre 125 particules de l'efchelle fuperieure, pour le diametre d'un boulet de deux ℔, c'eft adire qu'au premier
diametre, Il faut adiouter 25 parties. Pour le diametre d'un boulet de 3. ℔.
faut prendre 144 particules, ou bien faut adiouter au premier diametre 44
particules,qui jointes enfemble conftitueront le diametre d'un boulet de
3.℔:& par une voye femblable a celle cy, vous pourrez, fans aucune difficulté, tranfporter tous les diametres des autres boulets à *l'Inftrument du Calybre*.
Cet accroiffement & augmentation de diametres, & de toutes les circonferences tracées fur iceux, & augmentées fuivant la raifon des folides, eft
fort manifefte,& aifé à concevoir par la figure marquée du nombre 2 : en laquelle, le premier cercle marque la circonference du boulet, dont le diametre en eft la Racine premiere, & fa folidité le premier Cube.

Le fecond cercle eft la circonference du boulet, duquel le diametre, eft
la feconde Racine, & fa folidité le Cube double du premier. Ainfi devez
vous inferer du refte des autres Circonferences des cercles, qui font en la
mefme figure,de leurs diametres,& de leurs foliditéz.

Tout ce que nous avons dit icy des boulets de fer, fe peut auffy dire de
ceux qui font faits de plomb, de pierre, ou d'autres metaux pour lefquels
calibrer il fera bien aifé, d'eftablir *la Reigle du Calibre*,fuivant ce que nous en
avons difcouru cy deffus.

Nous vous faifons voir au Nº. 3. la figure de cet *Inftrument*, ou vous remarquez fur l'une de fes fuperficies, tous les diametres des boulets de fer
exactement tracéz, & fur l'autre tous les diametres des boulets de plomb.

## Table des Racines Cubiques ordonnées toutes de suitte depuis l'unité, le premier Cube estant supposé de 1000000. parties.

| Or des Cub. | Racin. | Or des Cu. | Rac. | Or.des Cu. | Rac. | Or.des Cu. | Rac. |
|---|---|---|---|---|---|---|---|
| 1 | 100 | 26 | 296 | 51 | 371 | 76 | 424 |
| 2 | 125 | 27 | 300 | 52 | 373 | 77 | 425 |
| 3 | 144 | 28 | 304 | 53 | 376 | 78 | 427 |
| 4 | 159 | 29 | 307 | 54 | 378 | 79 | 429 |
| 5 | 171 | 30 | 311 | 55 | 380 | 80 | 431 |
| 6 | 182 | 31 | 314 | 56 | 382 | 81 | 433 |
| 7 | 191 | 32 | 317 | 57 | 385 | 82 | 434 |
| 8 | 200 | 33 | 321 | 58 | 387 | 83 | 436 |
| 9 | 208 | 34 | 324 | 59 | 389 | 84 | 438 |
| 10 | 215 | 35 | 327 | 60 | 391 | 85 | 440 |
| 11 | 222 | 36 | 330 | 61 | 394 | 86 | 441 |
| 12 | 229 | 37 | 333 | 62 | 396 | 87 | 443 |
| 13 | 235 | 38 | 336 | 63 | 398 | 88 | 445 |
| 14 | 241 | 39 | 339 | 64 | 400 | 89 | 446 |
| 15 | 247 | 40 | 342 | 65 | 402 | 90 | 448 |
| 16 | 252 | 41 | 345 | 66 | 404 | 91 | 450 |
| 17 | 257 | 42 | 348 | 67 | 406 | 92 | 451 |
| 18 | 262 | 43 | 350 | 68 | 408 | 93 | 453 |
| 19 | 267 | 44 | 353 | 69 | 410 | 94 | 455 |
| 20 | 271 | 45 | 356 | 70 | 412 | 95 | 456 |
| 21 | 276 | 46 | 358 | 71 | 414 | 96 | 458 |
| 22 | 280 | 47 | 361 | 72 | 416 | 97 | 459 |
| 23 | 284 | 48 | 363 | 73 | 418 | 98 | 461 |
| 24 | 288 | 49 | 366 | 74 | 420 | 99 | 463 |
| 25 | 292 | 50 | 368 | 75 | 422 | 100 | 464 |

# Chapitre I I.

## Comment on peut construire la Reigle du Calibre, par une voye Géometrique.

Ayez devant toutes choses le costé du premier Cube, ou le diametre du boulet d'une livre, du mesme metal, pour lequel calibrer vous desirez establir cette Reigle : par exemple en cette figure marquée du N°. 4. soit donnée la ligne A B, pour diametre d'un boulet de fer d'une ℔. Pour trouver donc le costé du double Cube, ou Cube doublé, ascavoir le diametre d'un boulet pezant 2. ℔. doublez moy la ligne A B. ou la posez deux fois : qui soit celle cy A D. Cherchez en apres deux moyennes proportionnelles entre la ligne simple A B, & la double A D. Il y en aura une des deux, à sçavoir la moindre des deux moyennes proportionnelles trouvées qui est D E, qui sera le costé du double Cube, ou le diametre du boulet de fer de 2. ℔. voila comme il faudra que vous procediez pour chercher tous les diametres des autres boulets suivants : affin que le diametre soit augmenté, d'autant qu'il sera de besoin d'agrandir, & d'augmenter le premier boulet, & par consequent fequent que l'on puisse chercher entre l'un & l'autre, deux moyennes proportionnelles.

Les Geometres neantmoins les plus experimentéz, asseurent qu'il ne s'est rencontré personne jusques à cette heure qui ait trouvé l'invention, & le veritable moyen, de chercher Geometriquement deux moyennes proportionnelles, entre deux autres proposées; Encore bien que plusieurs d'entre eux, y ayent sué jusques a vomir ( comme l'on dit, ) & employé leur temps, & leurs peines en vain, à la recherche de ce secret : Chose à la verité qui paroit extremment difficile, veu qu'on ne peut donner aucune raison ( i' entens vrayment geometrique ) pour doubler, tripler, & pout multiplier infiniment un Cube, par le moyen d'un seul compas, & d'une Reigle vulgaire comme on a coustume de faire, lors que l'on veut augmenter toute sorte de plans : ce qui toutes, fois ne se peut aucunement faire, que l'on ait au prealable trouvé deux moyennes proportionnelles par une recherche bien exacte.

Une infinité de Geometres, tant Anciens que Modernes, ont fait leurs efforts pour resoudre Ce tres-Authentique Probleme & à la verité tres utile dans les choses mechaniques; & mesme ont tasché de le demonstrer comme, une figure plane, & lineaire ( & il ne manque pas de ceux qui le mettent au rang des Problemes des solides ) par des certaines lignes mixtes ingenieusement tirées, & par des simples qui sortoyent immediatement d'un Plan, comme sont toutes les lignes Droites, & Circulaires. Entre lesquels Nicomedes nous l'a voulû demonstrer, par une ligne Conchile, Diocles par une Cossoidée, ou Hederacée. Menechnus par la voye des sections Coniques, Plusieurs autres par là Parabole, mais Eratostenes, Sporus, & Platon, l'ont voulu faire par des lignes droites, & circulaires, & mesme Pappus, Hero, Apollonius Pergæus, Philo Bisantius, Orontius, Villalpandus, Clavius & plusieurs autres geometres, se sont efforcéz de le faire par plusieurs, & divers autres moyens. mais quoy qu'ils ont dit, & fait sur ce passage, ne c'est pas a moy d'examiner icy trop Curieusement les ouurages de ces Illustres Personnages, à qui la Republique des Mathematiques a tant d'obligation, beaucoup moins d'en porter jugement, ny de mettre en balance avec trop de temerité leurs sentiments sur ce subjet. Ie diray seulement que c'est une chose reconnuë, & publiée mesme par la plus part de ceux qui sont bien verséz dans la Geometrie, que l'on ne peut donner aucun moyen pour exactement multiplier le Cube par des plans ; ce que je remarque dans la propre confession de ceux qui ont tant travailléz à cette recherche qui l'advouënt de leurs bouches propres. Ce n'est pas à dire pour cela qu'il nous faille condamner leurs inventions, ny rejetter leurs laborieux efforts, estimant leurs essays comme faux & absurdes, au Contraire nous devons nous en servir, jusques à ce qu'un aage plus heureux nous en ait fourny des meilleurs, & des plus parfaits. D'une si grande quantité de pratiques dont on s'est servy pour cet effet, ie me suis aresté à une seule qui m'a semblé en quelque façon la plus excellente, & la plus Geometique de toutes, laquelle ie vous propose icy pour vous en servir, à augmenter le Cube, & pour trouver deux moyennes proportionnelles dans un ordre continu, & laquelle aussy ie croy suffisante pour bien, & deubment traiter des matieres pyrotechniques.

Qu'il faille donc treuver deux moyennes proportionnelles, dans un ordre continu, entre les deux lignes cy dessus nommées à sçavoir A B. & A D, qu'elles soient mises premierement en angles droits entr'elles, & soit constitué sur elles le Parallelogramme A B C D, & que A B & A D soient prolongées à l'infiny, puis les diagonales B D, & A C, etans tirées que H soit mis à
inter-

l'interſection, puis appliquez la reigle au point C; qui diviſera les lignes A B
& A D prolongées à l'infiny, aux points E & F, en telle ſorte que H E, &
H F ſe puiſſent trouver égales. Cela fait vous aurez D F, & B F pour mo-
yennes proportionnelles Continuës entre les lignes données A B & A D;
Car elle ſeront comme C D, c'eſt à dire comme A B, à D E de meſme B C;
c'eſt à dire comme A D à B F.

Ie paſſe ſoubz ſilence tout à deſſein les autres methodes, la plus part deſquelles vous pouvez rechercher, tant chez les autheurs citez cy deſſus
que chez Marius Bottinus dans ſon threſor de Philoſophie Mathematicale
qui depuis peu a eſté mis en lumiere à Bologne, ou il taſche par tout moyen de nous monſtrer que tous les Anciens Geometres, comme auſſy quelques uns des plus Recents deſquels il rapporte les noms, ont non ſeulement
trouvé la veritable, naiſue, & parfaite methode pour trouver deux moyennes proportionnelles entre deux autres données, mais encore qu'ils en ont
donné les demonſtrations Geometriques : En ſorte que perſonnes ne peut
rien plus ſouhaiter ſur ce ſubiet. Mais eſcoutons ce qu'il en dit voicy comme il y a,

*Itaque quod olim in Apiar. 3. prob. 1. ad Nicomedis conchiden, quaſi dubii, ac
trepidi pronuntiavimus, Hic diſertè profitemur, ut Geometricæ Philoſophiæ partem
potiorem de ſolidis verè eſſe ſolidam oſtendamus affirmamuſque duas medias proportionales jam pridem Geometricè, ac demonſtrativè inventas. Nam ut reliquorum
Antiquorum inventa omittam, & ſaltem unum indicem, cujus, & apud nos ve-
ſtigia ſunt, duæ mediæ inventæ per modum Nicomedis ope lineæ conchilis, habent
eam certitudinem Geometricam, quâ nulla major deſiderari poteſt in ullius proble-
matis Geometrica demonſtratione &c. Et un peu plus bas. Quas ob res, nulla ſu-
pereſt dubitandi ratio de Geometrica jam pridem inventione duarum mediarum
proportionalium, ac de veritate ac certitudine omnium problematum Stereometri-
corum prodeuntium à duarum proportionalium Geometricè demonſtrata inventione.*
Voyez en d'avantage au lieu icy meſme allegué.

I'adjoute à cecy que les anciens ont eu l'uſage, & la methode de conſtruire
la Reigle du Calibre. Ce que l'on peut connoiſtre par l'eſpitre d'Eratoſtenes
envoyée au Roy Ptolomé que Bottinus rapporte au meſme lieu cy deſſus cité, eſcoutez ce qu'il en eſcrit. *Sed nos excogitavimus per organa facilem in-
ventionem, quâ non tantum duas medias proportionales duabus datis, ſed quot-
quot propoſitum fuerit ut inveniamus, & eo invento poterimus demum ad cubum
reducere propoſitum ſolidum lineis æquè diſtantibus contentum, aut etiam ex una
aliam figuram formare, quæ aut æqualis, aut major ſit ſervatâ ſimilitudine. Quoniam nulli dubium eſt, quin hujuſmodi inſtrumento duplicari poſſint aræ, ædi-
ciaque, & ad cubum referri liquidorum & ſiccorum menſuræ, ut modiorum, &
ſimilium, quarum menſurarum lateribus vaſorum capacitas dignoſcitur, & ut
ſummatim dicam, quæſtionis hujus cognitio utilis eſt volentibus duplicare, aut
majora reddere organa è quibus tela, ſaxa, aut ferreæ pilæ mittuntur. Nam ne-
ceſſe eſt omnia in latum, & in longum creſcere proportione quadam, ſive foraminâ
ſint, ſive nervi, & immiſſa alia, aut quicquid opus fuerit, ſi totum proportione
augeri cupimus; quod fieri non poteſt ſine medii inventione.*

Chapi-

# Chapitre III.

## Comme on doit conſtruire la Reigle du Calibre Mechaniquement.

D'un nombre ſi prodigieux de Pyrotechniciens qui ſe voyent de noſtre temps, vous n'en rencontrerez pas un ſeul, (pardonnez moy ſi ie dis ſi peu) qui ne vueille paſſer dans l'eſtime de tout le monde, & qui ne de ſire non pas tant eſtre en effect, qu'eſtre veu, & eſtimé bon Praticien, capable de beaucoup de choſes & tres bien verſé dans ſa profeſſion: (laquelle à dire vray il ne ſe ſera pas acquiſe en temps de paix, au Coin de ſon foyer, par-my les delices du corps, & le repos de l'eſprſt, ou dans une oyſiveté blamab-le, & infame; mais bien dans les fatigues inſuportables de la campagne, au grand peril de ſa vie, &.à la ſueur de ſon corps) voire meſme, i'en ay veu pluſieurs qui ne daignoient pas ſeulement porter le nom ſimple & vulgaire de Pyrotechniciens, mais faiſoyent gloire de Celuy d'ingenieurs à feu, d'ar-mée, & de Campagne; (que les flamends appellent vulgairement *Feld-Fe-werwercker*) de la vient que faiſant banqueroute aux principes de la théorie, & de cette divine Mathematique, ils s'imaginent que c'eſt un grand des-honneur à ceux qui s'addonnent à la pyrotechnie, s'il leur arrive de mettre en avant quelques theoremes d'Archimede, ou d'Euclide, ou de quelques autres ſignalez autheurs, ou meſme s'ils viennent à produire quelques de monſtrations, pour preuver & eſtablir les reigles de leur art: C'eſt de la dis-ie qu'eſt venuë Cette nouvelle ſçience Pſeudomechanique, totale-ment inconneuë à la plus part des ſiecles paſſéz, dont l'axiome le plus general, & le principal eſt celuy cy: **Perturbare confuſe, & nihil ad rem omnia agere**: de mettre tout peſle-meſle, en confuſion, & de ne rien faire qui ſoit à propos. Voiez ſi la portée d'une ſi galante mere n'eſt pas bien heureuſe? & ſi le fruict d'une telle ſçience n'eſt pas bien agreable? Tous les jours, des erreurs, & des fautes irreparables, (tant à baſtir & conſtruire les machines de guerre, & à les bien & adroitement manier, comme à preparer) les feux d'artifices tant ſerieux, & neceſſaires, que ceux qui s'employent aux feux de joye carouzels, & autres ſemblables divertiſſe-ments, le plus ſouvent au grand prejudice des princes, au danger èvi-dent de la vie, tant de ceux qui y travaillent, comme de ceux qui les regardent. Combien ſont miſerables & à plaindre tous ceux qui igno-rent la vraye mathematique, & ſes principes? Eſcoutez s'il vous plait parler Paulus Guldenus au lib. 4 Centrobaricorum chap. 5, dans un Probleme d'Arithmetique, voycy ce qu'il en dit: *ne ergo Philomathe-matici noſtri indigni hoc nomine redderentur, ſed ex ignorationis pelago emer-gerent, atque ad ſtudium nobiliſſimarum iſtarum ſcientiarum accenderentur, nos Mathematicam tanquam Reginam potentiſſimam cum numeroſo ſibi ſubdi-tarum ſcientiarum famulatu initio lectionum noſtrarum productam conſpe-ximus; ſed & illarum ordinem, ſubdiviſiones, definitiones, cum ſuis differentiis ac diſtinctionibus ſuſè ac luculenter aliquot prælectionibus explicata accepimus: quas etiam, ne memoria exciderent jucundo quodam ordine in parva charta coarctatas, non ſolùm ſpectandas hodie ſed & in poſterum ſummo deſiderio amplectendas vobis*

pro-

*propofuimus. Ut verò hunc ipfum ordinem opere teneremus, quem calamo depin-*
*ximus, fermoneque explanatum, illuftratumque audivimus, ftructuram ab ipfis*
*fundamentis ordiri æquum fuit, ab Arithmetica videlicet, Euclideaque Geome-*
*tria, quibus deftituti nullam unquam, etiamfi per Neftoreos viveremus ac fludere-*
*mus annos veram ac folidam fcientiam acquireremus. Hinc enim tenebræ illæ*
*plufquam Chimereæ, hinc errorum labyrinthus, & immenfum ignorantiæ chaos ;*
*hinc illud portentum infame,ut quod fciunt fe tamen fcire nefciant,& quod nefciunt*
*fe fcire putent. Hinc tot Mechanici Mathematici, Agrimenfores inepti, doliorum*
*vinariorum exhauftores potius quàm dimenfores, hinc tot exhaufti mercatores,*
*infelices belli Duces, Pfeudo-Architecti & artifices, qui ingentes moles attrahere,*
*aquas in altum educere, novas machinas ftruere, promittunt potius, quam perfi-*
*ciunt. Hinc tot fine ingenio Ingeniarii, motus perpetui indagatores fruftranei,*
*infortunati circuli quadratores, paralogifmorumque omnium Architecti. Hinc de-*
*nique homo ille qui cæpit ædificare & confumare non potuit.*　　Ne croyez pas
pourtant que ce que i'en ay dit icy foit que ie vueille ofter rien de ce qui
eft deub à la pratique militaire ( laquelle moy mefme i'ay tousjours uni-
quement cherie : Il me fafche feulement de voir que cette illuftre fcience
de Pyrotechnie, n'eft pas feulement des'honorée de ceux la mefme qui
l'ont prattiquée ( ie fuppofe de ces praticiens fans pratique ) & qui l'ont
depovillée de fon ancien honneur, & des plus beaux ornements dont fes
premiers Inventeurs l'avoyent reveftuë, mais encore de la voir feparée, &
comme arrachée par force, du fein de fa mere legitime la Mathematique,
comme une fcience eftrangere,& baftarde, pour eftre de la employée parmy les arts illiberaux, & dans les ouvrages les plus mechaniques.

　　Ie fouhaiterois en verité, que (cette nouvelle fcience machanique, eftant
tout à fait bannie & rejettée ) l'on ne permit aucunement aux apprentis,
de mettre la main à l'euvre que premierement ils ne fuffent bien fondéz
dans les principes tant d'Arithmetique que de Geometrie. De la ie croy-
rois que ce Grand Art pourroit en peu de temps recouvrer l'honneur qu'on
luy auroit fi injurieufement ofté, & par ce mefme moyen l'invention de
tant de ridicules ( diray-ie pluftoft perilleufes, & fomptueufes ? ) machines
que ces maiftres ouvriers ont mis en vogue, perdroient leur credit; &
nous goufterions à plaifir les douceurs des fruits de cette fcieuce.

　　Mais reprenons le fil de noftre propos,& puis que nous nous fommes ob-
ligéz des vous propofer en ce chapitre, les moyens de conftruire la Reigle
du Calybre par une voye mechanique, fçachez premierement qu'il ny a rien
de fi aifé que toutes ces inventions : Que s'il prend envie à quelqu'un d'en
faire quelque efpreuve pour fçavoir fi elles peuvent fouffrir, ou non, l'examen des proportions Geometriques, qui en eft la vraye pierre de touche, il
les trouverra infailliblement toutes pleines de faucetéz, & d'erreurs, & verra qu'il eft tout à fait impoffible, d'en donner aucunes demonfttations, fuivant les reigles de l'art. Nous advourons pourtant que quelques unes fé
font recontrées bonnes, mais elles n'ont pas encore efté demonftrées par la
geometrie, toutes les autres font fauffes, ou tout au moins douteufes, lefquelles neantmoins nous fommes coutraints de recevoir, & fouffrir par force, parce qu'elle femblent donner quelque forte de fatisfaction au fens
commun. Pour mon particulier, ie ne les ay iamais ny louées, n'y approuvées, pour ce que ie n'ay iamais reconneu qu'elles fuffent appuyées
fur aucun fondement tant foit peu ferme des veritez Geometriques : or
eftant ainfi que cet art confifte en un point, duquel foit que vous vous
éfloigniez ou à droite, ou à gauche, en avant, ou en arrierre, foit que

　　vous

vous portiez le pied tout à l'entour du circuit, cela n'empeſchera pourtant que vous ne trouviez la plus part de vos operations deſſectueuſes, &
vous bien loin de ce que vous cherchiez. C'eſt pourquoy, ie ne conſeille à
perſonne de ſe ſervir de ces inventions. Touteſfois pour ne point tenir cachée au lecteur qui eſt curieux de ſçavoir toutes choſes, une pratique que
ces artiſans priſent ſi fort, ie propoſeray icy deux exemples ſeulement, leſquels i'ay eſtimé avoir plus de proportions Geometriques, & plus de verité
que tout le reſte.

## Premier Exemple. *fig : 5.*

L a perpendiculaire CK. eſtant tirée à l'infiny, du point C, uers K, en B. ſoit
　mis CB diametre d'un boulet d'une ℔; puis du centre A demy diametre de AC, ou de AB, ſoit deſcrit le cercle BD CE. que le diametre BC ſoit
diviſé en trois parties égales, CI. IH. HB. & que Chaque ⅓ ſoit mis en la
peripherie dudit cercle, de B, en F, & de F, en E, d'un coſté du diametre: & de
l'autre coſté du meſme point B, en G, & de G, en D; que ſi maintenant vous
tirez de C, par les points D, & E, les lignes droites CL, & CM, à l'infiny,
vous aurez voſtre figure adjuſtée: en laquelle vous augmenterez le premier
Cube, ou le premier diametre d'un boulet d'une ℔, en cette façon. Ayant pris
le diametre CB, de C. ſoit fait un arc de cercle. 1.1. puis ayant pris la meſme diſtance des points 1.1. du meſme point C. ſoit deſcrit un autre arc de
cercle 2.2: cet intervalle des points 2.2. qui ſont marquéz ſur toutes les trois
lignes, ſera le coſté du double Cube, ou le diametre du boulet de 2 ℔. De
plus ſoit priſe la diſtance tranſuerſale des points 2. & 1. & avec ce raiz, de
C, ſoit deſcrit un arc de cercle 3.3. la diſtance des points C. & 3. ſera en toutes les trois lignes le diametre du boulet de 3 ℔. Pareillement ſoit priſe
la diſtance des points 2.2. ſur les lignes CM, & CL, & ſoit deſcrit de C,
un arc de cercle 4. 4; l'intervalle des points C; & 4. en toutes les trois
lignes, ſera le diametre d'un boulet de 4 ℔. ainſi ferez vous pour trouver les diametres de tous les autres boulets: à ſçavoir en adjoutant tousjours le nombre impair inferieur avec le nombre pair ſuperieur, & reciproquement le ſuperieur impair, avec le nombre pair inferieur, le tout
par des lignes tirées de travers: mais pour ce qui eſt des nombres e-
gaux, par les lignes ſouſtenduës des arcs des cercles, paralleles en la figure:
comme il eſt ayſé à voir dans la figure marquée du Nᵒ. 5. ſur laquelle nous a-
vons pris la peine de produire cette progreſſion, d'augmentation, de diametres des boulets, juſques au nombre 20: mais comme tout cecy eſt fort ayſé
de ſoy meſme, & que le tout ſe peut faire avec le compas ſans difficulté, c'eſt
ſe travailler en vain de parler d'avantage de cette matiere.

## Second Exemple.

S oit diviſé le diametre du boulet d'une ℔ en 4 parties égales; & que ¼ ſoit
　adjouté au premier diametre, vous aurez le diametre d'un boulet de 2.
℔. Diviſez derechef, ce diametre trouvé en 7 parties égales, & adjoutez ⅐ au
diametre de 2 ℔. vous aurez le diametre d'un boulet de 3 ℔. Et voyla comme quoy il vous faudra touſiours augmenter le nombre immediatement precedent, qui diviſe les diametres par le nombre ternaire, pour trouver les diametres de tous les autres boulets: ainſi pourrez vous continuer juſques à
tel nombre qu'il vous plaira. Pour moy, i'ay ſeulement produit cette progreſſion, juſques au nombre denaire, affin d'eſpargner mon temps, & ma
peine; mais i'ay pouſſé les autres juſques au centenaire, montant par les
nom-

nombres decimales , c'eſt à dire de 10. en 10. & les diviſant touſiours en 4,
parties ; Comme la table icy propoſée le demonſtre aſſéz clairement. De
meſme façon devez vous proceder aux nombres d'entre-deux , que vous a-
vez fait aux neuf premiers ſimples nombres : De plus ſi vous diviſez ces
nombres centenaires de meſme maniere , ils vous produiront d'autres centenaires augmentéz de meſme proportion , que les decimales , & les nombres
des unitéz ont produit les leurs.

| Diame- tres des Boulets. | Diviſez en par- ties. | Parties adjou aux Diametr. | font les Diamet. de lib. |
|---|---|---|---|
| 1 | 4 | | 2 |
| 2 | 7 | | 3 |
| 3 | 10 | | 4 |
| 4 | 13 | | 5 |
| 5 | 16 | | 6 |
| 6 | 19 | | 7 |
| 7 | 22 | | 8 |
| 8 | 25 | | 9 |
| 9 | 28 | | 10 |
| 10 | 4 | | 20 |
| 20 | 4 | | 30 |
| 30 | 4 | | 40 |
| 40 | 4 | | 50 |
| 50 | 4 | | 60 |
| 60 | 4 | | 70 |
| 70 | 4 | | 80 |
| 80 | 4 | | 90 |
| 90 | 4 | | 100 |
| 100 | 4 | | 200 |

Nous avons appellé mechaniques ces deux exemples cy deſſus propoſéz,
à raiſon qui n'ont ny demonſtrations , ny artifices ; on pourroit pourtant les
appeller en quelque façon Geometriques , à cauſe du rapport qu'ils ont avec
ces problemes Geometriques qui ſe font avec les inſtruments ; ceux cy ne
ſont pourtant pas purement Geometriques , bienque toute fois on les puiſſe
en quelque ſorte nommer Mathematicales , pour le moins ceux là qui ſe ſervent de la ſeule Reigle & du Compas. Car ces deux inſtruments ſont immediatement fondéz ſur les petitions, c'eſt à dire ſur la ligne droite , & ſur la
circulaïre. à ce meſme point peut on auſſy rapporter tous ces inſtruments
qui ſe font par la Reigle & par le Compas, pour ce qui eſt du reſte le tout ſe
rapporte à la mechanique.

# APPENDICE.

## Certain Moyen tres aiſé pour conſtruire la Reigle du Calibre.

Encore bien que ces deux methodes que nous vous avons donné cy deſſus,
( ſans conter la mechanique ) n'ayent aucunes difficultéz dans leurs con-

ſtructions

ſtruction, comme demonſtrant aſſez clairement que la premiere & fondamentale origine de Noſtre Reigle eſt tirée des axiomes, & de veritéz
les plus pures de l'Arithmetique, & de la Geometrique : neantmoins
veu qu'elles portent quand & ſoy ie ne ſçay quoy de fâcheux, & de des-agreable à cauſe de l'extraction des racines cubiques & de la recherche de
ces deux moyennes proportionnelles : ie ne ſçaurois vous donner un
moyen plus aiſé, pour venir à bout de voſtre affaire, qu'en vous mettant
le compas de proportion en main pourveu qu'il ſoit bien & fidellement
conſtruit : Car comme en cet inſtrument vous y avez la ligne Stereometrique ou Cubique exactement diviſée en coſtéz des Cubes, ou pluſtot en
diametres des boulets, auſſy tire-t'elle ſon genre du premier mode d'A-
rithmetique, & de ſes tables. Ce pourquoy ayant pris avec le compas vulgaire le diametre du boulet d'une ℔, fait de quelque metal que ce ſoit, qu'il
ſoit mis tranſverſalement ſur la ligne Cubique de 1. à 1. & qu'ainſi ſans re-
muer l'inſtrument de ſa place, ſoient pris pareillement de travers tous
les diametres ſuivants des autres globes & boulets, & tranſportéz ſur la
Reigle du Calibre : par ce moyen vous aurez ſans aucune difficulté, &
d'une ſeule ouverture de cet inſtrument, voſtre Reigle, toute conſtruite
( voyez la figure au Nᵒ. 8. ) Que ſi vous n'avez pas la commodité d'avoir
un Compas de proportion vous pourrez vous ſervir en ſa place, de la figure marquée du Nᵒ. 7. Voicy comment on la peut ordonner.
    Soit tirée la ligne A B à l'infiny, ſur laquelle du point A, vers B ſoyent
mis tous les coſtez des cubes, tiréz de la table de noſtre Chap: I: des Racines Cubiques, par le moyen d'une eſchelle telle que bon vous ſemblera,
depuis l'unité juſques à tel nombre qu'il vous plaira. Par apres ſoit pris le
diametre du boulet, d'une ℔ de ce meſme metal duquel vous deſirez avoir les
diametres des autres boulets, puis ayant areſté un des pieds du Compas au
point 1. ſoit decrit de l'autre, un arc de cercle, & que ſa tangente AC. ſoit prolongée à l'infiny. Ainſi ces intervalles compris entre les points de la ligne AB,
& la tangente, ſeront les diametres des boulets à l'infiny, montans touſiours ſelon la progreſſion des nombres qui s'entre-ſuivent par un ordre naturel, & marquans touſiours un poids plus grand que celuy qui le precede, à ſçavoir le ſurcroit d'une ℔.

# Chapitre I V.

### Moyen pour trouver, & tranſporter les diametres des boulets à la Reigle du Calibre, dont le poids n'égale pas une ℔ entiere, le diametre du boulet d'une ℔ eſtant donné.

Suppoſé donc que le diametre d'un boulet d'une ℔, ( comme nous a-
vons dit dans noſtre exemple cy devant) ſoit de 100 particules, que ce
nombre ſoit multiplié cubiquement, pour en avoir le premier Cube il
en ſortira 1000000; diviſez ce nombre par 32, ( qui eſt le nombre
des lots contenus dans une livre ) vous aurez au quotient 31250 : deſquels,
ſi vous tirez la Racine Cubique, elle ſe trouvera de 31. Prenez moy donc
autant de particules avec le compas, ſur l'eſchelle marquée cy deſſus du
Nᵒ. 1. & les tranſportez ſur la Reigle du Calybre, de A en B, elles vous
                                                                    con-

conſtitueront le diametre d'un boulet d'un lot. Pour trouver maintenant les diametres des boulets ſuivants, peſants pluſieurs lots, que le cube du diametre 31, immediatement trouvé, ſoit doublé, triplé, & ainſi conſequemment multiplié juſques à ce que vous ſoiez parvenu au nombre 31, puis ſoient tirées les Racines Cubiques, de tous ces nombres ainſi multipliéz, en la meſme forme que nous avons fait, pour chercher les diametres, des boulets pezants certaines quantitéz de livres. C'eſt de cette methode, & de ce meſme artifice, dont ie me ſuis ſervi, pour d'eſcrire la table cy deſſoubz poſée; de laquelle vous tranſporteréz, à l'aydé du parallelogramme ſuperieur, tous les diametres des lots, à la Reigle du Calybre. De plus ſi vous avez deſſein d'avoir les diametres des parties aliquotes d'un lot à ſçavoir de $\frac{1}{2}$, $\frac{1}{4}$, $\frac{1}{8}$, $\frac{1}{16}$ diviſez le Cube du nombre 31. à ſçavoir 29791, par 2.4.8.16. & des quotiens tiréz les Racines Cubes; & vous aurez les diametres des boulets des parties aliquotes d'un lot; ce que vous pourrez voir ſur cette table.

| Ord. des Cub. | Racines. |
|---|---|
| $\frac{1}{16}$ | 12 |
| $\frac{1}{8}$ | 15 |
| $\frac{1}{4}$ | 19 |
| $\frac{1}{2}$ | 24 |
| 1 | 31 |
| 2 | 39 |
| 3 | 44 |
| 4 | 49 |
| 5 | 53 |
| 6 | 56 |
| 7 | 99 |
| 8 | 61 |
| 10 | 66 |
| 12 | 70 |
| 16 | 78 |
| 18 | 81 |
| 20 | 84 |
| 24 | 89 |
| 30 | 96 |

## Autrement.

Prenez le diametre d'un boulet de 2 ℔, & le diviſez en 4 parties, le quart ſera le diametre du boulet peſant un lot: prenez moy encore le diametre d'un boulet de 4 ℔, & le partiſſez de meſme en 4 parties égales le $\frac{1}{4}$ vous donnera le diametre d'un boulet de 2 lots. Ainſi pouvez vous touſiours continuer dans la ſuitte de vos autres extractions; c'eſt a dire en prenant touſiours les diametres plus grands de 2 ℔, que celuy qui precede immediatement, & les diviſant touſiours en 4 parties égales, le quart donnera le diametre d'un boulet plus peſant d'un lot, ou augmenté d'un lot en peſanteur.

Ainſi pourrez vous continuer juſques à ce que vous ſoyez arrivé à 64 ℔: car le quart du diametre d'un boulet de tel poids, donne iuſtement le diametre d'un boulet d'une ℔.

Que ſi vous deſirez faire cette operation, par le compas de proportion, poſez moy le diametre d'une ℔ pris avec le compas vulgaire, tranſverſalement
ment

ment fur la ligne Cubique, entre 32 & 32. & fans branler, ny mouvoir l'inſtrument, faitez une recolte, ou un ramas, de toutes ces diſtances tranſverſales, entre 1 & 1, entre 2. & 2. entre 3, & 3. juſques à 31 & 31, & vous aurez tous les diametres des boulets, de tous les lots qui ſont Compris, dans le boulet d'une ℔. que fi vous ne voulez pas vous ſervir du Compas de proportion, la figure que ie vous ay propoſée au chapitre precedent pourra ſuppleer à ſon deffaut, pourveu que par le moyen d'une eſchelle, telle qu'il vous plaira, vous marquiez au pied de la figure 32 intervalles ſtereometriques, de A. vers B, diſtinguez par des points, & par des nombres, & fi vous paſſez plus outre, faitez toutes vos operations de la meſme façon que nous les avons ordonnées cy deſſus.

# Chapitre V.

## Le moyen de trouver le diametre d'un boulet d'une ℔, par le diametre d'un autre peſant pluſieurs livres.

### ARITHMETIQVEMENT.

L'ordre que nous ſujurons dans cette methode icy, n'eſt pas beaucoup diſſemblable en toute ſon operation, à celuy que nous avons deſcript cy deſſus au Chap: precedent; ſi ce n'eſt en ce que le diametre du boulet propoſé, peut eſtre diviſé en certain nombre de particules, comme en 100, 200, 300. Comme auſſi en 10, 20, 30, &c. plus ou moins, égales en nombre, ou inégales, (toutefois l'operation ſera d'autant plus certaine, que plus il ſera diviſé) Il n'eſt pas beſoin que vous preſuppoſiez icy les 100 particules du diametre du boulet d'une ℔ que nous avons cy devant diviſé: Ce que vous connoiſtrez aſſez par la ſuitte de noſtre diſcours. Apportez nous (par exemple) un boulet de fer, ou de quelque autre metal, de telle peſanteur, ou de telle groſſeur qu'il vous plaira, vous deſirez maintenant ſçavoir, de combien eſt le diametre d'un boulet d'une ℔, fait du meſme metal, duquel ce boulet que vous avez entre les mains eſt compoſé: ſoit donc en la figure marquée du Nᵒ, 8. A C le diametre du boulet de fer ABCD, (lequel vous obtiendrez facilement par le moyen de deux petits inſtruments gnomoniques élevez ſur quelque plan, ou bien avec un compas courbe, ou par quelque autre voye que ce ſoit) diviſez le en certaines parties égales: ſuppoſons en cet exemple 100 particules, telles que nous avons diviſé le diametre du boulet: diviſez en le Cube par le nombre du poids du boulet: poſons icy le cas que ce boulet ſoit de 24 ℔, la Racine Cubique eſtant tirée du quotient, elle donnera le nombre des particules, qui conſtituent le diametre du boulet d'une ℔ comme on peut ayſement voir, dans l'operation ſuivante.

Cub.

$$
\begin{array}{lll}
& \text{1111} & \quad\quad 2 \\
& \text{46666} & \quad 143\ 2 \\
\text{Cube} & \text{1666666} \;(\; 41666\ \text{Quotient} & 41666\;(\;34\ \text{Rac.} \qquad 34 \\
\text{Diviseur} & \text{366666} & \qquad 9 \qquad\qquad\qquad\quad 9 \\
& \text{3336} & \qquad 277 \qquad\qquad\quad\quad 306 \\
& & \qquad\; 2 \qquad\qquad\qquad\quad\;\; 4 \\
& & \quad 12304 \qquad\qquad\quad 1224 \\
& & \qquad\qquad\qquad\qquad\qquad 64 \\
& & \qquad\qquad\qquad\qquad 12304
\end{array}
$$

Remarquez, que fi par le mefme diametre de ce boulet propofé vous defirez avoir le diametre du boulet de 2. ℔; il vous faut divifer le cube des particules du diametre, par la moitie du poids du boulet, fi le diametre d'un boulet de 3. ℔. faut le divifer par le tiers, en fin fi d'un boulet de 4. ℔. divifez le Cube du nombre des particules, auxquelles voftre diametre a efté divifé, par le quart du poids de voftre mefme boulet : puis des quotients, tirez les Racines Cubiques ; & vous aurez ce que vous cherchez.

## GEOMETRIQVEMENT.

Soit tirée la ligne droite A B à l'infiny, & du point A foit élevée la perpendiculaire A C : fur laquelle foit mis le diametre du boulet propofé, de A en D, & fçachez auffy combien pefe ce mefme boulet : que s'il fe treuve de 2, de 3, de 4 ℔ &c. ( Pourveu toutesfois qu'il n'excede point 8. ℔. ) divifez fon diametre en deux parties égales; & que la partie la plus haute des deux foit fubdivifée en 100 autres particules. Que fi le fufdit boulet excede le poids de 8. ℔. jufques à 27. ℔, que ce diametre foit divifé en 3 parties, & que la troifiefme partie la plus haute foit derechef repartie, comme cy devant, en 100 particules égales. Que fi la pefanteur du mefme boulet paffe au de là de 27. ℔, qu'il foit divifé en 4. Si 64 ℔ en 5. Si 125. ℔ en 6. Si 216, en 7. Et ainfi confequemment, toutes & quantes-fois que le poids d'un boulet furpaffera quelque nombre Cubique, faudra divifer fon diametre en autant de parties, que le nombre du Cube fuivant, qui monftre les ordres des Cubes, contiendra d'unitéz ; fans toutesfois oublier à fubdivifer la partie la plus haute de toutes, en 100 autres particules égales. Cela ainfi fuppofé, foit tirée du point I ( qui retranche la portion la plus baffe de la mefme ligne ) la ligne droite F G, parallele à la bafe : & puis cherchez fur la table pofée au premier chapitre de ce livre, le Cube efcrit à l'oppofite du nombre du poids de voftre boulet, l'ayant trouvé, prenez avec le compas le diametre du mefme boulet. La chofe donc eftant tres manifefte que chacune des parties auxquelles tout le diametre eft divifé, contient en foy 100 particules femblables à celles de la fection fuperieure, puis qu'elles font toutes égales entr'elles ; c'eft pourquoy vous conterez de A montant vers G, autant de particules, que ce nombre qui eft dans la table des Racines Cubiques vis à vis du poids de voftre boulet, contient d'unitez. Puis ayant pofé un des pieds du compas, au point du nombre treuvé, de l'autre foit d'efcrit un arc de cercle coupant la bafe de la figure, Du point de l'interfection foit menée une ligne droite au point du nombre treuvé, laquelle eftant prolongée coupera neceffairement la ligne F G, parallele à la bafe :

C

à lors

alors prenant avec le compas l'intervalle des points de l'une à l'autre interfection à fçavoir de la bafe à l'autre ligne qui luy eft parallele, vous aurez
ce que vous cherchiez.

En la figure marquée du N°. 9. foit le diametre A D d'un boulet de 10
℔ : or à caufe qu'il excede le poids du boulet de 8 ℔, fon diametre eft
coupé en trois parties égales : qui font A F. F K. K D : & fa fection la
plus haute derechef divifée en 100 autres particules. Du point F qui retranche la portion, ou le tiers le plus haut du diametre, eft tirée F G,
parallele à la bafe A B. & ce nombre 125 eft le nombre pofé à l'oppofite du
poids du boulet de 10 ℔, dans la table ftereometrique. Suppofant maintenant que A F. & F K foyent chacunes de 100 particules, fi vous con-
tez 215 particules, de A vers C, vous treuverez le point L. duquel
un cercle eftant defcript, à l'intervalle du boulet propofé, il coupera la
bafe A B, au point H, & une ligne droite eftant produite de H en L,
Coupera pareillement la ligne F G. au point I. & par ainfi l'intervalle des
points H & I. eft le diametre d'un boulet de fer d'une ℔. Ce qu'il falloit treuver.

Remarquez que fi le nombre de la pefanteur du boulet donné fe rencontre exactement cubique, en ce cas il faut que le diametre de ce boulet
foit coupé en autant de parties premieres, & principales, que le nombre
de l'ordre des Cubes qui fe treuve oppofé à ce cube contiendra d'unitez : car une des parties de ce diametre ainfi divifé, eft le diametre d'un
boulet d'une ℔. mais comme ces chofes font extremement faciles d'elles mefmes elles n'ont pas befoin d'un plus grand efclarciffement.

Cette operation fe pourra faire avecque bien plus de promptitude, par
le moyen du Compas de Proportion : à fçavoir fi vous mettez le diametre dû boulet entre les points des nombres qui marquent le poids du
boulet donné fur la ligne ftereometrique, & puis que vous preniez l'intervalle fur la mefme ligne entre 1. & 1. vous aurez le diametre du boulet d'une ℔.

Avec la mefme facilité, & pour ce mefme effet vous pourrez vous fervir
de la figure defcripte au chapitre troifiefme fi vous avez bien compris comme il la faut mettre en ufage.

# Chapitre VI.

Le moyen pour treuver la folidité de toutes fortes de boulets, foit en
Poulces Cubiques, foit en toute autre mefure confi-
derable.

Nous n'aurons pas beaucoup de difficulté de fatisfaire à cette pro
pofition, fi nous nous arreftons aux demonftrations que Chrifto-
phorus Clavius nous donne au lib. 5 fol. 263. de fa Geometrie pratique, touchant le Cube, & la fphere, à fçavoir, qu'il foit fait du Cube
du diametre du boulet propofé, à fa folidité : comme l'on fait de 21, à 11 : Soit
par exemple le diametre d'un boulet de 6 poulces du Pied Rhenan : le Cube
du nombre 6, eft 216 : Si maintenant vous le pofez en Reigle de proportion comme 21 à 11, de mefme fera 216 à fa folidité : l'operation achevée
vous aurez 113 pour le nombre des poulces cubes, que contiendra la folidité du boulet donné.

Notez

Notez que si vous tirez la Racine Cubique du nombre de la solidité de ce boulet, vous aurez le costé d'un Cube égal au boulet proposé, en pesanteur, & en solidité.

De plus, si par une solidité donnée de quelque corps, vous desirez avoir le diametre d'un globe égal à ce corps en solidité & en pesanteur ; Renuersez l'ordre precedent, & faites comme 11 à 21, de mesme sera la solidité donnée, au Cube du diametre, dont la Racine Cubique est le diametre du globe. Comme en l'exemple cy dessus : où est donnée une solidité de 113 poulces cubiques, que si vous la mettez en Reigle de proportions comme 11 à 21, de mesme sera 113 à autre chose : l'operation estant faite il en sortira 215. Or la Racine Cubique de ce nombre à sçavoir 5 ½ sera le diametre d'un boulet égal en poids, à la solidité donnée.

D'avantage vous pourrez connoistre le poids de quelque boulet par sa propre solidité donnée en poulces cubes, sans la Reigle du Calibre, & sans aucune invention mechanique, ny Instrument à peser, en cette façon : Il faut que vous sçachiez premierement ( ce que n'ignorent pas comme je crois tous les Pyrotechniciens ) que le boulet dont le diametre est de 4 poulces, ou de 4 onces du pied Rhenan, pese 8 ℔ de fer : Cela donc supposé, si on vous propose la solidité de quelque boulet : soit fait par la Reigle de proportion, comme du Cube du nombre de 4 poulces au poids de 8 ℔, de mesme du Cube d'un autre nombre de mesure pareille, à son propre poids. Ce qui est fort aysé à entendre par le calcul de nostre exemple superieur cy dessous posé.

Cub. du Nomb. 4    ℔ de fer    Solid. du boul.
64    8    216
8    1728 ( 27 ℔ de fer.
1728

# Chapitre VII.

Le moyen par lequel on peut treuver dans les nombres, le diametre d'un boulet d'une grosseur inconnuë, en une certaine mesure donnée, par le diametre d'un boulet d'une ℔ fait du mesme metail.

La solution de cette question depend absolument des Reigles de ce premier chapitre, lesquelles pour tout cela nous ne laisserons de rapporter en cet exemple suivant. Si on vous demande ( par exemple ) de combien d'onces du Pied Rhenan est le diametre d'un boulet de fer pesant 1000 ℔. Pour treuver cecy sans difficulté, multipliez le cube d'un boulet de fer d'une ℔ par le nombre de la pesanteur du boulet duquel vous cherchez le diametre, puis du produit tirez la Racine Cubique, & vous aurez de quoy satisfaire à la question. Comme icy en nostre exemple, le diametre du boulet de fer d'une ℔. est de 2 onces du pied Rhenan, dont le nombre cube est 8 : 1000 qui est le poids du boulet donné estant multiplié par 8, donne 8000 au produit, duquel la Racine Cubique 20 est le diametre d'un boulet de fer pesant 1000 ℔, à sçavoir de 20 onces du pied Rhenan ; ce que vous cherchiez.

C 2    Cha-

# Chapitre VIII.

### Le moyen pour Eſtablir l'examen de la Reigle du Calybre, & de ſon uſage particulier en la Pyro-technie.

Souventêfois il arrive, que nous n'oſons pas nous fier aux inſtruments adjuſtez, & accommodez des mains d'un Artiſant, & ne laiſ-
ſons pourtant de nous en ſervir ſans les examiner, & ſans rechercher
s'ils ſont juſtes, bien, ou mal conſtruits, d'ou viennent je ne ſçais
combien d'erreurs, & [d'abſurditez dans nos operations, que l'experience journaliere nous fait aſſez voir : Il ſera donc de beſoin de faire paſſer noſtre Reigle du Calybre par un exact examen, quoy que vous meſme l'ayez
fait de vos propres mains, ou ſoit que vous l'ayez fait faire par les mains
d'autres ouvriers : voyci comme quoy vous l'adiuſterez. Soit pris avecque
le compas vulgaire le diametre d'une ℔, puis autant de fois que faire ſe
pourra qu'il y ſoit repliqué, ſuivant la longueur de la Reigle, & ſur les
points qui ſont marquez en icelles : or ce premier diametre montrera tous
les points qui ſont denommez par les Nombres Cubiques : pour exemple
le premier prend ſa denomination de 1. qui eſt le premier Cube : Le ſecond de 8. qui eſt le ſecond Cube : Le troiſiefme de 27 qui eſt le troiſiefme Cube : Le quatriefme de 64, Le cinquiefme de 125, & ainſi des autres.
De meſme façon la longeur du diametre de 2 ℔ eſtant repliquée, montrera le nombre de 8 pris deux fois, à ſçavoir 16: trois fois repliquée donnera
27 deux fois pris c'eſt à dire 54; & ainſi du reſte des diametres repliquez,
& multipliez par les Cubes, ſuivant l'ordre naturel : ce qui paroiſtra tres
clairement par la table miſe cy apres, en laquelle les nombres poſez .ſous
A, ſont primitifs : de la replication ou repetition deſquels ſont produits tous
ceux qui ſont marquez ſous B. Ainſi du premier diametre ſortent ces
nombres, 8, 27, 64, 125, &c. Et tous les autres qui ſe treuvent dans cet
ordre tranſverſale. Du ſecond diametre une fois repliqué ſorte ce nombre 16; deux fois repliqué 54. & ainſi du reſte. Voyla donc comme quoy
vous pourrez ſeurément vous ſervir de la *Reigle du Calybre* dans vos operations, pourveû qu'elle ſoit auparavant bien examinée : mais quoy que ſes
uſages ſont differents dans la Pyrotechnie toutêfois ſon principal office eſt
de Calybrer les boulets des Canons, les embboucheures & orifices des machines de guerre, comme ſont toutes ſortes de pieces d'Artillerie, de Mortiers, de Petards &c. Comme ( par exemple ) ſoit propoſé quelque piece
de canon dont la bouche ou orifice, ſoit en la figure du Nᵒ. 8. A B C D.
que le diametre de la circonference de cet orifice ſoit A B, lequel eſtant pris
avec le compas, ſoit tranſporté en la *Reigle du Calibre*, ( ayant premierement
retranché le vent de la balle, du quel nous parlerons ailleurs ) un des pieds
du compas montrera quelque nombre en la meſme Reigle, denotant le poids
du boulet de ce meſme diametre ; Comme en cette figure le diametre B E
( ſans comprendre cette particule A E qui eſt le vent de la balle ) eſtant appliqué ſur la *Reigle du Calybre* qui eſt preparée pour calibrer les boulets de
fer, montre le nombre 2. qui eſt le diametre d'un boulet de 2 ℔ ; par
là vous Conclurez ayſement, que cette piece de canon propoſée, porte
une

une balle de fer de 2 ℔. que si vous appliquez ce mesme diametre à l'autre superficie de la Reigle, sur laquelle les diametres de plomb sont tracez, vous rencontrerez quelque nombre, qui vous marquera le poids du mesme boulet, s'il estoit de plomb.

Remarquez, que si le diametre de quelque boulet, estant porté & posé sur la Reigle du Calybre, n'arrive pas exactement sur quelque nombre, qui marque une ℔ entiere, mais qu'il y reste encore quelque espace, entre le point du susdit diametre, & le point superieur du nombre suivant marqué sur la mesme *Reigle* sçachez. que ledit boulet proposé. pesera encore quelques lots outre la ℔ entiere : pour sçavoir de combien, voicy comment vous le pourrez aysement rechercher. Que le compas ( par exemple) coupe une , sur l a *Reigle du Calibre,* & qu'il y reste encore quelque espace, entre le point 1. & le point de vostre diametre, vers le point 2. Pour lors voyez sur quelque eschelle , de combien de parties est composé vostre diametre: & pareillement combien vostre diametre d'une ℔ contient de semblables intervalles. Soit donc icy le diametre d'une ℔. de 100 particules, & le diametre proposé de 108 particules semblables : De là il est tres manifeste que le poids du boulet duquel il est diametre, excede le poids d'une ℔ de la mesme proportion que le cube du nombre 108 excede le cube du nombre 100 ; & par consequent que le boulet proposé pese encore quelques lots au delà d'une ℔: maintenant pour treuver ce nombre, voicy comme il vous faut Raisonner par une Reigle de trois. Si 100000 qui est le cube de 100. donne 32 lots ; combien 1259712. qui est le cube de 108. donnera t'il de lots ? l'operation achevée suivant la methode ordinaire , il en viendra 40, ou environ , qui sera le nombre des lots que peze ce boulet ; & par consequent, il excedera le boulet d'une ℔ justement de huict lots.

| A | B | B | B | B | B | B | B | B | B | B |
|---|---|---|---|---|---|---|---|---|---|---|
| 1 | 8 | 27 | 64 | 125 | 116 | 343 | 512 | 729 | 1000 | |
| 2 | 16 | 54 | 128 | 250 | 432 | 686 | 1024 | 1458 | 2000 | |
| 3 | 24 | 81 | 192 | 375 | 648 | 1029 | 1536 | 2187 | | |
| 4 | 32 | 108 | 256 | 500 | 864 | 1372 | 2048 | | | |
| 5 | 40 | 135 | 320 | 625 | 1080 | 1515 | | | | |
| 6 | 48 | 162 | 384 | 750 | 1296 | | | | | |
| 7 | 56 | 189 | 448 | 875 | | | | | | |
| 8 | 64 | 216 | 512 | | | | | | | |
| 9 | 72 | 243 | | | | | | | | |
| 10 | 80 | | | | | | | | | |

Cha-

# Chapitre I X.

De la raiſon mutuelle des Metaux , & Mineraux entr'eux , ou bien
comment on peut treuver par le poids , & la groſſeur de quelque corps metallique le poids & la groſſeur d'un autre
corps.  De plus comment on doit marquer ſur la
*Reigle du Calybre* , les diametres des boulets, faits de divers metaux , &
mineraux.

Veu que dans l'Art Pyrotechnique,on ne met pas ſeulement en euvre
les boulets de fer , mais auſſy quantité faits d'autres metaux ;  comme de plomb , de pierre , & choſes ſemblables ;  & qui plus eſt, comme il s'y rencontre meſme des corps faits de differents metaux, &
mineraux : il arrive ſouvent ſoit par neceſſité , ſoit que ſe ſoit par quelque
curieux divertiſſement , qu'on deſire cognoiſtre par le moyen de la peſanteur ou groſſeur donnée de quelque corps,un autre fait d'un metail different
à celuy là, ou à raiſon de ſa groſſeur, mais de differente peſanteur , ou à raiſon de ſa peſanteur,mais de differente groſſeur : Voyla pourquoy i'ay creu
ne faillir aucunement , au coutraire obliger beaucoup tous ceux qui ont de
l'inclination à la Pyrotechnie , & leur y faciliter le chemin de beaucoup , ſi
ie leur faiſois voir en ce chapitre certains rapports , & certaines habitudes
mutuelles , de tous les metaux , & mineraux entr'eux, que i'ay tirez des autheurs les mieux ſenſez & les plus fondez dans cet art: toutéfois le lecteur
ſera adverty de grace, que lors qu'il rencontrera dans les autres autheurs ces
proportions mutuelles des metaux , en quelque choſe differentes des noſtres,qu'il ne nous ſçache point mauvais gré, ſi nous nous ſommes arreſtéz
aux experiences les plus recentes, & aux pratiques les plus nouvelles , ſans
toutéfois que nous voulions diminuer en rien l'authorité des autres, pouvant bien vous imaginer qu'un chacun ſçait aſſez ( comme rapporte Mathias Berneggerus , en ſes annotations ſur le taicté de Galilée *de Galilæis* )
*quanta ſit metallorum purorum ( pura autem vocantur metalla , quibus nulla al-
terius metalli , admixta vel alligata eſt particula ) non ad ſe mutuò tantùm , ſed &
in ſuo cujuſque genere , aliqua ponderis diſcrepantia ; ſic, ut Aurum Auro , Plumbum Plumbo , gravius , leviuſve deprehendatur, utut in magnitudine conveniant.
Quin & metallum cuſum fuſo metallo præponderat, cùm illius partes cudendo longè
magis , quàm fundendo coarctentur, & ſolidiùs coëant. Ergò fruſtrà hìc* xxxxx
*quæſiveris. Lapidum verò diverſitas longè quàm metallorum eſt major.  Sunt e-
nim bibuli q uidam , quos arenarios vocant : ſunt alii ſolidiores , & hi ipſi interſe
ſoliditate diſcrepantes.*  De plus les differentes façons de peſer , dont on ſe
ſert le plus ſouvent en certaines choſes graves & peſantes , ont beaucoup
de reſſemblance à la varieté des obſervations aſtronomiques, qui different
preſque touſiours de quelques minutes, primes, ou ſecondes.  Or comme il
ne ſera pas tout à fait inutil , que vous ſçachiez comme quoy ces ſçavants
perſonnages nous ont eſtably des moyens aſſeurez & fourny des experiences infaillibles , pour treuver les differences des gravitez entre ce metail cy,
& cet autre là , & pour vous rendre faciles les plus grandes difficultez que
vous pourriez avoir à la recherche de leurs veritables épreuves ; pour cette
conſideration ie vous ay icy rapporté ce que dit Marius Merſennus , un des
plus·

plus infignes Mathematiciens qui ayt vefcû de nos jours, touchant ce fub-
ject voicy ce qu'il en dit en fon lib: des hydrauliques, prop: 47 :

*Imprimis igitur liquores phialis exploravi , quæ tantò meliores , quantò collum*
*angustius habuerint ; cui collo lineola , vel filum accommodandum , ut singuli li-*
*quores ad eandem lineam afcendentes , lagenam ex æquo impleant. Non comme-*
*moro qualibet vice lagenam penitùs exficcandam , ne præcedentis liquoris guttula*
*lateribus interioribus vel etiam exterioribus phialæ adhærens , exactam gravitatis*
*cognitionem interturbet. Taceo etiam quæ alias de bilancibus & stateris dicta funt,*
*deque ponderum divifionibus, in quibus maxima diligentia requiritur.*

*Verum hic modus non eft commodus ad corpora dura expendenda, qualia funt*
*metalla , nisi priùs funderentur , ut revera fundi curavi ; fed præterquam quòd*
*omnia metalla non æqualiter typum feu formam implent , ut prop. 8. lib. 4. de*
*Campanis coroll. 3. monebam , & quædam fiant in unis quàm in aliis majora fpa-*
*tia interiora folo aëre plena ; quædam difficillimè fundantur, uti cuprum , feu pu-*
*rum æs ; non poffunt fundi lapides , ligna , &c. ea propter metalla ejufdem magni-*
*tudinis ex aurificum chalybeis inftrumentis in filum ducta , bilancibus exploravi ,*
*ut loco citato librorum harmonicorum videre eft , quæ cum mihi ne dum fatisfaci-*
*ant, tùm quia initio fili ducti, quàm in ejufdem fili medio, & fine ( licet nullis fen-*
*fibus id pateat ) foramen latius evadit , & minùs uni quàm alteri metallo refistit ,*
*tum quòd omnia metalla duci nequeunt in filum, quemadmodum neque lapides ,*
*neque liquores &c. aliud addendum.*

*Tertium igitur modum ex terno repetendum arbitratus, quo mihi corpora omnia*
*formarentur in globos æquales, vel ex fabro lignario, qui parallelepipeda , vel cubos*
*efficeret , quoad fieri poterat , æquales , illum rejeci cùm inæqualitatem bilances o-*
*ftenderint ; fed neque lapides , metalla , vina , liquores &c. tornari , vel rucinâ*
*levigari poffunt : quapropter nullus alius mihi fupereffe vifus eft modus , quàm ex-*
*actis bilancibus omnia corpora in aëre , vel in aqua , vel in utrifque examinaren-*
*tur. In aëre quidem omnes liquores,quos lagena , quæ collo fuerit angustiffimo , in-*
*cludas , & cum aqua conferas : in aqua verò reliqua corpora dura , quæ , prout li-*
*quores, exactè ponderari poffent in aëre, fi vel effent magnitudine æqualia, vel ma-*
*gnitudinis illorum difcrimen agnofceretur : fed cùm diverfis figuris ut plurimum*
*irregularibus afficiantur, nil commodius aut exactius quàm ut in aqua expendan-*
*tur , & ex ratione aqueæ molis illis æqualis , ad gravitatem illorum , concludatur*
*quantò fit unum altero gravius: quod fi femel in tabulam referatur, nullus deinceps*
*labor in iis impendendus.*

Le mefme autheur fur ce mefme fujet un peu plus bas au corollaire de la
mefme propofition ( *Memini Dounotium Geometram metalla omnia fuiffe foli-*
*tum ad heminam Parifienfem reducere ; & ubi fuppofuiffet , aquam heminâ con-*
*tentam unius effe libræ : metalla fequentia , ejufdem molis ita fe habere , ut fer-*
*rum fit lib. 8. æs 9. argentum 10; Plumbum 11; , & aurum 19 , fphæram verò*
*plumbeam, cujus axis , feu diameter , pollicis cum beffe , five octo lineis , in pre-*
*tio habuiffe , quod effet pondo .unius libræ ; fed cùm heminam fufis metallis im-*
*plendam fibi propofuiffet ad aliorum jufta pondera definienda , illum ab inftituto*
*revocavi , quod expertus effem typos , & vafa minùs à quibufdam metallis , ab a-*
*liis vero magis impleri , & in his quàm in illis plura vacuola , feu plures , ut fufo-*
*res loquuntur , ventos reperiri.*

C'eft icy donc où Merfennus nous fait voir par quelqu'une de ces inventions que luy mefme à cy deffus citées , les mutuelles proportions des metaux,inventées par M<sup>r</sup> Petit avec beaucoup de curiofité,& tres exactement
reduites par luy mefme en une table , nous affeurant que les metaux de pareille groffeur , obfervent entr'eux l'ordre & la raifon qui s'enfuit. A Cette
table

table cy deſſous poſée nous avons adjouté la proportion qu'ont le **Soulphre**
& le Bois avec le reſte des autres metaux.

| | |
|---|---|
| l'Or | 100 |
| le Mercure | 71 ½ |
| le Plomb | 60 ½ |
| l'Argent | 51 ½ |
| le Cuivre | 47 ½ |
| l'Airain meſlé de Calamine | 45 |
| le Fer | 42 |
| l'Eſtain commun | 39 |
| l'Eſtain pur | 38 ½ |
| l'Aymant | 26 |
| le Marbre | 21 |
| la Pierre | 14 |
| le Criſtal | 12 ½ |
| le Soulphre | 12 |
| l'Eau | 5 ¾ |
| le Vin | 5 ¼ |
| la Cire | 5 |
| l'Huyle | 4 ½ |
| le Bois de Tillier | 3 |

L'uſage particulier & principal de cette table icy, ſera pour donner à connoiſtre, par la groſſeur & peſanteur connuë de quelqu'un de ces corps pro-
poſez: la groſſeur & peſanteur de quelque autre corps, & par meſme moyen
la raiſon de l'une & l'autre groſſeur & gravité. Comme par exemple ſi vous
voulez ſçavoir quelle eſt la raiſon de gravité ou peſanteur entre le fer & le
plomb ; c'eſt à dire de combien le plomb eſt plus peſant que le fer, eſtans
tous deux de pareille groſſeur, cecy ſera fort ayſé à ſçavoir par la table ſuperieure : Car la peſanteur du plomb ſera à celle du fer, (les deux corps eſtans
de meſme grandeur ou groſſeur) comme eſt 60 ½ à 42. Ces choſes icy eſtans
deſia bien connuës nous n'aurons pas beaucoup de difficultè de reſoudre
un certain Probleme, à la verité excellent, & tout à fait neceſſaire dans la
Pyrotechnie. Car ſi on nous propoſe un Canon de fer qui peſe 2000 ℔ de
fer : & qu'on nous demande apres combien de ℔ d'airain, il faudroit avoir
pour conſtruire un autre canon, de pareille grandeur & groſſeur, de meſme
forme, d'égale proportion en toutes ſes parties, & avec tous les ſemblables
ornements que le propoſé. Voicy comme vous le pourrez connoiſtre : poſez de la table ſuperieure les nombres en Reigle de proportion ſuivant cet
ordre : De meſme que 42, ( qui eſt le nombre de la peſanteur du fer ) eſt à
45, (qui eſt le nombre de la peſanteur de l'airain mellé de calamine ) ainſi
eſt 2000 ℔ nombre de la peſanteur du Canon de fer propoſé, à la peſanteur
recherchée. L'operation eſtant achevée, vous aurez le poids de l'airain
meſlé de calamine, neceſſaire à faire un Canon ſemblable au propoſé à ſçavoir
2142 ℔ & 27 lots ou euviron.
Suppoſé donc que la groſſeur de quelque corps ſoit bien connuë en toutes ſes parties : je dis qu'il ne ſera pas mal-ayſé de connoiſtre la groſſeur de
quelque autre corps, cette groſſeur eſtant meſurée par les meſmes parties,
comme auſſy égale en peſanteur au corps propoſé, & de meſme forme quoy
que d'inegale grandeur, ou groſſeur, ſi vous renverſez l'ordre des raiſons
don-

donneés. Par exemple foit connuë la groffeur d'un boulet de fer d'une ℔, duquel le diametre eft compofé de 100 particules (comme nous avons defia dit cy deffus: On demande de Combien eft le diametre d'un boulet de plõb de mefme pefanteur. Pour cet effet cherchez la raifon des groffeurs des ces deux corps d'inegale pefanteur fur voftre table fuperieure : car de mefme que 60. eft à 42 ainfi fera la groffeur d'un boulet de fer, à la groffeur d'un boulet de plomb de mefme poids.

Or pour cognoiftre le nombre des particules égales que doivent contenir les diametres de l'un & l'autre boulet nous avons trouvé bon de vous defcrire cy deffous une autre table, laquelle nous avons tres exactement calculée, à l'ayde de Celle des Racines Cubiques pofée au Chapitre premier de ce mefme livre, particulierement les proportions mutuelles des metaux entr' eux, à raifon de leurs poids, & marquées en la table fuperieure eftant fuppofées; voicy comme nous y avons procedé. Nous avons multiplié la Racine du centiéme Cube prife fur la table Stereometrique, à fçavoir 464 toûjours par 100, & divifé le produit 46400 toûjours par les Racines competentes-chaque nombre des poids metaliques au regard de l'or. Par exemple pour trouver le nombre des particules qui conftituent le diametre d'un boulet de plomb, nous avons divifé le produit 46400 par la Racine du Cube 60. qui eft environ de 392 : le quotient 118, s'eft treuvé eftre le diametre d'un boulet de plomb pefant autant qu'un autre d'or. Voila comme quoy nous avons Conftruit cette petite table cy deffous décripte, de laquelle fi vous defirez vous fervir pour cherscher le diametre d'un boulet de plomb d'une ℔; fuppofez premierement que la groffeur d'un boulet de fer, de mefme poids que celuy de plomb, en particules égales, vous foit bien connuë (laquelle nous fuppofons en cet endroit auffi bien comme allieurs, de 100 particules égales) puis difpofez vos nombres proportionels des metaux ainfi en Reigle de trois : à fçavoir comme le nombre proportionel du fer, (qui en la table eft 133) eft au nombre proporrionel du plomb 118 en la mefme table : ainfi font les 100 parties égales defquelles le diametre du boulet de fer eft compofé, aux particules du diametre du boulet de plomb de mefme poids que celuy de fer, ce que nous cherchions.

Le Calcul eftant achevé, vous aurez le diametre du boulet de plomb de 88.$\frac{**}{717}$ particules de mefme nature que les 100 du diametre du boulet de fer. Ainfi devez nous proceder pour trouver les diametres faits d'autres metaux ; & qui au regard du poids feront égaux à un de fer. D'avantage fi la grandeur du diametre d'un boulet fait de quelque autre metail vous eft bien connuë ; il vous fera tres ayfé de connoiftre pareillement, la grandeur du diametre d'un autre boulet compofé d'un metail different, & d'égale pefanteur avec le donné, fi apres avoir bien difpofé les nombres que vous tirerez de la table des proportions metaliques fuivant l'ordre de la Reigle de trois, vous en faites l'operation felon la methode accoutumée. Nous remarquerons aufsi ayfement tous les diametres treuvez en la *Reigle du Calibre*, fuivant ce que nous venons de dire cy devant. De plus nous pouvons non feulement rechercher les diametres des globes, mais encore tous les coftez homologues de toute autre forte de corps tant reguliers, qu'irreguliers, faits de tous ces metaux qui fe treuvent dans noftre table : comme auffy la raifon mutuelle de la groffeur d'un corps à un autre (pourveu qu'ils foient de poids égal) fera tres ayfée à concevoir par la table fuperieure. Comme ( par

D                                                    exe

exemple) si on vous propose un cube de bois pesant 10 ℔, Et qu'on vous dise de construire un autre cube de cuivre de poids égal à ce premier. Pour
venir à bout de cecy, vous diviserez un costé du cube de bois en certaines
parties égales: (& tant plus que vous en ferez, d'autant plus certaine & plus
exacte sera vostre operation) supposez icy 60 particules auxquelles le costé
du cube donné est divisé, prenez en apres les nombres proportionez de la
table, & les disposez en Reigle de proportion, ou de trois; suivant cet ordre.
De mesme que 309 nombre proportionel du bois est à 121, nombre proportionnel du cuivre ; ainsi est 60 nombre des particules du costé du cube
de bois, au nombre des particules desquelles le costé du Cube de cuivre doit
estre fait ; De cette operation sortira ce nombre 24₁₂₁³⁰⁹, qui sont autant de particules de mesme nature que les 60 du costé du cube de bois, que doit contenir le costé du cube de cuivre, qui sera égal en pesanteur au cube de bois
proposé.

Ce qui à esté fait avecque le costé d'un Cube, comme d'un corps regulier, se peut faire aussy avecque toute autre sorte de costés homologues des
corps irreguliers, & par ce mesme moyen on pourra trouver aysément toutes les grosseurs des corps équiponderants composez d'autres differents
metaux, comme d'airain, de metail mixte, & allié, ou bien mesme de fer; le
tout par la voye des modeles ( que l'on appelle suivant le mot de l'art Pro-
plasmes) de tous les corps pyrotechniques, qui pour la plus part sont irreguliers: comme sont tous les Canons, Mortiers, Petards, & telles autres semblables machines, soit que ces modeles soient faits ou de bois, ou de cire, ou de
plomb ou de quelque metail ou mineral que ce soit. Pour toute conclusion
on pourra aysément venir à bout de l'augmentation de quelque corps par
quelque moyen que se soit, suivant ce que nous avons dit cy devãt, & à l'ayde
de la table des Racines Cubiques donnée au Chap: 1. à Condition touté fois
que l'on garde bien la proportion de la mesme forme du modele, ou de
tout autre corps fait d'un autre metal. Touchant ce subjet vous pourrez (s'il
vous plait) rechercher le probleme 25 au Traicté qu'en à fait Galileus, de
l'Instrument de Proportion: où il enseigne comme on peut trouver la mesme chose par un instrument de son invention.

Notez que nous avons fait icy mention de metail mixte, & allié quoy que
dans nostre table superieure nous n'ayons pas donné la raison de sa pesanteur, dans une égale grosseur, au respect des autres metaux: Il est à la verité
assez difficile d'establir des Reigles certaines sur ce sujet, veu que les fon-
deurs, & semblables ouvriers allient diversement les metaux dans la fonte
du canon ; de quoy nous parlerons plus amplement ailleurs. Nous avons
pourtant remarqué par experience, que le poids d'un metail meslé, en telle
proportion, que dans 100 ℔ de cuivre il y entre 20 ℔ d'airain de calamine
mixte, (que les Latins appellent *Aurichalcum*, les Allemands *Messing*, les Polonois *Mosiads*, mais nous autres apres les latins *Auricalque*, ou vulgairement
Laiton) & dix ℔ d'estain: (alliage que l'on iuge assez ferme, & qui est mainte-
nãt le plus en usage parmy toutes les nations de l'Europe) est le plus approchant en pesanteur, au poids de l'airain calamine mixte, si tant est que ces
corps faits de l'un & l'autre metail, soient de pareille grosseur. Ce que l'on
pourra observer, & ensuivre dans l'ordre des choses suivantes.

Dia-

## Diametres des boulets æquiponderants en particules égales.

| | |
|---|---|
| l'Or | 100 |
| le Mercure | 111 |
| le Plomb | 118 |
| l'Argent | 122 |
| l'Airain, ou Cuivre | 128 |
| l'Airain meslé de Calamine | 130 |
| le Fer | 133 |
| l'Estain Commun | 136 |
| l'Estain pur | 137 |
| l'Aymant | 156 |
| le Marbre | 168 |
| la Pierre | 192 |
| le Cristal | 201 |
| le Soulphre | 202 |
| l'Eau | 266 |
| le Vin | 267 |
| la Cire | 271 |
| l'Huyle | 276 |
| le Bois de Tilliet | 309 |

## APPENDICE.

Nous pourrons fort ayſement decider l'une & l'autre queſtion propoſée dans les exemples ſuperieurs par un autre moyen, ſoit que nous deſi-rions chercher les diametres des boulets par le diametre conneü de quelque autre boulet, ſoit que nous voulions connoiſtre les coſtez homologues de quelque corps tant regulier qu'irrregulier, par les coſtez connus de quel-que autre corps propoſé, ( ſuppoſé toutesfois qu'ils ſoient tous deux de meſme peſanteur) voicy comment vous le pourrez faire. De quelque eſchel-le que ſe ſoit, ſoit pris avec un compas vulgaire les intervalles des points proportionnaux de tous les metaux, ſuivant l'ordre des nombres de la ta-ble ſuperieure, & de là tranſportéz ſur la ligne A B tirée en la figure mar-quée du N⁰ 10, en commençant de A vers B, & marquant avecque des petits points, où chaque intervalle finit, & eſcrivant ſoubz chacun d'eux un nom, ou charactere deſquels on à de coûtume de marquer les metaux pour les reconnoiſtre : ainſi voſtre Inſtrument ſe trouverra conſtruit, & en fort bon ordre pour vous en ſervir. Pour ce qui couçerne ſon uſage ie m'en vay vous l'apprendre par un exemple de meſme qualité que celuy que nous avons rapporté cy deſſus. Soit donné le coſté d'un cube d'argent pour exemple que ſi on vous demande le coſté d'un cube de criſtal, qui ſera de meſme pe-ſanteur que celuy d'argent. Prenez la ligne droite ſur la meſme figure, avec le compas; laquelle eſt le coſté du cube d'argent, puis tenant un pied du compas fermé & arreſté au point marqué de ce mot *argent*, de l'autre poin-te ſoit d'eſcript un art de cercle; vers lequel, de A vous tirerez la tangente A C à l'infiny. Par apres prenez l'intervalle entre le point, ( où ce mot *criſtal* eſt eſcript ) & la tangente A C : Et vous aurez le coſté du cube de criſtal æquiponderant ou de meſme poids, au cube d'argent donné : & conſequem-ment tous les intervalles compris entre la ligne A B, & la tangente A C, ſe-

ront

ront les coftez des cubes compofez d'autres metaux, de mefme poids, que le cube d'argent propofé.

# Chapitre X.

### Des Poids, de leurs Differences & Coëquation ou Egalité entr' eux.

Les poids defquels nous avons contûme de pefer toute forte de corps graves, & pefants, & qui fe mettent fur la balance, eftoient chez les Anciens non feulement diftinguez de nos modernes, & de nom & d'effeĉt; mais encore ils les changeoient, & varioient entr' eux en mille & mille façons, tant pour la confideration des nations differentes qui trâffiquoient avec eux que pour le refpeĉt des diverfes denrées qu'ils pefoient ordinairement. Ce que nous voyons encore tous les jours parmy nous; car autres font les poids dont fe fervent les François, autres ceux des Efpagnols, & autres encore ceux que les Italiens, Allemands, Polonois, Anglois, & toutes les autres nations du monde mettent en ufage, auquels mefme chacun d'eux donne des noms propres, & affeĉtez au language vulgaire du pays. De plus il y a d'autres poids dont on fe fert à pefer l'or, l'argêt, les perles, le coral, & autres femblables marchandifes de grand prix. D'autres encore qui fervent à pefer le fer, le cuivre, le laiton, le plomb, l'eftain, le foulphre, l'alun, la cire, le fuif, le lin, le chanvre, la laine, le fil d'archet de fer, ou de cuivre, la chair falée & fraifche, le beurre, le fromage & toute autre femblable denrée. De plus on en void encore d'autres qui ne font en ufage que chez les medecins, apoticaires & chirurgiens avecque quoy ils pefent & adjuftent les medicaments qui veulent preparer, pour faire entrer aux corps humains. C'eft en ce chapitre icy où i'ay refolu de vous entretenir, de la difference de tous ces poids: Nous commencerons premierement par les poids des Anciens, continuerons par les noftres, & finirons par les plus modernes, lefquels nous denombrerons, égalerons entr' eux, puis en fin nous vous ferons voir l'ufage de leurs coequations & égalitez dans noftre pyrotechnie.

Pour ce qui regarde les poids des Anciens, & leurs particulieres differences entr'eux : les efcripts des autheurs tant Grecs que latins vous en parlent affez amplement : nous en avons icy recueilly quelques uns defquels nous toucherons un petit mot en paffant. Les Anciens en premier lieu divifoient generalement tous leurs poids en deux parties, à fçavoir en grands & en petits, entre les grands il y avoit.

Le Talent qui chez les Hebreux eftoit une efpece de poids fans aucune marque, pefant 3000 *Sicles* ; comme on peut voir tres clairement dans l'Exode Chap. 38 où il eft fait mention d'une certaine fomme de 100 talents, & de 1775 ficles qui provint, apres que 603550 hommes eurent payé chacun un demy *Sicle*. Or le *Talent* des Hebreux contenoit 100 *mines Hebraiques*, mais 120 *Attiques* : ou bien 1500 onces : 12000 dragmes : ou 125 ℔ de douze onces chacune. On pefoit avec le *Talent* l'or, l'argent, & le cuivre. Voyez Villalpandus fur ce fubjet en fon tome 3, ou il refute puiffamment ceux qui ont un fentiment contraire à celuy cy. Mais pour le regard du poids du *Sicle* les autheurs n'en demeurent pas d'accord. Marinus Mer-

Merſennus au livre qu'il a fait, des meſures, des poids,· & des monnoyes
aſſeure qu'il a eſpreuvé qu'un *Sicle d'argent* ( auquel il veut que celuy d'or
ſoit égal au regard du poids, quoy qu'inégal en valeur ) peſoit 268 grains, &
de là il Conclu que le *Talent Hebraique* peſant 3000 *Sicles*, avoit eſté de 87
℔ (de 16 *onces* chacune) 3 onces, 6 dragmes, & 2 deniers, ou bien de 804000
grains. D'ou l'on peut conclure que le *talent* de Villalpandus eſt plus grand
que le calcul de Merſennus de 6 ℔, (de 16 onces chacune ) 8 *Onces*, 2 *Dragmes*, & 2 *Deniers*. Il y en a qui croyent que les Hebreux ont eu deux ſortes de ſicles, le commun, à ſçavoit *le prophane Di-drachme, & le Tetra-drach-
me du Sanctuaire*, qui eſtoit le double *du ſicle commun* : Mais liſez s'il vous
plait Villalpandus, ſur ce paſſage, où il diſpute, fort, & ferme contre Grepſius,
& luy ſonſtient qu'il n y a eu qu'un ſeul *Sicle*, égal en valeur au *Statere* des
Atheniens, & non pas deux, comme *le commun* ou *prophane*, & *le Sacré*. *La
quatrieme partie du ſicle* à ſçavoir une dragme dont il eſt fait mention en S.
Luc. 15, & 8, eſtoit égal au denier Romain, duquel en S. Mathieu 18, 22,
ou bien comme *la moitie* en S. Mathieu 17, 27. *Le Sicle* eſtoit compoſé de
20 *Oboles*, que les Hebreux appelloient *Gerah*, & les Caldéens *Maha* : *L'obole*
ſuivant la commune opinion des Rabins, eſtoit du poids de 16 grains d'orge : deſquels ( comme ils égalent les grains d'une once, ſelon les obſervations qu'on en a faites, & deſquels nous parlerons cy apres) on pourra faire
un *Sicle*, ou 20 *Oboles* de 320 grains. Par ainſi 3000 *Sicles* peſeront 6000
grains, ou bien 104 ℔ (peſant chacune 16 *onces*) 2 onces, 6 *dragmes* & un denier ; liſez Merſennus en ſon livre des Meſures, des Poids, & Monnoyes, &
les autres autheurs, qu'il cite là meſme ſur ce ſubjet. Si vous deſirez en ſçavoir d'avantage touchant les differences des poids du *Sicle Hebraique*.

Il eſt tres certain qu'il y a eu trois ſortes de *Talents* parmy les Romains
au rapport des autheurs. *Le moindre & le plus petit* des trois eſtoit de 84 ℔
Romaines. *Le moyen* eſtoit de 120 ℔ au dire de Vitruve chap: dernier de ſon
X. lib: ou il rapporte que Helepolis, eſtoit ſi bien munie de Cilices, & ſi puiſſamment fortifiée de Cuirs qu'elle pouvoit ſouffrir le choc d'une pierre de
360 ℔ pouſſée par la fonde, ou baliſte ; or eſt il que c'eſtoit le poids de 3 talents, chacun deſquels peſe 120 ℔. *Le plus grand* ſe trouve chez Suidas, &
Heſychius, qui teſmoignent tous deux avoir eſté de 125 ℔ qui eſt un poids
égal au *Talent Hebraique*.

*Le Talent* des Grecs, ou Attiques eſtoit compoſé de 6000 dragmes, ou
de 60 mines Attiques, comme Suidas rapporte de Feſtus : encore eſtoit il
ſuivant l'opinion de Villalpandus la moitie de celuy des Hebreux, & ſuivant
celle de Suidas & d'Heſychius la moitie de celuy des Romains à ſçavoir de
62 ℔ ; Romaines. La valeur du *Talent Attique* dans la monnoye eſtoit de 600
eſcus couronnez. D'où cette inſigne, & memorable liberalité d'Alexandre
le Grand envers les hommes doctes, lors qu'il gratifia ſon precepteur Ariſtote de 800 talents pour recompenſe de la peine qu'il avoit priſe à luy de-
ſcrire la nature de tous les animaux, qui valoient comme quelques-uns veulent dire quattre cens & huictante mille eſcus couronnez & lors qu'il envoya par des embaſſadeurs au Philoſophe Xenocrate cinquante Talents, qui
eſtoient trente mille eſcus. Outre ces Talents que ie viens de nommer, il y
en avoit encore d'autres façons, à ſçavoir.

*Le Talent* Thracien, ou des Thraces, qui eſtoit de 120 ℔ ; Celuy des Egip-
tiens de 80 ℔ : celuy d'Alexandrie eſtoit le demi de l'Attique à ſçavoir de 31

℔ & 3 onces, celuy de Syrie de 1500 dragmes, ou de 15 ℔, 7 onces, & 4 dragmes,& celuy d'Eginée eſtoit ſeulement de 10 dragmes.

Parmy les Moindres poids des Anciens, on trouvoit chez les Hebreux.

La Mine ou bien *Manegh* qui eſtoit de 30 *Sicles* ou de 120 dragmes,

La Mine des Grecs ou *Mna*, μνα, eſtoit de deux façons, à ſçavoir, la petite qui contenoit 75 dragmes,

La ſeconde qui eſtoit plus grande que la nouvelle meſure de Solon. Contenoit 100 *dragmes. La Dragme* eſtoit diviſée en 6 *oboles: l'Obole* en deux *demyes oboles*: La Demye Obole en 3 *Chalques*: le *Chalque* en 5 *Leptes*. Mais pour le regard de la diſpenſation des drogues & medicamments chez les Medecins, & Chirurgiens, *la Mine* ſe diviſoit en 16 onces: *l'Once* en 8 *dragmes:la Dragme* en 3 *Scrupules*: le *Scrupule* en 2 *Oboles*: l'Obole en 2 *demies-oboles*: la *Demie-obole* en un *Silique & demy*: *le Silique* en 4 *grains*, ou *Moments*.

*La Mine* d'Alexandrie comprenoit 20 *Onces*: & En fin pour concluſion de la Mine, la Ptolomaïque ne contenoit que 8 onces ſeulement.

La Livre eſtoit ce que les Romains appelloient proprement, poids & As,ou Aſſis,ce poids eſtoit entre les plus gräds le plus petit,& entre les plus petits le plus grand. Il contenoit ordinairement 12 onces: & cette *Livre Romaine* eſtoit plus legere que *la mine Attique* de 4 dragmes. *La Livre* premierement eſtoit purement & ſimplement compoſée d'onces par ſoy: *Le Sextans* eſtoit de 2 onces, *le quadrans* de 3 onces; *le Triens* de 4 onces. Le *Quincunx de* 5 *onces*, le *Semis* ſe 6 *onces* ( qu'on appelloient auſſi demye Livre) le *Septunx* eſtoit de 7 *onces*: Le *Bes* de 8:*Le dodrans* de 9:*le Dextans* de 10, & *le deunx* de 11 onces. La *Livre* ſe diviſoit de rechef en d'autres poids de moindre valeur: comme en 24 *Demies onces*; en 36 *Duelles*: en 48 *Siciliques*: en 72 *Sextules*, en 48 *Deniers*: en 168 *Victoriats*: en 288 *Scriptules*.

Outre tout cecy. *La livre* chez les Romains eſtoit une eſpece de meſure, qui contenoit 12 parties égales, qu'ils appelloient pareillement *onces* à celle cy ils donnoient le nom de *Livre Menſurale*, ou *livre de meſure* à ce qu'elle puſt eſtre diſtinguée d'avec le poids. L'autre au contraire dont on ſe ſervoit à peſer les choſes, je veux dire le poids meſme, ſe nommoit.*Livre ponderale, Livre de poids, ou Livre peſant;* qui eſt celle la meſme que nous avons deſcripte cy deſſus. Or cette *Livre menſurale*, au rapport de Galien en ſon lib: 5 de la compoſition des medicaments, eſtoit une certaine meſure faite de corne de laquelle les Romains avoient accoutumé de meſurer l'huyle, laquelle eſtoit repartie par des certaines lignes marquées ou dedans ou de hors qui la diviſoient en 12 parties:un douziéme deſquelles (c'eſt à dire un des intervalles qui eſtoit entre deux de ces rayes, s'appelloit *once*. Maintenant pour ſçavoir de combien la livre menſurale differe en peſanteur d'avecque, la livre ponderale, Galien l'enſeigne au lib. 6.du meſme traicté. Lors qu'il monſtre que la *livre de Meſure* eſt égale à 10 *onces* ponderales. C'eſt à dire qu'elle ſe trouve plus petite de 2 onces que *la livre ponderale,*

C'eſt aſſez diſcouru ſur les poids des Anciens, il eſt maintenant raiſonnable que nous examinions un peu ceux dont on ſe ſert dans nos pays,entre leſquels la difference n'eſt pas petite, tant parmy les grands que parmy les petits. Mais comme les termes nous manquent dans noſtre langue, auſſi bien qu'ils ont fait aux latins pour exprimer des noms qui nous ſont auſſi eſtranges qu'à eux; nous vous les deſcrirons icy tous,ſuivant les noms vulgaires qui leurs ſont propres, & particulierement affectez aux nations qui les mettent en uſage, principalement ceux dont les Marchands ſe ſervent

le

le plus communement, le tout avec le moins de prolixité que nous pourrons.

DOLIUM (qui parmy nous eſt un certain vaiſſeau de la grandeur d'un tonneau ) eſt un poids fort uſité des **Polonois** , ( lequel ils appellent vulgairement *Beczka*) qui contient 50 *pierres* : ou bien 1600 ℔, ie ſuppoſe icy *pierres de Varſavic* : chacune deſquelles peſe 32 ℔.

Le MIGLIER, que nous autres appellons *Millier* : eſt un poids des Venetiens qui contient 40 *Miriades* ( appellées en langage du païs *Miri* ) chacune deſquelles peſe 25 ℔, par ainſi tout le *millier* eſt de 1000 ℔ peſant, la livre ſuppoſée de 12 onces.

BACCAR, au royaume de **Calicut.** eſt un certain poids qui fait à **Liſbo**ne 5 grands Quintaux : & peſe en tout 640 ℔.

CALLA poids d'Alexandrie peſe 960 ℔.

CARGO, ou CARICO, & CARGO, ou CHARGE; eſt un poids fort en vogue, chez les François , Eſpagnols, Italiens , & Portugais ; qui eſt proprement la charge d'un cheval, d'un aſne , ou d'un mulet. Il contient en Eſpagne 3 *quintaux* qui ſont 360 ℔, & quelques-fois 432 ℔, à **Veniſe** , & à **Anvers** , il eſt de 400 ℔, à **Lion** & par tout allieurs en **France** il eſt de 270 ℔, & quelques-fois auſſy de 300 ℔. A ce poids ſe rapporte fort le *ſchiffpfundt* des Allemands qui eſt proprement le poids ou la charge d'un navire, comme nous le ſpecifierons cy apres.

BIRKOWIEC poids chez les **Moſcovites** , & chez les habitans de la **Ruſſe blanche** : Contient dix autres petits poids , (que ceux de ces païs là appellent *Pud*) chacun deſquels peſe 36 ℔: d'où vient que ce poids fait en tout 360 ℔,

Le SCIBA des Ægiptiens , peſe 320 ℔.

RIVOLA, ou ROMULA, poids dont on uſe à **Damaſcene** , eſt de 225 ℔.

STAR chez les **Venitiens** , peſe 360 ℔ quelques-fois 220, 180, 130, & quelques-fois auſſi 110 ℔ ſeulement : La raiſon de tant de differences entre ces poids vient des diverſes denrées qui peſent, leſquelles ie ne treuve nullement à propos de vous dechiffrer icy.

WAGE, poids en uſage parmy les nations **Belgiques** ; eſt à **Anvers** de 165 ℔: à **Bruges** en **Flandres** , de 30 pierres ou 180 ℔. Là meſme auſſi il ne peſe que 20 pierres ou 120 ℔. C'eſt de ce poids dont on peſe ordinairement le fromage & le beurre.

QUINTAL, ou QUINTALO, & QUINTALIS, Poids d'Eſpagne & de Portugal: Peſe dans la ville de **Leon** 100 ℔: à **Séville** le grand Quintal , eſt de 144 ℔ & contient 4 *Robes* : la *Robe* 42 ℔. Le petit *Quintal* n'eſt que de 28 ℔ ſeulement. La meſme ils ont un autre *Quintal* qui comprend 120 ℔, ou 4 *Robes* dont chacune peſe 30 ℔. Le *Quintal* des **Portugais** eſt de 128 ℔, & contient ſemblablement 4 *Robes*, chacune deſquelles peſe 32 ℔. Celuy l'à eſt le plus grand parmy eux : mais le petit n'eſt que de 112 ℔, qui contient auſſy 4 *Robes* , de 28 ℔ chacune. En ce meſme lieu le *Quintal* de cire peſe 1½ *Quintal* : le *quintal* eſt de 112 ℔ qui fait en tout 168 ℔. Au Royaume de **Feſſe** , le *Quintal* peſe 66 ℔ d'Anvers. En **Maroc** , & en **Guinée** , il eſt de 129 ℔.

CANTAR & CENTNER, eft ce qu'Anciennement on appelloit POIDS
CENTENAIRE, (qui veut dire proprement *poids du Cent* parmy nous) à
raifon qu'il pefoit 100 ℔, d'ou vient chez Nonius, que ces foldats s'ef-
crioient : *quid fit ? baliftas jactas centenarias* ; fi ce n'eft à caufe qui ces puiffantes & admirables machines élançoient de pierres du poids 100 ℔. Mais
pour l'heure prefente fe poids ce met en mille & mille poftures ie veux dire
qu'il fe change & varie au gré d'une infinité de nations qui le mettent en
ufage. En France par exemple, dans la Ville de Paris on le divife en 4
*Quartrons* chacun defquels eft de 25 ℔ pefant, à Lion, à Thouloufe, à
Avignon, & à Montpellier il eft de 112 ℔. En Efpagne il contient 4
*Robes*. La *Robe* 30 ℔ qui font les 4 enfemble 130 ℔, qui reviennent juftement au poids du Quintal. En la Poüille, Calabre, & Candie ; pareillement à Conftantinople, Alexandrie, Aleppe, & aux ifles de Cyprès
& de Rhodes, il eft de 100 *Rotules* : en Cicile 61. *Rotules* de 30 *onces* cha-
cûne font un Centenaire, à Damafque le Centenaire comprend 5
*Zurles*, ou 5 *pierres*, chacune defquelles pefe 20 *Rotules*. En Barbarie, il
contient 5 *Robes*, & la *Robe* 20 *Rotules* : à Oran le centenaire eft compofé de
4 *Robes*. En Angleterre de 112 ℔, à Norembergue, & dans la plus part
des principales villes de la haute Allemagne, il eft de 100 ℔ 120 ℔, & quelque-
fois de 132 ℔ : En Silefie & Vratiflavie, il pefe 5 *pierres* de 24 ℔ chacune, qui
font emfeble 120 ℔ : à Hambourg & à Dantifque il fe trouve aussi de 120
℔ : à Mont-royal il eft de 138 ℔ : à Lubec : à Stetin en Pomeranie il fait
121 ℔ : à Cracovie en Pologne il eft de 138 ℔ : à Varfavie il pefe 5 *pierres* chacune defquelles pefe (comme nous avons deja dit cy defsus) 32 ℔,
qui font en tout 160 ℔, fuivant les ordonnances qui furent eftablies dans ce
Royaume en l'an 1565 : à Leopole en Ruffie le Centenaire contient 5 *pierres* defquelles chacune pefe 30 ℔.

La ROBE eft un poids en ufage chez les Efpagnols & Italiens laquelle pefe 36, 32, 30, & 28 ℔, comme nous avons fi fouvent redit cy
defsus.

La PIERRE appellée vulgairement STEIN dans les hautes & baffes
Allemagnes; eft un poids fort en vogue parmy les Allemands, Flamends,
& Hollandois, & le refte des nations qui habitent les coftes de l'o-
cean Germanique, & de la mer Baltique : côme auffi dans la Pologne &
dans la Lithuanie on s'en fert fort, voire mefme jufques dans l'Italie où il
eft en ufage : à Rome, à Florence, à Bologne, mémement à Hambourg à
Lubec, à Stetin elle pefe 10 ℔, dans ces mêmes lieux il s'y entreuve encore
une autre qui eft le double de celle cy à fçavoir de 20 ℔ : à Vratiflavie en
Silefie, elle pefe 24 ℔ : à Cracovie 27 ℔ : à Varfavie, & à Lublin 32 ℔,
fuivant les arrets donnez par Sigifmund Augufte en l'an 1565 : à Leopole
elle pefe 39 ℔. Celle de Dantifque fe rencontre de deux façons ; la plus
grande eft de 34 ℔, c'eft celle là qui fert à pefer le lin & la ciré. La plus petite eft de 24 feulement, c'eft avec quoy l'on pefe les drogues, efpiceries, &
toutes les autres chofes aromatiques : à Mont-royal, elle eft auffy de deux
fortes de pefanteur, la plus grande pefe 40 ℔, & la plus petite 28 feulement :

à El-

à Elbing: à Vilne en Lituanie : à Rigue : & à Revale en Livonie elle
eſt de 40 ℔: à Torane de 24 ſeulement.

NAGEL eſt un poids dont on ſe ſert fort en Angleterre particuliérement à peſer la laine : à Bruges en Flandres il eſt de 6 ℔. De plus 45 *Na-*
*gels* font un certain poids qu'on appelle *Wage*, deux *Wages* font un *Sac*, 3
*ſacs* font un *Seltier* ou *Serpelier.* Mais en Angleterre *Nagel* eſt de 7 ℔. 3
*Centenaires* &; font un *ſac* de laine qui comprend 52 *Nagels.* Le *Tode* pareillement eſt un poids Anglois qui contient 4 *Nagels.*

La ROTULE ou SCUTAIRE eſt un poids en uſage parmy les Italiens,
& la plus part des Orientaux ; en Arabie, Syrie, en Grece, à Rhodes, en
Chipres, il ſe diviſe en 12 *onces*, ou 12 *Sacres*, *ou Sachoſes*, en 24 *Sexaires*
ou *Sicles*, en 48 *Deniers*, 7 deſquels font une *once*; en 96 *Darquins* qui
veulent dire *Dragmes*, en 288 *Scrupules* en 576. *Orloſſats*, ou *Oboles*, en
864 *Danigs*, en 1728 *Kirats*, qui ſont des *Carats*, ou *Siliques*, en 6912
*Keſtufs* qui ſignifient des *grains.* La *Rotule* à Veniſe au rapport de Nicolas
Tartaglia en ſa queſtion douziéme, eſt de 2 ℔, ou de 33 *onces* &;. Et 3 *Rotules*
font 100 *onces.* En Sicile la *Rotule* eſt de 30 *onces*, à Alcair il peſe 6 ℔.
à Aleppe 60 *onces* : Là meſme *l'once* eſt de 8 *Metalliques*, ou *Metecalles*;
( voila comme les Turcs appellent *les dragmes* en leur langage )'& une *Ro-*
*tule* fait 480 *Metalliques*, chacun deſquels en particulier peſe 1; *peſo*, & 10
*peſo* conſtituent une *Ongue* ou *ongie* : Derechef 50 *Metalliques* font un *Marc*
*de Turquie:* Mais pour faire le noſtre il n'en faut que 32 ſemblables.

La MINE, MANEG, ou MNA, en Egipte peſe 16 *onces* : en Syrie
& en Iudée 18 *onces*: en quelques autres endroits l'on treuve que l'ancienne
*Mine* des Grecs peſoit 100 Dragmes.

La LIVRE que les Allemands appellent vulgairement *Pfundt.* Ceux
des Pays bas *Pond.* Les Polonois *Funt.* eſt un Poids fort en credit, & tres
bien conneü à toutes les nations de l'Europe, & preſque en uſage par tout
le monde. Mais veu qu'on la diviſe fort diverſement, & que chaque nation la ſepare en autant de parties que bon luy ſemble, puis qu'on remarque qu'elle contient plus ou moins de parties en un pays qu'en l'autre,
voire meſme qu'on la change & varie extremment quant à ſon poids, i'ay
treuvé bon de m'étendre un peu plus que ma coûtume à ſon ſubjet, &
vous rapporter icy les differentes, & inégales ſubdiviſions qu'on a remarquées dans diverſes provinces & villes de l'Europe. Pour cette fois
icy nous ſuivrons l'orde qu'a tenu Marinus Merſennus, autheur fort exacte dans ſes obſervations; de qui i'ay appris une partie de ce qui s'enſuit dans un livre qu'il a fait des meſures, des poids, & des monnoyes.
Il commence donc par la livre de France, avec laquelle il confere &
égale tous les poids des autres provinces. Premiérement il diviſe *la li*
*vre* Françoiſe en 16 *onces*: *l'Once* en 8 *Dragmes* : *la Dragme* en 3 *Scru-*
*pules*, ou *Deniers.* En ſorte que *la livre* entiere comprend en tout 384
*Scrupules.* Le *Scrupule* eſt diviſé en 24 *grains*, par ainſi ſuivant cette divi-
ſion *l'once* ſera de 576 *grains*, & conſequemment toute *la livre* ſera compoſée de 9216 *grains.* Pour ce qui regarde le grain ; encore bien que ce
ſoit une particule extremment petite & peu conſiderable en la livre, neantmoins ( à ce qu'il dit ) les Orfèvres en France ont de coûtume de

E                                                                la

la divifer encore en 512 particules. Voire mefme il confeffe avoir ef-
preuvé que ⁚⁚ d'un grain, pefoit tout au moins autant que 40 *grains de
fable*, d'ou il s'enfuit qu'un feul *grain de fable*, pefe ⁚⁚⁚ d'un *grain de
l'once*.

Ayant donc ainfi eftably la livre Françoife, & la fuppofant ainfi divifée, il enfeigne un moyen par lequel les monnoyeurs doivent conftruire leurs grains autant exactes qu'il leur eft poffible, à fçavoir que *poftquam
in fedecim partes æquales libram diviferint, iterum quamlibet partem decimam
fextam feu unciam in 22.partes,feu denarios fubdividant rurfufque quemlibet de-
narium in 24.particulas æquales, quæ grana futura fint : quod fieri poteft luminâ
æneâ, vel argenteâ tenuiffimâ, & fatis longâ, quæ poffit in 24. quadratas lamin-
las dividi ; fed laminæ tenuitas ubique æqualis effe debet : quod alii malunt in filo
ferreo, vel aneo perficere, utpote magis æquali, quanquam fi rurfus fummam æ-
qualitatem requiris, fruftra labores ; pars enim fili quæ prius per foramen tranfili-
it, ejus magnitudinem tantifper auxit,adeo ut fequens craffius, atque adeo pon-
derofius evadat : quàm inæqualitatem bilancibus exploratam,etiamfi lima vel par-
ticulæ detractione corrigas,næ tu Geometricam æqualitatem confequeris, vel cafu-
illæ confcius effe poteris.*

Il veut entendre par là que quand ils auront divifé *la livre* en 16 parties égales, ils redivifent encore chaque douziéme ou chaque *ance* en 22
autres parties égales qui feront 22 *deniers* puis derechef chaque *denier*
en 24 autres particules pareillement égales, qui feront des *grains* : Ce
qui eft fort aifé avec une petite lame de cuivre, ou d'argent fort deliée,
& longuette,en forte qu'elle puiffe eftre commodément divifée en 24 autres petites lames quarrées ; a condition toutefois que la lame foit égale
& uniforme en toutes fes parties ; d'autres ( ce dit-il ) treuvent qu'ils le
font bien plus exactement avec un fil de fer,ou d'airain,comme plus égal
& plus uny que ces bandeletes de cuivre ny d'argent:encore bien que pour
en dire mon fentiment ; fi c'eft l'extréme égalité qu'on recherche en cette divifion, c'eft en vain que l'on y travaille par cette voye là : la raifon
eft que le premier bout du fil qui a paffé par le trou a augmenté en quelque façon fa grandeur, & par ainfi celuy qui aura paffé apres fe trouverra
plus gros, & confequemment plus pefant que le premier. Cette inégalité a efté affez examinée par les trebuchets, & reconnuë telle fur les
balances les plus exactes,& à laquelle il vous eft impoffible de remedier,
foit que vous limiez ce fil, ou foit que vous en retranchiez quelque portion,vous ne recontrerez iamais cette parfaite égalité geometrique que vous
y recherchez.

Apres la livre Françoife, il nous décript la *livre* **Romaine**, laquelle ne differe pas beaucoup de la precedente en divifion. Car ils la divife en 12 *onces* : l'once en 8 *dragmes* ; ou en 24 *deniers* ; ou en 612
*grains*. Or cette difference qui fe treuve entre *la livre* Françoife, & la
Romaine à raifon du poids, paroît affez par les experiences qu'il en a faites
luy mefme : car il dit que l'once Romaine eft differente de la Françoife de
40 grains.François & que la dragme Romaine eft de 67 grains François,
& ainfi que la dragme Françoife furpaffe la Romaine de 5 grains. Mais
pour ce qui eft de la livre Romaine,qu'elle égale onze onces, une dragme,
& un denier. Que fi vous reduifez tout cecy en grains vous trouverrez
que *la livre* Romaine égalera *les grains de la livre de* France à fçavoir 6432; &
par

par confequent il y aura *la même proportion de la livre de* France *à la livre de* Rome, comme il y a du nombre 9216 au nombre 6432.

En troifiéme lieu il nous donne la *livre* Angloife, qui eft celle dont les Orfèvres fe fervent particuliérement à pefer l'or & l'argent, & laquelle on appelle communément avec eux *livre de Trois.* Cette livre cy eft divifée en 12 *onces:* l'une defquelles excede *l'once* Françoife de 10 grains François. Ainfi *la proportion de la livre Françoife à l'Angloife*, eft de mefme que celle du nombre 9216 au nombre 7032. Les Marchands de cette ifle fe fervent d'une autre forte de *livre* laquelle ils divifent en 16 *onces*, elle fe nomme *livre de Haure: l'once* de cette livre cy eft plus legere que *l'on-ce* de France de 40 *grains* François : & par confequent égale à *l'once* Ro-*maine:* par ainfi cette *livre* entiere eft équipolente à 14 *onces* Françoifes, 7 dragmes & 18 *grains.* De là on infere que, *telle eft la proportion de la livre Françoife à la livre de Haure des Anglois* qu'eft celle du nombre 9216, au nombre 8586. Or comme ainfi foit que la *livre* precedente *de Trois,* plus pefante que la Françoife de 10 *grains*, contiènne 840 *grains* ; il eft par là tres manifefte *que les grains Anglois font plus legeres que les grains François*, à fçavoir d'un cinquiéme & demy. Et par ainfi, puifque ces *grains* de mefme poids conftituent parmy eux l'une & l'autre once, par confe-quant *la livre de Haure* pefante 16 *onces* égalera *la livre de Trois* pefante 14 *onces & demye.*

Des Anglois il paffe au poids des Païs Bas, ou de Hollande ; où il af-feure avoir fouvent experimenté que *la demye-once des Païs Bas* pefoit *plus que la Françoife d'un demy grain.* Par ainfi *la livre Hollandoife* de 16 *onces*, pe-fera 9232 grains François : & confequemment il y aura *la mefme proportion entre la livre Françoife & la Hollandoife*, qu'entre le nombre 9216, & le nombre 9232. On divife *l'once des Païs Bas* en 20 *Angliques:* (que les Hollandois appellent communément *Engelfchen* ) *l'Anglique* eft dere-chef party en 32 *grains:* ainfi l'once *de Hollande* pefe 650 grains Hollandois : De là il s'enfuivra que *les grains d'Hollande font plus legeres que les grains de France:* ie veux dire que ceux cy pefe moins que ceux là de $\frac{1}{71}$ ou peu s'en faut.

Pour ce qui regarde *la livre* d'Efpagne il ne fe vâte point d'en avoir faite aucune experience : mais bien d'avoir entendu dire par le rapport de quel-ques autres, qu'elle égaloit 15 *onces*, & 24 grains François. Que fi cela eft ainfi, vous avez *la mefme proportion de la livre de* France *à la livre d'Ef-pagne*, que du nombre 9216 au nombre 8664. Pour moy j'apprens icy de Villalpandus que les Efpagnols ont trois fortes de livre en ufage, à fçavoir *la plus grande*, qui eft de 32 *onces. La moyenne* qui eft de 16: & *la plus petite* (qu'ils appellent argentaire) qui eft de 8 *onces* feulement.

J'adjouteray icy quantité de fubdivifions des livres de plufieurs autres Provinces, & Villes particulieres tirées de mes propres experiences, & de ce que j'en ay appris par le rapport de autres.

En Pologne *La Livre Royale* contient 32 *lots*, fuivant l'arreft qui fut efta-bly en ce Royaume en l'an 1568. Là mefme *Le lot* pefe 1; *Sicilique* appellé en language du païs *Skoyciec:* c'eft pourquoy la livre entiere pefe 84 ficiliques. *La livre* de Dantfique eft pareillement divifée en 32 *lots: le Lot* en 4 *quartes* qu'ils appellent auffy *Quintleyn: la Quarte* en 4 *Sefteres* ou *nommules poderales*

Par confequèt *la livreDanticane* eft compofée de 12 *nómules*. Or puis qu'ain-fi eft que 32 femblables nommules font une once *de la livre*, neceffairement 4 *nommules* feront *une dragme*, & par ainfi un nommule pefera 18 grains. D'où viendra que la livre entiere fera compofée de 9216 grains, qui feront un nombre égal à celuy des grains de la livre Françoife que nous avons de-fcrite cy deffus de Merfennus : or pour fçavoir quel rapport, & qu'elle pro-portion peut avoir le poids du grain de la livre Dantifcane, avec le poids du grain François, on le pourra affez connoiftre par la fuitte de noftre dif-cours. Pierre Crugerus un des plus fameux Mathematiciens qui foyent dans la ville de Dantfique, dans un petit livret d'Arithmetique qu'il a com-pofé en Allemand nous affeure qu'il a fouvent experimenté que la demye-livre de Cracovie ( que les Polonois appellent *Grzywna*, & les Allemands *Marck* ) pefoit 16 lots, & 12 nommules de Dantfique, c'eft à dire que la demye livre de Cracovie furpaffe de 12 nommules Dantifcans la de-mie-livre de Dantfique pefante 16 lots. De là nous concluons que la *livre Dantifcane a une telle proportion avec la livre de Cracovie*, que 9216 ont avec 9648. Mais puifque c'eft la plus commune opinion des orfèvres, & mef-me la mieux receüe parmy le refte des peuples de Pologne, que la demye-livre de Cracovie fe doit rapporter au poids de 7 Dalles, ou efcus d'argent Imperiaux, ( qu'on appelle vulgairement *Dalers*, ou *Dalles* de l'Empire) & veu que le mefme Pierre Crugerus dit avoir là mefme efprouvé, que 7 Dal-les de Holande pefoiët 16 lots, & 12 ou 13 nommules de Dantfique, & puis avoir treuvé en effet que 7 autres nouveaux Dalles de Saxe eftoient du poids de 17 lots & d'un ou deux nommules de Dantfique. Par confequent fuivant la premiere obfervation, il s'en faudra fort peu que 7 Dallers n'égalèt le poids de la demye-livre de Cracovie. Ce qui s'accorde fort bien au fenti-ment des orfêvres, & du vulgaire, voire mefme aux obfervations que Crugerus a faites fur ce fujet lors qu'il nous a examiné le poids de la demye-livre Cracovienne & de la Dantifcane : voila pourquoy nous nous y atta-cherons particulierement ; de peur que la quantité de tant de diverfes ob-fervations ne nous apporte de l'embarras & de la confufion dans nos af-faires.

Mais puis qu'ainfi eft que Merfennus, au livre qu'il a fait des mefures, des poids, & des monnoyes, conftituë le Daler de l'Empire, & celuy de Bourgogne, ou de Flandre ( que les François nomment *Patagons* ) qui eft tres bien connu par tous les pays bas, du poids de 22 deniers, ou de 528 grains François. De là on doit égaler *la livre de Cracovie* contenante 14 pa-reils Dalers à 7392 *grains François*. Celle de *Dantfique* à 7061½ femblables *grains*. La livre de Varfavie comme moy-mefme l'ay experimenté eft plus legere d'une once que la livre de Dantfique : car elle fe treuve de 8640 grains Dantifcans : ainfi elle aura *fa proportion à la Cracovienne*, telle que 8640 la doit avoir avecque 9648 à fçavoir *moindre* que la livre de Cracovie de 1008 grains, qui font une once & 5 dragmes, 2 deniers & 21 grains. Mais elle contient 6619⁷⁷ grains François. Celle de Mont-royal fe rap-porte à la *Dantifcane* côme 8121½ font à 9216; veuque le mefme Pierre Cru-gerus a efprouvé que 160 ℔ de Mont-royal égaloiënt en Poids 141 ℔ de Dantfique. La livre de Vilne pefe autant que 29½ lots de Dantfique : & con-tient 8378⁷⁷ grains Dantifcans. La livre de *Norembergue* eft de 11511 grains Dantifcans: d'où vient qu'elle *exede la Dantifcane* de 2295 grains de Dan-tfique : qui font 7 lots 3 dragmes 2 deniers & 5 grains. Celle de Cologne

eft

est composée de 39 lots & 3 nommules ou de 11286 grains Dantiscans : D'où il est aysé à voir que la Dantiscane est surpassée de celle cy de 2070 grains des siens propres ; ou de 7 lots, 2 deniers & 6 grains. Le poids de la demye-livre *de Cologne*, conformement aux ordonnances des Empereurs doit égaler la pesanteur de 8 Dallers Imperiaux, ce que Crugerus dit avoir treuvé par experience. Par consequent *la livre entiere* pesera 16 Dalers, & *sera proportionneé à la livre Cracovienne*, Comme 8 est à 7. C'est à dire *qu'elle est plus pesante* de $\frac{1}{7}$ (qui vaut 2 *onces*,) *que la livre de* Cracovie. De plus le mesme Crugerus rapporte qu'il a remarqué que la demye-livre de Hollande (appellée communément *Troy-gevicht* & *Troysche Marck* par les Allemands) pese 20 lots & 10 nommules de Dantsique, ou bien 3940 grains. Et consequemment toute la livre entiere des Païs Bas sera égale à 11880 grains Dantiscans. C'est pourquoy la livre des Pays Bas excede celle *de Dantsique* de 2664 grains, ou de 2 lots Dantiscans, & 1 dragme : là où *la Cracovienne* la surpasse de 2232 grains de Dantsique, ou de 7 lots & 3 dragmes seulement. D'où il est fort facile à conclure que l'once de cette livre Hollandoise *de Troy*, ordinairement divisée en 20 Angliques, ou en 640 grains (que quelques uns nous donnent à entendre par ce mot *asen*) contient 742$\frac{1}{2}$ grains Dantiscans, & par consequent *que les grains de Dantsique sont plus legeres que ceux de Holande*. La mesme once Holandoise au rapport de Willebrordus Snellius en son *Eratosthene Botanique* lib. 2 Chap. 5. pese le poids de 9 escus d'or à la rose vulgairement dits *Rosen-nobel*, Noble à la Rose parmy nous, ce que Crugerus ayant experimenté a treuvé que 4 escus pareils à ceux là pesoient 2 lots, & 9 nommules & $\frac{1}{4}$ de Dantsique, ou 742$\frac{1}{2}$ grains. Ce mesme autheur dans ce mesme endroit veut que *cette once* soit égale *à l'once ancienne des Romains*. De plus si nous voulons conferer cette livre Batavique avec la livre Françoise nous treuverons qu'elle pesera à peu pres 9104 grains François. D'où il est tres manifeste que les observations superieures de Mersennus sur sa coéquation de la livre Batavique ne s'accordent en aucunes façons avecque celle cy puis qu'on void clairement qu'entre 9232 qui est le nombre de grains François compris dans la livre Holandoise au dire de Mersennus ; & entre 9104 qui est le mesme nombre que cy dessus, suivant les observations de Crugerus, il y a difference de 128 grains. Cest à dire que Mersennus establit l'once Batavique plus pesante de 8 grains François que Crugerus ne la fait dans ses observations. La livre d'Elbing *est tout à fait égale à la livre Dantiscane*. Mais passons maintenant aux subdivisions des livres qui sont en usage dans tant d'autres Provinces, & dans quantité d'autres Villes, à Rome par exemple, à Florence, à Bologne, ils se servent d'une certaine livre qui comprend 30 onces, c'est avec quoy ils pesent ordinairement la cire & la laine. à Milan, à Pavie, & à Cremone la livre de laquelle ils pesent la chair, est de 28 onces. à Venise la livre se divise en 12 *onces*, 72 *Sextules* 1720 *Siliques*, 6912 *grains*. à Vienne en Austriche la livre est divisée en 32 *lots*, 128 *quintes*, 512 *deniers* & 12800 *grains*. à Anvers on divise la livre en 16 *onces*. à Bruges en Flandres la livre est de 14 *onces* ; ils en ont encore une autre en ce mesme lieu, qui est de 16 *onces* de là s'ensuit que 100 ℔, de 16 *onces* chacune font 108 ℔ de 14 *onces* : ils divisent la mesme, *l'once* en 2 *lots* ; le lot en 4 *Sisanits* : le *Sisanit* en 2 *dragmes* ou *quin-*

*tes,* Dans le Royaume de la Fesse, la Livre est composée de 18 *onces.*

En fin la livre de medecine qui proprement est l'ancienne livre des Romains, se divise en 12 *onces,* en 24 *demies onces,* en 69 *dragmes,* en 288 *scrupules,* en 576 *oboles,* en 1728 *siliques,* en 5760 *grains.*

Voyci les characteres desquels les Medecins, Apoticaires & Chirurgiens ont accoûtumez d'appeller la livre & toutes ses parties : par exemple *La livre* ℔. une once ℥j. deux onces ℥ij. Et ainsi jusques à la demye-livre ; dont voyci la marque ℔ ß: une dragme ʒj. deux dragmes ʒij: de mesme jusques à huict. Le scrupule ℈: le grain, ɡʳ: vous serez adverty que d'orefnanant nous nous servirons de ces mesmes caracteres afin d'eviter la trop frequente repetition des mots.

Les vaisseaux qui contiennent une ℔ pesant sont 9 en nombre. Le premier avec tous les autres qu'il contient en soy, pese une ℔, ou 16 onces : & tout seul 8 onces. Le second avec tous ceux qu'il comprend pese une demye-livre, ou bien 8 onces ; & tout seul 4 onces. Le troisiéme avec tout le reste qui y est compris 4 onces : tout seul 3 onces. Le quatriéme & ceux qui le suivent , 2 onces : tout seul une once. Le cinquiéme avec le reste une once : tout seul 4 dragmes. Le sixiéme avec le reste , demye-once, ou 4 dragmes : tout seul 2 dragmes. Le septiéme avec le reste 2 dragmes : tout seul 1 dragme. Le huitiéme avec le reste 1 drag: tout seul 1½ scrup:Et le diernier en fin 1½ scrup: ou 36 grains.

Remarquez que nous avons dit cy dessus que le Sicle Hebraique (suivant les observations de Mersennus ) pesoit 268 grains François. Mais veuque le mesme Mersennus en sa prop: 9, lib: des mesures , des poids , & des monnoyes semble vouloir absolument que le Dalle Imperial responde ou à peu pres, à deux sicles , puisque mesme 2 sicles font 536 grains François. Voila pourquoy si l'on présuppose 28 sicles , ou 14 Dalles Imperiaux de mesme poids , à sçavoir chacun de 536 grains François , & que l'on les prenne pour le poids de la ℔ de Cracovie ; elle se treuvera infailliblement de 7504 grains François. De mesme la livre des Païs Bas ( de laquelle nous avons exposé cy dessus les habitudes, & rapports qu'elle peut avoir avec la livre de Cracovie ) se rencontrera de 92 grains François : Lequel nombre , comme il ne s'esloigne pas beaucoup des observations de Mersennus au regard de la coéquation de cette livre avec celle de France me semble le plus raisonnable:& c'est la seule raisõ qui m'a obligée a m'en tenir à cette proportion : Car il m'est advis que Mersennus a assigné au Dalle Imperial un poids plus leger que de raison , & qui appartient plus proprement au patagon de Flandre ( lequel differe en quelque façon du Dalle Imperial , soit en pureté d'argent , soit en valeur ou en prix , ou bien mesme en poids , & se treuve ordinairement plus petit que l'autre) que non pas au Dalle de l'Empire. Mais ie laisse ceux qui ont une entiere connoissance dans la monnoye, arbitres de ces differents.

LE MARC DE MONNOYE ( que les latins appellent *Marcha & libra nummularia ,* ou *nummaria* ) que nous disons avec eux *Marque, ou livre nommulaire,* est fort en usage parmy les batteurs de monnoye , parmy les Orsévres, & semblables gens qui se meslent de manier l'or, & l'argent, & de l'examiner. En Pologne celuy de Cracovie contient 8 *onces* , ou 16 *lots* , qui égalent en pesanteur 27 *lots* de Dantsique & 7 *nommules* & ½. Celuy de Dantsique pese aussi 16 *lots,* ou 256 *nommules,* ou 1024 *quartes.* La propor-

•                                    tion

tion de celuy cy à *la demie-livre* de Dantſique ſuperieure, eſt telle que du nombre 4054 au nombre 4608. C'eſt à dire que celuy là excede celuy cy de 554 *grains*, qui font juſtement un lot, 14 *nommules*, & 14 *grains*. Ce Marc dantiſcan ſert particulierement à peſer l'argent, il ſe diviſe en 24 *ſiciliques* dits vulgairement *Schot-gevicht*, un deſquels ſe ſubdiviſe dere-chef en 4 *quartes*. Mais celuy là avec quoy ils peſent l'or, les perles, & toutes autres ſortes de pierres precieuſes, contient 24 *Carats*, chacun deſ-quels peſe 12 *grains* ou 4 *quartes*. Le Marc d'Elbing eſt égal à celuy de Dantſique. Celuy d'Anvers peſe 8 *onces* ou 160 *Angliques*, ou 5120 *grains*. Là meſme cet *Anglique* eſt reparti en 6 *Carats*, par ainſi 960 *Carats*, font un Marc d'Anvers, & de plus 200 pareils marcs ſont équipollens à 105 ℔ communes d'Anvers. Le marc de Holande contient 8 *onces* : *l'once 24 nommules* : *le nommule 24 grains*. Le Marc Romain ſe diviſe en 8 *onces* : *l'once en 8 dragmes* ; *la dragme en 3 Scrupules* : *le Scrupule en 2 oboles* : *l'obole en 3 ſiliques* : *le ſilique en 4 grains*. Le Marc de France, ſuivant le ſentiment de Merſennus eſt compoſé de 8 *onces* : pour ce qui eſt de ſes diviſions ſubal-ternes nous en avons deſ-ia ſuffiſamment parlé cy deſſus. Le Marc de Ve-niſe, eſt auſſi diviſé en 8 *onces*, en 32 quartes, en 1152 *carats* ou *ſiliques*, en 4608 *grains*. La livre monnoyale de Florence ſe ſepare en 24 *demye-onces*, ou *lots*, en 288 *nommules*, en 6212 grains. Le Marc d'Or de Gennes ſe di-viſe auſſi en 8 *onces*, en 129 *nommules*, en 4608 *grains*. En ce meſme lieu la livre d'argent eſt diviſée en 12 *onces*, 288 *nommules* 6912 *grains*. La livre monnoyale de Naple contient 12 *onces*, ou 69 *octaves*. En Portugal, le Marc de monnoye eſt de 8 *onces*, ou de 64 *octaves*, ou de 288 *grains*. Dans la Miſnie, & dans la Saxe il eſt fait de 8 *onces*, ou de 162 *nommules*, ou de 4608 *grains*. Et pour concluſion celuy de Norembergue contient 16 *lots*, ou 64 *quartes*, ou 256 *primes*, ou *nommules*, ou 1024 ſei-ziémes.

C'eſt aſſez diſcouru ce me ſemble ſur ces differentes habitudes des poids, tant des anciens, que des noſtres, ie ne crois pas que perſonne puiſſe avoir deſormais aucune difficulté, ni doute, touchant leurs proportions, coé-quations, & rapports entr'eux, petits ou grands. Ie vous adverty ſeulement que quiconque deſirera en ſçavoir d'avantage qu'il ſ'amuſe à fueilleter un certain petit livre flamend à qui l'autheur a refuſé ſon nom, qui a eſté mis en lumiere à Amſtredam en l'an 1647 ſous ce titre *Treſoor van de Gewich-ten, maten von Korn ende Landen &c.* duquel i'ay tiré quantité de belles choſes, que i'ay inſerées dans ce preſent chapitre. Et même apres avoir reduite l'inegalité preſque de tous les poids de l'univers, aux poids des Anciens Romains, & les avoir tous égalez avec eux, ie vous ay fait une certaine table qui eſt à la verité calculée avec beaucoup de ſoin, & en-vironnée de toutes parts de circonferences de cercles : dont ie m'en vay vous apprendre l'uſage par la propoſition ſuivante.

Soit donnée (par exemple) quelque piece d'Artillerie faite en Italie qui porte un boulet de fer de 60 ℔ Romaines, ſi vous deſirez ſçavoir com-bien de ℔. d'Amſtredam peſe ce meſme boulet, vous le pouuez ſans aucu-ne difficulté comme s'enſuit, tout ainſi qu'il eſt fait de 100 ℔ Romaines à 76 d'Amſtredam, dans la table propoſée ; de meſme ſoit fait de 60 ℔ Ro-maines que peſe ce boulet de canon, à celles d'Amſtredam que l'on cherche. L'operation eſtant achevée ſuivant la methode ordinaire, il en viendra 45 de ᶠᵉ, 9. onces, qui eſt le poids cherché de ce meſme boulet.Ainſi en eſt-il de toutes autres choſes ſemblables, où il vous ſera impoſſible de faillir ſi vous tenez bien les meſmes voyes,& les meſmes procedures que nous avons ſuivies.

J'adjoute icy certains raiſonnements par forme de corollaire tirez des obſervations de Merſennus en ſon lib: des meſures, des poids, & des monnoyes,de peur que quantité de deſſauts qui ſe treuvent bien ſouvent dans les poids, & que meſme ces differences ſi grandes,& ſi frequentes,que nous y avons remarquées ne nous eſtonnent, ou ne nous mettent une infinité de ſcrupules dans l'ame. Mais au contraire que ce ſoit affin que toutes ces choſes,auxquelles il ne nous eſt par poſſible de toute l'eſtenduë ny de nos forces,ny de noſtre induſtrie,d'apporter aucun remede, ſoient rejettées ſur cet eminent point d'imperfection qui accompagne preſque touſjours les actions humaines. *Cùm autem in illius diverſitatis rationempenitus inquirerem, quæ non poterat in bilances, aut in varias aëris diſpoſitiones vel in eorum qui bilances ſuſtinent, vel erigunt, halitum rejici quibus æquilibrium turbari poſſet, agnovi varietatem ex ipſis ponderum modulis archetypis, quibus reliqua pondera ſolent examinari, quæque ſervantur in Curia monetarum, oriri: quandoquidem tres moduli, quorum maximus eſt 64. medius 32. & minimus 16. marcorum, ſeu librarum 32. 16. & 8. non ita ſibi perfectè reſpondent, quin differant quibuſdam granis, adeo ut uncia unius, non ſit alterius uncia. Sed ne cuſtodum, vel eorum qui pondera conſtituunt negligentiam temerè arguas, dico vix, ac ne vix quidem fieri poſſe ut ea pondera quovis modo conſtituta, etiamſi forent adamantina, modulum illum accuratum, quem ab initio habuere, perpetuò conſervent.*

*Sint enim, verbi gratiâ, duæ libræ æneæ quales eſſe ſolent ſibi, quantum induſtriâ fieri poteſt hominum, æquales, hæc æqualitas diu, vel ſemper ſervari nequit, cùm enim ſæpe numero ad eas provocetur ut aliæ libræ uſuales explorentur, quolibet tactu deteritur aliquid, & quò una movebitur ſæpius, eò levior evadet, unde contigit egregio Libri pendenti Semillardo, ut ſpatio duorum annorum ſuum marcum, ſeu libræ ſemiſſem 3. granis imminutum repererit ; cui propterea ſpatio 200. annorum 300. grana, & tandem 432. annorum ſpatio uncia integra, ſeu grana 576. deterentur.*

*Dices verò duas illas libras monetales archetypas in quibuſvis controverſiis hac de re motis ſimul eſſe tangendas, ut tantundem una, quantum alia minuatur, ſed præterquàm vix fieri poteſt ut ſemper æquali motu & contactu terantur & agitentur, ut illis qualibet vice partes æquales deterantur, quis certò noſſe poſſit quantum primo tactu, quantum anno, vel ſæculo detritum illis fuerit ; Concludamus igitur nil adeo hac in parte conſtans,quemadmodum nec in aliis pluribus requirendum, nobiſq;putemus abundè ſatisfactum,cum duæ libræ uno vel altero grano ſolùm inter ſe diſcrepabunt, & nulla plebi, reiquepublicæ hinc inferetur injuria : quid enim ἀκριβὲς geometricum nobis in rebus humanis, & in mechanicis ignotum, & impoſſibile requiramus.*

M'eſtant donc mis en peine de faire une recherche bien exacte de la raiſon de toutes ces differences, laquelle on ne pouvoit aucunement rejetter ſur les balances, ny ſur les diverſes diſpoſitions de l'air, ny ſur l'haleine de ceux qui ſoutiennent les balances, ou qui les éleuent,qui ſe ſemble pourroit quelque-fois cauſer du trouble, ou divertir l'equilibre, j'ay reconnu en fin que toute cette diverſité procedoit des poids originaux, & des modelles avec leſquels on a de coûtume d'examiner les autres poids, qui ſont ceux là qui ſe gardent ordinairement ſur les hoſtels de villes,ou ſur les chambres

des

des monnoyes : puifqu' en effet ces 3 modules dont le plus grand est de 64 marcs, le moyen de 32, & le plus petit de 16; ou bië de 32 ℔ de 16, & de 8, ne fe rapportent pas fi parfaitement qu'ils ne diffèrent encore entr'eux mefmes de quelques grains, en forte que l'once de l'un ne foit pas bien exactement l'once de l'autre. Mais de peur que nous ne femblions accufer trop legerement de negligence, les gardiens qui ont ce poids en charge , ou de peu de confcience ceux là mefmes qui les ont conftruits: ie diray icy qu'il eft bië difficile, ou pour mieux dire tout à fait impoffible que ces poids de quelque façon, & de quelque matiere qui puiffent eftre faits, quand bien mefme ils feroiët auffi durs que diamants' puiffët toûjours conferver leur parfait module, & cette exacte proportion qu'on leur avoit ordonnée du commencement.

Reprefentez vous ( par exemple ) deux livres d'airain telles qu'elles ont acoûtuméez d'eftre entr'elles, quelle foient autant égales qu'il eft poffible de les faire par aucune induftrie humaine : ie dy que cette extréme égalité ne peut, ny toûjours , ny mefme long temps demeurer dans ce haut point de perfection où vous la fuppofez : la raifon eft que comme ces livres font de temps en temps maniées pour examiner les autres dont on fe fert journellement, elles s'ufent quelque peu par l'attouchement, ainfi d'autant plus qu'une fera maniée ou changée de place , d'autant plus legere en deviendra-t'elle. D'où il arriva à ce brave & fignalé examinateur des poids Semillard d'avoir treuvè fon marc, ou fa demie-livre diminuée de 3 grains en l'efpace de 2 ans, laquelle confequemment auroit efté amoindrie de 300 grains en 200 ans de temps, & en fin d'une once entiere, ou de 576 grains dans l'efpace de 432 ans.

Vous me direz maintenaint pour objection, que ces deux livres monetales ou ces deux modules, doivent eftre également maniez dans toutes les occurrëces où il fera queftion de les employer, affin que l'une fe diminue autāt que l'autre s'amoindrira; mais ie refpōd à cela, qu'outre qu'il eft bien difficile de faire en forte que tous les deux foient agitez d'un mouvemēt égal, & ufez d'un attouchemēt fi pareil qu'on puiffe dire en avoir emporté à chaque fois également de tous deux: qui eft celuy qui pourra fe vanter qu'il fçait affeurément, combien dans le premier attouchement il en peut avoir ufé , combien en un an, & combien en un fiecle entier ? Concluons pluftoft qu'il n'y a rien de certain de ce cofté là, non plus que dans quantité d'autres chofes defquelles nous ne nous devons guere mettre en peine , & demeurons plainement fatisfaits, lors que deux poids ne different entr'eux que d'un grain ou de deux feulement, & que pour cela on ne fait aucun tort ny au peuple, ny à la republique dans une quantité de fi petite importance : car à quel propos allons nous rechercher cet *ακριβὶς* geometrique, qui a efté non feulement inconnu dans les chofes humaines, & mechaniques, mais auffi tout à fait impoffible à noftre foibleffe naturelle.

# Chapitre XI.

## Des Inftruments à Pefer.

Nous avons de coûtume d'examiner les poids de quelque efpece qu'ils foient, par le moyen de deux fortes d'Inftruments , à fçavoir avec *les Balances*, & le *Briquet* ou *ftatere*, que quelques uns appellent vulgairement *la Romaine* , ou *Romane*. Nous vous declarerons icy le plus fuccinctement qu'il nous fera poffible, l'origine de l'une & de l'autre , leurs vertus, leurs ufages, leurs formes & figures particulieres, & en fin la façon de les conftruire.

F

. Des

# Des Balances.

Quelques uns veulent dire que *les balances,&la flatere* tirēt leurs origi-
nes,&leurs premieres raifons fondamētales de ces deux axiomes generaux de la mechanique,à fçavoir *que tous poids egaux,pefēt égalemēt
en diftances égales,& que les égaux ne pefent pas egalement dans des diftances inégales, mais qu'ils fe portent toûjours à la pefanteur qui tend du cofté de la plus
grande diftance. Et de cet autre. Que les poids d'inégales pefanteurs, ne pefent
pas également en diftances égales ; mais que les inégaux pefent également , en diftances inégales pourveu qu'ils foient fufpendus dans des diftances reciproquement
proportionnelles.* Quiconque voudra voir ces demonftrations il les pourra
rechercher chez Guidon Ubalde, chez Galileus de Galilée, Simon Ste-
vin , Iean Buteon & dans Guevara , & chez quantité d'autres mechaniques
qui en difcourrent tres amplement. Pour moy, encore bien que ie fçache
que beaucoup d'autres ayent defia traité de cette matiere affez dignement ;
i'ay creu neantmoins qu'ils m'avoient encore laiffé quelque chofe à dire ,
en forte qu'il me fera permis d'appuyer tant foit peu leurs raifons , & de les
ayder en quelque façon à maintenir leurs fentiments , ou pour le moins on
me permettra de faire voir aux amateurs des mathematiques un abregé de
ce que tant d'autres ont traité fi au large, & demonftré avec tant de prolixité. Ie m'efforceray de vous fatisfaire icy & de vous rendre mon entreprife
utile par une feule figure que ie vous propoferay.

Suppofons donc par exemple que la ligne droite A B, en la figure du Nº
11. foit *le fommet, ou le joug de la balance,* & que *le foustien* ou *fupport* foit G;or
maintenant fuppofant que A & B foient également diftans de G, les poids
qui y feront fufpendus (s'ils font egaux) infailliblemēt peferont également,
eftant tres évident par les fuppofitions generales que nous avons faites, que
deux corps de mefme poids, & également efloignez de leur fouftien commun, ont un point d'equilibre au milieu de leur conjonction commune, &
de leur efloignement égal: ainfi les corps E & F eftans fuppofés de mefme
poids , & la ligne droite A B qui ioint les poids , divifée en telle forte que
A G & B G foient égaux,& les points A & B également diftans de leur fupport commun, il s'enfuivra neceffairement que le point d'équilibre de l'un
& de l'autre corps eft en G, Or eft il que ce point d'équilibre ne fe trouveroit aucunement en cet endroit là,fi d'avanture un de ces corps pefoit plus
que l'autre : ce qui arriveroit neantmoins fi deux poids égaux donnez
eftoient mis en diftances inégales , ou deux poids donnéz inegaux en diftances égales : mais comme ny l'un ny l'autre ne fe rencontre pas icy , &
que l'on ne les y fuppofe aucunement c'eft pourquoy on ne pourra apporter aucune raifon à l'encontre à fçavoir pourquoy les poids égaux E & F.
fufpendus dans des diftances égales doivent pencher de ce cofté cy, ou de
celuy là. Soyez pourtant advertis que les diftances qui font entre le fupport & les poids doivent eftre mefurées par des lignes perpendiculaires def-
cendentes depuis les centres des gravitéz des corps fufpendus directement
vers le centre de l'univers. Car fuppofé que le corps E foit fufpendu du
point K, & que la ligne droite G K, foit égale à la ligne droite A G, ou GB,
& d'avantage que l'autre ligne de *direction* K I par laquelle le corps E tend
vers le centre commun de toutes chofes graves,coupe la ligne droite AB au
point I: il arrivera de là qu'à caufe que G I ne fera pas egal à A G ou à G B,
le corps E n'equipondérera plus au corps E, fufpendu de B. Car encore
bien que fuivant ce que nous avons dit cy devant,les corps foient ègaux en
poids,

poids,toute-fois veu qu'on les fuppofe fufpendus dans des diftances inégales à fçavoir en I G & G B,ils ne fe rencontreront iamais neantmoins équi-
ponderans. Maintenant que ie vous ay declaré ce qui regardoit la connoiffance de l'origine.& de la nature des balances, il me refte encore à vous faire
voir fa figure, & à vous donner quelques obfervations que i'ay creu fort
neceffaires tant pour les bien exactement conftruire que pour les examiner
en cas que vous les ayez chez vous toutes conftruites.

La figure marquée du N° 12 monftre *la branche*, *le travers* ou *le joug de la
balance*. Là les marefchaux, balanciers, & femblables ouvriers qui fe meflent
de les forger peuvent apprendre le moyen comme quoy ils les doivent conftruire, & artiftement ajufter. Cette ligne droite A B eft la feule ligne fondamentale de toute la machine, laquelle eft juftement coupée par le milieu, de la ligne droite C D au point E: à celle cy íl y en a deux autres
jointes qui ont parallèles, & également diftantes de E, à fçavoir G F &
H I. pareillement divifée, par le mefme C D. en K & L: de L on defcrit
avec la ligne LM prife comme l'on veut la circonference de cercle MNOP:
cette ligne fe doit divifer en 4 parties égales aux points I O R, & de là on
peut ayfément connoiftre les diftances des parallèles G F & H I, par la ligne A B, car M W. font les diametres de la moitié, & L M les diametres du quart. Du point K centre de la balance, il faut defcrire une circonference de cercle avec le rais K a; ou bien E K: qui eft celle là que le
quarré b.c.d.e. environne, & où les ouvriers ont de coutûme de forger un
certain clou, au axe rond par le haut, un peu longuet par le bas, & pointu
par le bout, fur lequel roule toute la machine: Or le demydiametre de cet
effieu, ou petit axe doit eftre tant foit peu moindre que le demydiametre
du cercle includ dans le quarré. On fait paffer cet axe cy dans une anfe
( dont la forme fe peut voir en la figure notée du nombre 13 fouz la lettre
B ) laquelle l'embraffe avec deux branches fçavoir une de chaque cofté du
joug, & fouftient tout le fardeau tant de la machine, que des poids, & des
contrepoids. Les bras A E & E B prennent le commencement de leur longeur de E, & fe terminent toufiours aux bouts des diametres M W ou P N,
fix fois ou huit fois ou plus ou moins de fois mefurez de E, vers A &
B. Notez que tant plus longs que feront les bras ou branches d'autant
plus jufte & parfaite en fera la balance. On forme en apresle ventre du joug ou travers en cette façon: Il faut décrire une circonference
de cercle de L avec le rayon L D ou L C ( qui fait les ⅔ du demidiame-
tre L M) puis on la divife en 6 parties égales aux points C.S h. D. g. V. par
les points g. & V, & h S. On tire les lignes droites g T. & h Q. lufqu'a
ce qu'elles rencontrent la droite T Q. tirée parallelement à la droite A B,
par C. Que fi maintenant de T. & de Q. on defcrit les portions de cercle
V S & Z S, la partie fuperieure du joug fe trouvera formée. Derechef de
P N foient mifes P V ou N S égales en X & Y, puis fi de I & H on tire les lignes droites Y I, & H X, vers Y & X, on aura la groffeur de l'un & de l'autre
bras. De plus des points X D & D Y, à l'intervalle de X D ou Y D. foient
faits les triangles équilateres X D k. & D Y i. En fin ayant defcripts les
deux arcs X D & D Y des points k & i on aura la partie Inferieure du ventre du joug toute formée. Il faut que *la languette* C M, que les latins appellent *fpartum* ou *trutina* ( qui proprement eft *le trebuchet de la balance* )
foit auffi long que l'un ou l'autre des bras. Les teftes ou boutons des bras
A & B. font formées de certaines petites peripheries de cercles defcriptes
de A & de B avec le rayon du quart du diametre M O. Les petits axes ou

ef-

eſſieux attachez aux teſtes des bras auquelles on attache d'ordinaire les baſſins de la balance,ont la meſme forme que le grand axe qui eſt au centre de
la machine; ſinon qu'ils ſont diſpoſéz tout au rebours;car leurs parties les
plus longuettes & menuës touchent immediatement la ligne droite A B,
mais les bouts inferieurs, & les plus ronds touchent la ligne droite I H. On
peut ayſement determiner leur groſſeur en faiſant des petits quarrés ſouz
A & B, entre les lignes droites A B & H I. Leſquels eſtans coupez par des
diagonales donnent les centres : d'ou ſi vous formez des petits cercles vous
aurez des eſſieux determinez dans leurs juſtes rondeurs & groſſeurs,au-
quels il faudra donner les meſmes formes qu'au grand axe de la balance.

Que les plats,ou baſſins, dans leſquels ont met les poids & contrepoids
ſoient d'égale peſanteur. Pour ce qui eſt des cordes, ou des chaiſnes, ( car
ſi la balance eſt conſtruite pour peſer des poids d'une notable peſanteur
vous en avez beſoin) avec quoy les baſſins ſont attachéz, & qui pendent
aux eſſieux, ſi on leur donne la longueur de toute la tige,ou du joug de la
balance,elle en ſera bien plus parfaite, & plus exacte. Voila ce que i'avois
à vous dire touchant la ſtructure du travers de la balance;que cela vous ſuf-
fiſſe pour cette heure. Paſſons maintenant à des certaines obſervations
que i'ay tirées de quantité de bons autheurs pour les adoûter icy, & vous
les faire voir. Par leſquelles vous pourrez facilement juger de la perfection
ou imperfection de quelque balance que ſe ſoit.

## Obſervation I.

*Les grandes balances ſont touſiours plus exactes que les petites, la raiſon de cecy
eſt que les bras d'une grande balance d'écrivent un plus grand cercle que ceux des
petites ,veu qu'ils ont leurs extremitéz plus eſloignées du trebuchet, c'eſt a dire du
centre de l'inſtrument, d'ou vient qu'ils ont un mouvement plus viſte, parce qu'ils
ſont moins attirez par le centre à un mouvement qui ne leur eſt pas naturel ; c'eſt à
ſçavoir à un mouvement circulaire ; & au Contraire ſont moins empeſchez par ce
mouvement droit qui leur eſt naturel, par lequel ils deſcendroient en bas s'ils n'eſtoient point attirez du centre, & s'ils n'eſtoient point portez en rond. C'eſt pourquoy tant plus que l'extremité du demy-diametre, ou de la branche s'eſloigne du
centre, ou du trebuchet: d'autant plus libre en demeure ſon action, & en eſt moins
contrainte: ainſi d'autant plus que les circonferences ſont vaſtes & grandes tant
plus ſe portent-elles vers la ligne droitte: voyez donc (mon cher THEOTIME)
ſi la circonference infinie peut avoir aucun rapport avec la ligne droite, & au contraire ſi la ligne droite en peut avoir aucun avec la circonference. Que ſi vous me
dites que les balances de pluſieurs ouvriers quoy que notablement grandes ſont beaucoup moins exactes que ces trebuchets des lapidaires & des orfebures, il faut que
vous ſçachiez que cela vient de ce que les grandes balances ſont ordinairement rudes & mal polies, & par conſequent d'une matiere plus opiniatre, & plus reſiſtan-
te au mouvement ; où au contraire ces petits trebuchets eſtans ſont delicatement
travaillez,bien liméz, & bien polis, en ſont bien plus juſtes. D'où l'on peut tirer ces
arguments tres infaillibles que la raiſon des mobilitéz eſt la même que celle des diametres; & que les cercles agitez d'un mouvement pareil, & d'un branſle égal obſervent cette analogie entr'eux à ſçavoir telle qu'eſt la raiſon de mouvement en un
grand cercle ſelon ſa nature,à ſon mouvement contre nature ; de meſme eſt le mouvement en un petit cercle ſelon ſa nature, à ſon mouvement,contre nature.En fin ie
dy pour toute concluſion que le bout du bras de la balance eſt porté par le poids
avec d'autant plus de viteſſe, que plus il eſt eſloigné du trebuchet. ou du centre de
toute la machine.*

Ob-

## Observation II.

Encore bien que les balances toutes libres & dechargées qu'elles soient de poids
semblent estre dans un parfait équilibre, elles ne sont pas neantmoins exemtes
de fourbes & de tromperies. Car si la languette n'est pas bien justement au milieu, & que le bassin du bras le plus court soit fait d'un bois noüeux, ou de quelque racine qui en approche, ou bien qu'on y ait coulé du plomb fondu en quelque
endroit que se soit, les bassins ne laisseront pour tout cela de demeurer dans un parfait équilibre entr'eux. Que le bras le plus court (par exemple) soit divisé en 10
parties, & le plus long en 15, & que le bassin du dernier pese 10, & le bassin du
premier 15; veritablement à cause de cette proportion reciproquement permutée,
la balance qui sera suspendue par son sparte ou soustien demeurera en équilibre, &
n'en sortira aucunement si l'on mets dans le bassin du bras le plus court un poids de
6 onces & dans l'autre un poids proportionné à 6 onces, comme 10 est à 15. C'est
pour cette raison qu'Aristote en son lib. mecha:quest. 1. tance bien aigrement ces
marchands de pourpre: car 4 estans proportionnez à 6. de mesme que 10 est à 14.
infailliblement on prendra pour 4 onces de soye le prix de 6 onces, ce qui est inju-
ste. Mais vous decouvrirez la tromperie si vous changez le poids alternativement
de bassin, c'est à dire si vous transportez celuy qui est dans le bassin du bras le plus
court, dans le bassin du bras le plus long, & reciproquement le poids du plus long, au
bassin du bras le plus court.

## Observation III.

Ce n'est pas assez de recompenser la longueur de l'un ou de l'autre bras par un plus
petit ou plus grand poids qu'on y pourroit adjoûter, encore bien que l'on le puisse
aysement faire dans les differentes grandeurs des pendants, voire mesme des bassins, il vaut beaucoup mieux ne point du tout admettre cette sorte d'également ou
compensation par le poids de la grandeur ou longueur des parties de la balance. Car
d'autant plus que les parties de l'un & de l'autre costé seront égales entr'elles, les
balances en seront d'autant plus commodes, & utiles dans leurs observations. Que
si quelque-fois la necessité vous oblige à faire autrement il faut user de tant de pre-
cautions, & de tant de justesse, à ce que cette compensation ou ce contre-poids ne
manque dans la moindre chose du monde.

## Observation IV.

Le plan où reposent les bassins de la balance doit estre parfaitement horizontal &
justement situé de niveau, car si le plan sur lequel un des bassins se repose est plus
bas que celuy sur lequel l'autre est posé; la balance estant éleuée de l'horison en l'air,
quoy qu'au paravant elle semblât estre en équilibre sur le même horizon, ne s'y treuvera neantmoins pas & n'y sera pas en effet, mais le bassin qui sera posé sur le plan
le plus bas descendra, l'autre au contraire qui sera situé en un lieu plus éleué tendra
vers le haut, Et ne vous imaginez pas que la balance retournera aussi tost en équilibre pour reposer tant soit peu les bassin sur le mesme horizon; puisque cette impression precedente qui avoit obligé un des bassins à se porter vers le bas, lors qu'il
estoit posé sur le plan inferieur luy demeurera long temps imprimée: laissez donc
reposer les balances bien doucement sur le plan pour pouvoir éprouver derechef si
les bassins se trouverront dans un parfait équilibre.

# De la Statere.

## Vulgairement appellée la Romaine.

Encore bien que ce que i'ay rapporté cy deſſus touchant les balâces pourroit ſuffire pour donner à cönoiſtre les proprietéz, les forces, & la nature de cette machine; neantmoins veu que la figure de celle cy eſt biẽ diffrente de la forme des balances, voila pourquoy pour oſter toute matiere de doute : & pour prevenir la confuſion qui peut-eſtre pourroit eſtre cauſée de la differences des figures de ce deux inſtruments ; i'adjoûteray icy quelque choſe en conſideration de cette preſente machine pour une plus grande connoiſſance de ſon uſage. Retournons donc au Nᵒ 11, voir noſtre figure en laquelle la ligne droite A G C, nous monſtre *le joug*, ou *l'arbre de la ſtatere*, dont *le bras le plus long eſt* G C, *le plus court* A G, & *le ſouſtien* eſt G: ſuppoſé maintenanr que la proportion du bras A G, au bras G C, ſoit telle que de 1. à 10. Ie dis que ſi le poids qui ſera ſuſpendu en A, eſt de 10 ℔ & que celuy qui ſera en C eſt d'une ℔ ſeulement, ces deux poids feront un parfait équilibre. Car ſuivant ce que ie vous ay rapporté cy deſſus dans le dernier de ces deux axiomes mechaniques, *inæqualia pondera æquiponderare, ſi ab inæqualibus diſtantiis reciprocè proportionalibus ſuſpenſa fuerint*. Il ſe peut faire que deux poids inégaux demeurent en équilibre, pourveu qu'ils ſoient ſuſpendus dans des diſtances inégales reciproquément proportionnées avec le poids. Or eſt il que le bras A G eſtant le double du bras G C, infailliblement par une raiſon reciproque, le poids H, ſera au poids E, comme A G eſt à G C, qui veut dire, que comme le bras A G qui eſt d'une partie ſeulement, eſt au bras G C, qui eſt de 10 ſemblables parties, & égales à celle cy, de meſme eſt du poids H & E, quoy qu'inégaux entr'eux ; leſquels à raiſon qui ſont ſuſpendus en diſtances inégales & reciproquement proportionées de neceſſité peſeront également. C'eſt à dire qu'ils feront le joug de la ſtatere parallele avec l'oriſon, ſans qu'il ſe porte vers le haut, ny qu'il s'encline vers le bas. Quelques uns eſtiment que la cauſe de cette égalité vient de ce que le poids H ſubdecuple, veut avoir à raiſon de ſa diſtance du centre de la machine, un mouvement plus grand au decuple, c'eſt à dire dix fois plus grand, & qui ſoit porté dix fois plus viſte, ſuivant le cercle C D, qui eſt dix fois plus grand que le cercle A E, lequel ce poids E pourroit parcourir tout ſeul, ſi d'avanture le poids H venoit à retomber. Car comme nous avons dit allieurs, tant plus que les points ſont eſloignez du centre, d'autant plus grands ſont ils leurs cercles, & au contraire tant plus ils en ſont proches, d'autant plus petit eſt leur tour, en la proportion ſuſditte : enſorteque ſi le poids eſt eloigné du centre de l'inſtrument de 10 pieds, il decrit un cercle dix fois plus grand, & ſe porte avec un mouvement dix fois plus viſte qu'un autre poids qui ne ſera diſtant du centre que d'un pied ſeulement, & par ainſi cette plus grande viteſſe avec laquelle il eſt porté recompenſe la gravité ou peſanteur de l'autre poids.

C'eſt aſſez parlé des proprietez de la Romaine, voyons maintenant ſa forme, ſuivant qu'elle eſt deſſinée au Nomb: 13. Il y faut premierement conſiderer la ligne droite A B C, comme la ligne fondamentale de toute la machine, l'intervalle des points A & B, eſt *le bras le plus court*, & l'autre intervalle : entre les points B & C eſt *le bras le plus long* : On peut prendre, ou s'imaginer une proportion infinie du petit au plus grand ſuivant les raiſons

que

que nous avons apportées cy dessus, en celle-cy elle est subquintuple c'est à dire comme 1 est à 5. *Le ventre de la Statere* sera formé en cette façon. Que l'intervalle A B soit divisé en 5 parties égales: de B centre de la statere soit élevée une perpendiculaire B D. Sur la ligne droite A C: sur icelle de B vers D, soient posez ⅗ de l'intervalle A B: que la même perpendiculaire BD soit prolongée vers le bas iusques en E, à la lõgueur de ⅖ du mesme intervalle AB; ensorteque toute la ligne D E soit faite égale à l'intervalle A B: de E sur E D, soient tirées deux perpendiculaires vers la droite & vers la gauche à sçavoir en G & en F égales à ⅖ du mesme intervalle, & soient formez les deux quarrés EFHQ & EGIQ: de G & F, avec les rayons GE, & FE, soient d'écrits des arcs de cercles des quarts HE & EI, & par ce moyen la partie inferieure du ventre de l'instrument sera formée, & voyci comment on formera la superieure. De D F, soient eslevées derechef deux perpendiculaires D M & D N égales à ⅕ de l'intervalle A B, qu'elle soient prolongées en L & en K à la longueur de ⅕ moins ⅒ du mesme intervalle: en apres de L & de K comme centres des cercles soient d'escripts les arcs de cercle P N & M O, avec les rayons K M & K N, ainsi vous aurez la partie superieure du ventre de la statere toute formée; pour ce qui est de la teste ou du bouton elle ne peut point recevoir de forme plus commode ny plus aysée que celle que nous avons tracée dans nostre figure, à sçavoir si dans le cercle S V T X Z dont le diametre passant par R centre de l'instrument est ⅕ de l'intervalle A B, on fait des petites evacuations, ou certaines rondeurs S Z, S V, V T, T a a. Les axes ou essieux R & Y ont la hauteur de ⅕ du mesme intervalle: on adjuste leurs parties longuettes, & aiguës en telle façon qu'elles touchent de bien pres la ligne droite A C: on aura la grosseur du plus long bras, si on descend de C en ff ¹/₁₀ de ce mesme intervalle que nous avons si souvent redit, & si de ff. & C, on tire les lignes ff I, & C P: en fin la ligne droite 5 d d, estant tirée par le milieu fera que le bras ressemblera en sa figure orthographique à un veritable romboide. En dernier lieu on prend D c c, *la Languette, le Sparte, l'Essieu, ou trebuchet* ( voila les denominatiõs que l'on donne à cette petite lame qui est posée en angle droit sur le joug de la Romaine ) égale à la ligne triplée A B. Pour le regard des trois ornements qui se font d'ordinaire sur les bras de l'instrument, & sur la languette cela se laisse à la discretion des ouvriers: mais pour le reste on le pourra assez aysement comprendre par le moyen des figures sçenographiques, que i'ay tracées & marquées de ces lettres A B & C. Ie n'ay rien plus à vous dire sur ce subjet sinon à vous donner un expedient pour diviser le bras le plus long; c'est ce que l'on a de coûtume de faire par des intervalles égaux, pour examiner jusqu'aux moindres poids qui se peuvent mettre sur la balance. I'ay dit cy dessus dans nostre exemple que la proportion qu'il y avoit du bras le plus court A B, au bras le plus long B C, estoit telle que de 1 à 5. Voila pourquoy il faudra marquer chaque intervalle sur le bras B C, avec des certaines petites marques, où nombres convenables; & puis on commencera à conter les intervalles de puis le centre de la statere B, en continuant tousiours vers C. Tous ces intervalles pourront estre divisées derechef en quantité d'autres particules moindres que les premieres, & telles qu'il vous semblera bon, pour peser les poids les plus petits. *Le contre poids, ou le coureur* qui se pend par un anneau & coure de puis un bout jusques à l'autre le long de l'arbre, en quelques uns est d'une ℔, aux autres de 10, de 100, ou de plus ou moins, suivant la grandeur de l'instrument. La methode dont on se sert pour peser vous doit estre maintenant assez manifeste, suivant les connoissances que vous pouvez en avoir

avoir tirées, par lé difcours que ie viens de faire touchant cette matiere, &
toutes les obfervatiõs que l'on peut faire en cecy ne font autres,qu'une feule
raifon reciproque des diftances du centre de la ftatere, & des poids que l'on
met dans le baffin , ou qu'on attache par quelque autre moyen que fe foit à
l'axe du bras le plus court, à fcavoir à R; avec le contrepoids, ou coureur
qui eft mouvant fur le bras le plus long. Mais veu que Iean Buteo a traité
affez amplement de cette prefente machine, ie mettray fin à ce chapitre,
apres vous avoir propofées certaines obfervations, qui font en quelque façon neceffaires pour une plus grande connoiffance de fa nature, & de fon
ufage.

## Obfervation I.

*Il faut prédre les diftances fur la longueur de la Statere ou Romaine,depuis le point*
*d'où la Statere depend librement & à l'entour duquel elle roule par un mouvement*
*libre: & depuis les points defquels le contre-poids depend librement qui refpondent*
*aux points de gravité des corps qui y font attachez,& fufpendus.*

## Obfervation II.

*Si l'on prend la Statere par le joug,la languette fera le fupport ou fouftien, le poids*
*qu'on doit éleuer, la marchandife qui fera dans le plat ou baffin, mais la poten-*
*ce fera le contre-poids ou coureur enforteque tant plus long que fera l'arbre, ou*
*le joug de l'inftrument, de puis le fupport jufques à la potence, d'autant plus faci-*
*lement fe remuëra-t'elle,& tant plus libre en fera fon roulement.*

## Obfervation III.

*On peut conftruire une Romaine qui ait le contrepoids fixe & immobile, & le*
*fupport mouvant cà & là : lequel eftant pofé au centre de gravité, fera arêter*
*la Statere, & il faut qu'elle foit divifée en telle forte, que dans le contre-change la*
*mefme proportion fe rencontre toûjours entre les bras & les poids fufpendus.*

## Obfervation IV.

*De deux poids qui paroiffent, & qui font en effet dans un parfait équilibre*
*quant à leur fituation, le plus pefant a toûjours la mefme proportion avec le*
*plus leger, que le bras le plus long de la Romaine a avec le plus court. C'eft en quoy*
*vous pourrez remarquer, que de cet équilibrement, les fardeaux, & les poids les*
*plus legers paroiffent eftre de mefme pefanteur, que les plus pefans : Ce qui ne-*
*antmoins n'eft qu'en apparence feulement, à caufe des fituations inégales des poids,*
*& non reellement & d'effet. Voila pourquoy autre chofe eft égalité de poids, au-*
*tre chofe équilibre. Il s'enfuit de là, que fi un poids deux fois plus leger, eft*
*deux fois plus eloigné du centre de la machine, qu'un autre qui eft plus pefant*
*deux fois : ou bien qu'un poids mille fois plus leger, en foit mille fois plus efloigné,*
*qu'un autre poids mille fois plus pefant ; on les trouverra toujours dans un parfait*
*équilibre.*

Cha-

# Chapitre XII.

Des mesures qui ont esté en usage chez les anciens, & de celles
qui se treuvent encore parmy nous autres, tant pour les
choses liquides ; que pour les seiches, reduites tres
exactement aux poids.

L a recherche que nous avons faite de tous les poids dont on se sert
presque par tous les cantons de l'univers,& laquelle nous vous avons
descripte dans le 10 chap. de ce present liv. autant exacte que suc-
cincte, nous a donné occasion d'y adjoûter en suite les mesures tant
anciennes que modermes des choses liquides & arides : apres les avoir toutes reduites aux poids, desquels nous nous sommes seruy, à peser toutes
sortes de corps graves & pesants, que nous avons deduits si au long dans
ce mesme chap: estimans que la connoissance n'en sera pas tout à fait inutile tant à nos pyrotechniciens qu'a tant d'autres qui s'addonnent volontairement aux sciences mechaniques : mais en cecy la raison veut, & mesme l'ordre des choses demande, que nous associons premiérement les mesures avec les poids, à cause que d'ordinaire nous les confondons ensemble, & que nous nous servons indifferemment de celles cy, ou de celles
là, sans faire aucune distinction de leurs especes, ou differences. Mais
premier que d'entrer en matiere, il faut bien observer ce qui s'ensuit.

P R E M I E R E M E N T que les liquides aussi bien que les arides se changent, & varient infiniment au respect du leurs poids : ce qui n'arrive pas
seulement dans la diversité de leurs especes, mais aussi on rencontre des
grandissimes differences dans une seule. De sortes que non seulement on
void que l'eau differe en pesanteur du vin, de l'huile, du lait, de la bierre
de l'hydromel, de l'eau de vie, & de toute autre semblable liqueur : encore
bien que toutes ces choses liquides emplissent également une mesme mesure ; mais encore on remarque une notable inégalité de poids entre l'eau
& l'eau, le vin & le vin, & tous les autres liquides qui sont de mesme nature. De plus on treuve du froment plus pesant que du froment, du seigle
plus pesant que du seigle, de l'avoine que de l'avoine, de l'orge que de
l'orge, & ainsi du reste. Ie vous dy cecy pour n'estre pas obligé à vous
faire comprendre comme quoy les choses arides de mesme genre s'accordent beaucoup moins en pesanteur avec les autres qui sont d'un genre tout
different, puis qu'entr'elles mesmes elles n'ont aucune convenance, quoy
que les unes & les autres soient mesurées avec une mesure égale. C'est
pourquoy ie desire que l'on observe icy la mesme chose qu'on a faite cy
dessus, touchant ce que i'ay dit de la raison mutuelle des poids, des mé-
taux, & mineraux: mais veu qu'on ne peut pas bien exactement remarquer
la proportion speciale & particuliere qu'un liquide ou un aride peut avoir
en pesanteur, avec un autre d'un genre different : pour cette raison ie
propose icy seulement des certaines observations generales, & des experiences qu'on en a faites, qui mettent la chose hors de doute, premierement.

G                                          Que

Que l'eau de la mer eft plus pefante que toute autre eau douce : qu'entre les eaux douces l'eau de pluye eft la plus legere , d'avantage qu'entre
l'eau de riviere , de fontaine vive , de puis , d'eftang , de pluye , de neige , de glace , voire mefme entre toutes ces mefmes eaux , chaudes , ou
froides , on y treuve des tres grandes differences , au regard de leurs
poids.

Bien plus , autre eft la pefanteur de l'eau en une faifon , & autre en une
autre faifon.　D'avantage l'eau d'une fontaine , fe treuve d'un poids aux
environ du lieu d'où elle forte , & à fa veritable fource : neantmoins à
quelque diftance du mefme lieu elle fera d'un poids tout different : & fi iamais vous avez pris garde à la pefanteur de l'eau auparavant qu'elle fût gelée , infailliblement vous l'aurez treuvée toute changée apres fon degel ,
joint que mefme on void par experience que la glace nage fur l'eau , qui eft
un tefmoignage bien evident qu'elle eft plus legere que l'eau mefme.

Ie pafferay à deffein fous filence quantité d'eaux qui font de diverfes
couleurs , faveurs , & odeurs : Ie ne parleray point non plus de toutes celles qui font gluantes , bituminenfes , alumineufes , fulphurées , ou falées;ny de celles qui en'yvrent ou qui troublent le cerveau , & la raifon à
ceux qui en ufent ; je laiffe à part auffi plufieurs fontaines graffes , & huyleufes,du nombre defquelles Pline nous en defcrit une liv. 31. Chap : 2,
aupres de Soles ville de Cilicie : & une autre femblable à celle cy , que
Theophrafte dit eftre en Ethiopie: & une autre encore que Solinus nous
raconte du mefme en fon Chapitre 23. foit qu'elles foient veritables ou fa
buleufes : ( comme font la plus part ) en fin telle que Philander nous en
décrit une dans des certaines remarques qu'il a faites fur le Chapitre 3. de
Vitruve lib. 8. laquelle il dit eftre en Baviere de Gernzée.　De tout cecy ie ne trouve digne de remarque que ce qui fe lit chez Caffiodore liv. 4.
des varietez en la lettre de Theodoric premier Roy des Oftrogoths , envoyée au Comte Apronian: à fçavoir que *aquas quæ ad Orientem Auftrumque prorumpunt dulces & perfpicuas effe , & pro fua levitate faluberrimas inveniri.　In Septemtrionem vero atque Occidentem quæcunque manant , probari quidem nimis frigidas , fed craffitudine fuæ gravitatis incommodas.* Ces
eaux Orientales , & Meridionales , ( à ce qu'il dit ) font fort douces , &
fort claires , & par confequent tres faines , à caufe de leur extréme legereté ; mais pour les Septentrionales , & Occidentales , elles font beaucoup plus froides , incommodes , & mal-faifantes, pour eftre trop pefantes, troubles, & bourbeufes. Solinus nous raconte quelque chofe de femblable , quand il parle du fleuve Hymere : à fçavoir *quod cæleftibus plagis mutetur , fitque amarus dùm in Aquilonem fluit , dulcis verò ubi ad Meridiem fleditur.*　Ce fleuve ( ce dit-il ) feulement pour changer de climat change
auffi de goût , & de faveur , veu qu'il fe treuve amer vers le Septentrion ,
& doux dans la partie Meridionale.　Et veritablement ie ne doute point ,
que puifque la difference des pays , & des terroirs , par où les eaux paffent , a ce pouvoir de changer la faveur , qu'elle ne puiffe auffi bien leur
changer le poids , c'eft à dire les rendre ou plus ou moins pefantes , qu'elles ne fe treuvent aux environ de leurs fources : mais pour le regard des
eaux des fontaines huyleufes , & graffes il faut croire qu'elles font de beau·
coup plus legeres que les autres.　Si vous defirez vous faire fçavant touchant les fontaines & les eaux,allez vous en voir Ariftote , Seneque , Pline , Caton , Varro , ( où il traite de la chofe ruftique ) Averroes , Palladius.

dius, Columella, Vitruve, Frontinus, Boccasse, & quantité d'autres qui vous donneront toute satisfaction sur ce sujet : La seule raison qui m'a obligée à vous raconter tout cecy, est affin de vous faire voir, comme les differences des poids sont infiniment variées, & changées tant entr'eux mesmes qu'entre leurs especes differentes.

Les vins de quelque genre qui soient sont plus legers que l'eau; mais comme leurs especes sont bien differentes entr'elles, aussi pesent elles bien differemment. Car tant s'en faut que le vin de Falerne, le Cretique, celuy d'Espagne, de France, d'Italie, de Hongrie, de Turquie, de Vallachie, & quantité d'autres s'accordent au poids, qu'au contraire le Cretique differe du Cretique, celuy de Falerne du vin de Falerne; & ceux cy se treuvent ou plus ou moins pesants que ces autres là : voire mesme cette difference se remarque dans des certaines saisons de l'année; puisque le vin d'un an pese plus que celuy de deux, & le vin nouveau que le vieil.

Les Huyles pesent encore moins que l'eau, ny le vin; veu que l'huyle estant mise dans un vaisseau avec l'un ou l'autre de ces deux, elle surnage, & estant broüillée & melée avec l'un ou l'autre, où avec tous les deux, elle retourne de son propre mouvement au dessus : mais ce qui est bien plus remarquable en cecy est qu'elles sont extremment differentes entr'elles au regard du poids : car l'huyle d'olives, d'amandes, de noix, de lin, de chennevis, de navets, & tant d'autres qui se mettent soubz le pressoir, ou semblables machines propres à les extraire, sont bien plus pesantes, que les autres huyles tirées par les alembiques, matras, & pareils instruments chymiques, qui sont plus artificiels.

En fin toutes les eaux distillées, les esprits, & essences preparées par la mesme voye que l'on fait les huyles, pesent moins que les huiles telles qu'elles puissent estre; bien qu'à la verité elle se treuvent aussy de diverses pesanteurs entr'elles, & non toutes également pesantes. Ie ne rapporteray point icy une infinité d'autres liqueurs dont vous connoistrez assez le poids par les experiences que vous en ferez, & lesquels vous pourrez conferer à vostre loisir avec les poids des autres liqueurs : C'est une occupation que ie laisse à d'autres qui auront plus de temps à donner à cette curiosité que ie n'ay pas, consideré qu'il ne m'en reste pas plus qu'il ne m'en faut, pour traitter des matieres qui sont beaucoup plus utiles, & necessaires, que celle là.

Les grains (comme nous avons desia dit) dans les choses arides sont infiniment differents en poids, tant entr' eux mesmes, quoy qu'ils soient d'une mesme genre qu'entre ceux là qui sont d'une espece toute differente : enforte qu'il est bien mal-aisé d'establir rien de certain quant à la raison mutuelle de leurs poids. I'adjouteray toutesfois icy, ce que i'en ay pû recouvrer par mes experiences. Ie dy donc que le bled est plus pesant que le seigle; le seigle que l'orge; l'orge que l'avoine : bien que leurs grains se rencontrent fort inégaux en grosseur & en poids de quelque genre ou espece qu'ils puissent estre. De quoy l'on peut donner beaucoup de raisons : entre lesquelles le terroir gras & fertil n'en est pas une des moindres causes : car il y a bien plus d'apparance, que la moisson reüssisse mieux dans un champs bien gras, à cause que par son humidité & sa chaleur,

G 2 il

il alimente beaucoup mieux son fruit, qu'un autre aride, sablonneux, al-
teré, maigre & infertil, qui n'aura pas de quoy nourrir ce qu'il a eu bien de
la peine à produire.

La seconde raison de cecy vient encore des divers clymats des regions,
& des differentes situations des champs,& des terres qui sont dans le monde qui sont en partie que les grains de froment sont de diverses pesanteurs, & de grosseurs toutes differentes. Au rapport de Virgile en ses
Georg. lib. 1.

> *Hic segetes, illic veniunt fælicius uvæ*
> *Arborei fœtus alibi,atque injussa virescunt*
> *Gramina.*

Que nous exposerons en ces termes.

> *Ton terroir est fertil au temps de la moisson,*
> *Un autre se promet d'avoir belle vendange,*
> *Celuy cy a des bois, & des fruits à faison,*
> *Cet autre qui en manque.a du foin en eschange,*

Et veritablement ce n'est pas en vain que l'on met tout cecy en avant, puisque nous apprenons des marchands les plus raffinez dans ce trafique que le
muid d'Amstredam, estant remply du froment qui vient de Pologne, ou
de quelques autres provinces voisines, pese 150 ℔. où au contraire une semblable mesure de froment de France pese 180 ℔. de Sardes 220: de Sicile
224: de Beotice 230 : & en fin d'Affrique 236 ℔. Ie vous prie escoutez
Vitruve sur ce subjet en son liv: 8. Chap: 3. *Quod si terra generibus humo-*
*rum non esset disimilis, & disparata, non tantùm in Syria & Arabia in arun-*
*dinibus & juncis, herbisque omnibus essent odores, neque arbores thuriferæ,*
*neque piperis darent baccas, nec myrræ glebulas, nec Cyrenis in ferulis laser nasce-*
*tur : sed in omnibus terræ regionibus & locis, eodem genere omnia procrearentur.*
*Has autem varietates regionibus & locis, inclinatio mundi, & solis impetus, pro-*
*piùs ac longiùs cursum faciendo tales efficit terræ humores, quæ qualitates non so-*
*lùm in his rebus, sed etiam in pecoribus & armentis discernuntur. Hæc non ita*
*dissimiliter efficerentur, nisi proprietates singularum terrarum in regionibus ad so-*
*lis potestatem temperarentur.*

Ce qui ne peut estre aucunement convaincu ny de mensonge, ny de
fausseté: puisque non seulement ont void que les divers clymats & territoirs,
apportent ce changement dans le fruit de la terre ; comme dans les cannes
& roseaux, en Arabie, dans le jonc, & dans les herbes de diverses odeurs,
dans les arbres qui distillent les gommes si differentes dans leurs vertus, &
leur nature mesme : qui portent des fruits si divers, & si differents dans
leurs temperaments & proprietez,mais encore dans le bestail & dans le reste
des animaux, qui se voyent tous differemment complexionez. Ce qui ne
seroit point,si le soleil n'avoit communiqué des propietez particulieres, &
specifiques à chaque terrain.

D'avantage les differentes saisons de l'année, causent bien souvent de la
diversité dans les grains, tant à la forme qu'au poids : car bien souvent les
trop longues pluyes, ou un temps nuageux & couvert, est capable de
nous rendre les grains, maigres, petits, & legers ; pource qu'ils n'auront
pas pû arriver à ce degré de maturité, faute de la chaleur qui leur estoit necessaire.

Ce n'est pas mesme sans quelque secret mistere que les paysans & labou-
reurs, ont accoûtumez d'observer le temps d'ensemenser leurs terres, car
ils

ils fçavent fort bien quelle femence ils doivent mettre fur le champs en la lune croiſſante, quelle en ſon declin, quelle lórs elle ne monſtre ſes cornes que fort eſtroites, & quelle en fin lors que dans ſa plenitude, elle ne parôit éclairée que d'une lumiere empruntée & étrangere. Voire meſme leur connoiſſance paſſe bien plus avant, puis qu'ils connoiſſent la plus part des differentes ſituations des corps celeſtes, leur lever, & leur coucher, & toutes autres ſemblables choſes qui nuiſent à la moiſſon, & ruinent leurs eſperances dans le meſme moment qu'ils la cachent dans le ſein de cette bonne mere nourrice. C'eſt de quoy les advertit de fort bonne grace le meſme poëte au livre que nous avons deſia cité cy deſſus.

> *Ante tibi Aoæ Atlantides abſcondantur,*
> *Gnoſiaque ardentis decedat ſtella coronæ,*
> *Debita quàm ſulcis committas ſemina, quàmque*
> *Invitæ properes anni ſpem credere terræ.*
> *Multi ante occaſum Majæ cæpere : ſed illos*
> *Expeſtata ſeges vanis deluſit ariſtis.*

Faiſons le parler François.

> *Premier que tes ſeillons reçoivent la ſemence,*
> *Prend garde aux Atlantides avant que la leur donne*
> *Laiſſe paſſer cet aſtre à l'ardente couronne*
> *Si tu veux conſerver en eux ton eſperance*
> *Ceux qui devant Maya ont jetté la ſemaille*
> *Au lieu d'un beau froment, n'ont moiſſonné que paille*

C'eſt pourquoy de tout cecy on conclud que la raiſon des poids eſt extrememment differente parmy les grains & les ſemences. Il y a encore pluſieurs autres choſes par leſquelles on peut voir la grande difficulté qu'il y a de treuver cette habitude mutuelle en poids, d'un grain à un autre tant en ceux qui ſont d'un meſme genre, qu'en ceux qui ſont de differentes eſpeces, mais ie paſſe par deſſus tout à deſſein. Ie vous rapporteray ſeulement pour preuver le tout un teſmoignage de Merſennus, traittant de ce meſme ſubjet dans ſa preface ſur ſon livre des meſ: de poids, & des monn: *Cum omnia grana vel ſemina quæ reperiri ſolent in atriis venalibus Lutetiæ, ad ſtateram expendiſſem, vixque granum ullum inter ejuſdem ſpeciei grana grano alteri exaſte reſpondiſſet, in incertis ludere nolui.* Puis le meſme autheur dans le meſme liv: prop: 8. *Ad tertiæ propoſitionis calcem ſeminum ſeu granorum ſi non cujuſlibet herbæ, vel plantæ, multarum ſaltem lector expeſtare poterat, ſi quid certi potuiſſem ex illorum ſeminum cum noſtris granis uncialibus collatione ſtatuere, ſed cùm vix duo, licet ejuſdem ſpeciei, mihi viſa ſint æquipanderare, & forté ejuſdem non ſint hic ac in Italia, vel in alio ſolo ponderis, laboris improbitatem cum ejus in utilitate non putavi conjungendam. Nam ſi nihil explorati debeas à frumenti & hordei granis expeſtare, quorum plurima grana ſunt uncialibus granis leviora, alia æqualia, quædam graviora, quid à reliquis granis, vel ſeminibus, quidvè à reliquis naturalibus corporibus ſperes; Quibus adde granum frumenti, quod hodie fuerit æqualé grano unciali, forté craſtinà gravius ob adventitium humorem, vel levius ob majorem ſiccitatem, aut particulas in vaporem abeuntes futurum : quod & de cæteris granis dicendum.* Ce que nous devons croire de ſes experiences puis qu'il nous aſſeure les avoir faites.

S E C O N D E M E N T pour reduire les meſures des liquides aux poids qui nous ſont communs & familiers dans nos pays, nous ſuppoſerons dans la ſuitte de noſtre diſcours que la livre meſurable eſt de 10 onces de la livre ponderable Romaine, ou qu'elle eſt proportionnée à celle là comme 10 eſt à 12. veu que la livre ponderable de Rome ( comme nous avons defia dit au Chap. 10. ) contient 12 onces, & l'once 612 grains Romains, & confequemment toute la livre 7344 grains. Mais reduifant cette livre cy à l'autre qui eft de 16 onces, ( telle que plufieurs pyrotechniciens modernes en divers lieux, & quantité d'autres mechanjques la mettent en ufage ) nous entendons qu'une once de celle cy, ou bien $\frac{1}{16}$ foit de 576 grains : mais ces grains ne feront pas de mefme poids que les grains Romains, veu que les Romains fe treuvent plus legers que les noftres: de forteque 612 grains de l'once Romaine, ne valent pas plus que 536 grains de noftre once, & par ainfi noftre livre de 16 onces eftant de 9216 de fes grains propres, excede la Romaine de 2784 grains. Par confequent la livre ponderable de Rome fera compofée de 6432 de nos grains : ce que nous avons fi fouvent rapporté de Merfennus dans la coëquation de la livre Romaine avec la Françoife. Pour le regard des grains modernes des Romains, nous fuppofons icy qui font égaux avec les anciens : ( quoy que nous n'en foyons pas affeuréz ) & nous avons pareillement eftablie l'once de noftre livre égale à la françoife cy devant décrite ; parce que les grains s'accordent à peu près avec le poids des grains d'orge choifis, lefquels compofent auffi noftre once pyrotechnique fuivant l'exemple, & l'ancienne coûtume tant des Anciens Romains, & des Grecs, comme des Hebreux qui les ont mis les premiers ufage.

EN TROSIEME LIEV lors que dans la defcription des mefures des chofes liquides, ou arides, nous dirons que les mefures contiennent tant ou tant de livres, ou telle quantité d'onces, foit qu'elles foient particulieres aux lieux où elles font mefures ou poids, foit qu'elles foient de quelques autres contrées, provinces, ou villes particuliérement fpecifiées & bien connuës dans l'Europe: ces dittes livres, ou onces pourront eftre facilement reduites à nos livres de 16 onces, ou à leurs onces propres, ou aux onces de quelque autre lieu que fe foit, pourveu qu'on fuive la pratique de cette table generale comprife dans toutes ces circonferences de cercles, de laquelle nous avons enfeigné l'ufage cy deffus. Ou bien pourveu qu'on obferve bien les raifons mutuelles des poids que nous avons fuffifamment expofées au Chap. 10 de ce livre.

### Mefures des liquides & arides des Anciens Romains.

DOLIUM qui eftoit un certain vaiffeau de terre que les Anciens en. foüoient dans terre pour conferver le vin, contenoit 1; *Culeus;* c'eft à dire 2400 ℔ mefurables Romaines, & 2000 ponderables; mais des noftres 1395 ℔ 13 onces : 2 drag. & 2 den.

CULEUS eftoit un autre vaiffeau de cuir qui contenoit 20 *Amphores* de liqueur, qui veut dire 1600 ℔ mefurables, tefmoins Fannius & Columella : & 1333 ℔, & 4 onces au poids Romain : des noftres 930 ℔, 1 once 7 drag. & 8 gr.

MEDIMNUS eftoit une certaine mefure avec quoy ils mefuroient les chofes arides, laquelle contenoit 6 *muids*, ou 2 *Amphores*, c'eft à dire 160 ℔ mefurables, & 133 ℔ & 4 onces au poids Romain: & en fin 93 ℔ 7 drag. & 8 gr. des noftres. Il comprenoit 144 ℔ de froment, mefure de Rome, voire mefme Columella nous raconte qu'il y avoit parmy eux encore une autre forte de vaiffeau à mefurer les chofes feiches qui contenoit 10 muyds, d'où vient que cette mefure s'appelloit entre eux DECIMODIUM.

De

De plus ils se servoient encore d'une troisiéme mesure pour mesurer les choses arides, plus grande & plus capable que ces deux premieres qu'ils nommoient TRIMEDIMNUM, à raison qu'elle contenoit 3 *Medimnes*, ou 18 *Muids*, ou 6 *Amphores*, ou 480 ℔ mesurables Romaines ou 400 ponderables; & en fin des nostres 279 ℔ 2 onces 5 drag. & 1 den.

HYDRIA estoit une grande Cruche à porter l'eau qui contenoit 1½ *Amphore* au rapport de Villalpandus sur la Genese, c'est à dire 120 ℔ mesurables; & 100 ponderables: mais des nostres 69 ℔ 12 onces 5 drag. 1 den.

CADUS, une *Cacque*, estoit un vaisseau aussi capable que la cruche cy dessus declaree, suivant le tesmoignage de Fannius; c'estoit la veritable mesure des choses arides, laquelle contenoit 108 ℔ de froment.

AMPHORA, & QUADRANTAL, tesmoins Caton, Fannius, Columella, Volusius, Metianus, & plusieurs autres, contenoit 2 Urnes, ou 80 ℔ mesurables, & 66 ponderables & 8 onces. Mais des nostres 46 ℔ 6 onces 3 drag. 1 den. 16 gr. Les Romains se servoient aussi de cette mesure pour mesurer les choses arides; & comprenoit 72 ℔ de froment. Mersennus dans la reduction qu'il a faite de cette mesure au poids des livres de PARIS, dit que 72 ℔ Romaines égalent 50 ℔ de Paris & 4 onces. C'est à dire qu'il entend que le Quadrantal Romain contienne autant de ℔ & autant d'onces de froment. Ce qui seroit bien vray, si ces 72 ℔ Romaines avoient esté ponderables, mais comme chez les autheurs on les prend tousiours pour des ℔ mesurables qui contenoient seulement 10 onces de la ℔ ponderable ou du poids (comme nous avons si souvent redit) & comme ie voy encore qu'on l'observe en plusieurs lieux, 72 ℔ mesurables faisant 60 ℔ ponderables Romaines, seront 41 ℔ & 14 onces Parisiennes (desquelles aussi nous nous servirons en cet ouvrage) c'est à quoy il faut bien diligemment prendre garde particuliérement dans la suite de nos coéquations. Si ce n'est peut estre (ce queje ne me souviens pas avoir iamais leu) que les Anciens Romains auroient autrefois eu en usage deux sortes de livres à peser, & mesurer les choses liquides seulement, & une seule pour les arides, à sçavoir la ponderable ou livre du poids: à cette mesme mesure estoit aussi égal en capacité le vaisseau du pied cubique Romain estant remply d'eau, veu qu'il contenoit 80 ℔ mesurables d'eau. Dioscorides toutesfois veut que l'Amphore contienne 52 ℔ seulement (à laquelle il ordonne aussi le mesme poids pour le vinaigre) mais pour le vin 80 ℔. Galien au contraire attribue à l'huyle ce que Dioscoride ordonne à l'eau, & au vinaigre: puis qu'il soustient que l'Amphore d'Italie, (c'est à dire la Romaine) contienr 72 ℔ d'Huyle, 80 ℔ de vin & 108 ℔ de miel. Mersennus nous asseure qu'il à luy mesme experimenté que le pied cubique Romain (telle qu'est le congiale de Villalpandus) estoit de 74 ℔ de PARIS, d'autres luy assignent une capacité toute differente.

Le mesme autheur ordonne & veut suivant les observations de Pierre Gassende, que l'Amphore Romaine contienne d'eau 55 ℔ & 14 onces Parisiennes, veu que le Conge, qui est ⅛ d'un Amphore peut tenir à son conte 7 ℔ d'eau moins ⅛ d'once: laquelle observation nous fait voir bien clairement que ces 80 ℔ Romaines qui anciennement remplissoient l'Amphore Romaine estoient ponderables. Mais nous laisserons la recherche de cette verité à ceux qui ont plus de loisir que nous. Cependant nous continuerons à discourir de nos mesures suivant l'ordre que nous avons commencé.

URNA.

URNA, *l'Urne* tesmoin Caton estoit une mesure pour les choses liquides capable de demye Amphore, mais on s'en servoit aussi à mesurer les arides, & contenoit, suivant Villalpandus, un muyd & demy, ou 4 conges, ou 40 ℔ mesurables, mais 33 ℔ ponderables & 4 onces. Des nostres 23 ℔ 3 onces 1. drag. 2 den. & 8 gr.

MINA, la *Mine* estoit égale à l'Urne.

MODIUS le *Muyd* si l'on en croit Fannius estoit proprement une mesure des choses seiches & arides de 1/6 du Medimne, mais 1/3 d'un Amphore: 24 ℔ Romaines le remplissoient justement de froment. Or des choses liquides (entre lesquelles ie m'imagine qu'il faut entendre le vin & l'eau veu que ces deux liqueurs selon le sentiment, & les observations mesmes des plus nouveaux autheurs s'accordent presque au poids: car il est tres constant que les Romains se sont seulement servy d'une seule mesure, laquelle ils appelloient comme nous avons desia dit livre de mesure pour mesurer toutes sortes de liqueurs: cette mesme mesure contenoit 16 ℔ & 8 onces mesurables: des ponderables 22 ℔ 2 onces 5 drag: 1 den: & 1/2 gr. mais des nostres 15 ℔, 7 onces, 3 dragm. 2. den. 13 1/2 gr.

CONGIUS, le *Conge* qui est la moitie de l'Amphore contenoit 6 *Sextaires*, ou Sestiers, ou 10 ℔ mesurables: 8 ℔ ponderables Romaines, & 4 onc: mais de nostres 5 ℔, 12 onc. 6. dragm. 1. den. & 8 gr.

SEXTARIUS, le *Sestier* contenoit 2 *Hemines* qui veut dire 1 ℔ mesurable, & un besse de 8 onces, qui faisoient 12 onces en tout, ou bien une ℔ ponderable, 4 onc. 5 drag. & 1 den. mais des nostres 15 onc. 3 drag. 2 den. & 5 1/2 gr. Il y avoit encore un autre Sestier chez les Romains qu'ils appelloient *le Sestier de campagne* qui estoit le double du commun.

HEMINA, *l'Hemine* qu'on appelloit aussy COTYLA estoit une certaine mesure qui contenoit 2 *Quartes* ou 10 onces mesurables: des ponderables Romaines, 8 onces; 2 drag. 2 den. & 1/2 gr. des nostres 7 onc. 5 drag. 2 den. 14 1/2 gr.

QUARTARIUS, la *Quarte* faisoit 2 *Acetabules*: ou bien 5 onc. mesurables. des ponderables Romaines 4 onc. 1. drag. 1. den. 1/4 de gr. des nostres 3 onc. 6 drag. 2 den. & 19 gr.

ACETABULUM qui estoit une certaine espece de vaisseau de la forme & capacité d'un grand goblet, contenoit un *Cyathe & demy*, ou bien deux onces mesurables & 4 dragmes: des ponderables Romaines 2 onc. 2 den. 1/2 gr. ou environ: des nostres 1 once. 7 drag. 1 den. 9 gr. & 1/5.

CYATHUS estoit une autre petite mesure quasi de la mesme forme que la precedente, mais qui ne contenoit que 4 *cuëilleres* seulement, c'est á dire une once de mesure 5 drag. 1 den. & une once de poids 3 drag. 8 g. & demy: mais des nostres une once 2 drag. 23 gr. & 1/5.

COCHLEAR, *Cuëillere* faisoit la quatriéme partie du Verre ou Cyathe, & égaloit 3 dragmes mesurables & 1 den. mais 2 drag. ponderables 2 den. 8 gr. 1/2 & des nostres en fin 2 drag. 1 den. 17 1/4 gr.

## Mesures des liquides, & arides des anciens Grecs.

METRETA des ATTIQUES comprenoit 3 *Vrnes Romaines* c'est pourquoy elle estoit de la mesme capacité que *la Cruche*, ou la *Caque Romaine*.

ATRABA faisoit 3 *muyds Romains* & 1/2 au rapport de Caton & de Columella.

ME-

METRETA des LACONIENS estoit tant soit peu moindre que l'Amphore des Romains.

AMPHORA des ATTIQUES, estoit égale à cette mesure que nous venons d'appeller *Metreta*; comme le rapportent Fannius & Villalpandus.

AMPHOREAS, n'estoit que la moitie de cette ditte mesure Metreta, tesmoins Agricola & Villalpandus.

CHUS, & *Coa*, contenoit tout autant que le *Conge Romain*.

COTILE, qu'on nommoit aussy TRIBLIUM, estoit aussi capable & aussi grand que l'Hemine des Romains.

OXIBAPHUM, égaloit la mesure que les Romains appelloient *Acetabulum*.

MISTUM estoit de deux sortes, *le Grand* comprenoit $\frac{1}{12}$ de la Cotyle; *le Petit* Mistrum contenoit $\frac{1}{14}$ de la cotyle seulement.

CHEME, estoit égale à la Cueillere Romaine.

Remarquez icy qu'il sera fort facile de reduire toutes ces mesures cy dessus declarées aux livres tant mesurables que ponderables des Anciens & des nostres: puis qu'ils s'en sont servy autrefois indifferemment à mesurer les choses liquides aussy bien que les seiches.

## Mesures des liquides & arides des Anciens Hebreux.

CHORUS, & *Chomer*, mesure jadis pour les liquides, & pour les arides, comprenoit 2 *Lethec*, il estoit egal à $\frac{3}{4}$ *du Culeus Romain*, ou à 45 *Muyds*: Ie ne les reduiray pas en livres puis qu'il n'y a personne qui ne le puisse faire aussy bien que moy, s'il a bien compris ce que i'ay dit cy devant; il est fait mention de cette mesure chez le prophete Ezechiel. & au troisiéme livre des Roys 5,11 & 2, en la paral. 27 5. Et en S. Luc 16,7. Quelques autres adjoûtent que ce poids estoit la charge d'un Chameau.

LETHEC, la moitié du *Chorus*, comprenoit 5 *Bathos*; ou, *Ephas* ou 15 *Urnes* Romaines, ou bien 22 *Muids* & demy.

BATHUS, ou EPHA, & *Ephi*, estoit $\frac{1}{5}$ du *Lethec*, & contenoit 3 *Satum*, ou 10 *Gomers*; c'estoit une mesure égale à *l'Hydrie*, ou *Caque Romaine*, & à la *Metrete Attique*. Ioseph fait mention de cette mesure en son traité de la guerre Iudaique. Villalpandus en parle aussy en quelque endroit.

SATUM, ou bien *Seah*, la moitié du *Batus* ou Epha, faisoit deux *Hines*: il égaloit 1 muid & demy Romain, ou 24 sestiers comme rapporte Villalpandus de D. Hierome. Mais Alcanzar veut que cette mesure ait esté égale au Muyd: & il faut croire qu'il entendoit égale au Muyd Attique & non pas au Romain, veuque cêtuy cy estoit un & demy de cet autre. Il est fait mention du Satum en la Genese 18 6 & en S. Mathieu 5 & 15.

HINA, la moitie du *Satum* contenoit 3 Cabes, & estoit égale à 12 *Sestiers*, ou à 2 *Conges Romains*, il en est aussy parlé dans l'Exode 29 & 40, & en Ezech. 4 & 11.

GOMOR, $\frac{1}{10}$ du *Bathus* égaloit 7 *Sestiers Romains* & $\frac{1}{5}$, il en est dit quelque chose en l'Exode 16 37.

CABUS, $\frac{1}{3}$ de la *Hine* estoit de 4 Logos & faisoit justement 4 *Sestiers* Romains: touchant cette mesure on peut voir un passage au 4 des Roys. 6 & 25.

LOGUS $\frac{1}{4}$ du *Cabe* contenoit autant que 6 *Coques d'oeufs*: & égaloit *un Sestier Romain* quelques uns disent qu'il y avoit une mesure chez les Thebains qui luy estoit égale laquelle Epiphanius appelle Aporrhyma.

La COQUE D'OEUF, $\frac{1}{6}$ du *Logue* & $\frac{1}{432}$ d'Ephi, contenoit à ce que l'on croit le poids de 2 onces 6 drag. & 1 den.

H C'est

C'eſt aſſez diſcouru des meſures dont les Anciens ſe ſont ſervy à meſurer les choſes liquides & arides : voyons maintenant les noſtres qui ſont plus modernes & plus familieres.

Ie vous adverty premierement que ie n'entreprens point de vous rappor-ter icy les meſures de toutes les villes generalement & univerſellement qui ſont dãs tous les Eſtats, Royaumes, & Provinces de l'uniuers : mon entrepriſe ſeroit autant temeraire comme elle eſt impoſſible ; mais ſeulement les plus plus notables, & celles qui ſont le mieux en uſage dans les principales Citéz & villes capitales de la plus part des Royaumes les plus fameux & les mieux connus dans le monde : ie ſeray contraint de les appeller des meſmes noms qui leurs ont eſté de tout temps attribuéz dans les lieux où elles les ont pris, & ou elles ſont miſes en uſage ; & en fin ie les reduiray toutes au poids comme i'ay faites celles des Anciens.

## Meſures des liquides des Eſpagnols.

B o t a, *la Bote* contient 30 *Robes* : la Robe 30 ℔, de plus 160 Stopes d'Anvers font un bote : mais la Robe eſt de 5 ſtopes & un tiers. Le ſtope d'Anvers ( pour ne le pas redire ſi ſouvent) comprend 6 ℔, par conſequent la bôte peſe 960 ℔ d'Anvers.

P i p a, la *pipe* fait 30 *Robes* chacune deſquelles peſe 28 ℔,

R o b a, la *Robe* eſt de 8 *Sommer*.

S o m m e r, contient 4 *Quartilles* une deſquelles fait la ſixiéme partie d'un *Stope* d'Anvers, & par conſequent peſe 1 ℔.

En Eſpagne il s'y treuve encore une autre eſpece de *Pipe* d'une capacité toute differente à la premiere, avec quoy ils meſurent ordinairement l'Huy-le d'Olive, elle contient 40 *Robes*, mais les Robes ne ſont pas toutes d'une pareille capacité, & de meſme poids, comme nous avons dit cy deſſus.

## Meſures des arides chez les meſmes.

C a h i, contient 12 *Hennegues* ou *Annegres*.

H e n n e g a, fait 12 *Almudes*.

A l m u d a, eſt de 7 ℔ d'Amſtredam 9 onces 14 ang : & 24 gr. ou environ : & l'Almude eſt juſtément ₁/₁₆ d'un Achane de ſeigle dans Amſtredã ( meſure que les Hollandois & Flamends appellent vulgairement un Laſt)veu qu'elle peſe(comme nous dirons en quelque lieu plus bas ) 4200 ℔.

C a v e s c o, eſt ₁/₂ du laſt d'Amſtredam, & par conſequent contient 262 ℔ ₁/₂ d'Amſtredam.

## Meſures des liquides parmy les Portugais.

A l m u d a, comprent 12 *Canades*.

C a n a d a, contient 4 *Quares*.

Q u a r t a, eſt égale à *la Quartille d'Eſpagne* qui peſe une livre, mais l'Al-mude entiere eſt de 48 ℔ d'Anvers.

A l q u i e r, ou *Cantar* eſt de la moitie de l'Almude & contient 6 Cânades qui font 4 Stopes d'Anvers & peſe 24 ℔ : cette meſure ſert entr'eux à meſurer l'huyle d'olive.

Q u a r t i l e comprend 13 *Cantres* & ₁/₂.

S t a r eſt une meſure des liquides en uſage dans les Algarves, du poids de 59 ℔, 10 onces 15 angl. 26 gr. ou environ.

## Meſures des arides chez les meſmes.

M o i comprend 15 *Fangues*.

F a n-

F A N G A , 4 *Alquieres.*
A L Q U I E R , 2 *Mejas* , qui font *demyes mefures.*
M E I O , 2 *Quartes.*
 Notez que 225 Alquieres font egaux au laſt d'Amſtredam , & par conſe-
quent l'Alquier peſe 18 ℔, 10 onces 13 Angl. & 10 gr.

## Meſures des liquides parmy les François.

 Le M U Y D ou *Quartal* ou bien *la Caque* de Paris, contient deux *Filets,* ou
*Barriques.*
 Le F I L E T ou *Barrique* comprend 18 Seſtiers.
 Le P O T ou *la Quarte* fait 2 *Pintes.*
 La P I N T E tient deux *Chopines,* où *Hemines.*
 La C H O P I N E , contient deux *demy-feſtiers.*
 Le D E M Y - S E S T I E R eſt de 2 *Poſſons.*
 De tout cecy il s'enſuit que le muyd de Paris contient 288 pintes:cecy Suivant le Reiglement fait par L O U I S XIII. au titre 10: mais ſuivant les ordon-
nances de H E N R I Le G R A N D il deuroit eſtre de 300 pintes. Or il
ſera bien facile d'egaler celuy-cy au ſuperieur ſi vous en oſtez 12 pintes qui
ſeront priſes pour la lye du vin,& qui par conſequent ne doivent pas entrer
en nombre. De là on pourra ſans aucune difficulté connestre le poids d'un
tonneau de vin. Car puiſque ſuivant les obſervations de Merſennus la Pinte
peſe 2 ℔,infailliblement le tonneau qui contient 288 pintes peſera 576 ℔.
Que ſi on prend la lye avec le vin pur il peſera ſans doute 600 ℔,ſauf neantmoins le poids du vaiſſeau qui n'entre point en conte. Merſennus nous depeint la forme , & la meſure du tonneau, ou muyd en cette façon dans la
propoſ. 4 liv. des meſ. des poids & des monn. *Hujus autem figura Cylindri-*
*ca vel potius cylindri duplicis utrinque truncati , æqualibus baſibus , unde Cadus*
*in medio latior , & craſſior : cujus altitudo , ſeu longitudo interior duorum pedum*
*& 10 digitorum ; latitudo media pedum 2 & ;, latitudo verò circa fundum duo-*
*rum pedum.*
 Comme en effet il a la veritable forme d'un cylindre,ou pluſtot d'un double cylindre couppé , avec des baſes egales , d'où vient que ce vaiſſeau eſt
beaucoup plus large & plus capable au milieu que vers ſes deux bouts : ſa
longueur (dit-il) ou hauteur inferieure eſt de 2 pieds & 10 poûces ; & par le
milieu il eſt large de deux pieds & ; & vers le fond large de 2 pieds ſeulement.
 La Caque, ou muyd de Paris comprend 78 Stopes d'Anvers , & quelque-
fois 77 c'eſt à dire 312 pintes, ou 308: elle peſe 408 ℔ d'Anvers ou 402 ℔
puiſque (comme nous avons dit cy deſſus) le Stope peſe 6 ℔ ainſi la Pinte
qui en eſt un quart, doit eſtre de 1 ℔ eſt demye. De là on peut ayſement juger de la proportion qu'il y a de la livre de Paris à celle d'Anvers.
 En France on rencontre encore une certaine meſure ou vaiſſeau à mettre
les liquides , que les françois nomment une Pipe: elle contient deux muyds
de Paris , & par conſequent elle peſe, c'eſt à dire elle contient le poids de
1200 ℔.

## Meſures des arides chez les meſmes.

 Le M U Y D ou *le grand Muyd* contient 2 Tonneaux,ou 12 *Seſtiers.*
 Le T O N N E A U | Muyd contient 6 *Seſtiers.*

Le **Sestier** eſt ⅛ du muid, & ¼ du tonneau : on le diviſe en 2 *mines*.

La **Mine** fait deux minots.

Le **Minot** contient 2 autres *petits muids*, qu'on appelle vulgairement *Boiſſeaux*.

Le **Boiſſeau** ſelon ce que Merſennus en a remarqué, contient 16 ℔ de froment, meſuré juſques au comble ( comme l'on dit ) ſans le ſecoüer, ny entaſſer ou preſſer aucunement ; Le comble, c'eſt à dire ce qui excede les bords du boiſſeau ( au dire du meſme autheur ) peſe 3 ℔ & demye ; & par ainſi il y reſte dans le boiſſeau meſuré ric à ric, & en raclant 12 ℔ ⅓. Suppoſé donc que le muyd comprenne 96 boiſſeaux, il faut inferer conſequemment que le froment contenu dans un tel *muid* doit peſer 1536 ℔.

Le meſme Merſennus nous aſſeure avoir fait experience, que dans l'once de la livre il y avoit 860 grains de blé comme ils ſe rencontrent ſans les trier, par conſequent la livre contiendra 13760 grains : & le boiſſeau comblé ( & non pas raclé, qu'il n'en deplaiſe à l'imprimeur, qui a fait en cet endroit un qui pro quo ) 220160 grains; mais le boiſſeau raclé 172000 grains ſeulement.

Le Boiſſeau ſuivant les ordonnances de **Lovis xiii** l. 22. titre 10. doit contenir 18 ℔ de froment 6 onces & 8 ſcrup, & en ce meſme endroit *le grand muid* eſt ordonné du poid de 2640 ℔.

On a une certaine eſpece de meſure à **Roüan** pour les choſes ſeiches, que ceux du lieu appellent un **Poinſon** qui tient 13 boiſſeaux.

En **Bretagne** ils ont auſſy un certain vaiſſeau à meſurer les arides qu'ils nomment une **Charge**, elle comprend 4 *Boiſſeaux* & 10 de ces charges font une **Pipe**, qui veut dire 600 ℔ d'Amſtredam; puiſque 7 Pipes ou 70 Charges égalent juſtement un laſt de ſeigle d'Amſtredam.

## Meſures des liquides chez les Italiens.

**Brenta**, ou *Amphora* eſt proprement une meſure des liquides dont les Romains ſe ſervent encore aujourd'huy : elle contient 96 *bocaux*, & ſe diviſe en 38 *Robes*, ou *pierres* dont chacune peſe 10 ℔, mais ces livres ſont de 30 onces, Il faut 42 Stopes d'Anvers pour remplir une Brente. Par ainſi elle doit peſer 252 ℔.

**Boccale**, contient 2 *Seſtiers* appelléz vulgairement *Mezzoboccale*.

**Barile**, *Baril* ou *Caque* eſt une meſure Toſcane, pour les liqueurs auſſi, qui tient 20 bouteilles d'Italie, qu'ils appellent en langage du pays *fiaſco* ; 18 Stopes d'Anvers font un baril, & peſe 108 ℔ d'Anvers. Mais pour ce qui eſt du *flaſque*, ou *fiaſco*, il peſe 5 ℔, 6 onces, & 3 drag. ou environ. Item pour faire un Staar il faut 3 barils.

**Staar** eſt une meſure capable de 54 Stopes d'Anvers, qui doit peſer 324 ℔.

**Moſtachio**, ou *moſtacio*, eſt un vaiſſeau de Candie qui contient 3 Stopes & ⅓ d'Anvers, & peſe 22 ℔.

**Bottel**, eſt un autre ſorte de vaiſſeau qui contient, 34, 35. & quelquefois 38 *Moſtaces*.

**Botta**, chez les Venitiens fait 38 *Moſtaces* qu'on appelle auſſi *Zechi* en quelques endroits, & *Cantari*. Il faut 76 Moſtaces pour faire une *Brente*, ou *Amphore*.

**Bigoncio**, ou *Conge* dans le meſme lieu eſt une meſure juſtement de

4 *quar-*

4 *Quartes*. Pour emplir une quarte il faut 18 Stopes d'Anvers. Son poids est de 108 ℔. & égale le baril Romain. Mais le Bigonce fait 72 Stopes d'Anvers, & pese 442 ℔.

S E C C H I O que les Latins ont appellé *Hydria*, comprend 15 Stopes d'Anvers, celle cy est une mesure qui sert particuliérement aux marchands qui traffiquent sur terre & dans les villes ; mais la precedente est navale & particuliere aux marchands de mer, & gens qui font train de marchandise sur les eaux.

A M P H O R A, dans le mesme pays sert à mesurer l'huyle d'olive: elle contient 4 *Bigonces*, ou *Conges* ; le Bigonce 4 *Quartier*. Cette mesme mesure fait 2 *Bottes*: la Bótte 38 *Mostaces*.

M I G L I A R I O, est une mesure fort en credit dans l'Italie. à Venise, il pese 1210 ℔. à Verone 1738 ℔, & fait 8 *Brentes*, & 11 *Basses* ; Pour ce qui est de la Brente elle est composée de 16 Basses. à Pavie il fait 1185 ℔, qui sont égales à 110 ℔ d'Anvers. à Vincence, comme à Venise: à Tarvises 1117 ℔.

Outre toutes ces mesures des liquides que ie viens d'alleguer il s'en rencontre encore d'autres, comme

M A S T E L L O, C A R A, C O N S I : 10 desquelles font une *Care* de tarvises.

De plus S A L M, est une mesure qui dans la Poüille, & dans la Calabre fait 16 *Staar*, chaque Staar, fait 32, *pignateles*, ou *Ollules*. Ce *Salm* est égal à la *bárique*, ou *au silet* des François, ou au demy-quartal de France. Il contient de là 39 stopes d'Anvers & pese communément 234 ℔.

## Mesures des arides chez les mesmes.

Q U A D R A N T A L E, fait 3 *Muids* Romains; le Muyd 8 *Hemines* l'Hemine 2 *Sestiers*. Ce Quadrantal contient le poids de 54 ℔, & 8 onces d'Amstredam : puis que 80 Quadrantaux font une Achane, ou last d'Amstredam.

S T A R, mesure navale & maritime en usage chez les Venitiens, pese 131 ℔ & ; qui veut dire 4 onces : puis que 32 stars, font justement un achane, ou last de seigle d'Amstredam : mais d'orge pas tant, car c'est assez de 14 stars pour faire un last.

De plus le last d'Amstredam, est égal à 80 stars de Mantoüe, à 32 de Medine ; à 96 de Pavie ; à 112 de Florence ; à 102 de Vincence ; à 32 de Zarence ; à 48 de Ravennes ; & à 29 de Tarvises.

M O S A, ou *modius*, le *muyd*, est une mesure des Venitiens desquelles 7, font un last d'Amstredam. En quelques autres endroits on divise le muyd, en 14 *peses* ; chaque desquelles fait 10 ℔ mais une de ces ℔ fait 30 onces, ailleurs on le divise en 4 *Degalatro* ; ou en 16 Sestiers.

C O R B A chez les Italiens, est ce que les Latins appelloient auparavant *Corbis* ou *Cophinus*, qui en François se peut dire une *manne* ou *corbeille*, c'est une mesure fort particuliere pour les choses seiches : dans Bologne, elle est égale au star de Venise ; veuque 32 corbeilles font un last d'Amstredam.

M E D I M N us mesure des arides dans la Cicile contient 6 *muids*, & le muyd fait 16 *sestiers*: le Medimne pese 100 ℔ d'Amstredam 8 onces, & 3 dragmes ou environ: ensorteque 38 Medimnes font justement un last d'Amstredam.

D'avantage le Medimne dans l'isle de Cypres est divisé en deux *Cypres*, ou 4 *demy-cypres* 40 medimnes égalent un last d'Amstredam.

Dans le mesme lieu on divise le Muyd en 16 *Gabenes*, ou *Sestiers*: 2 muyds font en ce pays là un *Pontique*.

M I N A, ou M I N A L I, est une mesure des aridés à Gennes, & à Verone 23½ de ces mesures égalent aussi le last d'Amstredam : où il y en faut 72 de Verone.

S O M A, à Brisse sert aussi à mesurer les choses arides ; 16 de ces mesures font un last ou Achane d'Amstredam.

S A L M, avec quoy l'on mesure les choses seiches dans la Sicile contient 16 *Tumanes*: il se rencontre quelque-fois plus grand quelque-fois aussi plus petit, 8 grands ou 10 petits font un last d'Amstredam.

C A R A, dans la Poüille fait justement autant comme un Star de Venise. Cette mesure est de deux sortes dans son usage, à sçavoir celle avec quoy on mesure le seigle qui contient 36 *Tumanes* : mais celle là avec laquelle on mesure l'orge en comprend 48 égaux à ceux desquels nous avons parlé cy dessus. Ainsi la Care pese 131 ℔ & ½ d'Amstredam. Enfin 32 Cares de seigles, & 24 d'orge constituent un last d'Amstredam.

## Mesures des liquides parmy les Allemands.

R U H T E, contient 2 suder & ½.

F U D E R, en François *Foudre*, en Latin *vehes* est côposé de 6 amphores, qu'on appelle Ames vulgairement dans toutes les villes de la haute Allemagne que ie m'en vay vous dire, à Cologne, Wormes, Vlme, Francfort sur le Mein, Oppenheim, Wirtzbourg, Majance, & à Wirtemberge. Mais en tout autre lieu, il contient 10 Ames comme à Heidelberg, & à Spir: dans Vienne neantmoins & par toute l'Autriche 16 Ames ou Amphores font un *culeus*. De plus à Falkenheim, & à Durcheim, & mesme à Augsbourg, 8 *Ie* qui font 8 ames composent un Culeus.

O H M ou A M E que les latins exprimoient par ce mot *Amphora* contient 20 *Quartes* ou 80 mesures appellées ou language du pays *Massen*; ou bien 2 *Urnes* ou *seaux* qu'ils appellent là mesme *Eimer:* ceux qui auront esté à Cologne, à Wormes, à Lipsic, à Francfort sur le Mein, à Vlme, à Oppenheim, à Mayance, à Norembergue ; à Wirtzbourg, à Vienne en Austriche en peuvent sçavoir des nouvelles. Mais à Heidelberghe ; & à Spir on divise l'Ame en 12 *Quartes*, & la Quarte en 4 *mesures* ou *Cruches* que le vulgaire appelle *Kan*. De plus à Falkenheim, & à Durckheim, ils divisent *l'Ame* en 15 Quartes chacune desquelle fait 4 *mesures*, ou *Kan*, derechef dans Wirtemberge on conte 16 *Innes* dans l'Ame, une desquelles fait 10 *Kannes* ou *mesures*. Voire mesme dans Augsbourg pour faire une *Amè* il faut 2 Muids, ou 12 Besontz, en fin pour conclusion en certains lieux on prend 60, 64, & 72 *Cruches* pour faire une Ohm, ou Ame.

E Y M E R qui est *Urna* chez les latins à Norembergue, ou à Wirtzbourg, & universellement par toute la Franconie, se divise en 64 *mesures*, ou *Kannes*, à Vienne en Austriche elle contient 32 *Octaves* ou 121 *Seiltem*, à Sabone ou comme l'on dit à Brixem 144 Kannes font une *Urne* mais il n'en faut que 8 pour faire un *Parcede*. .

De

Derechef l'Urne dans toute la Mifne, & generalement par toute la haute Allemagne contient 36 ℔. mais à Lipfic elle fait 40 ℔. & mefme on la divife en 3 *Stubechen*, on la departe encore en 4 *Cantres* ou *Cruches* qu'on nomme en langage vulgaire *ein Kanne*, ou bien *Maß*. & chacun de ces Cantres ou Kannes comprend 2 *Noffels*, ou *Sefiers*, ou *Quartes*. Le Seftier eft fait de 2 *Hemines* appellées en leur langue *Halb Karter*: & en fin l'Heminé contient 2 certaines petites mefures qu'on peut appeller *Octaves* qu'eux nomment *Maßlein*.

M A A S, qui eft doncques cette mefure que les hauts & les bas Allemands appellent communemēt *Kan*, & le Latins *Cantharus* ou *Congius*, auquel nous ne pouvons donner autre nom que celuy de *Cantre* ou de *Cruche* ou de *Pot*, fi nous nous voulons accommoder aux mots du vulgaire. Il eft prefque dans toutes les villes de la haute Allemagne de pareille grandeur, & d'une égale capacité. Pour ce qui eft de fes divifions fubalternes nous en avons defia affez parlé: mais quant à leur poids, voyci comme il le faut entendre. En Allemagne ils fe fervent de deux fortes de poids, à fçavoir de la livre pondērable, & de la mefurable, comme nous avons dit cy deffus: enforte qu'à Lipfic 23 onces mefurables n'en font que 26; des ponderables & par tout ailleurs dans la Mifne 24 onces mefurables conftituent 20 onces ponderables: c'eft à dire que les ℔ de mefure font proportionées aux onces du poids comme 12 eft à 10, ou 6 à 5, fuivant l'ancienne coûtume des Rōmains. Cecy eftant donc ainfi fuppofé, les Ohms ou ames de Wormes, Francfort, Vlme, Oppenheim, Cologne, Wirtembergh, Majence, Heidelbergh, Spir, Strafbourg, Falckenheim, & de Durcheim. Contenantes 80 Conges ou Kannes, feront égales à l'Ame d'Anvers qui comprend 50 ftopes, & qui pefe 300 ℔. veuque le Stope d'Anvers ( comme nous dirons cy deffous ) pefe 6 ℔, & fuivant la mefme confequence, le Pot ou Kanne d'Allemagne doit pefer 3 ℔ d'Anvers, & 12 onces. Par cette mefme voye on pourra fans beaucoup de difficulté rapporter au poids l' *Eymer*, ou *Urne*, & *Fuder*, auffi bien comme le *Ruhte*, & toutes les autres mefures inferieures que nous vous avons racontées, puis que l'on fçait defia affez combien pefe un Pot ou Kanne, ou pour mieux dire la liqueur qu'il contient.

Derechef, 128 Kannes de Norembergue, de Wirtzbergh, de Franconie, de Vienne, d'Augsbourg font 300 ℔ d'Anvers, & chacune pefée à part fe treuve de 2 ℔, 5 onces, d'Anvers.

Les Tonneaux à bierre de Lubec égalent une Ame dans Anvers; puis que juftement 50 ftopes d'Anvers empliffent un tonneau de Lubec.

## Mefures des arides chez les mefmes.

L A S T en Allemand, ou *Achane* pour nous fervir du mot que les Latins ont emprunté des Grecs, eft proprement la mefure, le poids, ou la charge d'un navire: il contient 3 *Wifpel* à Hambourg, chacun defquels fait 30 *muyds* vulgairement appellez *fcheffel*: or le muyd pefe 52 ℔ d'Amftredam, & 9 onces, 12 angliques & 22 grains ou environ, & pour cette raifon un Achane, ou laft contenant 3 *Wifpel*, ou 90 *muyds* pefera 4554 ℔ 3 once: 1 angl: & 28 grains.

Remarquez encore que ce mefme *Wifpel* eft équipollant à 6 ames d'Anvers

vers : de plus que 83 muyds de Hambourg égalent un laft ou une charge
d'Amftredam. à Roftock , & à Lubec 96 muyds font un laft du mefme lieu : & 85 de ces mefmes muyds équipollent celuy d'Amftredam. à
Stetin en Pomeranie , 72 muyds conftituent un de leurs propres lafts :
mais ; de celuy cy en font un d'Amftredam : à Stralfund , font la mefme chofe; ce que 32 tonneaux, ou 6 muyds font auffi.

S C H I F F P F U N D T comme nous avons dit en quelque autre endroit eft
une charge ou mefure nautique fort commune parmy les peuples qui font
voifins de l'occean Germanique,& de la Mer Baltique. C'eft proprement
une certaine partie du laft qui approche fort du Medimne des Romains, ou
du grand Muyd , ou pluftoft de ce Trimedimne duquel nous avons parlé
cy deffus ; & il eft égal en poids à la Charge des François,au Cargo des Efpagnols , & au Carco , ou Carico des Italiens. On a de coûtume de mefurer
avec cette mefure cy , non feulement toutes fortes de grains , mais on s'en
fert auffi à pefer quantité d'autres marchandifes. Dans Hambourg il eft
compofé de 20 autres petits poids qu'on appelle *Lifpfundt*; il eft auffi de 300
℔ pefant dans Lubec , & à Hafn en Danemarc , comme auffi dans Stockholm en Suede ; de plus 20 Lifpfundt conftituent un Schiffpfundt ; qui
pefe auffi 320 ℔: mais nous referverons à parler en fon lieu du poids,& de là
capacité de cette mefure dans une infinité dautres villes ou elle eft particulierement employée.

L I P S F U N D T, eft une partie ou portion aliquote du Schiffpfundt cy deffus declaré, que vous pouvez franchement appeller un Muyd navale:il pefe
à Hambourg 15 ℔, à Lubec 16 Marcs, à Stralfund 16℔.

M A L T E R & *Molder* a quelque forte de rapport en capacité,& en poids
avec ce Schiffpfundt cy deffus defcript. C'eft une efpece de Medimne
terreftre que les marchands de certaines villes de la Haute Alemagne mettent fort en ufage. Par exemple dans la Mifne il contient 16 muyds chacun defquels pefe 20 ℔:voila pourquoy cette mefure pefe 320 ℔ à Vienne
& par toute l'Autriche cette mefme mefure eft compofée de 32 muyds qu'ils
appellent communément *Achtel* , ou 64 demy-muids, en leur language
*Halb-achtel* ou *Spinten*. Suppofé donc que ce muyd foit de 21 ℔, & 14 onces d'Amftredam ; le Malter fera de 600 ℔, & par confequent 6 femblables
mefures font équipollantes à un laft d'Amftredam: dans Cologne fur le
Rhin 18 Medimnes font auffi le mefme effect, quand chacun deux pefe 233
℔ 5 onces 6 Angl. & 2 gr. & demy.

### Mefures des liquides parmy les Peuples des Pays Bas.

R O E D E, eft une perche de mefure qui refpond juftement au demy-Cu-
leus des Romains: à Dordrecht,(ou comme les françois difent)à Dort,elle
contient 10 ames.

L' A M E, comprend 10 *fchrewes*, mefure qui ne fe rapporte pas mal à *l'Amphore* Romaine.

S C H R E W E eft un vaiffeau qui contient 10 *Pots* , ou *Stoppes*: cette mefure fe peut mettre en parallele avec *l'Urne* des Romains.

S T O O P qui reffemble fort à l'ancien *Conge* des Romains,contient parmy
eux 2 Kannes ou Pots , que l'on nomme dans quelques autres endroits
*Mengel*.

K A N N E, P O T, & M E N G E L, qui ne s'esloignent guere de la capacité du *Sestier* des Romains, contiennent 2 *Pintes*.

P I N T A, la *Pinte* se peut à bon droit nommer en latin *Hémina*, puis qu'elle est la moitié du *Sestier*.

Derechef 10 Ames de Dort en font 14 & ; d'Anvers, chacune estant de 50 Stopes ( comme nous avons desia dit ) supposé donc que le Stope d'Anvers soit de 6 ℔ : la Roede ou Verge de Dort sera de 4400 ℔ : & par consequent *l'Ame* de Dort de 440 ℔ : le *Schreve* de 44 ℔ : le *Stoop* de 4 ℔. 6 onces, 8 angl. la *Kanne* de 2 ℔ 3 onc. 4 angl. & en fin la Pinte de 1 ℔. 1 onc. & 1 ½ angl. d'Anvers.

De plus, cette mesme Roede se divise en 2 *Tonneaux*, chacun desquels contient 500 Stopes de Dort, où bien 2200 ℔, à quoy si vous adjoûtez 50 ℔ pour le poids du vaisseau, ce tonneau remply de vin pesera 2250 ℔ : & consequemment 2 Tonneaux feront 4500 ℔. Voyla pourquoy on a de coûtume d'observer icy que quand on charge un navire de semblable m..r-chandise, on prend deux de ces tonneaux pour un last de froment.

D'avantage 14 *Ames* d'Amstredam sont égales à 10 Ames de Dort : mais il faut remarquer icy que l'Ame d'Amstredam se divise en 64 Stopes : voyla pourquoy pour faire une ame d'Amstredam il faut 3 14 ℔ d'Anvers, 4 onc. 5 angl. & 22 gr. ou environ. De mesme le Stope est de 4 ℔ 14 onc. 2 angl. & environ 10 gr. Dans la Frise l'Ame contient 40 *Kannes* ou 160 *Mengels*. à Malines en Brabant, elle fait 80 *Mengels* : par ainsi la Mengel de Malines fait le double de celle de Frise : & ce qu'on appelle Pinte à Malines est une Mengel en Frise : mais pour ce qui regarde l'Ame tant de Malines que de Frise ; voire mesme de Louvain, Bruxelles, Bosleduc, & de Breda sont égales en poids, & en capacité à celle d'Anvers : mais la Mengel de Louvain égale le Canthre des Allemands. l'Ame dans Bruxelles & dans Louvain est divisée en 48 Stopes : celle de Bosleduc en 50 : celle de Leyden, de Delf, de Trevers, de Flessingue, & de Midelbourg en Zeeland, de Gand, de Bruges en Flandres, & celle de Liege, se divisent en 60 Stopes. De plus 50 Stopes d'Anvers égalent 54 de la Haye, & de Ruremond ; 72 de Ziriczée, & 26 de Nieuport, & d'Ostende. l'adjoute encore à tout cecy que 14 ames & ; tât de Bruges que de Midlebourg, de Trevers & de Flessingue, sont égales à 16 ames de Dort.

Outre cette Roede, ou verge que nous venons d'examiner il s'y en rencontre encore une autre à Bruges qui contient 2 Vaisseaux, ou Tonneaux ; un desquels fait 22 Sestiers : & derechef un de ses Sestiers contient 16 Stopes.

Tous les *Tonneaux de bierre, ou Tonnes* vulgairement appellées, contiennent universellemēt par tout le Brabant 54 Stopes d'Anvers. Mais en Flandres il en faut 60 pour emplir une tonne, & quelquefois bien 64 Stopes de Flandres mesme. Pour le regard de celles de Hollande elles contiennent autant que celles de Brabant : toutefois les tonneaux d'Amstredam demandent 56 Stopes ; d'Anvers. Au reste ie ne reduiray point icy tous les vaisseaux au poids, puis qu'un chacun le peut aysement faire de soy mesme, connoissant si bien le poids d'un Stope d'Anvers.

I

Me-

### Mesures des arides chez les mesmes.

L a s t, en Latin *Achane* apres les Grecs, lors qu'il est employé à mesurer le froment est composé de 16 medimnes navales dans Amstredam, que les Hollandois appellent en langue vulgaire *Schippont* ; chacun desquels contient 300 ₶ : c'est pourquoy le last entier comprend 4800 ₶. Mais si l'on se sert de cette mesure pour mesurer le seigle, c'est assez de 14 Schippont pour faire un last, chacun desquels égale les precedents en poids & en capacité:par consequèt un last de seigle sera de 4200 ₶ d'Amstredam. En ce mesme lieu ils content pour un last 27 Medimnes ou grands Muyds, qu'ils appellent vulgairement *Mudden* : chacun de ces Muyds contient 4 autres petits muyds que nous avons appelléz *Boisseaux* qu'eux nomment *Schepelen*: c'est pourquoy un last comprend 108 boisseaux De plus on conte là mesme pour un last 29 *Sacs* contenàs chacun 3 *Octaves* ou *Huitiémes*, ou comme ils disent *Achtelingen*. Item 24 Cacques ou Caisses à sel : ou bien 20, de ces tonneaux estroits à mettre la farine, ou 15, de ceux qui sont plus larges, & plus gros constituent justement un last de seigle : derechef 18 tonnés ou tonneaux de bierre, ou autant *d'Ames* d'Anvers font la mesme chose. Or est il que ces derniers cy font 3 tonneaux à vin : mais on conte 2 tonneaux seulement pour un last de seigle: parce que ces deux vaisseaux contiennent le poids des 4200 ₶ ou environ : car supposé que le Quadrantal,ou la Cacque de vin pese 500, ₶ 2 vaisseaux par consequent ou 8 Quartaux feront 4000 de mesme 3 semblables vaisseaux ou 12 cacques pleines de seigle feront 4200 ₶, sans mettre en conte le poids des vaisseaux, car chacun d'eux contient 360 ₶ de seigle ou environ. Mais il faut icy remarquer que toutes sortes de froment ne sont pas tousiours d'un mesme poids, comme sont tous les autres grains,comme nous vous avons adverty : puisque l'on a autrefois reconnu, qu'un last de froment d'Amstredam pesoit tantost 4800 ₶, & tantost 4200 seulement. D'avantage le last de seigle pese quelque-fois 4200 ₶, & en d'autres temps seulement 4000. voyez l'orge vous ne la trouverrez que de 3400 ₶. pesez l'avoine elle est encore bien plus legere que ceux cy : voila pourquoy on a de coutume en des certains lieux de mesurer l'avoine avec une mesure plus grande, & plus capable, que celle avec quoy on mesure ordinairement le seigle : puisque suivant les observations de Mersennus, la livre de P a r i s contient 13760 grains de blé : mais comme celle cy décheoit de 16 grains, ie veux dire qu' estant moindre d'autant de grains,que celle d'Amstredam, necessairement la livre d'Amstredam aura 13776 grains de blé ; par ainsi l'Achane ou le last estant de 4800 ₶ pesant, contiendra infailliblement 66124800 des mesmes grains. à Hemden 15 tonneaux &, faisans chacun 4 de ces petits muyds que nous avons appellez *Boisseaux*, ou *Werpen*, constituent un last ou une charge ; mais 55 *Werpen* équipollent un last d'Amstredam. à Anvers la charge est faite de 32 *Quartes*, & la Quarte de 4 petits Muyds, ou 4 Boisseaux ,appelléz entr'eux *Muckens*: ainsi 38 Quartes égalent le last d'Amstredam. à Roterdam 3 *Octaves* ou *Huitiémes*, font un sac ; & 38 sacs font un last du lieu mesme ; mais il faut 87 octaves pour en faire un d'Amstredam.

M u d d e,

MUDDE, ou *grand Muyd*, outre ces lieux que je viens de nommer, à
Louvain eſt diviſé en 8 petits Muyds, ou boiſſeaux, qu'on appelle là *Halſter*.
Il faut 13 de ces muyds pour faire un laſt d'Amſtredam. à Bruxelles il
en faut 10 ¼; à Maſtrect 7: à Boſleduc 12 & ½ font le meſme effet. à Gand
le muyd ſe diviſe en 6 *ſacs*, le Sac en 2 *Halſters*, le *Halſter* en 2 *Quartes* la
Quarte en 2 *muckens* : Or 4 de ces *muyds* avec 7 *Halſters* en font un d'Amſtredam. à Bruges ils appellent ce meſme muyd *Hoet* en leur language : lequel ils diviſent en 4 plus *petits Muyds*, ou 4 *Boiſſeaux*, le Boiſeau en 4 *Quartes*, la Quarte en 2 *Spintes* : 17, deſquelles font juſtement un laſt du lieu
meſme ; mais il en faut 17 & ½ pour un d'Amſtredam. à Ypres 12 *Razieres*
donnent un muyd, chaque Raziere contient 4 tonneaux, & 25 Razieres
font un laſt dans ce meſme lieu : de plus 73 de ces Razieres font une autre
certaine meſure plus grãde appellée *Ikinck*, qui eſt bien le triple de la charge
ou du laſt. De rechef 24 Razieres font contées pour un laſt d'Amſtredam.
Dans quantité d'autres places de la Flandre de moindre conſideration, la Raziere ( que vous pourriez bien appeller boiſſeau) ſe diviſe en 4 *Awots*, l'Awot
en 4 *Pintes*, & la Pinte en 8 ℔. à Lewards en Friſe le muyd contient 2 *lo-
pes*, ou 2 boiſſeaux, ou *Lopen* ( comme ils diſent ) 16 de ceux cy ne different
en rien du laſt d'Amſtredam. à Middelbourg en Zeland, le grand Muyd
qu'ils appellent auſſi *Hoet* eſt compoſé de 16 *Sacs*, qui veulent dire proprement 8 boiſſeaux, 41 ½ deſquels conſtituent une charge du lieu meſme, mais
pour faire celle d'Amſtredam c'eſt aſſez de 40: à Dort le grand Muyd qui
diſent auſſi *Hoet* contient 8 tonneaux: & 3 de ces *Hoet* ( qui ſont comme des
*Medimnes*, ou des *Schif-fundt* navales ) conſtituent exactement le laſt ou la
charge d'Amſtredam.

## Meſures des liquides chez les Polonois.

BECZKA, en Latin *Dolium*, en François *Tonneau* ſuivant les arreſts
eſtablis en l'an 1565, doit contenir 72 Conges, ou Canthres, qui s'appellent
chez les Polonois *Garniec*. Mais ſuivant les eſtabliſſements faits en l'an 1598
il doit eſtre de 62 conges ſeulement.

Les Vaiſſeaux de Dantſique, ou tonneaux à bierre, contiennent 180 *Stofes* de Dantſique. On a auſſi experimenté, que 180 de ces Stofes ne faiſoient que 81 Stopes d'Anvers dans Anvers meſme : & de là on concluoit
que le tonneau pouvoit contenir 486 ℔ d'Anvers : & un Stofe Dantiſcan peſe juſtement 2 ℔, 2 onces, & 4 angl. d'Anvers, & ſa moitié, quils appellent
*Halbe* fait 1 ℔, 5 onces, 12 angl. De tout cecy il eſt fort ayſé à inferer que
le Stofe de Dantſique tient moins de 4 onces, & 16 angl. d'Anvers, que le
Pot, ou demy Stope d'Anvers meſme. Ontre cela je ſçais par les obſervations que i'en ay faites, que le Conge de Pologne contient environ 2 Stofes
Dantiſcan de liqueur. C'eſt pourquoy le tonneau de Pologne contenant 62
conges, eſt moindre que celuy de Dantſique de 26 Stofes Dantiſcans, qui
veut dire que le tonneau de Dantſic contient moins que celuy de Pologne
de 28 de ſes propres conges. Concluons donc maintenant que le Conge Polonois eſtant de 5 ℔, 6 onces, & 8 angl. d'Anvers, ne s'eſloigne gueres de l'Ancien Conge des Romains que nous vous avons deſcrit cy deſſus : & je crois
fermement, que les premiers qui ont inventé le Conge en Pologne ont eu
deſſein de le faire tout d'une meſme meſure & capacité que celuy des Romains : mais comme toutes choſes dans les revolutions, & viciſſitudes des

affaires de ce monde, apres une longue suitte d'années, ou par la malignité des temps vont tousjours de bien en mal, de mal en pires, & de pires en pires, estans toutes subjettes à mille alterations : ce n'est pas une grande merueille, si cette mesure s'est trouvée changée en quelque chose, & mesme diminuée de quelques onces en sa capacité. D'avantage puisque le tōneau Polonois contenant 62 conges contient le poids de 334 ℔ 12 onc. & 16 angl. d'Anvers, il égalera presque, du Tonneau des Anciens Romains, ou 7 Amphores. Pour ce qui concerne le poids du demy-conge des Polonois, qui nomment *Pulgarca*, & de sa moitié qui est appellée *Kwarta garcowa*, il est impossible que l'on ne l'entende apres tant de divisions données.

O H·M A, dans Dantsic contient en vin 110 *Stofes* dantiscans, ou bien 20 *Quartes* : le vin pur estant mesuré, & conté avec la lye : mais sans la lye c'est assez de 104 Stofes & ½ ou de 19 Quartes pour le remplir.

W I A D R O, est une certaine mesure assez connuë à ceux du Pays qui contient 20 conges.

## Mesures des arides chez les mesmes.

L A S Z T, que les Latins ont appellé *Achane*, les Hollandois avec tous ceux des Pays Bas *Last*, & nous autres *Charge* ; est une mesure fort en vogue en Pologne, Livonie, Prusse, Lituanie, & dans toutes les autres provinces circonuoisines. Elle est fort indifferamment employée tant par les marchands qui trafiquent sur mer, que par les bourgeois, & autres qui vendent, & achetent dans les villes & cité qui sont en terre ferme, c'est avec quoy l'on mesure non seulement toutes sortes de grains, mais aussi toutes les danrées, & marchandises tant seiches que liquides : ou pour le moins on entend sous ce nom de laszt un certain nombre, ou une quantité de telle ou telle pesanteur, comme par exemple, un Laszt, ou Charge de lin, ou de chanvre, à Dantsic doit peser 6 pierres, ou bien 2040 ℔ Dantsicane. De plus une charge de Houblon, pese 12 *Schiffpfundt*, ou medimnes navales: c'est à dire 3830 ℔ de Dantsic. Derechef une charge de farine, de miel, de moût, de bierre, de cendre, de goudron, ou poids liquide, ou de celle qui est en pierre, comprend 12 tonneaux : mais pour un last de sel, il en faut 18. Pour le regard des blés & des autres semences, le laszt contient presque universellement par toute la Pologne 60 boisseaux, ou petits muyds, qu'on appelle dans le pays *Korzec* ; mais ils se rencontrent de differente capacité, & de poids fort inegaux : à Dantsic un last ou Achane de seigle fait 15 medimnes navales, ou *Schiffpfundt*, chacun desquels contient 4 boisseaux que nous avons appelléz *Scheffel*: dont chacun derechef comprend 16 boisselets, ou petites mesures qu'ils expriment de ce mot *matzen*. Dans le mesme lieu un achane de froment, est de 26 medimnes navales : mais il faut considerer que c'est au respect du poids du froment veu que le blé est beaucoup plus pesant que le seigle, car celuy cy aussi bien que cettuy là contient 60 muyds. On a neantmoins remarqué qu'une charge ou achane de seigle de la ville de Dantsic, pesoit 4245 ℔ d'Amstredam ; quoy qu'elle en pese 5100 du lieu mesme ( car le *Schiffpfundt* de Dantsic est de 340 ℔ Dantsicane : & contient 10 pierres dont chacune fait 34 ℔. Mais l'autre plus petit qui ne contient que 20 *Lispfund* pesans chacun 16 ℔ Dantsicanes sert à peser toutes autres sortes de denrées) Item un last de froment à Dantsique fait le poids de 6440 ℔, de là on pourra sans beaucoup de difficulté sçavoir le poids que contient un muyd de Dantsic : Car puisque c'est ¼ d'un laszt, ou de la charge, il sera necessairement

ment

ment de 85 ℔ pefant: pour le regard du froment il pefe 90 ℔ 10 onc. 5 quart. num. pond. ;. à Cuningsbergh que nous avons cy devant appellé **Mont-royal** , & à **Elbing** la charge fait en poids 6400 ℔, & contient 16 *Schiffp-fundt* , chacun defquels pefe 400 ℔, ou 20 *Lifpfundt* , & 6 femblables char-ges ou achanes en font 7 d'**Amftredam**. à **Rige** , **Revele** , & **Narven** , 12 *Schiffpfundt* de 10 pierres, ou de 40 ℔ chacun , conftituent un lafzt pefant 4800 ℔ du lieu mefme ; mais 400 feulement de celles d'**Amftredam**.

**KLODA** , & *Maca*, eft une certaine efpece de mefure pour les chofes ari-des fort ufitée , dans la **Pologne** mineure , & dans la **Ruffe Rouge** , qui eft és environ de **Lembourg** , **Prémifle** , & de **Iaroflavie** , & qui s'eftend jufques aux monts **Carpathes** ou **Krapak** : elle contient 4 *muyds* ou *quartes*, ou bien 8 demy-muyds, vulgairement appellez *Pulmiarek*, ou bien 16 feiziémes, qu'on nomme, *Macka*; 32 trente-deuxiémes appellez *Pulmacek*, or cette trente-deu-xiéme partie contient à **Lembourg** 4 conges **Polonois**, & un *Maca* en ●●● fait 128 conges.    De là il eft tres evident que $\frac{1}{4}$ de cette mefure, égale l'an-cienne urne des Romains : & par confequent que cette mefme mefure contient 32 urnes, ou 1280 ℔ Romaines. *Maca* en **Iaroflavie** fait 160 con-ges , mais à **Prémifle** 130 feulement.

**CWERTNIA** , eft une mefure qu'on peut proprement appeller un *Bimé-dimne* , car il contient 2 *Medimnes* de **Cracovie**. à **Pofnan** il luy faut 42 conges. Il eft à **Califz** de 36 conges; fa quatriéme partie quils nous donnent à entendre par ces mots *Wiertel Kalifki* font juftement 14 conges.

**KORZEC** , eft juftement le *Medimne* des **Latins**, ou *le grand Muyd*. Celuy de **Cracovie** eft de 16 conges, & c'eft en quoy il égale l'ancien Medimne des **Romains**, ou 2 Amphores, veu qu'il revient au poids de 160 ℔ Romaines. Sa quatriéme partie égale l'urne des Anciens Romains; ou le Sate des Hebreux. Dans **Lublin** il contient 28 conges & cette mefure n'eft guere differete du *Decimodium* des Anciens Romains. Celuy de **Sendomirie** , & de **Varfavie** fait 25 conges: & par confequent, leur moitié contenante 12 onces égalera une Amphore Attique, fi nous en croyons **Fannius** : & mefme **Villalpandus** nous affeure qu'elle ne fera pas beaucoup diffemblable à la Cruche ou Hy-drye Romaine, ny fort éloignée de fon Metrete: de plus un quart de cette me-fure approche fort de la capacité d'un Amphore des **Grecs** , & mefme un Huitiéme ne contient guere moins qu'un muyd Romain.

**BECZKA** , eft le Dolium des **Latins** , & le Tonneau des **François**, dans la **Ruffe** blanche , & dans la **Lituanie** , ils s'en fervent à mefurer les chofes arides: Ce vaiffeau contient en froment, ou autres grains, prefque 2 cacques ou caiffes à fel, fi l'on l'entaffe , & preffe bien fort avec les mains , ou qu'en l'empliffant jufques au comble on luy donne des violettes fecouffes, comme c'eft la coûtume du pays il pefe environ 350 ℔ de nos quartiers, celle cy eft la mefure de **Vilne** ; puifque celle de **Smolen** en fait une & demye qui veut dire 525 ℔. Outre toutes ces mefures que ie vous ay icy declarées, tant des grains que du refte des arides : il s'en treuve encore quantité d'autres dans la **Pologne**, **Lithuanie** , & **Ruffie**, plus ou moins capables que toutes celles cy ; comme le *Mirka* , *Szanek*, *Ofmaczka* . que ie paffe fous filence tout à deffein , pour ce qu'elles font moins en ufage parmy les marchands que ces autres, & mefme de trop peu de confequence, de peur que leur defcrip-tion n'apporte quelque degoût au lecteur qui n'ayme que la briéveté. Ie re-pete feulement un advertiffemét que ie luy ay defia donné cy devant, à fça-

       **voir**

voir que le poids de toutes fortes de mefure, fe pourra varier & changer fuivant les differences des grains , & leurs inégales pefanteurs.

## Mefures des liquides entre les Anglois.

THE GALLON. Le Gallion contient　　2 *Bouteilles.*
THE BOTTLE. La Bouteille cont:　　2 *Quartes.*
THE QUART. La Quarte　cont:　　2 *Pintes.*

LA PINTE pefe une ℔ *de Trois*, & confequemment *le Gallion* ou *Gallon*
fait 8 ℔ *de Trois* d'Angleterre. Pour fçavoir maintenant qu'elle proportion
il y a du poids de cette ℔ cy,à toutes celles que nous avons deduites : prenez la peine de revoir ce que nous en avons dit en leurs lieux. De plus

|   | | | | |
|---|---|---|---|---|
| 8 | Gallions font | I | FIRKIN | de 64℔. |
| 16 | Gallions font | I | KILDERK | de 128℔. |
| 18: | Gallions font | I | RUMLET | de 148℔. |
| 32 | Gallions font | I | BARREL | de 256℔. |
| 94 | Gallions font | I | HOGSHEADS | de 512℔. |
| 84 | Gallions font | I | TERTIAN | de 672℔. |
| 126 | Gallions font | I | PIPE | de 1008℔. |
| 252 | Gallions font | I | TUNNE | de 2016℔. |

Voyla tous les vaiffeaux avec quoy on mefure le vin,& une certaine forte
de breuvage douceatre & fort neantmoins qu'ils appellent *Ale* en la langue
du pays : mais celles cy qui fuivent apres fervent feulement à mefurer la
bierre commune : toutes ces petites mefures comprifes, depuis la Pinte
jufques au Gallon ou Gallion , font de poids égal, & de mefme capacité.

|   | | | | |
|---|---|---|---|---|
| 8 | Gallions font | I | FIRKIN | de 72℔. |
| 18 | Gallions font | I | KILDERK | de 144℔. |
| 36 | Gallions font | I | BARREL | de 288℔. |

Un Gallion de bierre en Flandre comprend 2 Stopes , fauf à Amftro-
dam,& à Anvers,où il ne fait qu'un Stope & deux tiers.

## Mefures des arides chez les mefmes.

WEY contient　　6 *Quartes.*
QUARTER　　　8 *Bufchels.*
BUSCHELS　　　4 *Pecks.*
PECK　　　　　2 *Gallons.*

GALLON,ou *Gallion* (comme il a efté dit cy deffus)pefe 8 ℔, voyla pourquoy le *Wey* eft de 3072 ℔.

De plus on conte 4 *Bufchels* pour un HALSTER qui fait environ un Seftier,
& 20 Hafters & ½ conftituent un laft,ou une Charge.

En Cornuailles 20 *Quartes:* font un SCOR.

En Irrelande, & en Éfcoffe le Bufchel contient 18 gallions.

## Mefures des liquides qui font en ufage parmy certaines nations,
## Orientales.

MATALI, ou *Matari* dans le Royaume de Tunes,contient 36 Rotules,
c'eft un vaiffeau qui eft environ de 5 Stopes d'Anvers:10 de ces Matali conftituent une Ame d'Anvers. Les *Matali* de Tripoly; & de tout le refte
de la Barbarie contenans 42 Rotules chacun, font égaux à 7 Ames : d'An-
　　　　　　　　　　　　　　　　　　　　　　　　　　　　　　vers:

vers : par là on peut aysement juger que chacun contient 40 ℔ de liqueur au poids d'Anvers.

ALMA, est une mesure dont on se sert à Constantinople, qui fait autant comme un Stope & ; d'Anvers : & la liqueur contenuë dans ce vaisseau revient au poids de 10 ℔ d'Anvers.

DORACH, ou bien *Dorag*, est un vaisseau à mesurer les liqueurs en vogue parmy les Arabes; elle ne ressemble pas mal à une Amphore des Romains : ils la divisent en 8 *Iohein*.

IOHEIN, est divisé en 6 *Kist* ou *Ascat*, qui sont les conges chez les Romains.

KIST, ou *Ascat* en 2 *Corbins*, comme si on disoit Hemines Romaines.

CORBIN, en 2 *Keliath*, qu'on peut prendre pour les quartaires ou Quartiers des Romains.

KELIATH, en 2 *Caffuk*, ou *Arsves*, qui égalent les Acetabules Romaines.

CAFFUK, ou *Arsve*, en 2 *Cuates* qui veulent dire 1 Cyathe ou Goblet.

CUATUM, en 4 *Salgerins* qui sont veritablement les Cuëilleres des Romains.

*Iohein*, est parmy les Arabes ce que Congius estoit parmy les Romains ( comme nous avons deia dit ) c'est ce que les Grecs appelloient Hina : il contient 1 Stope & demy d'Anvers, mais le Dorach fait 12 Stopes.

ARTABA, est une mesure usitée entre les Egyptiens, qui ne contient ny plus ny moins que 15 Stopes d'Anvers.

COLLATUM, dans le mesme pays, est un vaisseau qui contient en liqueur 6 Stopes d'Anvers.

SABITHA, est aussi une mesure d'Egypte, qui fait autant que 5 Stopes & ; d'Anvers.

DADIX, est de 4 Stopes de liqueur mesure d'Anvers.

COPHINUS, contient justement 3 Stopes d'Anvers.

CHOENIX, parmy les Egyptiens, &un Stope entre les Antuerpiens est une mesme mesure.

MARES, & *Pontes*, ne font que la moitie du Stope d'Anvers seulement.

## Mesures des arides parmy les mesmes peuples.

METRETA, est une mesure qui par toute la Grece a esté en usage jusques à cette heure : elle contient 12 *Choas* : 45 de ces mesures faisoient, & font encore un last du pays ; mais il en faut 50 semblables pour en faire un d'Amstredam.

ARTABA, ou *Atraba*, est une mesure des Perses laquelle ils divisent en 25 *Capitha*, ou bien en 50 Hemines, ou si vous voulez *Hines*: 45 Artabes font une charge d'Amstredam. En Egypte on divise un Artabe en 5 *Aparrhimes*, ou bien en 40 *Chœniques*, ou en 480 *Inia*, qui veulent dire des Sestiers : 45 Artabes d'Egypte égalent un last d'Amstredam.

TOPIN, dans cette mesme contrée contient 10 *Chœniques*.

EPHIN, là mesme fait 8 *Sestiers*, ou 8 *Inia*.

CAPHICI, est une mesure en Barbarie qui doit comprendre 20 *Guibas* ; il ne faut que 7 de ces *Caphici* pour égaler un last d'Amstredam.

DORAG, est cette mesme mesure des Arabes de laquelle nous avons desja fait mention; Ils la divisent tout de mesme dans les mesures de cho-

chofes arides que dans celles des liquides: auſſi 8o Dorag reſpondent juſtement à un laſt d'Amſtredam.

Voyla tout ce que i'avois deſſein de vous propoſer touchant les meſures tant des liquides que des arides, que ſi ie n'ay pas donné toute la ſatisfaction au lecteur qu'il pouvoit eſperer de moy ſur ce ſubjet, ie luy en demande mille pardons, au reſte ie ne crois point avoir merité ny reprimende, ny chaſtiment dans le travail que ie luy offre tel qu'il luy plaira le conſiderer ; puiſque i'ay fais tous mes efforts, & que i'y ay apporté toute la diligence poſſible, non pas qu'aucun autre reſpect m'ait obligé à cela, que le ſeul motif de preſter la main à noſtre Pyrotechnicien, & d'ayder tous les autres Mechaniques à venir à bout d'une infinité d'entrepriſes que leurs longues meditations,& leurs pratiques journalieres ne ſçauroient qu'a grand peine parachever.

# Chapitre XIII.

### Des meſures des Intervalles.

I'ay jugé qu'il eſtoit icy fort à propos non ſeulement, mais auſſi tres neceſſaire de vous inſinüer dans la connoiſſance de diverſes meſures dont nous ferons ſouvent mention dans la ſuitte de cet ouvrage, par leſquelles on a de coûtume de meſurer tant les longueurs des lignes,& toutes ſortes de ſuperficies, que quantité d'autres corps Pyrotechniques. C'eſt cette connoiſſance dy ie que ie me ſuis propoſée de vous donner dans ce Chapitre, que vous agrérez s'il vous plait. Noüs commencerons donc par le denombrement des moindres, que nous puiſſions avoir pour l'heure preſente, & le tout ſuivant l'ordre,& la methode,que les Geometres ont toûjours mis en pratique, voire meſme nous les appellerons des meſmes noms qu'ils avoient acoûtumez de leur donner,ſans changer un ſeul de leurs termes. Et premierement.

Un Doigt, que les Latins appellent *Digitus*, les Allemands, Anglois, Hollandois, avec tout le reſte des Pays Bas *ein Finger*, les Hebreux *Eſbath*, & les Polonois *Palec*,contient en longueur 4 grains d'orge ſe touchans l'un l'autre ,& poſéz ſuivant leur groſſeur. Or ils ſubdiviſent encore ce grain d'orge en 5 *grains de Pavot*, & cette ſemence eſt la plus petite meſure qui peuvent aſſigner dans les diſtances. Mais Merſennus contredit icy car il aſſeure avoir experimenté que les grains de pavot rouge ſont plus gros que ceux du blanc : puis qu'il dit que 2 grains de mouſtarde ſe touchans immediatement,égalent la ligne de l'once du pied François, ce que 3 grains de pavot blanc font auſſi, mais que du rouge il en faut 4 pour occuper la meſme diſtance. De plus il nous raconte que le diametre d'un grain de ſemence de *Scolopandre*, a la meſme proportion avec le grain *de mouſtarde* que 1 a avec 5. De là il faut adoüer,qu'un grain de Scolopendre eſt le plus petit, & le moindre de toutes les ſemences puis que ſon diametre eſt contenu 2 fois &; dans le diametre d'un grain de pavot rouge, pour ce qui eſt des grains de ſable les plus menus,tels que ſont les Stapulaires : le meſme autheur adjoûte que 12 de ces grains eſtans poſéz en droite ligne & ſe touchänt l'un l'autre, occupent autant d'eſpace, qu'une ligne de l'once du pied François. Concluons donc de là que les grains de ſable conſideréz dans leur extreme tenuité, eſt la plus petite de toutes les meſures qu'on ſe peut imaginer.

L'ONCE,

L'ONCE, le POÛCE, ou le DOIGT MAJEUR, appellé chez les Almands *Zol* & *Daum*, comprend en largeur 4 grains d'orge, & se divise en 12 parties que nous appellons lignes.

La PETITE PALME, qui est *Doron* en Grec : en Allemand *ein zwere Handt*, & en Polonois *Dlon* doit estre large de 4 doigts.

La longueur de la main, est ce que les Grecs ont appelléz ORTHODORON, elle contient justement 11 doigts.

La GRANDE PALME, ou *Spithama*, chez les Grecs *Lichas*, entre les Hebreux *Tophac*, en Allemand *eine Spann* en Polonois *Piadz*, contient 3 des petites Palmes, ou 12 doigts, ou 9 onces ; *Cette mesure ( comme dit Mersennus ) se doit prendre dans toute l'étanduë de la main, de puis l'extremité du poûce, jusques au bout du petit doigt, ensorteque l'on ne puisse avoir un intervalle plus grand, ny ocuper plus d'estenduë entre les extremitez de ce petit doigt & du poulce.*

Le PIED, est appellé par les Allemands *ein Fuss*, & *Schuch* ( qui est le mot de l'art parmy les mechaniques ) les Polonois l'appellent *Stopa*, il doit estre de 4 Palmes de large, de 16 doigts, ou de 12 onces. Touchant la division du pied, Philander un des commentateurs de Vitruve nous a marqué cecy dans des certaines annotations qu'il a faites sur le chap : 3 du mesme Vitr. au lib. 3. *Sciendum itaque pedem principio in palmos quatuor, id est digitos 16, divisum fuisse ( quod fatentur praeter Vitruvium, Columella, Frontinus, Isidorus & alii ) Quae ratio, quum paulo difficilior aut minus expedita videretur, qui secuti sunt, pedem pro asse habentes, eum quemadmodum & omne aliud integrum ( quod assem nominaverunt ) in duodecim aequas partes divisere. Unam portionem unciam dixerunt, Duas sextantem, Tres quadrantem, Quatuor trientem, Quinque quincuncem, Sex semissem, Septem septuncem, Octo bessem, Novem dodrantem, Decem dextantem, Undecim deuncem, Duodecim assem sive pedem. Eas uncias nostri cùm viderent pollicibus quadrare, non amplius uncias, sed pollices nominarunt. Et certè si componas, tres pollices quatuor digitos efficient. ( Hic non ago de observatione illa, qua apud Frontinum lib: de aquaeductibus, digitus alius vocatur rotundus, alius quadratus, & rotundus tribus undecimis suis, quadrato minor traditur, quadratus autem tribus quartisdecimis suis rotundo major )* Vous voyez par là comme quoy Columella & les autres ne sont point d'acord avec Vitruve en la division du pied, car tous excepté cet autheur ont voulu qu'il fut divisé d'és le commencement en 4 palmes, c'est à dire en 16 doigts, mais neantmoins comme cette division sembloit un peu trop embarassée & difficile : ceux qui ont suivy ce sentimēt, prenant un Pied pour un As, l'ont divisé aussi bien que toute autre sorte d'entier ( qu'ils appelloint communement de ce nom As ) en 12 parties égales d'ou viēt qu'une de ces portions se nommoit proprement *une once*, deux faisoient *le Sextans*, trois *le Quadrans*, quattre le *Triens*, cinq le *Quincunx*, six le *Semis*, & ainsi du reste jusques à 12, qui faisoient une *As*, ou un *Pied*. Mais nos Autheurs, & nos Geometres mesmes ayant consideré, que ces onces estoient de mesme nature, & qu'elles faisoient la mesme mesure que nos poûces, ils ont voulu qu'on leur ostât ces noms d'onces pour les appeller poûces, & à la verité, si vous les conferez les uns avec les autres vous trouverrez que 3 poûces égalent 4 doigts. Remarquez cependant icy que nous n'entendons pas parler d'une certaine observation qui se rencontre chez Frontinus au livre qu'il a fait de Aqueductes, où il dit qu'il y a un doigt rond, & un autre quarré, & que le rond est plus petit que le quarré de 3 onziémes, & au contraire que le quarré est plus grand que rond de 3 de ses quatorziémes. Voila le sentiment de Philander touchant les divisions du pied Romain.

K　　　　　　　　　　　　Ce

Ce que nous avons de plus à remarquer icy eſt que les pieds Romains ſe treuvent par tout le monde de differente longueur : voire meſme il s'en void de deux ſortes en quelques lieux, ainſi que Swenterus nous raconte que dans la ville de Norembergue il y a deux ſortes de pieds en uſage de diffe-rente & d'inégale longueur ; veu que le Pied Bourgeois, ou Civile, appel-lé vulgairement *Stadt-ſchuch*, contient 12 onces, ou 12 poûces : & le Mecha-nique qui nomment là *Werck-ſchuch*, n'en comprend que 11 ſeulement, éga-les neantmoins aux premieres: outre cela ils rediviſent encore cette longueur de 11 onces, en 12 parties égales qu'ils appellent pareillement onces, à l'imi-tation des autres dont le pied Bourgeois eſt compoſé. Or m'eſtant apperceu que cette extréme inégalité des meſures apportoit fort ſouvent beaucoup de difficulté, & de confuſion dans la plus part de nos operations ; i'avois deſſein de reduire les pieds des provinces, & des villes les plus celebres de l'uniuers, à un certain & determiné, qui auroit eſté le mieux connû de tous: & meſme d'égaler toutes leurs differences comme nous avons deſia fait des poids, & des meſures, tant des liquides que des arides. Mais Mathias Do-gen m'ayant prevenu dans ce deſſein, par un traité d'Architecture militaire qu'il a depuis peu mis en lumiere, m'a relevé de cette peine, & en meſme temps ravy le moyen de m'acquerir une palme que ie m'eſtois propoſée dans cette entrepriſe. Neantmoins puis qu'il s'en eſt ſi loüablement acqui-té, & que ie treuve chez luy toutes les coéquations des pieds, avec leurs parfaites reductions à un Pied Rhenan : ie me contenteray de les vous ex-poſer telles qu'il nous les a données, à ce que noſtre Pyrotechnicien, & tous les autres Mechaniques s'en puiſſent utilement ſervir, dans le beſoin qu'ils en auront.

| | | | |
|---|---|---:|---|
| | d'Amſtredam | 968 | *le Geodetique poſé devant le Palais* |
| | d'Anvers | 909 | |
| | d'Alexandrie | 1200 | |
| | d'Antioche | 1360 | |
| | de Strasbourg | 891 | |
| | de Babilone | 1172 | |
| | de Baviere | 924 | |
| | de Breme | 934 | |
| *De telles* 100 | de la Brille | 1060 | |
| *parties qu'eſt le* | de Dordrecht | 1050 | |
| *pied de Leiden* | de Goeſſe | 954 | |
| *vulgairement* | de l'Ancien Grec | 1042 | |
| *dit le pied Rhe-* | | | |
| *nan: de telles &* | de Hafn | 934 | |
| *ſemblables eſt* | de Londres | 968 | *celuy cy eſt en uſage par toute l'An-* |
| *celuy.* | de Louvain | 909 | *gleterre.* |
| | de Malines | 890 | |
| | de Mildebourg | 960 | |
| | de Norembergue | 974 | |
| | de Paris | 1055 | *le pied de Roy, ou le Royal* |
| | de l'Ancien Romain | 1000 | |
| | de Samos | 1200 | |
| | de Tolede | 867 | |
| | de Venize | 1120 | *de Bonajute Lorin* |
| | de Ziriczée | 988 | |

l'ad

I'adjoûte à cecy qu'on à remarqué que l'Ancien Pied Romain eft proportionné au Pied Rhenan comme 975 eft à 1000, i'entend parler de ce pied
Romain, de la moitié duquel ie treuve la mefure chez Philander Interprete
& Commentateur de Vitruve, en fon lib. 3. Chap. 3. Laquel il dit avoir efté
tirée d'un marbre antique qui fe void encore à Rome dans les jardins d'un
nommé Angelus Colotius, qui mefmement ne reffemble pas mal à celle que l'on treuve grauée fur une certaine epitaphe de marbre, de T. Stati-
lius, Vol. Apri. laquelle ayant efté fortuitement rencontrée depuis peu par
Iacques Meleghini un des plus fignalez Architectes de fa Saincteté; fut tranf-
portée par fon moyen du Ianicule où il l'avoit treuvée dans le jardin Va-
tican.

De plus Merfennus marque en la marge de fon liv. premier des mefures &c.
qu'il y a eu deux fortes de mefures affez diftinctes pour l'ancien demy-
pied des Romains; dont il y en a une qu'il dit avoir efte prife fur des vieilles murailles du Capitole. laquelle on garde avec beaucoup de foin dans la
bibliotheque de la ville de Paris. Celle cy ( comme i'ay fouvent efprouvé )
eftant doublée ne s'accorde point avec la mefure entiere du Pied Romain
que Philander nous donne, à ¼ prés, beaucoup moins encore avec le Pied
Rhenan à ½ ou ½ moins: & par ainfi ce Pied cy eft proportioné au pied
Rhenan comme 950 eft à 1000. I'ay encore remarqué cecy que ce pied du
Capitole ne differe pas feulement d'un point du Pied des Polonois ( duquel
i'ay une mefure tres exacte)c'eft auffi de celle là mefme de laquelle on fe fert
en Lithuanie; nous rencontrons encore une autre mefure du demy pied, que
Merfennus nous rapporte, laquelle Villalpandus confeffe avoir tirée de
Congius Farnefianus. La mefure du Pied Romain que Philander nous
defcript excede le double de celle cy de ¼, & a fa proportion telle avec le
pied Rhenan que du nombre 969 à 1000. Merfennus nous affeure encore
en ce mefme lieu que le pied Royal de France, ( de la moitié duquel il nous
donne auffi la mefure ) eft plus grand que le pied Rhenan de 6 lignes ou
d'un demy poûce. Mais m'eftant advifé d'appliquer le double de cette mefure
fur le pied Rhenan, i'ay treuvé que le Pied François furpaffoit le pied Rhenan de ½. Voila pourquoy fuivant les obfervations que i'ay faites le pied
François eft proportionné au Pied Rhenan comme 1050 l'eft avec 1000.
Mais c'eft affez parlé du Pied, voyons un peu les mefures plus grandes, &
plus confiderables.

Le PALMI-PES, des Latins, eft ce que les Grecs ont appellé *Pentado-
ron* & *Pigon*, que nous appellerons Palme - Pied avec les premiers, c'eft
une mefure qui comprend en efpace; ou en longueur 20 doigts, c'eft à dire une Palme & un pied, à la prendre de puis l'extremité du coude jufques
à l'autre extremité de la main fermé, ou du point.

La COUDEE, & l'Aûne, chez les Hebreux *Ammach*, entre les Allemands *ein Elen*, & *Elbogen*, & parmy les Polonois *Lokiec*, contient 24
doigts, ou 6 Palmes, ou un pied & demy, ou 18 onces. Cette mefure fe
prend du bout du coude jufques à l'extremité du doigt du milieu. En Perfe
& en Egypte, la Coudée Geometrique contient 6 des noftres. Les Anglois appellent la coudée *yard*, là où 3 pieds, & 9 onces font une aûne.

Mais veu qu'il fe treuve des differences extrêmes, & des inégalitez fort
notables parmy les aûnes, auffi bien que parmy les pieds, ie m'en vay vous en
donner icy une coéquation, ou reduction affez exacte au pied Rhenan que
i'ay empruntée des œuvres du mefme Mathias dogen.

|  |  |  |
|---|---|---|
| | d'Amstredam | 2196 |
| | d'Anvers | 2210 |
| | de Dantsic | 1842 |
| | de Hereford | 1326 |
| | de Florence | 1846 |
| | de Franfort sur le Mein | 1760 |
| De telles 1000 par- | de Hambourg | 1842 |
| ties dont le pied | de Leiden | 2187 |
| Rhenan est compo- | de Lubec | 1842 |
| sé de semblabies est | de Londres | 2904 |
| faite l'aûne. | de Mildebourg | 2105 |
| | de Norembergue | 2105 |
| | d'Oudewater | 2190 |
| | de Revel | 1768 |
| | de Rige | 1768 |
| | de Tolede | 2500 |
| | la Varre de Lisbone | 2662 |

I'adjouteray encore cecy de Merſennus que l'Aûne de Paris contient 3 pieds François 7 doigts & ⅞. Par conſequent elle ſera proportionnée avec le Pied Rhinlandique ou Rhenan, ſuivant nos obſervations, de meſme que ce nombre 820 & ⅞ l'eſt avec 1000. Mais au ſentiment de Dogen elle le ſera comme 3808 eſt à 1000 ou environ. En Pologne l'Aune contient 2 pieds: & celle cy, ſi nos obſervations ne ſont fauſſes ſe rapporte au pied Rhenan comme 1900 ſont à 1000.

Outre cela Merſennus nous aſſeure, que le Bras de Florence, (qui eſt une certaine meſure qui fait à peu prés autant en longueur comme peut faire l'aûne, ou la coudée) a la meſme proportion avec le pied François comme 43 a avec 24. Mais pour le regard de la coudée Hebraïque, il nous la fait d'un pied 4 doigts & 3 lignes, conformément au pied du Capitole.

Le P a s ſimple, que les Latins appellent *Gradus, Greſſus, ou Paſſus*, les Allemands *ein einfacher Schrit*, les Flamends, & Hollandois *een Stap*, ou *Trede*, les Polonois *Krok*; doit eſtre de 2 pieds & ½ de longueur.

Le P a s, des Allemands, ſignifié par ce mot *ein Doppelter ſchrit*, eſt de 5 pieds iuſtement.

L'o r g y e, ou la Braſſe, que les Allemands appellent auſſi en leur langue *ein Klafter*, & les peuples des Pays Bas *een Vademe*, les Polonois *Sazen*, doit contenir 6 pieds. Iulien l'Aſcalonite Architecte tres excellant, veut que cette eſpece de meſure ſoit appellée une aune.

La C a n n e, & le Roſeau, qu'ils diſent *Kenech* en Hebreux contient, 6 coudées. Merſennus maintient que cette ſorte de meſure comprend 8 pieds & un doigt & demy ſuivant la raiſon qui eſt entre le pied Capitolin, & le François, qui chez luy eſt telle, que 130 eſt à 145, ou bien 64 à 72 ou à peu prés.

La P e r c h e, La V e r g e, ou La T o i s e, de 10 pieds, qui entre les Allemands eſt, *ein Meſſ-ruhte* ou *ſtange*, chez les Flamends *eene Roede*, &

par-

parmy les Polonois *Prent*, anciennement se divisoit entre les Romains en 10
pieds; d'où vient que ce nom de *decempeda* luy fut donné, & que pour cette raison le Prince des Orateurs Ciceron qui sçavoit imposer des noms
si significatifs à toutes choses appelloit les Geometres qui de son temps
se servoient de cette mesure *Decempedatores*. Sa longueur se change & varie
infiniement pour l'heure presente, comme par exemple dans les Pays Bas, la
perche Rhinlandique contient 12 pieds Rhinlandiques : mais ces 12 pieds
pour rendre le calcul moins difficile, & pour eviter les fractions qui apporte-
roient un peu d'ambarras sont diviséz par les Geometres en 10 parties égales
qui pareillemēt sont appelléez des pieds: & derechef chacune de ces parties,
est redevisée en 10 onces. En Pologne, & en Prusse, la Perche comprend 15
pieds, ou bien 7 coudées & ; c'est celle là quils appellent Culmenique, vulgairement *Prent*, ou bien *Miara Chelmienska*. Au Territoir de Norembergue elle est de 16 pieds. Dans le Marquisat de Brandebourg, 12
pieds en font une. En France, au rapport de Mersennus il faut 24 pieds
pour faire une perche. Dans le Territoire de Gand, on conte 14 pied
dans la perche; mais par tout ailleurs en Flandres la perche doit estre de 20
pieds. Là mesme les pieds sont de diverse quantité, & de longueur toute differente; puisque l'on void qu'ils se treuvent en quelques lieux de 10, & en
d'autres de 11 onces. En Angleterre la perche est composée de 16 pieds ;
mais en Irrelande 18 pieds font une perche.

    La CORDE, ou La CHAINE, est une mesure assez commune dans plu-
sieurs pays, c'est celle là que les Latins ont appellée *Funis, Chorda,* & *Catena*;
que les Allemands nomment *ein Schnur* & *Kette*, c'est ce qu'autrefois les Romains nous donnoient à entendre par ce mot *Aruipendium*: les Polonois l'appellent *Sznur* & *Wensysko*, chez qui aussy elle est longue de 10 Perches. Mais
elle n'est pas tousjours d'une mesme longueur chez les Arpenteurs.

    La STADE, & *l'Aule, Ross-lauff* en langue Allemande, & *Staia* en Po-
lonoise, contient en longueur 125 pas, ou 625 pieds : chez les Grecs
la Stade estoit longue de 100 pas, cette mesure estoit proprement la course d'un homme.

    Le DIAULE, estoit le double de la Stade, c'est à dire qu'il contenoit
250 pas.

    HIPPICON, contenoit 4 stades, ou bien 500 pas c'estoit justement la
course naturelle d'un cheval.

    Le DOLICOS, comprenoit 12 stades.

    SIGNES, & *Schœnum*, estoit une certaine longueur qui faisoit 60 Stades,
& en quelques endroits 40, & en d'autres 20 seulement.

    Le MILLE, est une distance assez connuë parmy tous les peuples de
l'Europe, joint qu'elle se fait assez entendre par sa propre ethimologie, puis
que cette mesure tire ce nom, *à mille passibus quibus Romanum Milliare con-
stat*, comme en effet le Mille Romain a toûjours esté composé de 1000 pas;
mais veu que cette mesure de chemin se treuve grandement differente,
suivant les divers endroits où l'on se sert de cette sorte de dimention :
nous avons fait icy un ramas des mesures des chemins les plus communes
parmy plusieurs differentes nations, qui se rapportent presque avec les Milles, affin que vous puissiez conferer avec plus de justesse le Mille d'un pays
avec celuy d'un autre Royaume, ou province, & à ce que les differences des

                                        mesu-

mesures defquelles les Geographes ont de couftume de mefurer tous les
intervalles des lieux paroiffent plus clairement, apres les avoir toutes reduites aux Pieds Rhenans (que nous confeffons icy eftre égaux aux Anciens Pieds Romains) le tour fuivant les obfervations de Dogen ; ce que
l'on peut affez ayfement comprendre dans la table cy deffouz donnée.

| Milles | Pieds | |
|---|---|---|
| d'*Egypte* | 25000 | appellé *Schœnum*. |
| d'*Angleterre* | 5454 | |
| de *Bourgongne* | 18000 | |
| de *Flandres* | 20000 | |
| de *France* | 15750 | qu'on nomme *Lieüe*. |
| d'*Allemagne* | 20000 | le *Petit* |
| | 22500 | le *Moyen* |
| | 25000 | le *plus Grand* |
| de *Hollande* | 24000 | |
| de *Suiffe* | 26666 | |
| d'*Efpagne* | 21270 | qui fe dit *Legua*. |
| du *Chemin Hirarien* | 15000 | |
| d'*Italie* | 5000 | |
| de *Lituanie* | 28500 | qu'on appelle *Mila* |
| de *Mofcovie* | 3750 | dit *Warfta* |
| de *Pologne* | 19850 | appellé auffi *Mila* |
| de *Perfe* | 18750 | qu'on nomme *Parafanga* |
| d'*Efcoffe* | 6000 | |
| de *Suede* | 30000 | |

Brifons icy fur les mefures des intervalles. Et paffons foubz filence quantité d'autres, dont la plus part des Arpenteurs ont accoûtumé de fe fervir
dans plufieurs dimenfions, & arpentements fuperficielles des terres, & des
champs, qu'ils accommodent ordinairement aux coutumes des pays, & des
lieux differents où l'on les employe : puis qu'auffi bien toutes ces mefures
ne font rien à noftre propos,& ne touchent en rien noftre pyrotechnie. Ad-
joutons feulement une chofe ; que *l'Arpent de Pologne* (adpellé vulgairement
*lan role* par ceux du Pays, par le Allemands *morgen & jauchart*, & par les
Flamends *ein bunder-landts*) contient en largeur une corde, ou bien 10
perches de 15 pieds chacune,qui veulent dire 150 pieds : mais en longueur
le triple de la largeur,à fcavoir 3 cordes, ou 30 perches, qui font 450 pieds.
De plus que ce mefme arpent contient 67500 pieds quarréz. D'où il eft tres
conftant que l'arpent Polonois eft plus grand que l'ancien Romain, puifque
le Romain n'ayant que 120 pieds de long & 240 de large (plan, ou efpace
qu'on appelloit auffi un double acte quarré) ne comprenoit que 2880 pieds
quarrez feulement : pour ce qui eft des pieds Romains ils font égaux avec
les noftre de Pologne, comme nous avons monftré cy deffus.

Adjoûtons encore que 30 Arpens quarréz de Lithuanie & de Mafovie
conftituent certaines journées de terre que les latins appelloient *Manfum*,ou
*modus Agri*,nommées chez eux *Wloka* vulgairement, qui eft ce que les Allemands nous veulent fignifier par ces mots *Hube* ou *Hufe*. Or la largeur de
ce terrain,ou de cette efpece de dimenfion,eft toujours de 4500 pieds ou de
30 Arpents, ou de 300 perches de noftre pays. Mais fa longeur eft d'un arpent,

pent, ou de 30 perches, ou de 450 pieds. l'Aire entiere ou le plan quarré de cette piece de Champ, contient 202 5000 pieds quarréz.

Qui plus est en Masovie un Arpent se divise en 2 *lires*, que ceux du pays appellent *zagon*, quant à sa largeur seulement : l'un desquels est large de 75 pieds. Ceux qui desireront en sçavoir d'avantage sur ce subjet, qu'ils prennent la peine de s'en enquerir de ces Planteurs de bornes, & des Geometres à qui cette matiere touche plus particuliérement qu'à moy.

Pour conclure vous trouverrez la veritable & ponctuelle mesure du Pied Rhenan, & de tous les autres qui luy ont esté egaléz, dans nostre instrument universel pyrotechnique, dont ie vous ay proposé la figure, & l'usage, dans la seconde partie de nostre Artillerie. Passons maintenant de la theorie à la pratique de nostre pyrotechnie, & mettons tout de bon la main à l'oeuvre, puisque ce premier livre a mis nos instruments si bien en train. Escoutons donc ce qui s'ensuit.


### Fin du premier livre.


Du

DV GRAND ART

# D'ARTILLERIE
## PARTIE PREMIERE
### LIVRE II.

## Des Matieres, & des Materiaux qu'on
a de coûtume d'employer dans la Pyrotechnie.

## Chapitre I.

### De l'Origine du Salpetre, de sa nature, & de ses Operations.

 'est une question tout à fait hors de controverse, & on ne peut douter que quantité de sçavans personnages,& très bien versez dans la Philosophie naturelle n'ayent eu la connoissance du Salpetre,ou Selnitre, auparavant tant de milliers d'années qui se sont passez depuis leurs jours : puisque les Sacrés Cayers nous en rendent tout plein de tesmoignages, comme on peut voir au livre 5 de Moyse chap. 29. Ioint que d'aillieurs plusieurs autheurs prophanes en parlent assez : du nombre desquels Pline en dit beaucoup de choses en son liv. 31 chap. 7,& 10. Vitruve en son liv. 7 chap. 11. Aristote, & Seneque. Dioscoride mesme en son liv. 5 chap. 122. Philostrate dans la vie d'Apollon l'yanée , & une infinité d'autres qui feroient trop ennuyeux de vous raconter, s'offrent à vous produire des tesmoignages,pour appuyer,& affermir la verité de cette question,quoy qu'il n'en soit aucun besoin dans une chose si manifeste. Ce que nous avons à dire sur cecy, est qu'il s'y en rencontre quelques uns des plus modernes qui croyent fermement, que ce Salpetre duquel nous autres Pyrotechniciens nous nous servons à preparer les feux d'artifices; est tant different tant en forme qu'en vertu du Nitre des Anciens,.& par consequent ils veulent que le nostre soit une nouvelle invention qu'on a trouvée depuis peu , pour l'usage du canon. Voyci comme quoy la raison combat pour ceux qui ont ces sentiments, à sçavoir que plusieurs nous asseurent que les Anciens n'ont jamais reconnu qu'un seul genre de Nitre sçavoir le mineral , ou le fossille, qui se formoit naturellement de soy mesme,& sans aucun artifice humain dans les lieux d'où il se tiroit : lequel se divisoit neantmoins en 4 especes differentes;sçavoir en Armenique,en Assiriquain ( d'où venoit cet Afronitre qu' Avicenne appelle de ce mot Arabique Baurach) en Romain,& en Egyptien, qui retenoit le nom de Nitria d'une certaine region d'Egypte en laquelle il se trouvoit en grandissime abondance. Serapion nour raconte d'avantage, que les mines d'où se tiroit le Nitre,estoient tout à fait semblable à celles où le sel cõmun se forme, dans lesquelles l'eau courante, se congeloit, & se condendenfoit ny plus ny moins qu'une pierre vulgaire,d'où ce nom de Salpetreux, ou de Salpetre luy a esté donné. Il adioûte encore que le Nitre estoit de plusieurs couleurs à sçavoir blanc,rouge,roux,livide, ou plombé,& de toute autre teinture,dont il estoit susceptible;bien plus,qu'il se trouvoit fort different en formes : car l'un paroissoit fistuleux,ou caverneux comme une esponge, l'autre au contraire estoit ferme, & plus solide, luysant & diaphane comme verre,& qui se fendoit aysement & esclattoit en petites foeüilles, outre qu'il estoit fort friable au maniment. De là on tiroit des consequences de ses vertus,&de sa force naturelle:puisque l'on remarquoit que pour ces mesmes accidents,l'un estoit de beaucoup plus puissant que l'autre dans ses operations. Voyla ce que i'ay pû recuëillir des tesmoignages de tous les autheurs les mieux receus touchant le Nitre mineral;entre lesquels ie ne treuve aucun lieu ny passage, où il soit fait aucune mension du Nitre artificiel que nous mettons maintenant en usage,& que nous appellons proprement Salpetre, Selnître,ou Halinître. Mais puisque cet ancien Nitre est tout à fait aboly & perdu pour nous:(ce que toûtefois Scaliger Exoter: dit estre tres faux dans une dispute contre Cardan:toûchant la subtilité.liv.15.exercit.104.15.outre que dans l'Assie,& dans l'Egypte il se vende communément,& suivant le rapport de Iean Parde,dans une bourgade au champ Hetrurien nommée la vallée d'Else,qui depend de la preture,où il se tire en quantité)ou soit qu'il ne vienne pas jusques icy, il est tres difficile d'en porter aucun jugement bien sain, ny de les discerner l'un de l'autre, ie veux dire le vieux d'avec le nouveau, quoy que vous conferiez emsemble les vertus, & les operations de cétuy cy avec les qualitez & les effets de celuy là. Neantmoins le docte Scaliger, au mesme lieu cy dessus cité,soûtient puissammēt que cet ancien Nitre,(si tant est qu'il y en ait encore)n'est pas beaucoup different de nostre Salpetre, particuliérement si l'on le considere quant à la tenuité de ses parties qui sont fort subtiles,& aëriennes. Voyci ses paroltes que i'ay treuvé bon de vous rapporter icy, veu qu'elle ne sont pas peu à la preuve de cette verité : *Nam quemadmodum sal aliud fossile, aliud ex aqua maris, aliud è fontibus, aliud è cineribus, item vitrum aliud è lapide, aliud è silice : ita Nitro potuit à natura comparari. Itaque etiam è specubus resudat apud Plinium. Vulgare quod è terrà exudans in salis modum concrescit à Sole. Tantùm verò abest, ut Salpetræ sit sal fossile, ut & à sale & à Nitro distet partium tenuitate. Tam enim sal, quàm Nitrum ita uritur : ut cineris quippiam relinquatur. Salpetræ universum absumitur ab igni. Quare sal fossile terrestre magis par est, quam Nitrariorum Nitrum : Nitrum hoc, quàm illud stillat in specubus. Quasi flos quidam sit istud specuarium. An verò contra : hoc illo terrestrius, quia minus aëreum? An illud hoc magis, quia plus discoquitur in Nitrariis, quam in specubus? Exuctis tenuioribus partibus à sole in Nitrariis, in specubus non item. An specuarium crassius quia minus excoctum? sicut acerbi fructus terrestriores, quàm maturi, qui solem ebiberint. Sal autem fossile sale marino crassius tum propter coctionem, tum propter materiam. Hîc enim aquæ, illi terræ plus. Utrumque autem ipso Salepetræ minus tenue. Sudor enim est à Nitri quibusdam principiis secundum aliquam proportionem: sed adeo tenuis, totus ut spuma sit, totusque abeat in ignem. Ac quemadmodum Camphora præstantior, quæ rupto exit cortice, quàm quæ eximitur ex arboris vena : ita Nitrum, quod erumpit in Nitrarias, commendabilius est : quod in strias exudat specuum rimas occupans, tenuius, si partes spectes : si solis opus desideras minus coctum. Quod hæret rupibus, in quibus insolatur, ac propterea Salpetræ dicitur,analogiam habet atque affinitatis naturam cum ipso Nitro, sed aëreum magis est : atque ad Aphronitri veteram speciem potius vergens.*

L                    *Ete*

*Etenim subluſtris purpuræ quaſi ſplendor quidam in Saliſpetræ cirris ſæpenumerò
eſt à nobis obſervatus.*

Parquoy le ſubtil raiſonnement de ce brave & ſignalé perſonnage donne
aſſez à connoiſtre qu'il y a autant de difference entre le Nitre & le Salpetre,
comme il y a peu de rapport entre quelque mineral parfait, & un imparfait,
entre un pur,& poly, ou un rude & plein d'impureté & de craſſe, entre un
aërien & ſubtil, un fort groſſier & terreſtre; en fin de meſme qu'entre l'e-
ſprit & le corps. Or eſt il donc que la plus noble eſpece de Nitre, eſt le Salpetre. Que celuy cy qui eſt maintenant en uſage n'ait eſté fort bien connû
parmy les Anciens nous en prendrons Pline ſeul à teſmoin, pour renvoyer
tout d'un temps quantité d'autres autheurs qui pourroient icy preſter leur
foy ſi on les en prioit. Car il appelle ouvertement ce ſel, qui ſe formoit
naturellement ſur la ſuperficie des rochers au fonds des cavernes,& des ſpe-
lonques les plus retirées, fleur & eſcume de Nitre, & Sel petreux ou de pierre. De celuy cy on en treuve maintenant fort peu en quelques lieux, &
en d'autres point du tout. On le rencontre ordinairement ſur la ſurface
des vielles murailles expoſées à l'humidité: mais particulierément dans les
celliers,& caves profondes,où l'on met le vin,& dans quantité d'autres lieux
ſouterrains,dans des cavernes moites,& ſouz des voutes couvertes,freches,&
humides, il reſſemble parfaitement à une certaine bruine,ou gelée blanche,
ou à de la pure farine,ou proprement parlant à du ſuccre fin,& blanc comme
neige, ceſt de celuy cy dont les vertus ne ſont pas à meſpriſer que moy même ay quelque-fois pris la peine d'amaſſer, à l'imitation de pluſieurs autres que i'avois ſouvent veu faire de meſme. Que ſi maintenant on deſire
preparer ce ſel ſuivant la methode de noſtre art, on le fera congeler tout en
petits & menus gremeaux, & vous verrez comme quoy il prendra juſtement la forme de cet ancien Nitre que Pline nous rapporte, ou de celuy
que Scaliger nous a deſcript cy deſſus. Mais comme il eſt impoſſible d'en
treuver une quantité ſi prodigieuſe que l'uſage continuel en a conſumé, &
que la neceſſité en exige encore aujourdhuy pour ſubvenir à toutes ces
guerres qui ont deſolées depuis tant d'années les plus beaux Heritages des
Princes & qui devorent encore à nos yeux la plus part des plus puiſſants
Empires, & des Eſtats le plus ſuperbes de l'univers; on a eſté contraint à
ce ſubjet d'en inventer un nouveau pour ſuppleer au deffaut de celuy là; lequel eſtant tiré avec beaucoup de peine, & d'induſtrie des entrailles de la
terre,on eſpure,& lave par pluſieurs fois,pour le ſeparer de ſes parties les plus
terreſtres & groſſieres, & luy oſter cette premiere crudité, que ſa maſſe apporte quant & ſoy du ſein de ſa mere, & lequel en fin on purifie, travaille,
& perfectionne juſques à un tel degré de pureté, qu'il ne cede en rien,ſoit
en forme,ou en vertus, au Salpetre de Pline,ny à celuy meſme de Scaliger.

C'eſt pourquoy s'il m'eſt permis de dire mon ſentiment là deſſus, ie diray
ouvertement pour ne laiſſer perſonne & doute, & pour n'y plus demeurer
moy meſme que Scaliger n'a point voulu ſignifier d'autre ſalpetre congelé,
& condenſé en conſiſtence de pierre que celuy dont nous connoiſſons l'uſage,la preparation,l'origine,& l'augmentation artificielle: & duquel nous traiterons ſuffiſammet dans quelques uns des chapitres ſuivants de ce preſent livre. Ce n'eſt pas une raiſon à apporter, qui ſoit aſſez plauſible & legitime de
dire,que le noſtre ne croit pas naturellement, & de ſon propre mouvement
comme fait celuy de Pline,qui ſorte de ſoy meſme à la ſuperficie des rochers,
rempliſſant les fentes des cavernes, & les ouvertures des caſemates, ſe
condenſe par petits ſyllons, s'endurcit ainſi, & ſe petrefie.

Car

Car puis qu'ainſi eſt que l'art eſt le veritable ſinge de la nature, & qu'elle l'imite en tout ce de quoy il s'adviſe, il ne faut pas treuver beaucoup d-ſtrange ſi nous pouvons avec un peu de ſon ayde & force induſtrie, atteindre à la perfection de ſes productions : & ſi i'oſe dire faire des choſes qui ſurpaſſent de bien loing les plus parfaits, & les plus rares de ſes ouvrages. Ne voyons nous pas une infinité de chef-d'oeuvres que tant d'excellants ouvriers mettent au iour apres un long & penible travail, qu'il n'eſt pas permis meſme à la nature d'imiter, quand bien elle y employroit tous ſes ſecrets, & toutes ces forces, pour en venir à bout. Il faut donc conclure par là que noſtre ſel pyrotechnique, qui ne rencontre maintenaint aucun obſtacle à ſa violence, & qui ſe fait chemin par tout, eſt fort ſemblable au Salpetre des Anciens, ou pour dire tout, qu'ils ne different en rien qui ſoit l'un de l'autre. Car s'il eſt ainſi que le Nitre ancien eſtoit foſſile ou s'il l'eſt encore, ie veux croire qu'il faiſoit à peu prés les meſmes effets que noſtre terre, ou matiere ſalpetreuſe : laquelle ſi vous preparez ſuivant noſtre methode ſuivante, j'oſe bien aſſeurer qu'elle imitera veritablement le Salpetre naturel. Bien plus que ſi on le purifie & clariſie par pluſieurs fois il en deviendra plus pur & plus excellent que cet autre ſuppoſé. C'eſt un effet aſſez ordinaire dans la rectification du ſel commun, & l'épurement du Sucre qui en devienent beaucoup meilleurs apres leur derniere preparation. Outre toutes les raiſons que ie viens d'alleguer, ie m'en vay vous faire voir par un argument fort recevable que l'opinion de ceux qui croyent que noſtre Sel Pyrotechnique a eſté nouvellement inventé, eſt non ſeulement abſurde, mais auſſi tres fauſſe, en ce que tant d'autheurs dignes de foy loüent ſi hautement, & ſi ſouvent dans leurs eſcrits l'inventeur de cette Poudre Pyrique, ou que ſemblans changer de ſentiments il le chargent de mille execrations, & deteſtent ſes pernicieuſes & abominables inventions; Ce n'eſt pas qu'ils l'accuſent d'avoir inventé quelque eſpece de Salpetre auparavant inconnu pour la ruine, & l'aneantiſſement du genre humain, mais de ce qu'il a controuvé une compoſition faite de certaines portions de Nitre ( qui lors eſtoit fort bien conneü ) de ſouphre, & de charbon meſléz enſemble, & d'avoir mis en vogue ces foudroyantes machines de guerre, vomiſſantes feu & flammes, qu'ils appelloient des Canons, & qui pis eſt d'avoir donné l'invention d'en conſtruire des ſemblables. I'accorde pourtant, & veux croire, qu'auparavant que noſtre poudre pyrotechnique fut inventée le Salpetre n'eſtoit guere, ou pour mieux dire point du tout en uſage dans la compoſition des feux d'artifices, mais bien qu'a la longueur du temps, & comme le jour ſuivant eſt maiſtre de celuy qui l'a precedé, on a remarqué avec étonnement les eſtranges vertus, & les eſpouvantables effets de cette poudre pyrique, dont le Salpetre en eſt proprement l'ame, joint qu'on a veu que le feu le reſoudoit & conſommoit ſi generalement, & qu'il ſe plaiſoit à le devorer avec plus d'avidité que toute autre matiere ; on a commencé de le mettre en oeuvre dans la compoſition des feux artificiels, & depuis cōtinué juſques au jour preſent. Ce que raconte Nicetas Choniates, & Ioannes Zonaras parlans du feu gregeois qui fut inventé avant le regne de Conſtantin Pogonat Empereur des Grecs ne repugne pas beaucoup à noſtre opinion : mais quelques autres aſſeurent neantmoins ( quoy qu'on y ajoûte peu de foy ) que Marcus Grachus en a eſté l'autheur, & qui plus eſt on luy attribue d'en avoir compoſé de deux ſortes deſquelles nous parlerons aillieurs ſuivant que nous les avons tirées de quelques livres arabiques qui ſont celles là meſme dont Scaliger fait mention en ſon exercit. 133. liv. 15

L 2          con-

Contre Cardan, dans lefquelles ie remarque qu'entre tant de matieres combuftibles, & de celles qui eftant efprifes du feu le retiennent jufques à leur
entiere confomption, le Salpetre,& l'huyle de Nitre, ny font pas feulement
employéz mediocrement, mais y font proportionellement aux autres, la
plus grande partie. Voyci le jugement que ie crois quon en peut fainement
faire, c'eft que ce Salpetre qui fe mêle parmy le refte des autres matieres
fufceptibles de feu, eft une nouvelle invention, ou bien que,comme c'eft un
trop grand crime de mettre en doute la foy de ces autheurs, qui ont vefcu
avec tant de probité, & de reputation, on doit croire que l'invention n'en
a pas efté commune dans ce temps là, ou qu'il la tenoit cachée comme un
rare fecret. C'eft ce qui a obligé ce Semimaure ( comme rapporte Scaliger)
de dire qu'elle eftoit toute miraculeufe à caufe de fes eftranges, & admirables effets. Ie n'oferois pas mefme douter que les Anciens n'ayent eu le jugement affez efclairé pour connoiftre que le Selnitre,ou Salpetre eftoit une
matiere fort combuftible, car c'eft une opinion fort ancienne ( quoy
qu'elle paraiffe nouvelle à quelques uns ) touchant le Salpetre, de croire que quoy qu'il foit blanc à nos yeux, & froid au toucher, il ne laiffe pas
neantmoins que d'eftre plein d'efprits fort rouges, & fort chauds, & tres
fufceptibles du feu. Que s'il nous manque encore des tefmoignages pour
preuver cette verité, la Saincte Efcriture qui eft la pure fource de la verité
mefme nous en fait foy, lors qu'elle parle fi clairement du fel combuftible,
dans les paffages que nous avons defia alleguéz. Mais ce qui me donne le
plus d'eftonnement en cecy, eft que les Anciens Romains ( car ie ne parle
point icy des Grecs,ny des Carthaginois qui ont toûjours efté, & en toutes
chofes leurs perpetuels émulateurs ) ayans efté les plus parfaits,& les mieux
verfez dans l'art militaire, de tous les peuples qui ayent maniéz les armes
de leur temps : foit que dans la deffenfe, ou dans les attaques de tant de
puiffantes places qu'ils ont euës en leur puiffance,ou ravies à leurs ennemis,
ils ayent employé quantité de feux d'artifices,où l'huyle ardente, ( qu'ils
appelloient l'huyle de Napre ) le foulphre, le bitume, la poix, la refine,
l'encens,l'oliban, ou manne d'encens, les raclures des falots de poix, l'e-
ftouppe,& tant d'autres femblables ingrediens n'eftoient point efpargnéz ;
ils n'ont toutesfois jamais fait aucun eftime du Salpetre, duquel la puiffance, & les effets font fi merueilleux que i'ofe bien dire qu'il n'efgale pas
feulement toutes ces matieres en vertu, mais encore qu'il les furpaffe de
de bien loing : ou foit que le poftpofant à toutes ces autres denrées ils ne
s'en foit voulû fervir, ou foit mefme que les maiftres des feux d'artifices
& ingenieurs à feu ( ce que ie n'ose pourtant dire fans trembler veu que
comme dit Lipfius *pauca non habemus inventa ab ævo illo meliore, & fapientiore*) n'ayent jamais eu la connoiffance de fes rares & énergiques vertus,
& par confequant n'avoient garde de le mettre en œuvres dans leurs feux
artificiels;ou bien s'il ly ont employé comme on le peut croire, ils ne l'ont
jamais divulgué, mais l'ont tousjours tenu non feulement caché comme
un grand,& mifterieux fecret dans l'art pyrotechnique, voire mefme ont
iuré le contraire à ceux qui avoient affez de curiofité pour s'en enquerir, &
vouloir fçavoir d'eux la caufe des effets fi prodigieux que produifoient ces
refforts invifibles, & inconnus. Voyla pourquoy comme il n'eftoit tombé
qu'en la connoiffance de ceux là feulement qui preparoient les feux d'artifices,Tite Live, ny Cefar, ny Tacite, Salufte, Polybe, Vegefe, ny tous
ces autres Hiftoriens n'en ont touché aucun mot dans leurs efcrits quoy que
parmy les plus belles actions des Romains & entre leurs exploits les plus fi-

gna-

gnaléz, ils n'ont pas oublié de décrire, leurs machines, leurs armes, & leurs feux artificiels : on n'a neantmoins jamais treuvé la moindre chose du monde dans leurs commentaires, qui ait dit, que le Selnitre, le Nitre, ou le Salpetre, ayent quelquefois esté mis en œuvre dans aucune composition des feux artificiels des Romains. Il est bien vray que les Romains aussi bien que les Grecs : & les Arabes comme les Egyptiens ont employé le Nitre, dans la composition de divers medicamments, au rapport de Galien, d'Hypocrate, de Theophraste, d'Avicenne, d'Averroes, & des escrits d'une infinité d'autres autheurs. On a remarqué pareillement dans quelques Cayets, que Patrobe Affranchi de Neron se faisoit apporter d'Egipte certaines arenes du Nil fort menües qui avoient force Nitre meslé parmy, duquel il se servoit à blanchir les corps, & ie crois que c'est de quelque chose de semblable qu' Ovide veut parler dans un distique qu'il donne par forme d'ordonnance à quelques uns de son temps qui se servoient de fard.

*Nec cerussa tibi nec Nitri spuma rubentis*
*Desit, & Illirica quæ venit iris humo*

Où il recommende que la Ceruse, le Nitre, & l'iris ne soient point espargnéz. Puis un peu plus bas parlant encore de quelque semblable pommade.

*Thus ubi miscueris radenti tubera nitro*
*Ponderibus justis fac sic utrumque trahent*

Qui estoit à ce que l'on peut croire une composition en quelque façon corrosive faite de Nitre, & d'encens meslez ensemble, & en poids égal, qu'il leur ordonnoit pour l'extirpation de verrües, petits boutons, & pareilles maladies cutanées qui surviennent naturellement au visage, ou en toute autre partie du corps.

Les Egyptiens saupoudroient leurs raifforts de Nitre, ny plus ny moins que nous faisons nos raves de sel. Les Macedoniens mesme mesloient parmy leur farine, lors qu'ils en vouloit former le pain quelque peu de ce Nitre Calistrin ; quils tiroient en grande abondance dans les fodines des Clytes de Macedoine, lequel estoit fort excellant pour l'assaisonnement, & pour donner la saveur de sel au viandes qu'ils apprestoient. Ie m'imagine qu'il n'est pas besoin de vous en dire d'avantage, & que ces raisonnements que ie viens d'alleguer vous pourront peut estre faire changer l'opinion que vous aviez du Salpetre, si tant est qu'elle fut contraire à nostre sentiment, & je veux croire que desormais nous serons tous d'accord touchant cette verité, en ce que nous adioüerons unanimement que nostre Sel Pyrotechnique a esté fort bien connu des Anciens, & qu'il ressemble fort à leur Nitre antique avant sa preparation, c'est à dire tant qu'il demeure grossier & impur : mais qu'estant preparé & clarifié, il est semblable, & tout à fait égal en espece, & en vertus au Salpetre. Cette verité estant donques ainsi supposée nous passerons à la preparation artificielle de nostre sel : Et j'espere que vous n'aurez pas pour des-agreable, puis qu'il ne vous sera pas inutil, de sçavoir ce que i'ay mis dans ce Chapitre par forme de Corollaire : qui est la raison pourquoy le Salpetre petille dans le feu : le tout suivant le sentiment de Scaliger contre Cardan liv. 15 exercit. 24 comme s'ensuit. *Dii benè faciant salipetræ. Qui tametsi ignem concipit, tamen eximit nos ex tuis igneis difficultatibus. Ais, Salpetræ esse terreum, ac propterea in igne strepere. Non est ea causa. Nam si propter terram strepit, terra magis strepet. At non strepit. An est raritas ; quam & χαυνότητα & εὐπόρωτα dicit Aristoteles. Non est. Non enim fungus crepitat. An raritati juncta partium duritia ; Non enim pu-*

*mex crepitat. Cum his igitur aliquid oportet esse , quod pro causa cognoscatur. Di-*
*vinus præceptor in undecima sectione quæstionum , Sal dicit in igne crepitare,quia*
*humoris in se plurimum continet : qui ab igni attenuatus , spirituosam induit na-*
*turam. Sic enim interprætor* Sal tamen aerem potius , quam aquam
*continere , aut saltem plus aëris intelligas : qui ignescat. Quamobrem ex minori*
*quantitate major factus iisdem augustus capi non potest:atque iccirco parietes rum-*
*pit illico. Quibus momentis aer eliditur , ex illarum resilitione displosus. Id quod*
*& in castaneis,& in lauri frondibus,atque etiam Iuniperinis evenit:( puto baccis)*
*in quibus flatus multus , aquæ minimum. Pumex autem non dissilit : quia totus*
*intus pervius est : neque aer illic captivus cohibetur: sed idem , qui circumflat foris,*
*intus commeat.*

Que les Dieux conservent,& benissent nostre Salpetre, s'escrie-t'il,lequel
nous met hors de tes dangereuses & ardentes difficultéz, quoy que luy mesme soit la matiere la plus combustible de toutes celles qui concoivent le
feu. Tu nous veux faire croire que le Salpetre tient beaucoup du terrestre
qui est la raison , à ce que tu dis pourquoy il petille dans le feu. Mais sçaches que ce n'en est pourtant pas là la cause : Car si c'estoit au subjet de sa
partie terrestre, qu'il fit ce bruit; la terre mesme en devroit bien faire un autre , lors qu'elle seroit atteinte de la chaleur de cet element : or est-il qu'elle
ne craquette nullement estant mise au feu , par consequent cette raison est
nulle. Est-ce donc sa rareté ? laquelle Aristote appelle
c'est ce que ie ne peux encore croire. Puisque l'experience journaliere nous
fait voir assez que les potirons , les champignons , & tant d'autres choses
qui sont d'une matiere extrémement rare,& ténue ne sonnent aucun mot
lors qu'ils sont poséz sur les charbons ardants. Ne sera ce point la dureté
de ses parties qui est conjointe à cette extreme rareté?Si voyons nous pourtant que la pierre ponce ne petille nullement au feu quoy qu'elle soit d'une
composition assez dure, & spongieuse. Il faut donc necessairement qu'il y
ait quelque autre chose qui soit la cause de ce petillement , & de tout ce
bruit qui est produit pendant l'embrasement de cette matiere. Le Divin
Precepteur dans la section onziéme de ses questions, dit que le sel craquette dans le feu à cause qu'il contient en soy beaucoup d'humidité , laquelle
estant attenuée par le feu, & rarefiée dans un fort haut degré se convertit
toute en esprits , & en une nature aerienne. Voyci comme quoy j'interprete cecy πνευματϖται. Imaginez vous qu'elle renferme plustot de l'air que de
l'eau , ou pour mieux dire plus d'esprits que d'humidité , lesquels conçoivent promptement le feu si on les en approche tant soit peu : c'est pourquoy s'estant rendus maistres de la moindre quantité , & en estant mesme
fortifiéz & augmentéz,ils se treuvent gesnéz dans des bornes si estroits qu'il
leur est impossible d'y demeurer remferméz long temps : ce qui les oblige
aussi tost à rompre & boulverser tout ce qui peut faire obstacle à leur violence , cepandant l'air exterieur estant puissamment agité , & violenté par
leurs refractions se rompt avec impetuosité,& cause par consequent ce tintamare espouvantable que nous oyons d'ordinaire dans la combustion du Salpetre , & des autres compositions dont il fait la meilleure partie. Que cela ne vous semble si estrange , les chastagnes en font bien la mesme chose ,
les fuëilles,ou plustost les bayes de laurier, & de genevre, dans lesquelles il y
a beaucoup de vent renfermé,& fort peu d'humidité. Pour ce qui regarde
la pierre ponce elle ne fait pas le mesme effet parce qu'elle est toute po-
reuse , ouverte , & percée de tous costéz : ce qui cause que l'air ny est ny
contraint, ny enfermé. Voyla pourquoy celuy qui l'occupe, & celuy qui
l'en-

l'environne par dehors, peuvent librement entrer & sortir sans faire aucun
bruit.

# Chapitre II.

### Le moyen pour bien preparer le Salpetre d'une terre Salnitreuse.

La terre, & la matiere du Salpetre se rencontre d'ordinaire en tres grande abondance, dans des lieux obscurs, ombrageux, & caverneux, où la
pluye, ny aucunes eaux douces ne sçauroient penetrer, ny mesme où
le soleil ne peut communiquer sa chaleur par ses rayons. Il se tire encore des escuries à chevaux, des estables, & autres enclos couverts, où l'on
renferme les beufs, asnes, chevres, brebis, pourceaux, & toutes sortes de
semblable bestail : voire mesme dans les lieux où les hommes rendent ordinairement leur vrine, & en fin dans les campagnes, ou d'autres endroits, où
apres des grandes batailles on aura amoncellé un grand nombre de corps
morts, & jetté sur les cadavres d'une infinité presque de malheureux quelque notable quantité de terre : c'est de là que depuis tant d'annéez en ça
on a veu tirer si grande abondance de cette matiere Salpetreuse dans la Va-
lachie, & dans les deserts de la Podolie entre le Bohé & le Borysthene : au
subjet de quoy les Polonois ont autrefois esté obligez de faire la guerre à
l'encontre des Tartares Criménsiens, & des Perecopensiens, & qui pis est
aujourdhuy, que i'escris cecy sont derechef engagez dans des horribles
troubles, & funestes combustions que leur suscitent les rebellions des
causaques & peu-testre bien les uns & les autres. Mais Dieu! soyez
favorable aux extreprises de nostre invincible Prince I E A N C A-
S I M I R, par vostre infinie bonté Roy de Pologne & de Suede, inspirez
luy, & conduisez tous ses desseins, affin que; si prenant en main les rénes de
son Empire que vostre providence eternelle luy a naguere commis : on ne
luy permet de les conduire par les voyes de la clemence & de la debonnai-
reté : ( qui sont des ornements incomparablement plus seants à des Monarques que la severité des chastiments, ) ses armes vengeresses & victorieuses
ensemble, puissent justement chastier ces insolents, & moissonner les testes
de ces mutins, dont la servitude a tousiours esté l'appanage; lesquels neantmoins à limitation des asnes retifs & sauvages, se sont tousiours roidy contre l'esguillon, & autrefois refusé a subir les loix les plus douces de leurs
souverains, mais qui maintenant ne se proposent pas seulement la liberté
comme trop savoreuse, & douce pour leurs palais trop rudes et barbares, mais
encore meditent ie ne sçay quel empire sur les autres. Qu'il puisse dif-ie
exterminer cette engeance, affin qu'au terme que la juste severité de ce
Prince se verra entierement victorieuse sur tous ces esprits rebels, il leur
oste toute esperance de pardon, & leur fasse payer la peine que leur perfide
rebellion aura attirée sur leurs testes criminelles : en fin qu'apres avoir
amoncellé morts sur morts, entassé corps sur corps, & fait des horribles cy-
metieres de toute cette canaille ( les contraignant de gemir soubs le pesant
fardeau de leur propre ruine, & de nos terrasses, à l'exemple des Geants que
Iupiter foudroya pour un pareil crime ) nous puissions accumuler montagnes sur montagnes, & joindre ces nouveaux amas de cadavres aux ancı-
ens ; de ceux de qui ils auront imité les perfides exemples. De là
la

la posterité aura une matiere bien ample, & bien glorieuse, de donner des loüanges,& des actions de graces immorteles aux heroïques vertus d'un si Puissant Roy,quand elle jettera ses yeux pleins d'estonnement sur les trophées d'une victoire si signalée,& d'une si juste vengeance, infiniment plus nobles,que toutes ces fameuses Pyramides,que la vanité de Memphis à fait passer pour miracle parmy les anciens : c'est de là dis-ie, & de la corruption de ces cadavres qu'elle tirera cette terre salpetreuse pour en preparer cette matiere de foudre & de tonnere, & cette foudroyante poudre pyrique;dont la fumée sera si insuportable aux reiettons de cette turbulente engeace, que si jamais il leur arrive de renouveller ces desordres fatales, ils serōt contrains de perir ( comme les pûces & punaises que l'odeur d'un des corps bruflé de ces vermines empesche de nuire à l'homme,au dire des naturalistes ) ou de demeurer paisibles sous le joug du Souverain qui leur sera ordonné du ciel, ou de s'enfuir si loing avec les ennemis du repos de leur patrie, que la crainte des chastiments leur ostera non seulement l'enuie d'y retourner, mais encore la pensée mesme de jamais la desirer. Voyla les vœux que la fidelité que ie garde à mon Prince, & la sincere affection que ie porte à ma patrie ont suggeréz à ma plume : lesquels j'espere que ce souverain Arbitre des armées sera reüssir,s'il void que le tout soit rapporté à la gloire de son sainct nom. Mais ie ne m'appercoy point que ie m'esloigne insensiblement de mon subjet, retournons donc à nostre propos, & voyons un peu comment on peut espreuver la terre salnitreuse pour en connoistre la bonté.

Ie rencontre trois differents moyens pour tirer des preuves, & des conjectures asseurées de la bonté du terroir,d'où l'on veut tirer le salpetre, chez les Salpetriers,& telles gens qui se mellent de manier cette matiere.

Le premier est qu'on peut mettre sur la langue tant soit peu de cette terre que l'on croit contenir du Salpetre, que si elle la pique un peu asprement, c'est signe que vous ne perdrez pas vos peines ny ( comme l'on dit ) vostre huyle à la preparer. Si au contraire elle n'est pas mordicante, ou un peu corrosive, ne risquez pas aysement vostre temps,ny vostre argent à sa preparation.

Le second est celuy cy, faitez un trou dans terre, avec un piquet, ou de bois,ou de fer, dans lequel vous jetterez un morceau de fer tout rouge,puis ayant bien bouché le trou vous attendrez que le fer y soit tout à fait refroidy : tirez le par apres, que si vous treuvez à l'entour de ce fer quelques marques de couleur citrine, tendente un peu vers la blancheastre; ne doutez point que cette terre ne soit fort bonne, pour la mettre en œuvre.

Le troisiéme en fin, jettez moy un peu de cette terre sur les charbons ardants : que si vous entendez qu'elle fasse quelque bruit, & qu'elle petille dans le feu, ou quelle fasse élever des estincelles claires, & luysantes,vous pourrez de là tirer en consequence que cette terre contient force matiere de cette nature.

Alors quand vous aurez treuvé que cette terre sera propre pour en tirer du Salpetre,& que quelques unes de ces espreuves que ie viens de dire vous auront rendu certain de sa bonté,& de sa valeur,faitez en enfoüir une grande quantité, ou autant comme il vous plaira, & la faitez transporter tout d'un temps dans quelque lieu commode à cet effet, Faitez brusler d'autre part beaucoup de bois, de chesne, de fresne, d'orme, d'erable, & de toute autre sorte de bois fort durs, & solides pour en avoir la cendre. Puis prenez moy deux parties de cette cendre, & trois de chaux vive, & les meslez bien ensemble; & mettez à part cette mixtion pour l'usage que ie vous diray

tan-

tantost. Prenez cependant un vaisseau de bois qui ait l'emboucheure assez large, & qui contienne plusieurs cruches d'eau. Soit fait un trou au fonds d'environ d'un, ou de deux doigts de diametre : qu'il soit couvert bien justement de petites branches de bois de serment, proprement entre-lasséez en forme d'une petite claye : & puis jonchez tout le fonds dudit vaisseau ( sans excepter le pertuis ) avec de la paille nette, & entiere. Ce vaisseau estant preparé de la façon; disposez-le en telle sorte qu'on y en puisse mettre par dessous un autre plus petit, pour recevoir la liqueur qui coulera du vaisseau superieur. Puis vous mettrez dans le fonds de ce vaisseau ainsi âjusté, environ la hauteur d'une palme, de cette terre salpetreuse qui auparavant aura esté un peu desseichée à l'air du temps : sur cette terre vous mettrez la hauteur de 2 ou 3 doigts de cette mixtion faite de cendre, & de chaux vive: puis derechef de la terre salnitreuse; puis de cendres par dessus de la mesme hauteur qu'auparavant:& continüerez de la sorte, à mettre terre sur cendre, & cendre sur terre, jusques à ce que le vaisseau soit tout remply,reservé toutesfois environ le vuide de la hauteur d'une palme vers le haut, pour retenir l'eau qu'on y doit jetter. Cela fait vous y verserez de l'eau douce,& fraische par dessus autant que vous jugerez de besoin : c'est à dire tant qu'elle sur montera la terre de deux ou trois bons doigts : à mesure qu'elle penetrera, & passera à travers le tout, laisez la couler goute à goute par le trou qui est au fonds du vaisseau dans le recipient que vous aurez posé au dessous, & vous aurez une lessive salnitreuse,suivant la quantité de l'eau que vous aurez versée sur vostre vaisseau;que s'il vous semble que vous en ayez trop peu, il vous faudra reïterer l'infusion, affin que repassant pour une seconde fois à travers cette terre,l'eau en reçoive d'autant plus de substance salnitreuse, & que par consequent elle en emmeine quant & soy plus grande quantité au dehors.

Cela fait versez moy route cette lessive de ce recipient dans quelque chaudiere, ou chauderon assez capable, & la faites boüillir d'abord à feu lent & moderé,puis à grand feu,jusques à la consomption d'un tiers,puis versez derechef de la mesme lessive autant qu'il vous en faut pour remplir la chaudiere,& la faites boüillir,& consommer comme auparavant: & continuez tousjours ainsi à la remplir, faire boüillir, & diminuer, jusques à ce que toute vostre lessive y ait passée. Vous aurez cependant soin de la bien escumer dans ce temps qu'elle boüillira, & d'en tirer hors avec la cuëillere percée, soit de fer,ou de cuivre,toutes les ordures & saletéz qui surnageront. Et en fin cette ditte lessive ayant bien boüilly,& estant bien escumée, & mondée de toutes ses saletéz,on la tirera du feu & la versera-t'on dans quelque vaisseau de bois : puis l'ayant bien couvert,& bien bouché,on attendra qu'elle soit refroidie,& clarifiée, en sorte que toute la crasse du sel, & la partie la plus terrestre soit rasise au fonds.

Apres tout cela,vous prendrez ce vaisseau,& l'enclinant tout doucement vous verserez l'eau toute pure seulement dans la chaudiere, comme vous avez fait auparavât:prenant bien garde que les residances qui demeurent au fonds ne s'escoulent avec l'eau:puis l'ayant remis sur un feu fort chaud,vous la ferez recuire jusques à la diminution de la moitie, ou bien jusques à ce qu'elle commence à s'epaisir : ou qu'en ayant mis quelques gouttes sur un marbre rude,ou sur une lame de fer,on s'apperçoive qu'elle se congele.

En fin l'ayant tirée du feu on la fera un peu refroidir : puis on la versera dans des certaines jattes,ou bacques de bois, qui sont des vaisseaux creux & longuets de telle estofe, plus larges toutefois que profonds : où l'on en

M                                                                         verse

verſe ſeulement dans chacun la hauteur d'une palme ou environ. Apres ayant couvert ces vaiſſeaux , avec des morceaux de toile ou de drap fort groſſier, on les portera dans un lieu fraiz : où à deux ou trois jours de là vous trouverez le Salpetre congelé & concret tout en petits ſillons , reluiſ-ſants , & ſemblables à du criſtal ou à de la glace tranſparente, attachez aux coſtez des vaiſſeaux, ou pendants à des baſtons denuëz d'eſcorce,qu'on aura indifferemment diſpoſez dans ces jattes, avant que d'y verſer l'eau. Amaſſez dõcques ce Salpetre fort diligemmẽt dans quelque caſſette propre à le recevoir & conſerver ſec , & faites boüillir derechef l'eau qui demeurera dans leſdits vaiſſeaux, ſans oublier à jetter hors toutes les reſidences, & immondices, qui ſe feront raſſiſes au fonds pour les mettre ailleurs où elles pourront encore ſervir.

Que ſi pendant la cuitte il arrive que l'eau vienne à ſurmonter, & ſor-tir en boüillant hors de la chaudiere ; ayez de l'autre leſſive faite des trois parties de la cendre que nous avons cy deſſus deſcripte,& d'une de chaux vive : dans laquelle outre tout cela,vous aurez diſſout 4 ℔ d'alun de roche pour chaque 100 ℔ de leſſive : prenez-en un peu, & la jettez doucement de temps en temps dans voſtre chaudiere, lors que le boüillon s'eſlevera:par ce moyen vous verrez que l'eau qui s'appreſtoit à ſortir hors, deſcendra vers le bas,& que le ſel commun, & le plus terrien ſe raſſeoira ſur le fonds.

La terre qui ſera demeurée dans le vaiſſeau apres la leſſive eſcoulée, ſera miſe dans quelque lieu couvert, où le ſoleil,les pluyes,ny les autres eaux, ne puiſſent penetrer;mais que ſe ſoit touteſfois en lieu frequenté des hommes, & des animaux meſmes : où elle ſera eſparſe , & eſtenduë bien également environ à la hauteur d'un pied. On aura en apres auſsi grande quantité qu'on pourra, de fumier, ou de ſiente de toutes ſortes de beſtial tant grands que petits,qu'on eſtendra de meſme ſorte ſur cette terre à la hauteur de deux , trois, ou quattre pieds. Prenez en ſuitte toutes les ſaletez & reſi-dences , & l'eſcume que vous aurez tirée, & miſe à part pendant, & apres l'ebullition de voſtre leſſive , & meſme le reſte de l'eau qui ſera demeurée apres en avoir tiré tout le ſalpetre que vous aurez pû par pluſieurs ebullitiõs ( reſervée touteſfois la matiere terreſtre, & le ſel commun qui demeure au fonds,qui ſont tout à fait inutils) les jettez par deſſus voſtre fumier ; jet-tez y encore tous les jours, le plus ſouvent, & le plus que vous pourrez,de l'urine d'homme:quoy faiſant apres l'eſpace de deux années, vous aurez vo-ſtre terre auſsi remplie de Salpetre comme auparavant,voire meſme en bien plus grande abondance: lequel il vous ſera ayſé de tirer, ſuivant la methode que ie vous viens de donner.

# Chapitre III.

### Comme on doit clarifier le Salpetre.

Puis doncques que c'eſt une opinion tres conſtante que la poudre à ca-non doit tenir le premier rang parmy une quantité de materiaux qui s'employent dans l'art Pyrotechnique : joint que ſes puiſſants efforts, & les effets plus que naturels,que ces effroyables machines de guerre pro-duiſent journellement,ne ſe peuvent attribuër à aucune autre cauſe motrice, plus active,ny plus puiſſante qu'a ſon action naturelle, ſuppoſé d'ailliers que

tou-

toute l'energie de cette poudre cōſiſte dans la ſeparation de toute la matiere, groſſiere & eſtrangere d'avec ſa plus pure : Voila pourquoy ce n'eſt pas aſſez ce me ſemble, d'avoir ſimplement tiré ce ſel hors d'une terre ſalpetreuſe, mais il eſt encore neceſſaire de le purger, & clarifier deux & trois fois,& d'avantage s'il en eſt beſoin,ſi vous deſirez mettre cette compoſition dans le plus haut point de ſa perfection & tirer tout l'effet de cette poudre,que vous en deſirez. C'eſt ce qui ſe pourra faire en deux façons.

La premiere eſt qu'on prendra autant de ſalpetre que l'on voudra, & ſera mis dans une chaudiere: puis l'on jettera deſſus autant d'eau douce qu'il ſe-ra de beſoin pour le diſſoudre ; On y verſera quelques cruches de cette leſ-ſive preparée de cendre, de chaux vive, & d'alun de roche, laquelle nous avons deſcripte cy deſſus, on ſera boüillir le tout ſur le feu, juſques à ce que le ſalpetre ſoit tout à ſait fondu, & que ſon boüillon ſoit entiérement reduit en eſcume. Cela fait qu'on tienne preſt un vaiſſeau de bois aſſez capable, que l'on diſpoſera en telle ſorte qu'un autre puiſſe eſtre mis au deſſous de ſon fonds lequel on aura au prealable percé par le milieu.Puis ſoit mis du ſa-blon bien lavé & bien nettoyé, environ la hauteur d'une palme ſur le fonds du premier,& du plus haut, puis qu'il ſoit bien couvert d'une gtoſſe toille. Prenez moy en apres l'eau,où le Salpetre aura eſté fondu, & la verſez de la chaudiere dans le vaiſſeau ſuperieur, ainſi en diſtillant peu à peu dans le recipient qui eſt au deſſous, & penetrant à travers le ſablon couvert de ce linge, elle ſe dechargera de toutes ſes ſuperfluitéz, & y laiſſera ſon ſel le plus terreſtre,& toutes ſes parties les plus inutiles: puis eſtāt derechef remi-ſe du recipient dans la chaudiere,on la ſera reboüillir ſur le feu comme aupa-ravant juſques à tant qu'elle ſe puiſſe congeler : & en fin on la verſera dans des vaiſſeaux de bois un peu longs & plats de fonds comme nous avons dit au chapitre precedent,& la laiſſera t'on refroidir tout à ſon aiſe en lieu frais : puis on verra qu'au bout de deux ou trois jours le Salpetre en ſortira bien plus pur.que la premiere fois. Que ſi on deſire extraire une ſubſtance de Sal-petre encore plus pure & plus energique, il faudra reïterer cette operation encore quelques autres fois, & obſerver toutes les meſmes circonſtances que nous venons de dire dans cette ſeconde coction.

La ſeconde façon de le rectifier ſe fait ainſi, mettez moy voſtre ſalpetre dans un vaiſſeau de cuivre ou de ſer ou de terre verniſſée,puis l'ayāt mis d'a-bord ſur un feu aſſez lent, on en augmentera les degrez de chaleur accoû-tumez,juſques à ce que le ſel ſoit tout fondu & qu'il boüille à gros boüillons puis vous prendrez quelque peu de ſouffre commun bien pulverizé,& le jet-terez ſur le ſalpetre liquefié, lequel prendra feu auſſi toſt, & par meſme moyen conſumera toute l'humeur graſſe, & viſqueuſe,avec tout le ſel terre-ſtre qui eſtoit demeuré inutil parmy le Salpetre avant ſa rectification : Or vous pourrez reïterer cette aſperſion de ſouffre par pluſieurs fois juſques à tant que toutes ces humeurs eſtrangeres ſoiēt tout à ſait conſommez. En fin le Salpetre eſtant bien fondu,& bien purifié, vous le verſerez ſur un marbre bien poly, ou ſur des lames de fer, ou de cuivre, ou de terre verniſſé, & le laiſſerez refroidir. Pour lors vous aurez un Salpetre congelé preſque ſem-blable en couleur,& en dureté, à du marbre blanc, ou à du pur & veritable alebaſtre.

M 2 Cha-

# Chapitre I V.

### Comment on peut reduire le Salpetre en farine.

Le Salpetre eftant bien purifié fera mis dans une chaudiere, fur les charbons ardents, bien proprement ajuftée fur un petit fourneau ; puis vous foufflerez fans ceffe, & augmenterez le feu avec le foufflet jufques à un telle degré de chaleur, qu'a force de fumer, & de s'efuaporer le Salpetre quitte toute fon humidité, & obtienne une parfaite blancheur. Mais il faut avoir grand foing qu'en le feichant de la forte vous ne ceffiez de l'agiter continuellement, en le remuant jufques au fonds avec une fpatule de bois, ou de fer, depeur qu'il ne retourne en fa premiere forme. Cela fait vous y verferez de la belle eau, claire, & frefche, autant qu'il en faut pour couvrir le Salpetre, & quand il fera diffout, & qu'il aura acquis la confiftance de quelque liqueur épaiffe, vous le broüillerez le plus vifte qu'il vous fera poffible avec la fpatule de bois, & fans aucune remife, jufques à ce que toute cette humidité foit evaporée, & que le tout foit reduit en farine tres feiche & tres blanche.

# Chapitre V.

### La façon de preparer le Salpetre avec la fleur de muraille.

Amaffez bonne quantité de cette fleur qui fe treuve fur les furfaces des murailles qui font ordinairement dans les lieux humides, & fouterrains : vous pourrezauffi faire provifion d'un certain fel qui s'attache d'ordinaire fur la chaux, ou fur le debris des vielles mafures, & bâtimèts ruinez ; ce que Pierre Sardi Romain a remarqué avoir toufiours efté fort biè pratiqué à Bruxelles en Brabant, comme il le confeffe au liv. 3, chap. 49 de fon Artillerie. Vous ferez premiérement une leffive de chaux vive, & d'eau commune, & la clariferez comme on a de coûtume : puis apres avoir mis voftre Salpetre dans un vaiffeau percé au fond, & l'avoir difpofé de la mefme façon que nous l'avons décript au chap. 2, de ce livre, vous jetterez voftre leffive par deffus, & la meflerez bien avec un bafton, jufques à ce que le Salpetre foit tout refout en eau : laiffez diftiller cette eau peu à peu dans le recipient que vous aurez mis au deffoubz : en fin eftant toute coulée, verfez la dans une chaudiere, & la mettez fur le feu, efchauffez la d'abord petit à petit, puis la faites boüillir jufques à ce qu'elle devienne fuffifamment epaiffe, & qu'elle fe puiffe ayfement congeler ; puis continuez le refte de la preparation fuivant la methode donnèe cy deffus.

Il s'eft treuvé jufques à des fimples femmelettes qui ont eu quelque efpece de connoiffance de ce fel. C'eft ce que Valere rapporte en fon liv. 1 Chap. 1, d'une difciple de la Pucelle Emilie, laquelle adorant la deeffe Vefta, avoit mis fur un rechaut quelque lambeau de toile de fin lin, dont elle en avoit d'excellant, lequel, quoy que le feu parut tout à fait efteint, rendit encore neantmoins de flammes tres vives & tres pures. Or voyci la raifon qu'il nous en donne : ceft (dit il) qu'il faut croire que cette bonne dame auoit avoit remply cette toile de lin de ratiſſures de quelque vieil mur,& de cette farine ( que nous appellons auſſi fleur de muraille ) & lavoit mis ainſi ſur la cendre chaude, ou bien qu'elle en avoit eſpars quelque peu ſur les meſmes cendres, ce qui faiſoit ce brillement de feu, & cet effet qui donnoit de l'eſtonnement à ceux n'en qui connoiſſoit point la cauſe.

Nous voyons d'ailleurs qu'il arrive quelquefois, que le feu s'attache de ſoy meſme aux murailles de certains edifices, ſi ſubtillement, que l'on s'en eſtonne comme de quelque effet prodigieux. Ce que Cardan en ſon liv. 10. des de varietez chap. 49 attribuë ſeulement à ce ſel, qui adhere coûtumiérement aux ſuperficies des murailles, & ruines des vieux baſtiments.

# Chapitre VI.

### Comment on doit preparer le Selprotique, avec le Salpetre.

Prenez Salpetre deux ou trois fois clairiſié certaine quantité de livres : âjoutez y pour chacune livre, de Sel Ammoniac ℥ij, & de Camphre ℥ ß, & les meſlez bien enſemble: mettez toutes ces drogues dans quelque vaiſſeau d'airain, & y verſez parmy de bonne eau de vie, juſques à deux ou trois doigts par deſſus. Puis faites boüillir le tout à grand feu, tant que toute l'humidité ſoit evaporée: tirez le du feu : & verſez ce qui ſera reſté dans le vaiſſeau, dedans un pot de terre qui ne ſera point verniſſé : puis l'ayant bien couvert, vous le pendrez en quelque lieu un peu élevé: & mettrez au deſſous un plat de terre verniſſé : puis vous raclerez, & amaſſerez diligemment dans ce plat une certaine humeur blancheâtre, & preſque ſemblable à la fleur de murailles, laquelle paroiſtra ſur la ſuperficie exterieure du pot : ce que vous continuerez, c'eſt à dire que vous raclerez touſiours cette matiere prüineuſe, à meſure que vous verrez qu'elle aura penetrée ce vaiſſeau. En fin apres que vous aurez amaſſé tout ce qui aura pû ſortir dehors, vous le garderez bien ſoigneuſement en quelque lieu ſec, pour vous en ſervir à divers uſage dans la pyrotechnie.

# Chapitre VII.

### Comment on peut faire eſpreuve de la bonté du Salpetre.

On mettra ſur une table de bois, ou ſur quelque ais bien poly, & bien net, un peu de Salpetre, puis on y mettra le feu avec un charbon ardant, & obſervera-t'on bien ce qui s'enſuit.

S'il fait le meſme bruit en bruſlant que fait le ſel commun lors qu'il eſt jetté ſur des charbons allumez, ce ſera une marque qu'il contient encore beaucoup de ſel commun.

S'il rend une eſcume graſſe, & eſpaiſſe ce ſera ſigne qu'il ſera encore gras, & viſqueux.

Que ſi apres que le ſel ſera conſommé il y reſte encore de la craſſe, & des immondices ſur les ais. Ce ſera une marque infaillible que le ſel contiendra encore quantité de matiere terreſtre, ainſi tant plus que vous verrez qu'il y

aura refté de ces ordures apres la combuftion du falpetre , tant plus ter-
reux & impur , en devez vous juger ce fel, & par confequent d'autant moins
purifié,& moins actif.

Mais au contraire s'il rend une flamme claire , longue, & divifée en plufieurs rayons, & que la fuperficie de la planche demeure nette , & fans craffe : ou qu'il fe foit confumé ny plus ny moins que du Charbon pur , fans
aucune efcume, fans un grand bruit, ny petillement trop importun , on
pourra conclurre que ce Salpetre fera bien nettoyé , & dans fa parfaite preparation.

Iofeph Furtenbach , outre tout cecy , nous affeure en fon Artillerie que
c'eft une marque irreprochable de l'exellance du Salpetre , fi apres la feconde clarification faite comme on a de coûtume ( à fçavoir fuivant la premie-
methode de le clarifier décrite au chapitre 3 de ce livre ) on en treuve 4 ℔
de dechet fur chaque 100 ℔: & confequemment apres l'avoir clarifié derechef fuivant l'autre moyen que nous avons enfeigné au mefme chapitre ; on le devra treuver pareillement diminué de 4 ℔ comme auparavant.

## Chapitre V I I I.

Le vray moyen pour purifier le Salpetre,& le feparer de toute matiere nuifible & fuperflue , comme du Sel
commun , du Vitriol , de l'Alun , &
de toute humeur graffe,&
vifqueufe.

Prenez deux ℔ de chaux vive , 2 ℔ de fel commun,de Verdet-gris 1℔ ,
de Vitriol Romain 1 ℔,de Sel Ammoniac 1 ℔ : pulverizez les tous enfemble , puis mettez toute cette matiere dans quelque jatte, ou vaiffeau de bois , & jettez par deffus bonne quantité de vinaigre , ou de
vin, ou au deffaut de ces deux de belle eau douce & claire,& en faites leffive
laquelle vous laifferez raffeoir, & clarifier de foy mefme pendant l'efpace de
trois jours : Puis verfez voftre Salpetre dans un chaudron : & y jettez par
deffus autant de cette leffive qu'il en faut pour couvrir le Salpetre : pofez le
fur un feu affez moderé & lent,& le faites boüillir jufques à la confomption
de la moitié de toute la liqueur:tirez le du feu,& verfez doucement le refte ,
en inclinant le chauderon,dans un autre vaiffeau; puis jettez hors toutes les
fondrilles,& faletéz qui refideront au fonds de la chaudiere. Cela fait laiffez
refroidir cette eau falpetreufe, & continuez voftre preparation felon la methode que nous avons donnée au fecond chapitre de ce livre.

## Chapitre I X.

Comme on doit clarifier le Soulphre commun.

Nous experimentons fouvent, & fans aucun contredit , que non feulement le Salpetre eft remply de matiere terreftre : mais auffi que
le fouffre n'en eft pas exempt, non plus que de craffe , & d'une certaine humeur huyleufe, qui font autant de qualitez nuifibles dans
la

la composition,comme elles sont communes à l'une & à l'autre de ces matieres. Voyla pourquoy si nous voulons nous servir utilemnt de toutes les commoditez que l'on peut tirer de la quinte-essance de toutes ces estoffes:il sera necessaire de purifier aussi le souffre,& de luy procurer à force de clarification une nature tout à fait sublime , ignée, & aërienne. L'ordre & la methode que l'on doit tenir en cecy est tel. Faitez fondre à petit feu, sur des charbons bien allumez & non fumeux tel quantité de souffre commun qu'il vous plaira, dans un vaisseau de terre ou de cuivre : puis avec la cuëillere, vous osterez tout doucement toute l'escume, avec les saletéz surnageantes au dessus du souffre, puis apres l'avoir tiré du feu vous le coulerez à travers un linge, ou toile double dans un autre vaisseau en l'exprimant assez legerement. Ainsi toute la crasse,& l'huyle du souffre demeureront dans la toile, & aurez le souffre pur & net apres la colature.Nous en avons veu des certains qui apres avoir fait fondre le souffre, & retiré du feu,y ajoûtoient certaine quantité de vif-argent, & puis le mouvoient & mesloient le plus viste qu'il leur estoit possible avec la spatule de bois,jusques à ce qu'il fut refroidy,affin que l'argent vif s'unit,& s'incorpora mieux avec le soulphre;ce qui nous oblige à croire que la raison qu'on peut avoir de le purifier, est non seulement affin de le rendre plus violent,& plus actif:mais aussi affin qu'il en devienne plus volatile & subtil. Il s'en trouve d'autres encore qui mêlent dans le souffre lors qu'il est fondu du verre reduit en poudre fort deliée, & qui versent par dessus de l'eau de vie, avec quelque morceau d'alun concassé,s'imaginans que cela ne fait pas peu à rendre le soulphre plus puissant,plus clair,& plus net.

On connoit la bonté du souffre,en le pressant entre deux lames de fer; car si en coulant il paroist jaune comme cire,sans aucune mauvaise odeur,& que ce qui reste soit d'une couleur rougeâtre, on doit croire qu'il est naturel & excellant.Nous remarquons que le feu est si friand apres le souffre,& que reciproquement le soulphre se plait tellement d'estre devoré & consommé par cet elemēt,que si quelques fragmens estans poséz aux environs de quelques pieces de bois à quelque distance de là, ressentent sa chaleur, ils le semblent appeller à soy,voire mesme l'attirent quelque-fois effectivement,si on y prend garde.On trouve toutéfois une certaine espece de souffre qui ne brûle point comme les autres, & qui ne rend aucune mauvaise odeur,mais estant mis sur le feu,se fond ny plus ny moins que la cire vulgaire.C'est de celuy cy qu'on trouve abondamment dans l'Islande proche le mont Hecle , & dans la Carniole,au rapport de Libavius en la premiere partie de l'Apocap. Hermet. Or ce soulphre icy est ordinairement rouge ; comme aussi est celuy qui se treuve au détroit de Heildesheim(comme escrit Agricola liv. 1 de effl. terr. chap.22.sur le tesmoignage de Joh. Jonston.Adm.Nat. Clas.4. chap. 13. où l'on le tire encore de plusieurs autres couleurs, comme jaune-pasle, & verd, qu'on void si communément attaché aux surfaces des pierres, & des rochers que l'on le peut sans aucune difficulté détacher,& en faire amas.Celuy qui est parfaitement jaune est le meilleur. Nous appellons Souffre vif celuy qui n'a pas encore passé par le feu: d'autres le nomment aussi Souffre vierge, à cause que dans la Campanie,les femmes,& les filles ont de coûtume d'en composer un certain fard,duquel elles se servent pour embellir le visage.

Cha-

# Chapitre X.

### Comme il faut preparer l'Huyle simple avec le Salpetre.

Soit mise sur une table , ou planche de sapin bien seiche , bien égale,&
bien polie une certaine quantité de Salpetre clarifié , puis soit posé au
dessous de la table un bassin d'airain,soubz lequel on aura mis des charbons ardans ; à mesure que la chaleur du feu commencera à resoudre le
Salpetre en une liqueur toute à fait semblable à de l'huyle, vous verrez que
cette humeur penetrant à travers la table, distillera goutte à goutte dans le
bassin posé au dessouz : ce que l'on pourra continuer jusques á ce qu'on en
ait assez , pourveu qu'on y remette de temps en temps du Salpetre nouveau.

# Chapitre X I·

### Comme on doit preparer l'Huyle de Soulphre.

Prenez assez bonne quantité de Soulphre clarifié,& le faites fondre sur
un feu mediocre dans un vaisseau de terre ou de cuivre , puis ayez des
vieilles tuilles rouges qui ayent deja servies à quelque bâtiment , ou si
on en peut point trouver de celles là, prenez-en des neufves, bien cui-
tes, & qui n'ayent jamais esté mouillées: brisez les toutes en morceaux gros
comme des febves ; & les iettez dans le soulphre fondu.  Puis mélez bien
fort vostre Soulphre avec ces fragments de briques,jusques à ce qu'ils ayent
tout à fait beu,& absorbé toute cette liqueur: apres qu'ils soyent mis dans
un alambique sur un fourneau à distiller.   Puis en fin que l'huyle en soit tirée , suivant l'ordre de la chymie , laquelle sera fort excellante, & sur toutes qualitez,fort combustible , & propre pour la composition des feux d'artifices.

### Autrement.

Remplissez une phiole de verre qui aura le col assez long, jusques à la
troisiéme ou quatriéme partie du ventre ( telle qu'on la peut voir en la figure 14 ) de Soulphre reduit en poudre bien subtile, puis versez dessus de l'esprit de therebentine,ou de l'huyle de noix , ou de genevre,en telle quantité
que cette liqueur avec le soulphre n'occupe pas plus que la moitié du ventre de laditte phiole. Mettez la phiole sur les cendres chaudes , & qu'elle y
demeure l'espace de 8 ou 9 heures:& vous verrez biē tost apres que l'esprit
de therebentine convertira le soulphre en huyle rouge,aussi ardente,& combustible que la premiere.

Il y en a qui prennent ces matieres suivantes pour preparer leur huyle de
soulphre,affin de la rendre fort combustible:à sçavoir du Soulphre 1 ℔;de la
chaux ℔ β, du sel Ammoniac ℥iiij.

Outre tout cela les chymiques sçavent preparer une  certaine huyle de
soulphre ( qu'ils appellent un baûme ) de laquelle les vertus sont si admirables qu'elles ne permettent pas qu'un corps vif ou mort, soit jamais atteint
d'aucune putrefaction : mais le conserve dans un estat si parfait, & si entier,
que ny les pernicieuses influences des corps celestes , ny la corruption que
produisent les elements , ny celle la mesme qui se peut engendrer dans
                                                                    leurs

leurs-propres principes, ne peuvent en rien endommager, ou alterer tant
foit péu la cymmetrie des corps morts qui en auront efté enbaumez, ny de
ceux qui en auront efté oints tous vivans.    On prepare auffi un certain feu
( comme l'enfeigne Tritemius ) avec de la fleur de Soulphre, du Borax, &
de l'Eau de Vie, qui dure plufieurs années fans s'efteindre. D'autres fçavent
ajufter une lampe emplie de quelque pareille huyle, de laquelle tous ceux
qui en font efclairéz paroiffent fans teftes.

## Chapitre XII.

### Le moyen pour preparer l'Huyle de Soulphre, & de Salpetre meflez enfemble.

Soient mifes, & incorporées enfemble parties égales de Soulphre, & de
Salpetre : reduifez les en poudre tres fubtile, & les paffez par un tamis
affez fin; puis mettez cette poudre dans un pot de terre qui n'ait point
encore fervy, & verfez par deffus dù vinaigre de bon vin blanc, ou de
l'eau de vie tant que toute voftre poudre en foit couverte : fermez voftre
pot en forte qu'il ny puiffe entrer d'air aucunement ; & le mettez ainfi en
quelque lieu chaud fi long temps que tout le vinaigre foit digeré, & eva-
noüy. En fin prenez cette matiere qui refte dans le pot, & en tirez l'huyle
avec des inftruments chymiques, & propres à cette operation.

## Chapitre XIII.

### Comme on doit preparer le Charbon pour la Poudre à Canon, & quantité d'autres ufages dans la Pyrotechnie.

Au mois de May, ou de Ioin, lors que toutes fortes d'arbres font ay-
féz à peler à caufe que dans ce temps ils entrent fort un feve, & font
plus pleins d'humeur qu'en toute autre faifon de l'année, coupez
moy bonne quántité de bois de coûdre, ou de faûx de la haúteur de
deux, ou de trois pieds, & gros d'un demy poûce : oftez en avec le couteau tous les neuds, & rameaux, comme fuperflus, & inutiles : puisayant
depoüillé le refte de fon efcorce, faites en des petits faiffeaux ; & les faitez fort feicher dans un four chaud : mettez les en apres tous debout en un
lieu fort uny & égal, & y mettez le feu : puis lors que vous verrez que voftre bois fera bien allumé, & que le feu l'aura tout à fait reduit en braife,
couvrez-le moy promptement & diligemment, avec de la terre qui aura efté
humeétée auparavant, fans qu'il puiffe refpirer d'air par aucune ouverture.
Ainfi la flamme eftant eftouffée & totalement fupprimée, les charbons demeureront purs, & entiers, fans eftre chargez de cendres : 24 heures apres
vous les tirerez de là, & les garderez pour vous en fervir au befoin, &
pour les mettre en ufage dans les compofitions que nous vous décrirons cy
apres.    Que fi vous ne pouvez treuver par hazard, de bois de faux ny de
coudre fuffifamment pour en faire du charbon vous pourrez vous fervir à
leur deffaut de bois de tilliet.

D'a-

D'avantage que fi vous ne defirez pas faire fi grande quantité de charbon , & que vous n'en ayez befoin que de fort peu,prenez des branches de
ce bois que ie viens de dire,ou de bois de tilliet, ou de genevre, & apres les
avoir fendu en petits efclats, puis bien deffeiché , enfermez les dans un
vaiffeau de terre,& luttez bien le couvercle par deffus avec de l'argile , puis
l'ayant environné, & couvert de tous coftez de charbons ardants , laiffez-
le là l'efpace d'une bonne heure en continuant durant ce temps, toûjours
le feu dans un mefme degré de chaleur : en fin laiffez le refroidir de luy
mefme, & en tirez le charbon pour voftre ufage.Il y en a d'autres qui prennent du vieil linge bien lavé,& bien feiché, & puis le font brufler de la mefme façon,duquel l'ufage,ny les vertus mefmes ne font pas à mefprifer dans
la Pyrotechnie.

# Chapitre X I V.

### Comme on doit preparer la Poudre pyrique, ou Poudre à Canon.

L a Poudre pyrique eft fi commune dans fa preparation que non feulement ceux qui s'addonnent à la Pyrotechnie,ou qui font une particuliere profeffion de la mettre en oeuvre fçavent les moyens de la
preparer,mais encore un grand nombre de ceux qui ne fe fervent que
de l'arquebufe , du piftolet , & femblables legeres armes à feu, en connoif-
fent fort bien la compofition: voire ce qui eft bien plus eftrange,la plus part
de nos païfans ont apris à la preparer de leurs mains propres , fans fe fervir
d'aucunes machines artificielles ny d'aucuns autres inftruments chymi-
ques.Car (puifque l'ocafion fe prefente de vous dire cecy) i'ay veu plufieurs
habitans de la Podolie , & de l'Ukrane,que nous appellons maintenant les
Caufaques, qui preparoient leur poudre d'une methode tout à fait contraire
à la commune,& à celle que les Pyrotechniciens obfervent.  Ils metttent ,
par exemple,dans un pot de terre, du Salpetre,du Soulphre;& du Charbon,
certaines portions de chacun ; ( defquels ils ont apris la proportion d'une
matiere à l'autre par la feule pratique) & puis ayant verfé de l'eau douce par
deffus, ils les font boüillir à feu lent,l'efpace de 2 ou 3 heures jufques à ce
que l'eau foit tout à fait evaporée , & que leur compofition devienne efpai-
fe,puis l'ayant tiré du pot , & fait un peu feicher au foleil , ou dans quelque
lieu chaud,comme dans quelque poéle, ils la paffent par un tamis de crin, &
la reduifent en grains fort menus. Il y en a d'autres qui broyent,& incorporent enfemble dans un teft,ou efcuëlle de terre,ou fur quelque pierre platte
& polie la matiere avec laquelle il veulent preparer leur poudre pyrique,puis
l'ayant humecté ils la font grener,& en fin l'achevent , & mettent dans un
tel degré de perfection,qu'ils s'en peuvent fervir avec autant d'utilité que fi
elle avoit efté travaillée des mains d'un des plus habiles Poudriers du
monde.

Voyla pourquoy ie croy que c'eft une peine prife à credit que d'en parler
d'avantage , beaucoup plus encore de defcrire l'ordre & la methode qu'on a
de couftume d'obferver en fa preparation: il me fuffira de vous propofer en
ce chapitre quelques compofitions tres excellantes,& bien approuvées,pour
preparer trois fortes de poudre,

| *Composition pour la poudre à Canon.* | | *Composition pour la poudre à Mousquet.* | | *Composition pour la poudre à Pistolet & autres.* | |
|---|---|---|---|---|---|
| **1.** | | **1.** | | **1.** | |
| du Salpetre | 100 ℔ | du Salpetre | 100 ℔ | du Salpetre | 100 ℔ |
| du Soulphre | 25 ℔ | du Soulphre | 18 ℔ | du Soulphre | 12 ℔ |
| du Charbon | 25 ℔ | du Charbon | 20 ℔ | du Charbon | 15 ℔ |
| **2.** | | **2.** | | **2.** | |
| du Salpetre | 100 ℔ | du Salpetre | 100 ℔ | du Salpetre | 100 ℔ |
| du Soulphre | 20 ℔ | du Soulphre | 15 ℔ | du Soulphre | 10 ℔ |
| du Charbon | 24 ℔ | du Carbon | 18 ℔ | du Charbon | 8 ℔ |

On peut humecter ou arrouser doucement la mixtion de la Poudre à canon , & de celle à mousquet à mesure que l'on la broye , ou avec de l'eau simple seulemēt, ou du vinaigre, ou de l urine, ou en fin avec de l'eau de vie Mais si vous voulez avoir la Poudre à pistolets plus forte & plus violente, il la faudra arrouser de temps en temps, lors que vos drogues seront dans le mortier , avec la liqueur suivante , à sçavoir d'eau d'escorces d'oranges , ou de citrons , ou de limons , distillée par l'alambique , ou par quelque autre organe chymique, & que le tout soit bien pilé & broyé l'espace de 24 heures puis en fin reduit en grains fort menus.

Or cette liqueur est composée de 20 mesures d'eau de vie , de 12 mesures d'essence de vinaigre fait de vin blanc , de 4 mesures d'esprit de nitre , de 2 mesures d'eau simple de sel ammoniac, d'une mesure de camphre dissout en brande-vin , ou reduit en poudre avec du soulphre pulverizé , ou en fin reduit en huyle, avec l'huyle d'amandes doûces.

Ie feray voir dans la seconde partie de nostre Artillerie la figure de cette meule à bras de laquelle on se sert à former la Poudre pyrique, parmy quantité de machines , & divers autres instruments qu'on a de coûtume de garder dans les arsenacs & magazins d'Artillerie.

C'est une chose estrange dans la Poudre pyrique , & qui doit donner le plus d'estonnement, de dire qu'elle fait beaucoup plus d'effet estant grenée que lors quelle est encore en farine, ou qu'apres y estre reduite derechef: mais ie laisse à disputer la cause de ces effets si differants , à ceux qui s'attachent particuliérement à la recherche des secrets admirables de la nature. Ie me contente qu'une longue pratique m'ait apprise que si l'on presse trop la Poudre dans le Canon avec le tampon , & que l'on la batte jusques à luy faire perdre la forme de ses grains , ou la pulverizer en quelque façon , elle perd par même moyen beaucoup de la force qu'elle auroit, pour chasser le boulet, si elle avoit esté seulement poussée moderémēt au fonds de la piece: &'nous remarquons que sa force en est amoindrie jusques là qu'à grande peine peut elle quelques fois se décharger du boulet qui la presse, & l'obliger à sortir hors du Canon : la mesme chose luy arrive qu'a la poudre moüillée, laquelle estant denüée de toute sa vertu expultrice , ne brusle que fort legerement & sans aucun effet: & que si d'avanture vous en chargez quelque piece d'Artillerie , & que l'on y mette le feu par la lumiere , elle n'est pas assez vertueuse pour contraindre le boulet à deloger , mais sorte toute elle mesme par la lumiere , & ne cesse de brusler tant qu'elle soit tout à fait consommée. Or ce qui fait pourquoy la Poudre pyrique , estant trop pressée, & reduitte en farine molle & deliée, perd ainsi sa force & vertu expultrice ? Ie veux

croire

croire que la veritable caufe de cecy eft en ce que le feu ( quoy qu'il foit le
plus actif, & le plus fubtil de tous les élemens) n'a pas fes rayons penetrans
jufques à ce point, qu'ils puiffent en un moment paffer à travers un corps
extrémment dur & compacte pour l'embrafer tout,& dans le mefme inftant
qu'il s'y eft attaché.Ce qui n'a pas befoin d'autres preuves,puifque l'experience nous apprëd dans l'ufage des metaux que tât plus que leurs corps font
folides,d'autant plus difficilement reçoivent-ils les impreffions du feu:où au
contraire nous voyons que les plus fpongieux,& les moins ferréz,s'efchauf-
fent promptement, la raifon eft que comme ils font rares & fiftuleux, ils
admettent par confequent plus librement le feu, & l'introduifent ayfement
par leurs pores qui ne font remplis que d'air. De mefme en eft-il de la poudre à canon, laquelle fi elle eft preffée en telle forte que les rayons du feu,
qui eft entré dans la piece par la lumiere,ne puiffent penetrer fon corps trop
compacte & ferré; il s'enfuit de là que pour ny rencontrer aucuns vuides par
lefquels ils puiffent eftre portéz,ils n'enflamment pas toute la poudre en un
moment, en quoy neantmoins confifte toute l'action du feu, & fa force la
plus energique : mais ce feu la devore & confomme feulement petit à petit,
y rencontrant fa matiere ainfi difpofée, & confequemment ne s'efteint pas
tant qu'elle dure, ou qu'il y foit violamment fuffoqué. Autant en peut-on
dire de la Poudre efparfe çà & là & qui n'eft pas ramaffée en un corps avant
que d'eftre allumée : avec cette difference neantmoins que la poudre n'eft
en rien diminuée, ny affoiblie en fa force effentielle, ou pluftot le feu en la
poudre, mais bien fon action à caufe de la diftance de fes parties : car il y a
quantité d'actions dont l'une fuccede immediatement à l'autre, comme la
recente à celle qui eft la plus fatiguée. Quiconque aura tant foit peu pratiqué la Pyrotechnie aura tout plein d'experiences de cette verité. Et la raifon que i'ay apporté cy deffus pourquoy la poudre grenée eft plus puiffante
& vertueufe que fa propre farine,fervira en quelque façon à foudre cette difficulté,puifque la vertu du falpetre femble eftre bien plus unie avec le foulphre, & le charbon, dans un grain bien ferme que non pas dans fa farine.
Ajoûtons encore à cecy cette raifon que fi l'on remplit une piece de canon
fort longue, de poudre ie ne dis pas pulverifée, mais bien grenée, jufques
à l'emboucheure, & que l'on y mette le feu par la bouche mefme, & non par
la lumiere comme on a de coûtume, ie dis que ny le feu ny la poudre ne feront aucun tort à la piece,& ne l'endommageront en aucune façon du monde, veu que le feu agira fur la poudre par parties,& succeffivement, n'eftant
pas en fa puiffance de l'enflammer toute entiere, & en un mefme inftant :
outre que le feu fera fon action comme du haut en bas,ce qui eft fort contraire à la vivavité de fa nature qui eft d'agir toufiours du bas vers le haut:ou
pour en difcourir plus proprement que n'eftant pas affez eftroitement emprifonné, il ne rencontrera aucun obftacle à forcer pour chercher fa liberté,
mais bien un chemin tout ouvert pour fortir librement par l'emboucheure
de la piece.

Ie ne veux pas paffer fouz filence,que l'opinion des moins experts eft,que
la poudre Pyrique la plus groffe grenée, eft plus puiffante,plus vive,& plus
vigoureufe que celle qui a les grains menus : ce qui de prime-abord paroift
affez vray-femblable, à caufe de la raifon que ie viens d'alleguer cy deffus, à
fçavoir que tant plus que le grain eft gros, & tant plus y doit il avoir de falpetre allié avec le charbon & le foulphre. Mais la confequence eft fauffe
d'un autre cofté : parce que les grains les plus gros ne font pas fi toft reduits
en flamme que les petits : & l'experience de la Pyrotechnie nous enfeigne
que

que la Poudre la plus menüe grenée à bien plus de force & de vigueur, que la plus groſſe.à raiſon que les petits grains conçoivēt le feu avec bien plus de facilité, & de viteſſe;& en ſont bien plus toſt embrazez: ioint que le ſalpetre (qui eſt le veritable reſſort de toute l'affaire)y entre en bien plus grande quã-tité que dans l'autre : auſſy eſt-ce pour cette raiſon qu'on la prepare de cette façon pour le mouſquet, piſtolet, & ſemblables armes portatives ſeulement: où au contraire on y prend beaucoup moins de peine pour l'uſage du canon. Mais tout ainſi que les grandes pieces d'Artillerie demandent plus grande quantité de poudre, que les armes à feu manüelles & portatives, auſſi eſt-il raiſonnable que la poudre qu'on prepare pour celles là, ſoit bien plus groſ-ſiere que celle qu'on veut employer pour celles cy, parce qu'il eſt neceſſaire que les rayons, & la flamme du feu paſſe avec plus de viteſſe par les eſpaces vuides des grains d'une groſſe poudre, affin qu'ils l'enflamment toute en-tiere & en un meſme inſtant. Or la raiſon que Nicolas Tartaglia apporte en ſon liv. 3. queſt. 10. pourquoy la poudre à mouſquet & à piſtolet doit eſtre grenée ; eſt (ce dit-il ) affin que cette quantité de poudre qui eſt preciſe,& determinée pour la juſte charge de telles armes, puiſſe eſtre plus commo-dement verſée hors de leurs boëtes ( qui ſont de certaines meſures de bois, ordonnées à mettre la poudre, que nous appellons charges) & qu'elle puiſſe couler ſans empeſchement dans la canne creuſe de vos armes, quoy que la-ditte boëte ou charge en bouchât exactement l'orifice: ce qui ne pourroit eſtre qu'avec beaucoup de difficulté ſi la poudre eſtoit reduitte en farine : ou à cauſe que ces menus grains de pouſſiere ſe ſerrent & ſe collent preſque enſemble de telle ſorte qu'un tombant un autre le ſuit immediatement, ainſi cette farine tomberoit tout à coup, & par conſequent auroit beaucoup de peine à deſcendre dans le vuide du canon,particulierement ſi le baſſinet eſtoit fermé à cauſe de l'air qui s'y treuvant empriſonné, ne pourroit nullement paſſer à travers l'épaiſſeur du corps de cette farine qui oc-cuperoit trop exactement l'orifice du tuyau de voſtre arme à feu, c'eſt pourquoy il ne luy pourroit donner aucun paſſage, ou il la repouſſeroit violemment comme eſtant le plus fort : & par conſequent il vous ſeroit impoſſible de charger telles armes dans un beſoin. Ce qui n'arrive ja-mais, & qui ne peut arriver lors que la poudre eſt grenée, veu que l'air treuve aſſez de paſſages ouverts parmy les grains de la poudre pour ſe reti-rer,& qu'apres eſtre ſorty du tuyau de la boëte, il rencontre des chemins li-bres pour entrer dans la charge, & ſucceder à la place de la poudre qui en eſt ſortie. Pour ce qui concerne les grandes pieces d'Artillerie elles n'en-courent point ce danger, à cauſe qu'on y porte touſjours la poudre juſques au fonds avec la cuëillere. Voyla une raiſon qui a en effet quelque apparen-ce de verité de ce coſté là ; quoy que ie ne ſoit pas la plus preignante, ny la plus naïfve, qui nous oblige à grener la poudre Pyrique. Mais il s'eſloigne beaucoup quand il dit que la poudre qui ſe prepare pour le canon n'a pas beſoin d'eſtre grenée, c'eſt ce que ie nie abſolument: & ie veux croire par ce mauvais raiſonnement, que Tartaglia n'avoit jamaisveu de poudre à ca-non, bien loin d'en avoir autrefois ouy,ou veu les merueilleux effets dans les perilleuſes occaſions que la guerre luy pouvoit fournir de ſon temps.

Cha-

# Chapitre X V.

### Des diverſes couleurs qu'on peut donner à la Poudre Pyrique.

Toute cette noirceur que vous voyez en la poudre commune pyrique luy vient du charbon. Ce n'eſt pas que cette couleur ſoit neceſſai- rement conjointe à ſa nature, & qu'on doive abſolument luy don- ner,pour la rẽdre ou plus belle ou plus vigoureuſe,car vous pouvez, & il vous eſt permis de luy faire prendre telle couleur que vous trouverrez bon,& ſans beaucoup d'autres ceremonies,car ſi au lieu de charbon,vous pre- nez, ou du bois pourry, ou du papier blanc premierement humeƈté puis ſeiché dans un four chaud,& mis en poudre,ou quelques autres choſes ſem- blables qui ſoient d'une nature fort cõbuſtible,& diſpoſeé à concevoir le feu ( telles que vous en allez voir cy apres ) & que vous y ajoûtiez diverſes cou- leurs; vous aurez infailliblement une poudre qui fera les meſmes effets que la noir. Ie vous propoſeray donc en ce chapitre certaines mixtions deſquel- les ie me ſuis ſouvent ſervy moy meſme pour faire des poudres coloreéz & teintes de differentes couleurs.

### Poudre Blanche.

#### 1.

Prenez du Salpetre 6 ℔, du Soulphre 1 ℔, de la moüelle du Suſeau bien deſſeichée 1 ℔.

#### 2.

Prenez du Salpetre 10 ℔, du Soulphre 1 ℔, de l'eſcorce, ou du bois de chanvre,apres que le chanvre en eſt hors 1 ℔.

#### 3.

Prenez du Salpetre 6 ℔, du Soulphre 1 ℔, du Tartre calciné juſques à ce qu'il ſoit devenu blanc, puis mis avec eau commune dans un pot de terre, qui ne ſoit point verniſſée, & boüilly juſqu'à ce que toute l'eau en ſoit eva- poreé ʒ j.

### Poudre Rouge.

#### 1.

Prenez du Salpetre 6 ℔, du Soulphre 1 ℔, de l'Ambre ℔ β du Santal rou- ge 1 ℔.

#### 2.

Prenez du Salpetre 8 ℔, du Soulphre 1 ℔, du Papier ſeiché & mis en pou- dre, puis boüilly dans de l'eau de cynabre,ou vermillon,ou de bois de breſil, & derechef deſſeiché 1 ℔.

### Poudre Iaune.

Prenez du Salpetre 8 ℔, du Soulphre 1 ℔, du Saffran baſtard, ou ſau- vage, boüilly premiérement dans de l'eau de vie, puis ſeiché, & reduit en poudre 1 ℔.

### Poudre Verte.

Prenez du Salpetre 10 ℔, du Soulphre 1 ℔, du bois pourry boüilly avec du verdet,& de l'eau de vie,puis bien ſeiché & pulverizé 2 ℔.

Pou-

### Poudre Bleüe.

Prenez du Salpetre 8 ℔, du Soulphre 1 ℔, de la Scieure de bois de tiliet boüillye avec une certaine couleur bleüe que les tinturiers appellent indigo communément, & du brande-vin, puis seichée, & mise en poudre 1 ℔.

# Chapitre XVI.

### De la Poudre muette.

I l y en a qui se sont pleu à raconter beaucoup de merueilles de cette poudre muette, (que quelques uns appellent fort improprememt poudre sourde ) & mesme d'en traiter fort prolixement, c'est ce que ie n'ay pas voulu faire de peur d'ennuyer le lecteur ; ie me suis seulement arresté à recueillir certaines mixtions que i'ay reconnües estre les plus excellentes & mieux approuvées.

#### 1.

Prenez moy de la Poudre pyrique commune 2 ℔, du Borax de Venize 1 ℔, ces choses estans bien pulverizées, mêlées, & incorporées ensemble, faites-en de la poudre grenée.

#### 2.

Prenez de la Poudre commune 2 ℔ du Borax de Venize 1 ℔, de la Pierre Calaminaire ℔ β, du Sel ammoniac ℔ β, Pulverizez les ensemble, & les meslez bien, & en faites poudre grenée comme cy devant.

#### 3.

Prenez Poudre commune 6 ℔. Poudre de Taulpes vives calcinées dans un pot de terre vernissée ℔ β. du Borax de Venise ℔ β.

#### 4.

Prenez du Salpetre 6 ℔, du Soulphre 8 ℔ & ꝫ, Poudre de la seconde escorce de Suzeau ℔ β. du Sel commun bruslé 2 ℔, faites poudre grenée de tout cecy selon l'ordre, & la methode accoutumée.

I'ajoûte icy une chose, vous en pourrez faire experience s'il vous plait, pour moy ie ne l'ay jamais experimenté, mais bien tiré de la magie naturelle du Sieur de la Porte, qui dit que si vous ajoûtez du papier bruslé dans la composition de la poudre pyrique, ou le double de semence de foin vulgaire bien battu, cela luy oste une grande partie de sa force, & empesche quelle ne produise ny tant de flamme, ny tant de bruit. Les mieux sensez, & les plus sçavants hommes dans cet art, attribuent la cause de ce bruit, ou pour le mieux exprimer, s'il se peut, de cet horrible tintamare que produit le canon, non pas à la poudre pyrique, mais bien au battement, & concussion de l'air qui s'irrite d'estre si furieusement choqué par un mouvement estranger, & si extraordinaire. C'est de quoy nous parlerons plus amplement ailleurs. Si faut il neantmoins qu'en faveur de la poudre muette, ie vous rapporte icy le sentiment de Scaliger tiré de son livre 15 en ses exer. Exoter. contr. Card. de la subtil. exer. 25. *Longé pejus illud : cum sonitus causam à bellicis machinis editî, attribuis salipetræ. Nam remissimum in pulverem comminutum, cavernulas amisit.* ( Il faut se ressouvenir icy de ce que nous avons dit plus haut touchant le petillement du Salpetre ) *Tonitrù verò fit ex aëris complosione : quemadmodum & in clamore & in eo sonitu, qui aliquando convicia ciet, aliquando risum movet, simulque nares, ut occludamus cogit. Nisi*

*& ibi quoque salpetræ inveniri quæpiam suaserit subtilitas. Nam sane nullum in nubibus est. Pulvis autem quem Ferrariæ inventum narras, non edebat tonitru: quia sine impetu impellebat.* De là il est tres aysé de juger qu'elle peut estre la cause de ce bruit. Car la poudre muerte n'a point d'autre artifice, ny d'autre finesse dans sa preparation; tout le secret gist à luy oster sa force naturelle, par le moyen des ingrediants qui ayent une certaine antipathie occulte avec le Salpetre, lors que l'on vient à les mesler avec la poudre commune: je vous en ay descript cy dessus une grande partie. Outre tout cecy il y en a des certains qui disent que le fiel de brochet fait le mesme effet, si l'on manie, & mesle bien la poudre avec les mains, apres les en avoir ointes: mais je laisse la croyance de cette verité à la foy des autheurs qui l'ont experimenté. J'adjouteray seulement encore icy un passage de Scaliger sur ce subjet, que la poudre pyrique ne cause point du tout cet espouvantable bruit qu'on entend au sortir de ces machines de guerre: mais bien la violente concussion de l'air qui en est puissamment agité dans cet instant que le coup est lâché. Il ne faut point d'autre similitude pour vous faire bien comprendre cette verité, que ces arquebuzes pneumatiques, que l'on charge avec du vent seulement.

## Chapitre X V I I.

### Comment on doit épreuver la Poudre Pyrique.

Nous avons de coûtume d'épreuver la Poudre pyrique en trois differentes façons: à sçavoir, *par la veuë*, *par l'attouchement*, *& par le feu*. Pour ce qui regarde la premiere épreuve. Lors que la poudre est trop noire c'est un signe manifeste d'une trop grande humidité: que si estant posée sur du papier blanc elle le noircit c'est à dire qu'elle a plus de charbon qu'il ne luy en faut. Mais une couleur cendrée, & tirant un peu sur l'obscur, & tant soit peu sur le rouge, est la meilleure marque & la plus asseurée de la bonne poudre.

Nous épreuvons la poudre au toucher en cette façon, escrasez quelques grains de poudre avec le bout du doigt, que si vous les brisez aysement, & qui se reduisent aussi tost en farine sans resister à l'attouchement, sçachez de là que vostre poudre contient en soy trop de charbon. Que si la pressant un peu fort avec le bout du doigt, sur quelque table de marbre, ou de bois bien polie, vous y rencontrez parmy des petits grains meslez plus durs, & plus solides que le reste, qui piquent en quelque façon le doigt; & qui ne s'escrasent qu'avec difficulté: vous infererez delà que le soulphre, n'est pas bien incorporé avec le salpetre, & par consequent que la poudre n'est pas bien & duëment preparée.

En fin vous pourrez tirer des conjectures infaillibles de la bonté de la poudre par la voye du feu: si apres avoir mis des petits tas de poudre, sur une table bien nette & bien unie, distans les uns des autres de demye-palme ou environ; vous mettiez le feu à un d'entr' eux seulement. Car s'il prend feu tout seul, & s'emflamme tout à coup, sans que les autres en soient atteints; & qu'il fasse un petit bruit esclattant: ou qu'il rende une fumée blanche, & claire, qui s'esleve avec une vitesse, & soudaineté presque imperceptible: & qu'il y paroisse en l'air comme un cercle de fumée, ou comme

me

me une petite couronne, ce sera une preuve infaillible que la poudre sera parfaitement bien preparée.

Si apres que la poudre sera bruslée il y demeure quelques marques noires sur la table, ce sera signe que la poudre contient beaucoup de charbon qui n'a pas esté assez bruslé : si vous voyez que la planche demeure comme grasse, c'est que le Salpetre & le Soulphre ne sont pas bien purifiez, & qu'il n'ont pas esté entierement separez de cette humeur huyleuse, & nuisible, qui est naturellement conjointe à leurs matieres. Que si vous y rencontrez des petits grains blancs, & citrins, ce sera un tesmoignage que le Salpetre n'est pas bien clarifié,& par consequent qu'il retient encore beaucoup de cette matiere terrestre, & de sel commun : outre cela que le soulphre n'a pas esté bien broyé, ny suffisamment incorporé avec les deux autres parties de la composition.

Ie ne parleray point icy de certains instruments avec lesquels la plus part des Pyrotechniciens ont de coûtume d'esprouver la bonté & vigeur de leur Poudre pyrique ; veu que i'ay souventes-fois appris,qu'une mesme poudre, dans la mesme mesure,& en pareille quantité avoit enlevé ce qui la couvroit à divers degrez de hauteur. Vous pourrez voir s'il vous plait le dessein de quelques uns de ces instruments chez Furtenbach, & les autres, chez d'autres autheurs.

# Chapitre XVIII.

## Comme on doit fortifier la poudre affoiblie, & retablir celle qui est gastée en sa premiere vigeur.

On appelle Poudre gastée, evantée, & alterée celle là qui à beaucoup degeneré de sa premiere vigeur,& de la force qu'elle s'estoit acquise,dans sa premiere preparation. Or est-il que nous ne pouvons point assigner d'autre cause de cette alteration,qu'un affoiblissemēt, ou diminution de la vertu naturelle du Salpetre, ou bien sa separation actuelle d'avec le soulphre, & le charbon. Ce qui peut estre causé par deux accidents divers, ou pour estre trop surannée,ou pour estre trop humide. Ie dis trop surannée,à cause que le Salpetre participe fort à la corruption du charbon, qui naturellement est subjet à s'alterer, apres quelque nombre d'années. Pour son humidité parce que la meilleure partie du Salpetre se separe du Soulphre & du Charbon, & la raison de cecy est que comme le salpetre est engendré d'eau, ou d'une certaine humeur salée, ny plus ny moins que les autres sels qui sont produits de leurs propres salures, s'il arrive qu'il ressente tant soit peu d'humidité, il se resout tout incontinent, & retourne en sa premiere nature : & par ainsi abandonnant les deux autres matieres qui luy adheroient, ou il s'exhale en l'air, ou bien il descend au fonds du vaisseau dans lequel il est renfermé, où estant rassis il demeure aresté ( si d'avanture il est ou d'argile ou de grez, ou de verre )ce qui cause que la poudre la plus proche du fonds est bien plus pesante, que celle qui est au dessus du vaisseau : mais s'il est remfermé dans des tōneaux,bariques,& semblables vaisseaux de bois, il passe subtilement à travers les pores de ce corps rare & leger qui l'emprisonne, puis il retourne en sa premiere substance : & par consequent il laisse le reste de la composition plus legere, en la dechargeant de cette pesanteur dont il faisoit auparavant la plus grande partie. Pour ce qui est du charbō & du soulphre,ils ne perdent pas un grain de leur

O

pe-

pefanteur,veu qu'aucune humidité n'eſt capable de les reſoudre:au contraire le charbon l'attire avidemment,& en devient en quelque choſe plus pe-
ſant.Que ſi maintenant pour les raiſons cy deſſus apportées vous deſirez reparer & conforter les forces de la poudre qui commence à s'alterer , ou rendre ſa premiere vigueur à celle qui ſeroit tout à fait gaſtée, vous le pourrez
faire en trois façons,premieremēt ſoit faite une leſſive avec 2. meſures d'eau
de vie.1.meſure de Salpetre clarifié,& mis en poudre,1.meſure de bonVinai-
gre fait de vin blanc,demi meſure de Selprotique,d'Huyle de ſoulfre demye
meſure,deCamphre diſſout en brande-vin demye meſure.Cette leſſive eſtant
bien coulée à travers une groſſe & forte eſtamine,vous en arrouſerez voſtre
poudre vitiée fort ſouvent,& la ferez ſeicher au ſoleil dans des vaiſſeaux de
bois,puis la porterez ainſi toute chaude & ſeiche dans des lieux où l'humidité ne puiſſe plus luy apporter aucun détriment.

Le ſecond moyen de reparer la poudre eſt celuy cy , ſçachez par exemple
combien toute la poudre gaſtée qui eſt contenuë dans voſtre vaiſſeau peſe
encore,reſouvenez vous d'ailleurs de ce qu'elle peſoit alors qu'elle y fut
miſe,voyez la differēce qu'il y a entre l'un & l'autre poids,& puis adjoûtez à
la poudre vitiée autant de livres de ſalpetre bien clarifié que vous en aurez
treuvé de differentes entre les deux poids , comme par exemple qu'il y ait
eſcript ſur une barique à poudre(comme on fait preſque touſiours) le poids
de 1000 ℔.Puis ayāt mis cette meſme poudre ſur la balance ſi vous la trouvez
peſante de 290 ℔ ſeulement : la difference ſera ſans doute entre l'un & l'au-
l'autre poids de 80 ℔.Vous ajoûterez donc à cette mauvaiſe poudre 80 ℔ de
Salpetre:puis vous mettrez toute cette matiere en plotons,& la pilerez bien
á l'ordinaire,& apres la ferez grener comme elle eſtoit auparavant.

En fin le troiſiéme moyen pour reſtaurer les forces de la poudre gaſtée,eſt
celuy qui eſt le plus ſimple,& le plus commun chez les Poudriers , & Pyrotechniciens. On verſe ſur des toiles,ou ſur des planches bien jointes,& bien
collées enſemble,égales portions de cette poudre vitiée , & de celle qui eſt
novellement preparée,& là avec les mains ou avec de paëſles de bois, on la
meſle,& remuë d'importance,puis on la fait ſeicher au ſoleil:& en fin l'ayant
reſſerrée dans des vaiſſeaux de bois,on la conſerve en des lieux commodes
pour s'en ſervir au beſoin.

## Chapitre X I X.

Des Edifices,&Magazins à Poudre,& de pluſieurs obſervations ſur ce
ſujet,à ſçavoir comment la poudre doit eſtre arengée,& preſervée tant
du feu,que de l'humidité, en fin comment il la faut garentir de quantité d'autres accidens , affin qu'elle demeure touſiours
en ſon entier,& dans ſa premiere vigueur.

Apres avoir diligemment examiné toûtes les machines de guerre des
Anciens nous ſommes contrains d'avoüer quil ne s'y en treuve point
de ſi admirables,ny de ſi bien & ingenieuſement inventées que leCa-
non & toutes ces eſtranges & nouvelles inventions d'armes à feu
qu'on a mis eя uſage dans ces derniers ſiecles.Qu'ainſi ne ſoit,nous voyons
que dans l'âge où nous ſommes cette eſpece de tonnere artificiel eſt le veritable nerf de la guerre, & le plus puiſſant moyen que les hommes ayent pû
inventer pour faire heureuſement reüſſir toutes les entrepriſes militaires
des Princes & des plus puiſſansMonarques de la terre.Mais on m'aduoüera
auſſi

auſſy que ce ne ſont que des corps inutiles ſans force, & ſans vigeur, ſi vous leur oſtez l'ame qui eſt la PoudrePyrique:ou ſi vous la leur donnez mauvaiſe, mal preparée, ou gaſtée pour diverſes cauſes.Ce qui eſt le plus important en cet affaire icy,eſt d'en avoir un grand ſoin quand elle eſt preparée,la mettant en lieu de ſeureté , & de faire en ſorte que dans la preparation dune choſe ſi ſomptueuſe,voſtre deſpenſe & vos peines ne ſoient pas tout à fait inutiles, afin qu'en temps & lieu elle puiſſe faire l'execution qu'on eſperoit de ſa bonté,& vous,recevoir l'honneur,& la ſatisfaction de voſtre travail. Quant à ſa preparation nous en avons de-ja parlé ſuffiſamment dans le chapitre 14 de ce livre,où nous avons deſcript quantité de mixtions pour la compoſition de cette poudre, & ſi ie ne croy pas mettre fin à ce livre , ſans y en adjoûter encore quelques-unes. Voyons un peu cependât où nous pourrons commodément ſituer les magazins à poudre , & en quelle forme , & poſtures nous devons conſtruire ces edifices pour les exempter des accidens auquels ils ſont ordinairement ſubjets.

Il faut premiérement faire choix d'un lieu qui ne ſoit point mareſcageux , aquatique,ou humide,qu'il ne ſoit point dans une vallée trop eſtroite, & fermée qu'il n'y ait point de fontaine,ny d'eſtang voiſin : mais que ce ſoit un terrain mediocrement élevé dans une campagne ouverte, & bien deſ-embarraſſée & dans un lieu fort ſec.

Secondement , le plus eſloigné que l'on pourra des bâtiments, tant publiques que particuliers à cauſe de pluſieurs inconvenients qui peuvent arriver de leur voiſinage. Outre cela que ce ne ſoit un lieu ny peu ny point frequenté du monde , mais le plus eſcarté des paſſages , grands chemins, ou ſentiers,& du concours du commun peuple,qu'il ſera poſſible.

Troiſiémement,qu'il ſoit à couvert & hors du danger du canon de l'ennemy ce qui ſera ayſé à faire ſi l'on fait bâtir les magazins dans le coſté de la ville que l'on jugera de plus difficile accez,& le moins ſujet aux attaques & irruptions des ennemis.Comme par exemple aux lieux environnez de quelque maraſſe,ou lac,ou de quelque riviere large & rapide, ou en fin de la mer meſme.De l'autre coſté de la ville qui ſera le plus foible , & le plus en danger d'eſtre attaqué,on y ſera baſtir des maiſons fort elevées & force baſtiments tant publiques que privez,pour les mettre à couvert des batteries de dehors,& les derober à la veuë des aſſiegeans.Pour cette meſme raiſon ces magazins n'auront qu'une eſtage ſeulement ou deux tout au plus , mediocrement hauts, couverts d'un toiĉt plat & bas.

En quatriéme lieu,on les placera tout au beau milieu des courtines,& non pas dans les baſtions,ou proche des boulevarts ,afin deviter les mines, galleleries couvertes,& ſapes ſecretes des ennemis,voire meſme on les eſloignera le plus que l'on pourra des ramparts de la ville pour le plus ſeur.

En cinquiéme lieu,on baſtira ces edifices avec des bonnes voutes, & épaiſſes par dedans,bien fermées & bien cymentées,depeur qu'en temps de ſiege les grenades,bales à feu, bombes & ſemblables foudres pyroboliques venans à fondre deſſus , & les percer, n'endommagent la poudre que l'on y conſerveroit. Le toiĉt ne ſera pas couvert de lattes, nyd'ardoiſes, de tuiles plattes,ny creuſes, mais de plomb, ou ( ce qui vaut beaucoup mieux,) de bonnes & fortes lames de cuivre. Et ie voudrois encore que ces voutes fuſſent faites en telle ſorte qu'elles fuſſent baſties en dos d'aſne par dehors, ou en forme teſtudinaire , afin qu'on ne fût pas obligé d'y employer aucune charpenterie , comme poutres, ſolives, ou planchement :

O 2       Mais

Mais que les tuyles,ou ce qui ferviroit à la couverture,fuſſent poſées ſur une muraille bien ferme, & bien cymentée de tous coſtez avec de bonne chaux.

En Sixiéme lieu,un baſtiment quarré fera plus convenable que toutes autres ſortes,de quelques formes ou figures qu'on les puiſſe côſtruire,quoy que nous ne des-approuvons aucunement ceux là qui ſont baſtis en domes,ç'eſt à dire d'une forme ronde, pour eſtre les plus capables de tous, & ceux ſur leſquels , on peut eſlever les voûtes les plus fermes ,à cauſe de leurs figures hemifpheriques. Suppoſé donc que vous les vouliez baſtir en quarré , eſle-vez vos quatre murs en telle façon qu'ils ſoient direΩemment oppoſez aux quatre parties du monde.

Septiémement , la porte du baſtiment fera tousjours tournée du coſté qui eſt à l'oppoſite du midy.

En Huitiéme lieu on y fera fort peu d'ouvertures, çeſt à dire le moins de feneſtres que l'on pourra encore feront elles fort étroites, & bien munies de bons barreaux de fer , bien entre-troiſez , avec des bonnes fermetures,des bons panneaux , & des battans de meſme matiere.

En neufviéme lieu,on fera faire les briques qu'on doit employer à la ſtruΩure des magazins à poudre deux ans auparavant que de les mettre en oeuvre ; & ſi prendra-t'on bien garde qu'elles ne ſoient point ſeichées trop à la haſte au ſoleil. Nous croyons que les briques cuittes une fois, puis moüil-lées,& cuittes derechef ſont beaucoup meilleures que les autres , quoy que naturellement elles refuſent le mortier:car on remarque,que s'il arrive qu'on les enduiſe par dehors,ou par dedans, la chaux ou le plaſtre n'y peuvent long temps adherer.

En dixiéme & dernier lieu,vos magazins eſtans baſtis, erigez, & couverts comme ils doivent eſtre , vous les laiſſerez ſeicher l'eſpace de deux ou trois ans,premier que d'y entrer la poudre : & l'on prendra bien garde de ne les point faire baſtir en temps d'hyver.

Vous trouverrez l'Ichnigraphie de ces edifices avec leurs plans Orthographiques aux nombres 15 & 16.Dans la figure Ichnographique, la lettre A marque la chambre où l'on doit conſerver la poudre.B.celle où le Salpetre , & le Soulphre doivent eſtre mis.C. celle où l'on enfermera le Charbon , & quelques autres materiaux,& outils neceſſaires à la preparation de la pou-dre : comme des cribles de diverſes façons pour paſſer la poudre , & d'au-tres pour la grener , des toiles & vieux linges, les ais ſur quoy on ſeiche la poudre.　Or comme ces chambres feront aſſez capables & grandes , on poura dans ce meſme lieu mettre des cacques ,barils vuides ou deliez, des planches, cercles de bois , & tout autre meuble utile & neceſſaire au ſervice de la poudre.　D,eſt une montée, ou eſcaillier à viz : que les Italiens appellent *la lumaca*, par laquelle on monte au ſecond eſtage.E. eſt la Gallerie ou le porche. F. la Chambre du concierge de la poudre , qui doit eſtre un tonnelier de ſa vacation.G.les Degrez. H.la Place, ou la Court qui envi-ronne le magazin. I.une petite muraille haute de 6 ou 8 pieds enfermant toute la court & l'edifice. K.les eſpaces vuides entre les bariques à poudre. L. le lieu ou l'on mets les vaiſſeaux à poudre.　Les autres diſtances ſe pourront meſurer avec le Compas, tant ſur la figure Ichnographique , que ſur l'Orthographique. l'adjoûteray ſeulement cecy, que les Meches ſe pourront commodement conſerver ſur le plancher du ſecond eſtage.

Vous pouvez voir encore s'il vous plait au nombre 17,la figure Ichnogra-
phi-

phique d'un magazin à poudre, laquelle j'ay tracé fuivant le deffein, d'Eugene Gentillin Italien, qui en a fort exactement & curieufement deffiné un
au chap. 44 de fon Artillerie fort femblable à celuy cy, il eft à la verité tra-
vaillé avec beaucoup de curiofité & d'artifice,& hors de tout danger de feu.
Examinons donc un peu toutes les parties du noftre. A.eft la muraille de
l'edifice interieur avec fes ouvertures & lumieres. B. eft l'autre muraille exterieure avec des ouvertures femblables à la premiere.C. l'efpace entre l'une
& l'autre muraille. D E. la largeur externe de l'ouverture, de 3 pieds,
dans le mur exterieur.F G. la largeur interne de 1 pied &;. Ie veux vous
enfeigner icy comment on doit faire les ouvertures dans le mur interieur de
ce bâtiment. Soient mifes de H en I,& K, deux lignes égales à D E, à
fçavoir de 3 pieds, que fi vous tirez par les points I & L, & par D,& K,
les deux lignes droites E I, & D K, elles feront coupées en la face interieure de la muraille aux points L, & M. Soient tirées apres les deux lignes égales F G,de 1 pied &; des points L, & M, en N, & en O. Puis
ayant tirées deux lignes droites de H en L, & en M, fi de O & de N
vous eflevez deux perpendiculaires, elles feront coupées par les fufdites lignes droites immediatement tirées L & M, aux points P & Q: par ainfi
ayant tiré D F, E G, I L, O P, P H, H O, G N, & M K, vous aurez la
largeur exterieure & interieure des ouvertures des feneftres toute tracée.
l'aduoüe neantmoins qu'un tel edifice ne fera pas beaucoup efclairé à caufe
que la muraille eft double, & que les ouvertures par dedans, fçavoir L O,
& N M, font juftement à couvert fous les angles I & K, & par confequent
ne recoivent pas beaucoup de lumiere: outre que les angles P & Q de-
robent la moitie du jour à L O, & M N. Mais d'autre cofté il faut auffi
confiderer que ces bâtimens n'ont pas befoin de tant de clarté que les auttes
edifices qui font ordonnéz pour la demeure des hommes: car c'eft affez
qu'il y ait du jour autant qu'il en faut pour ny voir point tout à fait goutte,je
veux dire autant qu'il en eft de befoin pour efclairer ceux qui entrent &
fortent les bariques,tonnes & autres vaiffeaux à poudre. D'aillieurs le vent
foufflant de dehors par D E,& s'aheurtant contre le coing H,& fe trouvant
là brifé & mi-party à l'encontre de l'angle vers I & K, & entrant impetueufement par les ouvertures de ces foufpiraux renouvellera l'air qui eftoit
au dedans, & par ce mefme moyen chaffera & deffeichera toutes les humi-
ditez nuifibles auquelles ces lieux fi ferméz font ordinairemēt fubjets.Pour
ce qui concerne la precaution dont on doit ufer pour tenir les magazins hors
du peril du feu,il vous fera affez aifé de le faire fi vous obfervez bien precifement dans la fabrique des voutes & de la couverture,tout ce que nous avons
dit cy deffus:Car pour les feneftres & ouvertures,elles font tellemēt exemp-
tes de tous ces dangers quil eft impoffible d'en infinuer dedans par aucun
artifice qu'on fe puiffe imaginer.

    On fera la porte du magazin à poudre en cette façon: la largeur externe
T V,dans la premiere muraille, & la largeur interne R S dans la mefme,fe-
ront de 3 pieds.Puis de l'angle W, ayant tirées les lignes droites en X &
Z, & de T & V,en A & Y vous aurez la largeur interieure & exterieure de la double porte au fecond mur, le refte s'apprendra mieux par la figure, fi on la confidere bien attentivement: l'adjoure feulement que B b,
font les Chambres où l'on loge la poudre, & que C c, font les efpaces vuides entre chaque vaiffeaux pour ce qui eft du refte de l'Orthographie de ce
bâtiment & de toutes le proportions de fes parties, chacun en pourra inventer à fa fantaifie fans aucune difficulté. Neantmoins ie luy confeille

O 3                                                de

de fuivre l'aduis,& l'ordre de cet autheur de qui i'ay fait mention cy deſſus. Voyla ce que i'avois à dire touchant la ſtructure, des magazins & des edifices deſtinéz pour loger,& conſerver laPoudre à Canon.Parlons maintenant de l'ordre qu'on doit tenir tant pour ſa preparation que pour ſa conſervation apres qu'elle eſt preparée.

Sçachez donc premiérement que ſi vous deſirez avoir de la poudre qui ſe puiſſe conſerver toûjours en ſa premiere vigeur, encore bien que vous la logiez dans des lieux humides & fraiz,pour y demeurer aſſez long temps,il ne faut prendre que du Salpetre bien pulverizé , & clariſié par pluſieurs fois, ſuivant la methode que nous avons donné au chapitre 3.de ce livre.

2. Que chaque matiere qui entre dans la compoſition de la poudre doit avoir ſon tamis particulier, afin qu'on puiſſe les diſcerner les uns des autres.

3. On ne mettra pas ces matieres en plotons qu'elles n'ayent eſté premiérement bien ſeichées, bien battuës, & bien paſſées par le tamis:à ſçavoir chacune à part premiérement,puis toutes enſemble derechef bien meſlées, battües & repaſſées.

4. En les battant on les humectera un peu de quelqu'une de ces liqueurs dont nous avons donné les deſcriptions cy devant , & les remüera-t·on ſouvent & diligemment afin que toutes les matieres s'incorporent mieux emſemble.

5. La poudre eſtant bien & deüëment preparée vous la mettrez bien proprement dans des vaiſſeaux de terre verniſſée qui contiendront chacun 100 ℔ ou environ, lesquels vous boucherez bien fort avec des couvercles d'argile meſme;& les lutterez bien par dehors de quelque matiere gluante & tenace, pour empeſcher , que l'air , ou autre accident exterieure ne luy puiſſe nuire. I'appreuve auſſi fort les tonneaux & barriques, qui ſont faits d'ais de ſapin, ou de bois de cheſnes bien ſecs.

6. Les tonneaux à poudre ſeront mis ſur des chantiers,ou longues ſolives élevées de terre d'un ou de deux pieds.

7. Tous les ans dans lesmois les plus chauds comme en Iuin, Iuillet, & Aouſt, on ouvrira les vaiſſeaux, & verſera-t'on la poudre ſur des toiles,ou ſur des grandes planches bien uniës pour la faire ſeicher au ſoleil & au vent:puis on la paſſera par des tamis de crin couverts & aſſez fins , & en amaſſera-t'on diligemment la farine;mais la poudre grenée ſera derechef remiſe dans les dits vaiſſeaux,& renfermée comme auparavant , puis reportée dans le mazin, pour s'en ſervir au beſoin.

8. Les ſouſpiraux , & feneſtres ſeront ouvertes aux vents de Bize & d'Orient , afin qu'y entrans avec impetuoſité ils puriſient l'air qui ſera renfermé dans ce lieu. Où au contraire ou tiendra fermées celles qui ſeront oppoſées au Zephire,& vent du Midy , ſi d'avanture il y en à quelques unes qui regardent ces vents qui ſont ordinairement nuiſibles aux choſes ſeiches. Car l'experience maiſtreſſe univerſelle de toutes choſes nous enſeigne que les vents qui ſoufflent de ces quartiers là eſtant naturellement chauds & humides , engendrent d'ordinaire la teigne , la corruption, & la pourriture dans la farine,à cauſe de leur trop grande humidité. Et bien d'avantage. On ſe doit bien donner de garde de tous les vents qui ſont ſituéz depuis l'Orient juſques au Midy , & depuis le Midy juſques à l'Occident: la raiſon de cecy eſt que tous ceux qui s'eſlevent en quelque partie que ce ſoit de ce demy cercle, rendent l'air fort moite & tiede , & par conſequent cauſent quantité de ſymptomes, & d'affections dangereuſes aux corps humains. Conſequence qu'on doit tirer auſſy pour la poudre, à cauſe du Salpetre qui eſt ſujet, &

d'ailleurs

d'ailleurs fort difposé à fe fondre, s'il luy arrive d'eftre furpris de quelque humidité exterieure; pour eftre de fa propre nature d'une matiere beaucoup plus humide que graffe.

Ie dis maintenant, & ofe bien affeurer que fi ces regles que ie viens de donner cy deffus, (touchant la preparation de la Poudre pyrique, & fa confervation ) font bien exactement obfervées la poudre fe confervera plufieurs années dans fa premiere force & vigueur, fans fouffrir la moindre alteration du monde, en la moindre de fes parties. Et je defavoüe plattement l'opinion du vulgaire, laquelle ie tiens pour fauffe, qui croit que la Poudre pyrique ne peut pas demeurer faine & vigoureufe, apres l'efpace de deux ou trois ans. Il y en a quelques uns qui difent que fi vous mettez un peu de camphre dans chaque vaiffeau où voftre poudre eft renfermée, cela n'apporte pas peu pour la maintenir dans fa premiere vigueur. Ce que ie treuve fort vray femblable : veuque fon odeur refifte puiffamment aux putrefactions, & corruptions qui font caufées des vapeurs humides; à caufe de fon exrréme ficcité. Nous avons remarqué affez fouvent qu'on à tiré des matieres fort faines & entieres, & des compofitions tres legitimes qui fentoient au camphre, hors de certaines Grenades, & Petards fort anciens qui pourtant avoient efté chargéz plufieurs années auparavant de matiere convenable, meflée avec de la poudre pyrique, & du depuis abandonnées pendant un grand efpace de temps, & gardées dans des Arcenacs. De là il nous faut conclure que le meflange de cette drogue avec ladite poudre n'eft pas tout à fait inutile pour la conferver dans fa premiere vivacité. Mais ie traiteray de cecy plus au long dans quelque autre endroit.

## Chapitre X X.

### Des Proprietez & Offices particuliers de chaque Matiere qui entrent dans la compofition & preparation de la Poudre à Canon.

Nous devons croire infailliblement que la Poudre pyrique na pas efté treuvée cafuellement ou fortuitement, mais bien inventée par une veritable conneffance, & par un raifonnement fpeculatif de la Philofophie naturelle, en ce que jufques à cette heure on n'a rencontre perfonne ( quoy que plufieurs y ayent fait tous leurs efforts ) qui ait pû mettre en avant trois matieres femblables à celles cy, & de telle nature qu'eftans bien unies & incorporées enfemble elles püffent produire un feu fi vigoureux, fi efpouvantable, fi puiffant, & fi vif, & fur tout inextinguible jufques à la confomption entiere, & univerfelle de toute la matiere qui l'alimente, & le tout en un moment. Or comme on ne fait pas beaucoup de difficulté particuliérement dans l'âge où nous fommes d'adjoûter quantité de chofes aux inventions des autres, & que ( comme difent les Phificiens) tout ce qui a eu commencement, à paffé de l'imparfait au parfait. Ie fupplie qu'il me foit auffi permis ( puifque l'inventeur ne nous en a rien laiffé par efcript ) de propofer icy quelques obfervations à la verité fpeculatives, mais neantmoins tirées des experiences qu'on en a faites touchant les forces, la nature, les effets, & offices de toutes les matieres comprifes dans la compofition de la Poudre pyrique, tant en particulier, que de toutes mifes ſes en un corps. Car ie veux croire qu'ayant inſinué une parfaite cõnoiſſance des proprietéz, & des affections tant ſpecifiques que generales de tous ces ingredians : perſonne ne pourra plus tomber dans les erreurs qui ſe commettent aſſez ſouvent dans l'Art pyrotechnique, donc la correction eſt extremement dangereuſe, outre qu'elle eſt d'une grande dépence.

Il faut dont premiérement ſçavoir que la Poudre pyrique n'eſt pas ſans ſujet compoſée de ces trois matieres, à ſçavoir de Salpetre, du Soulphre, & de Charbon, mais affin que l'une remedie, ou ſupplée au deffaut de l'autre, ou des deux enſemble.    C'eſt ce qui eſt ayſé à comprendre dans les effets du ſoulphre : car celuy cy eſtant naturellement le veritable aliment du feu, veu qu'il s'y attache ſi volontairement & avec tant de franchiſe, joint qu'en, eſtant eſpris il a de la peine à s'en deffaire, n'eſtant proprement qu'un feu flambant, ou pour mieux l'exprimer une pure flamme, il a bien plus d'aptitude pour enflammer le Salpetre par ſon activeté, que non pas toute autre eſpece de feu. Mais comme le ſalpetre eſtant allumé ſe reſout promptement en une certaine exhalaiſon venteuſe, elle a une telle force en ſoy qu'infailliblemẽt elle accableroit tout à coup, & éteindroit la flamme que le ſoulfre auroit conceu, & par conſequent aneantiſſant cête flâme qui ſeroit attachée au ſoulfre, elle ſe priveroit elle meſme de celle que le ſoulfre luy auroit communiqué : & voyla pourquoy ſi on avoit fait une ſimple compoſition de ces deux matieres ſeulement, ie veux dire de Soulfre & de Salpetre bien battus, & bien mixtionnez, le feu y eſtant appliqué, elle s'emflammeroit bien viſte à la verité, mais elle s'eſteindroit incontinent apres pour les raiſons apportées cy deſſus.    C'eſt à dire que le feu ne continueroit pas iuſques à la conſomption entiere de toute la matiere mais n'en conſommeroit qu'une petite partie ſeulement, ſans toucher au reſte.    On a donc jugé que le charbon bien bruſlé, ſeiché, & pulverizé eſtant adjouté à ces deux autres matieres dans une certaine proportion, eſtoit un excellant remede pour ſuppleer à ce deffaut ; veu que le Charbon a cette proprieté, & eſt d'une telle nature que s'il eſt tant ſoit peu atteint du feu, il s'allume promptement, & ſe reduit en moins de rien en feu ſans aucune flamme : d'ou vient que tant plus ce feu eſt agité du vent ou de l'air, tant moins ſ'eſteint-il : au contraire s'augmente d'avantage, & ſe conſerve iuſques à ce que toute la matiere qui le nourrit ſoit totalement reduite en cendre.    De là on conclud qu'un corps eſtant compoſé de ces trois ingredians, telle qu'eſt noſtre Poudre Pyrique, concevra le feu, le conſervera, s'enflammera, & ſe conſommera iuſques à un dernier atome. Car il eſt certain que ſi on s'en approche le feu, le ſoulfre qu'il ayme extremement en eſt auſſi toſt eſpris : or celuy-cy le tenant, il ne l'introduit pas ſeulement avec ſa flamme dans le Salpetre, mais auſſi il en embraſe dans ce meſme moment le Charbon ſans produire aucune flamme ; or ce feu (comme nous avons dit cy devant) ne peut eſtre ſuffoqué par le vent, au contraire s'alume d'avantage & prend des nouvelles forces par l'agitation de l'air. Et comme ce ſoulfre eſt extrémement voiſin du feu, ſoit qu'il ſoit avec flamme, ou qu'il ſoit ſans flamme, il ne pourra s'empeſcher qu'il n'en ſoit allumé : or eſt-il que cette flamme du ſoulfre embraſe le Salpetre, & par conſequent ces trois matieres meſlées enſemble, bien incorporées, & puis allumées, produiſent un feu qui ne ſe peut eſteindre, que tout ſon aliment, & toute ſa ſubſtance, ne ſoit univerſellemment conſommée & aneantie. Il faut toutéfois bien prendre garde qu'il n'y ait dans quelques uns de ces trois ingredians aucun deffaut accidentel, ſoit de l'humidité, ou d'une diſproportion trop grande de la quantité d'une matiere à l'autre.    Nous conclu-

clurons donc de tout ce que nous avons dit que le veritable office du Soulfre,& celuy qui luy est le plus propre dans la composition de la poudre, est
de re cevoir le feu avec flamme, & l'ayant,de le communiquer aussi tost aux
deux autres matieres. Que le Charbon a un soin particulier de le retenir , de
le conserver , & d'empescher apres qu'il y est une fois introduit par le soulfre,que cette exhalaison venteuse, & trop violente que produit le Salpetre
ne le suffoque.Et en fin que le particulier & le plus notable office du Salpetre est de produire,& de causer une tres puissante & tres vehemente exhala-
son venteuse. Et cest en celuy-cy ou gist toute la vertu, la vigeur & la puissance motrice, expultrice , & active de la poudre : & par consequent, le
seul Salpetre ,est la cause premiere & principale de tous les admirables, &
effroyables effects que produit la Poudre Pyrique : & consequement les
deux autres matieres ne sont alliées avec le Salpetre pour autre fin que pour
le faire resoudre en feu , & en vent. Car pour preuve de cecy si quelqu'un
composoit une poudre de Soulfre,& de Charbon seulement,& qu'il en char-
geât quelque piece de Canon d'une quantité bien notable ; ie dis qu'en ce
cas,tant s'en faut que cette espece de poudre repoussât un boulet de fer, ou
de quelque autre metail,qu'au contraire elle ne pourroit pas mesme obliger
une paille à deloger du calibre. La raison de cette impuissance est aysée à
concevoir par les discours que nous avons faits cy devant : par ce que cette
violente expulsion dépend absolument de la vertu du Salpetre & de sa
puissance expultrice seulement:non d'aucune autre matiere:voire ie croirois
bien plustost qu'on pourroit preparer de la Poudre sans Charbon, ou sans
Soulfre,que sans Salpetre: ou que l'on pourroit inventer avec moins de difficulté deux autres matieres d'ont l'une feroit l'office du soulfre , en allumant
le feu avec flamme,& l'autre celle du charbon en le conservant , & l'y rete-
nant sans flamme,que de trouver quelque autre chose qui ayt des proprietez
occultes & naturelles pour causer une exhalaison venteuse,si violente , & capable de produire des effets si prodigieux dans la Pyrotechnie que le salpetre nous en produit tous les jours.

# Chapitre XXI.
## De l'Or fulminant,ou foudroyant,tiré de la chymie royale de Osvaldus Crollius.

*Prenez demye & deau forte commune. Dissoudez dedans une once de sel Am-
moniac , ou bien autant qu'un peu de chaleur en peut resoudre,ainsi vous aurez l'eau Royale preparée,dans laquelle vous dissoudrez autant d'or qu'il vous
plaira. Puis versez cette solution dans un verre assez capable , & grand,&
distillez dedans goutte à goutte seulement ( à cause du peril & du grand bruit quelle fait en boüillant ) de la meilleure huyle de tartre , qu'on aura laissé premierement
resoudre de soy mesme dans un cellier ou cave fort humide : Ou à son deffaut prenez
du sel de tartre dissout en eau commune : Car il faut que vous ayez une bonne quantité de cette huyle de tartre. Pour lors l'or tombera au fond par repercussion quand
vous vous apperceverez que toute la Chaux de l'or dissout sera rassise au fods du vaisseau ( ce que vous reconnoistrez aysement à la couleur de l'eau royale qui doit estre
blanche : car si elle est jaune c'est signe que l'or n'est pas encore tout à fait repercuté)
Ce pourquoy vous y ferez degoutter un peu d'avantage d'huyle de tartre ( & faites
vous sage à mes despens ) apres qu'il sera rassis tout à fait,quelques heures apres vous
verserez en lieu chaud la liqueur qui est au dessus puis ayant adouci la chaux ( qui
ressemble quasi en couleur à de la terre seelée un peu passe,trois ou quatre fois avec*

r de

*de l'eau chaude,faites la prudemment feicher peu à peu,& à petit feu au bain deMa-
rie,ou pour le faire avec plus de feureté mettez la dãs un baßin de verre, & la laiffez feicher de foy mefme dans quelque poefle fans en approcher aucun feu,puis ramaf-
fez la chaux diligemment avec une fpatule de bois pour le plus feur, & non pas de
fer , & puis la ferrez bien precieufement dans un vaiffeau de verre pour vous en
fervir au befoin. Remarquez qu'il y a grand danger de la feicher autrement que ie
viẽs de vous dire:parce qu'elle fent auffi toft la chaleur du feu & le conçoit fi d'avanture on la remuë un peu trop violemment avec quelque inftrument de fer, car d'elle
mefme elle s'enflamme &s'enleve en l'air comme une fumée purpurine avec un tin-
tamarẽ efpouvantable , & un bruit tout à fait femblable à celuy que produit la poudre à canon: mais jufques à fa cõfomption fi generale que vous n'en fçauriez trouver
un feul atome apres fa combuftion. Ie vous dis bien plus que fa vertu eft fi extraordinaire que fi vous en meflez avec un peu de foulfre bien battu , & puis que vous la
faßiez brufler dãs un creufet, il y demeure une efpece de chaux d'or tres fubtile d'une
couleur brune qui eft entiéremẽt depoüillée de cẽte force percuffive , & ce qui eft admirable,& le plus digne de remarque en cette poudre , eft qu'un fcrupule de cet Or
volatile , eft plus fort & plus puiffant quafi fans comparaifon , & agit plus violamment qu'une demye livre de poudre à canon. Ie dis bien plus qu'un grain ou deux
eftans mis fur la pointe d'un coûteau & efchauffez fur la flamme d'une chandelle
fait autant de bruit qu'un coup de moufquet , mais un bruit qui frappe l'oreille avec
tant de violence , que ce fon extrémement aigu bleffe l'oïye de ceux qui en font les
moins efloignés.La plus grande difference que nous trouvons entre cette poudre &la
poudre à Canon , eft que les effets de celle cy font diametralement oppofez aux operations de celle là,car cette poudre foudroyante agit directement en defcendant vers
le bas, où l'autre au contraire s'enleve directement en haut, car fi par exemple vous
en mettez quelques fcrupules fur une lame de fer affez efpaiffe , & qu'on y mette le
feu, elle la percera infailliblement de part en part,& il faut croire que le Sel Ammoniac caufe ce bel effet. Car tout ainfi que le Salpetre & le foulfre font ennemis l'un
de l'autre,& qu'ils ne fe peuvent aucunement fouffrir ,comme on peut remarquer
en la poudre à canon lors qu'elle eft allumée , de mefme en eft-il du Sel Ammoniac,
avec l'huyle de tartre,dõt les qualitez font tout à fait incompatibles enfemble. Voyla pourquoy quand le Sel Ammoniac vient à fe joindre avec l'huyle de tartre qui
eft fon puiffant ennemy, ils font retomber l'or au fonds qui auparavant avoit efté
diffout dans l'eau royale par le combat quĩ fe fait entre leurs qualitez antipatiques:
& ainfi l'huyle de tartre repercute l'efprit du nitre parfaitement purifié, quĩ
dans ce confflit s'allie avec le foulfre folaire fon ennemy , & parce que ce foulfre du foleil eft de foy mefme purifié dans un parfait degré, & incomparablement plus fubtile que noftre foulfre vulgaire, & plus combuftible, c'eft pourquoy il en eft bien plus puiffant , & fait ces épouvantables operations avec bien
moins de matiere que ce dernier. De mefme que nous voyons que le Soulphre & le
Salpetre commun joints & embrafez enfemble dans la compofition de la poudre pyrique,font un tintamare fi horrible qu'il ne fe peut imiter que par le tonnere. C'eft
de quoy Quercetanus, & Sennertus nous parlent en quelque paffage; au
rapport de Ioh. Ionftonus adm. nat. claf. 4 chap. 26. Quand ils difent que ce qui
caufe l'efprit du nitre,& du foulfre vient de la contrarieté , &de l'extréme antipa-
tie qui fe rencontre entr' eux & l'or : Car comme on verfe dans la folution de l'or ,
force huyle, & fel de tartre , le fel de tartre s'unit, & s'allie avec le fel commun ou
bien avec l'alun, & le fel Ammoniac, & par confequent il fait defcendre au fonds
l'or qui luy eftoit demeuré : & fi d'avanture il y refte encore quelque peu de ces
fels avec l'or,on le lave fort bien avec de l'eau chaude. Ainfi il n'y demeure que le
feul efprit du Nitre qui s'eft totalement allié avec l'or. Voyla la raifon pourquoy fi*

*on*

*on vient à l'eschauffer, s'attachant auffy toft au foulfre de l'or, il s'y oppofe puiffam-*
*ment rallie fes forces, & faifant un puiffant effort, s'allume, & forte avec un bruit*
*épouvantable.*

# Chapitre XXII.

### De la Preparation des fleurs de Belzoi ou de Benjoin.

Prenez du Belzoi ( que quelques uns appellent Benjoïn, ou affa douce ) une certaine quantité d'onces : mettez les dans une courge ou
alambique de verre,& la couvrez bien d'un chapiteau fourd ( comme
l'on dit ) ayez pareillement un pot de terre bas & large d'emboucheure,lequel vous mettrez fur un trepié , ou pour le plus feur fur un petit fourneau à diftiller , vous ajufterez au deffus voftre courge,& l'entourrerez bien
de cendres , ou de fable bien lavé,à la hauteur de la matiere qu'on aura mis
dans le recipient , puis faites allumer fous ce pot un feu mediocre , de peur
que l'alambique ne s'efchaufe trop tout à coup ; car cela feroit caufe que les
fleurs deviendroient cytrines , ou iaunes, au lieu qu'elles doivent eftre blanches comme neige. Puis quand vous aurez remarqué que les fleurs de
Belzoi ou benjoin,commencerôt à faire eflever une vapeur ou petite fumée,
continuez voftre feu dans ce mefme degré de chaleur l'efpace d'un quart
d'heure,à lors quand vous verrez que les fleurs feront montées jufques à la
fuperficie interieure de chapiteau , & y en remet-
tez deffus un autre qui foit tout froid : & pofez celuy que vous avez ofté,fur
un papier blanc jufques à ce qu'il foit refroidy : puis faites tomber doucement avec une plume, ou fpatule de bois bien delicate les fleurs qui font demeurées attachées au chapiteau , & les amaffez bien diligemment. Ainfi
ferez vous du fecond , & troifiéme chapiteau , & en fuite de plufieurs, jufques à ce que tout le benjoin ait ceffé de fumer.

### Autre moyen.

#### pour le mefme effet.

Mettez dedans un pot d'argile verniffé certaine quantité d'onces de Belzoi , & le pofez fur les cendres chaudes , quand vous verrez que le Belzoi
commencera à fumer , couvrez voftre vaiffeau d'un grand cornet de papier
fait en forme de cone,qui foit tant foit peu plus large que l'orifice du pot,
laiffez l'y environ un quart d'heure. Apres levez ce cornet, & en raclez les
fleurs,puis remettez deffus un autre cornet tout nouveau , & l'y laiffez autant de temps que le premier,puis raclez-le de mefme que vous avez fait
l'autre auparavant , & continuez ainfi à mettre cornet apres cornet, jufques
à ce que vos fleurs foient entierement évaporées.

# Chapitre XXIII.

### Comme on doit preparer le Camphre.

Prenez moy de la gomme de genevre (qu'on appelle quelque fois San-
daracha , Vernis blanc , ou Maftic ) bien fubtilement purverizée 2 ℔:
Vinaigre blanc diftillé , autant qu'il en faut pour couvrir la gomme
dans une phiole , mettez la bien profond dans du fumier de cheval

l'eſpace de 20 jours: puis la tirez de là,& la verſez dans un autre vaiſſeau de
verre qui ait l'embocheure aſſez large,, & la laiſſez ainſi recuire au ſoleil
l'eſpace d'un mois entier, ainſi vous aurez du Camphre congelé en forme
d'une crouſte de pain, & qui en aura en quelque façon la veritable & naïve
reſſemblance. Nous avõs de-ja parlé en quelque autre endroit cy deſſus, touchant les proprietez du Camphre naturel ; neantmoins puis qu'il eſt ſi ſouvent employé dans la plus part de nos compoſitions, ie diſcoureray icy un
peu plus amplement de ſa nature, le tout ſuivant les teſmoignages des bons
autheurs. Premiérement Scaliger en ſon exercit. 104. 1. en parle de la façon
*Sed ad rem arboris lachryma eſt capura, ne bitumen credas, ſicuti Succinum bi-*
*tumen credidiſti. Ex arboribus enim delapſum maris appulſu defertur in littora,*
*quorum arena obrutum effoditur poſtea, eo toto tractu, qui a Memel portenditur*
*ad Gedanum. De arenarum vero cumulis non erit mirum, cui notæ fuerint plagæ*
*illæ : quique viderit ad Hollandiæ latus occidentale arenarum cumulos extantes a*
*ſuperficie maris. Non igitur foſſile quia natum, ſed quia obrutum. Camphoram*
*vero falſo bitumen arbitrati ſunt : idque miſero admodum argumento : Quia in-*
*quit, ardet. Nam & reſina & oleum, & thus idem quoque patiuntur.* Ne vous
imaginez pas,ce dit-il,que le Camphre ſoit un bitume, comme vous avez
creu que l'Ambre en eſtoit un : mais bien la veritable gomme, & pure larme
d'un arbre, laquelle en eſtant tombée, eſt apportée par les vagues & ſecouſ-
ſes de la mer ſur les rivages, où elle demeure accablée de ſable, & c'eſt de
là qu'on le tire abondamment dans tout ce trajet qui s'eſtand depuis Memel
juſques au Gedan. Ce n'eſt pas grande merveille de voir ces grands amas
d'arene à ceux là particuliérement qui n'avigent vers ces coſtez là, ou à qui
aura veu les coſtes de la mer occidentale vers la Hollande toutes remparées
de ſemblabes montagnes de ſable. Il ne faut doncques pas croire que le
Camphre ſoit foſſile à cauſe qu'il eſt produit, & né ce ſemble dans ce lieu.
Mais bien à cauſe qu'il y eſt accablé de ſable. Voyla pourquoy ceux là ont
grand tort,qui s'imaginent que le camphre eſt un bitume,&ie ne ſçais quelle
ſorte de raiſon ils peuvent avoir ſur quoy ils puiſſent fonder leur croyance :
puiſque nous voyons qu'il bruſle,& qu'il ard tres clair, ce qui eſt une paſſion
commune à l'huyle,à l'encens, & choſes ſemblables. Un peu plus
bas il dit encore. *Camphoram vero cum ſapientum maxima pars frigidiſſimam*
*ſtatuat, Avenrois in quinto aliam agnoſcit. Camphora, inquit, indica, quæ in*
*Arabico Coforalgent appellatur, calefacit & deſiccat in ſecundo gradu. Diverſæ i-*
*gitur fuerint, niſi aut in codice mendum, aut error in opinione. Poſtremum quæ-*
*rebatur an eſſet frigida. Negant enim innovatores. Sané accendi facillimè, at-*
*que etiam in aquis ardere, præterquam quod eſt odoratiſſima. Verùm odor ejus ab*
*aeris partibu., quarum vi ardet etiam. Aquæ tamen habet tantum, quanta po-*
*teſt ſub ea forma frigiditas conſervari. Ardet autem propter pinguedinem ; ſtulti-*
*tia eſt inſcitiæ parens, aut filia. Quis enim dixerit, calidiſſima quæque facil-*
*limè ardere. Non enim ſimilitudine ſemper evocatus tranſit ignis in corpora : ſi-*
*militudinem caloris intelligo: ſed & allicitur aliquâ materiâ, quæ eum propter*
*raritatem admittere facilé queat. Ex indicarum rerum commentariis hæc : Arbor*
*maxima : rami adeo patuli ut umbram quam latiſſimè jaciat. Ligni materia le-*
*viſſima, & rariſſima. Addit Aboali etiam candorem. Camphoræ probitas, pro-*
*ut vel vi extracta fuerit è matrice, vel expulſa a natura. Nam quædam è venis*
*eximitur, in quibus hæret, quaſi cruſta quædam. Aliquando rupto exit cortice,*
*& concreſcit, reſinarum modo primum colorata : deinde ſole, aut arte candidiſſi-*
*ma fit. Melior hæc quam prior. Præſtantiſſima, quæ ſole albeſcit. Nam & igni*
*fit hoc. Factumque primum ad naturæ imitationem a loci Rege Riach: unde ei co-*
*gno-*

*gnomen Riachinæ. Stillatitia diutius servat dotes suas, & defæcatior est. Quare*
*& pellucida. Illa inclusa non item: & color ei fuscior. Duæ præterea species vi-*
*liores. Una inæqualis grummosa, gummosa. Altera fusci coloris. Adulteratur*
*sevo, & mastiche, & aquavitæ.* Qui veut dire que quoy que la plus part des
sages ait tousiours creu, que le Camphre fût froid au dernier degré: Avenrois en reconnoissoit pourtant un autre qui ne l'estoit que dans le cinquiéme. Car ce dit-il le Camphre Indique, que les Arabes appellent *Coforalgent*,
eschauffe & desseiche au second degré, il faut donc qu'il y en ait eu de differentes natures, si ce n'est que les copies qu'on nous en a laissées ayent esté
fautives, ou que cette opinion soit fausse. En fin, on doutoit encore bien
fort sçavoir s'il estoit froid ou non. Car tous ces inventeurs de nouveautez le nient fort & ferme. Au reste il s'allume aysement, & brusle mesme
dans l'eau, joint qu'il rend une odeur fort agreable, bien que son odeur
luy vienne des ses parties les plus aeriennes, qui l'obligent à s'enflammer.
On advoüera neantmoins qu'il a autant d'humidité qu'il luy en faut pour
conserver sa froideur soubz cette forme. Or est il qu'il ard à cause de son
humeur grasse. Mais qu'on a raison de dire que la folie est la mere, ou
plustost la veritable fille de l'ignorance: car qui dira jamais que les choses
les plus chaudes soient celles qui s'enflamment le plus aysement, veu
que le feu ne passe pas tousiours dans les corps, attiré par son semblable, & quand ie dis par son semblable j'entend par la chaleur, mais au
contraire est pour l'ordinaire alleché par quelque matiere, qui luy
permet une entrée facile dans elle par le moyen de sa rareté. Voyci ce
qui se treuve dans les commentaires des remarques indiennes. Il y a un
grand Arbre qui a ses branches & ses rameaux si estendus au large, qu'il fait
ombre à un grandissime canton de terre, son bois est d'une substance tres
legere & tres rare, on adjoûte aussi qu'il est extrémement blanc. La bonté du
Camphre se connoit suivant qu'il est extrait avec plus ou moins de peine
de la matrice où il demeure enserré, ou suivant que la nature le pousse au dehors. Car on en tire un certain hors des veines où il demeure attaché comme une grosse crouste. Quelquesfois aussy il fait crever l'escorce de l'arbre
pour se faire chemin, & se fige là premiérement avec une couleur de resi-
ne: puis il devient tres blanc aux rais du soleil, ou par quelque autre artifice qu'on y apporte, & celuy-cy est beaucoup meilleur que le premier. Mais
le plus excellant est celuy là à qui le soleil donne la blancheur, laquelle on
luy peut aussi procurer par la chaleur du feu. Le premier inventeur de
ce secret, & de la preparation de cette drogue fut Riach, Roy de ce lieu là
mesme, qui s'imagina qu'on pouvoit imiter en cela la nature. D'où vient
que le surnom de Riachine luy est demeuré. Ce Camphre qui distile goutte à goute est bien le meilleur de tous, & conserve bien plus longuement ses
vertus que tout autre: aussi est il le plus purifié. Voyla pourquoy il paroist
le plus clair & transparent. Celuy au contraire qui demeure enfermé ne
le peut estre tant, & est d'une couleur plus brune & plus obscure. Outre
cela il y en a de deux sortes qui sont d'assez petite consequence. Une qui est
fort inégale, grumeleuse, & gommeuse; l'autre obscure, & fort chargée
de couleur. Ceux qui font profession de tromper le contrefont avec du
suif, du mastic, & de l'eau de vie (c'est de quoy nous avons parlé cy dessus.) Mais, *Deprehenditur indita in panis internam partem, atque pane in*
*furnum. Si liquatur, vera est: si siccatur, adulterata. Sinceram etiam ajunt faci-*
*lé evanescere. Marmoreis in thecis servari, affuso lini, aut psillii, aut milii se-*
*mine.*

Voy

Voyci comme on peut decouvrir la tromperie: faut en fourrer dans un pain, & mettre le pain dans un four chaud , s'il se liquefie , il sera bon & naturel , si au contraire il se desseiche , il sera bastard & sophistiqué. On dit aussi que le veritable s'esvapore aysement. Lors que vous l'aurez bon, vous le pourrez conserver dans des boëtes de marbre avec de la semence de lin , ou de la semence de psillium, qui s'appelle communément l'herbe aux puces , ou bien dans du milliet. Ionstonus , admir. nat. claf. 4, chap. 9. *Scribunt Mauri Camphoram lachrymam esse arboris , adeo patulis diffusæ ramis , ut tantum locum reddere possit opacum , quantus homines capere queat centum. Addunt , lignum esse album , ferulaceum , & camphoram in fungosa continere medulla : Incertum id, certius ex bituminis quodam genere fieri hoc modo. Indicum bitumen, quod ex nativa efflorescit Camphora , subjectis carbonibus in vase coquitur , partes tenuissimæ in candidum colorem versæ in operculum feruntur ; quod ipsis collectis eam quam videmus , dat figuram. Nativam in India dari affirmant mercatores. Adeo amica est igibus ; ut si eos semel conceperit , donec consumatur ardeat. Flamma quam emittit , lucida , & odorata est, In aerem sublata & suspensa sensim evanescit ; tenuissimæ partes in causa.* Les Maures escrivent que le Camphre est la larme d'un arbre qui a ses branches si fort estenduës qu'elles peuvent ombrager assez de lieu pour mettre à couvert cent hommes , ils adjoûtent à cela que le bois en est fort blanc , & ferulacé , c'est à dire creux & spongieux comme la tige du fenoüil , & que là il renferme le Camphre dans un moüelle fongeuse, & legere.    Mais cecy est fort incertain ; il est bien plus vray semblable que le bitume indique se forme en cette façon d'une certaine espece de bitume qui fleurit & sorte hors du camphre naturel. On le prepare & cuit dans quelque vaisseau sur des charbons ardents , où les parties tenuës & les esprits les plus subtils, estans couverts en une couleur blancheatre s'eslevent vers le couvercle du vaisseau, ce qui luy donne cette forme que vous luy voyez , apres que ces vapeurs sont bien ramasséez & unies ensemble. Il y a quelques marchands qui asseurent qu'il s'en treuve du naturel dans les indes.    Ce camphre a une telle familiarité avec le feu , & l'aime jusques à un tel point que quant il en est une fois espris il le retient , jusques à ce qu'il en soit tout à fait consummé. La flamme qui en sorte est fort claire,& d'une odeur fort agreable , apres qu'elle s'est enlevée en l'air , & demeureé quelque temps suspenduë ; elle s'evanoüit insensiblement ; & la cause qui produit tous ces beaux effets est en ses parties qui sont extrémement subtiles & aëriennes.

J'adjoute à tout cecy qu'il sera aysé de reduire le Camphre en poudre pour le mettre en œuvre dans les feux d'Artifices , si on le triture , & pile doucement en roulant avec du soulphre. L'Huyle de camphre qui sert aussi pour le mesme effet,se fait en y adjoûtant un peu d'huyle d'amandes douces , & les triturans ensemble dans un mortier de bronze avec un pilon de mesme metail,jusques à ce que le tout soit converty en huyle de couleur verdastre. On bien en le mettant dans une phiole de verre qui soit bien bouchée,pourveu toutefois que se soit du camphre naturel & non point falsifié:puis qu'on mette ladite phiole dans un four chaud, & qu'on l'en tire hors quand on jugera que le tout sera bien dissout , alors vous verrez que le Camphre vous rendra une huyle pure & claire qui bruslera avec une vivacité admirable.

Cha-

# Chapitre XXIV.

### De l'Eau de Sel Ammoniac.

Prenez du Sel Ammoniac ℥iij, du Salpetre ʒj, reduisez les en poudre bien subtile, & les meslez bien ensemble : puis les mettez dans un alambique, apres y avoir ietté du meilleur vinaigre, & du plus fort vous pourrez trouver, vous ferez distiller le tout à petit feu.

# Chapitre XXV.

### D'une certaine Eau artificielle qui brusle sur la paulme de la main, sans faire aucun mal.

Prenez de l'huyle de Petrole, & de Therebentine, de la Chaux vive, de la graisse de mouton, & du sain de porc parties egales, battez les ensemble jusques à ce qu'ils soient bien incorporez, puis les faites distiller sur des cendres chaudes, ou sur des charbons ardants, & vous en tirerez une excellante huyle.

# Chapitre XXVI.

### Comme il faut preparer les Meches communes.

On fera premiérement filer, & tordre des cordes de la grosseur d'un demy poûce de diametre, d'estouppes de lin, ou du chanvre, qui se tire des peignes des ouvriers qui le brossent, & serencêt pour une seconde fois, & si on fera en sorte qu'il ny demeure aucun bois parmy. Puis on prendra de la cendre de bois de chesne, de fresne, d'orme ou d'erable brûlé, trois parties : de la chaux vive, une partie, & fera-t'on une lessive suivant la methode commune. Estant faite on y adjoûtera du salpetre une partie : du suc de fiente de boeufs liquide, ou de cheval, bien nettement, coulé, & legerement exprimé à travers une estamine, ou drap de laine, deux parties. Toutes ces matieres estans bien meslées ensemble seront versées sur les cordes dans un chaudron d'airain, bien proprement ajusté sur un fourneau, puis vous allumerez dessous un petit feu, & lent d'abord, lequel vous augmenterez petit à petit, jusques à ce qu'il soit fort grand. Vous les ferez ainsi boüillir l'espace de deux ou trois jours continuellement : en y remettāt tousjours de cette mesme liqueur que nous venons d'ordonner depeur que les cordes ou meches, & le chauderon mesme ne se bruslent faute d'humidité. En fin les ayant tirées du feu vous les osterez hors de l'eau, & les tordrez bien fort avec les mains, en essuyant tousiours avec un chiffon de toile la liqueur qui en sortira, puis vous les pendrez en l'air sur des longues perches, ou au soleil pour les faire seicher : puis les porterez en lieu commode pour les garder, & vous en servir au besoin dans la Pyrotechnie.

Cha-

# Chapitre XXVII.

### Comme on doit preparer les Meches, ou Cordes à feu qui ne rendent ny fumée, ny aucune mauvaise odeur en brûlant.

**P**renez certaines mesures de sablon rouge, ou d'arene carbonculaire, bien lavée, bien nettoyée, & purgée de toute son humidité, mettez les dans un pot de terre qui ne soit point vernissée, puis posez sur ce sable vostre corde à feu commune, ou bien toute autre meche faite de cotton, ou pareille matiere, & l'ajustez bien en forme spirale : en telle sorte toutéfois, qu'il y ait un demy doigt d'intervalle entre chaque tour de corde, afin qu'ils ne s'embarassent & ne se touchent nullement, mais que la corde en ses revotions ayt ses costez également distans les uns des autres. Puis versez derechef par dessus une bonne quantité dudit sable, puis posez de la corde comme auparavant sur le sable, & du sable derechef sur la corde, & continuez ainsi vostre ouvrage tant que vostre pot soit remply, mettant toufiours lit sur lit, c'est à dire corde sur sable, & sable sur corde jusques à la fin, apres vous couvrirez bien ce pot, avec un couvercle de mesme matiere, & boucherez bien exactement les jointures, avec de la terre grasse, afin que l'air ny puisse entrer. Le tout estant ainsi preparé, vous mettrez du charbon bien allumé tout autour de ce vaisseau, & le laisserez dans cette posture quelque temps : puis l'ayant tiré de là vous attendrez qu'il soit refroidy de luy mesme, & ne l'ouvrirez pas qu'il ne soit froid tout à fait, cela estant ainsi le découvrirez, verserez le sable hors, & en tirerez la meche ou corde. On procede aussi de cette mesme sorte pour preparer les esponges communes : sinon qu'on les coupe seulement en petits morceaux longuets, puis on les dispose dans un pot d'argile sur le sable, & les met-on sur le feu tout de mesme que nous avons fait les meches. Si l'on prend des morceaux de cette susditte meche allumée, & que l'on l'ensevelisse dans des cendres de bois de genevre, ils brusleront quelque espace de temps sans rendre aucune mauvaise odeur, voire mesme l'air exterieure ne les fera pas consommer avec tant de vitesse, comme il fait les meches communes. Voila pourquoy on les pourra cacher librement en quelque lieu que soit, suivant le besoin qu'on en aura, sans craindre que la fumée, ny l'odeur les fassent découvrir.

# Chapitre XXVIII.

### Comme on doit preparer les Esponges Pyrotechniques.

**V**ous prendrez de ces grands champignons, & des plus vieux qui croissent ordinairement sur les pieds des fresnes, des chesnes, des Sapins, des bouleaux, & de quantité d'autres arbres qui les produisent volontiers : vous les enfilerez, & les pendrez à la cheminée, pour les y laisser bien macerer, estans bien amortis, & macerez vous les prendrez, & les couperez par morceaux & puis vous les battere long temps dis mais je vous d'importance avec un maillet de bois : cela fait vous les ferez boüillir à petit feu dans une forte lessive, avec une assez bonne quantité de Salpetre jusques à ce que toute l'humidité soit evaporée. En fin les ayant mis sur des

ais

ais, ou planches bien unies dans un four mediocrement chaud, vous les laifferez là feicher: puis les ayāt tirées du four, vous les batterez avec des maillets de bois comme auparavant jufques à ce qu'ils foient devenus entiérement fouple, & mols : ainfi ajuftéz & preparéz, vous les conferverez dans
quelque lieu commode , pour vous en fervir quand l'occafion le requerra.

# Chapitre XXIX.

### Comme on doit preparer les eftoupes pour les feux d'Artifices.

Ōn fera faire des méches d'eftoupes de lin , ou de chanvre, ou de cotton fi l'on veut , de deux ou trois cordons qui ne foient pas trop
torts , on les mettra dans un pot de terre neufve & vernifée : On
verfera par deffus du vinaigre de bon vin blanc 4 parties , de l'urine 2 parties, de l'eau de vie 1 partie, du Salpetre purifié 1 partie, de la poudre à canon, ou pyrique reduite en farine 1 partie : faites boüillir tous ces
ingredians enfemble a grand feu jufques à la confomption de toute la liqueur. Puis apres vous efparderez ou femerez fur quelque grande planche
bien polie de la farine de la plus exellente poudre pyrique que vous ayez :
puis ayant tiré vos méches du pot, vous les roulerez par deffus & les ferez
ainfi feicher à l'ombre ou au foleil, n'importe pas. Au refte la méche qui eft
preparée en céte façon brufle fort vifte : voila pourquoy fi on defire
qu'elle foit un peu plus lente à brufler , il faudra preparer cefte compofition qui fert d'aliment au feu un peu plus foible , & pour cét effet ce fera
affez , fi l'on fait boüillir les eftoupes dans le vinaigre & le falpetre feulement, puis les ayant faupoudré de poudre pyrique pulverizée , on la peut
faire feicher, comme nous avons dit cy devant de la méche.

Il y a encore une autre efpece d'Eftoupe Pyrotechnique qui ne fe tort
point aucunement , mais on la fait feulement boüillir toute telle qu'elle eft
dans les liqueurs que nous avons dit cy deffus ou bien on la fait tremper
dans de l'excellente eau de vie l'efpace de quelques heures, puis l'ayant fau-
poudrée, de farine de bonne poudre on la fait feicher. On adjoûte quelque-
fois un peu de gomme arabique ou adragant avec le brande-vin, particuliérement quand on veut faire des eftoupes qui adherent, & qui foient difficiles
à def-embaraffer du lieu où l'on les applique.

François Ioachim Prechtelin en la feconde partie de fa Pyrotechnie
chap. 2. nous defcript une certaine Eftoupe Pyrotechnique qui eft extrémement lente à prendre feu, & à brufler, voicy comme il l'ordonne. Prenez du Maftic 2. parties de la Colophone 1 partie , de la Cire 1. partie du
Salpetre 2. parties du Charbon ½, bruflé dans un tel point qu'il fe puiffe ayfement battre , & reduire en poudre , broyez les bien chacun à part
& en faites une farine tres fubtile. Puis les ayant tous bien meflez : faites
les fondre enfemble fur le feu. Cela fait prenez moy une méche ou de
chanvre ou de lin d'une groffeur affez raifonnable, & la faites paffer à travers cette compofition : la faifant couler jufques au fonds du vaiffeau,
& la paffant, & repaffant tant de fois qu'elle fe foit acquife la groffeur
d'une chandelle commune. Quand vous defirerez vous en fervir, allumez la premiérement, puis quand elle fera fort bien efprife, foufflez la flamme en forte qu'il ny demeure que le charbon embrafé.

Q                                          Cha.

# Chapitre XXX.

### Comme on doit preparer la Terre de Sapience.

On prendra de la terre telle quantité qu'on voudra bien seichée , battuë,& passée par le tamis, laquelle sera meslée avec un peu de bourre,ou de cette laine courte qui se treuve chez les tondeurs de drap: Puis on mettra par dessus un peu de fiente de Cheval, ou d'asne,ou bien de la limure de fer:& puis on la petrira bien avec un quantité raisonnable de blancs d'oeufs:& de cette paste vous en lutterez bien proprement les vaisseaux de verre , ou d'argile que vous desirez mettre sur le feu , pendant qu'elle sera encore toute fraische, & pleine d'humidité. Car si vous attendez quelle soit desseichée vous ne pourrez pas vous en servir nullement.

Ou bien on peut prendre de la craye blanche , ou du plastre 4 parties:de la cendre commune ;:de la fiente de Cheval,ou d'asne desseichée 1 partie:un peu de limure de fer , & de la bourre un peu. Malaxez bien le tout ensemble , premiérement avec un baston , puis avec une palette, ou battoir de bois , & en faites une masse : laquelle estant bien pétrie sera mise sur un banc bien ferme, ou sur quelque grosse pierre arrestée , & la batterez là tout de nouveau avec un battoir jusques à ce qu'elle soit suffisamment malaxée , & incorporée.

# Chapitre XXXI.

### Certains Antidotes excellans & approuvez , contre les brûlures, tant de Poudre à Canon, que de Soulphre,de Fer chaud, de Plomb fondu, que d'autres semblables accidents.

### Tirez des mes experiences particulieres.

#### 1.

Faites boüillir du sain de porc fraiz dans de l'eau commune sur un feu assez lent & moderé,l'espace de quelque temps : tirez-le du feu , & le laissez refroidir , & puis l'exposez au serain par 3 ou 4 nuits : puis l'ayant mis dans un vaisseau de terre,faites le refondre sur un petit feu; estant fondu coulez-le à travers un linge sur de l'eau froide : puis lavez-le quantité de fois avec de belle eau claire & fraische , tant qu'il devienne blanc comme neige ; cela fait mettrez le dans un vaisseau de terre vernissée pour vous en servir au besoin. L'usage en sera tel ; vous en oindrez la partie bruslée le plustost que vous pourrez,& vous en verrez un effet , prompt, & admirable.

#### 2.

Prenez, Eau de Plantin, Huyle de noix d'Italie,de chacun autant qu'il en faut.

Pre-

### 3.

Prenez. Eau de Mauves, Eau de Rofes, Alun de plume, de chacun autant qui en faut, & les meflez bien enfemble avec un blanc d'oeuf.

### 4.

Prenez de la leffive faite avec de la chaux vive & pure, & de l'eau commune : adjoûtez-y un peu d'huyle de Chennevis, d'huyle d'Olives, d'huyle de Lin,& quelques blancs d'oeufs ; meflez bien tout enfemble , & oygnez le lieu bruflé avec cette compofition. Tous ces onguents gueriffent les brûlures , fans faire aucune douleur , & fans laiffer aucune cycatrice. C'eft ce que i'ay fouvent experimenté fur moy mefme.

## De divers Autheurs.

### 1.

Prenez Huyle d'Olives 1.partie. Huyle d'Amandes douces 1. partie, Ius d'Oygnons, 2 partie , Vernix liquide 1. partie; de tout cecy frottez-en la partie affectée.

Que fi d'avanture il y a des ampoules eflevées, & des ulcerations en la partie , cét onguent qui fuit icy y eft tres excellant.

Faites cuire une grande quantité de la feconde efcorce de Suzeau dans de l'huyle d'olives : puis la coulez à travers un linge : adjoutez-y par apres 2. parties de Cerufe, du Plomb bruflé , de la Litarge d'or de chacun, 1.partie mettez les dans un mortier de plomb , & puis les meflez,& broyez tant que le tout foit reduit en forme de liniment. Il fe faut bien garder de crever les veffies le premier ny le fecond jour, mais le troifiéme ou le quatriéme feulement. Car quelquéfois ces accidens fe gueriffent par la feule refolution , comme efcript *Leonardus Bottalus de Vulneribus Sclopetorium Chap.* 21.

### 2.

Prenez Lard fondu , & reçeu dans ʒij. d'eau de Morelle,& ʒj d'Huyle de Saturne. Puis les meflez bien enfemble. Ce remede eft fouverain.

Ou bien prenez des mucilages de racines de jufquiame , & de fleurs de pavots rheas, ou rouges , de chacun ʒj. du falpetre ʒij. meflez le tout avec un peu d'huyle de camphre , & foit fait un liniment felon l'art.

Ou bien prenez du Ius d'oygnons cuits foubz la cendre ʒij. Huyle de noix ʒj. meflez les tous bien enfemble.

Ou Prenez fi vous voulez de fueïlles de Liére noir ij.m. ou poignées,bien broyées avec de l'eau de plantin. Huyle d'olive j. ℔. faites boüillir le tout avec ʒiij. de bon vin blanc, jufques à la confomption entiere de ce vin : fur la fin de la coction adjoutez-y de laCire autant comme il en faut pour luy donner la forme,& confiftence d'un liniment.

Prenez encore du vieil Lard fondu à la flamme du feu, & receu dans ʒij. de jus de bettes, & de ruë , de la creme de laict ʒj. des mucilages de femencés de coings, & de gomme tragagant de chacun ʒ ß, meflez les bien enfemble , & en faites un liniment. Ce remede n'eft pas des pires , nous l'avons appris chez *Jofephus Quercetanus,in libro Sclopetario.*

# Chapitre XXXII.

D'un certain inftrument nouvellement inventé, à mefurer la Poudre
pyrique, le Salpetre le Soulfre, & le Charbon. De plus d'un
Tamis à cribler , & paffer lefdittes matieres , & du
refte des inftruments propres, & neceffaires
à leur preparation.

Vous trouverez la forme de cét inftrument au nombre 18: fa conftruction en eft fort ayfée,& voicy comment vous y pourrez reüffir s'il
vous prend en fantaifie de le faire conftruire vous mefme. Soit fait
un tuyau d'une lame de cuivre de la forme d'un cylindre qui foit
bien foudé. La largeur de l'orifice A B, & fa hauteur A C, ou B D, quoy
qu'elle foit arbitraire , fera neantmoins plus legitimement faite , fi on luy
ordonne une certaine mefure determinée , comme d'une ℔, ou d'une telle,
ou telle quantité d'onces de poudre , ou de falpetre , ou de quelques unes
de ces matieres que ie viens de nommer cy deffus. Dans noftre exemple
nous avons fuppofé un cylindre capable de 4 ℔ de poudre pyrique commune : pour cet effet nous avons divifé le cofté I H de cette piece de cuivre,ou
inftrument quarré, ( qui eft auffy long juftement comme le cylindre eft
haut ) en 4 parties égales: afin que chacune puiffe marquer une ℔ : nous
avons en fuitte redivifé en deux parties égales chacun efpace, puis derechef
chaque moitié en deux parties égales : à ce que l'on puiffe mieux diftinguer
les demyes livres , & les quarts de livres. Outre cela nous avons encore divifé derechef chaque quart en 8 particules égales, chacune defquelles vous
marque un lot,ou $\frac{1}{32}$ d'une livre. L'autre cofté de ce dit inftrument quarré
fçavoir I K eft ajufté pour le poids du charbon : fur lequel pareillement
nous avons fait des diftinctions avec des petites lignes , & marqué avec des
nombres & caracteres convenables : enforte que l'on puiffe fans difficulté
connoiftre les livres entieres , les demyes livres, les quarts , & les lots de
toute la livre. Notez icy que cette diftinction ne fe peut pas regler exactement , que vous ne fçachiez bien premier le poids de la quantité du charbon qui remplit voftre tuyau ; ce qui ne fera pas bien difficile à fçavoir fi
vous la mettez fur une balance. Comme par exemple , fi ce tuyau qui contient 4 ℔ de poudre n'en comprend pas feulement 2 de charbon, il faudra
divifer le cofté I K en deux grandes parties égales feulement : puis redivi-
fer ces efpaces comme dans l'autre cofté ainfi que vous voyez dans cette figure. Ce que nous avons dit icy du charbon fe doit auffi entendre du foulfre & du falpetre , & ajufter vos divifions fur les deux autres coftez de cét
inftrument quarré fuivant la methode que ie viens de dire. Cét inftrument
eftant ainfi preparé vous vous en fervirez en cette forte.Par exemple fi vous
defirez mefurer le poids de 2 ℔ de poudre, eflevez voftre inftrument quarré
par cette petite rotule de cuivre E,que vous voyez attachée, à un des bouts,
jufques à ce que la ligne & le nombre 2 marquéz deffus, touchent immediatement le fonds du tuyau : puis ferrez bien fort l'inftrument avec la viz
L; depeur que preffant trop la poudre il ne la faffe defcendre vers le fonds.
Ainfi ferez vous pour mefurer toutes les autres matieres qui entrent dans la
compofition.

Cet-

Cette petite Machine de quoy l'on fe fert à paffer la poudre, & les autres matieres quand elles font toutes reduites en farine, (laquelle eft deffinée au N°. 19. ) reffemble à peu pres à une de ces corbeilles qui font faites de pétits efclats de bois entretiffus. Sa hauteur eft de 3 pieds, fa longueur de 3 pieds & ; & fa largeur de 4 pieds & ;. Sur celle-cy ont peut mettre par B cette autre petite corbeille C, qui fe peut ofter & remettre quand on en a de befoin: elle eft haute de demy pied longue de 3 pieds & ; & large de 2 pieds & ;. Dans celle cy tombe par un tamis de crin pofé fur une croifette en E, la farine qui defcend le long du penchant des petits ais de la corbeille marquez par A, laquelle il vous faut tirer de là avecque un ratiffoir de bois fait tout exprez de la forme que vous le voyez en F. D, eft une autre croifette, qui attachant le crible avec 4 petites chevilles de bois, ou de fer, le tient en eftat de cribler. G eft vne aifle d'oye, ou de quelque autre oyfeau pour amaffer la farine, & la raffembler quand vous la voulez tirer hors du recipient. H eft une table de bois bien feiche, & bien polie qui eft renfermée de 4 petits ais par les quatre coftez, pour broyer, triturer & peftrir les matieres qui entrent dans la compofition des poudres. I. K. L. font des molettes de bois, avecque quoy, l'on broye les matieres fur cette table. M. eft une autre table percée par le milieu au point N, d'un trou lequel demeure fermé en la table O, pendant que l'on y broye les matieres: & puis s'ouvre lors qu'il eft queftion les en retirer.


### Fin du fecond livre.


Q 3                                    D V

DV GRAND ART

# D'ARTILLERIE
## PARTIE PREMIERE
### LIVRE III.
#### DES FVZEES.

Ntre tous les feux d'artifices qui depuis tant d'années ont
esté mis en usage, les Fuzées ( que les Latins appelloient
*Rochetæ*, & les Grecs *Pyroboli*) ont tousiours tenu les premiers rangs ( encore bien que ce mot Grec pris ethimolo-
giquement ne s'accorde guiere bien avec celuy de *Rocheta*)
veu que πυρϐολη signifie proprement *Tela ignita*,des dards ou
flesches ardantes.Les Italiens,les nomment *Rochette*,& *Raggi*.Les Allemans,
*Steigende Kaslen, Ragetten,& Drachetten*.Les Polonois *Race*.Mais nous autres
François nous les appellons Fuzées.Pour ce qui regarde leur invention,il est
certain qu'elle est autant ancienne que leur construction en est maintenant
commune & familiere parmy tous les Pyrobolistes, & Ingenieurs à feu: laquelle bien qu'elle paroisse assez aysée de soy mesme, ne laisse pourtant
d'estre fort penible, & veut que ceux qui s'y appliquent ne le fassent point
laschement, mais avec tout le soin & la diligence qu'on peut apporter à la
preparation d'une chose si perilleuse, & dont la despence, & les pertes sont
irreparables apres les experiences.  C'est par là neantmoins qu'il faut que
ces disciples de Promethé qui desirent apprendre à manier le feu, commencent leur apprentissage : & ie treuve à la verité que c'est avec beaucoup
de raison qu'on leur donne premiérement cét ouvrage en main,veu que tous
les feux d'Artifices qui se font pour les divertissements, & feux de joye, &
toutes ces machines ardentes soit necessaires ou recreatives, comme Cartouches, Rouës à feu, Cymeteres, Balles ardentes, & une infinité de semblables inventions Pyroboliques, ne peuvent estre mises en usage dans les
recreations publiques, sans les fuzées, ou pour le moins elles ont si peu de
graces que sans elles tout le plaisir en est osté.  C'est ce qui ma obligé en
partie de vous faire voir dans ce troisiéme livre, le veritable moyen de les
bien, & seurément preparer, leurs formes, & leurs figures differentes, &
leur particulier usage.

## Chapitre I.

Des Formes, ou Modeles, tant de Bois que de Metail pour construire les Fuzées, Petites, & Moyennes.

#### Mode. 1.

On fait faire ordinairement les Formes, & Modeles sur lesquels on
prepare les Fuzées, ou d'airain, ou de laiton ; Ou si l'on veut, on
les fait tourner de quelque bois bien dur comme est le Cypres, le
**Pal-**

Palmier, le Chaſtaignier, le Buis, le Noyer d'Italie, le Genevre, le Prunier ſauvage, & tant d'autres ſemblables qui ne ſont pas moins fermes, & ſolique tous ceux cy, qui plus eſt ſi vous les voulez avoir d'une matiere plus precieuſe & plus riche, faites les faire de bel Iuoire ou de bois d'inde, les faiſant percer bien proprement tant par dedans que par dehors. Les ouvriers n'obſervẽt pas tous une meſme proportiõ pour leurs hauteurs, & eſpaiſſeurs, non plus que pour leurs ornements exterieurs : C'eſt en quoy ils rendent veritable ce dire aſſez commun, autant de teſtes âutant d'opinions. Pour ce qui eſt des formes & modeles dans leſquels on doit conſtruire, les petites & mediocres fuzées (remarquez que nous appellons icy petites fuzées celles qui portent en leurs emboucheures, & orifices les diametres des balles de plomb de certaine quantité d'onces qui toutefois n'excede pas la livre entiere : Les mediocres celles, qui portent une & deux livres ou juſques à trois pour le plus haut : Et en fin les grandes celles dont les crifices portent des diametres depuis 2 ℔ juſques à 100 ) i'en propoſeray icy deux modeles des premieres : & ie reſerveray à parler des plus grandes au chapitre ſuivant. Le premier modele obſerve donc cét ordre cy. En la figure donnée au nombre 20, ie ſuppoſe que le diametre de l'orifice de la forme AB eſt d'un boulet de plomb d'une ℔ ( car cela ſe pratique ordinairement parmy tous les Pyroboliſtes, de meſurer les orifices des formes des fuzées par les diametres des balles de plomb) la hauteur de la forme depuis Y juſques à E, eſt de 7 diametres de l'orifice : mais depuis E juſques à G c'eſt la hauteur de la culaſſe, qui ſe met au derriere de la forme, pendant que l'on charge la fuzée, qui eſt d'un diametre & un tiers. Celle cy a un Cylindre dans le milieu eſpais par le diametre C D de ½ : & haut d'un diametre de l'orifice, ſur ce cylindre eſt poſée la moitie du boulet L O P M, dont le diametre L M eſt de ½ du meſme diametre de l'orifice. Les ornements tant ſuperieurs, qu'inferieurs ſe peuvẽt former ſuivant la fantaiſie d'un chacun ; on imite en cecy neantmoins pour l'ordinaire les ornements des colomnes d'Architecture. En noſtre figure, la hauteur de la forme du Chapiteau, eſt d'un diametre. Or pour former ceſdits ornements, le meſme diametre poſé de Y vers G ſur la ligne Y G parallele à A G, ou à D C ſe diviſe premierement en trois parties : puis chaque tiers eſt diviſé derechef en d'autres moindres parties. De plus, de E en F, on poſe un diametre pour les ornements inferieurs. Ie vous expliqueray mieux, & plus clairement toutes ces hauteurs dans la figure ſuivante, à raiſon qu'elle eſt plus artiſtement travaillée & bien mieux ornée que celle-cy, vous pourrez vous en ſervir cependant pour y appliquer le compas, ſi vous deſirez en connoiſtre les meſures & les juſtes proportions. La groſſeur ou eſpaiſſeur de la forme juſques à A W, & B X, item juſques à S Z, & Aa R, puis apres juſques à T & V, eſt de ½ du diametre : mais juſques à F G il eſt d'un diametre entier. En fin juſques à G H il eſt de 3 diametres de l'orifice. J. eſt un clou ou pointe de fer, qui paſſe tout à travers de l'eſpaiſſeur de la forme, & du cylindre de la culaſſe, & qui fait joindre la culaſſe avec la forme dans le temps qu'on charge la fuzée.

## Mode 2.

Dans la figure marquée du nombre 21, la hauteur de toute la forme G E, eſt de 9 diametres de l'orifice A B. deux deſquels ſont occupez de la Baſe A B. C D eſt le vuide, ou le creux de toute la forme. A N ou G L le Chapiteau de la forme, haut par tout d'un diametre & ½ de l'orifice : Or ce

dia·

diametre icy eſtant diviſé en 80 parties égales, il ſera bien ayſé de prendre toutes les dimenſions des membrures du Chapiteau. Premiérement
en deſcendant, le Sourcil ſous-baiſſé-ſera haut de 7 parties, le Reglet ou
Liſteau de 3, l'Eſchine renverſée de 7, le Liſteau qui eſt au deſſoubz de
3. le Cimaiſe ou Gueule dorique renverſée de 7, le Liſteau de 3, le Bandeau ſuperieur de 10, la Face de 10, le Bandeau inferieur de 10 auſſy,
l'Eſchine de 8, le Reglet de 2, l'Apophige de 10, l'Anneau, ou Ron-
deau ſuperieur de 2, l'Aſtragale de 4, l'Anneau inferieur de 2, les Projectures de l'une & l'autre liſte ſont de 5 parties, & d'autant la retraite de la Face.   On prendra le demy diametre avec lequel le Cimaiſe dorique eſt décrit, ſur la perpendiculaire de la Face, & ſur le meſme Reglet qui eſt au
deſſous du Cimaiſe: mais le demy-diametre de l'Eſchine renverſée ſera pris
ſur la perpendiculaire qui deſcend de K ſur G A. Pour le regard de A K
on la prendra de 30 parties du diametre.   Le demy-diametre de l'Eſchine
inferieure eſt de ſa propre hauteur.   La ligne droite H F coupe d'un coſté
les projectures des Liſtes, & la ligne I E de l'autre coſté.   Or on les pro-
longera de F en V, & de E en I, ſi de B en V, & de A en I, on mets
60 parties du diametre. Sçachez auſſy que ces meſmes lignes droites de-
terminent auſſy le deſſoubz de la forme. à ſçavoir le ſouz-baſſement & la
baſe.   L'eſpaiſſeur ſuperieure de la forme juſques à l'Aſtragale, eſt d'un
demy-diametre de l'orifice : & par conſequent de 40 parties : mais l'inferieure juſques à O P, ſur la baſe, elle eſt de 50 des meſmes parties : Or
toute l'eſpeſſeur du milieu de la forme eſt determinée par la ligne droite
N O: mais celle d'en bas par céte autre E W, ſur E I. toute la baſe entiére eſt haute d'un diametre, & ⅓.   Parlons maintenant de ſes membrures
en montant, la Plynthe a de hauteur 110 parties,  la petite Eſchine renverſée 8, le Liſteau qui eſt au deſſouz 2, le Cymaiſe dorique 6, le Reglet 2, le
Thore 6, le Liſteau 2, les Projectures des Liſteaux, & du demy-diametre
tant de l'Eſchine renverſée, que du Cymaiſe dorique, ſont de leurs propres
hauteurs. Les membrures du Pied-eſtal, ou Stilobate, ſont le petit Thore
qui eſt haut de 3 parties : mais le Reglet de 2 parties ſeulement. Celuy-cy
eſt eſpais par le diametre E F de trois diametres de l'orifice de la forme.
Le Cylindre C Q R D, ſur le pied-eſtal eſt haut d'un diametre : mais gros
& eſpais par le diametre Q R, de 78 parties du diametre de l'orifice, le diametre du demy globe ſur ce cylindre eſt de ⅔ du diametre de l'orifice, &
par conſequent de 60 parties du meſme.    Voila tout ce que i'avois deſſein
de vous propoſer touchant les formes des petites fuzées tant du premier
que du ſecond mode.   Vous pourrez doncques bien obſerver & ſuivre exactement toutes ces proportions que ie viens d'ordonner tant pour la hauteur, & eſpaiſſeur, que pour la conſtruction particuliere des ornements,
ſi vous deſirez que voſtre entrepriſe reüſiſſe bien : encore bien qu'il ſoit
permis ( comme nous avons de-ja-dit ) de varier & changer ces embeliſſe-
ments exterieurs ſuivant la fantaiſie de ceux qui les conſtruiſent.   Outre
ces deux figures, ie vous en fais voir encore une troiſiéme au nombre 22
par le moyen de laquelle on pourra auſſy proportionner, & rapporter tant
les hauteurs, que les eſpaiſſeurs, & tous les autres ornements d'une grande forme ( telle que ie vous en ay propoſé une d'un lot à ſon orifice ) à
quantité d'autres moindres. Comme par exemple de ⅟ᵢ¼¼⅟ᵢ partie d'un lot.
La baſe donc de la figure eſt A B, laquelle eſt diviſée ſuivant la raiſon cubique : & des points des diviſions vous voyez autant de perpendiculaires
eſlevées, puis terminées de la ſecante de la meſme figure C D, laquelle il
                                                              faut

faut produire de C en D, pourveu que B C qui eſt la hauteur de la forme
d'un lot, ſoit ſuppoſé de 9 diametres de ſon orifice, puis on tirera toutes les
perpendiculaires de la meſme proportion en longueur.

Remarquez que les demy-diametres des quarts de cercle, & les lignes
produites juſques à leurs extrémitez dans la figure de la forme d'un lot,
donnent à entendre les eſpaiſſeurs des formes, vers les parties dans leſquelles ſont compris les centres des quarts de cercles. Pour concluſion de tout,
ſouvenez vous que tout ce que nous avons allegué touchant la proportion
qui ſe doit obſerver dans la conſtruction des petites formes par le modele
d'une plus grande, ſe peut auſſi dire reciproquement de la conſtruction des
grandes formes, par le modele d'une des plus petites.

# Chapitre II.

### Des Formes, ou Modeles pour conſtruire les grandes Fuzées.

Nous avons limité au chapitre precedant la longueur des formes
pour la conſtruction des petites & mediocres fuzées, de 7 diametres de leurs orifices : ( ſans conter la hauteur des baſes ) & il ne
faut pas s'eſtonner ſi ie me ſuis donné cete liberté, puiſque les con-
tinuelles experiences que i'en ay faites, & la plus part des plus beaux de
mes jours que i'y ay employez, m'ont aſſez confirmé dans cete pratique,
& rendu certain qu'elles ne peuvent & ne doivent eſtre faites autrement
pour eſtre legitimes, joint que l'authorité des plus modernes Pyroboliſtes
appuye ſuffiſamment les raiſons que i'ay eu de ce faire ; Car pour vous dire
mon ſentiment c'eſt en vain que l'on va rechercher cete proportion dans
les eſcrits des Anciens : veuque ſi vous les conferez tous enſembles ( car ie
vous aſſeure que i'avois devant les yeux pour le moins deux douzaines des
autheurs qui ont eſcript de la Pyrotechnie) vous les trouverez non ſeulemēt
tous diſcordans entr'eux, mais encore infiniment eſloignez de mes obſervations, & pour ainſi dire diametralement oppoſez à mes pratiques. Qu'ainſi
ne ſoit ie m'en vay vous en propoſer quelques unes, de leur invention, pour
vous faire voir la verité de mon dire. Premiéremēt Brechtelius en la ſecóde.
partie chap. 9. de ſa Pyrotechnie dit que la forme des fuzées d'une ℔ doit
eſtre de la hauteur de deux grands doigts : & large à ſon orifice de deux
doigts. En celle-cy la proportion de la largeur à la hauteur eſt ſubquadruple. Mais pour les grandes fuzées il augmente la hauteur & la largeur de la
forme, en y adjoûtant ¼ de doigt tant à la largeur de l'orifice qu'à la hauteur de la forme. De cete progreſſion vient cete diſcordance extréme,
que l'orifice de la forme des fuzées de 17. ℔. eſt la ſubdecuple de ſa hauteur. Et que la hauteur d'une forme de 100 ℔ differe d'un peu plus que
d'une cinquiéme partie de ſa hauteur. Par ainſi il y a la meſme proportion
de la largeur à la hauteur, que du nombre 106, au nombre 131: Mais comme
ce nombre eſt irrationnel il ne ſe peut rapporter à des moindres termes : il y
a toutêfois de la proportion de la hauteur à la largeur ſuperpartiente vingt
cinq, cent ſixiémes parties. Il faut encore remarquer en cét endroit que
les orifices des formes ne s'y augmente pas ſuivant la raiſon cubique ( ce
qui neantmoins doit eſtre) mais par une égale progreſſion de l'addition d'un
quart de doigt : joignez à cela que les hauteurs de formes ſont fort mal

proportionnées aux largeurs des orifices : & ie me laiſſe ayſement perſuader que ce bon homme n'a jamais fait de fuzées dans ſon temps plus grandes que d'une ou de deux ℔ : veu qu'il eſt tout à fait impoſſible de faire
partir des machines ſi mal baſties,ny les obliger à s'enlever , eſtans preſque
auſſy larges que hautes , de la ſorte que les autres fuzées, qui ſeront bien &
loüablement conſtruites. Cecy n'eſt pas encore un des moindres deffauts,
quand il dit que l'orifice de la forme d'une ℔ , doit eſtre de deux doigts au
diametre : car il eſt conſtant que deux doigts conſtituent exactement une ℔
de fer au poids de Norembergue , & par conſequent le diametre de l'orifice
d'une forme de 100 ℔ ſera à ſon conte de 26 doigts & demy.  Que ſi l'on
ſe figuroit que ce diametre fût celuy dun boulet de fer , ce boulet ſeroit du
poids de 2326 ℔. & 3.onces. Si d'allieurs on ſuppoſoit ce meſme boulet dôt
il eſt diametre, eſtre de plomb ( eſtant meſuré ſuivant la methode que nous
avôs donnée cy devant pour meſurer tous les orifices des formes & modeles
par les diametres des boulets de plomb ) il peſeroit 3350 ℔. & 13 onces. Par
ce mauvais raiſonnement il ny a perſonne qui ne puiſſe ayſement juger
dans quelle abſurdité Brechtelius eſt tombé , & qu'avec peu de jugement il
a raiſonné ſur cette matiere. C'eſt en quoy on ſe donnera bien de garde de
l'imiter. Le ſecond que je veux vous rapporter des anciens Pyroboliſtes qui
ont eſcript des fuzées , eſt un certain Ioannes Schmidlapius qui a veſcu
quelque temps avant Brechtelius. Celuy cy veut que les formes de toutes
ſes fuzées , ſoient de la hauteur de 6 diametres de leurs orifices.  Pour le
regard de la largeur des orifices il les augmente en cette ſorte. Il diviſe en
5 parties le diametre de l'orifice de la premiere forme ( laquelle il ſuppoſe
dans ſa figure,d'un lot de plomb ) il adjoûte 2 de ces parties au premier diametre, & conſtitué le diametre de l'orifice de la ſeconde forme. Voila l'ordre qu'il obſerve pour conſtruire toutes ſes fuzées juſques à l'infiny.  Mais
pour en dire mon ſentiment il m'eſt aduis qu'il agrandit par trop les hauteurs des formes ſuivantes , joint qu'il ne nous aſſigne aucunes meſures
certaines & determinées pour les orifices , qui ſoient tirées des diametres
des boulets ou de fer , ou de plomb.  Mais i'ay fort ſouvent experimenté
que les orifices augmentez de la ſorte avoient la progreſſion ſuivante dans
les poids des boulets de plomb : à ſçavoir que le Second diametre contenant ⅞ du Premier diametre,eſt exactement le diametre d'un boulet de
plomb de 3 lots. Le Troiſiéme contenant ⅞ du Second diametre , eſt le diametre d'un globe de plomb de 7 lots. Le Quatriéme comprenant ⅞ du Troiſiéme diametre, eſt le diametre d'un boulet de plomb de 20 lots.  Le Cinquiéme de ⅞ du Quatriéme diametre, eſt le diametre d'un boulet de plomb
d'une ℔ & 22 lots. Le Sixiéme de ⅞ du Cinquiéme diametre , eſt le diametre d'un boulet de plomb de 4 ℔. & 26 lots. Le Septiéme de ⅞ du Sixiéme
diametre,eſt le diametre d'un boulet de plomb de 13. ℔. Le Huitiéme de ⅞
du Septiéme diametre , eſt le diametre d'un boulet de plomb de 35 ℔. Et
en fin le Neufuiéme de ⅞ du Huitiéme diametre,eſt le diametre dun boulet
de plomb de 98 ℔. De tout ce que ie viens de dire il s'enſuit que cét autheur n'a eſtably aucune proportion certaine & limitée par laquelle on pût
augmenter les diametres desorifices.Sa faute eſt neantmoins aſſez pardon-
nable,auſſi ne le condemnerôs nous pas tout à fait,puis qu'il s'eſt mis en devoir de nous monſtrer comment on doit conſtruire les fuzées en telle façon
qu'une petite puiſſe juſtement & exactement emplir le vuide d'une plus
grãde. Outre ce qu'il en a dit la choſe eſt aſſez ayſée de ſoy meſme,par exemple,ſi l'on prend les diametres de 9 fuzées,à commencer depuis un lot , des
bou-

des lots, & tant de livres, que nous en avons rapporté cy deſſus : Car les
huit premieres de celle-cy eſtans miſes les unes dedans les autres, entre-
ront fort commodément dans la plus grande &neufuiéme forme dont l'orifice ſera d'un boulet de plomb de 98 ℔. Mais toûtefois prennez garde que
le papier des petites, & le bois des grandes formes ne doit en ce cas
eſtre plus eſpois que de ⅓ du diametre de ſon orifice. Ces deux Pyroboliſtes que ie viens de citer ſont des plus anciens que ie vous puiſſe ramente-
voir : puiſque le premier a eſcrit ſa Pyrobolie il y a plus de 59 ans, l'autre
a mis la ſienne en lumiere il y a 90 ans & plus. Des plus recens nous avons
Diegus Vfanus. Celuy cy au chap. 26 du troiſiéme traité de ſon Artillerie conſtituë la hauteur des formes pour les petites & grandes fuzées de 6
ou 7 diametres & ; de leurs orifices. C'eſt pourquoy il approche en quelque façon de la proportion de nos petites forme:mais il s'eſt s'eſloigné bien
fort de celles de nos grandes. Le plus moderne & le plus parfait Pyroboliſte de tous ceux que i'ay leu & qui a eſté le plus exacte en ſes proportions
( ſans faire tort neantmoins à la reputation,ny à l'eſtime que tous les Pyrotechniciens ont touſiours fait d'Adrian Romain, Iacques Valhauſe, Furtenbach, Frontsbergue & de quantité d'autres ſignaléz perſonnages qui
ont fort dignement traité de cete matiere ) c'eſt un nommé Hanzelletus
Gallus,qui, ſi l'on en croit à ſon nom,doit eſtre françois de nation ; cét autheur icy fait les modeles de toutes ſes fuzées depuis un lot juſques à une
livre,de 6 diametres de leurs orifices,c'eſt en quoy il s'accorde le moinsavec
nos meſures:mais lors qu'il traitte des grandes fuzées ( auquelles giſt tout
le ſecret de l'art ) il dit que c'eſt aſſez pour leurs hauteurs,de 4.4 ; ou de 5
diametres de leurs orifices : en celles-cy il approche fort des proportions
que nous avons données cy deſſus : qui eſt un modele fort ioly de l'invention des Italiens ,chez qui les hauteurs des formes & toutes ſortes de fuzées ſont de 5 diametres de leurs orifices. Pour ce qui regarde nos obſer-
ſervations dans la conſtruction des grandes fuzées, ie vous en donne une
figure au nombre 23 : dont le modele eſt ajuſté pour en conſtruire de 20
℔. Car i'y ay ſuppoſé que le diametre de la forme A B, eſtoit le diametre
d'un boulet de plomb de 20 ℔. La hauteur A C ou B D, y eſt de 6.dia-
metres de l'orifice, & ₁₄₄: cete meſme hauteur priſe ſur la table ſuivante. En cete figure cy le nombre 86 reſpond juſtement à 20 ℔. C'eſt à
dire que le diametre de l'orifice AB eſtant premierement diviſé en 100 particules égales : & en ayant priſes 86 avec le compas, puis portées 7 fois
de A ou B, vers C & D, elles conſtituent la hauteur de la forme A C,
ou B D. Ou ſuivant cette meſme analogie, le diametre compoſé de 100
particules, conſtituë la hauteur d'une forme pour les fuzées d'une ℔. de 7
diametres de leurs orifices ; mais 86 donnent la hauteur d'une forme de
6 diametres & ₁₄₄. Par cete meſme voye on pourra ayſement trouver toutes les hauteurs des autres formes qui auront en leurs orifices les diametres d'un boulet de plomb juſques à 100 ℔ : ſi on les cherche par la regle de
proportion ( comme nous avons de-ja dit ) à ſçavoir en poſant touſiours
au premier lieu le nombre 100 qui correſpond à une ℔. & au ſecond lieu, le
nombre 7, & au dernier en fin ce nombre qui dans la colomne du coſté
droit de la table, eſt directemment oppoſé aux livres, ( leſquelles vous devez treuver dans la colomne de la main gauche)ou biē on diviſera touſiours
le diametre de l'orifice de la forme en 100 parties égales, & prendra-t'on
autant de parties en nombre, qu'il y en a de marquées ſur la table vers la
main droite au nombre du poids d'un boulet de plomb le plus convenable

avec

avec l'orifice de voftre forme: lefquelles eftans pofées 7. fois fur quelque ligne droite, donneront la hauteur de la forme que vous defirez conftruire.
De mefme en eft-il du diametre d'une forme de 100 ℔, fi vous la divifez en
100 parties, & qu'en prenant 57 dehors avec le compas, vous les tranfpor-
tiez ailleurs, il en proviendra la hauteur d'une forme pour des fuzées de 100
℔, de 4 diametres de leurs orifices, ou de 399 telles & femblables particules,
que font les 100 que contient le diametre de l'orifice, car il y demeure de
refte ⁴⁄₁₀₀ dela fraction.

De là il eft tres manifefte que ie n'ay pas peché ny dans l'exces ny dans le
deflaut, ie veux dire que ie ne les ay pas eftablies ny de trop, ni de trop peu,
trop hautes ny trop baffes. Car premiéremēt ie n'ay pas augmēté les hauteurs
des formes d'une progreffion égale: en multipliant ou agrandiffant les diametres des orifices, comme à fait Brechtelius. Secondemēt ie n'ay pas toufiours
obfervé la mefme proportion des hauteurs au refpect des diametres de leurs
orifices. Outre cela ie n'ay pas toufiours retenu 6 ou 6 ⁵⁄₂, comme il a plû à
Diegus Ufanus, & Smidlapius. Et pour tout dire ie n'ay pas augmenté les
diametres des orifices fuivant la methode des mefmes Smidlapius & Brechtelius par leur fubdivifiō des diametres en 5 particules, ou par leur augmentation des deux cinquiémes parties du diametre fuivant, ny en adjoûtant un
quart de doigt comme ils ont fait: mais i'ay tellement agrandy & diminué
les hauteurs des formes en augmentant les diametres des orifices, par la raifon cubique(eu égard aux grands diametres) que je ne crois pas que perfonne puiffe dire que ie les aye faites ou trop longues ou trop courtes.

Or afin que vous en doutiez moins, ie vous mets devant les yeux une petite table, dont l'art & la theorie fpeculative ne m'en ont pas tant fuggeré
l'invention; comme la longue pratique, & les pertes que i'ay fouffertes dans
des grandes & journalieres dépences, m'ont rendu inventif pour la conftruire.

### Table des Hauteurs pour les Formes, & Modeles des grandes Fuzées.

| Diametres des livres des boulets de plomb. | Points des centiémes parties des diametres fubfeptuples des hauteurs des formes. |
|:---:|:---:|
| 1 | 100 |
| 2 | 98 |
| 4 | 96 |
| 6 | 94 |
| 8 | 92 |
| 10 | 91 |
| 12 | 90 |
| 15 | 88 |
| 20 | 86 |
| 25 | 84 |
| 30 | 82 |
| 35 | 80 |
| 40 | 78 |
| 45 | 77 |
| 50 | 75 |
| 55 | 73 |

| | |
|---|---|
| 60 | 71 |
| 65 | 69 |
| 70 | 67 |
| 75 | 66 |
| 80 | 64 |
| 85 | 62 |
| 90 | 61 |
| 95 | 59 |
| 100 | 57 |

Ce n'eſt pas aſſez,retournons voir noſtre figure , & nous y trouverons encore quelque choſe touchant céte proportion des formes. E X eſt la hauteur de la baſe d'un diametre de l'orifice. X C eſt l'eſpaiſſeur de la forme ou
modele égale par tout de ⅗ du diametre du meſme orifice. E F eſt la groſſeur inferieure de la baſe d'un diametre & ⅗. B E ou A P, eſt le Chapiteau
de la forme,dont les membrures vont en montant. Le Liſteau ou Bandeau
eſt haut de ¹⁄₁₂ du diametre de l'orifice. l'Eſchine renverſée eſt de ¹⁄₁₂, le Reglet de ¹⁄₂₄. le Sourcil penchant de ¹⁄₁₂. QQ marquent le bois ſolide , & ferme,& l'eſpaiſſeur entiere de la forme. P P ſont voir les excavations, & évuidures faites dans la meſme eſpaiſſeur de la forme:c'eſt par où vous liez bien
ſerré le modele avec une bonne ficelle,ou corde de chanvre bien torte, puis
bien collée avec de la colle chaude , pour empeſcher que la forme ne ſe
rompe dans le temps qu'on charge la fuzée , ou qu'elle ne s'entre-ouvre en
quelque endroit. Ces ſuſdites évuidures, ſont retirées en dedans de ¹⁄₇ du diametre de l'orifice. Il y a encore outre tout cela un cylindre de bois attaché
à la baſe de la hauteur d'un diametre,mais en celles-cy ſeulement : car aux
autres formes des grandes fuzées,depuis 40 ℔ juſques à 70 ℔, il faut qu'il y
ait ⅔ de hauteur;& au reſte juſques à 100 ℔ la moitié du diametre de ſon orifice, On couchera par deſſus le cylindre un demy boulet, dont la circonference eſt décripte du centre N ſur le diametre,de ⅔ du diametre de l'orifice.
R eſt une petite cavité, où l'on attache un petit anneau. W eſt un clou de
fer qui arreſte le Stylobate , ou la baſe avec la forme. Pour ce qui reſte a remarquer ſur cette figure ie le vous feray voir au chapitre ſuivant.

Dans la figure marquée du nombre 24 eſt donnée la forme pour conſtruire les Petards de papiers. Leſquels ie vous monſtreray à ajuſter , & mettre
en uſage dans les chapitres ſuivants. Soyez ſeulement icy adverti que la
hauteur de ces formes,qui eſt A B C D, doit eſtre de 4 diametres de leurs
orifices,& que la hauteur de la baſe I K , & du cylindre G E, ou H F eſt
d'un diametre:en fin ſouvenez vous que la ſuperficie du meſme cylindre
E F eſt par tout extrémement plane,hormis toutêfois le demy globe qui la
releve du coſté où il eſt poſé.

# Chapitre III.

### De divers inſtruments , pour former, preſſer , lier, & charger
### toutes ſortes de Fuzées.

Les formes & les modeles des fuzées eſtans doncques ainſi ajuſtés ſuivant les proportions que nous avons dites aux Chapitres precedents ; il ſera neceſſaire d'eſtre muny d'autres inſtruments pour le
reſte de la preparation. Premiérement pour former les petites &
me-

mediocres fuzées faut avoir un certain pouſſoir de bois ou baſton à charger fait en forme de cylindre ( car pour celles qui ſont extrémement petites on ſe ſert d'une petite baguette de fer ) lequel ſera auſſy long que la forme eſt haute : & gros par le diametre de $\frac{2}{3}$ du diametre de l'orifice. Voyez-en la figure au nombre 25, en laquelle la ligne A B eſt de la longueur de 7 diametres de l'orifice de la forme du ſecond modele deſſiné au nombre 21. on adjoûte toûtefois au bout d'en haut un demy globe, dont le demy diametre eſt de $\frac{1}{3}$ du meſme diametre de l'orifice ( car il eſt bon que ce-dit baſton ou pouſſoir ſoit tant ſoit peu plus long que la hauteur de la forme ) la groſſeur C D en la meſme figure eſt de $\frac{2}{3}$ du diametre. E eſt le manche du baſton à charger qui doit eſtre long d'une palme. Sur ce baſton vous colerez le plus ſerré, & le mieux qu'il vous ſera poſſible du bon & ferme papier, juſques à ce qu'il ait atteint la groſſeur de $\frac{1}{6}$ du diametre de l'orifice : encore bien que dans la figure du premier modele au nombre 20 i'aye ſuppoſé cette meſme groſſeur d'un ſixiéme du diametre de l'orifice, car pour lors il eſt neceſſaire que ce dit baſton ſoit gros de $\frac{2}{3}$ en ſon diametre. Mais pour ce qui eſt des grandes fuzées qui ſont faites de bois : telle que vous en voyez la figure I K au nombre 23, l'eſpaiſſeur K B ou A I eſt de $\frac{1}{6}$ du diametre de l'orifice, ou tant ſoit peu moindre : car on laiſſe touſiours entre le tuyau vuide de la forme, & celuy de la fuzée, un eſpace en S. par le moyen de certaines ficelles de lin ou de chanvre aſſes groſſes dont on ſe ſert à lier & ſerrer bien fort les fuzées par dehors. Le fonds de ceſdites fuzées dans la meſme figure G O eſt eſpais d'un tiers du diametre de l'orifice. Or ſçachez que ſi les fuzées ſont faites de bois on ne pourra ſe ſervir de ce baſton à charger, dont ie vous ay donné cy devant la proportion : mais d'ailleurs ſi vous ne les voulez que de carton ou de toile colée, la groſſeur du baſton ſera de $\frac{1}{6}$ du diametre de ſon orifice : ſa longueur ſera telle que celle de la forme, ſans la culaſſe ou cylindre : c'eſt à dire qu'il ſera auſſy long que ſa forme eſt haute moins la hauteur du cylindre. Sur cette eſpece de baſton i'ay ſouvent conſtruit des fuzées de 20 & de 30 ℔ & quelques fois d'avantage, dans des cartouches de papier bien colé, ou de toile bien enveloppée & bien roulée, puis apres les avoir liées fort & ferme de bonne ficelle colée avec de la cole bien chaude, ie les ay miſes dans le moyeu d'une rouë à canon & là les ayant garnies de ſable bien ſec tout à l'entour, & ferrées avec des coings de bois: apres y avoir mis au deſſoubz une baſe avec ſa culaſſe, ie les ay chargées de la ſorte aſſez commodément.

En ſecond lieu il faut encore avoir un autre baſton pour charger les fuzées outre ce premier. Celuy cy ſe peut conſtruire en deux façons : car ſi vous avez deſſein de percer les fuzées avec une tariere ( comme nous dirons cy deſſoubz ] vous luy donnerez la forme de celuy qui eſt deſſiné en la figure marquée du Nom. 26. Sa longueur A B ſera égale à la hauteur de la forme. Sa groſſeur B C ſera moindre de $\frac{1}{12}$ que la groſſeur C D de la premiere figure B C. La ſuperficie ſuperieure du baſton ſera fort unie, ie veux dire que ce baſton ſera bien arondy, pour plus commodément battre & preſſer la compoſition dans la Cartouche. Mais ſi d'avanture vous voulez charger vos fuzées ſur des pointes de fer, ou de cuivre, telles que ces lettres O P Q vous les repreſentent en la figure 20, & en 22 M L H; pour lors les baſtons ſeront auſſi gros & auſſi longs que les fuzées ſont creuſes, & profondes ; vous feres percer dans le milieu c'eſt à dire de bout en bout, un trou de la meſme longueur, & largeur que vos pointes ſont longues & groſ-

grosses, afin que pendant que vous chargerez vos fuzées ces pointes s'enfi-lent dans ce trou, & que la composition puisse estre par conséquent bien battuë & bien serrée tout à l'entour. Il faut remarquer icy que si cette poin-te vient à estre tellement attachée à la base, qu'on ne l'en puisse tirer par aucun moyen (ce qui arrive necessairement, si l'on veut que cete éguille soit posée perpendiculairement au milieu de la culasse, & qu'elle occupe le milieu de la fuzée, car cela mesme ne sert pas peu à la bien charger) pour lors il vous faudra avoir une autre base sans éguille pour ajuster les cartou-ches de papier, & un baston à charger suivant le premier modele que nous avons donné, ou bien un autre baston percé au milieu de la mesme profon-deur que cete pointe ou éguille est haute. En la figure 27 par exemple B A est la longeur du baston égale à la longueur du vuide de la fuzée repre-sentée en la figure du nombre 23. Sa largeur B C est égale au diametre du mesme orifice, ou un peu moins, comme nous avons dit: le trou qui reçoit l'éguille est D F E.

Outre ces deux Bastons, les Pyrobolistes se servent d'un troisiéme qui n'est guiere moins utile que les autres pour charger les fuzées sur ces poin-tes. La forme de celuy cy se void au Nom. 28 où la longueur A B est éga-le à la hauteur du vuide de la fuzée sur l'éguille c'est à dire depuis I jus-ques à I K qui est l'orifice de la fuzée en la figure marquée du nombre 23: mais la largeur ou grosseur B C est justement égale à la grosseur du premier baston. Celuy-cy sert à battre & serrer le reste de la matiere au dessus de l'éguille jusques aux bords du mesme orifice, les manches des bastons à charger D & G seront formez de mesme façon que vous les voyez dans la figure, on mettra aussi des viroles de fer aux bouts H & E pour ceux qui servent à construire les grandes fuzées de peur qu'en frappant fort ils ne s'esclattent.

La figure du Nom. 29 nous represente une Ceinture ou courroye de cuir avec sa boucle, & le petit ardillon qui passe à travers la ceinture, avec un anneau de cuivre, & son petit crochet de fer qui est mouvant sur la san-gle. C'est de cette courroye que le Pyroboliste se ceint (comme on le peut voir en la figure 31) lors qu'il est question de serrer les cols des fu-zées. En la figure 30 vous voyez un autre crochet, qui est fait en viz par un bout comme un tire-fonds. Cét instrument estant attaché & bien fort in-seré, contre quelque parois qui aura du bois, ou contre le tronc d'un arbre bien ferme, ou bien à quelque soliveau bien aresté, avec cét autre premier, sert à tenir la ficelle ou corde attachée, laquelle est ajustée au col de la fu-zee pour la serrer autant que l'on peut, voyez la figure 32. Au nombre 33 est la forme d'un instrumēt de bois avec quoy l'on dilate les trous qui sont faits aux cous des fuzées lors qu'elles ont esté trop serrées.

Nous avons encore une autre voye pour lier les cous des mediocres fu-zées, sçavoir par le moyen d'une poulie de bois roulante sur un petit essieu de fer, sur laquelle il y a une corde passée dont un bout est attaché à un cro-chet de fer, l'autre bout à un marche-pied de bois qui ne doit point estre are-sté, lequel le Pyroboliste tient soubz le pié, comme on peut voir en la fi-gure du Nom. 34.

Mais pour ce qui concerne la ligature des grandes fuzées, on se servira de l'instrument dessiné au nombre 35 avec sa vignette perpetuelle, sa broche de fer recourbée & son anneau de fer, auxquels on attache la ficelle pour la serrer avéc sa poignée A, dans la mesme figure on tourne cette vignette per-petuelle: apres toutefois avoir mis dans le col un cylindre garny de bourre, &
couvert

couvert d'un demy globe,comme la figure du nombre 36 le fait voir;qui fert proprement pour former vne cavité ronde dans le col de la fuzée.   On fait aussi fervir à ce mefme ufage un autre inftrument de fer marqué au nombre 37 fur lequel fuivant la groffeur des fuzées il y a des rondeurs compaffées , dans lefquelles vous engagez les cous des fuzées pour les y bien ferrer. Nous avons encore d'autres moyens outre ceux cy que ie viens d'alleguer pour lier les fuzées comme il faut.   Vous n'avez par exemple qu'a attacher un bois de travers,ou levier, à une muraille,ou à quelque pillier, ou fi vous voulez une planche de bois quarrée , bien arreftée au plancher avec des fortes cordes, puis à force de bras ou bien avec quelque pefant fardeau, ti- rer ces cordes vers le bas qui enveloppent les cous des fuzées afin de fer- rer puiffamment les lumieres,ou trous par où la fuzée doit prendre feu.

Mais comme ces inventions font entiérement hors d'ufage, outre qu'el- les ont fort peu d'artifice, ie les laiffe comme indiferentes, & ie paffe- ray cependant aux autres inftruments dont la connoiffance nous eft plus neceffaire.

La figure du nombre 38 reprefente une Lame de cuivre pour former une cuëillere telle que vous la voyez deffinée au No 40 ; de laquelle on fe fert ordinairement pour charger la fuzée. Ie l'ay proportionné en telle façon que fa longueur depuis A jufques à B, foit de 1 diametre & ¼ de l'orifice du vuide interieur de la fuzée : mais qu'elle ait pour fa largeur C D deux diametres, & qu'elle fe termine en demy cercle vers le bout.   On ajoûte- ra encore à fa longueur un diametre,& à fa largeur un autre, afin qu'elle fe puiffe commodement ajufter fur un cylindre de bois emmanché,fur lequel on l'attachera avec des petits clous.   Que la largeur du cylindre foit de 1 diametre : la circonference de fa rondeur de trois diametres:c'eft à dire éga- le à la largeur E F. Or la proportion qui a efté donnée pour la longueur de cete lame fe doit obferver de mefme pour celles des petites & mediocres fuzées. Car i'ay fort fouvent experimenté que les cuëilleres d'une pareille longueur & largeur contiennent juftement autant de compofition à char- ger les fuzées , qu'il en faut pour emplir exactement de cylindre de l'orifi- ce , dont la hauteur égale la largeur , ou le diametre de l'orifice.   Or ce fe- ra affez de verfer à la fois autant de compofition quil en faut pour occuper la hauteur du demy diametre du mefme orifice , ou bien le demy cylindre dans le vuide de la fuzée, apres qu'elle aura efté battuë fort & ferme avec un maillet de bois & un bafton à charger.Mais pour ce qui touche les gran- des fuzées il faut prendre moins de la compofition qu'on y doit mettre: car fe fera affez d'y en verfer la moitie de ce que nous en avons ordon- né; pour la charge des petites : & par confequent la lame de cuivre , de laquelle on veut conftruire une cuëillere, qui ne contiene de compofition que ce qu'il en faut pour emplir la moitié du cylindre dans le vuide de la fuzée ; & laquelle eftant battuë,n'occupe en hauteur que ¼ du diametre de l'orifice du vuide de la fuzée;fera longue d'un diametre de l'orifice.Pour ce qui eft de la groffeur & longueur du cylindre de bois fur quoy la lame de cuivre s'attache elles auront les mefmes proportions que nous avons pref- criptes pour la lame fuperieure.

Au nombre 39 vous voyez la figure d'un Maillet de bois avec fon man- che,   On le fera faire d'un bois dur,ferme, & pefant, tel qu'eft l'orme, ou la racine de bouleau ; il fera fait une fois & demye auffi long que gros.   Le diametre de fa groffeur fera proportionné aux orifices des formes en cette façon.   Depuis 100 ℔ jufques a 50 ℔ en defcendant,on bat les fuzées avec
des

des maillets,dont les diametres de la groffeur font pareils aux diametresdes
orifices des formes. Mais on chargera toutes les autres jufques à 10,avec un
maillet qui aura le diametre de fa groffeur de 50 ℔ de plôb. En fin on chargera le refte depuis 10 jufques à 1 ℔,avec un maillet qui aura l'efpaiffeur du
diametre d'un boulet de 40 ℔ de plomb.Pour les moindres fuzées qui fuivent depuis 1 ℔ jufques à 8 lots en defcendant,on les battera avec un maillet qui aura 20 ℔ d'efpaiffeur en fon diametre. Ou pour faire bien mieux, &
avec beaucoup moins de ceremonies,on fera conftruire tous les maillets depuis 100 ℔ jufques à 10 ℔ des mefmes groffeurs que les diametres des orifices de leurs formes : Puis on les évuidra du cofté qui ne doit point frapper,
& mettra-t'on tant de plomb fondu dans cette cavité que la pefanteur de
chaque maillet vienne à égaler le poids des boulets des orifices des mefmes
formes defquelles ils font maillets. On peut auffi fort bien charger avec un
maillet de 10 ℔ tout le refte des fuzées , jufques à celles de 4 ℔. & depuis
4 ℔ jufques à 1 ℔. avec un maillet pefant 6 ℔ & depuis 1 ℔ jufques à ℔ β,on
les chargera avec un maillet qui pefera 4 ℔. En fin d'une demye ℔ jufques
à 4 lots,on fera le maillet de 2 ℔ pefant feulement.

Pour ce qui concerne la charge des petites fuzées qui ne montent point
en haut directement, mais qui ne font que courir ça & là , il ne fera befoin
d'y prendre tant de peine. I'ay connu des Pyroboliftes modernes qui affi-
gnoient à certaines compofitions dont ils chargeoient leurs fuzées, certain
nombre de coups , & un marteau d'un tel ou tel poids, de forte que lors
qu'ils chargeoient une mefme fuzée de differentes compofitions,ils fe fervoient de marteaux de diverfes pefanteurs , & leur donnoient un nombre
de coups auffy tout different. Mais cette obfervation à mon aduis eft plus
ridicule & fuperftitieufe qu'elle n'eft utile.Ces abfurdités mifes à part , voicy la voye la plus feure qu'on peut tenir en cecy. On verfera la compofition
dans le creu des fuzées , non par trop deffeichée de peur que fe reduifant
en farine dans le temps de la charge , elle ne s'evapore : mais tant foit peu
humectée afin qu'elle s'amaffe , & fe preffe plus fermement dans le tuyau
de la fuzée. Il faut croire d'avantage qu'on ne peut affigner aucun nombre
determiné de coups,c'eft affez dire que la compofition doit eftre tât battuë
& preffée qu'elle devienne auffi dure côme une pierre: pour ce qui eft de la
matiere qui s'eft deffeichée à force de battre, & qui ne veut point s'allier au
refte du corps de la fuzée,on la verfera hors en inclinant de temps en temps
le moule , & le frappant un peu rudement pour la faire fortir. Outre toutes
ces remarques foyez encore advertis que chaque fois que vous mettrez de
la côpofition dans la fuzée elle doit eftre battuë d'un nombre égal de coups,
& frappée avec une égale force,non trop violemment,ny trop lentement,
mais avec moderation , & faifant des petites pofes entre chaque coup.
La pefanteur du maillet fera telle que nous l'avons prefcrîte cy deffus. La
compofition fera prife & employée fuivant la proportion des orifices des
fuzées,comme nous dirons dans le chapitre fuivant , vous donnant bien de
garde de jamais ne charger une mefme fuzée de cent fortes de compofitions,mais d'une où de deux feulement defquelles on fe tiendra bien affeuré apres en avoir fait les efpreuves. I'adjoûte encore que les matieres trop
feiches , mal pulverizées,& paffées un peu trop negligemment , ou qui ont
par trop de Charbon fait de quelque bois afpre , & dur, ne fe peuvent affermir qu'avec beaucoup de difficulté c'eft pourquoy on les doit battre plus
long temps que les autres qui n'ont pas ces defectuofitez. Il me faut encore vous advertir que d'autant plus que la compofition eft violente, tant plus

S                                                    doit

doit elle eftre preffée , afin que le feu travaille beaucoup à la confommer,
& faffe fon effet avec beaucoup de lenteur fur cette matiere extrémement
compacte & ferrée. Mais cecy nous jette dans une autre difficulté , qui eft
que cette repetition de coups , & ces trop violents frappements augmen-
tent de beaucoup la force de la compofition & luy apportent ie ne fçay
qu'elle vertu extraordinaire qu'elle n'avoit pas en foy auparavant. Voila
pourquoy faut tenir icy cette fentence comme une regle generale de noftre
art.    *Serva mediocritatem.* Tenez toujours le milieu, & foyez moderez dans
toutes vos affaires c'eft à dire ne vous portez point au trop , & n'en demeurez point auffy au trop peu, de peur que l'un & l'autre ne rêde vos entreprifes vaines & ridicules.  Mais retournons au fubjet d'où nous fommes infenfiblement forty. Difons doncques que tant plus que le manche du maillet
fera long , & tant plus haut que le Pyrobolifte levera les bras pour frapper ,
avec d'autant plus de viteffe, & de force retombera le maillet fur le pouffoir,
ou baflon à charger qui eft au deffoubz. Enforteque ce maillet aura plus de
force, & agira bien plus puiffamment qui ne fera pefant que de 10 ℔ , qu'un
autre plus pefant au double qui n'aura la longueur du manche que fubde-
cuple du premier. Rapportez vous-en aux mechaniques ils vous en diront
la raifon. I'adjoûteray encore cecy feulement du fentiment de quelques autres que tous corps violemment pouffez en quelque façon que ce foit ont
plus de force, & agiffent avec d'autant plus de violence fur l'objet vers lequel ils font pouffez , que l'air interpofé entr'eux , & le corps qu'on veut
frapper en eft plus efpais & compacte : or eft-il que l'air fera tant plus
condenfé que leur mouvement en fera plus vifte: joint que les corps qui fe
meuvent en cercle ont leurs mouvements bien plus actifs ( c'eft de ce mouvement circulaire duquel nous entendons parler feulement , & non des autres) & plus viftes du point le plus éloigné du centre de leurs mouvements
que ceux là qui font plus proche du mefme centre. Enforte que cette viteffe, & la facilité de ce mouvement à une telle proportion avec la celerité, que
le rayon du cercle, & la circonference qui en eft formée, ont avec le rayon &,
la circonference de l'autre.  Que fi maintenant vous prenez le manche d'un
maillet un peu long pour le rayõ du cercle, le centre duquel eft fuppofé aux
bras de celuy qui frappe , le maillet en aura un mouvement bien plus libre,
& plus vifte, & par confequent il agira bien plus puiffamment qu'un autre
maillet dont le mâche fera plus court, encore qu'il pefe plus que le premier,
mais qui fe porte bien plus pareffeufement & lentement dans fon action , à
caufe qu'il eft plus court que l'autre.  Or toutes ces raifons là font belles &
& bonnes : mais pour moy ie veux croire que la caufe de cecy fe peut rapporter avec plus de probabilité à l'inftrument qui agit , quà toute autre accident , & ie ne me peux aucunement perfuader que l'air condenfé puiffe en
rien contribuer à cette celerité ny faire que le maillet retombe plus rudement fur le pouffoir qui reçoit le coup : la raifon eft qu'il ny peut pas avoir
beaucoup d'air dans un fi petit efpace que le maillet peut faire en fon mouvement circulaire, joint qu'autant qu'il s'y en rencontre d'interpofé fe rarefie toûjours de plus en plus par la frequente repetition des coups dudit
maillet, ainfi cette extréme union & adherence des parties qui d'abord
eftoient ferrées entr'elles avant que le marteau fit ce mouvement : fe diffipe
& s'efvanoüit dans le mefme temps, bien loing de fe condenfer pour augmenter l'activité de ce mouvement. Mais nous aurons occafion de parler
de tout cecy ailleurs où nous ferons une plus exacte & longue recherche
des caufes de l'air rarefié & condenfé dans fes forces les plus unies: où dif-ie
                                                                          nous

nous examinerons, en quoy l'air interposé entre deux corps, sçavoir un immobile, & l'autre se mouvant naturellement, ou violemment poussé, peut ayder ou nuire au mouvement. Ie vous ramentevray encore icy un advertissement que ie vous ay de-ja donné cy dessus, que la force d'un bras qui agit puissamment, augmente de beaucoup l'activité & la vitesse du mouvement du maillet, & par consequent luy donne d'autant plus de force pour agir sur le subjet qui reçoit les coups.

On pourra aussy charger les grandes fuzées fort commodement, si au lieu de maillet on se sert d'une espece de Hie, qui est une certaine machine que les Entrepreneurs, Architectes & gens de ce mestier appellent assez communément un Mouton, ou Belier, pourveu toutefois qu'il ne soit que d'une mediocre grandeur, c'est un engin fort semblable à ceux qu'on employe pour enfoncer les pilotis, dresser des palissades, planter des pieux & faire toute autre office semblable dans l'architecture, il est composé de trois grosses perches bien liées par le haut avec des hars de bois de saulx, ou d'une corde bien torte, lesquelles sont élargies par le bas en forme de trepié; puis de deux autres solives élevées perpendiculairement : le long desquelles le belier armé de ses anses, & de sa teste ferrée, monte par le moyen d'une corde passée dans une poulie attachée en haut qui l'enleve en l'air puis le laisse retomber de son propre poids sur le poussoir, qui dans ce choc presse puissamment & serre la composition qui est dans la fuzée. Que si cete Hie, ou Mouton, ne pese que 100 ℔ il sera aysé à deux hommes de l'enlever, & de le mettre en train. Remarquez icy que tant plus longues que seront les perches qui soûtiennent le Belier, tant plus haut s'eslevera t'il, & consequemment faisant un plus grand espace de chemin en descendant, ses forces en estant augmentées, il agira avec plus de violence sur la chose mise au dessoubz, suivant ce discours assez commun, *gravis casus ab alto.* Marinus Mersennus en son Hydraulique Balistique & Mechanique, explique la cause de cecy assez au large, où ie rennoye ceux qui seront curieux de l'apprendre. Voyons cependant le reste des instruments. En la figure 41 se void un Cylindre de fer se terminant en pointe par le bas vers la superficie plane, avec quoy on perce de part en part certaines petites roüelles de carton ou de papier qui se mettent sur la composition apres que la fuzée est chargée. De plus la figure 42 represente un Cone ou Poinçon de fer fort pointu qui peut servir pour le mesme usage que le precedent : Il y a en A une Rotule de fer ou de bois percée par le milieu qu'on peut arrester avec un petit Clou, ou quelque cheville de fer qu'on fait entrer dans des petits trous qui sont faits tout le long de l'instrument à ce dessein de peur que la rotule ne vacille. La largeur de cette rotule sera telle par le diametre qu'elle puisse emplir exactement l'orifice de la fuzée dans le temps qu'elle perce la petite roüelle *C. Cét instrument pourra servir à plusieurs sortes de fuzées pourveu qu'il soit assez long & qu'on aye de ces rotules de fer de differentes grdeurs & toutes ajustées aux orifices des fuzées. La figure 43 vous monstre une Rotule ou Orbe de bois à mettre sur les emboucheures des grandes fuzées apres qu'elles sont chargées, percée neantmoins en plusieurs endroits & evuidée par le milieu de son espaisseur à la facon d'une poulie vous en apprendrez l'usage un peu plus bas: la figure 44 vous represente le Couteau Pyrotechnique. En fin dans la figure 45 aux lettres A, B & C, vous voyez divers instruments, pour graver, tailler, evuider tout le bois qui s'employe dans la structure des machines Pyroboliques, desquelles ie vous en proposeray plusieurs dans les livres suivants.

Cha.

# Chapitre I V.

Comment on doit allier les matieres , & preparer les compositions
pour charger toutes sortes de Fuzées.

Nous ne pouvons pas mieux comparer nos Pyrobolistes quà ces
souffleurs d'Alchimie , forgerons,& charbonniers du temps passé ,
ou du nostre s il s'en treuve encore ( car c'est à grand tort que
ces vendeurs de fumée s'attribuent le nom de professeur d'un
art si noble & si excellant qu'est la chimie: lesquels travaillans nuict & jour,
le plus souvent aux dépens de leurs bources,ou de celles d'autruy à rechercher cette pierre philosophale , & semblables réveries qui ne subsistent que
dans leurs imaginations;debitent au moins ruzes leurs mensonges pour des
veritez & des choses réelement existentes, ny plus ny moins que ces baste-
leurs qui nous iettent la poussiere aux yeux, pour obliger nostre credulité à
adjoûter foy à leurs tromperies, &qui au bout du conte sont contrains aussi bien comme eux de se repaistre de charbon , de cendres , & des excre-
mens de leurs alambiques , & de boire comme une agreable Ambroisie les
larmes que la fumée leur tire continuellement des yeux ) car comme ceux
cy tiennent caché les secrets de leur art le plus qu'il leur est possible ou
pour mieux dire les impostures qui nous sçavent debiter avec des discours
si specieux & pleins d'apparêce de verité:desquels si d'avanture ils en laissêt
des escripts ils ne nous les baillent point en langues,ni en caracteres Arabiques , Caldaïques , ny Syriaques , mais bien comme une science empruntée des demons,& sortie (à ce qu'ils diront) des enfers, afin de mettre cete
art dont ils font profession en plus grande reputation parmy le vulgaire ;
n'estans pas ignorans que les choses, qui luy font les plus inconnuës &
qui tombent le moins sous ses sens luy causent de l'admiration , &
luy engendre quant & quant une extréme envie de les apprendre.
Ainsi en est-il de tous nos Pyrobolistes ou pour le moins de la plus part
d'entr'eux qui semblent avoir contracté cete mauvaise habitude , & appris
d'eux ces ridicules maximes,ensorte qu'ils veulent nous faire croire qu'ils
ont recouvré tous les secrets de leur art,de leurs maîstres,avec beaucoup de
difficulté , ou d'autres personnes qui en avoient des particuliéres connoissance , qui les leurs ont donné comme un dépost ou pour recompence
de leurs bons services,ou pour marque d'une estroite amitié, ou bien qu'ils
les ont acheté au poids de l'or,& en cachette; Mais remarquez icy leur insigne malice , car de peur que quelqu'un ne vienne à descouvrir sans beaucoup de difficulté les secrets qui tiennent cachéz avec tant de soin , ou tirer quelque connoissance confuse des memoires qu'ils pourroiët avoir faits
pour soulager la leur propre : Ils ont de coûtume de marquer toutes les matieres qu'on employe dans la Pyrobolie , leurs poids, & leurs mesures ,
avec des certaines lettres & marques inusitées dont personne ne peut rén-
dre aucune raison qu'eux mesmes. Il y en a d'autres qui ont mis des certaines clefs,en caracteres tout à fait inconnus sur les livres qu'ils ont autrefois fait mettre sous la presse , lesquelles si par malheur viennent à estre per-
duës , à Dieu la science,il faut fermer les livres, & la boutique quant &
quant , & croire qu'on a perdu le moyen de s'enrichir des tresors Pyrotechniques qu'ils avoient cachez dans ces riches & inestimables cabinets. A la
verité

verité i'approuverois fort leur deſſein,& loüerois meſme en ce cas leur extrême ſedulité , s'ils tâchoient en quelque façon, de porter leur art au plus
haut point de ſa perfection par les voyes que les autres autheurs leurs ont
tracées ( car c'eſt une ſotiſe bien grande à un neceſſiteux d'avoir honte
d'emprunter d'un autre ce qu'il eſpere luy rendre bien toſt avec uſure:
joint que c'eſt une entrepriſe trop difficile , & un travail de trop longue durée de vouloir apprendre toutes choſes de ſon propre eſtoc, & ſans aucune
ayde)mais de voir au côtraire qu'ils font tout leur poſſible à ce que ce qu'ils
ont appris comme des ſaincts & ſecrets miſteres, ne vienne à eſtre divulgué. Quelle apparence?( ce diſent-ils ) l'eſtime que l'on fait de leur
art s'amoindriroit tout au moins de moitié , & par conſequent ceux qui
la profeſſét perdroit une bonne partie de l'opinion qu'on auroit conceuë de
leur capacité. l'ay en effet tant veu,& ſi ſouvent,de ces grands & puiſſans re-
cuëils de ſecrets,de remarques & d'annotations ( i'entend grands & puiſſans
en papier,mais en effet fort vuides & legers de ſcience.)auſſi ay-ie eſprouvé
que la plus part de ces beaux ſecrets qui paroiſſoiét quelque choſe de grand
aux yeux de ceux qui les liſoient,apres l'experience n'eſtoit plus qu'un peu
de fumée , ou une petite exhalaiſon produite de ces teſtes mal-ſaines , ou
comme des veſſies enflées d'un vêt qui n'y peut ſubſiſter qu'autât qu'elles ne
ſont pas piquées. Mais puis qu'ils ſont de cét humeur ils feroiét beaucoup
mieux à mon advis ſi avant que faire paſſer dans leurs obſervations ce qu'ils
ont appris des autres comme des rares ſecrets ils les eſpreuvoient ſouvent,
& qu'ils vouluſſent les reduire eux meſmes en pratique avec tout le ſoin
qu'ils y pourroit apporter :.ce faiſant ils ne ſe tromperoient plus,& ne tromperoient plus les autres ſoubz la bonne foy de ceux qui les leurs auroient
donnez. Mais ces gens là ſont d'un tel naturel qui croient que toute la
vraye ſcience giſt à faire des grâds amas d'inventions de tous coſtéz encore
qu'ils ne ſçachent ſi elles ſont bonnes ou mauvaiſes , valables, ou non, tout
leur eſt bon,pourveu qu'ils groſſiſſét leurs ouvrages.Or ie treuve que la voye
la plus ſeure & la plus loüable que puiſſiez tenir en cecy eſt de ne vous ſervir dans vos ouvrages Pyroboliques que d'une ou de deux compoſitiôs ſeulement deſquelles vous ſoyez bien aſſeuré ſoit que vous les ayez iuventées
vous meſme & bien eſprouvées , ou ſoit que vous les ayez receües de quelque autre , ſi d'avanture vous n'aviez par la borce aſſez fournie pour ſurve-
nir aux deſpences qu'il eſt impoſſible déviter dans telles occurences: à condition toutêfois qu'elles ayent eſté premiérement eſtablies ſur des fonde-
ments raiſonnables , & demonſtrées geometriquement. Or puis que ie
me ſuis propoſé de traiter en ce chapitre des compoſitions neceſſaires pour
charger toutes ſortes de fuzées ie m'eſforceray de faire voir icy ( eſtant certain que perſonne ne s'eſt aviſé de ce faire auparavant moy ) par quel moyen , & en quelle proportion de matiere on doit allier les compoſitions qui
entrent aux corps des fuzées : afin que de cette belle cymetrie , de leur alliage , & du reſte dès obſervations, que nous ſpecifierons aux chapitres ſuivans, nous puiſſions recuëillir les fruits que noſtre travail nous en auroit fait
eſperer.
　　On treuve ſi grande quantité de ces compoſitions par tout,chez ceux qui
font profeſſion de cét art,qu'on a de la peine à deviner leſquelles ſont les
meilleures & les mieux approuvées : joint que pour en faire les eſpreuves
il y faut employer beaucoup de temps , & beaucoup d'argent. C'eſt en
partie la raiſon qui m'a obligée de me mettre en peine depuis pluſieurs an-
nees en ça pour rechercher un moyen par lequel ie puiſſe promptement

par-

parvenir à la connoissance de la bonté , de chaque composition : & pour cét
effet i'ay esté si exact dans ma curiosité que ie n'ay pas voulu en reduire
aucunes en pratique, que premiérement ie ne les aye fait passer par un juste
calcul d'Arithmetique , & par l'examen des demonstrations geometriques
apres les avoir bien establies sur des regles certaines , & sur des raisons fon-
damentales de la philosophie naturelle. C'est icy (amy Lecteur ) où ie
te permets non seulement ( si tu es bon Pyrobolifte ou si tu as tant seulement la moindre teinture du monde des elemens de mathematiques
jointe à la connoissance de tant soit peu de phisique ) mais encore où ie
te convie d'examiner jusques au fonds toutes les compositions que ie te
proposeray dans le reste de cet ouvrage. Car ie n'apprehende aucunement
que tu y rencontres rien qui te puisse chaquer, ou que tu puisse justement desaprouver tant en ma theorie qu'en ma pratique.  Il faut doncques que tu sçaches premiérement ces reigles generales qui te serviront
comme de pierre de touche pour faire espreuve des compositions des fuzées que tu aura recouvrées de l'inventions des autres ou de la tienne propre , & mesme par lesquelles tu en pourra inventer quantité d'autres à ta
fantaisie.

La premiere regle est, *Rochetæ quò majores fuerint lentiori onerentur materia : quò autem minores fortiori.*  C'est à dire tant plus que les fuzées,
seront grandes , elles seront chargées d'une matiere d'autant plus lente,
& au contraire tant plus qu'elles seront petites leur composition en sera
d'autant plus forte & violente. C'est un maxime qu'on doit bien observer.
Et la raison de cecy est que quand la matiere a pris feu dans le corps de
quelque grosse fuzée le feu consommera plus en un moment d'une matiere violente, qu'il ne sera pas dans une petite fuzée en une ou deux ou plusieurs minutes d'une d'heure : c'est á cause qu'il a bien plus d'espace
dans une grande & large fuzée,& qu'agissant sur une grande quantité , il
consume & brusle en un mesme instant beaucoup de matiere.Car il est fort
difficile de prescrire des reigles au feu qui est le plus subtil, & le plus
violent de tous les elemens beaucoup moins de luy ordonner des bornes
geometriques ny proportions aucunes,quand il agit sur quelques corps,
tant qu'il aura du lieu & de la matiere combustible , pour s'y attacher &
s'y nourrir.     De là il s'ensuivra necessairement qu'une matiere violente causant une combustion subite & momentanée , pour estre un aliment que le feu ayme & devore avec beaucoup plus d'avidité que tout
autre moins fort, ou plus lent duquel on puisse charger une grande fuzée, la fera plustost crever par quelque endroit. En voicy la raison,c'est que
la trop grande frequence , & densité, ou pour mieux l'exprimer l'extréme
union des rayons du feu ramassez ensemble, engendrée d'une matiere
extrémement violente , jointe à une grande abondance de vent & d'exhalaisons produites de la grande quantité du Salpetre que le feu réduit en
flamme, demandant place & cherchant à se mettre au large, rompent
d'abord les bornes qu'on leur avoit prescripts , & font crever les murailles
ou de carton,ou de bois qui leur faisoient obstacle.  Mais aux petites fuzées il n'en va pas de mesme car pendant que le feu consomme la matiere violente petit à petit seulement, les rayons du feu qui n'y sont pas
en si grande quantité ne treuvent pas dans un lieu si estroit tant de vent à
rarefier en un mesme instant : d'où vient que la fuzée n'encoure aucun danger de se rompre.

La

**La Seconde** eſt, *ad majores Rochetas que unam libram vel duas ad ſummum ſuperant, non alligetur aliis materiis pulvis pyrius.*Pour les grandes fuzées qui paſſent une livre ou deux pour le plus, on alliera aucune poudre pyrique avec les autres matieres. Ie n'ay point d'autre raiſon à donner de cecy que celle que ie viens d'alleguer cy deſſus, parce que quand on travaille la poudre,il eſt neceſſaire qu'elle ſoit fort long-temps battuë en plottons, d'ou vient qu'elle s'acquerre une force extraordinaire : en ce que la quantité des coups frappez avec grande violence luy engendre beaucoup de chaleur, & de feu meſme, unit le ſalpetre avec le charbõ & le ſoulfre, & les convertit en une ſubſtance quaſi toute de feu ; apres en avoir conſommé toutes les humiditéz nuiſibles. Ce qui fait qu'un peu de poudre à canon a plus de vertu & fait plus d'effet,qu'une quantité de ſalperre qu'on pouroit employer dans la compoſition en differentes proportions.

En fin la troiſiéme.*Ad Rochetas Majores à* 100 *nempe libris uſque ad* 10 ℔,*ſumatur ea quantitas Saliſnitri clarificati alligandi, ut ad Sulphur & Carbones primùm æqualitatis, tum deinceps vel ſuperparticularis, vel ſuperpartientis inæqualitatis Geometricæ ſimplicis, habeat proportionem. A* 10 *vero* ℔, *uſque ad* 1 ℔, *& etiam ſemis, ſit in dupla primùm, tum deinceps in tripla, & quadrupla, & partium unius integri aliquotarum ratione. A libræ denique ſemiſi uſque ad minimas Rochetas, in multiplici ſuperpartiente, & ſuperparticulari, nempè Sextupla, Septupla, Octupla, Noncula, Decupla eadem proportione accipiatur Salnitri, cum Pulvere etiam Pyrio. Carbones vero proportionabuntur ad Sulphur vel in ſeſquialtera, vel in dupla, etiam tripla, & æquali habitude.* Pour ce qui eſt des grandes fuzées, à ſçavoir depuis 100 ℔ juſques à 10 en deſcendant,il faut prendre une telle quantité de ſalpetre clarifié pour y allier, qu'il ait une proportion premiérement d'égalité, puis apres d'une ſimple inégalité geometrique ſuperparticuliere,ou ſuperpartiente.Mais depuis 10 juſques à une ℔,voire juſques à une demye livre, qu'elle ſoit premiérement en proportion double,puis en triple,& puis en quadruple des parties aliquotes d'un entier.En fin depuis une demye-livre juſques aux moindres fuzées on prendra le ſalpetre avec la poudre meſme en pluſieurs ſortes de ſuperpartiente & de ſuperparticuliere,à ſçavoir en la meſme proportion ſextuple ſeptuple, octuple, nuncuple, & decuple. Pour ce qui concerne le charbon on le proportionnera avec le ſoulfre,ou en ſeſquialtere, ou en double, ou en triple & quelquefois en proportion égale.

Ie remarque pourtant icy qu'il faut tellement augmenter & diminuer les quantités tant du ſalpetre reſpectivement aux deux autres matieres, comme du charbon au ſoulfre ; & reciproquement comme du ſoulfre au charbon,& des deux autres matieres au ſalpetre,comme ſi par exemple vous commencez par les grandes fuzées, vous augmenterez la quantité du ſalpetre en montant par degré,& diminuërez les deux autres matieres en telle proportion que vous ne paſſiez pas les limites de la progreſſion d'Arithmetique. Pour tout ce que vous aurez inventé de voſtre eſtoc,ou que vous aurez compoſé & preparé ſuivant voſtre fantaiſie,ie vous conſeille d'en faire les eſpreuves premier que de les publier, & de les reduire en pratique promptement autant qu'il vous ſera poſſible & que l'eſtat de vos affaires vous le permettra,afin que vous puiſſiez mieux éviter les fautes, ou les corriger ſi par accident vous en aviez commiſes quelques unes.

Quant

Quand à ce qui eſt des compoſitions que d'autres ouvriers vous auront ordonnées ou preparées pour charger des fuzées de certaines grandeurs ou
groſſeurs determinées, vous les pourrez examiner ſans aucune difficulté,
ſi vous entendez tant ſoit peu les proportions geometriques, & que vous
en ſçachiez l'uſage,& ſi vous voulez prendre la peine d'en faire les experiences,ſuivant les regles que ie vous ay décrites cy devant.

Agréez ie vous prie maintenant ces compoſitions ſuivantes, lequelles ie
vous offre pour occuper voſtre loiſir.le les ay diſpenſées, & décrites le plus
fidelement qu'il ma eſte poſſible commençant depuis 100 ℔. juſques à la
moindre fuzée qu'on puiſſe conſtruire.   Ie ne me ſuis pas pourtant arreſté
à aucune methode reglée de progreſſion d'Arithmetique au regard de la
proportion du charbon avec le Soulfre comme ie l'avois propoſée cy deſſus
(auſſi n'eſt-il pas abſolument neceſſaire)car ie vous donne ſeulement toutes
les compoſitions,dans la meſme proportion & dans lordre que ie m'en ſuis
ſervy le tout ſuivât les experiences que i'en ay faites.Vous trouverez neantmoins ſi vous prenez la peine de les éprouver, & de les reduire au calcul
d'Arithmetique, que i'ay exactement obſervé noſtre premiére regle generale dans toutes mes compoſitions.

# Compoſitions pour toutes ſortes de
## Fuzées.

### *Iuſques à* 100. 80. & 60. ℔.

D u Salpetre 30 ℔, du Charbon 20 ℔, du Soulfre 10 ℔.
Dans cette compoſition icy vous avez la proportion du Salpetre
égale aux deux autres matieres : mais celle du Charbon au Soulfre
eſt double.   On ſe peut ſervir librement & ſans aucun ſcrupule de
cette compoſition dans toutes les fuzées qui ſe peuvent faire depuis 100
juſques à 60 ℔:Car c'eſt bien le plus ſeur de leur donner la matiere tant ſoit
peu plus lente,quoy qu'elles la pourroient ſouffrir plus fortes:veu qu'en matiere de manier la poudre on ſe peut avec plus de bonheur & moins de peril
dans le deſfaut que dans l'exez, c'eſt à dire dans le trop peu, que dans le
trop : car le deſfaut dans une compoſition un peu foible, ſe peut ayſement
corriger en y adjoûtant de la matiere plus violente, & pour en eſtre plus aſſeuré,vous pouuez en eſpreuver une avant que de charger toutes les autres
pour tirer une conſequence du ſuccez de tout le reſte.

### *Juſques à* 50. 40. & 30 ℔.

Du Salpetre 30 ℔, du Charbon 18 ℔, du Soulfre 7 ℔.
Dans celle-cy vous avez la proportion du ſalpetre aux deux autres matieres ſeſquiquinte : mais du charbon au ſoulfre, la double ſuperpartiente les
quatre ſeptiémes.

### *Juſques à* 20. & 18. ℔.

Du Salpetre 42 ℔, du Charbon 26 ℔, du Soulfre 12 ℔.
Vous avez icy la proportion du Salpetre aux deux autres matieres ſuper-
bipartiente,les dixneufuiémes : mais du Charbon au Soulfre la double ſex-
quiſexte.

### *Juſques à* 15. & 12, ℔.

Du Salpetre 32 ℔, du Charbon 16 ℔, du Soulfre 8 ℔.
En celle-cy vous avez la proportion du Salpetre aux deux autres matieres ſeſquitierce:mais du Charbon au Soulfre la double.

*Jusques à* 10. & 9. ℔.

Du Salpetre 62 ℔, du Charbon 20 ℔, du Soulfre 9 ℔.

Icy vous avez la proportion du Salpetre aux deux autres matieres, double superquadrupartiente les vingtneufiémes : mais du Charbon au Soulfre, la double superbipartiente les neufiémes.

*à* 9. 8. & 6. ℔.

Du Salpetre 35 ℔, du Charbon 10 ℔, du Soulfre 5. ℔.

Vous avez en celle-cy la proportion du Salpetre aux deux autres matieres, double sesquitierce: du Charbon au Soulfre, double.

*à* 5. & 4. ℔.

Du Salpetre 64 ℔, du Charbon 16 ℔, du Soulfre 8 ℔.

La proportion du Salpetre aux deux autres matieres, est icy double sesquialtere: mais du Charbon au Soulfre, double.

*à* 3. & 2. ℔.

Du Salpetre 60 ℔, du Charbon 15 ℔, du Soulfre 2 ℔.

La proportion du Salpetre aux deux autres matieres est icy triple superpartiente, neuf dixseptiémes : mais du Charbon avec le Soulfre, septuple sesquialtere.

*à* 1. ℔.

De la Poudre 18 ℔, du Salpetre 8 ℔, du Charbon 4 ℔, du Soulfre 2 ℔..

Vous avez icy la proportion de la poudre aux deux autres matieres, quadruple : mais du Charbon au Soulfre, triple.

*à* 18. *lots.* & ¼. ℔.

De la Poudre 18 ℔, du Salpetre 8 ℔, du Charbon 4 ℔, du Soulfre 2 ℔.

La proportion de la poudre avec le Salpetre est icy aux deux autres, matieres quadruple sesquitierce : mais du Charbon au Soulfre, double.

*à* 12. & 10. *lots.*

De la Poudre 30 lots, du Salpetre 24 lots, du Charbon 3 lots du Soulphre 3 lots.

La proportion de la poudre avec le Salpetre est icy aux deux autres matieres, quadruple, superdecupartiente les onziémes : mais du Charbon au Soulfre, double sesquialtere.

*à* 6. & 4. *lots.*

De la poudre 24 lots, du Salpetre 4 lots, du Charbon 3 lots, du Soulfre 1 lot.

Vous avez icy la proportion de la Poudre avec le Salpetre proportionée aux deux autres matieres, septuple : mais du Charbon au Soulfre, triple.

*à* 2. & 1. *lot.*

De la Poudre 30 lots, du Charbon 4 lots.

Icy la proportion de la poudre est au Charbon, septuple sesqui-altere.

*à* ⅓⅓ & ½ *de lot.*

De la Poudre 9. ou 10 lots : du Charbon 1 lot, ou 1 lot & ½.

Ces petites fuzées qu'on appelle courantes se peuvent charger avec de la seule poudre bien battuë, sans Charbon, sauf l'amorce qui doit estre d'une bonne poudre, & bien grenée.

T                                        Cha-

# Chapitre V.

### Comme on doit percer les Fuzées, & des inftruments propres à cét effet.

Pour ce qui concerne la terebration des fuzées, ou le moyen de percer les corps durs & compacts de leur compofition, dans une certaine hauteur & largeur determinée ; foit en les chargeant, ou apres qu'elles font chargées ; c'eft une invention laquelle ie ne puis vous donner pour vieille, ny pour nouvelle: veuque ie n'en ay rien de certain. Ie veux toutesfois croire que les Anciens Pyroboliftes n'ont pas ignoré une chofe fi neceffaire à la preparation des fuzées, & fans laquelle elles ne pourroient en aucune façon s'enlever directement en l'air ( à caufe que le feu ne s'y pourroit pas ayfement infinuer pour emflammer la compofition , & par confequent ne pourroit pas entrainer quant & foy ( qui neantmoins eft une action des plus propres à fa nature) vers fon centre tout ce qu'on auroit mis en fon pouvoir : ie veux dire, pour enlever en l'air, auffi haut, & auffi long temps que fa matiere le retiendroit, le tuyau de la fuzée, avec toute fa dependence: mais bien me perfuaderois-ie pluftoft, que ces bonnes gens ont voulu tenir cete invention enveloppée dans un profond filence comme un grandiffime fecret de leur art. Ou bien faut croire, qu'ils ont voulu tout à deffein paffer ( comme l'on dit ) à pied fec par deffus cete difficulté fe contentans alors de nous faire part de quantité d'autres mifteres qui nous divulguoient affez liberalement touchant cete fcience. Or moy apres avoir longuement leu & releu autant d'efcrits des Anciens Pyroboliftes que i'en ay pû recouvrer, ie n'ay iamais rencontré un feul iotta, qui ait fait mention du moyen qu'on devoit tenir pour percer les fuzées. En effet c'eft de quoy ie ne m'eftonne pas beaucoup, veu que ie fçay que c'eft une chofe qui eft encore aujourdhuy fort religieufement obfervée de tous nos Ingenieurs à feu modernes, ou pour le moins de la plus part( comme j'ay de-ja touché en paffant au chapitre precedent) de ne point reveler les fecrets des feux d'artifice qu'apres beaucoup d'inftances : encore que pour dire le vray s'ils en évantent quelqu'uns ils ne les declarēt qu'a des perfonnes qui font une particuliere profeffion de cete fcience: où peut eftre à quelques autres qui leur promettent des fpecieufes recompenfes , fi ce n'eft que lors qui font yvres, il leur arrive de mettre au vent tout ce qu'ils fçavent & ce qu'ils ne fçavent pas,& laiffer efchapper indifcretement à leur langue, parmy d'autres fatras qu'ils debitent, ces fecrets que leur coeur auroit premedité de tenir long temps couverts. Qu'ainfi ne foit il eft bien certain que les profeffeurs en cét art apres que leurs difciples ont achevé leurs cours, & qu'ils font fur le point de les renvoyer, ils tirent deux un ferment folemnel, qu'ils ne decouvriront à perfonne les fecrets qui leurs ont efté confiez: Outre qu'il ne leur fera pas permis de profeffer publiquemment, ny mefme d'enfeigner fecretement aux autres, ce qu'ils ont appris d'eux, qu'apres le terme de trois années. Ils imitent en cela les Cabaliftes qui ne communiquent iamais les mifteres chachez de leur art qu'a des hommes remplis de l'efprit divin , & ( comme ils difent)qu'à ceux qui font d'és le ventre de la mere predeftinez à recevoir le facré don de prophetie, ou pluftoft pfeudoprophetie: mifteres qu'ils reverent avec une extréme reverēce & avec des ceremonies extraordinaires,

mur-

murmurans ie ne ſçay quoy entre leurs dents, avec deſſences expreſſes
( ſuperſtition neantmoins puniſſable de mort ) de ne les reveler à ame qui
vive. Quant à moy bien loing des ſentiments de tous ces eſprits bourrus
ſans aucune eſperance de recompence, ny d'aucun autre reſpet, ie vous
donne gratuitement, ce qui ma eſté bien cher vendu: & rompant le ſilence
pour obliger mes amis,& ſervir au public, malgré les reproches,& les ex-
communications que ces Meſſieurs les Pyroboliſtes pourront jetter à l'encontre de moy. Ie dis haut & clair ſans crainte de leurs menaces, que les
fuzées doivent eſtre percées à la hauteur des deux tiers de la compoſition
qui les emplit,moins un diametre de ſon vuide interieur. La largeur du
trou inferieur fait ou col de la fuzée ſera de ⅓ du diametre de la forme, mais
celuy d'en haut,s'en ira en pointe à la facon d'un cone, en telle ſorte toutefois que la largeur ſuperieure ſera de ⅔ du diametre de la largeur inferieure.
Car cete forme de trou eſt la plus commode pour recevoir les rayons du
feu, conſideré qu'il y peut avec beaucoup plus de facilité que dans tout autre forme,s'attacher à la matiere de tous coſtez:& par conſequent luy communiquer plus de force pour enlever la fuzée. Il y a deux ſortes d'inſtruments dont on ſe ſert pour percer ces trous, à ſçavoir des Tarieres évui-
dées,ou bien des certaines Éguiles de fer,ou Poinçôs de cuivre faits en forme de cone. Au nombre 46 vous pouvez voir les figures de ces inſtruments marquez des lettres A. B. C. D. E. La premiere marquée de A
eſt pour les fuzées de 2 ℔: ſa hauteur B C eſt des deux tiers de la hauteur
de la fuzée moins un diametre du vuide interieur, commençant à meſurer
du point où la compoſition commence dans la fuzée ( à ſçavoir au col)juſ-
ques à l'autre point on la meſme matiere finit. Par exemple en la figure
48, la hauteur de la fuzée de P. en I. eſtant diviſée en trois parties égales,
il y en a deux tiers qui tombent en G: puis de G prenant N O le diametre
interieur du vuide de la fuzée, & le poſant vers le bas en F donnera la hauteur du trou P E: à ſçavoir des deux tiers de la hauteur de la fuzée moins
un diametre de vuide interieur : & ſa largeur E F, ſera de deux huitiémes
du diametre M B: la largeur ſuperieure du meſme inſtrument en C, eſt ⅓
de l'inferieur D E. Dans la ſeconde figure de la lettre B, eſt un Poinçon
pour les fuzées de 12 lots. En C pour celles de 8 lots. En D pour celles de 6. Et en fin en la lettre E, pour les fuzées de 2 lots. Or la proportion de la longueur & groſſeur de celles-cy,eſt toute la meſme que de la ſuperieure en la lettre A. Outre tout cecy dans la premiere figure A vous
avez l'inſtrument diviſé en d'autres plus petits poinçons pour percer les
moindres fuzées, juſques à une demye ℔ chacun marqué de ſon nombre.
Sçachez que i'ay fait toutes ces diviſions ſuivant la raiſon cubique : ſçavoir
en ſubdiviſant la ligne droite B C, ( qui eſt la longueur d'un poinçon
pour une fuzée de deux ℔)en d'autres parties cubiquement proportionnelles ; comme en ſubduple qui eſt d'une ℔ ſubquadruple qui eſt d'une demye ℔ ou de 16 lots:& ainſi de toutes les autres parties qui ſont entre-deux.
Encore bien que l'on pourroit ordonner de la meſme ſorte pluſieurs autres
éguilles moindres que celles-cy ſur une plus grande que de 2 ℔ : ie l'ay
pourtant fait ainſi pour cete raiſon, à cauſe, que les groſſeurs ſuperieures des petites éguilles ſeroient par trop diſproportionnées aux largeurs inferieures : ou bien il faudroit tellement diminuër la largeur ſuperieure
des grandes, qu'elle pourroit ſervir à percer les fuzées d'un ou de deux
lots; Or eſt il qu'elle ſeroit trop retroicie.C'eſt pourquoy on fera beaucoup
mieux, ſi on fait faire les éguilles des petites fuzées à part : car ce faiſant

elles

elles auront leurs largueurs tant ſuperieures qu'inferieures toutes proportionnées d'une meſme façon.  Ces éguilles ou poinçons ont auſſi beſoin de
chacune un petit manche pour les pouvoir plus commodement gouverner: dont vous pouvez voir la figure en la lettre F.  La lettre D dans la
figure 47 vous donne à connoiſtre une autre manche qui tourne & vire ſur
l'inſtrument comme celuy d'un vibrequin.  En fin tous ces poinçons &
éguilles ſe peuvent ayſement ajuſter ſur le tour d'un tourneur en bois pour
y percer les fuzées proprement & promptement.  Si d'avanture cete invention ne vous plait, ſervez vous de cete petite machine dont la figure eſt
tirée au N°. 47 elle eſt fort propre pour cét eſlet:il faut que vous ayez premiérement un parallelipipede, party en deux, ou compoſé de deux demy-
parallelipipedes evuidéz de toute leur longueur d'un coſté pour y engager la fuzée, comme il paroiſt en A & B.  Puis vous enfermerez cedit parallelipipede dans la machine,& le ſererez avec quatre viz de bois, deux de
chaque coſté, comme on void en F & en E, pour l'arreſter là bien ferme,
depeur qu'il ne vacile ; puis ayant mis la Tariére C, dans le manche D,vous
en appuyrez la teſte contre la poiﬅrine, en fin le tournant d'une main, ou
de deux , vous percerez la fuzée toute à voſtre ayſe. On peut encore percer
les fuzées, d'une autre façon comme nous avons de-ja dit à ſçavoir ſi vous
les chargez ſur des pointes de fer, ou des éguilles de cuivre avec des pouſ-
ſoirs ou bâtons percez : nous leur avons ordonne une pareille proportion,
tant pour la longueur que pour la groſſeur , qu'a ces tarieres, ſçavoir la longueur des deux tiers de la hauteur de la matiere contenuë dans la fuzée,
moins un diametre de ſon vuide interieur. Cete éguille ou pointe doit eſtre
faite de la meſme façon qu'elle ſe void au nombre 23, dont la longueur eſt
M L, la groſſeur G H. Il eſt bien vray que i'ay eſtably une autre proportion
à cete éguille pour ſa groſſeur tant du bas que du haut, dans la figure du N°.
20,où ſa largeur O P eſt ; du diametre C D: pour ce qui eſt de la ſuperieure
juſques à Q,elle doit eſtre de la moitie de l'inferieure O P.  l'ay fait cecy
pour une raiſon,par ce que i'ay remarqué que quantité de Pyroboliſtes s'eſtoit ſervye de cete proportion , laquelle ie ne peux pas deſ-approuver,
mais pour en dire la verité,ie n'ay iamais veu quels effets produiſoint des fuzées chargées ſur des éguilles faites de la ſorte. l'adjoute encore cecy qu'on
ne fait pas touſiours les trous d'une meſme grandeur, tant en largeur,
qu'en hauteur : & ie ne veux pas aſſeurer que mes obſervations ſeront par
tout, & touſiours generales, particuliérement chez ceux qui chargent une
meſme fuzée de pluſieurs compoſitions, dont les matieres ſont alliées entr'elles en differente proportion: car il faut conſiderer que tant plus que les
compoſitions ſeront violentes & fortes, tant plus eſtroits & moins profonds
doivent eſtre percez les trous dans la fuzée,&au contraire tant plus qu'elles
ſont lentes , leſdits trous en ſeront faits plus profonds , & plus larges, La
raiſon de cecy n'en eſt pas bien loing à chercher comme nous avons dit au
chapitre precedat,parce que comme une matiere violente s'enflamme avec
beaucoup plus de viteſſe , & de facilité, qu'une lènte & foible compoſition : ainſi une fuzée chargée d'une matiere forte & vigoureuſe , qui aura
le trou trop large par lequel elle admetra le feu dans ſoy , afin de s'enlever
en l'air librement par le moyen de ce feu, ſe brûlera & ſe conſommer en
moins d'un inſtant : veu que le feu a plus d'eſpace dans un trou large &
ſpacieux que dans un eſtroit,où il puiſſe faire agir ſes forces c'eſt pourquoy
s'attachant preſque en un moment par toute la matiere,& la reduiſant generalement en feu & en flamme:il fera crever le plus ſouvent la fuzée à cauſe

se des exhalaisons de la matiere violente & de l'abondance des rayons du feu, unis & joints ensemble; ou bien apres l'avoir enlevée en l'air fort haut il la consommera en un instant, & ne nous la fera voir que comme un esclair. Pour le regard des petites fuzées elle ne peuvent pas encourir ce danger, à cause du peu de composition qu'elles contiennent; mais pour ce qui est des grosses, qu'on prenne diligemment garde de les emplir d'une matiere bien proportionnée & convenable à la fuzée, & de les percer à proportion des compositions qu'on y met, autrement vous pouvez bien vous asseurer que tout vostre travail & vostre despence s'en iront tout en fumée. Voila Amy Lecteur, ce que les anciens Pyrobolistes nous ont tenu si long temps & si secretement caché: impie contagion d'ingratitude, denuïe, & de jalousie! dont les maistres de cét art, qui la professent encore aujourdhuy sont demeurez tâchez comme d'un mal hereditaire, qui s'imagineroient perdre tout leur credit, ou faire tort à leur fortune & à leur profit particulier, s'ils avoient communiqué la moindre partie de ce qu'ils appellent secret, aux honestes gens qui ont quelque inclination pour cete science. Il faut croire qu'ils ne se souviennent pas, ou qu'ils sont tout à fait ignorants de ce que l'experience journaliere nous apprend, que si on approche mille lampes esteintes d'une autre allumée pour en prendre de la lumiére, elle leur en communiquera en effet, sans en rien diminuer son huyle, ny mesme sans perdre pas un des moindres rayons qui la rendent si reluisante. Pour moy ie n'ay fait aucune difficulté de vous decouvrir ingenuëment, ce qui ne meritoit point de demeurer caché. Ce n'est pas que ie ne prevoye assez que tous ces commenteurs de bagatelles (qui ne doivent passer que pour telles, & pour les productions d'une pure ignorance, ou d'une infame bassesse) ces esprits bourrus, & ces ames peu courtoises ne me haïront d'une haine plus que vatiniane (comme l'on dit) mais c'est ce qui m'esmeut fort peu la bile, ie scais trop bien que, qui aura l'esprit un peu fort, se rira de tous ces coaxemens de grenoüilles, & n'en reposera pas moins en seureté pour tout cela, particulierement s'il se souvient de ce commun dire qui est bien veritable. *Principibus placuisse viris vel maxime sat est.* Cest ames vulgaires ne font que des petits chiens qui abboyent & qui ne nous peuvent mordre, pourveu que nos travaux & nos soins soient agreables à nos princes que nous importe du reste.

Mais brisons icy pour le present sur ce subjet, & passons cependant à la construction des fuzées, & songeons de mettre la main à leuvre tout de bon.

# Chapitre VI.

### Des fuzées qui montent en l'air avec leur baguettes.

#### Espece 1.

La fuzée dessinée au nombre 48 (laquelle nous avons supposée d'une ℔) a sa hauteur A B, de 7 diametres de son orifice, de mesme que la hauteur de son modele: mais il faut premiérement retrancher de cete hauteur pour le col L M; diametre, comme la ligne B D vous le fait voir sur A B. Deplus pour le retrecissement, & les plis du col de la fuzée jusquées en P, en fin pour la lier par le haut, on oste encore à cete

T 3        hau-

hauteur, diametre comme on void en K I, & A C: c'eſt pourquoy il n'y
reſte pour la compoſition, que la hauteur de 5 diametres & ⅓ comme il eſt
icy marqué en P I, ou C R. Diviſez maintenant cete hauteur en 3 parties aux points S & G : & la chargez d'une compoſition convenable à ſa
portée comme nous avons de-ja aſſez redit depuis P juſques en G, c'eſt à
dire, juſques aux deux tiers de la hauteur P I: cela fait mettez par deſſus la
compoſition une petite rotule de papier, ou de carton G:ou ce qui ſera beaucoup plus commode pour les groſſes fuzées, un morceau de bois rond canelé, tel que nous l'avons dépeint en la figure du nombre 43. Vous le
collerez bien ſerré contre les parois de la cartouche avec de la colle bien
chaude : Que ſi voſtre cartouche eſt faite de carton, ou de papier vous la
lierez fort & ferme avec une ficelle bien torte à l'endroit où cete rotule de
bois eſt canelée, enſorte que la ficelle entre dans la cavité pour y demeurer
ferme comme il paroiſt en Q. Mais ſi d'ailleurs la cartouche de la fuzee eſt
faite de bois, il n'eſt pas beſoin que cete rotule ſoit canelée mais ſimplement
ronde & pleine ſans aucune évuidure; ſon eſpaiſſeur ſera ⅓ du diametre de la
fuzée. Vous l'arreſterez dãs le creu de la fuzée avec des petits cloux de fer,
ou des chevilles de bois que vous y attacherez par dehors, puis vous la lutterez bien avec de la colle chaude, c'eſt de quoy il faut avoir grand ſoin :
car j'ay ſouvent remarqué que les cartouches des grandes fuzées apres eſtre allumées eſtoient demeurées toutes vuides ſuſpenduës au clou, ſur lequel on les avoient poſées, ſans quelles ſe puſſent enlever : c'eſt à dire que
la compoſition (pour n'avoir pas eu un arreſt bien ferme par deſſus) eſtant
pouſſée par la violence du feu s'eſtoit enflammée & conſommée dans l'air
ſans faire l'effet quon en eſperoit. Toutefois les petites fuzées qui ſe lient
par le haut ſont hors de ce danger. Or on fait un trou à cete rotule pour
donner feu à la poudre, qui doit eſtre large de ⅓ du diametre de la fuzée, ou
bien on y en fait pluſieurs, lors que ſur cete rotule on veut enfermer des fuzées courentes, ou d'autres petites inventions gaillardes qui ſe pratiquent
dans les feux d'artifices deſquelles nous parlerons cy apres. Par deſſus cete rotule vous acheverez d'emplir le vuide de la fuzée avec de la bonne
poudre bien grenée, laquelle ſera preſſée avec telle moderation que les
grains ſoient conſervez entiers ſans eſtre reduits en farine car autrement
la poudre perdroit toute ſa force. En fin elle ſera liée par le haut : puis
percée depuis P juſques en E, à la hauteur des deux tiers de la longueur
de la fuzée moins un diametre de ſon vuide interieur, à ſçavoir N O: laquelle eſtant miſe de G en E donne le reſte E P, qui eſt la hauteur du trou
qu'on doit percer,

## Eſpece

Soit priſe une Cartouche de fuzée ayant à ſon orifice le diametre d'un
boulet de plomb de 10 lots. Que ſa hauteur ſoit de 4 diametres & ⅓ qu'-
elle ſoit chargée d'une matiere convenable, à la hauteur de 3 diametres du
vuide interieur de la fuzée : puis apres qu'elle ſoit percée à la hauteur de
deux diametres du meſme vuide. Soit mis par deſſus cete matiere une
rotule de bois ou de carton, dont l'épaiſſeur & le trou de l'amorce ſoient de
⅓ du diametre du vuide interieur de la fuzée. En fin que le reſte ſoit lié
fort & ferme avec une bonne ficelle. La forme de cete fuzée ſe peut voir en
la figure du nombre 49, en la lettre A. Et à fin de cecy, ſoit priſe encore
une autre cartouche dont l'orifice ait le diametre d'un boulet de plomb de
24 lots, qu'elle ſoit longue de 5 diametres de ſa forme. On la chargera

d'une

d'une compofition propre & convenable, à la hauteur de 1 diametre & ; du
vuide interieur : puis on la percera bien adroitement à la hauteur de 1 diametre &; du mefme vuide, en telle forte toutefois qu'il refte au de là du trou
la hauteur d'un tiers du diametre, de la compofition qui ne foit point percée. Soit mife apres fur ladite compofition une rotule de la mefme proportion que nous avons dit. Puis fur cete rotule de la poudre grenée à la hauteur de ⅔ du diametre de la fuzée. En fin vous mettrez par deffus le tout,
la fuzée que vous avez immediatement preparée, laquelle vous arefterez
bien avec de la colle chaude dans le vuide de celle-cy, afin qu'elle ne puiffe branler. Vous trouverez la forme de cete derniere fuzée avec celle qui
eft ajuftée dedans, foubs la mefme figure en la lettre B. En fin foit prife
une cartouche d'une troifiéme fuzée de 2. ℔. dont la hauteur ait la mefme
proportion à la largeur de fon orifice que nous l'avons enfeignée au fecond
chapitre de ce livre : vous la chargerez d'une matiere competante jufques
à la hauteur de deux diametres & 1/11 du vuide interieur. Vous mettrez par
deffus une rotule de bois dont l'épaiffeur, & le trou de l'amorce feront
de ⅓ du diametre de la forme. Vous verferez puis apres de la poudre grenée par deffus cete rotule, à la hauteur de 1 diametre du vuide interieur. En fin vous prendrez la fuzée B, dans laquelle la premiere eft
enfermée, & l'ayant ajuftée dans la canne de cete troifiéme, vous la
colerez bien proprement avec de la colle chaude : puis vous couvrirez
le tout du chaperon F, fait de papier ou de bois. Vous pouvez remarquer tout l'ordre de cete fuzée dans la mefme figure en la lettre E.

Remarquez 1. que les cols des deux premieres fuzées ne foient pas plus
hauts que de ⅔ du diametre. 2. Qu'on peut prendre trois autres plus
grandes, ou plus petites fuzées pour les inferer dans cete grande cartouche. Mais ie vous adverty qu'il faut bien prendre garde que les deux
moindres foient, tellement racourcies, que la troifiéme ne puiffe en
rien eftre diminuée de fa hauteur : ny pareillement au contraire que ces
mefmes fuzées ne foient pas fi hautes qu'elles excedent tant foit peu la troifiéme que les contient : enforte toutefois que les deux premieres foient
d'une telle groffeur, que la premiere des deux puiffe emplir exactement
la feconde, & la feconde avec la premiere, puiffe juftement occuper le
vuide de la troifiéme. Si d'avanture les cols des fuzées n'obfervent pas icy
precifement la proportion que nous leur avons donnée, cela n'importe pas
beaucoup, puifque leur largeur eft de-ja proportionnée : & en ce cas, la
troifiéme fuzée doit eftre chargée d'une matiere un peu plus lente que fa
groffeur ne le demande : Pour ce qui regarde les deux premieres elle
n'ont que faire de fe mettre en peine du depart, car il faut que la tro-
iéme les enleve en l'air, où elles produifent leurs effets, en courant
tantoft d'un cofté tantoft de l'autre, par un mouvement oblique, veu
qu'elles ne peuvent pas monter perpendiculairement, manque de baguettes, ou de contre poids : Mais nous deviferons de tout cecy à la fin de ce
Chapitre.

## Efpece 2.

Prenez moy une groffe fuzée, à fçavoir de 2. 6. 8. ou fi vous voulez de 10.
& 20 ℔. & la chargez d'une compofition propre & convenable à fa groffeur : puis la percez comme on à de coûtume, & fuivant la methode que
nous avons monftrée dans la premiere efpece des fuzées. Apres avoir mis
deffus la compofition une rotule, vous verferez par deffus cete dite rotule
(qui

( qui fera percée en plufieurs endroits telle qu'on la void en la lettre A) de la poudre bien battuë, avec égale portion d'autre poudre bien grenée & bien meflée enfemble. Puis vous remplirez le vuide du refte de la fuzèe d'autant d'autres petites fuzées courantes, que ce vuide en pourra contenir, refervé toutefois au milieu un certain efpace pour y mettre un tuyau de bois, lequel vous voyez reprefenté au Nomb. 54. Voicy comme quoy on le doit ajufter. Prenez un Cylindre de bois qui foit évuidé de hauteur juftement égale au vuide de la fuzée, quoy que l'on le puiffe faire auffi haut que le fommet interieur du Chapperon qui le couvre. Que l'efpaiffeur du bois A B foit de ⅓ du diametre A C: que le fonds F G foit efpais de ⅓ du diametre,auquel on ajuftera un contrepoids tel que ce boulet de plomb. Chargez en apres ce tuyau de la façon que ie m'en vay vous dire. Premiérement verfez y de la poudre grenée à la hauteur d'un demy diametre : fur cete poudre ajuftez-y une balle luifante,dont ie vous monftreray la conftruction au Chap. 3. du liv. fuivant: fur cete balle verfez de la compofition lente comme monftre la lettre O: puis mettez derechef fur cete compofition de la poudre grenée de la mefme hauteur que devant;fur cete poudre grenée ajuftez encore une autre balle luifante ; & en fin de la compofition lente, & continuez toufiours ainfi à mettre lit fur lit jufques à ce que le tuyau foit tout à fait plein. Nous traiterons des compofitions lentes au livre des differentes Machines Pyrotechniques;où nous defcrirons aufsi affez amplement toutes les circonftances de ce mefme tuyau. Le tout eftant donc difpofé de la forte, & ce tuyau chargé comme nous avons dit, bien lié avec de bon fil de fer, ou de lin ou de chanvre, bien collé avec de la colle bien chaude,pour plus grande feureté,depeur que la force de la poudre ne le faffe crever, il fera placé au milieu des fuzées,l'orifice tourné vers la rotule de bois furfemée de poudre. Tout eftant ainfi achevé par ordre, on bouchera bien fort la fuzée avec un tampon de papier, ou de bois, fi la cartouche en eft faite.Voyez la figure du N° 50 vous y remarquerez le tout par ordre.

## Efpece 4.

Cete efpece de fuzée montante ne differe quafi en rien de la fuperieure, finon qu'au lieu des petites fuzées que l'on enferme dans fa capacité, on y met des eftincelles, & des eftoiles ( lequelles ie vous apprendray à conftruire au Chapitre 2. du livre fuivant) meflées avec de la poudre grenée, & battuë. Pour ce qui eft du refte on y procedera de la mefme façon que nous avons fait dans les premieres. Voyes la figure du nombre 51.

## Efpece 5.

On chargera une fuzée de quelque grandeur que fe foit d'une compofition propre & convenable, jufques à la hauteur de 2 diametres & ⅓ de fon orifice. Puis on la couvrira d'une rotule de bois efpaiffe de ⅓ du mefme diametre : fur cete rotule on mettra de la poudre grenée à la hauteur de ⅓ du diametre. Puis fur cete poudre on verfera encore de la compofition à la hauteur de ⅓ du diametre. Sur cete compofition fera ajuftée une autre rotule ; derechef fur cete rotule de la compofition ; en fin fur cete compofition on metra de la poudre à la mefme hauteur qu'auparavant : & recommencera-t'on ce procedé jufques à ce que la fuzée foit toute chargée.

Cela

Cela fait on la liera bien ferme par le haut, & puis on la percera à la hauteur de 2, diametres & ¼ de son orifice. La figure 52 monstre le tout par ordre.

## Espece 6.

Premiérement vous Chagerez quelque fuzée suivant l'ordre & la metho-de ordinaire, & la percerez tout de mesme que vous avez percé la fuzée de la premiere espece. Cela fait preparez certains tuyaux d'un bois sec, & le-ger, de la mesme forme que vous en voyez un dessiné sous la lettre B, en la figure du nombre 53: ou bien d'un papier bien collé de mesme qu'on fait les cartouches des fuzées, lequel on liera par dessous. Vous attacherez apres, de ces tuyaux avec de la colle forte sur la superficie exterieure de la fuzée, au-tant qu'il vous plaira en forme spirale neantmoins : & les lierez bien fort avec du bon fil, en tournant pareillement vostre fil de la mesme façon que vos boëtes sont disposées sur vostre grãde fuzée, comme vous le monstre la lettre D. emplissez moy apres tous ces tuyaux ou boëtes, de fuzées couran-tes toutes percées avec l'éguille ou poinçon de fer, de trous qui penetrent jusques dans la matiere, remplis de poudre battuë, par où le feu leur sera ap-porté de la grande fuzée à travers la cartouche & la boëte. La grande fuzée se pourra bien passer de petard chargé de poudre grenée, mais en sa place on y mettra si l'on veut des petards de fer, dont le haut sera remply de fine pou-dre, & le bas de la mesme composition de laquelle on a chargé la fuzée. La lettre A dans nostre figure fait voir la cartouche de papier avec la fuzée cou-rante qui est inserée dedans, pour vous rendre la chose plus aysée à entendre.

## Espece 7.

Emplissez une fuzée d'une composition raisonnable, jusques à la hauteur des 2 diametres du vuide interieur : puis ayant pris un poinçon en main faites un trou dans laditte composition, profond d'un diametre, & large de ¼ du diametre. Couvrez ce trou d'un simple papier: depeur qu'en achevant de charger la fuzée la matiere ne vienne à le remplir: vous observerez tousiours ce mesme ordre que ie viens de dire, jusques à ce que vostre fuzée soit entiérement chargée : à sçavoir mettant tousiours de la composition à la hau-teur de deux diametres, & la perçant à la profondeur d'un seulement. Voyez la figure au Nomb. 54.

## Espece 8.

Vous observerez icy toutes les circonstances deduites en la premiere, qua-triéme, & sixiéme espece, tant pour la charge que pour la façon de per-cer les fuzées. Supposé donc que vous en ayez quelque une de preparée comme elle doit estre, vous y attacherez sur la superficie exterieure, des pe-tards de papiers tels que vous les voyez marquez de A, autant qu'il vous semblera bon: & prendrez bien garde de les esloigner les uns des autres dans des distances raisonnables & telles que vous jugerez à propos : Puis empli-rez les amorces tant de la fuzée, que des petards, de poudre battuë. Les figu-res des Nomb. 56. & 55. font voir cela au net.

## Espece 9.

Pour le regard de cete neufiéme espece de fuzée, on la preparera suivant l'ordre que ie m'en vay vous deduire. On chargera premiéremẽt la fuzée d'une matiere convenable, jusques à la hauteur de 2 diametres & ⅓; puis on ajustera dessus la composition une rotule de bois percée par le milieu : puis par dessus cete rotule vous verserez de la poudre grenée à la hauteur de ⅓ du diametre du vuide interieur de la fuzée ; vous jetterez derechef sur cete

poudre

poudre de la compofition, à la hauteur de ⅓ du mefme diametre: Puis prenant une forte ficelle vous lierez la fuzée bien ferrée au deffus de la compofition, refervé feulement un petit trou, au milieu du col de la fuzée pour
y donner entrée au feu : cela fait vous verferez de nouveau de la compofition à la hauteur de ⅓: & puis fur cete compofition de la poudre grenée à la
hauteur de ⅓. En fin fur cete poudre fera mife encore de la compofition à la
mefme hauteur que devant: puis vous lierez la fuzée pour une feconde fois
comme auparavant. Ainfi continuerez-vous d'emplir toufiours fuivant ce
mefme ordre , jufques à ce que la fuzée foit tout à fait remplie. Cecy eft
fort ayfé à remarquer dans la figure 57.

## Efpece 10.

Cete efpece de fuzée n'a rien de particulier qui la rende beaucoup dif-
ferête des autres. Car premierement elle fe charge,& perce de la mefme
façon que nous avons chargé & percé, celles qui font defcrites en la 1. 4. &
6. efpece. Elle a feulement de furplus fur un petard de poudre grenée, un
globe longuet fait de bois, & creu vers la lettre A, rempli d'une matiere
aquatique (par ce mot d'Aquatique faut entendre des compofitions faites
pour brûler fur, ou dans les eaux, telles que nous les décrirons au livre fuivant) ou de quelque autre matiere violente. Vous l'allumerez premierement
par deffus avant que vous donniez feu à la fuzée par deffous, á caufe que
l'orifice du globe n'a aucune communication avec la fuzée. Eftant doncques partie,& enlevée en l'air vous y remarquerez deux fortes de feux, à fçavoir de la fuzée qui êlancera des longs rayons de feu vers la terre,& d'autre
cofté du globle, qui efpandrà parmy l'air comme un groffe pluye de feu. Voyez la figure marquée du Nomb. 58.

## Efpece 11.

Prenez moy 7 petites fuzées comme de 2. 3. 4. ou plufieurs onces chargées d'une compofition ordinaire, & percées fuivant la methode ordonnée : liez-les bien fort enfemble avec une groffe ficelle, enforte qu'elles ne
facent qu'un corps rond & folide: puis couvrez-les d'un fort papier ou carton bien collé en forme de cylindre , & le bouchez par deffus d'un turban,
ou chaperon fait en pointe tel que le voyez en la lettre A: vous n'oublierez
pas d'y joindre auffi une baguette (dont nous vous apprendrons bien toft la
conftruction, & la proportion) en telle forte toûtefois que le bout d'en haut
foit pareillement engagé foubz le cylindre de papier qui enveloppe toutes
les fuzées. La figure 59 vous en rendra plus certain.

Remarquez icy que toutes ces efpeces de fuzées que je vous ay décrites cy deffus, ont befoin de baguettes de bois, lefquelles on y attache
pour leur fervir de contre-poids, & à l'aide defquelles elles s'enlevent
droit en l'air. On les prepare ordinairement d'un bois fort leger & fort fec
comme de pin, de fapin, ou de tilliet. Leur longueur eft proportionnée avec les fuzées en proportion feptuple ou octuple tout au plus, c'eft
à dire qu'elles font d'ordinaire 7 ou 8 fois plus longues que la fuzée. Elles doivêt eftre d'une groffeur affez raifonnable par le bout qu'elles font attachéez aux fuzées; au refte elles s'en vont de ce gros bout vers l'autre ex-
trémité toûjours en diminuant infenfiblemnt jufques à un point. Ce qu'il
y a de plus remarquable en la neceffité qu'on en a, n'eft pas tant en leur
figure qu'en une extrême égalité de pefanteur, ou équilibrement exacte
qu'on y doit obferver, pour les approprier avec les fuzées fuivant qu'elles font plus ou moins pefantes : or le fecret pour trouver cete extrême
　　　　　　　　　　　　　　　　　　　　　　　　　　　　　　　　　juf-

justesse n'est pas grand, c'est quil faut que la baguette estant posée à deux
doigts pres du col de la fuzée, sur le trenchant d'un couteau, ou si vous
voulez sur le doigt, qu'elle fasse un parfait équilibre:c'est à dire qu'il faut
que la fuzée, avec l'autre extremité de la baguette soit justement parallele à l'orizon,sans qu'elle s'encline ny trebuche plus d'un costé que de l'autre. Que si d'avanture la baguette pese plus que le reste, il la faudra ra-
tisser, & diminuer jusques à ce qu'elle devienne de mesme pesanteur que
la fuzée.La forme de cete fuzée avec sa baguette est naïfuement representée en la figure du Nomb. 60. Brechtelius nous enseigne une autre methode assez facile pour trouver la longueur de ces baguettes au Chap. 9. de
la seconde partie de sa Pyrotechnie en cete façon. Adjoutez 1. au nombre des doigts que contient la longueur de la fuzée,multipliez le produit par
la mesme longueur de la fuzée & vous aurez la longueur de la baguette.
Par exemple si la fuzée est longue de 8 doigts, adjoutez-y.1. le produit sera
9 : ce nombre 9 estant multiplié par 8, qui est la longeur, ou la hauteur de
la fuzée,produira le nombre 72. Vous attacherez doncques une baguette
longue d'autant de doigts à vostre fuzée.

# Chapitre VII.

### Des Fuzée montantes en l'air sans Baguettes.

### Espece 1.

On attachera à quelques petites fuzée,comme de 8,de 10, de 16, ou
de 18 lots, chargée & percée à l'ordinaire 4 panaceaux tels qu'on
les void aux flesches, ou dards des archers ( la lettre A en la figure du Nomb. 61 vous sera assez entendre comme elles sont faites )
quant à leur matiere elles seront d'un bois leger comme de tilliet , ou bien
d'un bon papier collé : elles seront disposées en croix : leur longueur sera
des deux tiers de la longueur de la fuzée : leur largeur,à sçavoir vers le bas
sera de ⅓ de la mesme longueur de la fuzée : pour leur espaisseur vous leur
donnerez telle que vous la jugerez à propos. Neantmoins si vous desirez
qu'elles soient en quelque sorte proportionnées avec le reste, vous les ferez
espaisses de ⅓ ou de ⅕ du diametre de l'orifice de la fuzée.

J'ay bien voulu vous dessiner icy à costé une certaine petite machine armée de quatre bastons fort droits, avec son manche par dessous, lequel
est fait à dessein pour poser les fuzées de cete espece lors qu'on les veut faire partir & monter en l'air. Cette invention n'a pas besoin d'un plus grand
esclarcissement, veu que le tout se peut aysement reconnoistre par la figure
mesme. Au milieu d'un orbe de bois qui soustient ces perches est une petite Chambrette, ou l'on met de la poudre battuë, pour amorcer, auquel
respond un petit canal remply de la mesme matiere pour donner feu à la fuzée. Le Nomb. 63 vous l'expliquera mieux.

### Espece 2.

Cete espece de fuzée n'est en rien differente de la precedente , sinon que
ses panaceaux sont tout autrement ordonnez : car en celle-cy, on y en
ajuste que trois seulement , de la mesme espaisseur que les autres, qui se ressemblent neantmoins fort peu en leur longueur & largeur. Car ceux cy sont

égaux

égaux à la longueur de la fuzée, fur laquelle on les attache en telle forte
que vers le bas du cofté du col de la fuzée, ils la furpaffent de la longueur
d'un diametre, & confequemment ils demeurent efloignez de l'autre bout,
de la mefme diftance.    On leur donnera la largeur du demy-diametre de
l'orifice de la fuzée, comme A B le monftre fur la figure. Il vous eft permis fi vous voulez de pofer ces fuzées ajuftées de la façon fur cete mefme
machine que vous avez veu cy deffus décrite, pour les faire mieux & plus
commodement monter. Voyez la figure du Nomb. 62.

### Efpece 3.

Quand on aura conftruite une fuzée de telle grandeur que l'on voudra
ſuivant la methode ordinaire:on attachera au bords de ſon col un fil de
fer avec un petit globe de fer auffi, égal en groffeur à l'orifice de la fuzée,
Ce fil fera contourné fpiralement avec une viz, & fera s'il fe peut
d'une longueur fi proportionnée qu'en cas qu'il vienne à s'eftendre tant ſoit
peu, que le globe ne laiffe pourtant de demeurer en équilibre avec la fuzée
de mefme que nous avons dit des baguèttes de bois cy devant. Voyez la figure du nombre 64 elle vous fera fçavant du tout.

### Efpece 4.

Apres que vous aurez chargé quelque petite fuzée comme vous fçavez,
& que vous y aurez mis une petite rotule avec de la poudre grenée par
deffus, à la hauteur d'un diametre: empliffez moy bien le refte du vuide de
la fuzée, de rapure ou limure de plomb : dont la quantité fera telle que
leur poids faffe le double de la pefanteur d'une cartouche des mefmes fuzées. Confultez la figure du Nomb. 65 elle vous mettra le tout en evidence.

# Chapitre VIII.

### Des Fuzées Aquatiques, ou qui bruſlent ſur l'eau en nageant.

### Efpece 1.

On remplira une fuzée de 2 ou 3 lots d'une matiere convenable, juſques à la hauteur qu'on a accoûtumé de remplir les fuzées communes : puis on y ajuftera par dedans une rotule avec de la poudre
grenée par deffus, puis on la percera de toute la hauteur de la pou-
poudre qui eft dans la fuzée.    Cela fait on preparera un cylindre de papier
avec deux petites roüelles de bois ou de carton fi l'on veut:percée par le milieu. La hauteur de ce cylindre ne fera que de la moitié auffi haut que toutẽ
la fuzée: les trous de l'une & l'autre roüelle feront percez en telle forte
que la fuzée puiffe entrer à ſon ayfe dans ledit cylindre. En fin apres avoir
arefté ladite fuzée bien ferme dans le cylindre, enforte qu'elle ne puiffe
branler ; on la jettera dans une quantité de cire, ou de poix fonduë; puis on
y mettra le feu & la jettera on ainfi dans l'eau. Voiez la figure 66.

### Efpece 2. & 3.

Ces deux efpeces de fuzées aquatiques font fort femblables à la precedente, tant au regard de leur grandeur qu'à la façon de les charger. & de
les percer, & au refte des circonftances qui concernent ſa conftruction.
Tou-

Toute la différence qu'il y a entre l'une & l'autre de ces deux, est que la première marquée du Nomb. 67 doit estre toute enfermée jusques au col dans un cône de papier, & arrestée par le haut, (comme il se void dans la figure,) ou bien attachée par la base, au col de la fuzée. La seconde du Nombre 68, se met dans une vessie pleine de vent, laquelle on ne doit point plonger dans la cire, ny dans la poix fonduë comme les autres fuzées aquatiques, mais seulement enduire d'un liniment composé de 4 parties d'Huyle de lin, de 2 parties de Bol d'Armenie, de 1. partie d'Alun de plume, & de ; partie de cendre.

### Espece 4.

Pour ce qui concerne celle-cy marquée dn Nomb. 69, elle se prepare tout de mesme que celle que nous avons décrite au Chap. 7. dans la neufieme espece des fuzées montantes: elle a seulement cete difference, qu'elle ne se perce point, & a le trou de l'amorce fort étroit qui sont des circonstances communes aux autres fuzées aquatiques: celles-cy ne sont point faites pour courir çà & là sur l'eau mais bien pour brûler dans un lieu certain & aresté c'est pour cete raison qu'on attache un poids au bas de la fuzée à la lettre A. On plonge celle-cy aussi dans de la cire ou de la poix fonduë, comme toutes les suivantes.

### Espece 5.

La fuzée marquée du Nomb. 70 n'a point d'autre preparation que celle de la troisiéme espece des fuzées montantes décrites au Chap. 7. elle a pourtant une rotule de bois pleine & solide, ie veux dire qui n'est pas percée laquelle separe quantité de flamesches, & petites estoiles meslées de poudre grenée, & battuë ensemble, d'avec le reste de la composition de la fuzée. Elle porte aussi au costé un petit canal de fer, ou de bois marqué de la lettre B. Outre celuy là elle en a deux autres plus petits sçavoir C D & F E remplis aussi bien que le premier de poudre battuë par lequel le feu est porté (apres avoir consommé toute la matiere jusques à la rotule de bois) dans cete chambrette où sont logées les estincelles & estoilles pour y allumer la poudre meslée parmy, & tout d'un temps faire voler en l'air les unes & les autres, & tout ce qu'on pourroit avoir caché dedans ce reservoir. Son contre-poids se void aussi marqué de la lettre A.

### Espece 6.

Au Nombre 71 nous representons une fuzée qui ne differe en rien de celle qui est descrite dans la sixieme espece des fuzées au Chap. 76. Car icy les grandes cartouches de papier marquées de E avec leurs fuzées qui sont emfermées dedans, marquées de B : & ces autres plus petites cartouches que la lettre D vous represente avec ces moindre fuzées marquées pareillement d'un C, s'atachent aussi à la grande fuzée A: laquelle portant le feu par des petits canaux qui sont en H dans les cartouches qu'elle tient à ses costez, allume la poudre qui est au dessouz qui les envoye tout d'un temps en l'air faire leurs effets. Cete espece de fuzée se couvre par dessus avec ses deux tuyaux qui l'accostent d'un chapperon de papier assez fort, comme il est aysé de voir en G: puis on la plonge dans la cire fonduë : On n'oublie pas aussi d'y attacher un contre-poids par dessoubz afin qu'en bruslant elle demeure droite sur l'eau & quelle puisse flotter tousjours également.

Espe.

## Efpece 7.

L a fuzée que ie vous fais voir icy au nombre 72. n'a point d'autre prepararion que celle que ie vous ay defcrite dans la quatriéme efpece des fuzées du Chapitre fuperieur. Toute la difference feulement eft,qu'elle ne fe perce nullement comme nous avons de-ja dit, outre qu'eftant bien enduitte de cire, & bien poiffée,elle brufle fur l'eau.

# Chapitre IX.

### De fuzées courantes fur des cordes·

## Efpece 1.

O n attache deux anneaux de fer, ou un tuyau de bois à une fuzée chargée d'une certaine quantité d'onces de matiere convenable, & percée comme elle doit eftre, puis on paffe á travers cét anneau une corde fur laquelle on defire faire courir cete fuzée. Celle-cy eft des plus fimples dans fon efpece, car depuis qu'elle eft une fois allumée & qu'elle eft parvenuë jufques au lieu que fa duré luy a limité, eftant confommée elle ne retourne plus en arriére, mais demeure à ce terme que la quantité de fa matiere luy avoit prefcrit : les fuivantes feront beaucoup plus artificielles. La figure de celle cy fe void au nombre 73.

## Efpece 2.

O n charge quelque fuzée qui foit de la mefme grandeur en fon orifice que la precedente (mais bien plus longue) jufques à la hauteur de 4 diametres : Puis on la perce à la hauteur de 3 ½ : on met par apres fur la compofition une rotule,ou petite feparation de bois qui n'eft point percée par le milieu, laquelle on colle bien contre les parois de la fuzée par dedans avec de la colle bien chaude, ou avec des eftoupes trempées de colle, afin que le feu eftant parvenu jufques là, il n'y rencontre la moindre ouverture par laquelle il puifle embrafer la matiere qui fera renfermée dans l'autre partie de la fuzée. Eftant doncques bien lutté de la forte, on charge le refte de la fuzée par deffus cete rotule, à la mefme hauteur qu'auparavant fçavoir de 4 diametres,& la perce-t'on côme l'autre bout à la hauteur de 3 ½. En fin on lie la fuzée par le haut,& y forme-t'on une Chambrette pour l'amorce de mefme comme à l'autre extremité;ou bien on met une petite rotule percée qui fe peut voir en la lettre A,laquelle on couvre apres d'un petit chapperon marqué de la mefme lettre. Cela fait on luy attache à cofté un canal fait d'une lame de fer fort deliée qu'on remplit de poudre battuë : puis on perce la fuzée avec un poinçon de fer proche cete pétite rotule, & y met-on deffus un peu de poudre battuë, & tout cecy fe fait à deffein que le feu eftant porté par ce trou & confequemment par ce canal, jufques à l'autre chambrette, il allume la fuzée par l'autre bout : la où ce feu eftant arrivé il l'oblige à retourner d'où elle eft venuë fuivant fon action naturelle. Il faut remarquer icy que le trou fuperieur ou fe met l'amorce doit eftre couvert d'un papier auffi bien que ce petit canal qui communique le feu d'une fuzée à l'autre:à cete fuzée on attachera auffi un tuyau de bois,ou deux petits anneaux de fer par lefquels la corde doit paffer

pour

pour courir le long. Si l'on veut on attachera tout à l'entour quelques petards de papier pour en avoir plus de passe-temps. L'invention de cete fuzée est fort jolie. Vous en pouvez voir la figure au Nombre 74.

### Espece 3. & 4.

Soient prises deux fuzées d'une mesme longueur, construites suivât la mé-
thode que nous avons donnée, & qu'elles soient liées ensemble d'une bonne ficelle de lin ou de chanvre. Disposez leurs chambrettes en sorte qu'-
elles soient opposées l'une à l'autre, ie veux dire teste contre col ; afin
que le feu ayant consommé la premiere jusques au bout il puisse passer dans
l'entrée de l'autre chambre & les obliger toutes deux á rebrousser chemin.
Or cete extremité où la premiere doit donner feu à l'autre, (c'est à dire la
teste de l'une & le col de l'autre) sera couverte d'une Chappe, ou enveloppe de papier telle qu'on la void en A, sans oublier à remplir le vuide de ce
Chapperon d'une matiere lente. En fin on y ajustera un Canal ou Tuyau
de bois pour la faire couler. Voyez les figures dessinées aux nombres 75
& 76. Vous y remarquerez neantmoins une certaine difference entre les
deux, à sçavoir que la derniere porte un coin de bois au milieu cannelé des
deux costez pour tenir les deux fuzées tant soit peu esloignéez l'une de
l'autre, pour cete consideration que si par malheur la premiere venoit à se
crever dans le temps que le feu y est, l'autre n'en fut incommodée pour en
estre trop proche.

Remarquez que ces especes de fuzées servent ordinairement pour donner feu à quantité d'autres machines pyroboliques qu'on employe dans les
feux de joye. Quelque fois aussi on les deguise de figures de divers animaux
comme de dragons volans, colombes, & autres qu'on veut faire voltiger &
courir çà & là, desquelles nous parlerons dans le livre des Machines Pyroboliques.

Aux nombres 77. 78. & 79 se voyent 3 machines sur lesquelles on pend
les fuzées qui montent en l'air, auparavant que d'y mettre le feu pour les
faire partir.

# Chapitre X.

### De divers deffauts des fuzées. Comment on les peut éviter, & ce
### qu'on doit observer pour les bien construire.

Le premier & le plus notable vice qu'on remarque dans les fuzées, est
lors que d'abord qu'elles sont allumées, ou eslevées en l'air à la hauteur d'une, de deux, ou de trois perches elles se rompent, & se dissi-
pent sans faire leur effet entier.

Le second qui ne vaut guiere mieux, est lors que demeurant suspenduës
sur le clou, elles se consomment fort lentement, sans partir, ny s'enlever en
l'air.

Le troisiéme est lors que s'enlevant en l'air, elles font comme une arc en
ciel, ou décrivant seulement un cercle, elles retournent en terre, avant que
toute la composition soit consommée dans la fuzée.

Le Quatriéme est quand elles montent par un mouvement spirale, en pi-
roüettant en l'air, sans observer un mouvement tousiours égal, & droit comme elles doivent faire.

Le

Le cinquiéme quand elles montent pareſſeuſement & à la negligence, comme ſi elles dedaignoient ou refuſoient de s'enlever dans l'air.

Le Sixiéme en fin eſt lors que les cartouches demeurent ſuſpenduës toutes vuides ſur les cloux, & que la compoſition s'enleve & ſe diſſipe toute ſeule dans l'air.

Il y a encore quantité d'autres facheux inconvenients qui peuvent rendre les eſperances, les peines, & les dépences des Pyroboliſtes vaines. Qui me coûteroient trop de temps à vous raconter: ce ſera aſſez ſi vous vous donez de garde de ceux cy qui ſont les plus notables: ou ſi par malheur, vous eſtiez tombé dans quelques unes de ces diſgraces vous puiſsiez en corriger le deſſaut promptement, & y donner ordre le plus viſte qu'il vous ſera poſſible. Pour cét eſſet il vous faut obſerver les regles que ie m'en vay vous deduire.

### Regles infaillibles ſuivant leſquelles on peut conſtruire les fuzées ſans aucun deffaut.

1. Les fuzées auront leurs hauteurs proportionnées à la largeur de leurs orifices, comme nous avons ſi ſouvent redit.

2. Les cartouches ſoit qu'elles ſoient de bois ou de papier collé, elles ne ſeront ny trop deliées ny trop eſpaiſſes.

3. Elles ſeront faites d'un papier fort, mediocrement ſec, bien proprement roulé, & ſerré bien ferme ſur le baſton.

4. Les cols ſeront liez fort & ferme: en ſorte que les neuds des cordes & ſicelles, ni meſme les plis des cartouches ne ſe puiſſent relacher aucunement, c'eſt pourquoy on les collera bien fort avec de la colle forte, & chaude.

5. Toutes les matieres qui entrent dans la compoſition eſtant exactement pezées, conformement à la proportion de l'orifice de la fuzée qu'on veut charger, ſeront premiérement battuës, & paſſées chacune en ſon particulier; puis les ayant repezées & miſes toutes en une maſſe, vous les incorporerez bien enſemble; puis vous les rebatterez derechef, & les paſſerez par un tamis aſſez fin, comme vous avez fait auparavant.

6. Le Salpetre & le Soulphre ſeront pulverizez, & clarifiez autant qu'il ſera poſſible: le Charbon ſera parfaitement bien brûlé: il ſera exempt de toute humidité; & ſera fait de bois legers, & doux, comme ſont le tilliet, le coudre, & les branches de ſaulx; au contraire on ſe donnera bien de garde d'employer du Charbon de bois de bouleau, de cheſne, d'erable, ny de ſorbier: parce que ces arbres contiennent en ſoy beaucoup de matiere terreſtre, & peſante.

7. On preparera les compoſitions pour les fuzées immediatement auparavant que de les mettre en oeuvre.

8. La compoſition de laquelle on chargera les fuzées, ne ſera ny trop humide, ny trop ſeiche: mais humectée tant ſoit peu de quelque humeur huyleuſe, ou d'un peu de brande-vin.

9. On verſera dans la cartouche touſiours une quantité égale de compoſition, à chaque fois qu'on y en mettra pour la battre, juſques à ce qu'elle ſoit toute remplie.

10. On frappera toûjours à plomb, & perpendiculairement ſur le pouſſoir, lors qu'on battera la compoſition.

11. On battera les fuzées avec un maillet d'une peſanteur proportionnée à leur grandeur & groſſeur: toûjours d'un train égal: & avec un nombre
bre

bre egal de coups, à chaque fois que l'on versera de la composition dans la cartouche.

12. Dans les cartouches de papier,on posera des rotules de bois canelées : mais aux cartouches de bois on y en posera des plaines sans évuidures, afin qu'elles joignent mieux aux parois de la fuzée, où l'on l'arrestera bien ferme tant par dehors que par dedans.

13. On percera la fuzée avec une tariére,ou poinçon convenable,ensorte que le trou ne soit ny trop large,ny trop estroit,ny trop long,ny trop court.

14. Ce trou sera fait le plus droit, & perpendiculairement qu'il sera possible, & justement au milieu de la composition, ensorte qu'il ne se porte, pas plus d'un costé que de l'autre.

15. On ne percera point les fuzées premier qu'on les vueille mettre en oeuvre : & depuis qu'elles seront percées, on les traitera fort doucement, ne les maniant que du bout des doigts seulement depeur de les deformer.

16. Les perches,& baguettes seront proportionnées tant en longueur qu'en poids,aux fuzées sur lesquelles on veut les attacher , suivant la regle & la methode que nous en avons donnée cy dessus. Elles ne seront point tortuës, ny courbes en aucune façon; point inégales ny pleines de neuds : mais droites autant qu'elles se pourront faire, applanies, & dressées avec le rabot s'il en est besoin,

17. Les fuzées estans chargées ne seront pas mises en lieu trop sec, ny trop humide, car l'un & l'autre de ces accidens luy peuvent nuire, mais bien dans un lieu bien temperé.

18. Lors qu'on y voudra mettre le feu on les pendra sur des cloux perpendiculairement à l'orizon.

19. On ne les obligera point d'enlever en l'air des fardeaux d'un grand poids ou trop disproportionnez à leurs forces: ou encore bien qu'on les leur en baille qui ayent de la proportion avec leurs forces, on les ajustera neantmoins si adroitement avec les fuzées, que le tout ensemble puisse avoir une forme propre & raisonnable pour passer dans l'air , & s'eslever en haut sans aucune difficulté ; ensorte que ces fardeaux ne leur puissent donner aucun empeschement pour monter en ligne droite ( qui est le mouvement le plus contraire & le plus difficile à tout corps qui s'enleve violemment ) & remarquez encore que cecy se devra d'autant plus exactement observer que les fuzées seront plus grandes, à ce qu'elles puissent retenir le plus que l'on pourra une forme pyramidale ou conique avec tous les poids qu'on y attachera , veuque de toutes les figures qu'on peut donner à un corps, c'est celle là qui treuve non seulement le moins de resistance dans l'air pour son mouvement, mais aussi celle que l'air reçoit avec le moins de contrainte , & à qui elle permet le passage plus librement qu'à toute autre. Encore bien que pour dire la verité, la forme spherique soit la plus commode pour tourner, rouler, & virvolter dans l'air, à cause de l'égalité de sa superficie ronde.

20. On évitera autant qu'il sera possible les nuits pluvieuses, humides & fort couvertes de nuages & broüillards , comme fort incommodes & nuisibles aux fuzées.Outre cela les vents impetueux, les bourasques & les tourbillons n'empeschent pas moins leurs effects que les premiers.

21. Il ne faut point rejetter sur autre cause les differents effets qui sont produits de plusieurs fuzées quoy que chargées d'une mesme composition, sinon sur ce qu'elles n'auront pas esté traitées avec une diligence égale,soit en les chargeant,soit en les perçant,ou dans le reste des circonstances qu'on estoit obligé d'y observer:ou bien en ce que peut estre quelques unes auront

X

ront

ront esté conservées dans des lieux plus humides que les autres,où elles se se ront acquises trop de moiteur:qui leur causera des effects tous differents les uns des autres,tant en montant qu'en se consommant.

22. Sçachez que lors qu'on veut faire paroistre en l'air comme quelque pluye de feu , ou une quantité d'étincelles ardentes, ou bien des rayons longs & larges sortans des fuzées , on a de coûtume de mêler parmy les compositions quelque peu de verre grossierement pulverizé, dela limure de fer , ou de la scieure de bois. Outre tout cecy on peut encore representer par les fuzées du feu de plusieurs couleurs. Comme si par exemple vous meslez dans la composition certaine portion de Camphre vous verrez en l'air un feu qui paroistra blanc, pasle, & de couleur de laict ; si vous y mettez de la poix Greque,elle vous representera une flamme rougeâtre, & de couleur de bronze : si vous y meslez du soulfre,le feu qui en sortira sera bleu : si du sel Ammoniac,elle produira un feu verdâtre: si de l'Antimoine crud, la flamme sera rousse,jaunâtre & de couleur de miel,ou de buis:si de laRaclure d'Ivoire, elle rendra une flamme argentine, blanche, & reluisante, tirant neantmoins sur la livide & plombée:si de la râpure d'Ambre jaune , le feu paroistra de mesme couleur,approchant de la citrine:en fin si de la poix noire les fuzées vomiront un feu obscur & sombre,ou plustost une fumée noire & espaisse laquelle obscurcira tout l'air. Le Sieur de la Porte nous raconte en sa Magie Naturelle liv.7. Chap.7. que l'Aimant estant enseveli sous des charbons ardens rend ordinairement une flamme , bleüeâtre, sulfurine,& de couleur de fer:quiconque en doutra,pourra s'il veut en raper un peu dans la composition de ses fuzées pour experimenter si la chose elle telle , & voir si elle produiront un tel effet:que se soit neantmoins avec beaucoup de moderation & & deretenuë, depeur qu'une quantité trop disproportionnée ne le trompe en quelque façon.Mais c'est assez discouru ce mesemble des fuzées,pour le present;ie crains d'y ennuyer le lecteur,ou de luy affoiblir la veuë à force de les considerer trop long temps dans l'air;aussi bien ne crois-ie pas avoir rien l'aissé à dire sur ce subjet particuliérement de tout ce qu'un bien advisé , diligent,& accortPyroboliste doit estre adverty,sçavoir de tout ce qu'il doit embrasser,ou fuir,suiure ou éviter.Ie donneray seulement encore un petit advertissement premier que de mettre fin à ce livre, & diray qu'il est tout à fait impossible de rencontrer un ouvrier si parfait dans son art à qui il n'arrive quelque fois de chopper en quelque chose si legere qu'elle puisse estre dans une infinité presque de circonstances qu'on est obligé d'observer.C'est pourquoy on ne doit iamais porter aucun jugement de la capacité d'un Pyroboliste , ny tirer aucune bonne ou mauvaise consequence de la connoissance qu'il peut avoir acquise dans son art,par les effets des fuzées qu'il aura construites.Car c'est une chose presque hors de toute apparence de pouvoir exprimer combien il si rencontre d'accidens differens dans des ouvrages si chatoüilleux(qui d'abord neantmoins ne paroissêt que des jeux d'enfants , ) ny de dire mesme de quelle consequence peut estre un nombre presque incombrable de circonstances ; lesquelles Argus mesme avec tous ses yeux qu'une fabuleuse antiquité luy a supposée pour son extréme sagacité , & prevoyance admirable dans tout ce qui dependoit de ses soins.) ne pourroit jamais toutes observer beaucoup moins s'empescher d'y commetre quantité de fautes , & consequemment bien esloigné de les éviter generalement toutes.    Mais tout ce qu'il y a à faire en cecy , est qu'il faut quelque-fois prendre un peu de conseil des bons maistres , consulter des experts Pyrotechniciens,& gens qui mettent souvent la main à l'œuvre. Car pour dire la verité ie ne fais aucun estat de certaines personnes , ( aussi

ne

ne m'y arefte-ie point aucunement ) qui n'ayans aucune connoiffance, ou fi peu que rien dans ces pratique reprenent neantmoins à tort ou à droit les ouvrages de ceux qui fans comparaifon font plus fçavants qu'eux , à deffein de les ruiner de reputation & d'honneur, ou de les mettre en mauvais credit aupres des ceux qui quelquefois ont le plus d'interreft dans la perte ou confervation de ces perfonnages qu'on leur décrie fi fort. Mais que peut on dire à ces efprits critique ( pour ne les pas offencer plus fort ) Sinon, *Ne futor ultra crepidam.* Maçon prends garde à ta truelle. Or ce n'eft pas tout l'excellence de la Pyrotechnie , & toute fa connoiffance en general, n'eft pas dans la compofition, preparation , ny ufage des fuzées feulement veuque ce n'eft que la moindre partie d'un fi grand att & fi noble : auffi voyons nous qu'elles ne font jamais mifes en oeuvres que dans des rejoüiffances populaires , apres de grandes victoires remportées fur les ennemis de la patrie , ou dans des villes renduës, apres des fieges levez , quelquefois dans des nopces , affemblées , ou feftins folemnels pour donner du divertiffement aux conviez, bref dans quantité d'autres feux de joye publiqs qui ne font faits que pour divertir le peuple feulement. Voila pourquoy on ne doit pas conclure que celuy là eft un habile homme dans noftre art, pour eftre adroit à faire partir une fuzée , ou pour la fçavoir bien proprement compofer : car on ne treuve que trop de ces fuffifans qui vous prepareront une fuzée d'affez bonne grace, mais pour ce qui fera du refte , fi vous les en priez, il vous fuppliront bien fort de les en difpenfer. A la verité fe feroit à grand tort que ces gens s'attribuaffent le beau titre de Pyrotechniciens, car qu'elle apparence par exemple qu'un petit vendeur de mitridat, un fimple barbier de village , ou pour ainfi dire un marefchal fe puiffe vanter, deftre quelque grand docteur en medecine. Ce n'eft doncques pas là où gift le point de la perfection de l'art , il faut croire qu'il y a encore quelque chofe de plus relevé , qui conftitué proprement & pofitivement le veritable Pyrobolifte, à qui on puiffe donner avec jufte raifon cét authentique nom de Maiftre. Toutes nos inventions , nos machines à feu avec le refte de nos pratiques que vous verrez dans la fuite de ce livre vous ferōt affez connoiftre le parfait Pyrotechnicien. Ie dis doncques encore & le repete, pour plufieurs raifons, qu'on ne peut tirer aucune confequence au defavantage des autres parties de ce grand art, qui font infiniment plus nobles & plus relevées que celle cy , de la courfe inégale ou dereglée des fuzées dans l'air, comme faifoient autrefois certains magiciens qui tiroient des conjectures du vol des oyfeaux, & par confequent on ne doit point fi legerement (comme i'ay de-ja dit,) condemner d'incapacité en cét art ceux à qui par malheur il arrivera de ne pas reüffir dans les effets de leurs fuzées comme ils s'eftoient promis. Tout ce que i'ay mis icy en avant ne manque pas de fondement pour appuyer mes raifons, il ny à rien qui reffente icy fa fable d'Efope : car i'ay conneu de mon temps le General d'Artillerie d'un Grand Prince (dont ie tairay icy le nom; quoy qu'il n'ait iamais efpargné le mien ) qui croioit qu'il ny avoit point de plus habiles gens, ny de plus experimentéez dans l'art pyrobolique, que celles qui pouvoient conftruire des bonnes fuzées ; auffi ne fe contentoit-il pas de les recevoir à bras ouverts au fervice du Prince , & de la Republique , & de les mettre aux rang des Pyroboliftes, mais encore il les hautloüoit infiniment , & les mettoit dans un tres haut predicamment aupres du Prince, par les impreffion qu'il luy donnoit de l'exellente & de la neceffité de cefte incomparable conneffance qu'elles avoient dans leur art. Mais il a peut eftre bien appris depuis ce temps ( s'il la voulu apprendre , quoy qu'au depens du public & non au fiens ) que les fuzées n'eſtoient en effet que des paſſe-temps feulement , & des nouvelles inventions plus propres. à donner du divertiſſement à un peuple qui ne cherche qu'a paſſer ſon temps dans les débauches, & dans les diſſolutions d'une vie oyſive , que non pas des veritables foudres de guerre ; auſſi à-t'il bien pû remarquer qu'elles n'eſtoient pas capables desbranler l'ennemi, bien loin de le mettre en deroute, quand il a reconnu que tous ceux à qui il avoit enſeigné avec tant de ſoin à preparer les fuzées s'eſtoient trouvéz non ſeulement incapables ·de gouverner aucune machine de guerre avec l'addreſſe , & la methode requiſe à leur maniement dans le temps.qu'il eſ- toit queſtion de mettre l'ennemy en piece, mais encore tout à fait indignes du nom que ſa trop grande facilité leur avoit ſi liberalement impoſé : pour ſon particulier,l'hiſtoire dit que n'ayant pas voulu, ou pluſtot n'ayant pas ozé ſe treuver preſent à un ſpeἀacle ſi plauſible, il eſtoit demeuré à qua- rante milles de là pendant que la tragedie ſe joüoit, où il avoit eſté treuvé par après remfermé dans une place bien ramparée,& hors de tous dangers meditant en ſon cœur ces beaux mots. *Beatus qui procul negotiis.* Que bien heureux eſt celuy qui peut s'exempter de tous ces riſques & de tous ces dangers où ces macheureux ſe treuvent enveloppez.

Mais ie prie à Dieu qui luy faſſe la grace de s'amander : & qu'ayant quit- té ( ſi la honte ne l'empeſche de ce faire ) le nom, & l'office de Maiſtre , il s'humilie, & ſe vienne ranger ſoubz la ferule, des bons & experts Profeſ- ſeurs en noſtre art, pour y faire un loüable apprentiſſage, qu'il ne receive plus leurs advis comme des correἀions importunes & facheuſes, mais bien comme des enſeignemens utiles au reſtabliſſement de ſon credit, & de ſon honneur. Pour Meſſieurs ſes Seἀateurs qui ont autre fois embraſſéz ſa do- ἀrines avec tant d'ardeur, & qui la recevoient comme des purs oracles, ie les ſupplie de ſe reconnoiſtre en fin, & renonçans à la fauſſeté de ſes mauvais preceptes,ils ſongent à s'eſtablir deſormais dans un eſtat plus rai- ſonnable,& à donner un meilleur ordre tant à leur fortune qu'à leur reputa- tion. Mais comme eſt impoſſible de rappeller les choſes qui ſont paſ- ſées,&-que ſe ſoit comme l'on dit appeller le medecin apres la mort, neant- moins ie veux croire que ce celebre doἀeur n'apporteroit pas un petit re- mede à ſon infirmité particuliere,& au tort qu'il a fait à tant d'honeſtes gens ſi d'oreſenavant il medite continuellement de cœur & de bouche ces parol- les du Grand Prince des Orateurs : *Tibi ſemitam non ſapis, & alteri monſtras viam.* Tu es aveugle & tu veux conduire les autres.

### Fin du troiſiéme livre.

D V

# DV GRAND ART
# D'ARTILLERIE
## PARTIE PRIMIERE
## Livre IV.
### Des Globes ou Balles à feu.

E mot de Globe s'eſtend bien plus au loing quant à ſa forme, & meſme quant à ſa ſignification chez les Pyrotechniciens que non pas chez les Geometres : Car il ne faut pas que vous vous imaginiez icy, que les globes tant recreatifs que ſerieux & neceſſaires ſoient tous des corps parfaitement ronds . & compris ſous une ſeule ſuperficie ; tels qu'Euclide nous deſinit la ſphere & le globe en ſon livre 11 deſinit: 14: mais bien des corps de pluſieurs ſortes de formes,toutes diſtinctes & differentes,entr'elles. Car premiérement on en prepare qui ſont en effet auſſi parfaitement ronds qu'une ſphere meſme : mais outre ceux-cy qui peuvent eſtre vuides on en fait auſſi des ſolides,tels que ſont tout les boulets à canon grands & petits , toutes les balles à mouſquets, piſtolets , & autres telles armes à feu portatives, ſoit de fer ou de plomb. ( Car pour de pierre on n'en fait plus,ou fort peu)De plus nous avons des certaines grenades à main,& d'autres qui s'envoiët avec le mortier,ou dans le canõ;avec cette difference toutefois des premiers boulets,qu'elles ſont d'abord conſtruites toutes creuſes, puis remplies de compoſitions, & de matieres artificielles,ſuivant l'ordre de la Pyrobolie. On conſtruit encore d'autres Globes qui ont la forme d'un oeuf; d'autres celle d'un ſpheroide,quelques autres encore celle d'un citron d'une poire , d'un cylindre , & de mille autres figures que l'ouvrier ſe peut imaginer. Outre toutes ces figures ſimples dans leurs eſpeces il s'en fait encore des mixtes c'eſt àdire qui participent de l'un ou de l'autre corps; de deux figures ou de pluſieurs enſemble.Ie vous diray biĕ d'avantage que i'ay veu dans les magazins du comte d'Oldembourg, & meſme ailleurs des grenades fort anciennes qui avoient la forme d'un Cube tres parfait ou d'un veritable parallelipipede. Or tous tant qu'ils ſont de quelle qualité & condition qui puiſſent eſtre , de quelle forme & figure qu'on nous les puiſſe conſtruire, ils me permetront de les appeller de ce mot general de Globe, ou de Balle à feu,à condition toutefois que nous leur donnerons à chacun des certains ſurnoms, ou titres conformes à leurs qualitez & aux effets particuliers qui produiront pour les pouvoir mieux diſtinguer les uns des autres. Voila le ſubjet duquel ie deſire vous entretenir dans ce preſent livre: lequel nous diviſerons en deux parties. Dans la premiere ie vous feray voir, & quaſi comme toucher au doigt ſans aucun danger de vous brûler, tous les globes à feu recreatifs tant aquatiques que terreſtres, ſautans & courans ſur des plans horizontals. En ſuitte , ceux qui ſe jettent avec le mortier (que nous pourrions bien appellet aëriens avec juſte raiſon puis qu'ils font leurs effects en l'air. ) La ſeconde partie de ce liure comprendra tous les globes que nous appellons ſerieux , & militaires : c'eſt à

dire

dire tous ceux qui s'employent pour faire des executions de guerre, tant
pour repouffer & fouftenir les efforts des ennemis, quand ils nous affail-
lent,que pour porter le feu & l'effroy dans leurs quartiers,lors qu'il en fera
de befoin. Ie fupplie qu'on ne treuve pas eftrange, fi i'ay icy preferé les
globes à feu recreatifs aux militaires : ie ne crois pas pour cela avoir fait
aucune iniure à cette illuftre fçience:la nature m'a induit elle mefme à fuivre cét ordre à fon imitation : laquelle forme premiérement l'enfant de femence : puis de l'enfance l'ayant élevé à l'âge puerile, elle le conduit
de là jufques à l'adolefcence:puis en fin elle en fait un homme fort & robufte. Ces ouvrages divertiffans de noftre art ne font que les premices ou pour
en parler dans les mefmes termes,la femences de tant de beaux fruits que
produit cete noble fçience : ce ne font dif-ie que comme des échellons,par
lefquels il n'eft permis de monter pour pouvoir arriver au plus haut degré
de perfection de cét art, ie veux dire pour parvenir à une entiere connoiffance de la parfaite preparation de ces horribles & admirables machines de
guerre : qu'a ceux qui ont l'efprit fort, & le corps robufte,& qui ne s'ef-
branlent point au mugiffement effroyable du canon, qui ne s'eftonnent
pour la grefle ny peut la tempefte que produifent ces impitoyables foudres
de guerre.Mais à tant de ce difcours, paffons à la matiere, que ie vous ay
propofée.

# PARTIE PREMIERE

## DE CE LIVRE.

### DES GLOBES RECREATIFS.

## Chapitre I.

### Des Globes Recreatifs Aquatiques, bruflans fur les eaux en nageant.

#### Efpece 1.

Faites faire un globe de bois de quelque grandeur que fe foit, vuide
par dedans, & parfaitement rond en fa fuperficie tant convexe que
concave, l'efpaiffeur du bois fera de tous coftez également de ; du
diametre A B, comme vous voyez en A C, ou B D: il aura par deffus un certain cylindre relevé, dont l'efpaiffeur par le diametre E F fera
de ; du diametre A B:la largeur du trou de l'amorce G H n'excedera point
; du diametre : par embas il fera égal en largeur au cylindre fuperieur avec
le tampon ou la culaffe I K,par lequel on verfe la compofition dans le globe
quand on le veut charger & par où on fait auffi entrer un petard, fait d'une
lame de fer d'une forme cylindrique, & remply de bonne poudre grenée
lequel fe couche de travers fur l'ouverture tel que vous le voyez en M. Ce
globe eftant ainfi preparé,on le remplira d'une de ces compofitions aquatiques que nous dêcrirons cy deffous, & puis on le bouchera bien fort avec
un tampon imbu de poix chaude. Cela fait vous y coulerez par deffus
telle quantité de plomb fondu que ce globe aquatique puiffe obtenir la
pefanteur égale, ou quelque peu d'avantage d'une maffe d'eau qui luy feroit

roit égale en groffeur.Pourquoy cecy fe fait ie vous en dõneray la raifon fur la fin de ce chapitre.En fin ce globe eftant bien ajufté de toutes pieces il fera plongé dans de la poix fonduë. Puis lors qu'il vous prendra envie d'en avoir le paffe temps , ou qu'il fera befoin d'en faire voir les effets ; apres avoir mis le feu à l'amorce,& qu'il fera bien attaché à la matiére,vous le jetterez dans l'eau.Voyez la figure au nombre.80.

### Efpece  2.

Ce globe dont vous voyez la figure au Nomb. 81 differe feulement du fuperieur , en ce que fa forme n'eft pas fpherique comme de celuy là , mais fpheroide : encore que la fe&ion parallele à l'axe , foit oblongue circulaire  L'efpaiffeur du bois par toute la rondeur de la figure , fon tampon inferieur , ou fa culaffe & mefme le trou de l'amorce B, obfervent tous également la mefme proportion que les parties du fuperieur.  Par deffous , elle a une grenade de plomb , marqué de A: chargée de bonne poudre grenée, dont le col entre dans le fonds du globe comme la figure le demonftre.En fin on le chargera d'une de ces compofitions aquatiques que nous décrirons cy deffous.  Puis on le poiffera d'importance de tous coftez pour le mettre fur l'eau.

### Efpecé  3.

On fera creufer par un tourneur un cylindre de bois duquel la hauteur A D: ou B C fera une fois & demye de la largeur A B ou D C.Vous le couvrirez par deffus d'un tampon pareillement de bois, percé d'un trou d'une forme conique pour mettre l'amorce : duquel la largeur inferi ure E F fera de ⅓ de la hauteur du globe: la fuperieure G H fera de la mo tié feulement.  Vous luy chargerez le ventre de quelque une de ces matieres cy deffous pofées , & y ajufterez un tampon bien proprement,apres l'avoir premiérement envelopé d'une toile trempée de poix chaude, ou de goudron.Au deffous de ce globe on applique auffi un petard comme on peut voir en M.  Le tout eftant bien ordonné de la forte , on attachera par deffus proche le trou de l'amorce une Eolipile telle que vous voyez en L;dont voicy la conftru&ion.  On fait faire par un fondeur un petit globe , rond & concave, ( quoy qu'on le puiffe faire d'une autre forme fi l'on veut ) ou bien on le compofera de deux demyes fpheres , & fera-t'on bien fouder les commiffures, & fentes par où elles fe joignent : elle aura par deffus deux longues cornes percées de bout en bout : mais ie dis percées avec des trous autant petits qu'on les pourra faire,& particuliérement vers les bouts où elles finiffent toutes deux : c'eft à dire que leurs embouchures les plus eftroites, n'excederont point la moitié de la ligne de leur propre diametre. Eftant conftruite de la forte couvrez la fous les Charbons ardents jufques à ce qu'elle foit toute rouge ; tirez là de la toute ardente; & plongez fes cornes. ou becs promptement dans l'eau , & les y laiffez jufques à ce que l'Eolipile foit retournée à fa premiere froideur, là où pendant ce temps elle fucceront , & attireront au dedans certaine quantité d'onces d'eau plus ou moins fuivant la groffeur de l'Eolipile.  Cete balle donc ou Eolipile eftant preparée de la façon que ie viens de dire , vous l'arrefterez bien ferme proche le trou de l'amorce avec des petits cloux de fer paffez à travers un petit ance, qui eft collé au deffouz. Apres cecy vous appliquerez aux coftez du globe deux petites flutes, ou canules de plomb, comme elles font marqueé en I, & K fur la mefme figure, en telle forte que leurs orifices fuperieurs viennent à emboucher juftement les bouts des cornes de l'Eolipile.

Quand

Quand vous aurez fait tout cecy mettez le feu à l'amorce avec un bout de meche pour allumer la compofition , & attendez un peu que la flamme fe foit fortifieé,& qu'elle foit bien attachée à la matiere;alors jettez voftre globe dans l'eau.  Vous remarquerez bien toft apres , qu'aufi toft que le feu de l'amorce aura efchauffé l'Eolipile dans un tel point que l'eau qui y fera contenuë y boüillira, qu'elle regorgera par ces petits petuis avec tant d'impetuofité que fe refoudant toute en vapeur fort fubtile, & pareille à de l'air, elle produira un vent impetueux avec un fort grand bruit, lequel s'entonnant violemment dans les emboucheures de ces flutes ou canules qui font au deffous , fera entendre une harmonie extrémement agreable à l'ouyë. Voyez s'il vous plait la figure marqué du Nomb. 82 elle vous monftre toutes ces particularitez fort au net.

### Efpece  4.

L a figure du nombre 83 vous reprefente un globe aquatique appellé par Allemands _Binfchwerm_. Celuy-cy n'a pas befoing d'un plus long difcours pour fe faire entendre,veu qu'on peut ayfement comprendre fa conftruction par fa figure mefme.Pour ce qui touche la hauteur du globe on la proportionnera à celle des fuzées courantes qui fe doivent inferer dans fa capacité : quoy que communément on le faffe une fois & demye auffi haut que large.   Le tuyau de bois marqué de la lettre A doit avoir fa longueur égale à la hauteur du globe.   On le chargera d'une compofition faite de trois parties de poudre ; de deux de Salpetre ; & d'une de foulfre.Par deffous encore fe peut attacher un petard de papier tel qu'on le void en la figure marquée de la lettre C. On attache en  D  un morceau de plomb pour fervir de contre-poids ; & en fin une roüelle de bois qui fouftient le tout ; & fait flotter le globe à fleur d'eau , c'eft cete piece que vous voyez notée de la lettre B.

### Efpece  5. & 6.

I e vous reprefente icy les figures de deux globes aquatiques tout d'un temps foubz les nombres 84 & 85. à caufe du grand rapport qu'elles ont enfemble , quant à leurs effets, mais fort peu neantmoins quant à leur forme.  Dans la premiere figure le milieu du globe A , eft premiérement remply d'une matiere ou compofition aquatique lequel on bouche bien ferré par deffus d'un tampon ou cylindre de bois relevé par le haut comme il fe void en H, & percé d'outre en outre par le milieu pour y mettre l'amorce.  Aux lettres B & C vous avez des certains vuides, ou petits receptacles pour recevoir des petites & grandes fuzées.  Les lettre E & D marquent des petits canaux,par lefquels le feu eft porté à l'une & l'autre chambre qui renferment ces fuzées.  La lettre F, eft le trou qui infinuë le feu jufques dans une grenade de plomb , ou quelque petard qui f'attache ordinairement au deffouz du fonds.  Voyla pour ce qui concerne la premiére figure. Examinons un peu l'ordre & la compofition de la feconde. Dans celle-cy comme dans la premiere vous chargez le milieu, d'une compofition aquatique ; comme on void en la lettre A. Cette figure contient auffi deux ordres de fuzées, à fçavoir des grandes comme B & des petites comme C.  Les canaux qui apportent le feu du milieu du globe dans les deux fuzées font marquez des lettres H & I.  La lettre D. eft un petard de poudre grenée, fur lequel on pofe une rotule de bois en E. percée par le milieu. De plus en la lettre F vous voyez un autre orbe de bois qui fe

pofe

poſe ſur la cõpoſition aquatique,pareillement percé par le milieu en G,pour mettre le feu dãs ce petit magazin. K & L ſont des couvercles ou bouchons de papier colé , ou de toile bien trempée de colle,& quelque-fois auſſi faits d'une lame de fer avec quoy on couvre les tuyaux M N. qui renferment les fuzées courantes,apres qu'elles ſont bien ferme areſtées dans le globe,afin qu'elle ne paroiſſent point.    En fin O & P marquent deux excavations faites en demy-ronds,ſemblables à des petits canaux évuidez qu'on remplit de poudre battuë pour donner feu aux fuzées qui ſont renfermées dans ces tuyaux, poſez ſur cesdites excavations.    Le profil vous ſera ſçavant du reſte.

### Eſpece    7.

Faites faire un Globe de bois parfaitement rond & creu par dedans : vous y ferez des certains trous par dehors dãs ſon épaiſſeur d'une telle largeur qu'une fuzée courante y puiſſe entrer ſans difficulté. Prenez garde que ces trous ſoient percez en telle ſorte qu'il y reſte du bois à l'epeſſeur d'un doigt vers la partie concave du globe,qui veut dire entr'eux & la compoſiti-on aquatique contenuë dans le milieu du globe A. Dans le reſte de cete eſ-paiſſeur,vous ferez des petits trous,avec une tariere aſſez delicate,ou bien avec un poinçon de fer premiérement rougi au feu , comme vous les pou-vez voir en B: puis vous les remplirez de poudre battuë.    Cecy ordonné de la ſorte vous couvrirez ce globe par deſſus d'un cylindre de bois relevé en G, & percé par le milieu pour amorcer. Par deſſous en D, eſt une culaſſe percée pareillement par le milieu pour donner feu à un petard qui s'attache exterieurement contre le fonds.    En fin la lettre F, monſtre un contre-poids de plomb,qui ſert pour tenir le globe droit,& en eſtat ſur l'eau. Voyez la figure 86.

### Eſpece    8.

La forme de ce globe deſſiné au Nom. 87, n'eſt pas ſimple dans ſa conſtru-ction comme les precedents, mais bien d'une compoſition mixte: Car ſa partie inferieure, eſt un cylindre creu,couvert d'un chapiteau rond,ou pour mieux l'exprimer d'une demye-ſphere concave laquelle on void en G.    Le cylindre de ce globe eſt rempli de petards de papier:outre cela ce chapi-teau qui couvre tous les petards,& poſé ſur une certaine rotule de bois qui les ſepare d'avec la matiere,eſt rempli d'une compoſition aquatique comme nous le ſuppoſons en A. A travers cete rouë de bois cy deſſus alleguée paſ-ſe un tuyau de bois pareillement marqué en B , chargé de la meſme com-poſition que celle du globe de la quatriéme eſpece cy deſſus deſcrite. Il ſera d'une telle lõgueur qu'il puiſſe toucher preſque le fonds du globe;c'eſt à dire qu'il y doit demeurer un petit intervalle entre le fonds & le tuyau. Au deſ-ſous du tout,en la lettre E, eſt un petard de papier : F marque un contre-poids de plomb: & H eſt la lumiere où ſe met l'amorce pour donner feu à toute la compoſition.

### Eſpece    9.

Cete balle à feu que vous voyez au nombre 88 a la forme d'un ſpheroi-de; quoy que vous la puiſſiez faire parfaitement ronde ſi vous voulez. On la remplit par dedans de quelque une de ces compoſitions qui ſont diſpen-ſées cy deſſous pour les globes aquatiques ſeulement.Par dehors ſur la par-tie convexe de la balle on fait des évuidures , pour y mettre des petards de

papier : la lettre A vous les fait voir fur la mefme figure:à cofté en la lettre E ; vous voyez de quelle façon font faits les petards que l'on infere dans
ces cavitéz, à ces petards font attachées des certaines petites canules de fer
ou de cuivre, remplies de poudre battuë, & ajuftées en telle forte qu'elles puiffent emboucher exactement des petits trous qui font autant de lumieres, qui fe voient marquez en B dans ces mefmes excavations,par lefquelles le feu eft apporté du corps de la balle dans leur capacité. F vous
monftre la forme de ces petites canules, & comme elles doivent eftre ajuftées fur les petards.    La lettre C eft l'orifice fuperieur de l'amorce. En fin
D,en eft fon cylindre,que vous voyez deffiné pas loing de la figure,lequelle
doit eftre percé de part en part,pour donner entrée au feu.

## Efpece  10.

Pour ce qui touche la conftruction de ce globe marqué au Nomb. 89 vous
n'aurez pas beaucoup de difficulté à la concevoir ; le deffein de la figure
eft capable de vous la faire comprendre fans autre explication : voila pourquoy ie ne m'y arrefteray point autrement. I'adjoute feulement cecy. Premierement que cete petite chambrette qui eft au bas marquée de la lettre A, doit avoir de largeur ⅞ de la largeur du globe : fa hauteur fera une fois & demye de fa largeur.    Secondement ce globe aquatique B
tel que nous en avons defcrit un cy deffus dans la premiere efpece, fera environné de tous coftez d'une compofition pareillement aquatique comme
tout ce vuide H vous le laiffe à confiderer.    Vous couvrirez cete chambrette inferieure du couvercle de bois C; afin qu'apres que la poudre qui
fera renfermée dans fa capacité, aura receu le feu par ces petits tuyaux E,F
& G,elle puiffe avec plus de facilité, & de force,envoyer en l'air cete balle
que le ventre de voftre grand globe tenoit cachée, lequel prenant feu tout
d'un temps par le trou D, brûlera d'abord fur l'eau avec eftonnement des
fpectateurs,& leur fera voir bien toft apres par l'enlevement de celle qui de-
meuroit cachée,qu'ils eftoient deux corps en un.    En dernier lieu ie vous
adverty que la rotule qui fe met par deffus pour couvrir le tout, doit eftre
areftée fort & ferme, de peur que la violence du feu ne la faffe fauter, avant
que toute la compofition foit confommée.

## Efpece  11.

Si vous confidererez ce globe icy marqué du Nomb. 90 quant à fon effet,
vous le trouverez tout à fait femblable à celuy que nous venons de décrire cy deffus ; finon qu'il ne contient point de globe fpherique dans fa capacité, chargé d'une compofition aquatique comme le precedent.    Outre
qu'il retient la forme d'un cylindre plat par le haut & par le bas, & qu'il eft
remply de petards de fer,comme les lettres B & F le font voir.  Par deffus
vous le remplifez d'une compofition aquatique, auffi bien comme l'autre
cy devant décrit. A vous le fait voir.  Le tuyau de bois C, qui luy paffe à
travers le corps, & qui touche à la compofition enfermée dans la chambre
D, doit eftre chargé de la matiere que nous avons ordonnée en la quatriéme efpece de ces globes.    Proche de ces tuyaux vous faites un petit trou
par lequel le feu eft porté pout allumer les petards,lors que le globe fera enlevé en l'air. En fin la chambre D, dans l'endroit où elle eft le plus large,
doit avoir la largeur de ⅞ de la largeur du globe mefme ; fa hauteur fera de ⅞,
mais par deffous c'eft affez qu'elle foit large de ⅔ de la mefme largeur du glo-
be.La lettre G vous monftre un petard de papier qui s'attache au deffous du
                                                                      tout

-tout. H eſt un petit canal par lequel le feu eſt porté de cete chambrette
dans le petard.

## Eſpece 12.

Quant à la préparation du globe ſuivant, marqué du Nomb. 91. Il faut
premiérement avoir un globe de bois creu & d'une forme cylindrique,
qui ait par deſſous une chambre qu'on puiſſe remplir de poudre. La largeur de ſon orifice ſera tout au moins d'un pied de diametre ; Sa hauteur
ſera une fois & demye de ſa largeur. L'ayant tel, vous ajuſterez une rouë
de bois qui aura ſa circonference égale à celle du globe, en telle ſorte toutefois qu'on la puiſſe commodement approprier ſur le vuide du globe. Elle
ſera bouchée par deſſous avec un tampon de bois pour tenir la poudre ſerrée dans la chambrette, à travers duquel paſſera un tuyau de fer remply de
poudre bien battuë, ou de cete compoſition décripte en la 4 eſpece de ces
globes. Vous verrez la forme de cete rotule de bois dans la figure, aux
lettres A. B. C. D. E. En troiſiéme lieu vous preparerez ſix globes aquatiques ou d'avantage, comme vous le trouverez bon, de meſme forme que
nous en avons décripts quelques uns en la première, & ſeconde eſpece, &
dans les autres precedentes, chacun deſquels aura une canule de fer engagée dans ſon orifice, & remplie d'une bonne poudre battuë. Que tous ces
globes ſoient d'une telle grandeur & groſſeur qu'eſtans diſpoſez en rond &
joints enſemble, ils ayent une circonference qui n'excede point celle de
l'orifice du globe, dans leſquel on les veut loger, c'eſt à dire qu'ils y puiſſent entrer auſſi juſtement, qu'il ſera poſſible de les y mettre. Cecy eſtant diſpoſé de la ſorte, & ayant chargée la chambre du globe d'une poudre
grenée, on inſerera dans ce globe la rotule de bois de laquelle nous avons
fait mention cy deſſus : & ſur iceluy vous arengerez perpendiculairement
tout à l'entour du tuyau de fer les ſix globes aquatiques, puis vous les
couvrirez d'une autre rouë de bois laquelle ſera percée en ſix endrois, de trous, qui auront la meſme largeur que les tuyaux des globes ſeront gros, & les percerez avec tant de juſteſſe entre leurs diſtances qu'ils ſe
rapporteront ponctuellement aux embouchures des tuyaux des globes
leſquels paſſans à travers de cete dite rouë excederont tant ſoit peu ſa ſuperficie. Pour le mieux concevoir jettez les yeux ſur la meſme figure en
la lettre G. Sur cete derniere rotule, verſez moy une bonne quantité de
poudre battuë, meſlée de poudre grenée, ſur celle-cy ajoncez encore quantité de fuzées courantes autant que la capacité du globe en pourra contenir. Au milieu de toutes celles-cy, ajuſtez y en une plus grande que toutes
les autres qui ne ſoit pas percée, dans l'orifice de laquelle puiſſe entrer par
deſſous, ce tuyau de fer duquel nous avons parlé cy deſſus, qui eſt le meſme que vous voyez en H. Ce tuyau icy ſera percé en pluſieurs endrois juſtement au niveau de la rouë de bois, afin que le feu paſſant du tuyau par
ces trous, il puiſſe enflammer les fuzées qui y ſont poſées, & qu'au meſme inſtant tous ces globes doit les orifices ſurpaſſent la ſurface de la rotule
puiſſent auſſi bien recevoir le feu ; & de là, apres que le feu aura paſſé juſques
dans la chambre inferieure par le tuyau du milieu, eſtre envoyez bien haut
en l'air pour s'y faire entendre. Dans la meſme figure, la lettre F marque
les ſix globes aquatiques ; la lettre K la grande fuzée qui eſt poſée au milieu des courantes ; L fait voir la chambre, où ſe met la fine poudre ; M
un petit tuyau qui porte le feu juſques dans un petard de papier qui eſt noté de ON. Enfin ce globe eſtant ainſi preparé, & ajuſté ſuivant l'ordre que
nous

nous venons de dire, il sera caparaçonné par deſſus d'un chapperon convenable, puis plongé dans du goudron, pour le deſſendre de l'eau.

## Eſpece 13.

Ce globe aquatique que ie m'en vay vous dêcrire icy, & duquel vous voyez la forme au Nomb. 92, eſt appellé par les Allemands *Waſſer pum-
pe*, comme qui diroit une pompe à eau, un tuyau, ou autre ſemblable
organe hydraulique; ils l'appent encore *Waſſer-morſer*, qui ſignifie comme
un mortier aquatique, ou pour le moins, un mortier à ſervir dedans, ou ſur
les eaux, Or voicy quoy comme on le conſtruira. On prendra 7 tuyaux de
bois creux & vuides par dedans, qu'on enveloppera bien de toile collée, poiſ-
ſée, ou goudronnée: puis ils ſeront liéz fort & ferme, de cordes ou de ſi-
celle. Il vous ſera permis de donner telle hauteur à leurs corps, telle largeur à
leurs orifices, & telle eſpaiſſeur à leur bois qu'il vous plaira, reſervé neãtmoins
celuy qui ſera placé au milieu de toute la machine, lequel ſera tant ſoit peu
plus haut que les autres: vous joindrez tous ces tuyaux enſemble, & les
ajencerez à lentour de ce plus grand, enforte qu'ils ne ſacent qu'un corps
rond, ou cylindrique, comme la lettre D, vous le fait voir. Au deſſous de toutes
leurs extremitez inferieures vous ajuſterez pour toute baze & tout autre
fondement un morceau de bois rond, tel qu'il eſt marqué en C, auquel vous
attacherez ces tuyaux avec des petits cloux de fer, & ny eſpargnerez point la
colle, pour bien boucher les ouvertures, & lutter exactement toutes les
fentes, depeur que la compoſition qui y ſeroit renfermée ne prenne vent.
Cecy eſtant fait vous chargerez les tuyaux ſuivant cét ordre que vous pouvez voir en la figure marquée de la lettre A. Premiérement vous verſerez
dans le tuyau un peu de poudre grenée, environ à la hauteur d'un demy
doigt par deſſus le fonds: puis vous mettrez pas deſſus une balle aquatique
telle que vous voyez en G: ſur ce globe vous verſerez de la compoſition
lente; puis par deſſus de la poudre grenée; ſur cette poudre ſera poſé un
autre globe chargé de fuzées courantes, comme on les peut voir en H;
puis par deſſus ce globe vous verſerez derechef de la matiere lente avec de
la poudre grenée, & une balle luyſante qui ſe mettra par deſſus, comme on
void en L. Par deſſus tout cecy vous verſerez pour la troiſiéme fois de la
compoſition lente, avec de la poudre grenée comme auparavant: puis vous
la couvrirez d'une rotule de bois; ſur cette rotule vous garnirez le tuyau
K de fuzées courantes: non pas toutéfois ſi plein que vous ny reſerviez
au milieu un eſpace aſſez grand pour faire paſſer une cartouche de bois
remplye d'une compoſition aquatique. En fin pour achever d'emplir voſtre globe vous y verſerez de la compoſition lente, & puis le tamponnerez
bien par deſſus. Suppoſé maintenant que toutes vos fuzées ſoient chargées de la façon vous ferez ajuſter une planche quarrée ou ronde n'importe pas (laquelle aura un trou pareillement rond au milieu, de telle largeur en ſon diametre, que tous ces tuyaux joints enſemble comme vous les
voyez, y puiſſent entrer librement) laquelle vous arreſterez proche les
orifices des tuyaux, pour ſouſtenir ſur l'eau toute la machine, & la faire
flotter avec plus de ſeûreté pour les poudres, cete planche eſt marquée de
la lettre L. Le tout donc bien & deuëment preparé ſuivant l'ordre que ie
viens de dire; tout le globe ſera plongé, dans une quantité de goûdron:
puis on mettra dans l'orifice du tuyau du milieu la fuzée M, ou une petite
canule de bois remplie d'une matiere forte, & ardente ſur l'eau (de laquelle nous avons ſi ſouvent parlé) qui eſt celle là meſme dont ie vous ay
diſ-

dispensé la composition dans la quatriéme espèce de ces globes. Pour ce qui est du reste vous pourrez l'apprendre ayſement par les figures ſcenographiques que nous vous en avons tracées icy meſme.

Remarquez premiérement qu'il est neceſſaire que le tuyau du milieu ait un peu d'avantage de matiere lente que ceux qui l'environnent.

En Second lieu, notez que ſi vous deſirez que tous ces tuyaux Collatéraux prennent feu tous d'un meſme temps, il vous faudra percer des petits trousà la gráde cartouche du milieu qui reſpondrôt à chacune de celles qui la coſtoyent, par leſquels le feu ſera porté en un meſme inſtant dans tous les orifices de ces tuyaux pour les conſommer également, & dans le meſme temps. Que ſi vous ne deſirez pas en avoir une ſi prompte execution, mais que vous vouliez avoir le plaiſir de les voir bruſler tous les uns apres les autres, pour lors vous couvrirez leurs orifices bien fort, d'un bon gros papier; & ajuſterez dans chaque tuyau des petits canaux, remplis de poudre fine, & battuë, ou d'une matiere lente, par leſquels le feu ſera porté du fonds de celuy qui ſera conſommé, ſucceſſivement à l'orifice du plus prochain, qui n'aura pas encore fait ſon effet.

## COROLLAIRE I.

### Des Balles Aquatiques odoriferentes.

Faites faire par un tourneur des balles de bois, vuides par dedans, environ de la groſſeur d'une noix d'Italie, ou d'une pomme ſauvage: leſquelles vous chargerez de quelque une de ces compoſitions: eſtans toutes preſtes, & chargées vous les jetterez dans l'eau; apres les avoir allumées: mais i'entend que l'eau ſoit dans quelque Chambre, ou autre lieu renfermé, qui ne ſoit pas trop ample, ny ſpacieux, Ce ne ſera pas ſans avoir mis premiérement un petit bout de meche de noſtre eſtouppe pyrotechnique, afin que la compoſition qui eſt renfermée dans ce globe ſe puiſſe allumer avec plus de facilité. Voicy les compoſitions telles qu'elles doivent eſtre.

Prenez du Salpetre ℥ iiij, du Storax Calamite ℥ j, de l'Encens ℥ j, du Maſtic ℥ j, de l'Ambre ℥ ß, de la Civete ℥ ß, de la Scieure de bois de Geneure ℥ij, de la Scieure de bois de Cypres ℥ij, de l'Huyle de Spic-nard ℥j, faites-en voſtre compoſition ſuivant l'art & la methode ordonnée.

Ou bien Prenez du Salpetre ℥ij, de la Fleur de Soulphre ℥j, du Camphre ℥ ß, de la Raclure d'Ambre jaune, & miſe en poudre bien deliée ℥ ß, du Charbon de bois de tilliet ℥ j, de la fleur de Belzoi, ou d'Aſſa douce ℥ ß. Que les matieres triturables ſoient pulverizées, puis bien meſlées & incorporées enſemble.

## COROLLAIRE II.

### Des Compoſitions pour charger les Globes, ou Balles Aquatiques, qui brulent tant ſur l'eau, que dans l'eau.

I.

Premiérement prenez du Salpetre reduit en farine fort déliée 16 ᵪ. du
Soul-

Soulfre 4 ℔. de la Scieure de bois qui aura premiérement esté boüillie dans de l'eau salpetreuse, puis seichée, 4 ℔. de la bonne Poudre grenée ℔ ß. de la Raclure d'ivoire ℥iiij.

                                2.
Prenez du Salpetre 6 ℔, du Soulfre 3 ℔, de la Poudre battuë 1 ℔, de la Limure de fer 2 ℔, de la poix Greque ℔ ß.

                                3.
Prenez du Salpetre 24 ℔, de la poudre battuë 4 ℔, du Soulfre 12 ℔, de la Scieure de bois 8 ℔, de l'Ambre jaune raspé ℔ ß, du Verre grossiérement en poudre ℔ ß, du Camphre ℔ ß.

Pour ce qui concerne la forme de preparer toutes ces compositions, elle ne differe en rien de celle que nous avons décrite au traité des fuzées : hormis qu'il n'est pas necessaire que la matiere soit si subtilement battuë, pulverizée, ny tamisée, comme pour lesdites fuzées, mais toutes fois pas moins mêlée & incorporée avec le reste : On prendra bien garde qu'elle ne soit pas par trop seiche lorsqu'on en voudra charger le globe: Pour cete raison on l'humectera tant soit peu d'Huyle de lin, ou d'Olives, de Petrole, ou de Chenevis, de noix, ou de quelque autre humeur grasse, & susceptible du feu.

Notez qu'outre toutes ces compositions aquatiques que ie vous ay cy dessus proposées de mes propres & particulieres experiences, chacun en pourra faire comme il luy plaira pourveu toutefois qu'il prenne les matieres dans une autre proportion de l'une à l'autre. Cela vous sera à la verité assez facile, mais neantmoins ie vous conseil d'experimenter de temps en temps vos compositions pour le plus seur, avant que d'exposer vostre ouvrage à la veuë de tout le monde. Outre cela il importe beaucoup à qui veut bien s'acquiter de son devoir dans la preparation de toutes ces matieres aquatiques, & à qui en desire connoistre les vertus, & les forces en general lors qu'elles sont conjointement preparées, d'avoir une parfaite, & entiere connoissance de toutes les matieres en particulier qui entre dans les compositions aquatiques, de leur nature, de leurs vertus, de leurs effets, & de leurs proprietez : car comme dit Aristote au liv. 7 de sa Phisiq. Chap. 10. *Ex particularibus præcognitis universalis acquititur scientia:* La connoissance des choses particulieres nous porte à une science plus universelle & generale. Ce pourquoy vous remarquerez bien diligemment ce qui touche chacune de ces matieres en particulier.

La Poudre à Canon ou pyrique est le premier & principal ingrediant, la matiere la plus aspre au feu, & la plus violente en brulant de toutes celles qui entrent dans la composition : d'ou vient qu'elle resiste puissamment à toute sorte d'humidité, pour empescher que la flamme n'en soit suffoquée.

Le Salpetre bien clarifié, & purifié se met au second rang. Pour cecy nous avons de-ja traité assez au long cy dessus de sa nature, & de ses vertus incroiables dans la poudre. Mais outre tout ce que nous en avons dit il semble que dans les compositions aquatiques il a encore ie ne sçay quelle autre proprieté particuliere pour dissiper, escarter, & repousser bien loing les gouttes d'eau qui se presentent aux emboucheures, & orifices des machines aquatiques, par le moyen de la grande quantité du vent & de l'abondance des exhalaisons qu'il tient renfermées dans sa matiere.

Toutes les huyles qu'on mesle avec les ingredians pour les humecter, lors qu'elles y sont bien unies & incorporées, conservent la flamme malgré les eaux & semblent luy prester la main pour empescher qu'elle n'en soit suf-

primée,& ce à caufe d'une humeur graffe, jointe à une fubftance extrémement aërienne,& ignée qu'elles contiennēt, apres quoy le feu afpire avec
tāt d'afpreté,qu'il eft impoffible à cete matiere de s'en de faire lors qu'elle
en eft une fois furprife.   Car comme les huyles font naturellement d'une
fubftance affez efpaiffe , & tenace , leurs parties ne fe pouvans que difficilement, difjoindre,& diffiper, il eft fort mal-aifé que le feu en foit chaf-
fé par cét ennemy extranger, particuliérement lors qu'il y eft bien vivement attaché.  C'eft donc la raifon pourquoy il n'eft pas poffible à l'eau
de pouvoir compatir avec ces humeurs graffes, beaucoup moins de fe pouvoir infinuër dans leur fubftance,confideré qu'il y a un puiffant maiftre au
dedans,qui jure & promet de ne point quitter la place,qu'il n'ait premiérement diffipé tout ce qui luy appartient, ou tout ou moins qu'il n'ait enlevé
quant & foy tout ce qui fera capable de recevoir fa forme.

Le Soulfre a auffi des vertus qui ne font pas des moindres, & que nous
devrions bien avoir mifes dans les premiers rangs à caufe de leur excellence ; c'eft de luy que toutes les compofitions que nous avons deduites,ti-
rent une partie de leurs forces, & fans qui infailliblement elles demeure-
roient imparfaites ; puifque c'eft luy feul qui a un foin tres particulier , de
recevoir le feu, lors qu'on leur en prefente, puis apres l'avoir receu
de l'introduire dans les autres matieres qui luy font alliées.   Au refte ie ne
crois pas qu'on puiffe treuver  aucune efpece de matiere graffe, ou bitumi-
neufe,qui puiffe entrer en parallele avec fes proprietez,tant à retenir,& conferver la flamme du feu conceu dans la matiere, qu'à la deffendre & proteger à l'encontre de fes ennemis,qui par des qualitez oppofées, s'efffor-
cent à la deftruire, & fuffoquer : la feule caufe de cecy procede d'une cer-
taïne fympathie, qui fe rencontre entre luy & le feu, d'une naturelle con-
formité dans leurs humeurs, ou de ie ne fçaïs quelle amitie occulte qui fe
portent mutuëllement,& laquelle les rend infeparables l'un de l'autre quand
ils font une fois unis enfemble.

Entre les rares qualitez du Camphre, celle de retenir & conferver un feu
inextinguible n'eft pas d'une petite confequence, & il fe peut bien vanter
qu'il eft le feul entre toutes les matieres graffes,huyleufes & bitumineufes,à
qui la nature ait concedé une proprieté fi extraordinaire.  Qu'ainfi ne foit
ne voyons nous pas par experience que fans le fecours d'aucun autre ingrediant, il brûle parmy les chofes humides, & s'y maintient avec tant d'opiniatreté qu'il femble qu'il veüille mefme leur faire la loy chez eux , & dans
leur propre element. Si vous en doutez,allumez-en un morceau, & le pofez fur de la glace,ou fi vous voulez parmy de la neige ( pourveu toutefois
qu'il n'en foit point accablé,& qu'il y demeure une ouverture au feu pour
refpirer ) vous verrez qu'il la fondra infailliblement l'une & l'autre,& y fub-
fiftera malgré leur froideur,jufques à ce qu'il foit entiérement confommé.
De plus eftant reduit en poudre,puis allumé,& efpars fur la furface de l'eau
il produit un feu fort agreable à voir, car il femble que l'eau mefme fur laquelle il furnage à caufe de fon extréme legereté, foit toute en feu & en
flamme.  Sçachez neantmoins que s'il conçoit le feu fi aifement ce n'eft
pas à caufe de fa chaleur, mais bien par ce qu'il eft d'une nature fort tenuë
& graffe.  D'où vient cét eftrange effet & fi admirable qu'il produit , à fçavoir que fi vous en jettez dans un baffin fur de l'eau de vie , & que vous la
faffiez boüillir jufques à fon entiere evaporation , dans quelque fort eftroit, & tellement fermé,qu'il ny ait aucune ouverture tant aux parois,
qu'au lambris, ou au plancher inferieur, il fe rarefiera & s'y convertira en
une

une vapeur fi tenuë, & en un air tellement fubtil, que fi la porte de ce cabinet eftant ouverte à quelque temps de là, vous y entrez avec un flambeau allumé, tout cét air remfermé conçoit en un moment le feu qui paroift comme un efclair, fans toutéfois incommoder en rien le baftiment, ny fans que les fpeĉtateurs en reçoivent la moindre atteinte du monde. La caufe de ce rare effet procede d'une extréme rareté, qui eft conjointe à fa matiere; car on doit croire que le feu ne brufle aucunement, finon lors que fes parties font extrémement unies & ferrées: ce qui fe peut remarquer au papier de ce païs quand le feu s'y eft attaché fur lequel on peut franchement paffer la main fans fe bruler; de mefme en eft-il de l'eau de vie, laquelle produit un flamme fi tenuë, qu'un mouchoir en eftant moüillé elle s'y confomme de bout en bout, fans que le moindre fil du mouchoir en foit offencé.

Toute forte de poix, & de bitumes ( parmy lefquels on peut bien faire paffer la rapure d'Ambre jaune, quoy qu'elle n'ait pas beaucoup de rapport avec eux quant à fa nature, comme ie vous l'ay de-ja dit ailleurs, fuivant le fentiment de Scaliger ) produifent dans la compofition une puiffante fumée, laquelle contenant en foy beaucoup de feu, & quantité d'efprits aëriens, & confequemment eftant d'une nature fort legere, s'efforce de tout fon pouvoir de s'enlever en l'air, & de forcer tous les obftacles que l'eau luy pourroit oppofer; voila pourquoy rompant avec violence les parties les plus unies de cét element froid, elle fert comme d'avant-coureur au feu pour le faire paffer avec feureté, & luy faire un chemin libre pour s'envoler vers fon centre. D'où vient que fe trouvant fous l'eau amaffée en gros tourbillons, elle enleve de vive force en l'air celle qui s'oppofe à fa fortie, & caufant tout d'un mefme temps une infinité de gros boüillons fur fa furface, elle fait voir qu'elle n'eft pas d'humeur à fe foufmettre à un element qui eft ordonné pour fubfifter au deffous d'elle.

La Scieure de bois, la Limure de fer, la Raclure d'ivoire, & le Verre pulverizé, eftans une fois reduites en feu par les autres matieres qui en font plus fufceptibles qu'elles, font envoyées bien loing dans l'air par la force de la Poudre, & du Salpetre, là où elles paroiffent comme un grand brafier d'étincelles, & nous font voir un fpeĉtacle fort plaifant aux yeux: puis tout d'un temps retombans dans l'eau, elles nous font entendre un bruit, que produit un peu chaleur refté dans leur fubftance, dans l'inftant qu'elles fe joignent avec l'humidité, lequel n'eft pas defagreable. Or vous devez fçavoir que toutes ces eftofes que ie viens de deduire ne font pas feulement employées, dans la compofitiõ pour la fatisfaĉtion de l'ouyë, & de la veuë, mais auffi qu'elles aydent encore de beaucoup au feu pour le fortifier, & maintenir fes rayons unis enfemble: Ce qui eft en partie la raifon pourquoy il s'oppofe fi puiffamment à toute forte d'humidité. Auffi leur veritable office eft de multiplier les parties du feu, & d'en produire en quantité: car de cete grande abondance de feu, & de l'extréme union de fes parties, procede le mefpris qu'il fait de la refiftance de fon ennemy, & de tous les deffeins qu'il pourroit avoir de le fuffoquer: s'il eft vray que les forces & vertus les mieux unies foient les plus puiffantes. Or eft-il que cete force ne reçoit pas encore un petit accroiffement lors qu'elle fe trouve contrainte: ou quand on luy empefche la liberté de fa refpiration, à caufe de quantité de parties qui demeurent au dedans lefquelles fe refoudroient; jointes à une matiere trop abondante qui l'accroit par la contrainte de fes

par-

ties dans un lieu si limité, & par conséquent leur force ( comme dit Scaliger) en est de beaucoup augmentée.

Voila ce que i'avois proposé de vous dire touchant les matieres dont on se sert à remplir le vètre des globes aquatiqnes,i'espere que cecy nec servira pas de peu au Pirobolifte,pour reüssir dans toutes ses pratiques, pourveu qu'il observe de point en point toutes les circonstances,l'ordre,& la methode,que nous luy avons proposée.

Vous me permetrez de vous presenter encore ce plat de dessert,en faveur que la comparaison,& du rapport qu'il y a de la force,& puissance du feu, avec les qualitez contraires de l'eau, & des vertus qu'ils exercent mutuellement l'un sur l'autre,lors qu'ils en sont aux prises,pour la souveraine préeminence.

*Cùm Chaldæi ignem haberent Deum, circumferentes quòd omnia pervinceret, unum Deum existimari volebant, cæterarum enim gentium Dii, quia ære, argento, ligno, lapide, aut hujusmodi aliquâ materia constarent, eos aiebant igne consumi. Id cùm ad Canopi sacerdotem adlatum esset, ut erat ingenio ad astutiam composito, hydriæ pertusæ aquâ plenæ foramina cerâ obduxit, & totam variis pinxit coloribus, & symulachro ( quod gubernatoris Menælai esse ferebatur) prius abscisso capite, aptavit. Non ita multo post tempore cùm Chaldæi venissent, ignemque symulachro admovissent, facturi ipsi periculum num posset & Egiptiorum Deum superare, liquatâ cerâ sensim effluens rimis aqua ignem extinxit,ut Ægyptiorum Canopus sacerdotis astutiâ Chaldæorum Dei victor ceperit ab aliis coli.* C'est une histoire qui est assez commune laquelle Philander rapporte de Suidas chez Vitruve en la preface du Liv. 7.Ruffinus en fait aussi mention en l'histoire ecclesiastiqué liv. 2, chap. 26. à peu pres en ces termes. Du temps que les Chaldéens sacrifioient au feu, comme à une divinité qu'ils reveroient par dessus toutes les autres puissances celestes & elementaires,ils se vantoient que leur Dieu seul pouvoit surmonter toutes choses,& par conséquent qu'il estoit juste & raisonnable, (à ce qu'ils disoient ) qu'on luy rendit tous les honneurs,& tous les hommages qu'on avoit accoûtumé de deferer aux autres: adjoûtans pour raison que les Dieux des autres nations,fussent-ils d'airain,ou d'argent, de bois, de pierre,ou de quelque autre matiere encore plus dure,n'avoient aucune resistance à faire à l'encontre du leur qui en devoroit autant comme on luy en pouvoit fournir. Ce qui ayant este rapporté à un Sacrificateur Canopien homme qui estoit d'une humeur assez gaillarde, & d'un esprit fort subtil,entreprit de les des-abuser,en leur faisant voir qu'il y avoit encore quelque autre puissance à laquelle leur Dieu seroit contraint de ceder; pour en venir aux preuves il fit faire pour cét effet un grandissime vaisseau percé de trous en plusieurs endrois, & fort proprement bouchez de cire, lequel ayant fait peindre de diverses couleurs,il le fit proprement ajuster sur les espanles d'un grand simulacre ( qu'il feignit estre la statuë du Gouverneut Menelas) en la place de la teste qu'il luy avoit fait oster. Quelque temps apres les Caldéens estans venus pour voir la decision de ce different qui estoit entre ces deux belles divinitéz, on fit paroistre le feu devant son ennemy qui l'attendoit de pied ferme: en effet à la veuë d'un si puissant Colosse, la colere luy estant montée au visage,il l'attaqua si resolument,à son abord, & s'y attacha avec tant de violence, & d'opiniatreté qu'il ny eut personne qui d'abord ne jugea qu'il deut emporter le prix de la victoire,& demeurer maistre du champ de bataille,veu l'immobilité,& le peu de resistance de son Adversaire. Mais le sort qui en avoit ordonné autrement fit bien tost chan-

Z

ger d'opinion aux fpeĉtateurs,car fort peu de temps après que ce grãd corps fut efchauflé d'un bout à l'autre, & que fa flamme du Feu mefme eût brifé les fers qui luy tenoit les mains liées,& fait fondre les obftacles de cire qui retenoit fon ennemis emprifonné dans la ceruelle de cette Statuë,il fe fentit infenfiblement furpris d'une fueur froide,qui luy coulant depuis la tefte jufques aux pieds,luy ralentit bien toft fon ardeur, & luy oftât tout d'un temps l'efperance de fortir de ce cõbat victorieux comme il s'eftoit promis. Comme en effet il ne tarda guere,car bien toft apres, toutes les bondes de ce vaifleau eftant ouvertes il fe trouva accablé de tous cofté, & fût conftraint d'avoüer en mourant qu'il eftoit vaincu,& que l'Eau luy devoit eftre preferée par tout.Les Chaldéens auffi honteux qu'affligéz,de voir leur beau Dieu en fi piteux eftat,fe retirerent fort mal-fatiffaits de ce combat, & ceffans de lors d'adorer le Feu,ils prirent le party des Ægyptiens. Voila le fuccez qu'eût la fineffe du Preftre Canopien.

### COROLLAIRE III.

Du poids jufte & legitime qu'on peut determiner pour chaque
Globe Aquatique.

Pour ce qui regarde les promeffes que ie vous ay faites dans la defcription de la premiere efpece des globes aquatiques, i'y fuis trop engagé pour m'en pouvoir dedire. C'eft donc une chofe tres evidente tant par les experiences que nous en avous faites, que par les demonftrations mefmes d'Archimede ( en fon liv. πεὶ τῶν ἐχουμένων, *feu de infidentibus humido*, prop: 3. 4.&7.)où il parle des corps qui fe mettent fur les eaux:*quòd folidarum magnitudinum quæ æqualem molem habentes æquè graves funt atque humidum : in humidum confiftens demiffæ , mergentur ita ut ex humidi fuperficie nihil extet: non tamen adhuc deorfum ferentur. Solidarum verò magnitudinum quæcunque levior humido fuerit demiffa , in humidum manens , non demergetur tota , fed aliqua pars ipfius ex humidi fuperficie extabit. En fin : folidæ magnitudines humido graviores demiffæ in humidum ferentur deorfum , donec defcendant : & erunt in humido tanto leviores , quanta eft gravitas humidi molem habentis folidæ magnitudini æqualem.* C'eft à dire que des grandeurs folides celles qui eftant de pareille groffeur, font de mefme pefanteur que l'eau ou tout autre humide:eftans plongées dans une eau arreftée,elles s'y maintiendront en telle forte qu'il ny paroiftra rien de ces corps au deffus de la furface fans pour cela fe porter vers le fonds. Mais au contraire, des grandeurs folides, celles qui feront plus legeres que l'humide, y eftans mifes dedans, elles ne fe plongeront point tout à fait,mais une partie d'icelle paroiftra toufiours au deffus de la furface de l'eau. En fin les corps folides qui font plus pefans que l'humide y eftans jettez, defcendront vers le bas, & s'y trouveront d'autant plus legers que cét humide qui contient les grandeurs folides aura plus de rapport, ou d'égalité avec elles. Voila pourquoy comme tous ces globes qui fe font pour nos vfages font ordinairement de bois, & quoy que leurs vuides foient chargez d'une matiere aquatique, ils ne laiffent pour tout cela d'eftre legers, & ne fe rencontrent pas de pois égal à une maffe d'eau comprife fous une pareille, & égale groffeur : d'où vient qu'eftans jettez dans l'eau ( fuivant ce que nous venons de dire cy deffus d'Archimede)ils furnagẽt en partie,& font en partie plongez:
Et

Et cela se fait en telle sorte que les parties du globe qui sont au dessus de l'eau, rejettent, & impriment toujours le defaut de leur pesanteur sur la masse de l'eau contenuë soubs un égal circuit avec le globe. Outre cela les parties qui sont dans l'eau, ont un tel rapport avec le tout, que le poids du globe aquatique a avec la pesanteur d'un corps égal à l'eau, & ainsi peut on dire en renversant la proposition. De là il s'ensuit que la grosseur du corps aquatique égale à la partie submergée du globe, est toujours équipondérante à tout le corps du globe aquatique. Comme par exemple ayez un globe aquatique du poids de 3 ℔, jettez-le dans l'eau en telle sorte, que les trois parties estans chachées souz l'eau il n'en paroisse qu'une seulement au dessus de la surface. Ie dis maintenant que le poids du globe aquatique est surmonté du poids de la masse d'eau égale au globe aquatique, de de la mesme proportion, que les parties submergées sont surmontées du tout, c'est à dire d'une quatriéme partie : & par ainsi que la masse d'eau égale en grandeur au globe aquatique, est du poids de 4 ℔. Et au contraire prenant la proposition à rebours, si le poids d'une masse d'eau, est supposé bien connu, & que l'on y plonge un globe jusques aux trois quarts de sa hauteur, il est tres constant que le globe sera plus leger d'un quart que la masse d'eau : c'est à dire qu'un corps aquatique semblable, contenant 3 parties de mesme nature, & telles que sont les 4 du globe d'eau, pesera autant que tout le globe aquatique l'un & l'autre estant mis en balance : Or si les trois parties de cete masse d'eau, égales aux trois parties du globe aquatique sont de 3 ℔ : on pourra dire franchement que le globe aquatique est pareillement du poids de 3 ℔. Mais veu que nous avons accoûtumé de construire nos globes aquatiques non seulement à déssein qu'ils puissent nager sur la surface des eaux, mais encore afin qu'y flottans à fleur comme on dit, ou qu'estans tout à fait plongez dedans, ils puissent élever en l'air quantité d'eau par le moyen du feu, des flammes, & des estincelles qu'ils vomissent en abondance dans le temps de leur combustion, & aussi afin que le feu ne souffre pas qu'il y soit suffoqué de l'eau, qui l'assiege de tous costez, au contraire qu'augmenté de plus en plus en ses forces il puisse surmonter la violence de l'eau, ( qui est le veritable nœud de l'affaire, & le seul but où tous ceux de nostre profession doivent unanimement viser.

Que si maintenant ces globes aquatiques sont plus legers que la masse d'eau qui leur est égale, ils ne plongeront pas dans l'eau jusques aux bords de leurs orifices, mais surpasseront en quelque façon la surface : & consequemment à mesure que le feu viendra à consommer la composition aquatique contenuë dans la capacité des globes, d'autant plus legers en deviendront-ils & s'esleveront vers le haut, surmontans toûjours la surface de l'eau, & se decouvrans de plus en plus jusques à ce qu'il n'y reste seulement dans l'eau que cete partie à laquelle la masse d'eau égale à tout le globe qui surnage, est équipondérante. Voila pourquoy il y faut adjoûter quelque poids qui fasse le globe d'eau équipondérant à la masse d'eau égale, afin que la superficie superieure du globe submergé soit de niveau avec l'horizon de l'eau : ou un peu plus pesante si vous voulez, que la masse d'eau égale, par le moyen de quelque poids qu'on y adjoûtera, afin qu'il demeure tout à fait caché sous l'eau, ce qui sera beaucoup meilleur pour la raison que j'ay apportée cy dessus, à sçavoir, à cause de la successive consomtion des parties de la matiere renfermée & consequemment de la legereté du globe qui luy succede.

Z 2         Ot

Or en quelle façon on pourra connoiftre la legereté d'un globe d'eau au reſpeſt d'une égale maſſe d'eau ; & meſme les parties que la ſurface de l'eau ne couvrira pas lors qu'il y ſera plongé : ou bien comment on pourra ſçavoir quel poids de plomb on attachera au globe aquatique, lors qu'il ſera plus leger que l'eau pour le rendre équiponderant, ou tant ſoit peu plus peſant. De plus comme quoy on pourra decouvrir le poids d'une maſſe d'eau égale à un globe aquatique, ſans peſer,ny meſurer,tant le globe,que la maſſe d'eau par la voye ordinaire des mechaniques,afin de tirer la connoiſ- ſance du reſte de ce qui touche cét affaire,le tout ſe pourra voir clairement par le calcul du globe aquatique, que nous avons décrit cy deſſus , dans la premiere eſpece.

Nous avons ſuppoſé & defini l'axe, ou le diametre du globe aquatique ſuperieur de neuf parties égales : chacune desquelles ſera priſe pour une once du pied Rhenan : de là on pourra ayſement connoiftre la ſolidité , & le poids d'un globe de bois en cete façon.

Soit poſée la proportion telle: comme 21 eſt à 11, de meſme en ſoit- il du cube du diametre du globe de 9 onces ( qui eſt 729 ) à la ſolidité du globe,en poûces ou onces cubiques;ſuivant les demonſtrations de Chriſto- phorus Clavius,Geomet. prat. liv. 5.fol. 253. Il ſortira de cete operation en- viron 381 doigts cubiques, leſquels contiendroit ce globe s'il eſtoit ſolide & plein : mais comme il eſt creu & vuide,& que le diametre de ſon vuide eſt de 7 poûces , il eſt doncques queſtion de chercher la capacité , & cor- pulence de ce vuide s'il eſtoit ſolide. Soit donc poſé derechef comme de 21 à 11. de meſme du cube du diametre du vuide de 7 onces , à la capaci- té du vuide.Or eſt-il que le cube du diametre eſt de 343.par ainſi ſa capacité ſe connoiſtra apres l'operation , de 276 doigts cubiques ou environ. Or maintenant,249 doigts que peut comprendre le vuide, eſtans ſouſtraits de 381 qui eſt la corpulence du globe entier, ( lequel nous avions d'abord ſuppoſé ſolide ) vous aurez de reſte 102 doigts cubiques, que contient le corps de bois ,du globe environnant le vuide, dont l'eſpaiſſeur eſt d'un doigt de tout coſtéz : à ce reſte adjoutez encore la corpulence du demy globe ſolide poſé ſur le tampon, qui bouche l'orifice du globe. Voicy comme quoy vous la pourrez chercher.

Doublez le plan de la baſe de l'hemiſphere ( lequel ſera de trois doigts & demy quarrez , ou de 42 lignes : veu que le diametre ſur lequel l'hemiſ- phere du cercle repoſe, eſt de deux de ces doits que nous avons dit cy deſſus ) il en viendra pour la ſuperficie conuexe ( ſans conter la baſe) 7 doigts, ou 84 lignes quarrées. En fin multipliez-la par ⅓ du diametre de la baſe de l'hemiſphere , vous aurez au produit pour la ſolidité de l'hemiſ- phere 336 lignes ſolides, qui font un cinquiéme de doigt , & 48 lignes cubiques : lesquelles eſtans adjoutées en une ſomme avec le nombre ſu- perieur conſtituëront un corps cubique dont la ſolidité ſera de 202 doigts & ⅗,avec 48 lignes,ou ſi vous voulez le tout reduit en lignes, vous aurez le nombre de 349392 lignes cubiques.

Vous chercherez pareillement le poids de ce corps en cette ſorte. Sup- poſez premierement que ce corps ſoit de fer. Or comme ſuivant les re- gles données au Chap. 6. Liv. 1. un globe ou boulet de fer dont le diametre eſt de 4 doigts , doit eſtre du poids de 8 ℔: voyla pourquoy il ſera fait com- me du globe du diametre de 8 ℔ de fer , à 8 ℔ qu'il peſe : de meſme de la ſolidité du globe aquatique ſuperieur à ſon propre poids, s'il eſtoit de fer. l'operation eſtant parachevée, on trouvera 25 ℔, 4 on. 3 drag. & 8 gr. ou
en-

environ, pour le poids du globe. Derechef si vous faites la position ( suivant les nombres proportionnels des metaux lesquels nous avons faits voir dans la table du Chap. 9. Liv. 1. ) comme de 42 à 3, de mesme de ce poids immediatement treuvé, ( qui est de fer ) au poids du bois de ce mesme globe ; vous trouverez que le poids du globe de bois sera de 1 ℔, 12 onces, 7. drag. & 5 gr. ou environ.

La Composition aquatique qui remplit le vuide du globe, soit icy supposée de 8 ℔, 10 onces, 2 den. & 7 gr. Que le poids du petard de fer soit pareillement supposé de 4 onces : & que la poudre grenée que contient le petard pese une once. Adjoutez maintenant le poids du globe de bois, avec le poids que pese la composition aquatique, & le petard, vous aurez en tout 10 ℔, 11 onces, 7 drag. 2 den. & 12 grains.

Suivant cete mesme methode vous pourrez reconnoistre le poids d'une quantité, ou masse d'eau égale en grosseur, à un globe aquatique proposé. Or nous avons dit au liv. 1. Chap. 12. suivant le tesmoignage des Anciens qu'un vaisseau d'un pied cubique Romain estant remply d'eau pesoit 80 ℔, Romaines mesurables, mais des ponderables 66, & 8 onces seulement. Outre cela au Chap. 21 du même livre suivât les observations de Snellius nous sommes demeurez d'accord que l'Ancien pied Romain, estoit égal au pied Rhinlandique, lequel nous avons tousiours appellé pied Rhenan ; de là il s'ensuivra qu'un pied cubique Rhenan d'eau, devroit pour lors contenir autant de livres, qu'il en contenoit auparavant. Mais comme i'ay treuvé par mes experiences particulieres, qu'un corps cubique d'eau, tous les costez duquel seroit de 6 onces, ou d'un demy pied Rhinlandique ( l'eau prise dans le Rhin mesme, proche de Leiden en Hollande ) pesoit environ 8 ℔, & 2 onces ponderables des nostres, la livre supposée de 16 onces, Or comme d'ailleurs un corps cubique mesuré d'un pied entier, comprend 8 semblables corps, par consequent il pesera 65 ℔ ou environ des nostres. Et parce que d'autre costé un pied cubique comprenant 1728 doigts cubiques, pese pareillement 65 ℔ : voila pourquoy 381 doigts cubiques qui constituent un corps aquatique, ou si vous voulez une masse d'eau égale au globe aquatique, peseront 14 ℔ 5 onc. 2 drag. 1 den. & 8 gr. Comme il sera fort aisé à voir, à celuy qui voudra prendre la peine d'en faire l'espreuve.

Or ça conferons maintenant les deux poids l'un avec l'autre, c'est à dire tant du globe aquatique remply d'une composition convenable, lequel est de 10 ℔, & 11 onces, 7 drag. 2 den. & 12 gr. que de la masse d'eau, égale en grosseur au globe aquatique. De la mesme façon que nous avons cherché 14 ℔, 5 onc. 2 drag. 1 den. & 8 gr. nous trouverons par la soustraction du moindre nombre hors du grand, 3 ℔ 9 onc. 2 drag. 1 den. & 20 gr. de difference. Or comme celle-cy est exactement la quatriéme partie du poids de la masse d'eau, on pourra inferer que le globe aquatique sera d'un quart plus leger que la masse d'eau qui luy est égale : & conséquemment que les trois quarts de la masse, égaux en grandeur, aux trois quarts du globe aquatique, seront aussi pesants que tout le corps du globe.

Voila pourquoy, si nous voulons preparer un globe aquatique en telle sorte qu'estant jetté dans l'eau, il y soit plongé tout entier sans que pour tout cela il descende au fonds, mais que la partie ou surface superieure dans laquelle se forme l'orifice, soit égale & de niveau justement avec la superficie de l'eau, il faudra adjouter au globe aquatique ce poids qui constitue la difference entre l'un & l'autre, à sçavoir la quatriéme partie du poids de

la

la masse d'eau, laquelle est de 3 ℔,9 onces,2 drag. 1 den. & 20 gr. C'est à
dire qu'il faudra attacher au fonds du globe un morceau de plomb qui sera
équiponderant à cete difference : ou bien on fera une cavité à l'entour du
tampon inferieur du globe, dans laquelle on versera autant de plomb fondu qu'il en faudra pour égaler le poids qui fait cete mesme difference. En
fin ie treuve qu'on fera fort bien,si on ajoûte encore au poids de cette mesme difference quelques onces,pour tant de raisons que j'ay deduites cy dessus,lesquelles il n'est pas à propos de vous redire icy.

Or pour vous faire voir ce point sur l'axe du globe aquatique, avec un
certain cercle,qui de là mesme en est fait,& formé sur la surpercie convexe
du mesme globe, par lesquels si on tire un plan égal & parallele à l'horizon
tel que le plan de l'eau, ( encore bien qu'elle ait une toute autre figure en sa
superficie, laquelle trompe les yeux du vulgaire,mais non pas le jugement
ny l'esprit de ceux qui en sçavent le contraire &qui en connessent la cause)
il retranchera une quatriéme partie de tout le globe aquatique ( comme il
retrancheroit en effet en la surface,ou separeroit au moins imaginairement,
du reste du corps contenu & caché souz la superficie, le plan de l'eau, si
d'avanture on luy avoit jetté,& que ce globe aquatique fût devenu plus leger,que la masse qui luy est egale,pour la raison que nous avons dite. Voicy
comme vous devrez proceder.

Puis que suivant Lucas Valerius parlant du centre de gravité des solides
liv.2.prop.33.*Hemispherii centrum gravitatis sit punctum illud in quo sic axis di-*
*viditur ut pars que ad verticem sit ad reliquum ut 5 ad 3.* Qui veut dire par là
que le centre de gravité d'un hemisphere est le point auquel l'axe se divise
en telle sorte que la partie qui est vers le haut ait sa proportion avec le reste,
telle que 5 a la sienne avec 3. Voila pourquoy vous pouvez diviser le demy-diametre du globe,ou l'axe de l'hemisphere en 8 parties égales: & comme chacune d'elles est composée de 6 lignes & ⅓,par ainsi de l'axe de l'hemisphere, ou 33 lignes ⅓, ou bien 2 doigts & 9 lignes & ⅓, mesurez sur l'axe
depuis le haut du globe, vers le fonds du mesme, donneront le centre
de gravité de l'hemisphere : par lequel si vous tirez un plan également
distant de l'horizon, il divisera l'hemisphere en deux parties égales, &
équiponderantes. Car c'est ce qu'on appelle proprement : *Centrum gravi-*
*tatis uniuscujusque corporis,*le centre de gravité de quelque corps que se soit,
suivant la definition de Guidon Vbalde,& des autres Mechaniques. *Punctum*
*intra extrave positum, circa quod undique partes æqualium momentorum consi-*
*stunt ; ita ut si per tale centrum ducatur planum figuram quomodocunque secans,*
*semper in partes æquiponderantes ipsum dividat.* Ce point soit qu'il soit posé
dehors ou dedans, à l'entour duquel les parties des moments égaux consistent, en telle sorte que si on tire un plan par un tel centre,divisant la figure
en quelque façon que se soit,il la divise tousiours en parties équiponderantes. C'est pourquoy la moitié de l'hemisphere, qui est en haut vers la partie
où se forme l'orifice du globe,est une quatriéme partie du globe aquatique.
Et si de ce point immediatement treuvé sur l'axe du globe on en décrit, côme du centre,un cercle sur quelque plan, dont le rayon est une ligne perpendiculaire au rayon du globe, laquelle est tirée du point du centre de
gravité de l'hemisphere,vers la circonference exterieure du globe : & que
l'on prenne un fil de la mesme longueur qu'est la circonference du cercle,&
qu'ayant liez les deux bouts ensemble,on l'ajuste sur la partie convexe du
globe,il marquera par son tour un certain cercle, qui respondroit également
à la superficie de l'eau qui environneroit le globe de tous costez, si d'avanture

ture on y en avoit mis un qui fût plus leger de la quatriéme partie de son poids,qu'une masse d'eau egale à sa grosseur.

De dire maintenant, & de monstrer comment on peut treuver les parties aliquotes d'un entier sur d'autres corps, dont on peut donner des figures à l'infiny , outre les reguliers, ou ceux qui en sont voisins ; & qui approchent le plus de la regularité,ou de traiter comment on les doit separer du reste de la masse du corps,c'est ce qui n'est pas icy,ni de mon intention ; ny mesme de mon devoir. Que le Pyroboliste qui sera curieux de l'apprendre prenne la peine,d'aller voir Villalpandus Tom.3.part.2. ou Keplerus en sa nouvelle Stereometrie,outre un infinité presque de Braves Geometres, & Mecha-ques qui en ont escrit assez au long.

Au reste le poids d'une masse d'eau au pied cubique, & de là la façon de treuver la pesanteur de divers corps qui nagent sur les eaux, ou qui flottent entre deux,se peut varier infiniment,à cause du poids differant de l'eau dans une masse égale : d'ou vient qu'il nous faut retracter ce que nous avons dit touchât les eaux au Liv.1.Chap.12. Or sçachez qu'on ne doit point se mettre en devoir de faire aucune operation pour chercher le poids de quelque corps nageant sur les eaux,ou d'un autre tout à fait plongé,qu'on ne sçache premiérement bien le poids de l'eau contenuë dans un vaisseau du pied cubique,ou tout au moins d'une de ses parties aliquotes: autrement on s'esloignera trop loing du but de la verité.Tout ce que ie vous ay icy proposé,n'est que pour exemple seulement,& pour vous frayer comme un sentier,qui vous puisse seurément conduire au chemin royal de tant de merueilleuses operations.

Mais premier que de quitter la plume,si faut-il que j'adjoûte à tout cecy, une petite methode pour peser en l'eau toutes sortes de corps tant reguliers qu'irreguliers(qui sont ceux pour qui elle est particuliérement inventée)laquelle ne sera pas moins agreable à nostre Pyrotechnicien ,qu'elle luy sera utile &necessaire.Ie lay tirée de Marinus Mersennus:ie vous la presente de sa part en mesmes termes qu'il nous la laissée dans ses Phenom.Hydr.prop.46.

*Quam Archimedes vocat magnitudinem , intellige de corpore , licet ipsum va-cuum , sive spatium nullo corpore plenum sub hac voce possit. ab aliis intelligi qui credunt hujuscemodi spatium minimè repugnare ; quod spatium si intelligatur in aquam descendere , quæ proptèrea solito altius ascendat , idem ac corpus durum præstabit , quemadmodum vas aliquod aëre solo plenum in aquam impulsum idem efficit , ac idem vas aqua , vel alio liquore plenum , adeo ut si quis singat spatium aliquod cubicum nullius gravitatis , in aquam vi quácunque immersum , idem aquæ respectu facturum sit ac æqualis plumbi cubus , si tanta vis requiratur in illo spatio vacuo in aqua retinendo,quanta fuerit æqualis plumbi gravitas.*

*Verùm ad magnitudinem solidam eamque duram accedamus ; sitque corpus ali-quod aqua levius , cujus gravitas innotescet , si gravitas aquæ , vel humidi , cui innatat , & pars illius immersa , vel emersa cognoscatur , ut antea dictum est:sit enim pars demersa ad totum corpus ut 1 ad 12, aquæ gravitas erit ad corporis gra-vitatem ut 12 ad 1 , hoc est aqua decuplo gravior erit ; si pars corporis immersa sit totius corporis subquadrupla,vel subdupla,quadruplo, vel duplo gravior erit cor-pore aqua toti corpori æquali.*

*Sed & alia ratione corpus illud aquæ innatans , seu aqua levius ponderabitur, adjuncto nempe aliquo corpore aqua graviori, quale plumbum , cujus gravitas nota sit , quòd levius secum in aquam immergat : moles enim aquæ utrique æqualis, erit differentia gravitatis illorum corporum in aere , & in aqua : ex cujus molis gravitate pondus corporis aqua levioris innotescet. Ablata siquidem gravitate mo-*
lis

*lis aqueæ plumbo æqualis,à tota mole aquæ utrique corpori æquali, supererit aquæ gravitas magnitudine corpori aquâ leviori æqualis.*

*Sit exempli gratia baculus , vel cylindrus ligneus, cujus gravitas in aëre* 12 *unciarum , cui undecim plumbi unciæ annectantur , ut illum demergant : Cum in aqua plumbum illud decem solummodo sit unciarum , moles aquea plumbo æqualis unius erit unciæ. Sit autem utriusque corporis in aquam mersi gravitas* 16 *unciarum , quæ fuerat in aëre* 23 *unciaram , quarum differentia , nempe* 7, *ostendit molem aquæ baculo, plumboque æqualem esse* 7 *unciarum, à quibus ablata mole aquæ plumbo æquali, unius unciæ, supererit moles aquæ* 6 *unciarum , baculo æqualis. Idemque contingit si plura corpora humido leviora beneficio plumbi , vel alterius corporis aqua gravioris immergantur.*

*Cavendum est tamen ne corpus aere levius , vel etiam gravius , aquam in suis poris admittat , quod propterea gravius quàm revera sit,in aere inveniretur:quanquam huic incommodo possis occurrere cera,pice , vel alio glutine corpori circumdato ; nam aquæ mole æquali ceræ , vel alteri glutini , ablatâ , moles aquæ reliqua porosi corporis gravitatem ostendet. Priùs tamen explorandum quodnam glutinis pondus ligno,lapidi,vel alteri corpori poroso circumpositum sit,& quæ sit ratio gravitatis illius ad aquæ gravitatem.*

*Verbi gratia si fuerit cera circumducta* 22 *unciarum in aëre , moles aquæ ei æqualis erit* 21 *unciarum:atque adeo moles aquea* 21 *unciarum erit primùm auferenda,ut reliqua moles corporis æqualis sua gravitate corporis gravitatem demonstret,ut ante dictum est.*

Imaginez vous (se dit-il) que toutes & quantes fois qu'Archimede parle de grandeur,il entend parler de corps , soit qu'il soit vuide, ou soit que cét espace plein de ce qui n'est pas corps , ou de rien du tout, puisse estre pris sous ce mesme mot , de ceux là mesmes qui croient que ce genre d'espace n'a aucune repugnance,ny resistance en soy.    Que si vous supposez que ce corps descende dans l'eau , laquelle à son respect s'eslevera plus haut que de coûtume , un corps dur & solide à plus forte raison n'en fera pas moins puis que par exemple un vaisseau remply d'air seulement estant poussé dans l'eau fait la mesme chose que si le mesme vaisseau estoit remply d'eau , ou de quelque autre liqueur,enforte que si quelqu'un s'imagine un espace cubique qui n'ait aucune pesanteur,lequel soit plongé dans l'eau par force , il sera le mesme effet au respet de l'eau qu'un cube de plomb qui luy sera égal , supposé qu'il soit besoin d'autant de force pour retenir cét espace vuide dans l'eau, que la gravité du glomb égal sera grande.

Mais passons un peu plus avant,& considerons cete grandeur solide comme un corps dur.    Soit par exemple supposé un corps plus leger que l'eau, duquel la pesanteur se pourra facilement treuver par la connessance que vous aurez de la gravité de l'eau , ou de tout autre humide,sur lequel il nage,de la partie submergée du mesme corps,& de celle qui surnagera comme nous avõs dit cy dessus. Que la partie dõc submergée sous l'eau ait une telle proportion à son entier , que 1,a avec 12, Ie dis que la gravité de l'eau sera à la gravité du corps, comme 12, est à 1. C'est à dire que l'eau sera dix fois plus pesante ; que si d'avanture la partie submergée du corps,est la subquadruple,ou subduple du corps entier,l'eau sera plus pesante au quadruple,ou au double, qu'un corps égal à sa masse entiere.

On pourra encore par une autre voye peser un corps nageant sur l'eau,ou pour plus proprement parler un corps plus leger que l'eau , à sçavoir en y adjoutant un corps plus pesant que l'eau, tel qu'est le plomb duquel la pesanteur sera connuë, qui par son poids fait plonger quant & soy les

cho-

choſes legeres:car il ſera aiſé d'inferer qu'une maſſe d'eau egale à l'un & l'autre ſera juſtement la difference de gravité de ces corps en l'air, ou dans l'eau : par la peſanteur de laquelle on pourra connoiſtre le poids du corps qui ſera plus leger que l'eau, ſuivant cette conſequence; que la peſanteur d'une maſſe d'eau egale au plomb eſtant oſtée, & retranchée de la maſſe entiere d'eau, égale à ces deux corps, il reſtera une peſanteur égale en grandeur au corps plus leger que l'eau.

Par exemple ſoit donné un baſton ou cylindre de bois, duquel la gravité en l'air ſoit de 12 onces : attachez-y 11 onces de plomb pour le faire plonger, & le jettez ainſi dans l'eau. Ie dis que comme ce plomb n'eſt plus que de 10 onces ſeulement dans l'eau, une maſſe d'eau égale à ce plomb ſera juſtement d'un once. Or ſuppoſons maintenāt que la peſanteur de l'un & l'autre corps plongé dans l'eau ſoit de 16 onces, laquelle eſtoit auparavant dans l'air du poids de 23 onces : cete difference qui eſt 7 monſtre qu'une maſſe d'eau egale au cylindre de bois & au plomb, peſera 7 onces, deſquelles ſi vous retranchez une maſſe d'eau égale au plomb, à ſçavoir une once, il y reſtera 6 onces pour une maſſe d'eau égale au cylindre de bois. Ainſi en arrive-t'il ſi l'on ſubmerge pluſieurs corps enſemble plus legers que l'eau, ou l'humide ou l'on les plonge, par le moyen d'un plomb, ou de quelque autre corps plus peſant que l'humide qui les reçoit.

Il faut pourtant ſe bien donner de garde qu'un corps plus leger que l'air, ou ſi vous voulez plus peſant n'admette de l'eau dans ſes pores, qui pour cete raiſon ſe trouveroit plus peſant dans l'air qu'il ne le ſeroit en effet: quoy que l'on peut aſſez aiſement éviter ce danger à ſçavoir en enduiſant bien le corps de cire, de poix, de colle, ou de quelque autre eſpece de luttement; car ayant ſouſtrait une quantité d'eau, égale à la cire, ou à quoy que ſe ſoit qui ſert d'enduiment à la maſſe entiere d'eau, infailliblement le reſte donnera à connoiſtre la peſanteur de ce corps poreux. Il faudra toutefois premier avoir experimenté avec la balance quelle quantité de colle, ou de cire, on aura mis à l'entour de ce corps poreux, ſoit qu'il ſoit de bois, ou de pierre ou d'autres choſes ſemblables. Outre cela quelle proportion il y aura de la gravité avec la peſanteur de l'eau.

Comme par exemple ſuppoſez le poids de 22 onces de cire employées à l'entour de ce corps eſtant en l'air; infailliblement une maſſe d'eau qui luy ſera égale peſera 21 onces: par ainſi il faudra premiérement retrancher une maſſe d'eau de 21 onces, ſi l'on veut que le reſte de la maſſe du corps égal, vous faſſe conneſtre par ſa peſanteur, combien peſe ce corps meſme, comme nous avons de-ja dit cy devant.

Si vous en deſirez ſçavoir d'avantage touchant l'ordre & la methode de peſer les corps graves par cete voye, voyez le meſme Autheur dans ce meſme traité prop: 43.44.45.47. & les autres, il vous donnera toute ſorte de ſatisfaction ſur ce ſubjet. Si celuy-là ne vous ſuffit Galileus de Galilée en parle auſſi fort nettement; outre ces Meſſieurs icy vous avez un petit livret de Nicolas Tartaglia lequel eſt compoſé en langue Italienne, avec ce titre: *Ragionamenti de Nicolao Tartaglia : ſopra la ſua travagliata inventione.* Avec un autre encore qui porte cete inſcription : *Regola generale da ſulevar é miſurar non ſolamente ogni offondata nave: ma una torre ſolida, di metallo, trovata da Nicolao Tartaglia.*

A a Cha-

# Chapitre II.

### Des Globes recreatifs fautans fur des plans horizontaux.

### Efpece 1.

**P**renez moy un globe de bois , creu par dedans, parfaitement rond, avec fon orifice, & fon cylindre bien approprié pour le boucher, de la mefme proportion & forme que ce globe que nous avons defliné, & décrit en la premiere efpece du Chapitre fuperieur, où nous avons traité des globes aquatiques. On le chargera pareillement de la mefme matiere que nous avons chargé les globes aquatiques. Faites faire en apres 4 petards de fer , ou d'avantage fi vous voulez, de la mefme forme & figure que nous les avons dépeints au profil du nombre 93, aux lettres A. B. C. D. vous les chargerez jufques aux orifices de la plus excellente poudre grenée que vous aurez , & les boucherez bien fort par deffus avec des bouchons de papier, ou d'eftouppe bien ferrée : puis ayant percé des trous dans le globe, d'une telle grandeur & largeur que ces petards y puiffent entrer tout à l'aife , vous les arrefterez bien avec des cloux par dehors le globe ; ainfi vous aurez voftre globe tout preparé : lequel fi vous laiffez en liberté dans quelque lieu plain & uni, apres y avoir mis le feu, vous luy verrez faire autant de fauts qu'il aura de petards attachez à l'entour de fa rondeur.

### Efpece 2.

**F**aites faire un globe de bois folide, autant rond qu'il fera poffible; enduifez le de cire tout à l'entour: puis coupez moy des bandes de papier affez lõguettes, & larges de deux ou trois doigts, & les collez diverfement fur la fuperficie du globe ; enforte qu'il en foit tout couvert de tous coftez, non pas d'un fimple feulement, mais jufques à l'efpaiffeur d'une ou de deux lignes. Ou ce qui fera beaucoup meilleur, & plus aifé. Prenez de cete maffe, ou pafte, laquelle on prepare ordinairement dans les papeteries pour faire le papier, diffoudez-la avec de l'eau de colle, & en enveloppez toute la fuperficie de voftre globe. Puis la faites feicher petit à petit proche un feu fort lente, & moderé : eftant bien feiche divifez la en deux parties égales. En fin apres avoir mis le globe aupres d'un feu, affez chaud pour faire fondre la cire, vous en tirerez de deffus deux hemifpheres de papier toutes creufes, comme vous pouvez vous imaginer, avec quoy vous conftruirez un globe fautant, à la façon que ie m'en vay vous dire. Prenez trois fuzées communes, chargées, & percées fuivant la methode que nous avons dite en la premiere efpece des fuzées montantes; hormis toutefois un petard de poudre grenée qui n'eft pas icy neceffaire. Ces fuzées feront d'une telle longueur , qu'elles n'excederont point la largeur du diametre interieur des hemifpheres. Ajuftez moy propremēt ces fuzées dans l'une ou l'autre de ces hemifpheres, & les y difpofez en telle forte que là où l'une aura fõ col, ou fa partie inferieure l'autre y ait fon orifice , & fa partie fuperieure; & voicy la raifon de cete contr'-oppofition, qui eft afin qu'auffi toft que la premiere fera confommée, & que le feu fera parvenu à fon extremité, la feconde le reçoive incontinent, & par mefme moyen qu'elle faffe retourner le globe en arriere; de mefme de la troifiéme, quand celle cy luy aura communiqué le feu. Il faudra routefois bien foigneufement prendre garde que le feu ne paffe fecretement de la premie-

miere fuzée,à la feconde ou troifiéme, auparavant qu'elle foit tout achevée
de brûler : c'eft ce que vous pourrez aifement éviter fi vous vous reffou-
venez de ce que nous avons dit cy deffus touchant deux fuzées jointes enfemble, lesquelles font faites pour courir fur des cordes. Or pour donner feu
à ce globe vous ferez un trou dans voftre hemifphere de papier tout viz-à
viz de l'orifice du col de la premiere fuzée , tel que vous le voyez en la
lettre D, dans le profil marqué du nombre 94. En fin toutes les ceremonies requifes à la veritable fituation de ces fuzées eftans achevées , vous re-
joindrez l'autre hemifphere à celuy cy, & recollerez bien proprement les
commiffures par où elles je joignent, avec du bon papier , & les ferrerez le
mieux qu'il vous fera poffible; depeur qu'en courant,tournant,& virant ça &
là, dans le temps que les fuzées feront leurs effects , ils ne viennent à fe feparer l'une de l'autre, par ainfi que voftre travail,& voftre d'épenfe ne fervet
d'une matiere de rifée aux Spectateurs, & à vous de confufion , au lieu d'un
applaudiffement.    En fin fuppofé qu'il foit bien reünit,& fermé, mettez le
feu à l'amorce qui refpond à la premiere fuzée,puis lafchez librement voftre globe fur un plan horizontal qui foit bien égal, & vous le verrez cour-
rir,aller & venir avec un viteffe, & un mouvement fi extraordinaire,qu'il ny
aura perfonne qui fe ne s'en eftonnera. Dans la mefme figure fcenographi-
que les lettres A. B. C. marquent les fuzées , & montrent comme on les
doit arenger dans l'hemifphere.

## Efpece 3.

Ce globe icy n'eft pas beaucoup diffemblable à celuy que nous avons décrit dans la premiere efpece;fi ce n'eft quà celuy-cy on attache quantité
de petards,fur la fuperficie exterieure lefquels font difpofez fuivant l'ordre
que vous voyez en la figure du nombre 95; fur laquelle, les petards font
marquez de la lettre A, & le trou de l'amorce de la lettre B.

# Chapitre III.

### Des Globes recreatifs aëriens,qui fe jettent avec le Mortier.

Lors qu'il vous prendra fantaifie de vouloir conftruire un de ces globes à feu qu'on envoye en l'air avec le mortier , vous aurez foin devant que de vous attacher à toute autre chofe de prendre bien exactement le diametre de l'orifice de ce mefme mortier qui doit faire
une telle execution. L'ayant treuvé, vous le diviferez en 12 parties égales ,
une defquelles vous donnera le vuide du globe;les autres ꞉꞉ parties refteront
pour le diametre du globe,que vous voulez conftruire.Vous diviferez derechef ce diametre en 6 parties égales,La hauteur depuis A jufques en C fera
égale à la largeur,ou au diametre du globe. Le demy-diametre du demy-cercle C I, fera de ꞉,ou de la moitié de la hauteur, ou de la largeur du globe.
L'efpeffeur du bois,aux coftez H I fera de ꞉꞉ du mefme diametre, mais l'efpeffeur du couvercle A K fera de ꞉ du mefme diametre du globe.La largeur
interieure du globe,aura par fon diametre G H꞉ de la mefme largeur du
globe. La hauteur de la chambre où fe met l'amorce B F aura pareillement
꞉ & ꞉ du diametre:mais fa hauteur ꞉ feulement c'eft à dire que fa hauteur fera une fois & demye de fa largeur. Pour le regard de la largeur du trou de
l'amorce,ou de la lumiere, fe fera affez d'un quart,ou d'un fixiéme.

Voila

Voila tout ce que ie vous peux dire touchant la proportion des globes de cete nature, quant à ce qui se doit observer pour la structure Symme-trique du bois. Mais pour le regard de la charge, les especes suivantes vous en monstreront l'ordre. La figure de ce globe duquel le suivant de la premiere espece semble emprunter son invention, aussi bien que quelques autres de ceux qui suivent, se peut distinctement voir, & comprendre par le profil marqué du Nomb. 96.

Remarquez icy que la proportion de ces globes à raison de leurs formes se doit seulement entendre de ceux là qui se jettent avec les grands mor-tiers, à sçavoir ceux qui porteront aux diametres de leurs orifices 30, 40, 60, & 100 ℔, de pierre, & d'avantage encore s'il s'en treuve : Mais pour le regard des moindres qui ne portent que 6. 10. 15. ou 20 ℔. de pierre, on leur pourra ajuster de ces globes de papier collé, & roulé comme des cylin-dres: hormis les fonds qui par dessous seront de bois, avec leurs chambret-tes, & leurs lumieres, par où ils reçoivent le feu.

### Espece 1.

Prenez de ces Cannes ou des Roseaux vulgaires, & les coupez justement aussi longues que le globe sera haut dans sa partie concave: puis les char-gez d'une composition lente, faite de 3 parties de poudre battuë, & de 2 parties de charbon, & d'une partie de soulfre, humectée tant soit peu d'huyle de petrole: toutefois aux bouts d'en bas qui se posét sur le fonds du globe ils seront chargez de poudre battuë, humectée pareillement d'un peu d'huyle de petrole, ou arrousée de brande-vin, puis seiché derechef, pour leur faire prendre feu avec plus de vitesse & de facilité. Vous Espardrez sur le fonds du globe tant soit peu de poudre batuë avec moitié de poudre grené mêlée parmy. Ces roseaux estans chargez de la sorte vous les ajen-cerez dans la concavité d'un globe tel que nous l'avons décrit cy dessus, autant comme il en pourra contenir. Puis vous le couvrirez bien par dessus, & l'envelopperez bien fort tout autour d'une toile imbuë de colle, ou de quelque autre luttement fort tenace. Par dessous vous attacherez aussi une piece de drap, ou de laine bien pressée, d'une forme ronde, justement sur le trou de l'amorce. Vous Chargerez la Chambrette de la mesme compo-sition lente de laquelle les roseaux sont remplis, ou bien d'une des deux suiuantes. La premiere desquelles sera faite, de 8 parties de Poudre, de 4 parties de Salpetre, de 2 parties de Soulphre, & d'une de Charbon. La Seconde sera composée, de 4 parties de poudre, & de 2 de Charbon. Bat-tez, meslez, & incorporez tous ces ingredients si bien ensemble qu'ils ne fassent qu'un corps. Pour conclusion attachez à l'entour de l'orifice avec un peu de colle pyrotechnique ( de laquelle nous toucherons un mot en passant au Chapitre suivant ) ou sur l'orifice mesme de la lumiere du globe, un peu d'estoupe pyrotechnique ( laquelle se prepare comme vous l'avez apris au Liv. 2. Chap. 29 ) avec de l'autre qui sera éparse & lasche. Le mes-me profil qui se void au nombre 96 declare le tout par ordre, car la lettre L. marque les roseaux qui sont inferez dans le globe : le reste n'a pas besoin d'exposition

### Espece 2 & 3.

Ces deux especes de globes recreatifs qui vous sont representez sous les figures des nombre 97 & 98 sont tout à fait semblables à celuy de la pre-miere espece, il y a seulement cecy de difference entr'eux qu'on charge le
pre-

premier de fuzées courantes, & le dernier au contraire de petards de papier avec quantité d'eſtoiles, & d'eſtincelles pyrotechniques meſlées de poudre battuë leſquelles ſe poſent confuſement par deſſus leſdits petards. Ce n'eſt donc pas la peine de nous arreſter d'avantage à ces deux ſortes de globes, puis que l'on peut tirer aiſement la conneſſance du reſte de leur conſtruction de ce que nous avons dit cy deſſus, & des profils qui ſont ſi clairs, qu'il eſt impoſſible d'errer, à celuy qui les voudra conſiderer.

### Eſpece 4.

Ce globe icy que nous mettons au rang de ce ceux de la quatriéme eſpece, & duquel ie vous propoſe la figure au nombre 99, n'eſt pas ſi difficile dans ſa conſtruction qu'il ne ſe puiſſe aiſement comprendre par la figure meſme. Premierement le plus grand globe, dans lequel on en ajuſté un autre plus petit, eſt le meſme que nous avons décrit parmy les eſpeces ſuperieures, tant à raiſon de ſa forme, que de ſa preparation; car on le charge de fuzées courantes auſſi bien que celuy que nous avons donné dans la ſeconde eſpece, avec cete difference neantmoins, qu'en celuy cy nous n'avons qu'un ſeul ordre de fuzées, comme la lettre A le fait voir; là où au contraire, la concavité de l'autre en eſt toute remplie. Tout au beau milieu des fuzées vous dreſſez un globe, ayant la forme d'un cylindre, & le fonds plat, tel qu'il ſe void en B avec une Chambrette, & un trou pour amorcer fait en D. La capacité de ce globe ſe remplit de petards de fer tels que G vous le marque. Puis on le couvre par deſſus d'un couvercle pareillement plat marqué en E. De plus vous remplirez les chambres à amorcer, des meſmes compoſitions deſquelles les globes ſuperieurs ont eſté chargez. Pour ce qui eſt des lumieres qui portent le feu, on les chargera auſſi d'une bonne poudre battuë.

### Eſpece 5.

Pour ce qui regarde la conſtruction de cete cinquiéme eſpece de globe recreatif, elle ne differe en rien de la quatriéme que nous venons de décrire cy deſſus, ſinon que le globe eſt plus grand, & plus capable, lequel en renferme deux autres moindres inferez l'un dans l'autre. Le plus grand eſt marqué de la lettre A. qui eſt chargé des tuyaux D; deſquels nous avons ſi ſouvent donné la conſtruction: Ils ont tous leurs orifices tournez vers le fonds du globe, lequel doit eſtre ſurſemé de poudre battuë, meſlée avec de la poudre grenée. Le Second qui eſt engagé entre les deux autres marqué de la lettre B, eſt pareillement chargé d'un ordre de fuzées courantes, comme on les peut remarquer en E. En fin le troiſiéme, & le plus petit, marqué de C, eſt auſſi remply d'autres petites fuzées courantes, notées d'un F en la figure, au milieu deſquelles s'adjuſte un globe luiſant en la lettre G. Pour ce qui eſt du reſte, on y procede ſuivant le meſme ordre que nous avons preſcript aux autres globes ſuperieurs. Voyez le profil marqué du Nomb. 100. il ſuppléera aux deſſauts de noſtre expoſition, ſi d'avanture il vous y reſte encore quelque doute.

### Eſpece 6.

Faites premiérement faire un globe de bois au milieu duquel ſoit un mortier avec une Chambrette on petit reſervoir à poudre: tout à l'entour duquel on formera comme une Berme pour y arenger des certains tuyaux de

pa-

papier , vous y creuserez un petit canal qui se remplira de poudre battuë
pour porter le feu par tout.　Cela fait vous infererez dans ce mortier un
globe recreatif chargé de fuzées courantes , de petards 'de papier, ou de fer,
de roseaux , ou en fin d'étoiles & d'étincelles , lesquelles ie vous ay si amplement décrites ailleurs　Sur ce canal donc,vous ajusterez vos cartouches ou tuyaux de papier justement de la mesme façon que nous avons fait
au Chap. superieur dans la sixiéme espece des globes aquatiques , puis vous
les emplirez de fuzées courantes , & les couvrirez bien par apres d'un fort
papier collé , ou d'une toile imbibée de colle.　lettez l'oeil sur le profil du
nombre 101 , sur lequel la lettre A vous fait voir le globe de bois tout
nud , & tout dechargé : cete mesme lettre A marque aussi son mortier, E
le canal, D la lumiere ou le trou de l'amorce: C la chambre de l'amorce.
Mais dans l'autre figure laquelle nous avons notée d'un B, la lettre F marque tous les tuyaux de papier qui se doivent poser sur cete berme canelée.
Le reste est assez aisé à comprendre à qui considerera bien le dessein de
l'Autheur dans la figure.

## Espece　7.

Vous donnerez ordre qu'on vous fasse un globe de bois, duquel la hauteur soit le double de la largeur.　Tel qu'il se void en la figure 102. Sa
hauteur donc comme vous voyez depuis A jusques à B, est le double de
sa largeur C D.　Voila quant à sa forme exterieure. Vuidez-le par dedans
jusques à la moitié seulement , i'entend la partie superieure,de la mesme façon qu'il a esté fait aux globes recreatifs precedents.　Vous chargerez apres
ce vuide de fuzées courantes , ou de petards,ou de quelqu'une de ces autres inventions que nous avons données cy dessus.　Puis vous y adjusterez
bien proprement un couvercle par dessus.　La partie inferieure de ce mesme globe aura en E une Chambre à mettre l'amorce dont la hauteur, & la
largeur seront de ⅞ du diametre de la largeur du globe. La lumiere par où se
portera le feu sera large d'un quart , ou d'un sixiéme du mesme diametre.
Cela fait vous percerez des trous tout à l'étour de cette partie inferieure du
globe , dans la solidité du bois , en telle sorte toutéfois qu'ils ne passent pas
jusques au tuyau du milieu qui porte le feu dans le globe superieur, mais
qu'entr'eux,& ce conduit,il y demeure du bois solide à l'épesseur d'un demy doigt : dans lequel neantmoins serons percéz avec un poinçon assez
delié , rougi au feu,des petits trous qui aboutiront tous à celuy du milieu.
Voyez comme cela se peut faire dans la mesme figure aux lettres G & I.
Vous ferez donc ces trous d'une telle largeur,que des petards de fer y puissent entrer librement , ou bien des fuzées courantes.　Vous redire maintenant comment on les y doit mettre , ce qu'on doit observer pour les faire partir apres estre allumez , & ce qu'il faut faire ou éviter pour en tirer des effets loüables , & tels que nous les pourrions souhaiter , c'est une
chose qui a esté tant de fois dite,que la repetition vous en sembleroit à la fin
ennuyeuse & importune.　Passons plustot à l'espece suivante.

## Espece　8.

La structure de ce globe suivant , n'est pas tant considerable , pour son artifice , qu'elle est admirées des Spectateurs pour les beaux & plaisants
effets qu'elle produit en l'air : & ie veux bien dire que ce n'est pas une chose vulgaire ny commune parmy les Pyrobolistes de pouvoir representer dans
l'air,pendant une nuit obsure , & nubileuse , des lettres de feu , des certains

ca-

caracteres, des noms entiers, voire mesme des sentences differentes, toutes de flammes. C'est icy dans la construction de cete espece de globe, laquelle j'ay moy mesme inventée, & pratiquée fort souvent, que ie vous en feray voir un de cete nature, & qui produira des tels effets qu'il vous sera impossible que vous ne les trouviez admirables:en voicy la methode & l'ordre. Ayez en premier lieu un globe de bois, de la mesme forme & façon,tant en hauteur, largeur, qu'espaisseur, à celuy de la premiere espece de ces globes, ou des suivantes, n'importe pas. Or la chambrette de l'amorce A, dans le profil dessiné au Nombre 103, aura sa largeur & hauteur de ⅓ du diametre de la largeur du globe. Outre cete dite chambrette, vous y en formerez encore une autre,pour y chacher de la poudre grenée, dont la hauteur C D, sera égale à la largeur D E: ( laquelle est aussi de ⅓ du diametre du globe ) mais le conduit de l'amorce aura seulement sa largeur subquadruple de ce petit reservoir à poudre que ie vous viens de dire, ou bien de cette chambrette où se met l'amorce. Vous ferez faire aussi un autre globe d'une forme cylindrique, dont le fonds sera en quelque façon arondy exterieurement,comme on le peut remarquer dans la mesme figure en la lettre F. Son couvercle G entrera tant soit peu dans celuy du grand globe, afin que le petit qui est enfermé dans sa capacité y demeure ferme & immobile, & qu'il soit perpendiculairement dressé sur la poudre qui est renfermée dans le vuide du reservoir inferieur. Vous emplirez donc la concavité de ce petit globe de fuzées courantes, d'étoiles, ou d'étincelles, comme le profil vous le fait voir. Vers la partie inferieure par où le fonds arondy de ce globe se joint au costé droit du mesme globe vers H, on arrestera bien ferme une roüelle de bois, percée par le milieu d'un trou égal à la largeur du diametre du globe ; Outre cela sur les bords elle sera toute percée de trous, telle que vous la voyez dessinée en la lettre I: ou si vous voulez vous la pourrez faire canelée tout à l'entour comme elle se void en K: Ou bien en fin vous planterez tout à l'entour sur le fonds du globe des petits clous de fer,assez deliez,en tel ordre que l'un ne surpasse point l'autre,mais que toutes leurs testes fassent superficiellement un cercle parfait,dont le diametre corresponde justemēt au diametre de la largeur interieure du globe,& sa circonference à la circonference du mesme.Voyez le profil en la lettre L.Apres donc que vous aurez preparez ce globe de la façõ prenez moy des longs esclats & deliez de une coste de baleine: ( que les Allemands appellent *Walfischbein* ) Or comme elles ont cete proprieté qu'elles se peuvent courber,& plier sans danger de se rompre, & que mesme elles se portent naturellement à un recourbement volontaire: voila pourquoy nous nous servons dans des semblables occurrences de cete matiere. Vous en ajusterez donc deux petites guindes ou reglets,lesquels quoy que spiralement roulez, ayent neantmoins tant de corps, & de forces qu'ils puissent estans relachez,retourner à leur premiere droiture malgré leur contrainte. Ayant donc pris deux de ces esclats, ou reglets, de baleine que ie viens de dire, apres les avoir joint ensemble ; disposez - les en telle sorte que leurs parties cõvexes soient tournées en dedans,& leurs concaves en dehors, comme il vous est aisé de voir sur la figure marquée de M. Puis de ces deux reglets courbes & contr'-opposez, liez par les deux bouts, & par le milieu,vous en ferez une regle droite ( telle qu'elle se void en N) laquelle demeurera tousiours dans ce mesme estat, & qui quoy qu'elle soit pliée, torte, roulée, & mise en quelle que posture que vous voudrez re-

tour-

tournera de son propre mouvement à sa premiere droiture lors que vous luy permetrez un libre retour.

Disposez donc deux de ces reglets sur quelque plan bien uny en distances égales (considerez icy la lettre O, sur la figure composée de ces caracteres artificiels *Vive le Roy* ) & y en attachez deux autres plus courts en angles droits aux deux costez en telle sorte que vous en formiez le parallelogramme rectangle P. T. S. Q. Ces quatre pieces estans bien liées vous ajusterez dedans avec du fil de fer, ou de laiton ( ou ce qui sera beaucoup meilleur ) avec des morceaux mesmes de ces costes de baleines bien delicatemēt appropriez des lettres, & caracteres tels que vous aurez dessein de representer dans l'air, d'une telle grandeur neantmoins qu'ils n'excederont point la hauteur du vuide H R, ou quand mesme ils seront un peu plus courts, ils n'en iront que mieux, comme nous avons fait dans nostre exemple. Ces lettres seront éloignées l'une de l'autre de la largeur d'une palme, ou tout au plus de la longueur d'un pied, en fin elles seront disposées conformement à la largeur & capacité de vostre globe, où vous les voulez faire entrer. Vos lettres estant bien ajustées & arrestées dans vostre parallelogramme, prenez de l'étouppe pyrotechnique lasche & esparse, preparée suivant la seconde methode que nous avons donnée au Chap. 29 du Liv. 2, & les enveloppez ioliment toutes, depuis un bout jusques à l'autre, puis les trempez de brande-vin dans lequel vous aurez premierement dissout un peu de gomme arabique, ou de gomme tragacant, & leur jettez de la farine de poudre dessus, à mesure qu'elles seicheront. Ie vous adverty cependant qu'il faut bien se donner de garde que ces guindes de baleines qui forment le parallelogramme ne soient aucunement embarassées de ces étouppes : depeur que les lettres venant à brûler, leurs flammes ne se confondent ensemble, & par ainsi que difficilement on ne les puisse distinguer dans l'air. Que si maintenant vous avez dessein que vos lettres descendent perpendiculairement sur l'orizon, pour lors vous attacherez deux petits poids, en S. & en Q. seulement. Que si au contraire vous desirez que le plan du parallelogramme, responde dans sa descente au plan de l'orizon ( mouvement qui luy est un peu estrange neantmoins, & mesme difficile, à cause de l'air qui s'y oppose ) vous en attacherez encore deux autres en P & en T. C'est à dire qu'il y en aura aux quatre angles du parallelogramme. Bref le tout estant bien disposé, tournez-le fort adroitement contre la superficie interieure du globe en telle sorte qu'il soit perpendiculairement posé sur H, dans le grand globe, par apres remplissez bien les espaces vuides qui sont entre les lettres, d'une poudre battruë. Cela fait couvrez le globe par dessus, & je vous asseure qu'il n'y a rien de plus ravissant à voir, & que vous recevrez un plaisir indicible des effets d'un tel globe, pourveu que vous observiez bien tout ce que ie vous ay proposé pour sa construction.

Remarquez que non seulement on peut representer en l'air, des lettres, & des caracteres differents ; & flambants par cete façon de proceder : Mais encore, les Armes des Princes, & Grands Seigneurs : outre cela des figures humaines, des representations d'Animaux, toutes differentes en apparence, lequels, paroistront tous environnez de feu & de flamme, & voltigeans dans l'air, ce qui ne donnera pas peu de plaisir à ceux qui se trouveront presens à ce spectacle. Mais il faut que vous sçachiez que pour bien reüssir dans des si belles & difficiles entreprises, il faut avoir le sens commun bon, & le jugement naturel dans une grande perfection, outre une

con-

connesfance dans l'art pyrotechnique, & dans les chofes dont elle a de
de befoin , laquelle ne doit pas eftre vulgaire ; ce qui venant à manquer, ie
ne confeille à perfonne de s'y engager puis qu'Efculape mefme,ny tous ces
Meffieurs de la Faculté,ne pourroient dans toute l'eftanduë de leur fçience
trouver aucun remede,qui pût reparer le moindre deffaut qui s'y pourroit
commetre.

## COROLLAIRE I.

### Des Balles luifantes , telles que nous avons de coûtume de les employer dans les feux de joye, que les Allemands appellent *Lichtkugel.*

Il y a deux fortes de balles luyfantes , à fçavoir les recreatives , & les féri-
eufes, ou belliques , mais nous parlerons des dernieres en leur lieu , nous
ferons feulement icy mention comme en paffant de la preparation des recreatives.

Prenez de l'Antimoine crud 2 ℔, du Salpetre 4 ℔, du Soulfre 6 ℔, de la
Colophone 4 ℔, du Charbon 4 ℔.

Ou bien, Prenez de l'Antimoine ℔ß , du Salpetre j ℔ , du Charbon j ℔ ,
du Soulfre ℔ ß, de la Colophone j ℔, de la Poix noire ℔ ß.

Vous mettrez l'une ou l'autre de ces deux compofitions ( toutes les matieres eftant au prealable bien battuës ) dans un chauderon d'airain,ou dans
quelque vaiffeau de terre verniffée,& les ferez fondre fur le feu.   Puis jetterez dedans de l'eftouppe de lin ou de chanvre;autant qu'il en faudra pour
abforber toute la matiere ; & cependant que la mixtion fe refroidira vous
en formerez des balles rondes comme des plotons , d'une telle grandeur
que vous les voudrez avoir , ou que vous les jugerez plus propres aux
ufages,auquels vous les voudrez employer.   Puis en fin apres les avoir bien
enveloppéz dans de l'étouppe pyrotechnique,vous les mettrez dans des fuzées , ou dans des globes recreatifs tant aquatiques , qu'aëriens: c'eft à dire
dans ceux qui s'envoyent en l'air avec le mortier.

## COROLLAIRE II.

### Des Eftoiles & Eftincelles Pyrotechniques appelléez par les Allemands *Stern-veuer* & *Veuerputzen.*

Les Eftoiles pyrotechniques ont cete difference d'avec les Eftincelles en
ce que celles-cy font plus grade que celles-là & qu'elles ne font pas fi toft
confomméez par le feu , que les eftincelles, mais elles fubfiftent plus longuement dans l'air,& y reluifent avec plus de durée , & d'une lumiere qui
à caufe de fon extréme fplendeur,eft en quelque façon comparable avec les
étoiles attachées dans le firmament.   On les prepare fuivant la methode
qui s'enfuit.

Prenez du Salpetre ℔ ß, du Soulfre ʒ ij, de l'Ambre jaune pulverizé ʒ j.
de l'Antimoine crud ʒ j. de la poudre battuë ʒ iij.

Ou bien Prenez du Soulfre ʒ ij ß, du Salpetre ʒ iiiij, de la Poudre fubtilement pulverizée ʒ iiiij , de l'Oliban , du Maftic , du Criftal , du Mercure
fublimé de chacun ʒ iiiij;de l'Ambre blanc ʒ j,du Camphre ʒ j, de l'Antimoine, & de l'Orpiment de chacun ʒ ß.

B b                              Tou-

Toutes ces matieres eſtant bien battuës , & bien paſſées par le tamis , on les arrouſera d'un peu de colle diſſoute,ou d'eau de gomme Arabique , ou de Tragacant;puis formez-en des petits globes de la groſſeur d'une febve ou d'une noiſette : leſquels eſtans ſeichez au ſoleil , ou dans un poeſle , ſeront conſervez en quelque lieu commode pour les mettre en'uſage dans les feux d'artifices,deſquels nous avons de-ja parlé cy deſſus aſſez amplement. Il faut ſeulement ſe ſouvenir que lors qu'on les veut mettre dans les fuzées, ou dans des globes recreatifs , il les faut envelopper de tous coſtez d'eſtoupe pyrotechnique.  Quelques-fois les Pyroboliſtes ont de coûtume de prendre au lieu de ces balles , des certaines portions , d'une matiere fonduë(de laquelle nous parlerons cy deſſous lors que nous vous enſeignerons le moyen de preparer la pluye de feu)leſquelles ils embaraſſent dans de l'eſtoupe pyrotechnique pour divers uſages , dans la compoſition des feux artificiels.

Que ſi d'avanture celles-cy ne vous plaiſent à cauſe de leur couleur noirâtre , mais que vous aymiez mieux les avoir jaunes , ou bien tirant en quelque façon ſur le blanc,pour lors prenez ℥ iiij de gomme Tragacant, ou de gomme Arabique battuë, pulverizée , & paſſée par le tamis ; du Camphre diſſout en eau de vie ℥ ij, du Salpetre ℔ j. ſ, du Soulfre ℔ ſ, du Verre pulverizé aſſez groſſierement ℥ iiij; de l'Ambre blanc ℥ j. ſ, de l'Orpiment ℥ ij:faites de tous ces ingrediens une maſſe,& en formez des globes comme auparavant.I'ay appris cete compoſition de Claude Midorge.

Pour ce qui eſt de la methode particuliére pour former les étincelles la voicy.Prenez du Salpetre ℥ j,de cete matiere liquide ℥ ſ de la poudre battuë ℥ ſ, du Camphre ℥ ij, apres que vous aurez miſes toutes ces matieres en poudre chacune à part , verſez-les toutes dans un vaiſſeau d'argile , puis jettez par deſſus de l'eau de gomme Adragant , ou du brande-vin dans lequel vous aurez premierement fait diſſoudre de la gomme Adragant , ou de la gomme Arabique ; enſorte qu'elles ayent la conſiſtence d'une boüillie aſſez liquide;cela fait prenez environ une once de charpie qui aura premierement eſté boüillie dans de l'eau de vie ou dans du vinaigre , ou dans du Salpetre , puis deſſeichée derechef , tirée & défilée , jettez-la dedans cete compoſition , & la broüillez ſi bien , & ſi long temps qu'elle ait abſorbée toute cete matiere:de cete drogue,formez-en par apres des petites balles de la forme d'une pilule , & de la groſſeur d'un gros pois , leſquelles vous ferez ſeicher apres les avoir ſaûpoudrées de farine de poudre , & vous en ſervirez ſuivant que nous en avons enſeignez les uſages.

Outre tout cecy on prepare encore des certaines pilules odoriferentes , qui s'employent dans des petites machines , & inventions pyrotechniques qui ſe repreſentent dans des chambres , ou dans des cabinets fermez. Celles-cy ſont compoſées pour l'ordinaire de Storax Calamite,de Benjoin , de Gomme de Genevre de chacun ℥ ij, d'Oliban,de Maſtic , d'Encens , d'Ambre blanc, d'Ambre jaune, & de Camphre de chacun ℥ j,de Salpetre ℥ iij, deCharbon de bois de tilliet ℥ iiij , on bàt bien fort tous ces ingrediens , on les pulverize , on les incorpore bien enſemble,on les humecte avec de l'eau roze, dans laquelle on a diſſout de la gomme Arabique , ou Tragacant pour en former des pilules. En fin les ayant formées on les expoſe au ſoleil , ou au feu pour les faire ſeicher.

## COROLLAIRE II.

Du moyen le plus certain , pour faire partir & enlever les globes recreatifs par le mortier. De la quantité de la poudre
neceſſaire pour cét effet , & des Chambres, qui s'y
forment pour la loger.

Conſideré que tous les globes recreatifs de cete nature ont accoûtumez
d'eſtre pouſſez dans l'air, touſiours par un mouvement perpendiculaire
au reſpet de l'horizon : voila pourquoy il eſt tres neceſſaire d'avoir la conneſſance d'une quantité de poudre proportionnée à la peſanteur du globe
recreatif pour l'obliger à ſortir du mortier , & à s'enlever dans l'air à la hauteur, ou à peu pres, qu'on luy aura determinée. Nous pouvons venir à bout
de noſtre deſſein par deux voyes. La premiere eſt telle , ſi par hazard
vous vous treuvez en main une balance , ou ſtatere vous examinerez combien peſera voſtre globe, & autant de livres que cedit globe contiendra
dans ſon poids, prenez autant de demis-lots de poudre. Comme par exemple ſi ce globe recreatif peze 40 ℔, il faudra pour le faire deloger du mortier, 40 demys lots, ou bien 10 onces de poudre ; car cete quantité eſt
tres baſtante pour faire cét effet ; veu que ces globes n'eſtans que de bois à
grãde peine pourroint-ils ſouffrir les efforts & la violẽce que leur feroit une
plus grande quantité de poudre, joint que la poudre à canon enfermée dans
des machines de guerre, déploye biẽ plus de force pour enlever un corps en
ligne droite que pour un autre qui ne ſera pouſſé que par un quart de cercle, veu qu'il luy faut faire un effort bien plus violent, pour vomir ce fardeau
qui l'oppreſſe, & qui luy empeſche la liberté de ſon action; c'eſt ce que je taſ-
cheray peut eſtre de vous demonſtrer ailleurs par un diſcours un peu plus
ample. Que ſi par avanture vous n'aviez pas la commodité d'avoir une ba-
lãce ny autre machine à peſer, ou que vous fuſſiez en lieu où vous n'en puiſſiez pas recouvrer aucune, prenez moy le diametre de la largeur du globe
avec un compas vulgaire, ou bien avec un compas qui ait les pointes recourbées , puis le portez ſur la regle du calibre, laquelle eſt ajuſtée pour le
poids des boulets de pierre : apres diviſez en deux parties le nombre ſur
lequel un des pieds du compas paſſera , & vous aurez le nombre des lots de
la poudre qui ſera neceſſaire pour faire partir voſtre globe.

Or ſuppoſé donc que vous ſçachiez la juſte & legitime quantité de poudre que vous avez de beſoin pour forcer voſtre globe à deloger, ce n'eſt pas
encore aſſez ce me ſemble , il faut encore ſçavoir comme quoy , & en quelle forme cete poudre ſe doit mettre dans la chambre du mortier. Or nous
avons deux moyens pour cela dont voicy le premier. Soit fait un certain
corps , d'un bois mol & doux de la forme d'un cone coupé renverſé ( que
les Allemands appellent *Setz Kamer* ) égal en hauteur & largeur à la chambre du mortier. Par en haut du coſté le plus large, il aura une chambre
pour loger la poudre. On le percera auſſi d'une tariere fort delicate , ou
d'une eguille de fer rougie au feu, depuis le bas de ce corps juſques au centre du fonds de la chambre creuſée en iceluy , & ce trou ne ſe fera pas
perpendiculairement , mais bien diagonalement, & de biaiz, à ſçavoir depuis C juſques en B comme il ſe void dans la figure marquée de la lettre
A au nombre 104. Vous marquerez auſſi d'une entaille le lieu où com-

men-

mence le trou par deſſous : afin que lors qu'on voudra charger le mortier,
on puiſſe tourner le trou de cedit corps en telle ſorte qui reſponde direfte-
ment à la lumiere du mortier.   Quand doncques vous voudrez charger le
mortier, de voſtre globe recreatif, verſez premierement au fonds de la
chambrette un peu de poudre battuë,meſlée avec de la grenée,ſur cete poudre poſez ce corps de bois, & mettez dans ſa cavité la poudre qu'il y faut
pour faire deloger le globe.   En fin ajuſtez voſtre globe recreatif ſur cete
chambre,en telle poſture que l'orifice ſoit renverſé ſur la poudre : vous
l'arreſterez bien ferme dans le mortier tout à l'entour en le garniſſant d'e-
ſtouppes de lin, ou de chanvre , de ſoin , ou de paille ou de quelque etoffe
pareille n'importe pourveu toutefois qu'elle ne le retienne point engagé
dans ſa capacité.   Conſiderez s'il vous plait le profil 104 il monſtre tout
cecy fort evidemment.

Notez que  la chambre qui eſt creuſée dans ce corps de bois doit eſtre
d'une telle grandeur, & capacité qu'elle puiſſe contenir toute la poudre neceſſaire pour enlever le globe ;  auſſi faut-il qu'il ne ſoit pas plus grand que
de raiſon, en ſorte que la poudre,  ne l'empliſſe pas juſtement, car c'eſt une
choſe aſſeurée qu'il ny a rien qui nuit d'avantage à l'enlevement d'un globe
que quand il s'y rencontre quelque eſpace vuide entre la poudre , & le globe qui doit partir. En voicy la principale raiſon, qui eſt qu'entre ces corps
de bois deſquels nous avons parlé maintenant, (à cauſe que cete poudre laquelle eſt miſe dans la chambre du mortier pour envoyer le globe en l'air ne
l'emplit pas toute entiere,) il y demeure encore un intervalle aſſez grand
juſques à l'orifice de la chambrette & une notable  capacité du vuide interpoſé , laquelle ( comme nous avons dit ) eſt la ſeule cauſe pourquoy le
globe n'eſt enlevé guiere haut. Comme en effet cete machine à feu pouſſe-
roit ſon globe dans une hauteur bien plus grãde,s'il n'y avoit point de vuide
entre la poudre & le globe : car il faut vous imaginer que le feu à premierement à combattre un certain air qui luy peſe bien fort , & lequel n'eſt pas
peu eſpaiſſy par le poids du globe qui l'a comprimé en entrant dans le mortier , pour le rarefier , & s'approcher du globe afin de le pouvoir envoyer
dans l'air : Or cete luite, ou pluſtot ce combat mutuel du feu avec l'air
a beſoin de quelque eſpace de temps : pendant lequel la fureur du feu,ſe ralentit, & diminuë de beaucoup , ou pour mieux dire la poudre n'agit plus
qu'avec une certaine langueur qui luy oſte la meilleure partie de ſon aftion.
Au reſte dans ce combat, & dans le violent effort que fait le feu,produit
par la poudre,pour chaſſer ce poids,il en arrive de meſme qu'il en arriveroit
ſi l'on frappoit une boule de bois avec un maillet , & que l'on eût mis entre
deux une veſſie pleine de vent,ou un couſſin remply de plume , ou bien
quelque autre corps mol , & ſans reſiſtance.   Car ce corps à cauſe de ſa
grande moleſſe,& la rareté des parties dont il eſt compoſé , n'auroit pas le
pouvoir de renvoyer le coup qui luy ſeroit imprimé par le maillet , ſur le
corps dur qui luy eſt voiſin , à ſçavoir ſur la boule de bois : & la raiſon de
cecy  vient de ce que tous les degrez de viteſſe produits de la puiſſance
mouvante,qui ſeroient baſtans pour  chaſſer la boule de bois, ſont diſperſez
& diſſipez de tous coſtez, par le moyen de ce corps mol interpoſé , &
ne ſe peuvent pas unir à un point, à cauſe de la diſtance des parties, l'attouchement duquel feroit mouvoir , & partir la boule avec les meſmes
degrez de viteſſe que ceux qui ſont imprimez ſur le corps mol. De meſme
en eſt-il dans le depart de nos globes,veuque la puiſſance motrice engean-
                                                                      drée

drée de la poudre ne touche pas immediatement le globe, mais par le moyen d'un autre corps interposé, qui est tout à fait incapable de communiquer le coups qu'il reçoit sur celuy qui luy est voisin; par ainsi il est tres certain que le globe ne sera point poussé avec les mesmes degrez de vitesse comme il se roit en effet si un tel obstacle, qui rompt toutes les forces de la puissace motrice, ne se trouvoit pas interposé entre le feu & le globe; & ce qui suit ceté vitesse, le globe seroit enlevé en une distance bien plus grande partant du lieu où il commenceroit à se mouvoir; veu qu'une grande vitesse a le pouvoir de faire passer un corps par un plus grand espace, tout en un mesme temps, si ce n'est d'avanture que l'air vienne à s'opposer par trop à ce mouvement viste & actif. D'ailleurs ces corps durs & solides, qui sont posez entre la puissance motrice & le corps qui doit estre meu, s'ils sont tellement unis qu'ils ne fassent quasi qu'un corps, ils ne nuisent en rien à la vitesse du mouvement. D'où vient dans les chambres des mortiers, que quand on en veut faire partir des grenades, ou toute autre sorte de globes pyrotechniques par le moyen d'un feu ou quelquefois de deux (de quoy nous parlerons cy apres) que les cylindres faits d'un bois dur & compact, quoy que bien fort pressez sur la poudre qu'ils renfermêt, & toutes ces rotules de bois qui sont immediatement posées sur le fonds des grenades, n'apportent non seulement aucun empeschement à la vitesse de leur mouvement, mais au contraire luy aide de beaucoup à s'enlever d'autant plus haut dans l'air, à cause que ces corps remplissent tout le vuide qui pourroit estre entre les grenades & la poudre, joint qu'ils tiennent la poudre plus serrée, & mieux unie en un corps : (pourveu toutesfois qu'on ait bien observé tout ce que nous avons dit cy dessus touchant la condensation de sa poudre) & sont la cause par consequent pourquoy le feu ne peut respirer qu'avec grande difficulté; ce qui augmente de beaucoup sa force, comme nous avons dit cy devant.

Que si d'avanture quelque corps separé, est égal & semblable en grandeur, forme, & matiere, à quelque autre corps, contre lequel il est poussé, il imprimera sur le corps immobile la moitié du coup qu'il a receu de la puissance motrice au point d'attouchement, de laquelle il sera privé luy mesme tout aussi tost; car c'est une maxime infallible, & receuë universellement d'un chacun sçavoir que ce qui est donnée à quelqu'un par un autre passe en la possession de celuy à qui la chose est donnée, & consequemment le donneur en est depoüillée dans le mesme instant : Or est-il que ce mouvement ne se perd nullement, mais passe seulement d'un subjet dans un autre. Voila pourquoy ces deux corps se mouveront ensemble, mais d'un mouvement plus lent au double que le precedent.

Pour ce qui est des corps inégaux d'une mesme forme neantmoins, & d'une mesme matiere, ils observent dans leur inegalité une certaine raison de proportion entr'eux pour communiquer la force du coup & de cete vertu agissante ou pour mieux l'exprimer de la qualité motrice dont ils sont douëz. Comme par exemple si une boule de bois poussée avec grande violence, rencontre en son chemin une autre boule pareillement de bois, le solide de laquelle ait une proportion double à son solide, il imprimera la moitié de son mouvement à cete boule : par ce qu'on se doit imaginer ces deux boules jointes ensemble comme un corps separé en trois parties, lesquelles employent pour lors trois temps, pour parcourir un espace que la petite boule parcouroit auparavant en un seul temps.

le

Ie vous ay voulu propofer tout exprez ce dernier exemple pour vous faire entendre le mouvement des corps feparez, égaux, & inégaux, lequel ils fe communiquent mutuellement, encore bien qu'on le doive feulement entendre de ces corps qui fe mouvent dans un air libre, comme dans un lieu exempt de toutes fortes d'obftacles, ils ont non-obftant une certaine reffemblance, ou ie ne fçay quel rapport en leur mouvement, avec ces corps dont on charge nos machines de guerre : un defquels touche la poudre de fort proche, & la preffe le plus fouvent bien fort, mais l'autre en eft diftant de quelque efpace de lieu ; en telle forte qu'entre les deux il y demeure quelque vuide interpofé. Comme par exemple fi dans un mortier ou quelque piece d'Artillerie un peu longue, un boulet de fer repofe immediatement fur la poudre, & qu'à l'intervalle de deux ou trois pieds, il y en ait un autre femblable & parfaitement égal à ce premier, qui foit arrefté dans le tuyau du canon, en telle façon toutefois qu'il s'y puiffe mouvoir fans difficulté ( car nous parlerons en fon lieu des boulets qui demeurent arreftez dans les canons, ou autres armes à feu manuëlles, foit pour la roüille qui les retient, ou foit qu'ils y demeurent engagez de quelque cloux, ou efclat de pierre qui fe gliffe quelquefois entre le boulet & la partie côcave du canon, ou pour tant d'autres caufes qui les peuvent retenir dans la canne ou calibre de la piece, en telle forte que quelquefois on ne les peut pouffer fur la poudre, ny les tirer hors par aucun moyen que ce foit, ce qui les oblige en fuitte de crever lors qu'on vient, à les tirer dans cét eftat ) en ce cas doncques fi la poudre eftant allumée elle fait mouvoir le globe qui luy eft le plus voifin, pour lors le globe le plus proche de la poudre, imprime & communique une partie de fon mouvement à l'autre qui eft plus avancé vers l'orifice du canon : d'où vient que la puiffance motrice venant à fe divifer, ils font pouffez tous deux avec un mouvement bien plus lent, & pareffeux. Or il n'eft pas poffible à qui que fe foit de pouvoir precifement determiner la proportion des mouvements qui animent ces deux boulets ; veuque la diftance de l'un à l'autre globe fe peut infiniment varier dans la canne du canon, joint que la grandeur des corps, & du vuide de tât de pieces differentes d'Artillerie, fe treuve prefque infinie : ce qui fait que dans un grand vuide, il s'y treuve d'avantage d'air interpofé, qui a de la peine à fe mouvoir, & qui faifant joindre l'un de ces corps à l'autre avec beaucoup moins de viteffe, eft caufe qu'il luy communique cete qualité expultrice, laquelle eft neceffaire à fon mouvement, avec bien plus de l'afcheté & de lenteur : d'où vient que le feu fe trouvant arefté plus long temps qu'il ne voudroit dans la canne du canon auant qu'il puiffe faire déloger ces deux boulets, il perd beaucoup de fa force, & de fa vigeur naturelle.    La chofe eft fi veritable qu'il eft impoffible d'en douter à ceux qui en voudront tirer des experiences, car prenez moy deux pieces de canons d'une differente longueur, c'eft à dire une qui ait la canne affez longue, & l'autre qui foit notablement plus courte, & les chargez neantmoins d'une égale quantité de poudre pour faire fortir un poids d'une mefme pefanteur, & vous verrez une grande difference dans leurs mouvements : mais nous en difcourrons un peu plus amplement, & plus à loifir dans quelque autre endroit·

Derechef fi les corps font inégaux tant à raifon de leurs formes, que de leur matiere, & grandeur, ils partageront auffi inégalement entr'eux les coups receus· Car il faut que vous fçachiez qu'un cylindre de bois pofé fur la poudre, ne communiquera pas tant de fon choc à un globe de fer pofé à quelque intervalle de luy dans le calibre du canon, que feroit un bou-

let

let semblable,ou qui luy seroit égal, ainsi en est il du contraire si l'on ren-
verse la proposition. C'est pourtant une chose asseurée que tous les corps,
sont d'autant plus capables de recevoir un grand choc, & d'autant plus susceptibles d'une vitesse libre,que plus il s'y treuve de parties dans la matiere sous une pareille quantité,pourveu qu'ils les ayent également dures,tou-
tèfois on aura égard à leurs formes,comme nous avons dit cy dessus.

C'est assez parlé de cete matiere pour le present,que ce peu vous suffisse
pour vous donner quelque intelligence du reste. Ie suis contraint de retenir ma plume, qui s'escarte un peu trop dans son vol, depeur que moy
mesme. ie ne sorte des termes de la brieveté que ie m'estois proposée : aussi
biē n'est ce pas icy le veritable lieu où ie doive examiner avec tant de loisir,
la difference de ces mouvements. Ie passe donc au second moyen qu'on
employe pour faire partir hors des mortiers les globes recreatifs ; le voicy
fort au net.

Que si par hazard la chambre du mortier a son orifice plus large qu'il ne
soit de besoin,ou que sa hauteur ne soit pas bien proportionnée avec sa largeur : ou que la quantité de poudre necessaire pour envoyer en l'air le globe recreatif , soit si petite qu'elle ne puisse pas emplir tout à fait la chambre
de ce mortier ( ce qui neantmoins se rencontrera fort rarement, veu que
les globes recreatifs sont de beaucoup plus legers que les grenades, ou que
quantité d'autres globes militaires, pour l'usage desquels les mortiers sont
particuliérement inventez ; c'est la raison pour laquelle on forme dedans
des grandes chambres pour recevoir la quantité de poudre qui est necessaire pour enlever ces corps de grand poids,& qu'outre cela ils ont encore un
certain espace vuide au dessus de la poudre pour loger un cylindre de bois )
& quoy que suivant nostre premiere methode, vous fassies une chambre
dans ce dit cylindre, aussi capable qu'il la faut pour renfermer la poudre requise à cete execution, toutèfois à cause qu'elle n'est pas bien amassée en
un tas, mais au contraire toute lâche & esparse çà & là : ce qui luy feroit
perdre beaucoup de ses forces estant éprise de feu, & l'empecheroit d'agir
avec autant d'action sur le poids qui la couvre, que si l'on la mettoit dans
quelque tuyau qui auroit son vuide proportionné à l'effet de sa quantité
( c'est de quoy ie rendray raison cy dessous) il faut necessairement coustruire quelque cylindre de bois qui soit égal en hauteur,& largeur, à la chambre
du mortier ; Or on le creusera en telle sorte au milieu de sa solidité, & le
percera-t'on tellement,que le plan de la rondeur de ce trou estant cherché
par le diametre, puis eslevé dans sa hauteur, il produise un solide qui soit
égal au solide du cylindre dans lequel la poudre est contenuë dans la chambre du mortier. C'est à dire qu'il faut former un tel vuide dans ce corps
de bois,qui ayant sa hauteur égale à la chambre du mortier, puisse loger autant de poudre qu'on en a destinée pour faire enlever le globe recreatif. Or
cecy sera assez aisé de treuver par la voye de la regle suivante, ou à l'aide
d'un calcul d'Arithmetique.

Premiérement soit mesurée par le moyen d'une échelle divisée en intervalles parfaitement égaux : la hauteur de la poudre renfermée dans la
chambre de ce mortier, & necessaire pour chasser le globe recratif: puis
la hauteur entiere & largeur de la mesme chambre seront pareillement mesurées avec la mesme échelle. Soit cherché par apres un nombre moyen
proportionnel entre le nombre des intervalles de l'échelle, lesquels cete
poudre occupe en hauteur dans la chambre du mortier, & entre le nombre

bre des intervalles de la mesme échelle qui sont deubs à la hauteur de la chambre. Ce nombre estant treuvé, vous chercherez derechef un quatriéme proportionnel : en telle sorte que le premier soit le moyen proportionnel immediatement treuvé, que le second nombre soit celuy des intervalles de l'eschelle que la hauteur de la poudre occupe dans la chambre : finalement que le troisieme nombre soit celuy des intervalles de la mesme échelle, qui donnent à connestre la hauteur de la chambre. Toute l'operation estant parachevée comme on a de coûtume, vous aurez un quatriéme nombre proportionnel, qui vous découvrira le diametre de la largeur du cylindre futur, capable de toute cete poudre, lequel vous mesurerez par les mesmes intervalles de vostre échelle ; la chose sera fort aisée à comprendre par l'exemple suivant.

Soit donc la chambre du mortier A D dans la mesme figure marquée du Nombre 104 en la lettre B: la hauteur de la chambre soit A C, ou B D, la largeur A B ou C D: que la hauteur de la poudre dans la mesme chambre soit C E: ainsi D E sera le tuyau contenant la quantité de poudre requise pour pousser en l'air le globe recreatif. Car comme cete poudre n'emplit pas tout à fait la chambre ; mais qu'il y demeure un certain espace vuide entr'elle & le globe qui se doit poser sur l'orifice de la chambre, à la hauteur de A E : voila pourquoy le cylindre F A remply d'air seulement, entre le poids qui doit se mouvoir ( à sçavoir le globe ) & la puissance motrice (qui est la poudre renfermée dans la chambre du mortier,) occupe justement le milieu. Or comme suivant les raisons que nous avons apportéez cy dessus, ce vuide nuit extrémement, à l'ejaculation, & enlevement des globes, & qu'outre cela il n'a qu'une fort petite quantité de poudre, dans un lieu si ample & si large, voila pourquoy ce cylindre qui contient la poudre, se doit transformer en un autre qui soit de la mesme capacité, & qui ait neantmoins sa hauteur égale à la hauteur de la chambre du mortier. Or cecy se fera en la maniere qui s'ensuit.

Cherchez premierement entre E & C, qui est la hauteur de la poudre ( laquelle sera par exemple de 20 parties de vostre échelle ) & entre C A, qui est la hauteur de la chambre de 44 parties, un nombre moyen proportionnel; ce nombre se trouvera 30 apres l'operation. Disposez en apres ces nombres en regle de trois suivant l'ordre qui s'ensuit : De mesme que 30, qui est le nombre moyen proportionnel immediatement treuvé, est à E C, qui est la haureur de la poudre dans la chambre de 20 parties : de mesme en soit-il de C D, ou de A B qui est la largeur de la chambre du mortier de 24 parties, à la largeur de l'orifice du tuyau qu'on veut construire. L'operation estant parachevée vous aurez le nombre 16 qui vous marquera le diametre de la largeur de l'orifice de vostre tuyau futur. Soit donc formé dans le cylindre de bois L O, qui est égal en largeur à la chambre du mortier A D, le cylindre concave G K: la largeur de l'orifice duquel ( comme on void en G H) est de 16 telles & semblables parties, que sont les 45 de la hauteur du mesme L N, ou G I: par ainsi ces deux cylindres se treuveront d'une mesme capacité, veu qu'il ny a pas beaucoup de difference entre les solidités de l'un & de l'autre.

Remarquez icy qu'il n'est aucunement necessaire de presser la poudre dans des cylindres faits de la façon ; afin qu'il y demeure de interstices, ou des petits vuides, par lesquels l'air puisse estre porté & diffus par toute la matiere : car par ce moyen le feu estant mis à l'amorce par dessous, & agissant suivant son action & son activeté naturelle vers le haut, trouvera des

passa-

paſſages libres pour reſoudre la poudre auſſi toſt en flamme, ce qui luy augmentera ſa force puiſſamment.

Que ſi un cylindre de la ſorte vous déplaît , faites faire un rouleau de bois, qui ſoit auſſi gros par ſon diametre,que le cylindre eſt large par celuy de ſa cavité:collez par deſſus du bon papier juſqu'à telle épeſſeur , & longueur, qu'il puiſſe exactemēt emplir la chābre du mortier.La fig.de ce corps ſe void enD.

A mon advis ie crois qu'on ne peut pas rendre de meilleure raiſon pourquoy la poudre enfermée dans la chambre étroite & longue d'un mortier, doive eſtre plus puiſſante pour obliger un poids à ſe mouvoir,& s'élever en l'air , que non pas celle qui ſe loge dans des chambres larges & baſſes, bien que priſe en égale quantité? ſi ce n'eſt que la poudre eſt bien mieux unie dans une chambre eſtroite,que dans un lieu vaſte, où la méme quantité de poudre eſt toute eſparſe : d'où vient que la condenſation les rayons du feu,produit dans cete poudre ſerrée,eſt bien plus frequente; la quantité des exhalaiſons bien plus abondante ; l'union des parties du feu bien plus parfaite , & par conſequent la vertu de la poudre bien plus énergique,comme j'ay de-ja dit cy deſſus.

Bref ie veux croire que la veritable raiſon pourquoy on a inventé des chambres dans les mortiers,& dans les periéres des Anciens,eſt par ce que ces machines ſervoient d'ordinaire à jetter des boulets de pierres ( quoy qu'en ce temps là on mit auſſi les mortiers en uſage pour jetter certains globes pyrotechniques comme on fait encore à preſent,auxquels nous avons depuis peu ajoûté l'uſage des nos grenades ) car comme ces globes n'avoient beſoin que de fort peu de poudre,au reſpet de ces grandes maſſes de pierre ( quoy que proportionnée toutéfois) pour les pouſſer dans l'air : laquelle ſi elle avoit été miſe dans un lieu ſpacieux , tel qu'eſt le tuyau d'une periére,ſe ſeroit infailliblement diſſipée çà &là,ſans faire aucun bō effet;la raiſon eſt que le feu entré par la lumiere ne pouvant conſommer la poudre que grain à grain,il ne peut bien unir ſes forces,d'où vient qu'agiſſant lâchement contre le globe qui la couvre,à grand peine le pourroit-elle obliger à ſortir hors du canon,ou mortier.Or pour remedier à cét inconvenient, les anciens Pyroboliſtes,ont treuvé l'invention,de former des chambres dans les mortiers,qui ſont comme des petits magazinspour y tenir la poudre ſerrée,& jointe en un corps,afin que le feu venât à s'y attacher elle puiſſe s'embraſer tout d'un coup par la proximité de ſes grains,& conſequemment unir ſes vertus motrices & expultrices qui ſortans à la foule de ces grains ſalpetreux , attaquent vivement le globe , & le contraignent à déloger plus viſte que ſa peſanteur ne luy auroit permis Nous avons neantmoins remarqué que les chambres formées dans les mortiers & canons des Anciens,eſtoient beaucoup plus grandes,que les noſtres : & la raiſon de cecy eſt par ce que leur poudre eſtoit beaucoup plus foible que celle que nous employons aujourdhuy, à cauſe du peu de ſalpetre qui entroit dans ſa compoſition : c'eſt pourquoy comme ils avoient beſoin d'une plus grande quantité de poudre pour enlever les fardeaux qu'ils luy mettoient deſſus , ils eſtoient obligez de former les chambres de leurs machines plus capables,afin que toute la poudre y pût étre logée. C'eſt à quoy les Pyroboliſtes modernes ont pourveu du depuis:car dans le ſiecle où nous ſommes, (auquel il ſemble que Mars s'eſt montré plus inſolēt, qu'il n'avoit fait dans tous les precedens) ceux qui ont traitez ces machines,ont de beaucoup moderé cete grandeur ; à cauſe que la poudre que nous preparons,& bien plus violente que celle qui ſe mettoit iadis en œuvre. Voila pourquoy il faut que les mortiers ayent leurs chambres proportionnées , aux vertus,& qualitez de la matiere qu'on y veut loger.Que ſi tout ce que ie viens de dire n'eſt pas ſuffiſant à voſtre advis,pour ſatisfaire à ce que ie vous ay propoſé cy deſſus touchant les effets plus ou

C c                                                                    moins

moins violents de la poudre ſuivāt les lieux reſerrez ou vaſtes, où ils ſont produits.   Pour confirmer mes raiſons, on ſe pourra propoſer tous ces organes
pneumatiques , enflez de vent: car ſi dans deux d'iceux, égaux en capacité
vous ſoufflez un égale quantité de vent: puis que vous le contraigniez à ſortir
avec une egale violēce.Il eſt tres certain que le vent ſortira par le tuyau eſtroit
avec bien plus de bruit,& d'impetuoſité,que de l'autre, qui aura l'orifice plus
large:voire meſme il attaquera l'objet, & le preſſera avec une action bien plus
p̄reignante,que non pas l'autre;le tout à cauſe de l'egalité des tuyaux ; car ce
n'eſt pas que ie ne veüille croire que dans des capacitez inégales,la plus grande,ou plus petite quātité de vent,n'ayde,ou ne nuiſe beaucoup,à l'impetuoſité du ſouffle ſortant de deux organes differens : la raiſon de cecy eſt que ce
vent qui eſtoit ſuffiſant naguiere pour enfler un petit tuyau,ne ſe trouvera pas
maintenant baſtant , pour emplir cét autre, qui eſt plus large,veu qu'il ſe diſ-
perce ça & là,& conſequemmēt ſe diſſipe aiſement dans la capacité,jointqu'il
ne peut ſe cōdenſer pour ſortir puis qu'il treuve ſon chemin libre.Ainſi en eſt
il des machines hidrauliques qui élevent leurs eaux d'autant plus haut que
leurs canaux ſont plus eſtroits;voire méme font bien plus de chemin ſur l'horizon dans un pareil eſpace de temps que celles qui courent par des canaux
plus larges:pourveu que vous ſuppoſiez ces eaux paſſer à travers deux diffe-
rēs canaux,dovées des meſmes facultez,& que vous leurs dōniez une pareille
ſituation ſur l'horizon,& en fin tout le reſte égal.Les cauſes de ces effets ſi differens , ſe peuvent demonſtrer par les meſmes raiſons que nous avons fait ſi
autres cy deſſus: parce que dans les tuyaux eſtroits les parties potentielles &
corporelles ſont biē plus recueillies:leſquelles venās tout à coup à eſtre pouſ-
ſées violemmēt,ou ſeulement relâchées, ſe portent avec une rapidité merveil-
leuſe.Il n'en eſt pas de méme des tuyaux larges,dās leſquels les parties de l'eau
ont le paſſage franc,& par conſequent ſe diſperſent,à cauſe que rien ne les rallie,comme celles qui ſont empriſonnées dans un lieu eſtroit.  Dites-en autant
de la poudre,qui ſe loge dans les mortiers: Car la poudre eſtant cōvertie en eſprits par le feu, ſe treuve bien plus geſnée , dans un lieu eſtroit:& comme ſes
parties de-ja rarefiées,cherchent à ſe mettre au large,ne pouvans pas ſouffrir
une priſon ſi eſtroite,elles uniſſent toutes leurs forces pour ſe deffaire du fardeau qui les preſſent & dans ce temps choquent violemment l'air; d'où ſen-
ſuit cét épouvantable bruit qui eſt produit dans le moment que le feu fait ſon
execution.

### COROLLAIRE.
### Des petards pour les feux d'artifices recreatifs.

Nous avons deja aſſez parlé des petards dans les autres chapitres,mais rien
touchāt leur conſtruction.Vous ſçaurez donc qu'il y a deux ſortes de petards,que la pirotechnie met en uſage,appellez par les Allemands *die Schlage*.
Il y en a des certains,dōt on ſe ſert,dans les feux d'artifices recreatifs(qui ſont
ceux deſquels ie vous entretiendray)il y en a d'autres qu'on employe ſeulement pour les entrepriſes & ſtratagemeſde guerre:nous parlerons de ceux-cy
ailleurs.Pour le regard de leurs formes,on leur peut dōner toutes differentes.
Or d'un nombre preſque infiny,voicy ceux que i'ay choiſy pour les feux d'artifices,deſſinez aux N°.105.106.107. & 108. en A &B.une partie d'iceux ſont
de papier;tels qu'on les void en B aux N°.105,&108.Ceux cy ſe façonnent dās
leurs modeles particuliers,dont nous en avons deſſiné & décrit un,au L.3,C.3.

Les autres ſont faits de lames de cuivre,ou de fer bien deliées, & quelque-
fois de plomb,comme ils ſe voient aux Nomb.106.107,& 108.let. A.

Ceux qui ſont formez de papier , tels qui ſont aux Nomb. 105 , & 106,
ſe chargent vers la partie d'en haut,marquée d'un A, avec de la poudre
gre-

grenée, toutes leurs chambres à amorcer seront inégalement posées : afin que les petards ne fassent pas leurs effets tous en un temps, ny en un mesme instant, mais bien par intervalle, à sçavoir l'un apres l'autre. La chambre du premier vers la droite est la subquadruple de celle du dernier vers la gauche, aussi bien dans les uns comme dans les autres. Pour ce qui côcerne la proportion des chambres des petards qui sont entre-deux depuis le premier jusques au dernier, elle va tousiours en montant, & par consequent la composition qui y entre s'y augmente à mesme proportion; cecy se remarque fort aisément par la ligne oblique B C sur l'une & l'autre figure scenographique, laquelle est parallele à une autre D F, qui termine là hauteur de tous les petards: en telle sorte toutéfois que tous soient également longs du costé qu'ils auront esté chargez de poudre grenée. On leur formera donc leur chambrettes inégales comme nous venons de dire toute à cete heure; ces chambres seront remplies d'une amorce lente, dont nous avons décript la composition cy dessus, & pour lesquelles charger la suivante pourra fort bien servir.

Prenez doneques de la Poudre battuë 3 parties, du Charbon une partie: battez-les long temps à part, puis les meslez bien ensemble pour n'en faire qu'un corps: En fin portez cete composition dans quelque lieu un peu humide, afin qu'elle s'acquere tant soit peu d'humidité, & que par ce moyen elle se presse d'autant mieux dans la cartouche: Sinon, vous l'arrouserez d'un peu d'huyle de Petrolle, ou de Lin.

On inserre dans les petards de fer certaines petites rotules pareillement de fer qui se posent par dessus les chambrettes, percées par le milieu d'un petit trou, par lequel le feu passe à la poudre grenée, pour s'y attacher. Dans les petards on forme des petites chambres de la mesme façon, avec des lumieres par où prend l'amorce, ny plus ny moins que nous avons fait aux fuzées, hormis qu'il faut que les trous soient plus delicatement faits dans ceux cy, que dans ces autres là, & le tout suivant la grâdeur & qualité des petards.

Pour ce qui touche le reste des petards notez du Nomb. 107, ils se chargent seulement de poudre grenée, & se bouchent bien fort par dessus d'un papier, ou avec de l'estoupe, ils ont aussi par dessouz leurs petites lumieres, par où ils reçoivent le feu.

En fin les petards marquez du Nomb. 108, en la lettre A se bouchent bien proprement par dessus & par dessoubz de deux petites rotules de fer, qui ne doivent point estre percées, mais bien soudées, avec le corps du tuyau: quant au regard de leur charge, vous y faites à costé un trou, par lequel vous les emplissez de poudre grenée.

Celuy que vous voyez encore en la lettre B se doit traiter de la façon que ie m'en vay vous dire, apres l'avoir premierement bien lié par dessous avec une forte ficelle, vous le remplissez de poudre; puis le liez encore bien serré par dessus. Cela fait vous le percez par le costé, & vous inserez dans le trou une petite canule de fer, ou de cuivre, laquelle on remplit de poudre battuë, ainsi vous avez vos petards tous prests & ajustez.

Quelque-fois au lieu de petards on se sert de boulets de plomb creux par dedans, ny plus ny moins que des grenades: lesquels on charge par apres de poudre grenée; c'est de cete construction que nous en avons mis plusieurs en oeuvres parmy les globes aquatiques au Chap. 1. de ce Liv. Outre ceux-cy on en fait encore qui ressemblent à des cubes, d'autres à des tetraëdres, plusieurs qui retiennent la formes des prismes, & de plusieurs autres corps tant reguliers qu'irreguliers, desquels ils sont susceptibles.

# SECONDE PARTIE
## DE CE LIVRE

### Des Globes ferieux, preparez pour les ufages militaires.

LE nombre des Globes artificiels qui fe mettent en ufage, tant dās les armées, que dans les attaques & deffences des places, pour faire des executions de guerre, (car ie n'ay pas deffein de vous parler icy des boulets de fer, ny de plomb, qui font pour l'ufage du canon, encore moins de ceux de pierre dont les Anciens fe fervoient pour charger leurs machines, comme eftans trop bien connus, outre qu'ils n'ont aucun artifice dans leur conftruction ) eft fi grand parmy les Ingenieurs Pyrotechniques: on en forge de tant de genres & de tant d'efpeces: la façon de les preparer en eft fi differente, que non feulement il eft bien difficile, mais auffi tout à fait impoffible, de les déchiffrer tous, de les décrire ou d'établir aucune methode certaine & determinée touchant leur conftruction & leur ufage. Nous nous fommes doncques contentez feulement d'en choifir quelques uns des meilleurs & des principaux, parmy un fi grand nombre, mais particuliérement de ceux qui fe mettent en pratique, dans le temps où nous fommes, defquels ie feray voir à noftre Pyrobolifte, le plus au net qu'il me fera poffible, les profils & les figures avec leurs expofitions, dans la feconde partie de ce livre. Or fouvenez vous que nous donnerons un chapitre, à chaque efpece de ces globes, puis qu'ils font la plus part tous differents entr'eux quant à leurs effects: joint que chacun d'eux à un nom qui luy eft particuliérement & affecté.

# Chapitre I.

### Des Grenades à main.

### Efpece 1.

LES grenades à main, quant au regard de leurs formes, font des globes parfaitement ronds, & creux dans la partie interieure à la façon d'une fphere. On les appelle grenades à main, ou grenades manüelles parce que l'on les empoigne avec les mains mêmes pour les jetter contre les ennemis. Que fi nous voulions nous attacher aux denominations des Latins nous les pourrions auffi appeller avec eux grenades palmaires, à caufe que leurs hemifpheres empliffent exactemēt la paûme de la main, car elles font ordinairement de la groffeur d'un boulet de fer, de 4, 5, 6, & 8 ℔: elles pefent quelque-fois 1 ℔ tantoft 1 ℔; quelques-unes font de 2 ℔, & d'autres qui vont jufques à 3 ℔. Mais ce mot de palmaire eft à mon advis un peu trop rude & déplaifant à l'oreille du François. On a donné à ces efpeces de globes le nom de Grenades, à caufe de la grande reffemblance qu'ils ont avec ce fruit punique que nous appellons auffi pommes de Grenades. Car comme ceux-cy renferment dans leur efcorce une grandiffime abondance de grains, d'où leur vient ce nom de Grenades, ainfi nos Globes militaires font remplis d'un nombre prefque innombrable de grains de poudre, lefquels apres avoir conceus le feu les brifent en mille & mille

pe-

petits efclats qui rejalliffent contre les ennemis & percent, s'ils peuvent
tout ce qui rencontrent oppofé à leur violence:c'eft ce qui a obligé Lienard
Frontzberger dans fon Artillerie,de les appeller *Springende,& Schlagende Kugelen.* Comme s'il eut voulu dire globes ou balles fautantes,& bondiffantes,
ou pluftoft balles frappantes s'il eftoit permis de parler ainfi.Or la deduction
de la derniere denomination de ces globes fe peut fort proprement attribuër à toutes fortes de grandes grenades : quoy que ie veüille croire que
les grandes, ayent empruntées leur ethymologie des petites, qui ont un
peu plus de rapport, & de reffemblance quant à la forme avec les pommes
de grenadesque non pas les groffes. Outre cecy il eft tres certain que les
petites ont efté en ufage premier que les hommes fe fuffent avifez d'en
preparer des groffes,bien qu'ils les ayent à leur malheur inventées pour leur
propre ruine & la deftruction de leur efpece. Auffi ne trouvez vous chez
les anciens Pyroboliftes aucunes marques,ny veftiges de ces grandes Grenades;mais pour des petites,leurs efcrits en parlēr affez, comme d'une chofe dont la pratique eftoit tombée fous leur conneffance, quoy que toutefois, ils les ayent appellez par d'autres noms,ou qu'ils en ayent traitez en
d'autres termes.Boxhornius raconte quelque chofe qui s'accorde affez bien
avec mon fentiment touchant les petites grenades à main, dans l'hiftoire
qu'il a efcrite du fiege de Breda fait en l'an 1617:*Granatis,quarum haud femel
meminimus ab ejufdem nominis malorum fimilitudine vocabulum adhæfit. Globus
eft ex ære aut ferro vacuus,diametro unciarum trium,craffitie metalli trium linea-
rum. Sinus pulvere pyrio aliifque refertur: orificio ejus fiftula adftructa, cui lenta
quidem,fed ignem cōcipere ac alere nata materia inditur,ne inter jaculatorum manus ftatim difrumpatur.*Le mefme dit encore ailleurs: *Quæ inter, pilæ quibus à
malis punicis vocabulum,fed raro difturbandis operis projectæ: Nam multus in illis
pyrii pulveris ufus;cujus penuriâ obfeffi vel maxime laborabant.*

Les Grenades ( fe dit-il ) defquelles nous avons fi fouvent parlé ont prifes leurs appellations de la reffemblance qu'elles ont avec ces pommes qui
portent le mefme nom ; C'eft un globe vuide & creu fait de fer, ou d'airain, qui porte en fon diametre, 3 onces, & qui à d'épeffeur 3 lignes en
fon metail. On le remplit ordinairement de poudre pyrique, ou quelque
fois d'autres compofitions ; On ajufte à fon orifice une petite canule laquelle on remplit de matiere lēte à la verité,mais neantmoins fort fufcepti-
ble du feu, & capable de le nourrir quelque temps,depeur qu'il ne creve
auffi toft entre les mains de ceux qui le manient pour le jetter. Le mefme dit encore ailleurs. Pendant ce temps, ils ceffoient de jetter de ces balles qui empruntent leurs nōs de ces pommes puniques: & la raifon de cecy
eftoit, que comme ces grenades leur confommoit une grande quantité de
poudre,les affiegez n'en avoient pas plus qu'il leur en falloit.

Mais c'eft fe travailler l'efprit en vain que de fe mettre en peine du nom
de ces globes, puis qu'on fçait affez ce qu'ils fignifient.On ne peut pas auffi
ignorer de leur forme apres les difcours que nous en venons de faire. At-
tachons nous doncques maintenant à leur matiere, & voyons en quel ordre nous les preparerons. Bien qu'il ne feroit pas beaucoup neceffaire que
j'en parlaffe d'avantage, puifque Boxhornius femble nous avoir dit tout ce
qu'il falloit touchant leur preparation & leur matiere. Vous me permet-
trez pourtant d'y adjoûter feulement quatre mots qui fentent un peu plus
la Pyrotechnie que l'hiftoire.

Pour ce qui regarde la matiere,il fe rencontre trois fortes de grenades à
main chez les Pyrotechniciens: Les premieres & les plus communes font

faites de fer:les autres font d'airain mêlé,& allié avec d'autres metaux, ce
que nous appellons fonte : & les troifiémes en fin de verre.  Que fi vous les
faites conftruire de fer , prenez la matiere la plus fragile & la moins travaillée que vous pourrez trouver.  Si vous les voulez de fonte , ou de cuivre , faudra allier 6 ℔ de cuivre avec 2 ℔ d'eftain , & une demy ℔ de mar-
cafite : ou bien vous mettrez une partie d'eftain avec 3 ℔ de laiton, ou
d'auricalque.   Celles qui feront conftruites de fer feront efpaiffes par
tout le corps de ⅛ de leurs diametres : celles qui feront d'airain auront ⅛
d'efpeffeur :  bref celles que vous ferez faire de verre porteront ¼ de leurs
diametres en leurs efpeffeurs; comme elles font voir dans les figures que
nous avons tracées au Nombres 109 avec ces caracteres A, B.& C.
 La largeur de l'orifice dans lequel il faut engager un petit tuyau de bois ,
fera de ⅛ du diametre de la grenade : Or ce petit trou aura la largeur de ¹⁄₁₁
du mefme diametre ;  c'eft par là que fe remplit le refte de la capacité de la
grenade d'une bonne poudre grenée jufques au haut , à l'aide de ce tuyau
qui a efté arrefté à l'orifice de la grenade mefme.
 Le tuyau qui doit eftre inferé dans la cavité de la grenade,tel qu'il fe void
en la mefme figure fous la lettre D aura l'efpeffeur de ⅛ du diametre, ou fi
vous voulez,vous le pourrez faire un peu plus menu,afin qu'il n'ait point de
peine,pour entrer dans l'orifice de la grenade.La longueur de ce tuyau fera
de ⅜ du mefme diametre; le vuide du tuyau fera large de ½: par en haut on le
creufera en rond comme une hemifphere, là où il aura pour fon diametre ½
dudit diametre.   On remplira cete evuidure de poudre bien fubtilement
battuë, laquelle on humectera d'un peu d'eau de gomme, ou de colle
diffoute, afin qu'elle s'allie mieux : Pour ce qui eft du tuyau on le chargera d'une de ces compofitions que ie vous décriray cy deffous;puis on l'arreftera bien ferme avec de l'eftoupe , & de ce luttement pyrotechnique que
les Allemands appellent *Kit* , lequel eft fait de 4 parties de Poix navale,'de
deux parties de Colophone , d'une partie de Therebentine , & d'une partie
de Cire;On met tous ces ingrediens dans un vaiffeau d'argile verniffée: On
les fait fondre fur un feu mediocre puis on les mefle & incorpore bien enfemble.

### Compofitions pour charger les tuyaux des Grenades.

1.

| De la Poudre | 1 ℔, | du Salpetre | 1 ℔, | du Soulfre | 1 ℔, |
|---|---|---|---|---|---|

2.

| De la Poudre | 3 ℔, | du Salpetre | 2 ℔, | du Soulfre | 1 ℔, |
|---|---|---|---|---|---|

3.

| De la Poudre | 4 ℔, | du Salpetre | 3 ℔, | du Soulfre | 2 ℔, |
|---|---|---|---|---|---|

4.

| De la poudre | 4 ℔, | du Salpetre | 3 ℔, | du Soulfre | 1 ℔. |
|---|---|---|---|---|---|

### Efpece 2.

Cete efpece de Grenade à main,que i'ay deffein de vous faire voir icy ne
differe en rien de la precedēte ny en matiere,ny en forme,ny en capacité;
la feule difference eft feulement dans le tuyau, qui apporte tant foit peu de
changement , avec quelques autres petites circonftances qui s'obfervent
dans celle cy les quelles nous obmettons dans l'autre , ce qui la conftituë
une feconde efpece de Grenade de ce genre.   Nous vous en avons tracée
une de cete façon dans la figure marquée du Nomb. 110 dont la preparation

tion gift en l'obfervation de ces regles fuivantes· Faites faire premiérement un tuyau de bois ( quoy que l'on le puiffe faire forger de metail fi l'on
veut ) dont la longueur fera égal au diametre des grenades ; fa groffeur fé-
ra correfpondente à l'orifice du mefme ; on aura pourtant foin de le faire un
peu plus efpais & plus large en haut, dans l'endroit qui doit eftre évuidé en
hemifphere de la largeur de ⅓ du diametre. Le bout qui doit eftre inferé
dans la grenade , fera percé de quantité de trous, lefquels on remplira de
poudre reduite en farine bien deliée. Ajuftez-lepar apres dans le vuide de
la grenade en telle forte que fa bafe repofe perpendiculairement à l'orifice
fur le fonds de la grenade ; puis l'arreftez bien ferme comme nous avons
dit cy deffus. Cela fait vous verferez de la poudre grenée dans la capacité de la grenade par un certain trou qui fe fait à cofté ; eftant remply autant
qu'il fe peut , vous boucherez bien ce pertuis , d'une cheville , ou tampon de bois , que vous y pousferez par force. Vous coronerez la tefte
du tuyau , c'eft à dire que vous ornerez la partie qui émine par deffus la
fuperficie de la grenade avec des rameaux & des fuëilles de buis , frai-
fches & verdoyantes, lefquelles vous lierez bien ferrées avec une ficelle , depeur qu'elles n'efchappent dans le temps qu'on les maniera, pour
les jetter.

Lors que vous voudrez vous fervir de ces grenades,ou que la neceffité
vous obligera de les mettre en oeuvre , prenez moy premiérement un petit bout de mêche qui fera d'une telle groffeur qu'il puiffe entrer librement
dans la cavité du tuyau ; attachez-y par deffous un petit boulet de plomb :
allumez cete mefche par apres , & lors que vous verrez qu'elle aura fait un
bon charbon,mettez-la bien promptement dans le vuide du tuyau par le
bout auquel eft attaché le contre poids.Cela fait jettez-la où il vous femblera bon:& foyez affeuré qu'auffi toft que cete grenade aura frappée contre
terre,le poids attaché à cete mefche defcendant perpendiculairement à travers de ce tuyau jufques au fonds de la grenade,attirera auffi quant& quât
la mefche allumée;laquelle ne manquera point auffi toft de donner feu, par
tout dans ce tuyau à la poudre battuë, dont fes trous font remplis , enfuite de quoy la poudre grenée venant à prendre feu , elle fera voler la grenade en mille & mille pieces. Ces rameaux de buis qui ne fembloit avoir
efté mis fur la tefte de cete grenade que pour ornement, ny font pourtant
pas pour ce feul motif , mais il faut que vous fçachiez qu'ils fervent à tenir
l'orifice de la grenade en un eftat droit & perpendiculaire à l'horizon , pendant qu'elle eft en l'air, afin que tombant fur fon fonds le poids puiffe attirer la mefche à plomb. C'eft ce qui ne fert pas de peu auffi pour tous les
autres corps, lors qui viennent à tomber fur des plans horizontaux.

On arme le plus fouvent ces grenades icy de balles de plomb , c'eft à dire qu'on en charge toute la fuperficie exterieure , afin qu'elles faffent une
execution plus grande dans les lieux où elles tombent. Mais pour cét effet
il faut premierement bien enduire toute la partie conuexe avec de la cire
fondüe dans laquelle on aura fait fondre une certaine portion de colophone : cela fait on y enfoncera quantité de balles à moufquet.avant qu'elle foit
tout à fait refroidie,& affermie:puis vous l'envelopperez d'un linge , lequel
vous lierez bien par deffus avec une ficelle.

## Efpece 3.

Ie vous reprefente dans cete figure du Nomb. 111. une Grenade à main
( quoy qu'on la puiffe faire plus grande ) laquelle on peut cacher à l'entrée d'une avenuë, ou dans quelque autre deftroit par où nous efperons que
noftre ennemy doit infailliblement paffer. Cete Grenade a deux trous qui
paffent tout à travers le diametre dans lequel on infere un tuyau de bois ou
de metail, creu & percé en plufieurs endroits, & par tout furfemé de poudre battuë par dedans : puis par ce tuyau vous paffez une mêche commune
allumée par un bout.   Par deffus elle a encore un troifiéme trou par lequel
on charge fa cavité d'une bonne poudre grenée :  lequel fe bouche bien
proprement d'un tampon ; ainfi vous avez voftre grenade preparée.  Ie ne
crois pas qu'il foit befoin de vous enfeigner l'ufage de cete grenade; puis
que l'on le peut apprendre fort aifement par la figure mefme, & que la neceffité que vous en aurez vous forgera affez d'invention pour la mettre en
pratique.

### COROLLAIRE.

#### Comment on doit jetter les Grenades à main.

Suivant la definition que nous avons donnée du genre des Grenades, il
eft tres évident, & ie crois que perfonne ne doute que c'eft avec la main
qu'on les prend, & qu'on les empoigne pour les jetter à l'encontre des ennemis, lors qu'ils font à la portée de noftre bras : on fçait affez d'ailleurs
que cete efpece d'armes, eft autant deffenfive comme offenfive, voila
pourquoy nous ne nous arrefterons point à vous le preuver;ceux qui ont
veu quelques fieges de place, ou de ville le pourront affeurer à ceux qui
en ignorent; Nous dirons feulement que le lieu auquel on fe fert le plus
des Grenades à main, eft immediatement apres le bon & heureux fuccez
d'une mine, laquelle aura faite une grande ouverture dans un rampart,ren-
verfée un pand de muraille, boulverfée un baftion, pour donner lieu au
affaillans de faire leurs efforts pour monter fur la breche, c'eft là ou les affiégez auffi bien que les affiegeans fe peuvent fervir de ces grenades à main?
c'eft là ou l'on void les plus genereux de part & d'autre armez de feu &.de
flammes deffendre vaillamment la querelle de leur Prince,l'interreft de leur
patrie,leurs libertez,& leurs vies.On les employe auffi en d'autres occafiôs,
fçavoir lors que les affiegeans eftans parvenus au pied du rampart, s'y attachent fi bien que faifans comme des efcailliers dans l'épeffeur de la terraf-
fe montent infenfiblement par retraite fans que les affiegez les puiffent aucunement incommoder des deffences des flancs, pour eftre à couvert du
rampart mefme.C'eft dans cette occafion dis-je ou les affiegez doivent faire pleuvoir une quantité de grenades du hàut en bas fur ces fappeurs &reci-
proquement les affaillans doivent leur & renvoyer à force, pour fe faire un
paffage plus libre, & plus feur ; Comme nous avons veu au fiege de laville
Hulft il ny a pas long temps, prife par les Hollandois.  Mais ie ne crois
pas qu'il foit poffible de raconter les divers ufages des grenades à main dans
les occurrences de guerre, particuliérement quand l'une & l'autre armée
font fi voifines qu'à peu s'en faille qu'elles n'en foient aux mains;à caufe
des infinies & perpetuelles occafions qu'on a de s'en fervir.  Quelque fois
auffi on les jette dans une diftance plus grande qu'a l'ordinaire, fuivant
le

le befoin qu'on a ; mais i'entend les unes apres les autres (car ie montreray plus bas comme il en faut jetter plufieurs enfemble : ) Or comme cecy ne fe peut faire, avec la force naturelle d'un foldat, fans l'aide de quelque inftrument artificiel ; les maiftres dans cét art ont inventé certaines petites machines fort propres, & fort aifées pour cét effet, dont ie vous en ay deffinée une en la figure du Nomb. 112 laquelle m'a femblée la plus jolie de toutes, & la meilleure ; apres toutéfois y avoir adjoûté quelques pieces neceffaires qui luy manquoient. Avec cét inftrument on peut élancer fur les ennemis non feulement des grenades manüelles, mais auffi quantité d'autres feux d'artifices militaires, comme globes luifans, bombes, pots à feu, cercles à feu, bouquets, & couronnes, & tant d'autres femblables chofes defquelles nous parlerons en leurs lieux, voire mefme dans une bien plus notable diftance, que s'ils eftoient jettez avec la main feulement.

Cét inftrument n'eft pas beaucoup difficile à conftruire, il fe peut fort aifement comprendre par la figure mefme. Ie veux feulement vous advertir d'une chofe, que d'autant plus que le bras qui eft fait en forme d'une cuëillere, dans laquelle on met la grenade que l'on veut jetter, fera plus long que celuy au bout duquel la corde que l'on tire eft attachée, tant plus de force en aura cette machine : mais faut entendre que cette mefure fera prife, depuis le centre de la broche de fer fur laquelle roule cete guinde, ou fi vous voulez du trou, par lequel cete mefme cheville paffe jufques à l'une & l'autre extremité. Cete machine imite en cela la nature d'un trebuchet, auffi n'eft-ce rien autre chofe, qu'une bacule de laquelle le pivot, eft le clou fur lequel tourne & vire cete guinde.

Boxhornius nous fait auffi mention, au mefme lieu cy deffus cité d'une certaine machine nouvellement inventée, faite comme un de nos mortiers de guerre, & bien reliée de cercles de fer, avec laquelle on jettoit des grenades à main dans la ville de Breda pendant le fiege. Mais nous avons veu il ny a pas long temps au fiege de Hulft, & depuis à Murfpey qui eft une place affez forte, une femblable machine conftruite par un certain drille Anglois: laquelle il prefenta à Frederic Henric Prince d'Orenge d'eternelle memoire: à qui ce foldat demâda cent florins de Hollande, pour la peine qu'il prendroit, & le danger qu'il encourroit à jetter fes grenades : comme en effet, il obtint ce qu'il avoit demandé, il commença donc à mettre fa machine en oeuvre, & à jetter quelques grenades fur les ennemis, mais pour vous dire la verité, avecque tant de malheur, ou fi peu dadreffe que la plus part d'icelles n'arrivoient point jufques au lieu où il les d'eftinoit, ou bien fe rompoient & crevoient toutes dans l'air, à mefure qu'elles s'enlevoient ce qu'on attribua au vice de la machine qui eftoit imparfaite, & defectueufe, & à l'ignorence de l'ouvrier, auquel la machine ne pouvoit pas obeïr pour en eftre trop mal conduite.

Ie vous feray voir dãs la feconde partie de noftre œuvre au traité des mortiers une petite machine de noftre invention, plus parfaite, & plus ingenieufement inventée que celle là, pour jetter des grenades manüelles ( & des plus grandes auffi s'il en eft de befoin ) & pour les envoyer là ou bon vous femblera : voire ce qui fera autant utile comme admirable, elle n'en jettera pas feulement une à la fois, mais elle les vomira par fept toutes enfemble, & dans un mefme inftant, ou bien en diverfes fois, & par intervalles, fuivant la neceffité qu'on en aura; où ie renvoye pour le prefent le lecteur qui fera curieux d'en conneftre l'invention.

Dd                                                    Mais

Mais ie ne peux d'ailleurs affez m'eftonner, pourquoy les premiers inventeurs de noftre art, ont porté une fentence fi rigoureufe, & irrevocable à l'encontre des machines belliques des Anciens : & ont voulu qu'elles fuflent banies des confins de la milice moderne, comme fi elles avoient commifes quelque crime de leze-majefté ? & qui pis eft les ont condemnées à eftre brûlées ignominieufement dans leurs cuifines, affin qu'il n'y en reftât aucuns veftiges ; apprehendans peut-eftre que leurs fuccefleurs venans à connoiftre leur innocence, ne les rappellaffent de leur banniffement. Comme en effet fi les efcrits de ces grands perfonnages qui ont vefcu de leur temps, qui les ont veuës, & qui fe font trouvez tefmoins & admirateurs des merueilleux effets qu'elles ont produites, lors qu'elles eftoient dans leur plus grand efclat, & dans leur majefté la plus venerable, n'en avoient laifféz des monuments à la pofterité ? il ne faut point douter que leur puiffance ne fut demeurée inconnuë, & que nous n'aurions iamais fçeu comme quoy ces machines auroient efté conftruites. Malheur à la verité qui merite d'eftre plaint, & déploré ; que de recevoir des meconneflances, des injures, & des affronts, pour recompence des biens-faits que nous faifons à ceux que nous croyons obliger, eft-ce là le pris que merite cete illuftre vertu, par laquelle cete incomparable milice romaine s'eft renduë maitrefle de l'un & l'autre hemifphere ? & par qui elle a triomphée des Peuples, & des Roys que la puiffance de leurs armes avoit autre-fois rendus invincibles ? dequoy me fervira de faire revenir icy tant de nations belliqueufes, à qui ces machines antiques ont fait faire de fi grands progrez dans les armes? non non ? il faut que i'advoë feulement qu'on a fait un infigne tort à ces nobles inventions de guerre, à qui l'art militaire, & tous ceux qui l'ont profeflez ont tant d'obligations : car comme ces pauvres malheureufes fe font mifes en devoir de venir faire la reverence à noftre nouvelle fçience militaire, comme à la cadete de Mars & de Bellone, defirans la reconnoiftre pour leur Reine & Maitrefle, elles ont efté fouffletées & ont receu mille mauvais traitemens, & lors qu'elles ont offert leur tres humbles fervices, au lieu d'eftre bien receuës ; on s'eft faify d'elles, on leur a fait leur procez, & de là condemné a un horrible fupplice comme coupables de trahifon ou d'attentât : & maintenant ( ce qui doit eftre le comble de leur extréme calamité ) s'il arrive à quelqu'un de leurs amis de mettre fur le tapis quelque chofe en faveur de effets admirables, & des braves exploits qu'elles ont autrefois executées, un tas d'ignorants, reçoivent ces faits eftranges comme des fables, & s'en mocquent ouvertement, s'imaginans que ce ne font que difcours faits à plaifir pour endormir leurs petits enfans.

Mais à quel propos femble-je vouloir icy prendre en main la caufe de ces pauvres rebutées pour la vouloir deffendre ? Lipfius le plus jufte, & legitime Arbitre de l'une & l'autre milice, qui ait efté, la autrefois deffenduë, cét illuftre juge, à qui nous avons des obligations infinies de la peine qu'il a pris dans la recherche qu'il a fait des merueilles des antiquités, & de nous en avoir fait un recuëil fi exaét & fi obligeant : C'eft de fon creu, d'où nous avons recuëilly tant de beaux fruits en confideration de ces miraculeufes machines des Anciens, defquels nous vous ferons part en fon lieu lors que nous viendrons à les mettre en parallele avec nos modernes. Pour le prefent tout mon deffein eft feulement de vous demonftrer que toutes les efpeces de grenades que nous mettons en ufage, & le refte des inventions pyroboliques qui font au deffoubz des fondes, & fondi bales, mais au deffus des baliftes, fe peuvent guinder en l'air fort commomodement, & s'envoyer à une affez grande diftance de là.

Premierement donc efcoutez ie vous prie ce que ie m'en vay vous dire touchant les forces eftranges, & efficaces admirables des fondes, lefquelles font fi eftranges que veritablement lors que ie les ay leuës, & bien confiderées elles m'ont tellement eftonnées, que i'en fuis demeuré comme ravy en extafe. Voicy comme Ovide en parle en quelque endroit.

> *Non fecus exarfit, quam cum Balearica plumbum*
> *Funda jacit, volat illud & incandefcit eundo,*
> *Et quos non habuit, fub nubibus invenit ignes*

Ce qui eft un figne manifefte que de fon temps, on fe fervoit de la fonde pour jetter des boulets de plomb, & qui comme il eft à croire eftoient remplis de matieres combuftibles, puis qu'il dit qu'ils brûloient en volant, & qu'ils s'acqueroient un nouveau feu, lors qu'ils arrivoient dans les nuës. Lucanus n'en dit pas moins.

> *Inde faces, & faxa volant, fpatioque folutæ*
> *Aëris, & calido liquefactæ pondere glandes.*

Tous ces brandons, ces falots, ces pierres volantes ces boulets liquefiez, qu'il nous décrit eftoient les veritables feux d'artifices de son temps lefquels ils élancoient à l'encontre de leurs ennemis, avec la fonde & autres femblables machines de guerre propres à cét ufage.

Ie renvoye quantité d'autres perfonnages dont Lipfius nous a recuëilly les tefmoignages, touchant les effets, & vertus des fondes, en fon Lib. 5, de la Milice Romaine Dialogue 20. Ie ne laifferay pas neantmoins paffer fous filence cete fentence de Seneque en fes queftions naturelles Chapitre 56. *Aëra motus extenuat, & extenuatio accendit. Sic liquefcit excuffa glans funda, & attritu aëris velut igne ftillat.* Le mouvement ( dit il ) rend l'air fubtil, cete extréme attenuation le fait ardre, ainfi le boulet forti de la fonde fe liquefie, & cete concuffion de l'air le fait fondre, ny plus ny moins que fi c'eftoit du feu. Qui eft-ce qui ne trouvera pas cela eftrange ? Certes fi nous n'avions les tefmoignages de tant d'illuftres perfonnages, nous prendrions ces difcours pour des réveries, ou pour des fables. Iofeph Quercetan nous rapporte auffi quelque chofe de femblable, & prefque en mefmes termes, en fon Liv : des Efcopetes, où difputant contre Ariftote, qui dit en fon Liv. *De Cœlo* Chap. 7. *tela ita ignefcere aeris pulfu, ut plumbum etiam colliquefcat,* que les dards & javelots s'efchauffoient tellement par le battement de l'air, qu'ils s'acqueroient de la chaleur dans un affez haut degré pour pouvoir fondre du plomb. C'eft ce qu'il nie toutéfois purement & fimplement : veu qu'en effet l'experience nous fait voir le contraire aux balles des moufquets, & d'arquebufes, lefquelles font envoyées & chaffées dans l'air par le feu mefme, & avec une bien plus grande viteffe ( voicy fes parolles mefmes ) qu'aucune fléche ne fçauroit eftre portée, Mais Dieu gard de mal les fentiments des uns & des autres, fans toutefois faire tort au raifonnement de la nature philofophante. Examinons maintenant les poids, les grandeurs, & les qualitez des corps; puis nous verrons tout d'un temps les diftances de lieu, jufques où les fondes anciennes les pouvoient élancer : c'eft ce qui eft en partie la fin, & le but de noftre entreprife.

Diodorus le Cicilien Liv. 6. parlant de peuples qui habitent dans les ifles Baleares. *Baleares fundis lapides magnos jacere optimè omnium mortalium.* Les habitans des Ifles Baleares ( dit-il ) fçavent tirer des groffes pierres avec la fonde mieux que tous les hommes du monde. Le mesme dit encore ailleurs parlant de ces insulains. *Lapides jaciunt multò majores quàm alii, ita intentè, & robustè, ut videatur istus ex catapulta quapiam deferri. Et scuta, & galeas, & omne armorum genus perfringunt.* Il asseure que ces mesmes peuples se sont acquis une telle habitude dans cét exercice, qu'il s'en treuve peu parmy les autres nations, qui puissent élancer des si grosses pierres avec la fonde comme font ces Baleares, car se dit-il, ils les tirent avec une telle force, & roideur, que vous croiriez que ces pierres soient élancées avec des catapultes, tant le coup en est rude, & le choc violent : Et cecy est assez aisé à croire puisque d'un seul coup, ils enfoncent un bouclier, forcent un heaume, rompent, & brisent toutes sortes d'armes si bien trempées que elles puissent étre. Un certain Autheur chez Suidas dont on ne connoit pas bien le nom, parlant des mesmes peuples dit : *Balearium insularum funditores lapides minæ pondere jaciebant.* Les frondeurs des isles Baleares, jettoient des pierres pesantes une mine. Il entend une mine attique, laquelle estoit du poids de 100 dragmes, comme nous avons dit ailleurs ; mais Cesar les appelle fondes librales. Voila donc quant au poids des pierres qui s'élancoient avec la fonde, lequel ( suivant ce que nous avons dit cy devant, approche fort du poids de nos grenades à main. On nous raconte encore, qu'outre ces pierres, ces nations élancoient des globes, & des spheres de plomb à l'encontre de leurs ennemis, sans l'ayde d'autres machines que de leurs fondes ; lesquelles nous ne pouvons pas mieux representer que par nos grenades, un Autheur incertain chez Suidas escrit : *Carduchi optimi funditores, lapidibus, & plumbeis sphæris, quas ejaculantur certo & destinatò.* Les Carduches estoient estiméz les meilleurs frondeurs de tous ceux de leur temps, à cause qu'ils sçavoient tirer des pierres & des globes de plomb avec tant d'adresse, qu'ils ne manquoient jamais de les adresser là où ils visoient. Outre cela, ils avoient encore cete industrie d'élancer dans les villes, & places qu'ils assiegeoint des pots remplis de feu, lors qu'ils en estoient assez proche, sçavoir quand ils s'estoient emparez des ouvrages de dehors. Ie veux neantmoins croire que ces pots à feu pesoient d'avantage que nos grenades manüelles. Voicy comment Appianus en parle en son Libique : *Romani aggeres excitarunt oppositos & adversos turribus, & faces apparantes, itemque sulphur, & picem in vasis fundis emittebant in ipsas.* Les Romains avoient élevé des terrasses fort hautes, à l'opposite de ces tours, d'où ils jettoient quantité de torches ardentes & des brandons de feu, outre cela ils y élançoient avec leurs fondes des certains vaisseaux remplis de soulfre, & de poix. Et Denis en son lib. 20, parlant du temps que les Romains assiégerent le Capitole, dont leurs esclaves s'estoient emparez : *atque alii à vicinis ædibus bitumine & pice fervidâ vasa repleta fundis inserentes, & adaptantes jaculabantur super ipsum collem.* Il y en avoit ( ce dit-il ) des certains, qui ajustans dans leurs fondes, des vaisseaux pleins de bitume, & de poix boüillante, les élancoient des maisons voisines sur cete colline. Que ainsi soit, il les faut croire puis qu'ils le disent ; Mais qu'ont esté toutes ces inventions, sinon des avant-jeux de nos grenades à main ? Vous trouverez encore quelque chose de semblable chez Cesar en son comment. 7. *Galli maximo coorto vento ferventes fusili ex argilla glandes, fundis, & fervefacta jacula in casas, quæ more Gallico stramentis erant tectæ jacere cæperunt.* C'est à dire qu'un grand vent s'estant eslevé, les Gaulois commencerent à envoyer sur nos Cabanes & sur nos huttes qui n'estoiët couvertes que paille suivant la coutûme de ce peuple, quantité de boulets ardens, faits d'un argile fuzible,

ble,avec leurs fondes,outre une infinité de jauelots fort chauds,qui faifoient
pleuvoir fur nous. Lipfius croit qu'on doit entendre cecy de la façon *Vaſa
dico argillacea acceperim, repleta ferventi materiâ.*Que c'eſtoient des vaiſſeaux
de terre, remplis d'une matiere boüillante.   Oroſius eſcrivant auſſi fur cĕ
meſme ſubjet dit : *teſtas fundis ferventes interfiſſe.*  Qu'ils prenoient des
pots, ou des tets de terre, tous rouge de feu, & les jettoient à l'encontre
de leurs ennemis.

Voila comment les Romains, & ces nations les plus belliqueuſes de leur
temps ſe ſervoient de ces machines, tant pour attaquer que pour ſe deffendre.   Si d'ailleurs vous deſirez ſçavoir en qu'elle eſtime eſtoient ces fondes, il n'y a pas encore long temps chez nos voiſins du coſté du nord, &
combien de la memoire encore de nos peres, ils les avoient renduës im-
portantes, & neceſſaires pour les attaques des places ; voire meſme depuis
l'invention de noſtre foudroiante Poudre pyrique, conſultez Olaus cĕ
Grand Archevecque d'Upſal, Liv, 7.Chap. 7. qui a eſté un des plus doctes
eſcrivains qui ait veſcu parmy ces peuples, lequel en parle en ces termes.
*Flexibilibus catenis ferreiſque juncturts, fuſtibus ligneis alligatis, ſæpius in ca-
ſtrorum obſidione, quàm reliquis armis Aquilonares utuntur, preſertim ubi cam-
pus circumjacens ſit lapidoſus.  Ubi autem ſaxa non ſunt, quod raro videtur, cru-
ſtatum ferrum ignitum ſcintillis micans, forfice in burſam fundæ impoſitum, ve-
hementi jactu in caſtra emittunt.   Habent enim ſemper ad manum vaſa inſtar
barilium* Romanorum, *plena cruſtato ferro, eoque in ignem miſſo, & fundis ap-
plicato, ac contra obſeſſos projecto, tam vehemens vulnus & cruciatum infligunt,
ut rara vel nulla medicorum ope valeant reſtaurari.  Caſu etenim, ob ponderis
gravitatem,* (remarquez cecy) *& tactus aduſtionem, irremediabiliter lædit: cujus memoria, recentior eſt in* Danorum Rege Chriſtierno II, *qui talibus armis Anno* 1521 *in civitate & caſtro* Aroſienſi *perdidit potentiſſimum exercitum ſuum. Si-
militer & ſagittis ignitis: quæ de flamma erepta,atque forfice balliſtis impoſitæ,*
(car ces peuples du nord n'avoiĕt pas encore en cĕ temps là abandõné l'uſage des Machines anciennes, mais s'en ſervoient indifferemment, & les en-
tre-meloient avec celles qu'ils avoient nouvellement inventées ) *repentino
jactu eò atrociora vulnera indiderunt, quò minus manibus propter ardorem ex-
trahi quiverunt.  Sed miſerabilibus erat, quod ferreæ ſagittæ, ac cruſta ignita
in pulverem bombardalem cadentia, quaſi momentaneo excitato flammarum impetu, latius per circuitum plurimos aſtantes milites interemerunt ; maximè etiam, quia montani, ferox hominum genus mineralibus exercitiis educatum, ſagittis, ſaxis, ferreiſque cruſtis, quaſi imbribus per fundas emiſſis, vehementer in-
ſtabant. Vidi ego, exinde ſpatio* 250 *milliarium Italicorum, navigio in regiam
Sueciæ Holmiam plurimos ſic miſerabiliter ſauciatos,eodem anno, terribili ſpecta-
culo, nempe naribus, oculis, brachiis, pedibuſquue evulſis, adduci:qui tandem
inſanabili vulnere & cruciatu, præcipuè Germani,Dani,& Scoti, miſerabili morte
vitam efflarunt.*

Les Aquiloniens ſe ſervent (ſuivant ſon rapport) plus ſouvent,lors qu'ils
veulent aſſieger quelque place ou attaquer un camp, de certaines chaines
flexibles, ou de ie ne ſçais quelles entraves, & jointures de fer attachéez
à des baſtons, que non pas de toute autres ſortes d'armes, particuliérement lors que la campagne circonvoiſine eſt pierreuſe : mais dans les lieux
où il ne s'y treuve point de cailloux (ce qui eſt aſſez rare dans ces contrées)
ils jettent à grands coups de fondes, dans le camp des ennemis, des croutes & des morceaux de fer tout rouge, & tout ardent, leſquels ils mettent
dans les bources des leurs fondes, avec des tenailles.  Vous leur voyez

toû-

toûjours dans la main un certain vaiſſeau fait comme un baril Romain, plein de ces croutes & fragments de fer, leſquels ayans fait rougir dans le feu, & appliquez ſur leurs fondes, puis élancez à l'encontre de leurs ennemis, font de ſi eſtranges playes, & des ſi dangereuſes bleſſures, que quiconque en eſt atteint,ſon malheur eſt ſans remede, il ny a Medecins ny Chirurgiens qui les puiſſent ſecourir. Et la raiſon pourquoy ce fer bleſſe ainſi irremediablement, ( remarquez bien cecy ) c'eſt à cauſe de la gravité de ſon poids, & de l'aduſtion qu'il fait dans la partie : La memoire d'un pareil accident, eſt encore toute fraiſche en la perſonne de Chriſtierne II, Roy de Dennemarc qui perdit une puiſſante armée en l'an 1521, devant la ville & le camp Aroſien, par des ſemblables armes ſeulement. Ils n'en faiſoient pas moins avec des fleſches ardentes; leſquelles eſtant tirées du feu, & miſes avec des tenailles de fer ſur les baliſtes ( car ils ſe ſervoient de ces machines antiques comme nous avons de-ja dit cy deſſus, peſle-meſle avec les nouvelles inventées ) puis décochées de la ſorte, faiſoient des bleſſures d'autant plus incurables par la ſurpriſe & violence de leurs coups, qu'il eſtoit moins poſſible de les tirer avec les mains,à cauſe de l'extréme ardeur qu'elles portoient quant & ſoy: mais le deſaſtre eſtoit encore bien plus horrible quand ces dards allumez, & les billons de fer ardents, venoient à tomber par malheur, ſur les poudres à arquebuſes, leſquelles s'enflammoient en un inſtant,avec un bruit épouvantable, brûloient & étouffoient tout autant de malheureux ſoldats qui ſe trouvoient aux environ d'elles; & ce qui rengregeoit encore leur mal d'avantage eſtoit les incurſions, & les decharges de ces peuples de montagnes, race brutale, & ſauvage, nourrie dans les cavernes, & minieres,qui les accabloient de fleches, de cailloux, & de billons de fer, qu'ils jettoient avec leurs fondes, comme d'une greſle qui leur eut tombée ſur le corps. I'en ay veu moy meſme (dit-il) à 250 milles Italiques de là, pluſieurs qui furent ramenez de la mer dans Stockholm, capitale de Suede, ainſi miſerablement bleſſez,dans cete meſme année, ce qui eſtoit une choſe horrible à voir; car les uns eſtoit ſans nez, les autres ſans yeux, ceux-cy avoient les bras emportez, ces autres les jambes, & ce qui eſtoit le pis de tout,leurs bleſſures eſtoient ſans remede; avec des douleurs inſupportables, particuliérement aux Allemands,Danois,& Eſcoſſois qui eſtoient contrains de mourir de douleur, & de deſeſpoir,ſans qu'ils puſſent recevoir aucun ſoulagement à des maux ſi extrémes.

Briſons icy ſur le poids, la groſſeur, & les qualitez des corps qui ſe guindoient avec les fondes des Anciens, & ie ne doute pas meſme que ie n'en aye aſſez dit,pour vous faire tirer quelque conjecture de la diſtance & de l'eſtanduë du chemin qu'elles pouvoient porter, & même de la certitude de leurs coups. Mais ce n'eſt pas aſſez Vegeſe nous en parle encore plus clairement en ſon Liv. 2. Chap. 23. *Sagittarii verò vel funditores ſcopas, hoc eſt, fruticum vel ſtraminum faſces pro ſigno ponebant, ita ut ſexcentos pedes removerentur à ſigno, ut ſagittis, vel certe lapidibus ex fuſtibalo deſtinatis, ſignū ſæpius tangerent.* Les Archers & les Frondeurs plantoient pour but un certain balet, qui eſtoit un petit faiſſeau de paille ou de rameaux, duquel ils s'eſloignent de 600 pieds en arriére, lequel il ne manquoient guiere d'atteindre avec leurs fleſches, ou avec les pierres qu'ils tiroient de leurs fondes. Ne liſons nous pas dans les Sacrez Cayers au Liv.de Judith Chap. 20. *Habitatores Gabaa ad ſeptingentos,ſic fundis lapides ad certum jeciſſe ut capillum quoque poſſent percutere.* Que les habitans de Gabaa, eſtoient ſi adroits, &

ſi

si asseurez de leurs fondes, qu'il s'en est treuvé jusques au nombre de 700 qui ne failloient guiere d'atteindre un poil. Qui plus est les Arpenteurs Romains assignoient une mesure certaine, & determinée aux champs & aux terres par le ject de la fonde; c'est de là qu'ils ont appellez *Fundum* (ce que les François appellent encore aujourdhuy fonds) cét espace de terre que pouvoit contenir une metaire, avec le labourage qui en dépendoit : lequel estoit d'une telle longueur, & largeur qu'un ject de pierre tirée avec la fonde pouvoit s'étendre. Ceux qui ont quelque intelligence dans ces dimentions disent que le fonds estoit une étenduë de 600 pieds. Nous trouvons quelque chose de semblable, chez Quintillian *in jocul.* liv. 397, touchant l'appellation du fonds, en ces termes,

*Fundum Varro vocat, quem possim mittere fundâ*
*Ni tamen exciderit qua cava funda patet.*

Mais à quoy bon nous arrrester plus long temps à produire des tesmoignages, en faveur des forces & vertus de la fonde ? Voyons un peu maintenant, & épreuvons si d'és lignes d'approches, nous pourrons commodement, suivant les regles de l'Architecture moderne, jetter nos grenades à main, avec les fondes, & les fustibales, dans les retranchements de nos ennemis. Premiérement c'est un axiome general parmy les Architectes de guerre, que aussi-tost qu'on est arrivé au lieu qu'on veut assieger, on commence les lignes d'approches à la distance de 60 verges ou environ de la place assiegée, si la situation du lieu, ou quelque autre empeschement ne permettent de se loger plus proche, pour les commencer sans peril. Cete distance de chemin est égale au ject horizontal des fondes : car il le faut ainsi entendre, de ces jects, lesquels Vegese dit cy dessus avoir esté en usage dans les exercices des soldats Romains, comme quelques autres le tesmoignent aussi par leurs escrits. C'est ce qui se pratique encore à present de nos mousquetaires, lesquels s'exercent quelque-fois à tirer dans un blanc élevé de terre à la hauteur d'un hôme, d'où ils s'éloignent de 200 ou 300 pas, pour s'acquerir de l'habitude dans la visée du mousquet, & pouvoir sans frayeur mettre en pratique, lors qu'ils auront les ennemis en teste, ce qu'ils ont fait pour divertissement dans des lieux hors de danger. Mais comme cét ajustement, ou cete visée n'a aucun rapport avec la projection de nos grenades à main, parce que celle-cy est parallele à l'horizon, au contraire des grenades qui doivent estre portées en arc dans l'air, pour pouvoir retomber à plomb dans la trenchée ennemie: voila pourquoy il nous faut tenter une autre voye pour les jetter.

Or comme il est tres evident, suivant les observations de la porté de nos canons, & des autres machines de guerre, élevées & conduites par les degrez du quart de nonante, ou quart de cercle, que la visée ou le ject horizontal, que les François appellent *de niveau, de but en blanc, ou de blanc en blanc* les Italiens *de ponto in bianco*, (qui est à dire ce ject qui observe un chemin ou une ligne parallele à l'horizon) est le subdecuple ou environ du ject ou de la portée de la plus grande élevation, qui est de 45 degrez du quart de nonante, principalement quand on ajuste tellement sa visée qu'il s'y fait un demy-angle droit, ou un angle de 45 degrez, entre l'horizon, & la voye que doit tenir le ject.

Or comme tous les corps missiles, c'est à dire qui se peuvent jetter, affectent une certaine proportion : voila pourquoy si quelqu'un prend sa visée pour guider une grenade à main, mise sur une fonde, après luy avoir fait faire quelques tours par dessus la teste, & la jetter à la distance de 6000 pieds, ou de 600 perches, ou toises, qui est le decuple de celle d'où les

lignes d'approches commencent ( pourveu toutêfois qu'elles n'excede
point 60 toifes,ou 600 pieds ) en telle forte que s'il la vouloit jetter à une
fort grande diftance , ie ne doute aucunement, qu'elle ne defcende directement dans l'enceinte des retrenchements : car il eft tres certain, que
ceux qui fe fervent de la fonde , ou qui jettent fimplement avec le bras, font
naturellement portez à choifir l'angle de 45 degrez, ou à peu prés, lors
qu'ils balançent un poids ou quelque corps pour l'envoyer à une grande diftance , làquelle fuit en effet l'angle demy droit.    Mais s'il eftoit queftion
de jetter les grenades manüelles fur les bords des lignes d'approches , ou à
quelque diftance encore moindre , comme par exemple à la longueur de
30 ou de 20 toifes feulement , qui eft celuy qui me peut nier que cela ne
fe puiffe faire fort commodement avec les fondes ? à condition toutéfois qu'on les ordonne , & dirige de la mefme façon que nous faifons nos
mortiers, lors que nous les difpofons pour jetter des bombes , grandes grenades , & autres femblables globes pyroboliques , à quelque petite
diftance , c'eft à dire qu'il leur faut donner la mefme élevation , & les conduire de mefme que nous faifons nos mortiers de guerre ; habitude que l'on
pourra fans difficulté s'acquerir en partie par la conneffance qu'on aura de
cete fcience,& le refte , par un exercice continuel du maniment de la fonde , de mefme que ces peuples eftrangers,s'y eftoient autrefois habituez,&
defquelles ils fe font fervy fi heureufement, qu'elles ont toufiours efté les
principaux inftruments , qu'ils ayent mis en œuvre , pour ruiner tant de
belles armées comme ils ont fait , forcer des trenchées , attaquer , & prendre des fortes places , bref pour eftablir des puiffants eftats , & affermir
tant de floriffants empires qui font demeurez inébranlables pendant plufieurs fiecles.

   J'advoüe que la direction , & le maniment de ces machines exigeroit un
raifonnement un peu plus prolixe , mais à caufe que ce n'eft pas icy le lieu
pour en difcourir,ie ne pafferay pas plus avant ; J'adjoûteray feulement cecy en faveur des fondes , pour enfeigner comme quoy eftans chargées de
grenades à main , les tireurs les doivent tellement diriger dans les lignes
d'approches, que les grenades puiffent tomber au milieu de leurs ennemis ; & faire des grandes executions parmy eux.    Venons-en donc aux effets. Faites loger vos tireurs de fondes fur le lieu le plus advancé des lignes,
dans un endroit où ils puiffent eftre en feureté , & à couverts d'un bon pa-
parapet ; à fçavoir dans une redoute , dont la diftance , depuis le fommet
du parapet du rampart des ennemis ( lequel termine la hauteur interieur
dudit rampart , ou pour mieux dire, depuis le fommet des gabions & corbeilles que les ennemis auront dreffeés fur le fommet du parapet, pour
leur fervir de couverture ) fera de 500 pieds.    Or afin qu'il ne femble pas
que nous voulions d'abord traiter avec rigueur nos foldats qui n'ont point
encore les bras accoûtumez dans cét exercice, & qu'ils ne croyent pas que
nous voulions exiger d'eux des chofes en quelque façon impoffibles ; nous
fuppoferons que noftre grenade manüelle ne peut eftre envoyée à un terme
limité d'une plus grande diftance que de 100 pieds.    C'eft pourquoy
fuivant ce qui a efté dit cy deffus, elle pourra parcourir fur l'horizon l'efpace de 1000 pieds, lors qu'elle fera pouffée en angle demy droit.    Or veu
que la diftance de 500 pieds à befoin que le bras qui tourne la fonde, élance
& chaffe tellement la grenade que fon chemin faffe dans l'air, par une ligne imaginaire horizontale , commençante du centre des bras du frondeur,
un angle de 10 degrez , ou un neufuiéme du quart du cercle, ou environ.
                                                                      Voila

Voila pourquoy si le frondeur, arresté au lieu d'où il presuppose la distance de 500 pieds jusques au sommet des paniers & gabions, à la distance de 15 pieds, & que de ce mesme point auquel il est arresté, la mesure justemēt prise de la trenchée assiegée, il y fasse planter une perche, dont la hauteur soit plus grande de 2 pieds, & de 8 onces que la mesure prise depuis la plante de ses pieds jusques au cētre de ses bras, laquelle perche sera plantée perpendiculairement sur le terrain, & directement opposée à l'endroit de la trenchée, où l'on desire envoyer les grenades; (car autrement vos grenades s'esloigneroient bien loing de vostre bùt) que si le frondeur ne se bouge de sa place, & qu'apres avoir donné feu à sa grenade mise dans la bource de sa fonde il luy fasse faire un tour seulement par dessus sa teste; puis qu'il la jette vers le lieu assiegé; en telle sorte que la grenade touche à chaquefois quasi le sommet de la perche, lors qu'elle sorte de sa fonde; & qu'il ait toûjours le bout de cete perche pour but, il se peut asseurer que son dessein reüssira bien, & que toutes ses grenades arriveront au lieu, où il desire que elles tombent; à condition toûtefois que toutes cesdites grenades soient d'un poids égal, & que tous leurs tuyaux soient tellement construits, que le feu ne prenne point à la poudre incluse dans le ventre de ladite grenade, si subitement ou dans le temps quelle sera dans l'air, mais seulement lors qu'elle sera tombée sur terre: Or ce feu ne se pourra esteindre aucunement, si vous chargez les tuyaux de quelques-unes de ces compositions que nous avons décrites cy dessus: & vous pouvez bien vous en asseurer, puis que ie m'en suis plusieurs fois servy fort heureusement, à charger les tuyaux de ces grandes grenades qui se jettent avec le mortier, lesquelles comme vous pouvez vous imaginer ne sont pas des plus lentes, à se mouvoir, & courir dans l'air.

Remarquez 1. Ce que nous avons dit de la perche qui doit estré plantée perpendiculairement sur le terrain, se doit entendre que la hauteur de 2 pieds & 8 onces, adjoûtée sur la mesure, prise depuis la plante des pieds jusques au centre des bras du tireur de fonde, est un cathete dans un triangle rectangle, dont la base est de 15 pieds: Or l'angle compris depuis la base qui commence du centre des bras du fondeur, & l'hypotenuse qui est la main élevée avec la fonde, est justement de 10 degrez, à qui le cathete elevé perpendiculairement sur l'extremité de la base, est directement opposé: Or d'autant plus que le frondeur s'approchera de la perche, le Cathete diminuera d'avantage; au contraire tant plus qu'il s'en éloignera d'autant plus s'en augmentera-t'il en hauteur. Tout ce que i'ay rapporté icy n'est seulement que pour exemple, veu que les bases prises de diverses longueurs forment toûjours des cathetes tous differents.

Remarquez 2. Qu'il faut prendre le commencement de la mesure mesme de la distance du frondeur de puis le sommet des paniers posez sur le rampart des ennemis, en telle sorte que l'espace de 15 pieds, ou de plus ou de moins, demeure pour base, jusques au parapet de lignes d'approches, laquelle base aura pour terme & pour borne cette perche qu'on aura plantée; depeur que venant à mesurer la distance depuis le sommet de la hauteur interieure de vostre parapet vous ne soyez obligez de vous exposer à un danger évident, pour planter ladite perche au de là des paniers qui bordent le parapet des lignes d'approches, laquelle se plante justement sur l'esplanade de vos ouvrages, à l'opposite de la trenchée des ennemis, mais tout cecy se doit faire dans l'interieur des travaux qu'on veut assieger.

Ee          Re-

Remarquez 3. qu'on peut ajufter aux fondes, des rênes, ou des longes de diverfes longueurs, & le tout fuivant les plus grandes, ou plus petites diftances des lieux où l'on veut envoyer les grenades : comme Florus
nous le rapporte en fon Liv. 3. Chap. 8. des habitans des Ifles Baleares, qui
fçavoient fort bien pratiquer cete methode, de ralonger, & racourcir leurs
fondes felon le befoin qu'ils en avoient.    *Tribus quifque fundis prælian-*
*tur , certos effe quis miretur ictus ? cum hæc fola genti arma fint , & unum ab in-*
*fantia ftudium.   Cibum puer à matre non capit , nifi quem ipfa monftrante per-*
*cuffit.* Ils mettent en ufage (dit-il) dans leurs combats, trois fortes de fondes;
pourquoy doncques s'eftonner de voir qui foient fi adroits à fe fervir de cete forte d'armes,& à tirer leurs coups fi juftes, puis qu'ils n'ont point d'autres
armes offencives ny d'effenfives que celles-cy,joint que pour ainfi dire,ils s'y
eftudient d'és le berceau.   Et ce qui eft de plus remarquable parmy ces nations,l'enfant ne peut recevoir aucun aliment de fa mere qu'elle ne l'ait
donné à connoiftre premiérement en le frappant.   Mais efcoutons Strabon
parlant des mefmes Infulains.*Tres fundas circum caput habent,unam longioribus*
*habenis,ad longiores jactus;alteram brevibus ad breviores; tertiã mediis,ad medios.*
Ils portent trois fondes,entortillées à l'entour de leurs teftes,dont l'une a les
refnes fort longues pour les diftances les plus efloignées, l'autre à les longes
fort courtes,dont ils fe fervēt lors qui font fort prôches desennemis,en fin la
troifiéme eft entre l'une & l'autre pour les coups de moyenne portée. Voicy
comme quoy Diodorus veut que l'on les porte,que la premiere ferue de bandeau, la feconde de ceinture,& la troifiéme dans la main,*unam*(fe dit-il)*Circa*
*caput, alteram ventrem,tertiam in ipfa manu.*

Remarquez 4. qu'on ne fe peut fervir d'aucun inftrument,ny machine
plus cõmode ny plus feure,pour jetter les grenades à main,que de la fõde,car
nous avons fort fouvent obfervé que lorsqu'on les élancoient avec des machines faites commes des mortiers,elles fe crevoient toutes,premier qu'elles
fuffent iamais élevées dans l'air;ce qui endommageoit non feulement lefdites machines,mais auffi faifoit courir grand rifque, à ceux qui les gouver-
noient.    D'ailleurs que fi vous les élancez avec la main nuë, c'eft à dire
fans vous fervir d'aucun autre inftrument que du bras, à combien de
perils ne feront point fubjets ceux qu'on obligera à cela, outre ceux auquels ils font de-ja expofez, & le refte des incommoditéz qu'ils en recevront? nous avons eu des exemples de cecy prefque dans tous les fieges qui
fe font faits de noftre temps, combien de foldats, & de braves garçons a-t'on
veu, qui font peris, en maniant ce fruit plus fatal pour eux, que dangereux
pour leurs ennemis:veritablement fi le maître qui ma imbu des premiers élements de ce noble art eftoit icy, il n'adjoûteroit pas peu de poids à mes parolles, par fon tefmoignage, & vous luy entendriez dire vous mefmes,que
que s'il eut eu le moyen,ou pluftoft l'ufage de jetter les granades avecque la
fonde, lors qu'il s'eft treuvé dans les occafions de ce faire, il n'auroit pas
perdu la main droite.   Or outre la fonde i'approuve encore fort certaines
petites machines qui reffemblent fort aux Baliftes des Anciens, telle qu'eft
celle que nous avons décrite. Voila pourquoy ie fuis refolu de vous en toucher icy deux ou trois mots enpaffant.

Nous parlerons au Chapitre fuivant des grandes grenades,lefquelles on à
de coûtume de jetter dans les places avec le mortier.  l'adjoûte feulement
icy une chofe, à fçavoir que l'on pourroit auffi les élancer fort commodement avec les Baliftes,dont les Anciens fe feruoient autrefois. Mais ie vous
entretiendray des forces, & des vertus de ces machines au Liv.1. Chap.1.
                                                                    de

de la Seconde partie de noſtre Artillerie, leſquelles i'authorizeray des teſmoignages de quantité de bons autheurs ; la où ie vous en ſeray voir les
profils, & les figures ſcenographiques, fort curieuſement, & exactement
deſſinées, à l'occaſion deſquelles ie vous expliqueray tout d'un temps,
comme quoy les Anciens ſouloient les conſtruire. Contentez vous pour
le preſent, de ce que rapporte Joſephus, liv. 6. de l'incendie de Hieruſa-
lem, touchant la force & puiſſance incroyable des Baliſtes : *Talenti pondere*
*erant lapides, qui mittebantur, duo autem & amplius ſtadia pervadebant. Ipſe*
*ictus non iis modò quibus primis incidebat, ſed & longè retrorſum ſtantibus erat*
*intolerabilis.* Les pierres que ces machines éjaculoient, peſoient un talent, & ne manquoient guiere de les pouſſer à la diſtance de deux ſtades :
Mais ce qui eſtoit de plus eſtrange dans leurs effets, c'eſt que la premiere
portée de leurs coups n'eſtoient pas tant à craindre, que leur ſeconde atteinte eſtoit dangereuſe à ceux là meſmes qui en eſtoient bien eſloignez. Et
Diodore le Cicilien en ſon Lib. 20. *Demetrius in Hellepolim ſuam intulit va-*
*rias Petrarias quorum maximæ trium talentorum erant.* Demetrius fit apporter dans la ville d'Hellepole diverſes eſpeces de Periéres, dont les plus grandes portoient 3 talents. Athenéus auſſi en ſon Liv. 5. parlant du navire du
Roy Heron, lequel fût conſtruit de l'invention d'Archimede, rapporte cecy : *Murus ſive lorica & tabulata ſuper fulcris & ſuſtentaculis erant : In iis Pe-*
*traria quæ lapidem trium talentorum emitteret, & haſtam 12. cubitorum :*
*utrumque iſtud ad ſtadii longitudinem.* Voila une choſe eſtrange & preſque incroyable qu'il nous rapporte; il dit que dans ce vaiſſeau ils avoient élevé une
certaine batterie, où l'on plaçoit une periére qui portoit des pierres peſantes 3 talents, & avec cela une javeline longue de 12 coudées, & l'une &
l'autre à la diſtance d'une ſtade. Mais c'eſt trop diſcouru ſur les fondes, ie
crains de vous ennuyer ; outre que ie m'imagine vous en avoir aſſez dit,
pour vous faire entendre comme quoy les poids élancez avec les baliſtes des
Anciens, & portez dans des diſtances aſſez grandes, ont eſté à peu pres
égaux à nos groſſes grenades, & quand meſme l'aurois dit qu'ils les ont
ſurpaſſez en groſſeur, & en peſanteur, ie n'aurois pas creu mentir. Pour ce
qui regarde le reſte des commoditez qu'on peut tirer de ces machines, pour
jetter, guinder, & faire voler en l'air, quantité d'autres feux d'artifices
nous le demonſtrerons plus amplement en ſon lieu, où l'on pourra recon-
noitre qu'on auroit grandiſſime raiſon de leur donner place parmy nos machines modernes.

# Chapitre II.

## Des Bombes & Grenades qui ſe jettent coûtumiérement avec les mortiers.

Si nous conſiderons la forme des grandes grenades qui ſe jettent
d'ordinaire, dans les villes & places aſſiegées, & reciproquement
celles que les aſſiegeans envoyent dans les trenchées, & lignes d'approches de ceux qui les attaquent, nous en trouverons de deux ſortes, à ſçavoir des parfaitement rondes comme des globes, & d'autres ovales qui retiennent la forme d'un ſpheroide : qui ſont celles que nous appellons vulgairement *Bombes.* Quoy que Boxhornius dans ſon hiſtoire du ſiege de Breda donne auſſi le nom de bombe, à celles qui ſont parfaitement

ſphe-

ſpheriques,car voicy comme il en parle dans la ſuite de la deſcription de ſes
grenades à main: *Bombæ circulo majores , diametro pedis unius , ſæpe etiam duorum , eadem mala inferunt , machinis in aëra mittuntur, lapſuræ quo deſtinantur.*
Il treuvoit par ſes experiences journalieres que les bombes les plus groſſes,
qui avoient un , ou deux pieds de diametre faiſoient les meſmes deſordres
dans la ville ; on les envoyoient ( ſe dit-il ) dans l'air avec des machines,
d'où elles retomboient,où l'on avoit deſſein qu'elles fiſſent leurs executions.
Mais ſi ie ne me trompe il confond icy les grenades , avec les bombes , veu
que dans un autre endroit , il attribuë la meſme choſe aux grenades qu'il
avoit fait aux bombes:*Nam ſuggeſtus tum plures propioreſque excitati,& loco mo-
ti quoties uſus in tutandis noſtris,cohibendiſque hoſtibus, ac eorum machinis irritis
reddendis flagitabat.Ex cujus ratione plura aut pauciora tormëta,& non nullis etiam iſta ( il entend icy parler des mortiers ) quibus excitando incendio , & cir-
cumpoſitis omnibus ſubvertendis , pilæ , queis Granatarum nomen funduntur.*
il met icy derechef de la difference entres les petites & les grandes grenades *Quas etiam ſed minoris ponderis manu quidam in proximos expoſitos jam hoſtes jaculabantur.* Il aſſeure donc qu'ils eſtoient obligez d'élever des batteries tantoſt plus & tantoſt moins,quelque-fois proches les contreſcarpes , &
& quelque-fois auſſi bien éloignées ſuivant le beſoin qu'ils en avoient tant
pour mettre leur gens à couvert , que pour arreſter les ſaillies & boutades
des ennemis, ou pour rendre vaines leurs machines , ruiner leurs batteries , demonter leurs pieces & ſemblables neceſſités ,ſur leſquelles on plan-
toit plus ou moins de canon , avec quelqu'uns de ces inſtruments, ( voulant parler des mortiers ) deſquels,nous nous ſerviös à jetter force grenades,
qui brûloient & boulverſoient tout ce qu'elles trouvoient,dans l'eſtanduë de
leur portée apres leur diruption(c'eſt icy ou il diſtingue les petites d'avec les
grandes grenades) leſquelles(ajoûte-t'il) nos ſoldats élancoient avec les bras
à l'encontre de nos ennemis,lors qui s'approchoient de trop prés de nos travaux , pour n'eſtre pas ſi peſantes que les premieres, En matiere d'hiſtoire je ne treuve pas mauvais qu'il en ait parlé de la ſorte ( veu que c'eſt une
conneſſance laquelle eſt particuliérement reſervée aux Pyroboliſtes ) il faut
ſeulement remarquer cecy, que la plus part de Pyrotechniciens appellent
ordinairement ces grands globes de fer qui ſont ainſi ronds & creux, des
Grenades ; à cauſe de la reſſemblance qu'ils ont avec celles qui ſe jettent
avec la main meſme.    Mais aux longs,ou ovales,ils leur donnent le nom de
Bombes.

S'il vous plait voir le deſſein d'une de ces grenades rondes vous en avez
le modele,en la figure marquée du Nº. 113 : Celuy des longues ſe peut voir
dans la figure ſuivante au nombre 114.

A ces deux icy nous en avons encore adjoûtée une troiſiéme d'une forme cylindrique , laquelle nous avons marquée du Nomb. 115,elle a par deſſus un certain tampon bien ferme,par lequel la poudre eſt fort preſſée dans
la chambre du mortier,outre qu'elle même pouſſée de force par deſſus,bou-
che auſſi fort exactement ladite chambre comme ſi s'eſtoit un de ces cylindres de bois,dont nous nous ſervons coûtumiérement.   Il n'y a pas encore
long temps que ces grenades eſtoient en uſages: car quelques-uns de ceux
qui ſe ſont trouvez à ce memorable ſiege de la Rochelle , fait en l'an 1627,
& 1628,par LOVIS XIII, Roy de France & de Navare , nous
ont rapporté , qu'elles avoient faites des executions eſtranges, & puiſſamment incommodées les aſſiegez.  Or on attribuë avec non moins de
                                                                    juſ-

Juftice que de raifon, la plus part des heureux fuccez de ces grenades à une parfaite, & non vulgaire conneffance que cét infigne, Henry Clarmer, Norembergeois avoit dans la pyrotechnie, auquel veritablement on ne peut denier une des premieres palmes qui ont efté juftement ordonnées aux merites des braues Guerriers, qui ont fait tant de merueiles pendant un fiege fi notable : fans toutêfois diminuer en rien la gloire qui eft deuë à Pomponius Targon pour lors Grand Ingenieur de fa Majefté tres Chreftienne.

Il s'eft rencontré neantmoins, certains efprits mal timbrez fi impudens, qui ont eu affez d'effronterie pour vouloir dérober à ces grands hommes la gloire & l'honneur qu'ils s'eftoient acquis, dans les travaux infupportables d'un fiege fi long, & fi penible; & qui ont tafché par tout moyen, pouffez de ie ne fçay quelle envie, de s'attribuer impudemment ce qui eftoit deub à la vertu de ces illuftres perfonnages : & cependant, tels qu'ils font ne laiffent pas d'infinuër dans la credulité des plus ignorâts une certaine bonne opinion de leur capacité, & de leur faire croire qu'ils font en effect ce qui ne font qu'en apparence, mais un temps viendra qu'ils recevront les châtiments deubs à leurs demerites, & que la juftice divine qui ne laiffe rien d'impuny fe vengerade leurs fupercheries, pour avoir voulu rauir avec tant d'injuftice la gloire que d'autres avoient fi cherement achetée. Mais retournons à noftre propos, & confiderons un peu, en quelle façon, nous proportionerons, preparerons, & mettrons en ufage, ces deux premiéres efpeces de grenades.

Quelques-uns ont de coûtume de donner aux Bombes & Grenades de fer de cete efpece tant rondes que longues, l'efpeffeur de ⅛ ou ¼ de leurs diametres. La largeur de l'orifice par lequel on fait entrer un tuyau de bois dans la capacité de la grenade, lequel paffe jufqu'au fonds, doit avoir ⅛ auffi bien que ceux des grenades à main. Elles ont par deffus, affez proche de l'orifice deux petits ances, auquels on attache deux cordes, lors qu'on veut ajufter la grenade dans le mortier.

Le tuyau qu'on inferera dans l'orifice de ladite grenade fera long de ⅓ de fon diametre, il eft bien vray que quelques Pyroboliftes ne le prennent que de ¼ feulement. Par le haut il fera efpais en fon diametre de ⅛ ou 1/12 mais par deffous on fe contentera de luy donner ⅛ d'épeffeur. La hauteur du trou dans le tuyau fera de 1/12 du mefme diametre (comme on le fait d'ordinaire) vous avez la forme de ce tuyau en la figure marquée du Nomb. 116. Mais tout le plus grand miftere qu'il y a en cecy, eft de fçavoir de quelle largeur doivent eftre percez les trous, qu'on doit former dans les tuyaux; veu qu'on determine un certain temps à la grenade, apres lequel, elle doit faire fon effet, joint qu'on a une certaine diftance connuë & limitée à laquelle il faut que le mortier envoye la grenade, outre cela on fcait comment on doit difpofer la machine, & à quelle hauteur d'élevation, mefurée; & guidée par les degrez du quart de nonante, on l'élevera fur l'horizon; deplus de quelle compofition on doit charger la cavité de ce tuyau, à ce que la grenade parcoure un certain efpace dans l'air, & pendant un certain temps limité, & afin qu'elle faffe fon effet, lors qu'elle viendra à eftre fort proche de terre. Mais comme toutes ces obfervations icy, & quantité d'autres femblables circonftances, ne font pas proprement de ce lieu pour y eftre traitées: veu qu'elles fe rapportent à l'ufage & à la conftruction artificielle de nôs machines de guerre, ie me fuis refervé d'en parler dans la feconde partie de noftre Artillerie Liv. 2 où ie traiteray fort amplement de la ftructure des

mor-

mortiers, de leurs proprietez , & de leurs usages particuliers.    Et s'il plaît
au ciel me favoriser je rendray des raisons suffisantes de tout , & tas-
cheray autant qu'il me sera possible de ne point tromper l'attente , de nostre diligent Pyroboliste.    Mais achevons maintenant le reste de nostre entreprise.

Ces mesmes tuyaux seront donc fortifiez par dehors, avec des nerfs des-
seichez , & defilez comme de l'estoupe, puis bien trempez de colle chaude,
& appliquez exterieurement, pour les rendre fermes & resistans contre la
violence de la poudre : Mais par dedans on y collera seulement quelques
fils d'étoupes pyrotechniques espars çà & là, depeur que le feu par malheur ne s'esteigne dans le tuyau par la vehemence, & impetuosité du
vent , dans le temps que la grenade est enlevée dans l'air ; Enfin ce tuyau estant chargé d'une composition convenable ( telle que nous en avons
décrites quelques unes au Chapitre superieur ) vous l'arresterez bien ferme dans la capacité de la grenade,laquelle sera remplie d'une bonne poudre
grenée , de la mesme façon, que nous l'avons monstré au Chap. precedent,
où nous avons traité des grenades à main.

Notez qu'il ne faut iamais charger une grenade de poudre , que l'on ne
sçache premiérement si elle est bonne , & bien entiere , ce que vous pourrez sçavoir par l'espreuve suivante.    Enseveliffez vostre grenade soubz les
charbons ardents pour l'y faire rougir : estant toute rouge tirez-la hors du
feu ; & versez de l'eau froide dans sa capacité, premier qu'elle soit refroidie : puis en ayant bien bouché l'orifice , depeur que l'eau n'en sorte , vous
oindrez promptement toute la superficie convexe de ladite grenade avec
de l'écume caustique , ou du savon humecté d'un peu d'eau chaude.    Que
si elle est percée ou fenduë en quelque endroit qui vous soit inconnu, vous
remarquerez aussi tost des petites boüilles , ou des petites empoulles qui
s'éleveront de temps en temps & redescenderont , puis s'esvanoüiront.Que
si vous apperceuez un tel effet sur la surface de ces grenades, & que vous
en ayez des meilleures , ie ne vous conseille point de vous en servir , mais
au contraire de les rejetter bien loing,non seulement comme inutiles , mais
aussi comme tres perilleuses : Or si d'avanture l'estat de vos affaires , ou la
necessité vous obligeoit de vous en servir , pour n'en avoir point d'autres
ou des plus mauvaises : vous remarquerez bien diligemment les fentes &
fissures s'il est possible de les voir,sinon l'endroit sur lequel,ces petits boüilles ont paruës , ou si ce sont petits trous & qui paroissent, vous y pousserez de force des pointes d'acier, Cela fait vous les enduirez de goûdron
ou poix liquide , ou de nôtre luttement pyrotechnique,puis les entourerez
d'étouppes imbuës de la mesme drogue , de laquelle nous avons donnée la
composition au Chapitre superieur. En fin elles seront enveloppées exterieurement d'une forte toile ,. pour tenir le tout bien ferme sur la superficie.
Vous observerez doncques toutes ces circonstances fort exactement sans
en obmetre la moindre du monde , depeur que la grenade ne reçoive quelque dommage par la violence du feu , dans le temps qu'elle sera dans
l'air.

On pourra sçavoir la quantité de la poudre,qui est requise pour pousser,&
faire partir la grenade,par les discours que nous ferons cy apres. Mais il faut
que premierement ie vous advertisse , comment on peut trouver la pesanteur d'une grenade , sans poids,ny sans balances, à l'aide seulement d'un
calcul d'Arithmetique , & par le moyen de nostre Regle du Calibre ; C'est
la voye la plus aisée, pour tirer promptement & asseurément la conneffance

ce de la quantité de poudre proportionnée pour chaffer les grenades, c'eft ce qui fe fera par la voye de la methode fuivante.

Soit pris le diametre de la grenade, & porté tout d'un temps fur la Regle du Calibre, ajuftée pour calibrer les boulets de fer; un pied du compas coûpera fur icelle quelqu'un de ces nombres du poids que contiendroit la folidité,ou la groffeur de cete grenade fi elle eftoit folide. Marquez donc ce nombre trouvé à l'efcart fur un papier, ou pour le moins fouvenez vous en bien. Prenez derechef avec un compas le diametre du vuide interieur de la mefme grenade, & le portez fur la mefme Regle du Calibre; le pied du compas coûpera comme auparavant quelque nombre qui marquera le poids de cete capacité interne de la grenade, fi d'avanture elle eftoit folide, & de fer. Cela eftant fait, ce dernier nombre fera fouftrait du premier que vous avez mis à part, à fçavoir du nombre entiere de la pefanteur de toute la grenade, fi elle eftoit folide ; & le refte vous donnera le poids, que pefe la grenade, dans toute l'épeffeur que contient fa circonference.

Que fi par hazard il s'y rencontroit quelque diametre d'une telle grandeur qu'on ne pût pas l'appliquer fur la Regle du Calibre pour eftre trop courte, ou le diametre trop long, vous en prendrez feulement la moitié, & l'appliquerez fur ladite regle; puis le nombre que le compas monftrera fera multiplié par 8, ainfi par le produit de cete multiplication, vous aurez le nôbre du poids de toute la corpulence de la grenade. Comme par exemple foit donné le diametre de quelque grenade qui ne puiffe pas eftre mefuré fur l'eftenduë de la regle du calibre ; que la moitié donc en eftant prife, & appliquée fur la mefme ligne du Calibre, monftre le nombre 18 avec le pied du compas; ce nombre multiplié par 8, produira 144, qui feroit le poids de la grenade, fi elle eftoit toute folide. Derechef que le diametre de la concavité interne de la mefme grenade, eftant prife par la moitié, & pofée fur la mefme regle du calibre, vienne à tomber fur le nombre 7, que ce nombre foit pareillement multiplié par 8, il produira 56; en fin le nombre 56 eftant fouftrait de 144, il y reftera 88, pour la veritable pefanteur de la grenade, toute vuide & déchargée de poudre.

Vous trouverez auffi fort ayfement le poids de la poudre neceffaire pour charger la capacité de la grenade, fi vous mefurez le diametre de fa concavité, avec cete ligne ou échelle des poudres, laquelle eft divifée ftereometriquement en livres & en onces ( telle que vous la voyez deffinée au nomb:117 en la lettre A) le nombre qui fera montré avec la pointe du compas, fera le nombre des livres, ou des onces de poudre defquelles la concavité de la grenade fera capable ; adjoûtez maintenant ce dit nombre du poids de la poudre, à ce refte, provenu de la fouftraction de l'un de l'autre produit des globes, vous aurez le poids entier de toute la grenade remplie de poudre. Si vous defirez fçavoir comment fe doit conftruire cete ligne des poudres, ie m'en vay vous l'apprendre. On remply le vuide de quelque grenade extrémement ronde, d'une poudre grenée, jufques à l'orifice, puis l'ayant verfée dehors, on la pefe, & on en marque le nombre du poids en quelque lieu. On mefure par apres le diametre de la concavité interieure de la mefme grenade, puis on le divife ftereometriquement en autant de parties, que cete poudre contient de livres, ou d'onces; par cete voye il ne vous fera pas mal-aifé fuivant les regles de noftre premier Livre, d'ajufter cete efchelle, ou ligne des poudre, fur laquelle vous marquerez les diametres de plufieurs livres, ou des onces d'une livre, & voire mefme des demyes onces s'il en eft befoin.

Que

Que fi vous n'avez pas de grenades à la main juftemént, & tout à propos pour en tirer les mefures, faites faire un cylindre de bois creu, de telle grandeur qu'il vous plaira, dont la hauteur foit égale à la largeur ; rempliffez-le de poudre grenée, puis l'ayant tirée hors, mettez-la fur la balance, pour en conneftre le poids. Or comme tout cylindre qui comprend une fphere, ou duquel la bafe eft le plus grand cercle de la fphere, mais dont la hauteur eft égale au diametre de ladite fphere, eft fans doute le fefquialtere de la fphere mefme , fuivant les propofitions d'Archimede là où il traite de la fphere & du cylindre. Voila pourquoy on fuppofera une telle proportion ; de mefme que 3 eft à 2, ainfi foit-il du poids de la poudre dont le cylindre eft capable, au poids de la poudre contenuë dans la fphere, que comprent le cylindre. L'operation eftant achevée, vous aurez au quotient de voftre divifion un nombre qui donnera à connoiftre le poids du globe de poudre, à fçavoir de celuy dont le diametre eft la hauteur, & la largeur du cylindre. Il n'y a doncques perfonne qui ne puiffe faire cela fort ayfement, quoy quil n'ait pas mefme beaucoup d'intelligence dans la Geometrie. Chacun pourra pareillement conftruire une ligne des poudres, s'il obferve bien tout ce que nous avons dit cy deffus.

Quelque-fois les Pyroboliftes quand ils veulent fe divertir ils ont accoûtumez de remplir des grenades de fable au lieu de poudre, afin d'en treuver tant plus ayfement le veritable poids. Ils vous les mettent d'abord dans leurs mortiers ; puis prenant leurs vifée à des certaines diftances & vers un certain but prefix ils vous les envoyent vers là, & remarque leur cheutes. Voila pourquoy il eft auffi neceffaire que l'on fçache qu'elle proportion il y a, du poids du fable, au poids de la poudre, comprife dans une capacité égale, & fous une pareille groffeur de l'un & l'autre corps. Pour moy j'ay quelque fois experimenté, que le fable blanc, & extrémement menu & bien fec, avoit une telle proportion, avec la fine poudre grenée de laquelle on charge les piftolets, que 144 a avec 83. C'eft fur ce fondement que nous avons eftably une autre ligne, laquelle nous avons deffignée dans la mefme figure fous la lettre B, fur laquelle nous avons marqué les diametres des globes de fable. Par le moyen de cete mefme ligne, on pourra auffi fort ayfement cognoiftre, combien de livres il faudroit avoir pour emplir le vuide de chaque grenade. Mais s'il eft queftion de prendre autant de fable pefant, que pefe juftement la poudre, dont le vuide de la grenade eft capable(ce que les Pyroboliftes obfervent fort exactemět) pour lors il faudra rechercher cete proportion par le moyen des nombres mutuellemět proportionnaux du fable avec la poudre au refpet de leurs poids, que nous avõs rapportéz cy deffus. Mais fçachez que ces nombres ne peuvent eftre tousjours pris generalemět, & ne croyez pas qu'ils foient pour tout cela immuables; veuque le poids de la poudre & du fable font infiniment variables : car comme les matieres & ingrediants qui compofent la poudre fe mêlent diverfement, & s'allient en mille & mille façons, d'où vient que la poudre qui en eft preparée eft auffi toute differente en pefanteur ; de mefme en eft-il des arenes qui fe rencontrent infiniment inégales & differentes en poids, quoy que plufieurs d'elles foient mifes dans des vaiffeaux d'égales capacités, ou foit qu'ils rempliffent des corps égaux. Neantmoins ceux qui auront de l'inclination pour fe rendre parfait dans noftre art fe donneront le loifir, & la patience d'examiner les poids des diverfes efpeces d'arenes, mifes dans des globes & cylindres differents. Mais puifque mon deffein eftoit de vous faire voir feulement, comment vous pourriez trouver fans les balances la difference du
**poids**

poids d'une grenade remplie de poudre, d'avec celuy d'un autre de pareille grosseur remplie de sable: maintenant que ie suis venu à bout de mon intention ie passeray plus avant.

Or suppofons donc que ce poids soit trouvé, & qu'il vous soit bien connu, ie dis maintenant qu'il vous sera fort aifé de sçavoir quelle quantité de poudre on doit employer dans les mortier pour obliger une grenade à déloger. Mais pour vous dire la verité c'eft une chose qui ne se peut pas bien determiner, à cause que les Pyroboliftes la changent & varient fort souvent suivant que les occafions différentes l'exigent: car ils font quelque-fois contrains de prendre tantoft plus, ou tantoft moins de poudre, pour s'accommoder aux inégales diftances, & portées des lieux, où il faut que leurs grenades foient pouffées, par les mortiers. Car le plus fouvent fur chaque livre du poids de la grenade, ils ne mettent qu'une demye once, ou un lot de poudre; quelque-fois auffy ils n'y en mettent qu'un demy lot, & dans des certaines occurrences ils fe contentent bien d'un quart de lot; & dans d'autres encore de moins, particuliérement lors qu'ils veulent jetter la grenade en telle forte, que ne demeurant en l'air que l'efpace de 4 ou 6 fecondes d'heure tout au plus, elle puiffe tomber fur terre à dix ou quinze pas de là, par un chemin fort court, & qui tienne plus de la ligne droite que de la courbe, ou circulaire. C'eft ce qui fe pratique maintenant affez communement; particuliérement lors que les affiegez voyent leur ennemis qui fe preparerent à faire leurs galleries, ou qui s'oppiniaftrent à vouloir paffer le foffé par quelque autre moyen, pour s'attacher au pied du rampart; pour lors l'ufage des mortiers, des grenades; & des bombes n'eft pas oublié. l'advoüe bien neantmoins qu'on peut faire le mefme effet avec une plus grande quantité de poudre; mais il faut auffi que vous fcachiez que cete feconde voye a cecy d'incommode, à fçavoir que la grenade eftant pouffée avec plus de violence par une plus grande quantité de poudre, eft contrainte de faire un plus grand chemin & par confequent demeurant trop long temps dans l'air, elle donne loifir à ceux qui la voyent venir de loing de l'éviter, & de fe mettre hors du peril avant qu'elle foit arrivée dans leur quartier. Ajoûtez à cela que d'autant plus que la grenade eft élevée dans l'air tant plus y treuve-t'elle de refiftance, & quelquefois fe trouvera tellement agitée d'un grand vent, ou de quelque tourbillon, qu'il luy fera impoffible de fuivre fon chemin, & confequemment s'en ira cheoir bien loing du lieu où l'on l'avoit deftinée. Ie fuis contraint auffi d'avoüer que l'on peut jetter les grenades, & le refte des globes pyroboliques, par le moyen des mortiers, dans des diftances toutes differentes avec une mefme quantité de poudre, la raifon de cecy eft que l'on peut recompenfer cete grande quantité de poudre, laquelle eft neceffaire pour jetter quelque bombe, ou globe, à une plus longue diftance, par l'élevation de la machine fur l'horizon, ou par fon inclination vers le mefme, du point vertical, jufques à l'angle demy-droit, (qui eft l'élevation la plus particuliére aux mortiers) Or cete derniere raifon que i'ay apportée en faveur de la quantité de la poudre, combattra icy vaillamment pour moy: car ie crois veritablement que fe feroit bien le plus feur (fi des certaines difficultés, & circonftances tout à fait impoffibles ne s'y oppofoient directement) de prendre certaines quantités de poudre proportionnées fuivant chaque diftance où l'on voudroit envoyer les globes par le moyen des mortiers; Par ainfi les machines feulement élevées fur l'horizon, jufques à quelques premiers degrez du quart du cercle, auroient toûjours une fituation

F f          fort

fort baffe, laquelle ne changeroit jamais, ou fort rarement. Or comme cecy ne fe peut obferver, que fort difficilement, ou point du tout, dans toutes fortes de diftance : je voudrois que tout au moins pour les élevations des grandes machines, qui approchent le plus du point vertical, & lefquelles on choifit toûjours pour les diftances les plus courtes, on diminuât la quantité ordinaire de la poudre, & qu'en recompence de cete diminution de poudre, on abaiffat la machine de quelque degrez vers l'horizon, afin que la grenade élancée, prenant fa courfe par une plus baffe region de l'air, ne fût pas fi fubjette aux tourbillons & aux grands vents, & par confequent qu'elle eut moins d'occafion d'eftre divertie du lieu où l'on l'envoye.

Mais afin de n'en pas demeurer en fi beau chemin, & que nous puiffions conclure quelque chofe de certain, touchant cete quantité de poudre, j'ay treuvé fort à propos d'en établir une certaine & determinée, qui puiffe generalement faire fortir hors des mortiers les globes militaires, & les enlever en l'air, de quelque forte de pefanteur qu'ils puffent eftre : pour cét effet je vous ay icy conftruit une petite table des portées ( defquelles nous traiterons plus amplement dans la feconde partie de noftre Artillerie ) de laquelle on pourra fe fervir fort heureufement comme j'efpere ; Je dis donc qu'il fuffit, fi pour les globes qui font d'un grand poids, comme de 300 ℔, ou d'avantage s'il s'en treuve, on prend pour chaque livre du poids du globe, une demie once de poudre : ( qui eft ce que nous avons appellé ailleurs un lot ) Cete proportion fe pourra obferver jufques aux globes du poids de 100 ℔ : mais depuis 100 jufques à 1 ℔ en defcendant, on augmentera les nombres quinaires ( eft à dire pris de cinq en cinq ) de 15 grains ; enforte qu'on pourra prendre 288 grains de poudre, qui font 2 lots & 12 grains, pour faire partir & enlever un globe pefant 1 ℔. Pour cete feule confideration, je vous ay calculé fort exactement une petite table de proportion, depuis 100 ℔. jufques à 1 ℔. en defcendant toujours par le nombre quinaire. L'ufage en eft le plus facile du monde, car il ne faut que multiplier les nombres de la colomne B par les nombres de la colomne A; puis divifer le produit par 288, & on aura au quotient le nombre des lots, qu'il faut employer ; (car un lot contient tout autant de grains) puis ce nombre des lots eftant divifé par 32, il en fortira le nombre des livres de poudre neceffaires pour donner la chaffe à voftre globe. Mais il vaut mieux que je vous propofe icy un exemple pour vous faire comprendre la chofe avec plus de facilité. Suppofons par exemple un globe du poids de 80 ℔ : lequel vous voulez fauter en l'air. Vous chercherez d'abord ce nombre 80 parmy ceux qui font d'écrits dans l'ordre de la colomne marquée d'un A; l'ayant treuvé vous le multiplierez par celuy, qui eft tout à l'oppofite, dans la colomne B, à fçavoir par 348, il vous donnera au produit 27840, qui feront autant de grains de poudre; lefquels eftans divifez derechef par 288 vous produiront 96 lots, & 8 deniers au quotient, chacun defquels fait 24 grains. En fin ces lots eftant divifez par 32, il en fortira juftement 3 au quotient. Vous prendrez doncques 3 ℔, & 8 den. de poudre pour charger la chambre de voftre mortier, dans lequel vous voulez ajufter un globe pefant 80 ℔.

La table fuivante vous fervira de guide, pour vous conduire dans les difficultez que vous pourriez rencontrer fur ce fubjet, pourveu que vous ayez bien conceu cét exemple que je vous ay apporté cy deffus.

Ta-

*Table des Portées.*

| | |
|---|---|
| 100 | 288 |
| 95 | 303 |
| 90 | 318 |
| 85 | 333 |
| 80 | 348 |
| 75 | 363 |
| 70 | 378 |
| 65 | 393 |
| 60 | 408 |
| 55 | 423 |
| 50 | 438 |
| 45 | 453 |
| 40 | 468 |
| 35 | 483 |
| 30 | 498 |
| 25 | 513 |
| 20 | 528 |
| 15 | 543 |
| 10 | 558 |
| 5 | 573 |
| 1 | 588 |

Notez 1. que si parmy les nombres quinaires de nostre table, il s'y presentent quelques autres nombres d'entre-deux, pour lors vous adjousterez 3 grains pour chaque livre, qui manquent au poids de ce globe, depuis le nombre superieur: cela fait vous multiplirez le nombre qui est produit de cete addition, avec le nombre quinaire superieur, par le nombre du poids de vostre globe. Comme par exemple, s'il s'y rencontre un globe qui pese 82 ℔, vous le trouverez moindre de 3 ℔. que 85, qui est le nombre quinaire superieur marqué sur la table, ayant donc adjousté 9 (qui est 3 pour chaque livre du manquement) à 333, vous aurez un produit de 342, ce nombre 342 estant multiplié par le nombre du poids du globe 82 ℔, vous en ferez sortir un autre produit de 28044: en fin ce nombre estant divisé par 288, il en viendra 97 lots, & 4 den. & ¼.

Notez 2. que la regle que ie vous ay proposée cy dessus touchant la quantité de la poudre necessaire pour pousser toutes sortes de globes militaires hors des mortiers, doit estre toûjours suivie comme universelle & immuable. Toutefois on doit bien cõsiderer la force des differentes especes de poudre, veuque fort souvent un once d'une telle ou telle espece de poudre agit au double, & voire mesme au decuple, plus puissamment, qu'une égale, & pareille quantité de poudre d'une autre espece: en telle sorte quelquefois qu'une once de celle-cy, soit autant vigoureuse, & fasse mesme plus d'effet que 10 onces de cete autre là. Mais ie laisse la consideration de ces differences de poudre au jugement des bons praticiens, & de ceux qui les mettent tous les jours en œuvre; cependant passons à la charge de nos mortiers.

Supposé donc que nous ayons la quantité de poudre necessaire pour faire sortir une grenade hors de son mortier: On mesurera premierement la hauteur & la largeur de la chambre, par le moyen d'une regle cylindrique ou pour mieux dire, cylindro-metrique, divisée en parties égales suivant la nature des cubes, & accommodée au poids de la poudre pyrique, telle que

 nous

nous l'avons deſſignée au nombre 117 en la lettre C. Que ſi la largeur de
la chambre s'accorde avec ſa longueur, dites que cete chambre contiendra
autant de livres de poudre, que le nombre coupé ſur la regle vous monſtre-
ra d'unités. Mais ſi au contraire, ſa largeur & ſa longueur comprenent des
nombres tous differents ſur la meſme regle, pour lors il faudra chercher
un troiſiéme nombre moyen proportionnel, entre les nombres de la largeur & de la longueur : lequel donnera la veritable capacité de la chambre. Que ſi d'avanture il arrive que ces nombres ſoient ſourds ( comme
l'on dit ) ou irrationnels, il ſera bien plus ayſé de trouver ſur les lignes, un
nombre moyen proportionnel entr'eux, que non pas par aucun calcul d'A-
rithmetique.

Que ſi la chambre du mortier ſe treuve capable de d'avantage de poudre
qu'il n'en ſoit de beſoin pour chaſſer le globe ; verſez premiérement voſtre
poudre dans ladite chambre, puis meſurez avec quelque regle le reſte de la
hauteur de la chambre qui ſe treuve vuide par deſſus la poudre juſques aux
bords de l'orifice : diviſez-la en apres en 6 parties égales, & adjoûtez un ſixiéme à la hauteur, & vous aurez la veritable hauteur du cylindre de bois qui
eſtneceſſaire pour tenir la poudre ſerrée, & l'enfermer dans ladite chambre, &
par ce moyen la poudre ſera raiſonnablement preſſée, ſuivant les advertiſſements que nous vous avons dõnez de ce faire, en ſorte qu'elle ne perdra aucun de ſes grains, & qu'il ne luy demeurera aucuns petits vuides qui puiſſent
cauſer la rarefactiõ au feu, lors qu'il y ſera une fois épris, ou en amoindrir en
rien qui ſoit ſes vertus actives & expultrices. Que ſi par un accident contraire,
il ſe rencontre que la chambre du mortier ſoit beaucoup plus petite qu'elle
ne doiue eſtre, en telle ſorte qu'elle ne puiſſe contenir toute la poudre neceſſaire pour faire ſauter ſa grenade, ou ſon globe quel qu'il ſoit, pour lors diviſez toute la hauteur de la chambre en 10 parties égales ; puis en ayant
remplis ſ de poudre, vous ajuſterez un cylindre haut de ¼ & dans cete oc-
currence la regle que nous avons donnée cy deſſus, ne peut ſervir de rien.

Il faudra proceder de la meſme façon que nous venons de dire, en cas que
voſtre poudre empliſſe ſi juſtement la chambre juſques à l'orifice, qu'il n'y
reſte aucun eſpace pour mettre voſtre cylindre : Mais vous apprendrez
mieux par la ſuite de noſtre diſcours, de quelle façon ils doivent eſtre
faits.

On a de coûtume de preparer ces cylindre de bois avec quoy on preſſe la
poudre dans les chambres des mortiers, de diverſes façons : car ſi l'on a
deſſein de mettre la grenade dans le mortier en telle poſture, que ſon tuyau
ſoit tourné du coſté de l'orifice du mortier, & que l'on veüille faire partir la
grenade avec un ſeul feu, alors le cylindre doit eſtre cannelé tout à l'entour, à la façon d'une colomne, comme on peut remarquer dans la figure
du nombre 118 en la lettre A. Ou bien vous y percerez des trous par deſſus, en telle ſorte qu'ils aboutiſſent tous unanimement à un autre plus
grand qui eſt par deſſous ; tel qu'il ſe peut voir dans la figure notée de la lettre B. Ie vous adverty icy que cete voye de jetter les grenades par le moyen d'un feu ſeulement, eſt la plus ſeure de toutes ; & voicy comment on
doit continuër.

Apres que vous aurez mis dans la chambre du mortier la poudre requiſe
pour chaſſer la grenade, & que vous y aurez pouſſé un cylindre de force
par deſſus, en ſorte coûtefois qu'il n'excede point les bords de ladite chambre, vous remplirez les trous percez dans ledit cylindre, ou les évuidures qui
ſont faites autour de l'autre, d'une bonne poudre battuë, & vous en épardrez

meſ-

mefme une grande poignée par deſſus puis vous envelopperez tout le corps
de la grenade d'un feutre , ou gros drap de laine bien trempé d'une forte
eau de vie, meſlée de poudre battuë : Cete enveloppe aura une ouverture
par deſſous juſtement à l'endroit du fonds de la grenade ; laquelle ſera auſſi
large que l'orifice de la chambre du mortier. Cela fait ajuſtez la grenade
dans le vuide de voſtre mortier en telle ſorte que ſon fonds repoſe juſtement ſur le cylindre que vous aurez pouſſé dans la chambre.

On garnira bien l'orifice du tuyau de la grenade,tant par deſſous que par
les coſtez,de noſtre eſtoupe pyrotechnique,aſſez lâche & demelée. On jettera auſſi une aſſez bonne quantité de poudre battuë tout à l'entour de la
grenade , afin que le feu arrive avec plus de facilité juſques à l'orifice du
tuyau.

Voila le premier moyen dont on ſe ſert pour jetter les grenades hors des
mortiers avec un feu ſeulement. La ſeconde voye que l'on tient pour faire ce meſme effet,n'eſt pas beaucoup diſſemblable à celuy - cy, mais bien
plus perilleux : à ſçavoir lors que l'on renverſe l'orifice du tuyau de la
grenade ſur la chambre du mortier; pour lors , il faut preparer un cylindre de bois percé d'un trou par le milieu , & diviſé en quatre parties égales par deux diametres s'entre-coupans à angles droits au centre de la ſuperficie du cylindre, comme nous en avons dépeint un en la meſme figure du
Nomb. 118, ſous la lettre C. Or ie ne ſuis nullement d'avis que l'on ſe
ſerve dans cete occaſion des grenades communes, & vulgairement preparées ; mais ie conſeille bien pluſtot qu'on faſſe faire des grenades telles,
qu'il s'en void une deſſignée en la figure 119,dont l'orifice & le fonds ſoiēt
percez en forme d'égrous; puis vous ferez faire un certain tuyau de fer de
la meſme façon qu'il s'en void un en A. lequel eſt façonné par le bas & par
le col en forme de viz,avec tant de juſteſſe, qu'il ſe puiſſe rapporter aux
égrous de la grenade : & par ce moyen le tuyau demeurera areſté , bien ferme,dans la capacité de la grenade,& ne doit on point craindre que la poudre l'esbranle pour violente qu'elle puiſſe eſtre.

Que ſi vous aymez mieux faire ſauter la grenade par le moyen de deux
ſeux ; en ce cas vous ferez conſtruire le cylindre qui doit preſſer la poudre dans la chambre,tout à fait ſolide , c'eſt à dire ſans eſtre percé ny cané-
en aucune façon. Ce cylindre eſtant donc ajuſté, & pouſſé par force ſur la
poudre de ladite chambre, vous mettrez par deſſus un gazon,verd & fraiz
ou de la terre molle,& en quelque façon humectée,par apres vous couvrirez
cete terre d'une rotule de bois eſpaiſſe de 3 ou 4 doigts , mais un peu moins
large par ſon diametre que l'orifice du mortier ( voyez comme elle eſt faite en la lettre D. dans la meſme figure.) En fin pour conclure le tour,vous
poſerez voſtre grenade bien proprement par deſſus, en telle ſorte que ſon
orifice reſponde à l'orifice du mortier , puis vous la couvrirez de nouveau
d'un gazon verd, apres avoir premierement bien garny les vuides du mortier de tous coſtez, ſoit de paille,ou de foin , ou d'eſtoupes, ou de terre
molle , pour la tenir ferme & arreſtée dans ſon aſſiete.Cete derniere methode de charger la grenade dans le mortier,eſt fort naïvement repreſentée, par
la figure marquée du nombre 120, à laquelle vous aurez recours,s'il vous
reſte quelque doute dans noſtre expoſition.

## COROLLAIRE.

De vous dire qui a eſté le veritable Inventeur, & le premier Architecte qui
ſe ſoit adviſé de nous forger cete horrible, & épouvantable eſpece de
fou.

foudre, laquelle a maſſacrée tant d'hommes,ruinée de fonds en comble les plus ſuperbes bâtiments des plus floriſſantes villes de l'univers ,bref diſſi- pée ſaccagée,& boulverſée tant de ſi puiſſãts baſtions , des ramparts ſi bien gardez,& en fin des places qui ſembloient preſque inexpugnables par toutes autres ſortes d'artifices militaires, (comme ie vous en rapporteray quantité d'exemples cy apres)ʼc'eſt à la verité ce qui m'eſt impoſſible , à cauſe qu'il ne s'en treuve rien de certain dans les hiſtoires de ceux qui en ont eſcript. Il eſt bien vray qu'on treuve aſſez des graves autheurs , qui rendent com- pte du temps ,& des lieux , où ces inventions diaboliques ont autrefois eſté employées : deſquels ie vous rapporteray icy les teſmoignages quoy qu'aſ- ſez diſcordans entr'eux. Mais pour ce qui eſt du nom de l'ouvrier qui les a premier miſes en œuvre , ils n'en ſonnent aucun mot. C'eſt neantmoins de quoy ie m'eſtonne fort , puis qu'en effet c'eſt une choſe qui paroiſt in- juſte de vouloir celerà la poſterité le nom propre d'un ſi celebre Architecte. Ie ne ſçais certes encore ce que ie dois croire,ny penſer touchant la ſuppreſ- ſion du nom de cét ouvrier , & ie ſuis fort en doute de ſçavoir, ſi c'a eſté par hazard,ou de propos deliberé,que ceux qui ont écrits du temps que ces, foudres jettoient par tout l'épouvante, & l'effroy, ſe ſont oublié d'en nom- mer l'inventeur : mais quoy qu'il en ſoit chacun en pourra juger ſuivant ſon ſentiment. Pour moy ie m'en vay declarer franchement à ceux qui juſques à cete heure n'ont eu aucune conneſſance de l'origine de cete invention, ce que i'en ay pû recuëillir des teſmoignages de pluſieurs autheurs. Thuanus en ſon Liv. 89. pag. 263. Environ l'an de noſtre redemption 1588. *Cùm aſtus non ſucceſſiſſet de Bergis potiundis , deſperans Parmenſis jam inclinatâ anni tempeſtate , & inundatâ ferme omni circumpoſitâ regione , adhæc præſidiariis ex Tolenſi inſula continuò excurrentibus , quod annonam admodum caram reddebat, caſtra movet , miſſo in hyberna milite , & Tornohuti , Roſendalæ , & per Cam- penſem regionem diſtributis præſidiis,partem ſibi ſervavit , quam cum iis quæ Pe- tro Erneſto Mansfeldio in Bonnæ obſidione militaverant , copiis ad Vachtendon- cam obſidendam miſit. Opidum Sicambrorum ad Neram fluvium ſitum,haut lon- gè a Geldra civitate. Id factum inſtigatu Ruremondenſium , qui ab intolerandis prædonum, (ſic illius loci præſidiarios vocabant ) excurſionibus, liberari petebant. Octobri exeunte caſtra ad opidum poſita , duce eodem Mansfeldio , magnaque tor- mentorum vi ex tumulis è ceſpite vivo opera foſſorum erectis , pulſatus locus , ſic ut faſtigia domorum , & prominentes turres paſſim diſicerentur : globi item ignea materia referti , in opidum per machinas diſploſas immiſsi , à quibus ut ſe defen- ſores tuerentur, in locis ſubterraneis degere cogebantur. Fabricati illi in Venloa ur- be vicina fuerant,quorum repertor cùm periculum facere vellet , occaſione convivii quod Wilelmo juniori Clivenſium Principi ibi tum parabatur, incendio per ludum excitato , medium pene opidum conſumpſit.*

     Tous les ſtratagemes du Duc de Parmes n'ayans pas pû reüiſſir devant Bergues ſur Zoome , deſeſperant de le pouvoir emporter , conſideré que la ſaiſon eſtoit de-ja fort avancée, & que le plat païs eſtoit preſque inondé d'eau , joint d'ailleurs que les garniſons de l'Iſle de Tretole faiſoient des courſes continüelles dans les lieux circonvoiſins , ce qui rendoit les vi- vres fort chers dans ſon armée , il ſe reſolut de faire lever le ſiege , & les tantes , & d'envoyer ſe gens en garniſon; ce qu'il fit; car ayant diſtri- bué une partie de ſes troupes dans Turenhaut , dans Roſendal , & dans le Païs de Campen,il ſe reſerva l'autre pour ſoy ; laquelle neantmoins il enuo- ya,avec les troupes,que P. Erneſt Mansfelt, avoit de-ja commandées au ſie- ge de Bonne, pour bloquer Wachtendonck ; qui eſt encore un ancien
                                                       Bourg

Bourg de Sicambriens fitué fur le Nirfe, non guiere loing de la ville de Gueldre. Ce qui les obligea à cecy, furent les inftantes prieres des habitans de Ruremonde, qui demandoient à corps & à cris qu'on eut à les delivrer des incurfions importunes de ces brigands, ( voila comme ils appelloient les foldats des garnifons d'alentour. ) Sur la fin doncques d'Octobre le fiege eftant mis devant la ville, fous la conduite, & le commandement dudit Mansfeldt, on fit avancer les pionniers, pour élever des batteries d'un gazonnage vert & vif, ces batteries formées, le canon y fût auffi toft placé, d'où on commença à battre la place avec tant de furie qu'il ny demeura pierre fur pierre, tant des bâtiments, que des tours les plus éminentes, & des murs les plus forts. On ne fe contenta pas ( ce dit-il encore ) de les ruiner avec le canon, mais on leur envoya outre cela fi grande quantité de grenades & de globes remplis d'une matiere ardente, par le moyen de certaines machines qui les faifoient voler par toute la place, que les pauvres affiegez avoient de la peine à treuver de la feureté fous terrre, tant cete horrible tempefte les preffoit. Il adjoute à cecy que ces globes fe forgoient dans une petite ville proche de là, nommée Venloo : remarquez icy un plaifant accident qui arriva en fuite : comme l'Inventeur voulut d'abord faire preuve des effets de fes grenades, à l'occafion d'un feftin qui s'appreftoit à lors pour taitter Guillaume le Ieune Prince de Cleves, ils n'eut pas plufftoft mis le feu à quelques unes dicelles pour en avoir le divertiffiment que faifans un effet auquel il ne s'attendoit point, il mit fi bien le feu dans la ville, que peu s'en fallut qu'il n'y en eut la moitié de brulée.

C'eft autheur nous à affez bien informé jufques à prefent du lieu où nos foudres miffiles ont efté inventez, & du temps auquel on les a premiéremét mis en pratique. Mais un autre efcrivain qui n'eft pas moins digne de foy que celuy-cy, lequel nous a laiffé par efcrit la plus part des chofes qui fe font paffées dans les guerres du Païs Bas, appellé Reidanus, au 8 livre de fes annales, pag. 182 en une edition Latine, tefmoigne avoir un fentiment en quelque façon contraire à celuy-cy, lors qu'il parle de l'invention de nos grenades, laquelle il attribuë à un autre ouvrier. Voicy fes propres parolet *Poftremò annonam Berkenfibus fupportare Adolphus Nivenarius Geldriæ quæ noftra eft, præfeclus, parabat. Cæterum dum periculum facit Pyrorectæ* ( que le vulgaire appelloit des Petards) *quo hoftilem munitionem pervertere fubito decreverat, cum flamma pyrium pulverem corripuit, ac fornices aulæ Arnhemenfis, pluraque fimul atria in altum elifcit, Centurio cui nomen Dionyffo, cum nobilium uno periit. Comes ipfe fœdè ambuftus, fato fuo fungitur. &c. Non abfimilis huic cafus præterito anno* ( s'eftoit environ l'an mil cincq cens quatre vingt & fept ) *Bergis ad Zomam contigerat, admiratione tamen dignior. Italus à Parmenfi ad fœderatos perfugiens, inauditam artem jaclabat parandi vafa, cavatofque è ferro aut lapide* ( Voila à mon advis, & comme je crois au fentiment de tous les autres Pyrotechniciens une impertinente vanité en cét Italien, de vouloir faire croire des chofes fi ridicules, particuliérement en ce qu'il promettoit de faire voir des globes creux de cete derniere matiere; car il eft tres certain qu'il ne pouvoit pas vuider un globe ny aucune autre forte de vafes de pierre ronds, que premiérement il ne les eut divifez en deux hemifpheres. Pour les rejoindre, & recoller, apres les avoir vuidez puis chargez d'une matiere convenable, ce qui n'auroit pû faire aucun dommage ou pour le moins fort peu aux ennemis, quoy qu'on leur en auroit envoyé par milliers. ) *globos : qui in obfeffas urbes adigerentur, impleti ejus materiæ naturâ, ut fimul ignem concepiffent, in innumeros quafi acinos defilirent, &*

*quod*

*quodcunque vel scintillarum minima attigisset, pertinaci incendio hauriretur. For-*
*tè dum operi intentus est, ignis scintilla excidit in mensam ubi materiam præpa-*
*raverat.  Quam dum subito removet, materiem imprudens attigit simul corré-*
*ptâ igne manu.  Ille attonitus nec quid pro tempore faceret gnarus, ut flammam*
*comprimeret, femori utrique inserit, ac braccam incendit: hinc latius sparsus*
*ignis crura invasit: manus ipsa brevi spatio carnibus & cute nudata. Aceto flam-*
*ma remittebat magis, quàm restinguebatur, & pauldtim membra lambens ultra*
*serpebat.  Ipse triduo post horrendis & nunquam intermissis cruciatibus extin-*
*guitur.*

Il nous rapporte donéqués, qu'Adolphe Nivenaire Gouverneur de Gel-
dres, avoit resolu de faire supporter la cherté des vivres dans le païs, le plus
qu'il seroit possible, & de faire souffrir la faim aux habitans de Bergues, plû-
tost que de se rendre. Mais par malheur comme il vouloit faire épreuves'de
ses Piloretes, avec lesquelles il avoit determiné de mettre bien tost le feu
dans les admonitions des ennemis: il fut bien estonné qu'ayant donné feu
à la poudre qui estoit contenuë dans ces petards; elle fit sauter toutes les ar-
cades & les voutes du Chasteau d'Harnem, & quantité d'autres beaux édifices, à qui elle donna le saut quant & quant. Vn Brave Capitaine, qui s'appelloit Denis y perit aussi malheureusement, avec un autre gentil homme. Le
Comte même ne se pût garantir de l'incendie, car il y fut tellement brûlé
qu'il en mourut bien tost apres.  Presque un pareil accident arriva l'an passé ( parlant de l'anné 1587) à Bergues sur Zoom, mais l'histoire en est un
peu plus plaisante, & digne d'admiration.  Un certain Italien ayant quitté
le party du Duc de Parmes, s'estoit jetté parmy les confederez, auquels il
fit croire qu'il sçavoit une invention tout à fait admirable, & auparavant
inoüye, pour ajuster de vases, & preparer de globes creux de fer, ou de
pierre, qui se pourroit jetter dans les places assiegéez avec beaucoup de facilité, où ils feroient des merueilleuses executions & d'horribles effets
sur les ennemis, par mille & mille petits esclats, que le feu feroit voler
en l'air dans leur diruption, joint que la moindre estincelle feroit capable d'embraser tout ce à quoy elle pourroit s'attacher.  Mais qu'arriva-
t'il, dans le temps que nostre grenadier est le plus occupé à son ouvrage, le
malheur veut qu'une flamesche de feu tombe sur la table ou il avoit sa composition toute preparée; mais comme il se met en devoir de la retirer bien
promptement, le feu qui ne perd point de temps, luy gaigne aussi tost la
main.  Luy bien estonné de se voir un gand tout du feu, & ne sçachant
pour lors que mettre en œuvre pour s'en deffaire, & pour en estoufer la
flamme, porte aussi tost la main entre ses deux jambes; ce feu bien loin de
s'esteindre, s'attache à son haut-de-chausses: & de là se prent à ses cuisses:
bref en moins de rien voila sa main toute denuée de peau, & de chair.  Le
vinaigre ne servy de rien pour amortir cete flamme, car au lieu de diminuer
elle s'accreut de plus en plus: en fin ayant gaigné, non pas insensiblement,
(car il le sentoit trop bien ) les autres membres, le malheureux Ingenieur
mourut eu moins de trois jours, apres avoir souffert des douleurs intolera-
bles, sans aucune relâche.

I'adjoûteray encore icy aux tesmoignages de ces deux graves escrivains,
le sentiment d'un troisiéme, dont la foy & l'authorité ne vous doivent pas
estre suspectes: c'est Famianus Strada, en son liv. 10. decad. 2, traitant des
guerres du Pais Bas.  *Sed nihil æquè defensores absterrebat* ( il décrit icy les
desordres que fit Mansfeldt au Siege de Wachtendonck, avec ses grenades)
*ac ingentes globi ex ære fusi, excavatique, ingesto intus sulphureo pulvere, aliaque*
*in-*

*inextinguibili materiâ confecti , qui è grandibus excuffi in fublime mortariis fcin-*
*tillantibus è tenui foramine funiculis attemperatæ longitdinis , ubi in tecta quò de-*
*ftinabantur . ex alto graves inciderent , pondere ea peſſum dabant :* ( ces globes
de pierre n'auroient iamais rien valu,à cauſe de la fragilité de leur matiere )
*ſimul incenſi ipſi diſtractique , vicina quæque contumaci adverſus aquam incendio ,*
*corripiebant. Hoc pilarum genus , unde aucta dein vidimus & granata , & ollas*
*& conſimiles peſtes , in quibus morti componendis ingenium efferavimus ; excogi-*
*taſſe dicitur paucis fermè diebus ante Wachtendoncæ obſidium , Venlonenſis artifex*
*urbis utique ſuæ malo. Nam quum Venloæ cives Clivenſem ducem epulis excepiſ-*
*ſent , placuit oblectando Principi , recentis artificii periculum facere. Itaque uno*
*ex hiſce globis in altum expulſo,poſtquam præceps ac minax rediens faſtigio domus*
*incubuit, perfractoque lacunari in interiora penetravit, fuſo , ex una in aliam do-*
*mum incendio , paucas intra horas , duæ minimum tertiæ partes urbis , tardis præ*
*ignis rapiditate remediis,conflagrarunt. Scio eſſe quiſcribat :* ( il entend parler de
Reidanus,duquel ie vous ay rapporté les teſmoignages cy deſſus)*ante hoc tê-*
*pus uno alterove menſe Bergis ad Zomam ſimile quid , nec diſſimile exitu ab Italo*
*tentatum fuiſſe,qui fœderatis ordinibus ad quos transfugerat , pollicitus ſit fabrica-*
*turum ſe vaſa globoſque è ferro excavatos,aut è lapide , qui in obſeſſas urbes librati*
*accenſique,ac plura in fragmina,velut in acinos diſſultantes,quicquid ſparſim conti-*
*giſſent , pertinaciter inflammarent. Sed hic è ſcintilla in materiam ab ſe paratam*
*forte incidente correptus, ac ſerpente igne membratim excruciatuſque,*
*an quod promiſerat , præſtare potuiſſet , incertum reliquit. Harum autem invento*
*Venlonenſium machinarum utens opportunè Mansfeldius , quam inopinatam tam*
*profecto inevitabilem tectorum atque hominum inferebat opido cladem , adeo , ut*
*ejecti è domibus paſſim procumbentibus habitatores , nec tamen per vias & in*
*aperto tuti , a procella deſtilientium ſupernè globorum , aut à contactu ſequèntium*
*ubique flammarum,id remedii ſolum haberent ſi ſe in loca ſubterranea , criptaſquè*
*& intimos humi receſſus abderent ,furentemque tempeſtatem utcunque ſubterfuge-*
*rent. Hæc verò pernicies quoniam maximè petebat oppidanos , qui ſe ſuis ſpolia-*
*ri ſedibus , ac ſenſim eripi patriam videbant : facile eos commovit conjunxitque,*
*ut conventum una Lanckeirum Gubernatorem ſedulò urgerent ; conſiderarent , quo*
*res loco redacta iam eſſet : deſtrui paulatim omnia : namque ex oppido quantum ſu-*
*pereſſe : profecto ſi hoſtis pergeret quid ultra ipſi defenderent non habituros , niſi*
*ſic ſub terras aliam ſibi conderent , ut iam cæperant, Wachtendoncam &c.* Il ny
avoit rien qui eſtonnoit d'avantage les ennemis ( il parle icy de l'attaque
de Mansfeldt à Wachtendonck ) que des certains grands globes de bronze,
creux par dedans , & remplis de poudre,& de ſoulphre , & d'autres matieres
inextinguibles : leſquels eſtans pouſſéz dans l'air par des grands mortiers ,
avec des petites cordeaux d'une moyenne grandeur, paſſez dans un petit trou, rompoient & ſaccagoient par leur extréme peſanteur , & par la
violence de leurs cheutes,la plus part des baſtiments,ſur leſquels ils tomboient;& ce qui eſtoit de plus eſtrange lors qu'ils eſtoient unè fois allumez
leur flamme s'attachoit aux lieux voiſins avec tant d'opiniatreté, qu'elle s y
maintenoit malgré l'eau qu'on y pouvoit jetter. Cete eſpece de globe fut in-
vêté (à ce que l'on dit,)par un ouvrier de Venloo un peu auparavant le ſiege
de Wachtendonck,quoy que s'ait eſté pour la ruine de ſa ville. Car un jour
que les habitans de Venloo faiſoient un feſtin au Duc de Cleves,ce maiſtre
ouvrier voulut faire eſpreuve de la nouvelle invention de ſes grenades
pour donner,ce divertiſſement au Prince,ayant doncques pour cêt effet fait
voler dans l'air un de ces globes,le malheur voulut qu'il retomba ſur le ſommet d'un grand baſtiment,lequel fût d'abord percé du haut en bas, les lambris

bris tous rompus avec le toit, puis l'ayant enflammée, elle communiqua aussi tost le feu à tout le voisinnage, en telle sorte qu'en fort peu de temps les deux tiers de la ville furent brulée, sans que l'on y pût jamais mettre remede assez promptement. Ie connois un certain escrivain ( parlant de Reidanus ) qui nous rapporte l'histoire d'un pareil accident qui arriva à Bergues sur Zoom, un mois ou deux auparavant ce mesme temps, d'un Italien fugitif, qui eut une issuë toute semblable dans une espreuve qu'il voulut aussi faire d'un de ces globes. Ce fuyard promettoit à Messieurs les Estats Confererez, qu'il feroit des certains vases, & des globes de fer, ou de pierre creux par dedans, lesquels estans allumez, & jettez dans les villes assiegées, mettroient le feu par tout où ils tomberoient, apres s'estre rompus en mille & mille morceaux. Mais par un estrange malheur un estincelle de feu estant tombée sur la matiere qu'il avoit preparée pour emplir ses globes, il en fut surpris d'une façon si espouvantable, que le feu luy gaignant les membres l'un apres l'autre, il mourut miserablement apres avoir souffert des douleurs, & des tourments effroyables : sçavoir maintenant s'il fût venu à bout de ce qu'il avoit promis, c'est de quoy l'on doute encore. Tant y a que Mansfelt sçeut fort bien se servir du depuis de l'invention de ces machines de Venloo, avec lesquelles il faisoit des desordres, & des ravages si pitoyables, ruinoit tant de beaux bastiments, & faisoit mourir si grande quantité de monde dans les villes assiegées, que les pauvres habitans ne pouvoient trouver de seureté dans leurs maisons, non pas mesme dans les ruës, ny dans les places à cause de cete tempeste qui les suivoit par tout où ils se pouvoient fourrer, voire mesme jusques dans leurs caves, & dans les lieux les plus retirez, & les plus sousterrains. Les bourgeois de la ville considerans que cete gresle de fer & de feu, les mettoit tous en deroute, & voyans qu'elle ruinoit & demolissoit toutes leurs maisons, & qu'on leur ostoit insensiblement leur païs, ils se resolurent de s'assembler en un corps, pour aller unaniment supplier Lancteir, qui estoit pour lors Gouverneur de la place, afin qu'il donna ordre à leur salut, à leurs vies, & à leurs biens, alleguans qu'il pouvoit considerer en quelles extremitez ils estoient de-ja reduits ? au reste qu'on leur détruisoit tout petit à petit, & qu'il y restoit fort peu de bâtiments entiers, adjoûtans à cela que si l'ennemy continuoit à les persecuter de ses grenades, il leur seroit impossible de resister plus long temps, joint qu'ils n'auroient plus d'occasions de se déffendre, n'ayans plus de ville, à moins que de s'en aller bastir un nouveau Wachtendonck sous terre, comme ils avoient de-ja commencé.

Pour vous dire la verité, tout ce que ie viens de citer de cét autheur, ne faisoit pas beaucoup à ce subjet dont il est icy question, neantmoins i'ay treuvé qu'il avoit d'ecrit de si bonne grace, les forces, & vertus de nos foudres pyrotechniques, & qu'il en exprimoit si naïfuement les effets, que ie n'ay pas pû m'empescher de vous rapporter tout au long ses pensées. C'est de là que le subtil Pyrobaliste tirera des belles consequences en leur faveur, c'est par la qu'il connoistra la necessité qu'on en a dans les sieges des places qui s'attaquent aujourd'huy, c'est de là, dis-ie qu'il pourra juger de l'utilité qu'elles apportent aux assiegeans, pour obliger les assiegez à bien tost parlemanter, pour haster les renditions des villes, bref pour reduire aux abois les places les plus resoluës, & les plus opiniatres à leur deffence.

Ie mettrois volontiers fin à ce corollaire icy, sçachant fort bien que des si fameux autheurs ont satisfait à mon dessein par leurs tesmoignages, outre qu'ils nous ont amplement exposé, le temps, & le lieu auxquels nos grenades

ont

ont efté inventéez,comme une chofe qui eftoit inconnuë, ou pour le moins
douteufe auparavât. Mais comme dans ce prefent ouvrage, ie fais le perfonnage d'un Pyrobolifte, i'ay creu que lors que ie rencontre quelque chofe
qui chocque en quelque façon noftre Art, ou qui femble apporter quelque
obfcurité dans fes pratiques,il y alloit de mon devoir , d'avertir ceux qui s'e-
ftudient particuliérement à s'acquerir la perfection de cete fcience. Retournons doncques fur nos pas , pour reprendre ce paffage de Famianus Strada,
où il a decrit la forme, les vertus,& les effets de nos grenades; demandons
luy un peu ce qu'il entend par ces pots à feu, & ces grenades, lefquelles à
fon fentiment tirent leur origine , de l'invention des globes creux, & en
reçoivent mefme quelque accroiffement , puis que la defcription de cette
nouvelle invention appartient proprement à nos globes, modernes, & privativement à toutes autres efpeces de globes. Que s'il nous dit que ce font
des certains globes, qu'on appelloit en ce temps là bombes (comme ie fçais
que quelques uns les nommët encore aujourdhuy, fans y mettre aucune diftinction)ie luy refpõdray toutesfois que le nom de grenade leur auroit efté
pour le moins auffi propre,comme eftant plus general:que fi d'autre part il
me vient dire que les petites,qu'on appelle grenades font defcenduës de ces
grands globes, la confequence fera encore en quelque façon fauffe; puifque nous avons demonftré fuffifamment au Chapitre fuperieur que les Anciens Pyroboliftes, avoient eu la conneffance des grenades à main, long
temps auparavant que les grandes euffent efté inventées, & mifes en
oeuvre pour la ruine du genre humain, pour la perte , & la deftruction des
places & des villes les plus floriffantes de l'univers. Ceux qui auront du
loifir pourront confulter fur ce fubjet, la feconde partie de l'oeuvre de Leonard Fronfpergerus , traitant de l'arr militaire , lequel il a infcrit,& dedié
à Rodolphe II, en ce temps l'a nouvellement efleû Roy de Hongrie; &
du depuis fait Empereur des Romains, en l'an de noftre Redempteur 1573.
Mais quoy que ie vous concede que nos petites grenades à main n'ait pas
efté connuës du temps paffé,avant qu'on eut treuvé l'invention des grenades , & confequemment qu'elle n'ayent que fort rarement efté mifes en œuvre dans les occurrences militaires; mais que depuis que les grandes , ont
efté inventées celles-cy en ont parüës plus nobles , & fe font données bien
mieux à connoiftre, à caufe des admirables effects que produifoient les
grandes & de l'efpouvante qu'elles jettoient univerfellement par toutes les
villes affiegées: fi toûtefois n'advoûray-ie jamais, que ces olles, & pots à
feu militaires, ayent tirées leur origine des grandes grenades comme l'autheur que je vous ay cité cy deffus nous le veut faire croire. Bien au
contraire j'oferay bien affirmer que les grenades font forties de l'invention
des pots pyrotechniques ; & ie ne rougiray pas pour dire , que cefdites olles que les Anciens avoient en ufage n'ont efté que commes des efclairs qui
ont precedez nos tonneres & nos foudres modernes : Particuliérement
confideré que ie fuis appuyé fur les tefmoignages de tant d'infignes autheurs qui ont vefcu avec beaucoup de probité, & de credit parmy les Anciens : lefquels nous rapportent que iadis les capitaines , les plus experts,
& les mieux entendus dans l'art militaire , ont employé fort heureufement
dans plufieurs fieges , & à quantité d'affauts, & d'attaques, des pots à feu
qui reffembloient fort aux noftres. Nous en avons de-ja difcouru cy deffus
en quelque endroit: voila pourquoy ie n'en parleray pas d'avantage en ce
lieu, nous en dirons quelque chofe encore , lors que nous viendrons à décrire cy apres ces olles, ou pots à feu. Recevez ce-pendant pour agreable

( cher lecteur ) ce que ie vous en ay dit , & croyez fermement que nos pots
artificiels , est une invention de guerre extrémement ancienne , & asseurez
sans crainte de mentir qu'ils ne tirent pas leurs principes de la construction des grenades,non plus que des autres globes évuidez , mais bien plustot les globes , & grenades de ces pots d'artifice. Voicy comme quoy Sex-
tus Iulius Frontinus discoure des pots à feu des Anciens en son liv. 4. des
Stratagemes Chap. 7. *Cn: Scipio bello navali amphoras pice , & teda plenas ,
in hostium classem jaculatus est , quarum jactus & pondere foret noxius , & diffun-
dendo quæ continuerant , aliementum præstaret incendio.* Il nous raconte
que Cneus Scipion dans une armée navale avoit treuvé l'invention de jetter dans les vaisseaux de ses ennemis,des cruches & des pots pleins de poids,
& de feu,dont la cheute n'estoit guiere moins dangereuse , à cause de la gravité de leurs poids, que la matiere qui y estoit renfermée leur estoit nuisible
apres qu'elle en estoit épanchée,pour estre une matiere à laquelle lefeu s'attache avec beaucoup d'aspreté,& un aliment qu'il se plait à devorer plus avidemment que toute autre liqueur. Dionisius en son liv. 50.*De Bello Actiaco*
parlât des feuxd'artifices qui furent employez dans la bataille Actiaque,ren-
duë par Cesar contre Marc Anthoine;entre plusieurs feux qui furent jettez
il a remarqué ceux-cy.*Cum milites Cæsariani ab Antonianis,qui in navibus multò excelsioribus atque turritis constituti erant,contis,securibus, atque omni telorum
genere conciderentur , Cæsar ignem petiit quo necessariò sibi utendum videbat. Ibi
illius milites undecunque appropinquantes , tela ignita in hostes conjiciebant , fa-
cesque ardentes emittebant , etiam ollas carbone piceque refertas , eminus machinis injecere , quare ( caventibus interim sibi , satisque remotis Cæsariensibus ) id
effectum est , ut quod ante viribus non quiverant , solo igne victoriam facerent
suam.* Cesar s'estant apperceu que ses soldats estoient extrémement mal-
traitez,& que les gens de Marc Anthoine les tailloient en pieces, a grands
coups de haches,& de sabres,& qu'ils vous les perçoient de flesches,comme
des cribles sans qu'ils pussêt éviter leurs atteintes , pour estre dans des navires bien plus eslevez que les leurs, mieux munis de chasteaux,& fortifiez
de tours plus advantageuses. Dans cete extremité il se fit aporter du feu,
qu'il jugea luy estre necessaire , pour remedier à un mal si pressant. Comme en effet ses soldats l'ayans environez de tous costez , commencerent à
jetter des dards ardents, à l'encontre ennemis,élancer des tisons de feu,d'ar-
des salors , des brandons,& des pots remplis de charbons ardents,& de poix
tout ensemble avecquoy ils incommoderent fort les Anthoniens dans leurs
vaisseaux (quoy qu'ils s'en donnassent assez de garde & que les Cesariens en
fussent fort éloignez ) ce qui reüssit fort bien,& à leur advâtage: car en effar,
ce qu'il n'avoient pas pû obtenir à force d'armes, ils le conquirent par le
moyen du feu , & ainsi cét élement les faisoit triompher de leurs ennemis.

Ie vous ferois bien comparoitre quantité d'autheurs pour tesmoigner en
faveur des pots à feu des Anciens : mais ie me contente de vous avoir produit ces deux seulement , sçachant fort bien que leur rapport suffira pour
faire foy de leur ancienneté. Mais à tant pour l'heure presente de ces pots
artificiels , nous en parlerons plus au long en son lieu , songeons maintenant à la fabrique de diverses sortes de grenades.

                                                                    Cha-

# Chapitre III.

## Des Grenades vulgairement appellées borgnes.

Il y a une certaine efpece de Grenades chez les Pyrotechniciens, lefquelles n'ont aucunement befoin d'eftre allumées pour eftre jettées avec le mortier(d'où vient qu'on appelle ces grenades communémēt borgnes, ou aveugles,à caufe qu'elles font privées de lumiere : deplus c'eft un terme fort ufité parmy les Pyroboliftes que lors que quelques grenades, ou autres globes artificiels, font jettez avec le mortier, fans eftre allumez pour le refpet de quelques deffauts qui foient en eux, lefquels leur empefchent de faire leurs effets comme ils devroient, de les appeller grenades borgnes ) mais auffi tôft qu'elles touchent la terre, ou qu'elles rencontrent quelque objet dur, & arrefté, elles conçoivent promptement le feu, & font des effeᶜts tous femblables aux autres grenades. La figure du nombre 121, fait voir la forme des grenades conftruites de cete façon : en laquelle le globe marqué de la lettre A eft la grenade mefme toute creufe, & vuidée, & percée de part en part : outre cela elle a encore un autre pertuis à cofté, pour le mefme deffein que font percez les grenades que nous avons décrites & deffignées cy deffus.

Sous la lettre B dans la mefme figure fe void une matricule faite d'une lame de fer en forme de cylindre, percée de plufieurs trous, outre qu'elle eft toute creufe & toute cyzelée par dedans c'eft à dire rude & afpre comme une lime : dans cete matricule entrent deux petits fuzils, arreftez bien fermes fur un cylindre de fer plein & folide : lefquels portent chacun une bonne pierre, & bien feconde en feu ; laquelle demeure arreftée entre les ferres du chien, par le moyen d'une petite viz, comme on peut voir en la lettre C. Premiérement donc cete matricule s'ajufte dans le vuide de la grenade, par le trou de deffous lequel doit eftre plus large que celuy de deffus, puis on l'arrefte par le haut, avec une petite lame de fer quarrée efpeffe de deux ou trois lignes feulement,telle qu'elle fe void en G, elle eft percée par le milieu d'un pertuis fait en égrou, dans lequel on infere fpiralement le bout de la matricule, qui eft pareillement fait en viz ; le bout qui recevra les fuzils avec fes pierres fera pofé fur une rotule percée telle qu'elle eft en E, afin qu'elle demeure ferme & arreftée dans fon affiete. Or ce cylindre de fer auquel les fuzils font attachez,a auffi le bout d'en bas formé en viz, lequel on inferera fpiralement dans un autre roué de fer plus grande comme eft cellequi eft marquée d'un D, fur laquelle tout le fais de la maffe de la grenade fe repofera, lors qu'elle viendra à tomber fur terre.

La lettre H fait voir un autre fuzil tout fimple avec fa pierre, tout preft à faire feu, monté fur un battement d'acier mouvant, lequel n'a befoin d'aucune matricule; on fe peut fervir de celuy-cy auffi utilement, & commodement que des deux premiers.

Si vous defirez voir cete grenade complete de tous points, & compofée de toutes fes pieces, jettez les yeux fur la lettre K en la mefme figure vous l'y treuverez telle que ie vous l'ay décrite. Vous y remarquerez, outre tout cecy deux petites queuës par deffus qui luy fervent d'ailes, faites de quelques vieux morceaux de linge, attachées par deux chenettes à deux

Gg 3 pe-

petits rampons de fer arreſtez ſur la lame quarrée I: elles ſuivent la grenade
par tout dans l'air, & quand elle deſcent vers la terre, elles la maintiennent
dans un eſtat droit, pour la faire tomber directement ſur cete roüe qu'elle a
au deſſous.

Or auſſi toſt que la grenade ſera tombée ſur ce pied large & plat, les fuzils
renfermez dans la matricule ſeront contrains par la peſanteur de ladite
grenade de remonter vers le haut, & par conſequent les pierres ſrottées rù-
demēt contre l'aſpreté des entailles interieures de la matricule, ne manqueront iamais, par cette violente colliſion, à faire feu, lequel s'inſinuant auſſi
toſt, par les trous de la matricule, s'attachera à la poudre incluſe dans la
grenade: & par ce moyen il luy fera faire le meſme effet, que ſi elle avoit
eſté preparée d'une autre façon.

# Chapitre I V.

### Des Grenades qui ſe jettent par le moyen des grandes pieces de Canon.

Ie m'en vay commencer à vous décrire le quatriéme & dernier genre de
grenades: à ſçavoir celles que l'on a de coûtume de jetter avec les grandes pieces d'Artillerie, lors qu'on veut boulleverſer les ramparts des ennemis, & faire des breches preſque ſemblables à celles que ſont les mines ordinaires, quoy qu'à la verité elles n'en faſſe pas ſi grande quantité. Il
s'y treuve beaucoup de ſorte de grenades de cete eſpece, qu'une inſinité
preſque de Pyroboliſtes ont inventées à leur fantaiſie: mais ie n'ay pas re-
ſolu de vous d'écrire en ce Chapitre tout ce qui s'en treuve: Ie vous rapporteray ſeulement quelques inventions des moins vulgaires, auxquelles un
chacun ſe pourra librement fier, & les mettre en pratique ſans crainte que
elles luy faſſent faux-bon en quelque façon que ſe ſoit.

### Eſpece 1.

Entre un grandiſſime nombre de grenades qui ſe rencontrent dans cete
cathegorie, celle que j'ay deſſignée au nombre 122 tiendra le premier
rang, elle a comme on peut voir dans ſa figure ſcenographique la forme d'un
ſpheroide, outre qu'elle eſt toute creuſe comme ſont les grenades vulgaires. Son orifice eſt fait en égrou: d'une telle proportion qu'il peut recevoir un certain inſtrument de fer fait en viz par le bout, lequel s'inſere dans
ledit orifice. Cét inſtrument eſt attaché à un tuyau de bois fort rond, ou
ſi vous voulez fait à pluſieurs angles, lequel doit eſtre percé de bout en
bout par le milieu, outre ce trou vous y en percez encore pluſieurs autres
tout à l'entour avec un poinçon de fer aſſez delicat, rougi au feu, en telle
ſorte toutêfois, qu'eſtans percez obliquement & en angle aigù, ils s'en aillent tous oboutir unanimement, à celuy du milieu: par ainſi tous leurs petits orifices ſont tournez vers la grenade.     Tous ces trous, auſſi bien
que celuy du milieu, ſeront remplis d'une farine de poudrre bien deliée;
d'ailleurs le tuyau de fer, qui eſt ajuſté dans la concavité de la grenade ſera
chargé de quelques unes de ces matieres lentes, dont nous avons décrit
les compoſitions cy-deſſus ſuivant qu'elles doivent eſtre pour charger les
tuyaux des grenades.    On ajuſte doncques à cedit tuyau le plus proprement qu'il eſt poſſible, quatre ailes ou d'avantage, s'il en eſt beſoin, faites

tes de petites lames de cuivre fort deliées , justement auffi longues que le
tuyau; pour le regard de leur largeur,elle doit eftre telle, que l'une & l'autre
eftant adjoûtéez au diametre du tuyau elles conftituent une ligne droite ,
qui foit égale au petit diametre de la grenade : & par confequent cete
largeur fe trouvera égale au diametre du tuyau , lequel fait un tiers du
petit diametre de la grenade.

　　Il faudra proportionner la longueur du tuyau avec tant de moderation ,
que lors qu'il fera joint à la grenade,il faffe un jufte équilibre avec elle : cete
jufteffe fera bien ayfée à treuver,fi vous obfervez bien la methode que nous
en avons donnée dans le Traité des fuzées , où nous avons enfeigné comment on peut rechercher la jufte longueur des baguettes qu'on defire ajufter fur ces feux artificiels montans dans l'air.　En fin pour conclure cete
efpece,vous envelopperez bien ce cylindre avec force eftoupes pyrotechniques lafches &efparfes,puis vous le faupoudrerez tout à l'entour d'une bonne poudre battuë , bref vous pousserez cete grenade preparée de la forte jufques fur la charge du canon qui la doit enlever.

## Efpece　2.

En la figure du nombre 123 : fe void une autre efpece de grenade de ce
　　mefme genre,lequel on prepare fuivant cet ordre que ie m'en vay vous
deduire.　Vous prenez une grenade vulgaire , duquel le petit diametre ,
eft tant foit peu moindre que le diametre de l'orifice du canon d'où elle
doit partir : cete grenade fe met dans un certain cylindre évuidé par deffus
en hemifphere pour recevoir la moitié de la grenade,dont il aura le diametre de pareille longueur , il aura la bafe plate par deffous,mais par deffus il
portera un chapiteau en quelque façon conique.　Vous percerez un trou
par le milieu de fa longueur qui repondra jufques à l'orifice de la grenade ,
lequel vous remplirez par apres de poudre battuë.　La longueur de ce cylindre eft de deux diametres & demy de l'orifice du canon, pour lequel on
le prepare ; Vous le couvrirez donc par deffus dudit chapiteau , fait de
la mefme efpesseur qu'eft celle du cylindre mefme, mais fa longueur fera
d'un diametre & demy de l'orifice de la piece.　Ce chapiteau fera pareillemēt évuidé en hemifphere du cofté qu'il fe joint au cylindre,de mefme que
vous avez fait le cylindre,afin qu'il puiffe commodement recevoir l'autre
moitié de la grenade , laquelle il doit couvrir : par deffus il eft fait en coné
comme nous avons de-ja dit.　Les jointures & commiffures de l'une & l'autre partie c'eft à dire tant du cylindre que du chapiteau,feront poiffées comme il faut,& colléesbien fermes avec de la colle bien chaude,le refte fe pourra fort ayfément apprendre par la figure mefme.

## Efpece　3.

La troifiéme efpece de ce genre de grenades deffignée au nombre 124 n'a
　　pas beaucoup d'artifice dans fa conftruction : Il ne faut que prendre un
cylindre de bois , duquel la hauteur & la largeur foient égales au diametre
de l'orifice de la piece, où l'on le veut faire fervir ; on le creufe premiérement par deffous en hemifphere , en forte qu'il puiffe recevoir dans fa cavité la moitié d'une grenade vulgaire , dont le diametre foit un peu moindre
que celuy du canon : par deffus on percera certaine quantité de trous , lefquels viendront tous aboutir enfemble fur l'orifice du tuyau de la grenade.
On remplira tous cefdits trous de farine de poudre , pour porter le feu dans
le tuyau de la grenade.　Cela fait on liera fort & ferme le cylindre avec
　　　　　　　　　　　　　　　　　　　　　　　　　　　　　　　　la

ladite grenade d'un bon fil de fer, ou de laiton ; puis on la pouſſera juſques dans le fonds du canon, en telle ſorte que le cylindre ſoit poſé ſur la charge de la poudre.

## Eſpece 4.

V ous voyez ſous le nombre 125 une quatriéme eſpece de ce meſme gén- re de grenade, en laquelle la lettre D vous donne à connaître la grena- de meſme. C, eſt un cylindre de bois, de meſme longueur & largeur que celuy de la troiſiéme eſpece ſuperieure ; il a pareillement une concavité he- miſpherique pour recevoir la moitié de la grenade. E, eſt un trou percé dans le milieu du cylindre, qui reſpond directement dans le tuyau de la grenade, lequel ſe remplit de poudre battuë. B, marque une boite de pa- pier, attachée au cylindre de bois, couverte par deſſus d'une rotule de bois ou de papier, laquelle eſt remplie par dedans, d'autant de poudre grenée qu'il en faut pour faire partir la grenade, comme on la peut voir en A ſur la meſme figure.

Celle-cy ne differe pas beaucoup de cete autre eſpece de laquelle nous avons de-ja parlé, qui eſt celle là meſme, laquelle je vous repreſente toute ajuſtée dans le fonds du canon, qui ſe void deſſigné au nombre 127, ſinon que celle-cy ne paroiſt point du tout avec ſon cylindre de bois dans la car- touche de papier. On la prepare ſur un rouleau de bois, à la façon des cartouches des fuzées. On la charge pareillement par deſſus ſon cylindre de bois, de poudre grenée, de meſme façon que nous avons fait cete boi- te ſuperieure ; comme il paroit aſſez par la figure. Ces deux eſpeces veu- lent eſtre chargées avec beaucoup de diligence, & de viteſſe, & doit-on bien prendre garde que la poudre ne ſoit point trop violente, de peur que quelque choſe ne leur nuiſe & qu'en ſuite il n'en arrive quelque facheux ac- cident.

## Eſpece 5.

C ete methode de jetter les grenades avec le canon, n'a pas eſté inventée pour en tirer ſeulement une à la fois, ( comme nous avons fait voir dans toutes les autres eſpeces ſuperieures)mais auſſi pour en envoyer quan- tité de ces petites à mains, tout d'un temps, dans le camp des ennemis, ou dans les bataillons rangez à un jour de combat:ce qui ſera aſſez aiſé, ſi on en renferme quelque quantité dans des cartouches ou boites de bois creuſes, telles que nous en repreſentons une dans la figure du nombre 126. Pre- miérement le fonds A aura le double de l'eſpeſſeur de ſes coſtéz, & ſera fortifié d'une lame de fer : puis vous l'envelopperez toute entiere comme j'ay de-ja dit cy deſſus d'une cartouche de bon papier : ou bien vous y atta- cherez, & collerez bien ferme par deſſous, un petit ſac de toile remply de poudre grenée, ainſi que vous le voyez au profil marquée de la lettre D ; Ce tuyau C, qui ſera de fer ou de bois, chargé d'une matiere lente, paſ- ſera à travers le fonds de la boite, par lequel le feu ſera porté aux grenades, lors que la boite ſera tombée au milieu des ennemis.

## Eſpece 6.

O n peut auſſi jetter avec le canon en quelque lieu qu'on voudra, les gre- nades toutes nuës, ſans enveloppes, ny cartouches, ny boites à pou- dre, telles que nous les avons deſſignées & décrites juſques à preſent : mais il faut auſſi qu'elles ſoient beaucoup plus eſpaiſſes au fonds, que dans
le

le reste de leur circonference,ainsi qu'il s'en void une au nombre 128. On fera faire pour cét effet un tuyau de fer en telle sorte qu'il responde si justement à la superficie conuexe de la grenade, qu'il ne la surpasse pas de la moindre chose du monde : son extremité inferieure sera pareillement engagée dans le fonds de la grenade, comme la lettre A vous le fait voir dans laditte figure : son vuide, lequel sera chargé d'une matiere lente, aura la mesme proportion pour sa largeur, & hauteur, que nous l'avons ordonnée cy dessus dans le reste des tuyaux des grenades : La lettre B vous en montre le profil. Le fonds de cete grenade sera tourné vers la poudre dont le canon est chargée, & consequemment le tuyau vers son emboucheure ; en ce cas la grenade estant mise en cette posture, on n'a que faire de craindre qu'elle sorte du canon, que premierement elle n'ait pris feu ; car necessairement estant agitée par la force de la poudre, il faut qu'elle passe à travers de la canne de la piece, & par consequent qu'elle fasse une quantité de tours, premier que d'arriver à son orifice ; voila pourquoy il n'est pas possible, que la flamme de la poudre, environnant tout le corps de la grenade, ne puisse tout d'un temps allumer la composition qui remplit l'orifice de son tuyau.

## Espece 7.

Il ny a pas encore long temps, que du regne DU GRAND VLADISLAS IV. Puissant Roy de Pologne, & de Suede, l'Ingenieur Major de sa Majesté Frederic Getkant ( lequel ie puis veritablement appeller un second Archimede de nostre païs, à cause d'une parfaite & singuliére connessance qu'il à dans les mathematiques, jointe à une infinité de nouvelles inventions, qu'il à reduites en pratique : outre que ( si ie l'ose ainsi dire ) il sçait generallement tous les arts mechaniques, & illiberaux ) treuva un moyen tres certain, & une voye toutà fait infaillible pour tirer les grenades avec les grandes pieces d'artillerie ; pour cét effet ayant fait couler en fonte une piece de canon, laquelle à la verité a un grand rapport, au respet de sa longueur, avec une anciénne piece d'artillerie, que les Italiens appellent encore. *Canone petriero incamerato*, il a pourtant cete difference que la chambre où se loge la poudre, ne ressemble en rien à celles que ces canons Italiques portoient, veu qu'elle est tellement proportionnée qu'elle ne renferme justement que la quantité de la poudre necessaire pour chasser la grenade. Outre cela elle a encore de surplus deux petits canaux qui aboutissent à la lumiere du canon : l'un desquels descend obliquement vers la culasse de la piece pour porter le feu dans la chambre qui renferme la poudre : l'autre descent perpendiculairement sur la grenade qui est au fonds du canon, par lequel le feu est porté pour allumer une certaine estoupe pyrotechnique de laquelle la grenade est enveloppée, tant à l'entour de sa superficie propre,que de son tuyau : afin que dans le temps que la poudre se resoudra en flamme, la grenade se treuve toute preste à partir, & qu'elle n'attende seulement sinon que la puissance motrice fasse ses efforts, ordinaires pour la pousser hors, & la porter bien loing. I'ay eu la curiosité de vous faire un profil de la forme de ce canon, avec sa grenade logée comme elle doit estre dans le fonds, au nombre 129. Pour ce qui regarde la proportion de toutes les parties du canon mesme ie n'en parleray point icy : mais au Lib. 1. de la Seconde Partie de nostre Artillerie i'en discoureray assez amplement, à sçavoir suivant ce que i'en ay apris, & diligemment remarqué de cét Insigne Maitre és arts, & sciences militaires.

Hh

CO-

## COROLLAIRE I.

Les grenades de quelle qualité,& condition qu'elles foient,fe peuvent mettre en ufage dans les occurrances de la guerre,en diverfes façons: nous en declarerons une bonne partie dans la fuite des chapitres que nous expoferons cy apres.Mais fi vous confiderez bien attentivement cete grenade deffignée au nombre 128 en la lettre E,vous treuverez qu'elle n'eft pas des plus mefprifables;elle s'engage premiéremēt entre deux parallelipipedes des bois rejoints,puis reliez,& attachez avec deux guindes mifes de travers bien fermes,afin qu'ils ne branlent point:puis apres y avoir mis le feu, on la jette de quelque lieu eflevé en bas parmy les ennemis, là où elle fait une eftrange execution,tant par fa propre cheute,que par le fracas de fon corps,& des parallelipipedes,qui s'efclattent en mille morceaux.

## COROLLAIRE II.

Pour envoyer les grenades avec le canon,on ne prendra iamais plus grande quantité de poudre,que pefera la huitiéme partie de tout le poids de la grenade,avec toutes fes dependences,fans lefquelles,on ne la peut pas ayfement faire partir du canon.

## COROLLAIRE III.

Nous avons remarqué que les grenades de quelle conftruction qu'elles fuffent, eftans tombées fur quelque plan,fe rompoient le plus fouvēt en angles demy droits à l'horizon,par un inconcevable miftere de la nature , & par des refforts fecrets,& inconnus que le jugement humain n'a pas encore pû découvrir. Or celuy qui fe fouviendra bien de cete remarque,& du falutaire advertiffement que ie luy en donne,il évitera facilement les atteintes de toutes fortes de grenades , & mefme s'en mocquera,quoy qu'il n'en foit pas beaucoup éloigné;fi auparavant qu'elle foit crevée,ny qu'elle puiffe efpardœ la femence mortelle de fes efclats,il fe peut affez promptement coucher à plate terre,fur le plan, où la grenade eft arreftée pour faire fon effet: c'eft ce que ie defire qu'un chacun fçache (quoy qu'a mes depens) particuliérement ceux là qui pendant qu'on abbâtera ces pommes d'angoiffes feront obligez,non feulement de fe contenter de la veuë,mais auffi d'en recuëillir leur part.

## COROLLAIRE IV.

Ceux qui auront la curiofité de fçavoir les effets efpouvantables qu'ont produits les grenades dans diverfes occurences de guerre, depuis le temps qu'elles font inventées,qu'ils prennent la peine de fuëilleter , & de lire les commentaires de tous ceux qui ont efcrit de noftre âge toutes les chofes remarquables qui fe font paffées dans les Païs Bas. Ils tefmoigneront affez fans que ie m'en mefle , que parmy quantité d'autres moyens, qui ont fervy pour faciliter les fieges des places , & faire des grands progrez aux armées de l'un & l'autre païs , à quoy les revenus entiers de plufieurs Roys & Princes qui regnent dans l'Europe,auroient eu de la peine à fubvenir ; les grenades en ont efté le principal inftrument , & toûjours les premieres mifes en befogne : lefquelles par l'induftrie des fçavants Pyroboliftes ( en quoy Dieu mercy les Païs Bas font fi riches & fi feconds, qu'ils en preftent aux provinces voifines) on a fait pleuvoir dans les villes affiegées, dans les forts,& dans les trêchées ennemies,avec des pertes fi pitoyables des
def-

deffendâs, une diſſipation ſi notable des admonitions des ſieux inveſtis,une ruine,& un debris ſi effroyable des edifices,tant publiques que particuliers, que le ſouvenir meſme eſt capable de donner de l'horreur,& de la pitié tout enſemble aux moins ſenſibles.Combien y a·r'il encore de vieux guériers, & d'anciens bourgeois qui vivent encore aujourdhuy, leſquelles s'eſtiment tres heureux,d'avoir autrefois eſté,& qui non ſeulement ſe gloriſient d'avoir veu quantité de belles occaſions; mais auſſi ſemblent meſpriſer ceux qui ne ſe ſont pas treuvez comme eux au ſiege d'un Breda, d'un Boſleduc, d'Oſtende, de Maſtreƈt, d'un Bergues ſur Zoom, d'un Rhinbergues de Hulſt, & d'une infinité d'autres places, villes, & forts bien munis qu'ils vous dechiffrent, où ils ſe ventent de s'eſtre rencontrez, avec une ſatisfaƈtion incroyable du ſeul ſouvenir d'en eſtre eſchappez.

Toutes ces gens vous confeſſeront avec moy, que les grenades que l'on élançoient des lignes d'approches des aſſiegeans, dans les places aſſiegées, ne leur donnoient pas ſeulement l'eſpouvante, mais bien plus les contraignoient à parlemanter plûtoſt qu'ils n'avoient deſſein, obligoient la plus part des villes à ſe rendre malgré qu'elles n'en euſſent, & à meilleur marché qu'elles n'auroient pas fait,ſi elles n'avoient pas eſté perſecutées de cete greſle de fer & de feu. Qu'elle apparence auſſi il auroit-il eu de tenir long temps pied ferme à l'enconrre de ces foudres, veu que comme ie m'imagine on ne voyoit pour lors d'un coſté que des corps morts, des pauvres malheureux ſoldats eſtandus, ou accablez ſous les ruines que faiſoient ces impitoyables tourbillons de feu; d'autre coſté, des playes épouvantables,des bras, des jambes, des teſtes caſſées : d'ailleurs les maiſons bouleverſées ſans deſſus deſſous,& miſes en pire eſtat que ſi le foudre y avoit paſſé,les ruines, & les debris eſtranges, des plus grands & des plus beaux ediſices,de tant de villes & de citez qui pour lors floriſſoient?& tous ces deſordres par le moyen des ſeules grenades. En un mot il eſt à croire que la calamité s'y voyoit ſi effroyable qu'il n'eſtoit pas poſſible de treuver un lieu de ſeureté dans l'enceinte de toutes ces villes non pas meſme dans les caves, ny dans les caſemattes les plus profondes, quoy que couvertes de fortes & eſpaiſſes voutes, où ces grenades ne penetroient par la peſanteur de leur poids, pour y briſer,rompre, fracaſſer tout ce qui s'y pouvoit treuver de caché.

Mais afin que l'on ne croit pas que ie veüille eſtablir mes raiſons ſur des parolles, ou ſur des rapports qui n'ayent que de l'apparence ſeulement ie m'en vay vous rapporter les teſmoignages de deux inſignes autheurs de ce temps,qui ſe ſont treuvez en perſonnes au ſiege de Boſle-Duc & de Breda; leſquels n'ont rien laiſſé eſchapper à leurs plumes de ce qui s'eſt fait de plus remarquable. Premiérement doncques Daniel Heinſius dans l'hiſtoire qu'il a fait du ſiege de Boſle-Duc, parle des grenades en ces termes.*Nec utriſque diſpar hoſtis, ita animis atque armis ſingula tueri, ut ne paſſum quidem, niſi vi majore ejeƈtus cederet, aut de ſe largiretur. Quæ inter nihil æquè ac ignita jacula terrere ( malo punico in caſtris nomen ) quæ nunc machinâ, nunc manu ſpargebantur. Negant quicquam ſævius repertum, ex quo mortis titulos ingenio produximus. Correpti eâ tempeſtate tanquam fulmine mortales, cum murorum aut domorum partibus impellebantur. E quîs unum machinator deſtinato iƈtu cum libraſſet, arma, vaſa, veſtes aliaque in aërem rotata advertère noſtri, neque dubitatum, quin armamentario ex uſu incidiſſet. Quæ ab hoſte quamdiu ad externa munimenta, aut ſuccinƈtum valli, optimum vitandis talibus ſeceſſum aditus patéret,fugâ aut receptu vitabantur.*

Hh 2

Il advoüe franchement que les ennemis ne leur cedoienꞇ en rien, & qu'ils
deffendoient leur -interreſt avec tant de valeur , & de courage, qu'on ne
leur auroit pas fait quitter un pied de terre qu'a grand'force , ou qu'ils ne
le vouluſſent bien : pendant ce temps on ne voyoit que de balles à feu (que
nous appellions des grenades dans noſtre camp ) jettées tanꞇoſt à force de
bras , tantoſt guindées avec des machines , leſquelles portoient le feu &
l'eſſroy par tous les quatiers ; on a jamais rien veu de plus cruel,ny de plus
eſpouvantable ; & nous ne pouvions pas mieux appeller ces horribles inventions,ny leur donner des titres qui exprimaſſent mieux leurs furieux effeꞔts
que ceux de la mort meſme.   Car lors qu'elles eſtoient envoyées ſur leurs
ramparts, ou dans leurs maiſons, ces pauvres miſerables cytoyens ſe trouvoient ſi ſurpris de ce feu meurtrier,que ſi la foudre,où la tempeſte les eut
accuëilly : & d'abord que nos grenadiers en avoient pouſſez quelques unes,
nous voyons bien toſt apres voler en l'air,armes , & vaiſelles , hardes, meu-
bles , & tout ce qui ſe rencontroit dans le lieu où elles tomboient ; & il ne
faut pas douter que dans une longue ſuite,& frequente repetition de coups
ſur coups,il n'en ſeroit tōbé quelques unes ſur leurs magazins, & dans leurs
arcenals. Pour ce qui eſt de celles, que les ennemis renvoyent dans nos lignes,& dans nos travaux , nos ſoldats avoient beaux moyens de les éviter,
pouvans tout à loiſir s'en éloigner avant qu'elles puſſent faire leurs effets.

Boxhornius nous raconte quelque choſe de ſemblable dans ſon hiſtoire
du ſiege de Breda , touchant les effets des grenades en ces termes.*Pilis fer-
reis ignitis (bombas vocant) uno iꞔlu ædes tres ad ſolum adſfliꞔlæ. Nec minus Granatarum violentiâ noxæ erat, paucorum inter cædem , quibuſdam velut miraculo
præſentia inter diſcrimina ſervabis.*

Nous voulant par la ſignifier que trois maiſons avoient eſté renverſées
d'un ſeul coup de ces balles à feu qu'on appelloit des bombes. Les Grenades
ne faiſoient guiere moins de ravage , car il eſtoit bien difficile de ſe garentir de leurs atteintes,que par un grand miracle.

Ie renvoye quantité d'autres eſcrivains,dont les cayers ne ſont remplis
d'autres choſes que des eſfets eſtranges des grenades.  I'en appelle ſeulement à teſmoins,  les perfides & fauſſaires Moſcovites encore vivants, pour
leur faire confeſſer malgré qu'ils en avent , & à tout ce puiſſant ſecours des
troupes eſtrangeres qui leur vint , lors qu'ils aſſiegerent, & prirent le fort
de Smollen dans la Ruſſe Blanche, où ils furent du depuis aſſiegez environ l'an de noſtre ſalut 1634, pour leur faire advoüer ( dis-je ) les eſtranges executions des grenades,que les Lituaniens leurs jettoient de leurs re-
tranchemens , dans leur camp ſans aucune relâche , pendant l'eſpace de
trois mois.  Mais quoy qu'ils ne diſent mot, noſtre valeureux pouvoir , &
nos genereuſes reſiſtances les ont tellement eſtourdis , ou pour ainſi dire
hebetez,qu'il leur eſt impoſſible de ſe mouvoir pour ſe roidir à l'encontre
de nos armes viꞔtorieuſes , ny plus ny moins que s'ils avoient eſté frappez
d'un coup de tonnere.  C'eſt aſſez que tout le monde ſçache que ces foudres pyroboliques les ont dans ce temps perſecuté juſques à un tel point de
deſolation , que ces barbares ne trouvoient pas meſme d'azile aſſeuré dans
les entrailles de la terre , & quoy qu'ils fuſſent terraſſez dans les cavernes
les plus profondes, & cachez dans le fonds des abyſmes, ces grenades les y
ſçavoient treuver pour le❀en exterminer. En fin ſe treuvans de jour en jour
acuéillis de nouveaux malheurs,qui leur énervoient tout à fait le courage, &
les forces, ils ont eſté contrains d'apporter aux pieds viꞔtorieux de ce
GRAND VLADISLAVS IV noſtre tres Invincible &
tres

tres Heureux Roy, non feulement leurs enfeignes, cornetes, & drapeaux, avec tout le refte de leur appareil de guerre ( lequel ils avoient efté fi long temps à preparer, pluftoft pour leur ruine que pour la noftre) mais auffi leurs teftes inhumaines, trop heureux encore de fupplier les nôtres, avec des larmes de fang, de permettre qu'ils puffent rentrer dans leurs maifons fains & faufs, quoy que denuëz de toutes fortes de biens, pour avoir feulement cete feule fatisfaction que de pouvoir mourir dans leur terre natale, pluftoft que d'eftre faits la proye des corbeaux & des loups, dans les pais eftrangers.

Mais paffons outre, & advoüons d'ailleurs qu'il n'y a rien qui empefche que les affiegez ne puiffent employer auffi toutes fortes de grenades pour demolir, & ruiner divers travaux des affiegeans, & pour porter beaucoup de defordres & de confufion dans les lignes, & par tout le camp ennemy ( fans comparaifon neantmoins aux rauages, & defolations qu'elles font dans les places renfermées ) Or pour vous confirmer mon dire, ie ne veux point vous apporter d'autres exemples que ce fameux fiege d'Oftende fi memorable, tant pour fa durée que pour les braves guériers, qui ont la donné des preuves d'une valeur fignalée. Voicy comme en parle cét Infigne Analifte Paulus Piafecius Evefque de Premifle plus de 1601 apres la naiffance de Noftre Sauveur : *Ac maximè illo initio certabatur jaciendis utrinque machinarum vi pilis ignitis, quæ nullo loco civitatis fecuros obfeffos confiftere finebant continuò & crebrò inftar denforum fulminum pervolantes, nempe quæ majori fæpius, quàm minori in uno menfe in civitatem 50000, & ex civitate 20000 numero intorquebantur.*

Ils jettoient particuliérement dans l'abord, avec des certaines machines, force grenades, bombes, & boulets à feu, tant d'une part que d'autre, ce qui faifoient que les affiegez, avoient bien de la peine à treuver aucun lieu dans la ville qui les pût mettre à couvert de leurs atteintes funeftes, car vous ne voyez rien autre chofe dans l'air que feu & flamme, continuellement, & fi abondamment que vous euffiez dit que c'eftoit proprement des foudres, & des tonneres meflez de grefle & d'efclairs, qui fembloient tomber du ciel pour accabler cete miferable ville : & pour vous en dire quelque chofe de plus certain, il a remarqué qu'il s'en eft jettez en un mois, jufques au nombre de 50000 dans la ville, mais afin de n'eftre pas convaincu de menfonge par un nombre fi limité, il dit qu'on peut bien affeurer plus que moins : il rapporte encore que les affiegées en renvoyerent reciproquement dans un pareil efpace de temps, plus de 20000 dans les travaux des affiegeans.

Mais à quel propos me travaille-je tant l'efprit à rechercher icy une infinité d'exemples fur ce fubjet ? n'avons nous pas encore la memoire toute fraifche de tant de fameux fieges, qui fe font faits dans les Efpaignes, dans la France, Italie, Alemagne, dans la Pologne ( pour ne plus parler du Païs Bas, qui a toufiours efté le veritable theatre de la guerre, & l'efcole des foldats la plus celebre du refte du monde ) bref une infinité de villes affiegées, & prifes, par toute l'Europe dont le fuccez a obligé la plus part des arbitres de la milice non feulement d'avoüer, mais auffi de publier hautement que les grenades, ont toufiours efté la ruine des affiegez, la pefte de villes & des citez, & le plus fouvent la perte de la plus part des affiegeans : quoy qu'a la verité il ait toufiours efté bien plus ayfé à ceux qui attaquoint d'eviter le danger des grenades, à caufe de l'eftenduë des campagnes, que non pas à ceux qui eftoient renfermez entre les quatre murailles d'un baftion, ou dans l'enceinte d'une citadelle, ou de toute autre place fortifiée.

Hh 3 Cha-

# ◦Chapitre V.

Des Boulets à feu, que les Latins appellent *Globi incendiarii* ou
*igniti*, les Italiens *Palle di fuoco*, les Allemands *Ernſt*,
& *Fewer - Kugelen*, les Flamends *Vyer-ballen*
& les Polonois *Ogniſle Kule*.

Puis que les Pyroboliſtes, & tous ceux, qui ont fait iadis profeſſion
de cete meſme ſçience que ie traite icy, ont découvert l'uſage des
boulets à feu long temps auparavant l'invention des grenades, on aura
raiſon de s'eſtonner pourquoy on ne leur donne pas le premier rang
dans l'ordre des feux d'artifices, ou pour le moins pourquoy, on ne les
fait pas marcher devant les grenades comme eſtant premiers dans l'ordre
naturel des choſes. La raiſon de cecy eſt, que comme la vivacité de l'eſprit
des Pyroboliſtes d'aujourdhuy leur fournit de jour en jour des nouvelles
penſées pour inventer des nouvelles machines, tant militaires que recreatives, à cauſe de l'exercice continuel qu'ils font de ces inventions, & que
comme dans le reſte des autres ſçiences, & des arts mechaniques, les choſes
nouvellement inventées s'eſtabliſſent toûjours au prejudice des vieilles inventions; comme ſi pour eſtre recentes, elles s'eſtoient acquiſes plus de
nobleſſe, & de perfection que les anciennes: de meſme en eſt-il de nos
boulets à feu qui ſemblent avoir cedé la place aux grenades en quelque façon: d'où vient que leur uſage en eſt beaucoup avily, & qu'on à preſque
ceſſé de s'en ſervir à la conſideration de cete derniere invention. Mais toutêfois la frequente pratique qu'on en a faite, ne nous peut faire nier qu'ils
ne ſoient en quelque façon utiles dans pluſieurs occaſions militaires; voila
pourquoy ie ne laiſſeray de décrire la methode de les conſtruire, & vous
montrer les diverſes formes qu'on leur donne maintenant, & celles qu'on
leur dônoit autrefois: outre cela ie me vante de vous en faire voir les figures
le plus joliement deſſinées qu'il me ſera poſſible: mais avant que de paſſer
plus outre, & d'en decrire les differentes eſpeces, examinons premiérement
un peu leurs formes diverſes, afin que nous puiſſions les leur ajuſter par
apres avec plus de facilité.

Pour ce qui regarde la forme des boulets à feu; on leur peut donner toutes differentes, & en pluſieurs façons: quoy que la plus commune, & la
plus uſitée, ſoit la ſpheroide, ou la ſpherique. Mais conſideré que tous
ces globes doivent eſtre faits de treillis, ou de quelque autre toile encore
plus ferme, & plus forte, s'il s'en treuve, & afin qu'on leur puiſſe donner commodément ces formes: on preparera premierement par quelque artifice
que ce ſoit, des certains modeles, ( que les Allemands appellent *muſter* ) ſur
leſquels on coupera les toiles; puis on les fera coudre en telle ſorte quils
forment des petits ſacs d'une figure ovale, telle qu'eſt celle d'un ſpheroide,
ou tout à fait ronde, comme celle d'une ſphere, leſquels ſeront remplis
par apres de matieres propres à brûler, & de diverſes compoſitions pyroboliques.

On pourra preparer les modeles des ſacs faits en forme d'un ſpheroide,
en pluſieurs façons : ie vous en feray voir icy de cinq ſortes, & premiérement. Prenez moy le diametre du mortier qui doit loger le boulet à feu
                                                                    apres

après l'avoir transporté sur quelque plan, divisez-le en 4 parties égales :
comme vous pouvez voir en la figure sous le nombre 120 : puis ayant posé
une des pointes du compas sur l'extremité du diametre, à sçavoir en B, vous
estendrez l'autre pointe jusques au point qui termine les 3 quarts du diametre, à sçavoir en G ; puis de cete ouverture de compas, décrivez un arc de
cercle D E. puis posant derechef un des pieds du compas au point C,
tirez un autre arc de cercle D B E par l'extremité du diametre coupant
le premier en D & E. par ce moyen vous aurez une figure longuete,
comprise & terminée par ces deux arcs de cercles égaux D C E B, laquelle sera le modele pour former un boulet à feu. Cela fait coupez-moy 4 morceaux d'une toile bonne & forte, de la mesme forme de ce modele, & les
cousez ensemble d'une bonne couture, & ferme, ainsi vous aurez un sac vuide tout formé, lequel representera un veritable spheroïde, apres que vous
l'aurez remply de quelque composition artificielle.

La seconde voye pour façonner les modeles des boulets à feu, est celle-
cy ; divisez premiérement comme nous avons de-ja dit cy dessus, le diametre du mortier en 4 parties égales ( comme on le peut voir en la figure
du nombre 131 : puis apres avoir prolongé le diametre A B jusques en
C, en telle sorte que A C soit le double du diametre A B, vous diviserez
pareillement ce prolongement de diametre en 4 parties égales en telle sorte
que toute la ligne A C soit composée de 8 parties égales. Prenez-en apres
avec le compas ; & de A, qui est une des extremitez de la ligne droite A C,
décrivez un arc de cercle vers C ; & derechef de C, par un mouvement
reciproque, décrivez-en un autre coupant le premier en E & en D; & par
ainsi vous aurez un autre modele, qui sera une sixiéme partie d'un boulet
spheroïdale. Sur cete figure doncques vous couperez comme auparavant
six semblables morceaux de toile, & les ferez bien coudre ensemble, pour
en former un sac.

La Fig. du N° 132 nous donne trois moyens differens pour former ces
modeles. Le premier marqué de la lettre A, se fait en prenant le diametre du
cercle pour le rayon des arcs. Le second sous la lettre B se forme par deux
cercles, qui s'entrecoupent mutuellement, desquels les diametres seront
égaux au diametre du mortier, pour lequel on doit construire le boulet à
feu ; en fin le troisiéme se fait en traçant les mesmes cercles. Or ces trois
differents desseins donnent les modeles de trois divers sacs spheroïdales, &
de diverses formes, lors qu'on en cout trois portions ensemble.

La voye ordinaire que l'on tient pour donner une forme parfaitement
ronde aux boulets que l'on desire avoir d'une telle figure, est celle-cy que
ie m'en vay vous décrire. Le diametre de l'orifice du mortier estant divisé
en deux parties égales, décrivez avec le compas une peripherie de
cercle : puis la partagez en quatre quartiers égaux : divisez derechef un de
ces quartiers, en trois parties pareillement égales. Cela fait tirez une ligne droite, sur laquelle vous porterez 19 de ces particules, telles que vous en
avez treuvé trois sur le quart de la circonference de vostre cercle, comme
nous en avons tracée une en la figure marquée du nombre 133 soubs la lettre A. A B, est le diametre du cercle ; B C la ligne droite composée de
19 parties semblables, une desquelles est égale à un tiers du quart du cercle décrit sur le diametre A B. Or ayant posé une des pointes du compas
sur cete ligne droite, à sçavoir en B, qui en est l'extremité, vous estendrez
l'autre pointe jusques à l'onzieme point, en telle sorte toutesfois, que vous
passiez par dessus 10 espaces, puis de là vous tracerez un arc de cercle. Puis
apres

apres mouvant le compas de son centre , & arrestant une de ses pointes sur l'autre extremité de la mesme ligne , vous décrirez un autre arc de cercle tout à l'opposite , coupant le premier en E D : Cete figure vous donnera un parfait modele pour composer les globes, & boulets dans une construction sphèrique. Que si maintenant vous coupez douze morceaux d'une bonne toile neufve,& que vous les cousiez bien ensemble,vous aurez un sac parfaitement sphèrique.

Dans la mesme figure ie vous represente encore ur. autre moyen en la lettre B, pour former les modeles qui pourront servir à la construction des boulets à feu , lequel Diegus Usanus en son troisiéme Traité Chap. 1.de son Artillerie nous décrit en cete façon. Ayant tiré le diametre de l'orifice du mortier vous décrirez sur iceluy une peripherie de cercle ; laquelle estant divisée en 4 portions égales par un autre diametre,coupant le premier à angles droits au centre du cercle , des deux point, où les deux diametres touchent à la peripherie du cercle , & où ils retranchent un des quarts du mesme , à l'intervalle de la soustenduë du quart du cercle , on décrira deux portions de cercles s'entre coupantes par le haut mutuellement : puis du point de l'intersection,soit décrit avec la mesme ouverture du compas une troisiémé portion de cercle qui formera un parfait triangle, sphèrique , équilatere. Cela fait , si vous coupez sur ce modele 8 morceaux de toile , & que vous les cousiez bien adroitemēt,suivant que l'ordre le requiert, elles vous formeront un sac qui aura la veritable forme d'une sphere: Si vous desirez sçavoir comment on peut coudre ces sacs,voyez les figures scenographiques marquéez des nombres 134,& 135,elles vous l'apprendront.

## Compositions pour charger les boulets à feu.

Encore bien que toutes ces compositions lesquelles nous avons ordonnées cy dessus pour la charge des globes aquatiques, pourroient servir fort commodément à charger les boulets à feu ; neantmoins à cause que celles cy veulent estre tant soit peu plus violentes , & qu'elles doivent élancer des flammes fort longues,& mesme pousser hors violemment quantité de grosses estincelles de feu ; afin que tous ceux qui voudront s'en approcher pour en suffoquer les flammes n'y puissent avoir aucun accez. Mais ie vous monstreray ailleurs une methode certaine,tant pour les prepaser , que pour faire espreuve de leur bonté apres leur preparation.

### Composition 1.

Prenez de la poudre battuë 10 ℔, du Salpetre 2 ℔, du Soulphre 1 ℔, de la Colophone 1 ℔.

### Composition 2.

Prenez de la poudre battuë 6 ℔, du Salpetre 4 ℔, du Soulfre 2 ℔,du Verre grossierement pulverizé 1 ℔, de l'Antimoine crud ℔ β, du Camphre ℔ β, du Sel Ammoniac 1 ℔, du Sel commun ℥ iiij.

### Composition 3.

Prenez de la poudre battuë 48 ℔, du Salpetre 32 ℔, du Soulfre 16 ℔, de la Colophone 4 ℔,de la Limure de fer 2 ℔, de la Scieure de bois de Sapin, ou de Pin boüillie dans de l'eau salpetreuse, puis desseichée 2 ℔; du Charbon de bouleau 1 ℔.

On reduira premiérement la poudre en farine fort subtile pour toutes ces compositions ; puis on la passera par le tamis de crin : pour ce qui est du reste des ingrediens,on se contentera de les triturer assez legerement.La
rai-

raison de cecy est que si on les reduisoit en poudre trop subtile, le feu ne produiroit que des petites estincelles, avec fort peu de bruit, & ne les jetteroit pas fort loing estant allumées. Où au contraire demeurans en grains, gros, & entiers, une matiere ne s'incorporera pas aisement avec l'autre; voila pourquoy chacun deux brûlant en soy mesme, & conservant la flamme par ses propres forces, sans les pouvoir joindre, ny unir avec les autres, repousseroit disement le feu qu'il auroit conçeu, auparavant qu'il eut le loisir de consommer toute la composition entiere. Il faut donc avoir icy égard à l'ordre de cete preparation; sçavoir comme on doit battre, triturer, moudre, tamiser, & mixturer les matieres ensemble. Or vous serez la preuve de la bonté de vos compositions, en cete façon suivante.

Prenez un tuyau de bois, ou de papier, il n'importe pas, dont la hauteur soit d'une demye palme; son orifice sera large d'un doigt seulement. Remplissez le de composition, puis y metttez le feu par apres, & remarquez bien en suite les prognostiques suivans.

Que si elle éleve sa flamme à la hauteur d'une palme, à sçavoir deux fois aussi haut, que le tuyau chargé est long.

Si elle jette quantité d'etincelles de tous costez, avec un assez grand bruit, & petillement éclattant; lesquelles estant receuës sur la peau d'un tambour, ayent assez de force pour la percer, ou pour le moins assez de chaleur pour la brûler.

En fin si elle peut conserver son feu le temps qu'il faudroit pour reciter le Symbole Apostres.

Que si vous observez tous ces signes pendant l'ustion de vostre composition: vous pourrez conclure qu'infailliblement vostre mixtion est dans un fort bon temperament: c'est pourquoy vous en pourrez librement charger, non seulement vos boulets à feu, mais aussi vos lances à feu, massuës, bouquets, couronnes, dards, cercles à feu, sacs, cylindres, boîtes, & le reste de vos machines pyroboliques, masses, & armes desquelles nous parlerons plus amplement dans le livre suivant. Que si vous treuvez que vostre composition soit un peu trop foible, ou trop violente il vous sera bien aisé d'y remédier, en y adjoûtant de la matiere, plus violente, ou plus moderée. Vous ne ferez pas grand mal aussi, d'arrouser un peu ladite composition de quelque huyle; afin que les matieres s'unissent mieux en un corps, & que lors que les machines feront tombées dans l'eau, ou dans quelque autre lieu humide, le feu n'en soit point si tost diverty, mais au contraire, afin qu'il s'attache avec plus d'ardeur à la matiere pour la consommer universellement.

Or maintenant que ie vous ay declaré toutes les compositions qui se peuvent preparer pour la charge des boulets à feu, il est à propos que ie vous enseigne ensuite, en qu'elle façon vous les devez construire de diverses especes, & comment vous procederez pour les charger.

### Des Boulets à feu, Espece 1.

Pour cete premiere espece de boulets à feu, vous ferez faire d'abord un sac de toile, longuet, & preparé suivant l'ordre, & la methode que nous avons donnée cy dessus: vous le remplirez jusques aux bords de quelqu'unes de ces compositions precedentes; en serrant tousjours, & entassant la matiere le plus qu'il vous sera possible, c'est à dire tant qu'elle soit devenuë presque aussi dure qu'une pierre. Puis ayant inferé un bouchon de bois dans l'orifice prenez deux anneaux de fer; dot, celuy qui doit estre posé à l'orifice du boulet

let(tel que nous l'avons reprefenté fouz la lettre B au nombre 136) fera de ⅔ du diametre du boulet ; mais l'autre qui fe doit ajufter fous le fonds du globe,aura par fon diametre la largeur de ⅔ du mefme diametre du boulet:la lettre A vous en monftre la forme dans la mefme figure.

Recevez de grace ce que i'ay tiré de la Pyrotechnie de Brechtelius touchant la proportion des anneaux qui fe font pour toutes fortes de boulets à feu. Pour les boulets de 100 ℔ pefant, on fera faire l'anneau fuperieur large par fon diametre de 3 onces & demies,mais l'inferieur de 3 onces feulement : la groffeur de l'un & l'autre fera d'un quart d'once. Pour les boulets pefans 75 ℔, on aura l'anneau fuperieur large de 3 onces, & l'inferieur de 2 onces & demye. Pour les boulets de 50 ℔, l'anneau de deffus fera, de 2 onces & demye ; mais celuy de deffous de 2 onces feulement : l'épaiffeur de l'un & l'autre ,fera un peu moindre que celle des fuperieurs. Pour les boulets de 25 ℔, l'anneau fuperieur aura la largeur de 1.once & demye : mais l'inferieur de 1.once,& un quart feulement. Pour les boulets qui pafferont le poids de 100 ℔,comme par exemple ceux de 125,& de 150 , ou d'avantage,toutes & quantes fois que le boulet fera augmenté en fon poids de 15 ℔. le diametre de l'anneau fera pareillement agrandy d'une demye once en fa largeur.Pour ce qui eft des boulets d'entre-deux, on leur ajuftera des anneaux proportionnez en telle forte qu'ils obferveront toufiours le milieu entre les grands,& les plus petits,bref fuivant qu'on les jugera les plus commodes. Autant en faut il dire de leur groffeur : car felon que l'on vous prefentera les boulets plus ou moins pefans , tant plus ou tant moins efpais ferez vous faire vos anneaux,vous reglant en cela au jugemēt de l'œil. Au refte il faut que vous fçachiez que quand nous parlerons icy du poids des boulets à feu , il faut entendre , lors que le diametre de l'orifice du mortier,pour lequel on prepare le boulet,mefuré par la regle du calibre,laquelle eft ajuftée pour calibrer les boulets de pierre , monftrera un tel,ou tel nombre de livres    C'eft ce qu'on obfervera diligemment dans la fuite de ce difcours.

Suppofe doncques que vous ayez deux anneaux tels qu'il vous les faut, vous en poferez un fur l'orifice de voftre boulet, & l'autre s'appliquera par deffous,en telle forte que l'un refponde direētement à l'autre. Prenez par apres une ficelle bien forte & bien ferme,dont la groffeur n'excedera point celles des anneaux ; elle fera longue de fix ou huit aûnes plus ou moîns fuivant la grandeur des boulets que vous avez en main : puis ayant arefté un des bouts de voftre ficelle à l'un ou l'autre des ces anneaux , & l'autre bout eftant enfilé dans une éguille ( comme on peut voir dans la mefme figure ) vous liérez & ferrerez fort & ferme voftre boulet, en paffant & repaffant ladite corde dans ces anneaux du haut en bas,puis de travers, & faifant autant de revolutions par deffus cete fuperficie qu'il vous fera poffible,avec un tel ordre neantmoins, & une cimetrie tellement égale,& proportionnée,que cete corde diverfement paffée & repaffée fur la partie convexe du boulet , puiffe reprefenter par la belle ordonnance de fa ligature,comme des efchelle de corde , ou bien des rets à pécher , ou fi vous voulez une comparaifon plus naïve , elle formera comme une toile d'aragnée , ou pour mieux dire encore ce boulet reffemblera à une fphere geographique,fur lequel on feint tous ces meridiens,& ces paralleles qui nous diftinguent les differents clymats par des lignes imaginaires. Iettez les yeux fur le deffein marqué du nombre 137,vous y verrez cete figure deffeignée telle que ie vous l'ay décrite.

Or

Or afin que vous ne vous travailliez pas tant pour lier cefdits boulets, ie vous ay conftruit un certain trepied de bois au nombre 147 fort
commode pour cét effet : fur lequel le boulet, eftant engagé entre ces trois
broches que vous voyez eflargies par le haut & ferrées par le bas, vous le
pourrez fort commodémët lier tout à l'entour de ficelle. Que fi quelquefois
par hazard il vous arrivoit, ou pour avoir trop de hafte, ou pour n'avoir
pas encore d'habitude acquife dans noftre art, de faire de faux neuds, & des
revolutions inutiles, vous avez pour les delier divers inftrumens, defquels
ie vous donne les figures au nombre 150: en la lettre C vous avez un bout
de corne de cerf qui eft fort aigu: D vous montre un clou, ou une broche
de fer ronde & quelque façon recourbée ; l'autre marqué de la lettre E, eft
une pointe de fer, faite comme un poinçon : A & B vous font pareillement
voir deux éguilles de cuivre fous le mefme nombre.

Apres que vous aurez lié voftre boulet de la forte que nous venons de
dire, il ne reftera finon qu'à fourrer dans l'épeffeur du corps de cedit boulet
des petards de fer: c'eft ce que vous pourrez faire aifement à l'aide d'un petit
picquet, ou d'une broche de fer emmenchée de la façon que vous la voyez
au nombre 149, ou bien avec une tariére faite comme celle qui eft deffignée
au nombre 146. Mais avant que paffer outre il faut que ie vous dife quelque chofe touchant la proportion des petards, comment on les doit engager, & en quel ordre on les chargera: parce que nous en mettrons force
en ufage cy apres, comme tres neceffaires dans la quantité des globes que
nous preparerons.

Meffieurs les Pyroboliftes ont de coûtume de preparer trois fortes de pé-
tards de fer, ou de cuivre pour leurs boulets à feu, & toutes trois d'une longueur inégale, & differente; portez à cela par des raifons fuffifantes, & par
l'experience continuelle qu'ils en ont faite, laquelle eft comme on dit
Maitreffe de toute chofe. Le premier & le plus long des trois eft marqué
de la lettre A, au nombre 137: en la mefme figure fous la lettre B fe void
le moyen : en fin C vous marque le plus petit. Nous donnerons les raifons de cete extréme inégalité cy apres, mais pour le regard de leur longueur, en voicy l'ordre & les regles qu'il faut enfuivre.

Vous diviferez le diametre du boulet à feu en quattre parties égales ;
une de ces quatriémes parties vous donnera juftement la longueur du premier petard fans fa pointe. Le fecond fera de $\frac{3}{4}$ de la longueur du premier ;
mais le troifiéme de $\frac{1}{2}$ feulement ; ou bien fi vous aymez mieux les proportionner fuivant la largeur des orifices des boulets, Obfervez bien ce qui
s'enfuit.

Pour les boulets à feu centenaires, c'eft à dire portans 100 ℔ de pierre
en leurs diametres, on preparera des petards avec des lames de cuivre, ou de
fer, tournées en tuyaux, puis bien foudez par dedans & par dehors s'il eft
poffible, & garnis par deffus l'orifice d'anneaux de mefme metail : Le diametre de leur orifice fera d'une once de plomb ; mais leur longueut fera de
6 diametres des mefmes orifices : i'entend icy parler des plus longs petards
feulement ; car les moyens n'auront que 5 diametres & demy de hauteur ;
& les plus petits 5 diametres de leur orifices feulement. Pour ce qui eft
des boulets à feu qui fe treuveront au deffous de cete groffeur, on leur di-
minuëra auffi infenfiblement les diametres des glands, ou balles de plomb ;
outre que l'on proportionnera le mieux que l'on pourra les longueurs des
petards fuivant la methode que ie viens de dire : Remarquez feulement

bien

bien cecy, que les balles de plomb qui doivent servir aux petards qu'on veut inserer dans les boulets à feu pesans 25 ℔ seront de la pesanteur d'une demye once: Mais pour le reste des boulets, à sçavoir de 20 de 15 & de 10 ℔, (car ce sont les moindres que l'on doit preparer) les balles de plomb peseront tout au moins 2 dragmes; pour ce qui est de la raison de la longueur des petards, elle se rapportera à celles que nous avons décrites cy dessus.

Vos petards estans preparez de la sorte que nous avons dit, prenez moy ce picquet, fait en marteau d'armes, puis le chassant par force avec un autre maillet de bois marqué du nombre 248, dans les espaces vuides, qui sont entre les neuds, & revolutions des ficelles, & cordages, faites-y des trous, & y poussez dedans des petards, en tel ordre neantmoins que les plus longs soient plantez vers le milieu du boulet, par dessus & par dessous le diametre : au dessous de ceux-cy vers le fonds vous placerez les medio-cres, & en fin les plus courts estans ajustez tout à l'entour de l'orifice iront rejoindre les plus longs. Cependant vous prendrez bien garde de ne les pas metttre trop proches de l'orifice, car autrement ils seroient leurs effets avant le temps ordonné. On observera aussi bien diligemment cecy, à sça-voir que les petards n'ayent pas tous une mesme situation; mais qu'ils soient tous disposez diversement, en telle sorte que leurs amorces soient alternativement tournéez, tantost dessus, tantost dessous, tantost à droit, tan-tost à gauche : La principale raison de cete disposition si differente est afin que ces petards ne se déchargent point plusieurs en semble, mais peu à la fois, & par intervalles, les uns apres les autres.

Il arrive souvent que le boulet à feu, pour estre remplis d'une matiere trop compacte, & entassée, rejette la trop grande quantité de petards, ou qu'il ne les peut pas tous recevoir dans la dureté de son corps, lesquels neantmoins y doivent necessairement entrer: en ce cas apres que vous aurez enfoncé la pointe de ce marteau dans la matiére, vous acheverez de vuider le trou avec la tariére marquée au nombre 146, ou avec quelque autre semb-blable instrument, & par ce moyen vous en tirerez autant de composition qu'il en faut pour faire place à la corpulence du petard.

Aussi tost que vous aurez inseré ces petards tout à l'étour de vostre boulet, vous les chargerez d'une bonne poudre, jusques à la hauteur de 3 diametres des leurs orifices, puis ayant mis par dessus une balle de plomb, le reste du vuide sera remply, jusques aux bords de leurs orifices, avec du pa-pier, ou de la scieure d'ais, ou bien avec des estoupes; puis vous en bouche-rez l'entrée fort diligemment.

Pour conclusion vous ferez le trou de l'amorce du boulet dans l'anneau superieur, à sçavoir en coupant la toile en croix par dedans, ou en forme d'estoile. Mais on ne se contentera pas d'un de ces trous seulement ; au contraire si on en perce encore trois autres petits disposez en triangle équi-lateral à la, distance d'une palme ou environ à l'entour de ce grand pertuis du milieu l'affaire en ira beaucoup mieux, & vous tirerez de vostre boulet artifi-ciel tout l'effet que vous en pouviez souhaiter: Or ces trous seront faits, afin que la matiere recluse dans le corps de cete machine conçoive plus facile-ment le feu, & que dans le temps que ledit boulet sera tombé parmy les en-nemis sa flamme n'en puisse estre que mal-aisement esteinte, par les cuirs frais écorchez, ou par les sacs moüillez, ou bien par les matelats, & paillasses trempées, avec quoy les plus hazardeux s'advanceroient de le couvrir, ou soit qu'il tombât, dans quelque terre molle, ou qu'il demeurast embarassé, sous de la fange, dans de la cendre, ou parmy du gazonnage.

Ce

Ce boulet à feu eſtant doncques ajuſté de la ſorte il ſera neceſſaire auſſi de luy preparer un bain ; qui eſt une certaine compoſition que les Pyro-boliſtes Allemands appellent quoy qu'improprement, *tauff*, & *ernſtkugel rauffen*, comme qui diroit baptême, ou baptiſer un globe à feu, ſi vous derſiez ſçavoir comme elle ſe fait, ie m'en vay vous le dire.

Ayez premiérement un anneau de fer, ou de bois, duquel le pertuis ſoit égal à l'orifice du mortier pour lequel vous conſtruiſez le boulet que vous avez entre les mains, vous pouvez voir la figure au nombre 145 ſous la lettre A: dans la meſme figure vous pourrez auſſi remarquer un ais de bois, ou une certaine lame de cuivre, ou de fer dans laquelle ſont percé pluſi-eurs trous de diverſes grandeurs, & des circonferences inégales: l'un & l'au-tre de ces inſtruments eſt fort commode, pour pouvoir connoiſtre les groſ-eurs des globes, afin qu'on ne les engage point imprudemment dans les cali-bres des mortiers: apres eſtre reliez de ſicelles, &cordages, & empoiſſéz de la matiere ſuivante.

Prenez doncques 4 parties de Poix navale, ou Poix noire; de la Colo-phone 2 parties; de l'Huyle de lin, ou de Therebentine 1 partie, & les fai-tes fondre enſemble, dans un grand chauderon, ou dans quelque pot de terre verniſſée qui ſoit aſſez capable, ſur des charbons ardens, & les broüil-lez bien enſemble, puis la mixtion eſtant tirée du feu, jettez dedans au-tant de poudre battuë qu'il en faut pour l'épaiſſir tant ſoit peu : puis tenant voſtre boulet ſuſpendu par un bout de corde, plongez-le dedans cete ma-tiere fonduë juſques aux orifices, leſquels ſeront premiérement bien bou-chez avec des tampons de bois fort juſtes: couvrez-le par apres d'eſtoupes de lin ou de chanvre de tous coſtez, en telle ſorte qu'il n'y demeure au-cun vuide, ou inégalité ſur la ſuperficie du boulet, & que les neuds des cor-deaux n'éminent en aucune façon du monde.

Cela fait portez doucement le boulet dans cét anneau pour eſpreuver ſi le plus large de ſa circonference ſe rapportera exactemēt, ou à peu pres, avec le vuide dudit anneau, remarquez bien s'il y paſſe juſtement ou trop à l'aiſe, car s'il y paſſe trop au large c'eſt ſigne qu'il n'a pas encore ſa juſte groſſeur, voila pourquoy il le faudra replonger derechef dans voſtre bain, & l'envelopper de nouveau avec des eſtoupes, & continuer ainſi juſques à ce qu'il ſe ſoit acquis une juſte, & legitime groſſeur, enſorte neantmoins qu'il puiſſe paſſer librement, & ſans eſtre forcé à travers ledit anneau. Vous avez la figure de ce boulet preparé dans ſa derniere perfection, au nombre 137. Mais c'eſt aſſez de cete eſpece de globe à feu ; paſſons aux autres mainte-nant pour les examiner à leur tour.

## Eſpece 2.

Pour preparer cete eſpece de boulets à feu, il faut avoir premiérement une de ces poches longues ou ſpheriques, faite de la façon de quelques unes de celles que nous avons décrites cy deſſus: dans le fonds duquel vous mettrez premieremēt quelques grenades à main, comme 6 ou 8 ou d'avātage ſi vous voulez toutes preparées avec des petits canaux fort courts; prenant bien garde que ceſdits tuyaux ſoient tournez vers le fonds du boulet : comme on le peut remarquer en la lettre C, ſous la figure du nombre 138. Les ayant bien diſpoſées de la ſorte vous verſerez par deſſus de la compoſi-tion propre à charger un boulet à feu, & en remplirez tellement la capa-cité dudit globe qu'il ſe puiſſe acquerir une figure, ou ſpherique, ou ſpheroï-dale. Vous ferez faire par apres deux platines de fer creuſes, & concaves

com-

comme deux baffins de balance : lefquels auront quantité de petits trous percez le long des bords : Or celuy que l'on defirera mettre fur l'orifice du globe aura un affez grand pertuis au beau milieu, comme un de ces inftruments avec quoy on coule le lait nouvellement tiré ; les lettres A & B vous vous font voir la figure de l'un & l'autre de ces baffins : Outre tout cela vous ajufterez fur celuy d'en haut un tuyau de fer, & l'y foudrez bien proprement : puis apres vous le chargerez d'une matiere lente, laquelle nous avons ordonnée en quelque autre endroit pour les tuyaux des grenades.

Toutes ces circonftances eftans bien & devëment executées; adaptez vos baffins fur la rondeur exterieure de voftre boulet, en telle forte que l'un foit pofé par deffus & l'autre par deffous : puis paffant & repaffant une forte ficelle de l'un à l'autre par les trous qui font aux bords des plats : vous les arrefterez bien fermes tous deux, par des revolutions mutuelles, & les banderes fi puiffamment que voftre boulet foit comme inébranlable au milieu de ces cordages : en fin vous plongerez ledit boulet à feu dans la matiere fonduë de laquelle nous avons parlé cy deffus, & dont ie vous ay donné la compofition dans l'efpece fuperieure. Eftant bien trempé couvrez-le bien par tout d'eftoupes. Vous y pourrez fi vous voulez, ajufter par deffus des petards de fer, ou tout à l'entour du ventre du boulet : Mais en cas que vous y en mettiez vous prendrez bien garde qu'ils n'incommode en rien les grenades.

## Efpece 3.

Prenez moy un fac de toile, qui foit d'une figure ronde, afin qu'eftant remply de compofition, le boulet puiffe reffembler à une fphere d'une parfaite rondeur, tels que font ceux que nous avons deffeignez aux figures marquées des nombres 139, 140, & 144. Premiérement vous le chargerez d'une bonne poudre grenée, jufques aux trois quarts de fa hauteur : parmy cete dite poudre vous pourrez mefler des balles de plomb, des morceaux de fer, des cartiers de cailloux, & chofes femblables. Le refte du boulet fera chargé jufques à l'orifice, d'une compofition ordonnée pour les boulets à feu : puis ayant ajufté par deffus, & par deffous deux baffins de fer, vous liérez fort ferme le boulet de la mefme façon que le nombre 140 vous en reprefente la figure.

En fin preparez grande quantité de balles de plomb, du poids d'une once, ou de demye once : en telle forte que lors que vous les coulerez dans le moule vous y paffiez dedans des petites pointes de fer, ou de laiton fort deliées avant que le plomb foit refroidy dans ledit moule. Chargez moy apres toute la fuperficie de voftre boulet à feu de cefdites balle de plomb, entres les efpaces vuides des cordeaux, & des neuds, en fourrant ces pointes dans des petits trous que vous aurez fait dans ladite matiere. En fin le tuyau de l'orifice eftant chargé, d'une compofition lente, plongez voftre globe dans cete drogue fonduë, tant de fois que les cordages, & les balles de plomb en foient tellement couvertes, que rien ne paroiffe exterieurement plus haut en un endroit qu'en l'autre. Vous avez la forme de ce tuyau de fer en la figure marquée fous la lettre A.

## Efpece 4.

Le boulet que i'entreprends de vous décrire icy eft tout à fait épouvantable dans fes effets : les defordres & les rauages qu'il produit parmy les ennemis, font d'autant plus grands & plus effroyables, que l'on y foupçonne ne moins de fraude & de fourbe. Comme en effet qu'elle surprise peut on voir plus grande, que lors qu'apres la cheute de cete masse de feu, les pauvres assiegez croyans fermement que c'est un simple boulet à feu qui est tombé parmy eux, ils y accourët pour en suffoquer les flammes, comme c'est la coûtume de faire, ou pour l'accabler de sable, de boüe, de cendre, ou de quelque chose de semblable, c'est pour lors que ce traitre & cauteleux instrument vomit son venim mortel, massacre, & tuë les plus avancez, rompt bras & iambes, estropie, & meurtrit les plus éloignez, bref rend inutiles aux armes la plus part de malheureux qui se treuvent presens, lors que ce foudre produit ses furieuses executions. Mais ce qui est de plus à apprehender dans la production de ces horribles effects; c'est qu'il ne trompe pas seulement une fois ces pauvres inconsiderez, ou plustost ces temeraires qui s'en approchent avec trop de confiance, mais il recommence par quatre diverses fois son massacre, ce qui la doit rendre plus à craindre que 50 autres qui produiroient leurs effets ouvertement. Si vous desirez apprendre à le construire, examinez bien les regles suivantes, & les observez encore mieux.

Prenez le diametre du mortier avec quoy vous desirez faire sauter vostre boulet dans le quartier des ennemis: & le divisez en 5 parties égales, suivant la raison, & l'ordre des cubes: Or ie ne crois pas qu'il soit necessaire que ie vous redise icy comment cela se doit faire, puis que i'en ay suffisamment parlé dans les premiers chapitres du premier livre de cêt ouvrage: neantmoins en faveur de cete merueilleuse invention, ie vous en donneray encore la methode suivante.

Prenez garde sur la table des racines cubiques que i'ay dressée au Chap. 1. Liv. 1. quel nombre de particules égales en grandeur, respond au cube dans le cinquiéme ordre, vous y trouverez 171: divisez moy doncques le diametre de l'orifice du mortier en 171 parties égales: Or comme dans la mesme table 100 particules respondent justement au premier cube, voila pourquoy vous prendrez 100/171 parties égales du mesme, pour la premiere portion de vostre diametre, divisée suivant la nature des cubes. Dans la mesme table 125 particules font le second cube; vous en tirerez doncques aussi autant de particules en nombre, de ce mesme diametre, pour la seconde portion. De plus pour la troisiéme 144/171. & pareillement pour la quatriéme 169/171.; à cause que ces derniers nombres s'accordent avec le troisiéme & le quatriéme cube; (encore bien que l'on ne doive point prendre la quatriéme portion à part, mait la reserver dans la cinquiéme, & derniere, pour des raisons que nous dirons cy apres)en fin la quatriéme portion se treuvera le diametre entier contenant 171 particules.

Au reste par le moyen des portions de vostre diametre immediatement treuvées, vous formerez des figures comprises sous deux arcs de cercles, sur la premiere, seconde, troisiéme, & cinquiéme, ny plus ny moins que si vous les décriviez par les diametres entiers de chaque globe en particulier, ou bien divisez en certain nombre de parties, (comme nous avons montré cy dessus dans le mesme chapitre) Or vous vous servirez de cesdites figures, comme de modeles à couper des morceaux de toile de la forme qu'il les faut pour former les sacs des boulets à feu,

En la figure marquée du Nomb. 141. Ie vous ay desseigné un boulet de cete fabrique qui à la verité est ovale; quoy que ie treuve plus à propos qu'on les fasse tout à fait ronds. Le plus grand de tous noté de la lettre A, en renferme trois autres plus petits: duquel le petit diametre, ou si vous voulez

lez

lez la mefure de fa groffeur en eft la cinquiéme partie, c'eft à dire le diametre mefme, ou la largeur de l'orifice du mortier pour lequel ledit boulet eft
conftruit ; le pareil diametre du fecond marqué d'un B, eft la troifiéme
portion, le diametre du quatriéme, où nous avons mis un D pour marque
eft la premiere portion de la mefme largeur de l'orifice. Or toutes ces portions ( comme nous avons dit cy deffus ) obfervent entr'elles la raifon de
deux moyennes continuément proportionnelles entre deux extrémes :
Voicy l'ordre & la proportion que gardent entr'elles toutes les capacitez &
corpulences de tous ces quatre globes. Que fi le premier boulet à fçavoir
le moindre de tous, tel qu'il fe void fous la lettre D contient une livre
de compofition artificielle ; le fecond boulet, en tiendra le double : c'eft à
dire le premier boulet, contenant une ℔, outre une autre ℔ encore de la
mefme compofition de laquelle ce petit boulet eft remply. Le troifiéme
plus grand que celuy-cy, comprendra 3 ℔, de la mefme matiere : mais veu
qu'il renferme le fecond globe, dans lequel le premier eft compris, voila
pourquoy il n'a befoin que d'une livre de la mefme compofition pour emplir le refte de fon vuide jufques à l'orifice.

En fin le quatriéme & le dernier, eft affez capable de foy pour contenir
5 ℔ de compofition artificielle ; mais comme celuy-cy doit pareillement
renfermer en foy le troifiéme boulet qui comprend les deux autres plus petits ; fuppofé d'ailleurs que ces trois inclus ont de-ja reçeu trois livres de la
mefme compofition ; voila pourquoy ce fera affez de deux livres de ladite
matiere pour achever de remplir fa capacité. Sçavoir maintenant pourquoy
celuy-cy contient plus de compofition que les autres, en voicy la raifon. Les
trois moindres qui font renfermez dans le quatriéme, & le plus grand, doivent auffy toft que celuy-cy fera rompu, prendre feu les uns apres les autres
par ordre, lors qui feront fur terre, ou arreftez en quelque autre lieu ; c'eft
pourquoy il faut qu'ils faffent leurs effets, fort promptement, afin que mal-
aifement on les puiffe eftoufler ; & confequemment ils ne demandent
que fort peu d'une compofition lente dans leurs orifices, afin que le feu foit
porté avec plus viteffe dans la poudre grenée. Car comme le globe entier
eftant jetté avec le morrier dans l'air, employe beaucoup de temps dans fa
courfe, & comme eftant aresté fur terre, il a encore befoin de quelques
moments premier que de fe rompre ; c'eft pourquoy ce cinquiéme veut
avoir ce que le quatriéme boulet, plus grands que les trois autres, deuroit
comprendre, eftant décrit fur la quatriéme portion du diametre du mortier.

Pour ce qui touche la conftruction, & le refte de la preparation de ce globe avec tous les autres qu'il renferme, ie vous en ay dit cy deffus prefque
ce qui s'en pouvoit dire. Mais fi faut-il que ie le redife encore une fois en
cét endroit.

Le premier donc, & le plus petit, fera chargé fuivant la methode que ie
vous ay prefcrite dans la precedente efpece ; c'eft à dire que vous le remplirez jufques aux deux tiers de fa hauteur, d'excellente poudre grenée, mais
l'autre tiers fera, remply d'une compofition artificielle. Le boulet eftant
lié bien ferré par dehors, vous y enfoncerez dedans quantité de balles
de plomb, puis vous l'environnerez, & garnirez bien tout alentour de colle,
& d'eftoupes au lieu de poix noire; or quand vous aurez mis ce premier dans
le fecond, en telle pofture que fon orifice refponde directement à l'emboucheure de l'autre, vous le chargerez premierement de poudre grenée, jufques à la hauteur du premier boulet ; mais le refte du vuide fera remply de

la mefme matiére lente. Celuy cy fera pareillement relié par dehors fort
& ferme avec une bonne ficelle, puis parmy les efpaces vuides, entre les
neuds, & contours des cordeaux, on percera des trous tout à l'entour de
l'orifice fur l'endroit où la matiere lente eft renfermée; dans lefquels vous
fourerez des petards de fer chargez chacun d'une balle de plomb : ( mais
il fe faut bien donner de garde que cesdits petards ne foient trop longs, depeur qu'ils ne touchent, ou incommodent le boulet includ ) au deffous de
ceux-cy fur la poudre grenée vous en ajufterez encore d'autres, où feront
enfilez des petits ftiles de fer, lefquels vous ficherez dans tous les intervalles des cordages pour en remplir les vuides. En fin vous l'enduirez bien
tout à lentour de colle,& deftouppes trempées,de mefme que le premier.
Le troifiéme n'aura point d'autre preparation que ceux-cy, c'eft à dire que
vous le chargerez de poudre, enduirez de colle,& envelopperez d'etoupes
comme vous avez fait les precedens. Et finalement le dernier qui eft le
plus grand,& le plus capable de tous,obfervera pareillement le mefme ordre
pour fa charge, & pour fon enduiment que les fuperieurs; finon qu'il portera fes petards plus longs, & en plus grand nombre : Outre cela vous
chargerez fa rondeur exterieure fur la partie qui renferme la poudre,gre-
née, de balles de plomb : puis vous le plongerez dans le bain; ie veux dire dans cete poix fonduë, de laquelle ie vous ay enfeignée la compofition
cy deffus : Que fi vous treuvez que voftre boulet foit trop menu pour emplir exactement l'orifice du mortier, vous le replongerez derechef deux &
trois fois s'il en eft befoin dans voftre liqueur; puis vous l'envelopperez
d'une telle quantité d'éftoupes imbuë de cete mefme matiére qu'elle puiffe
reparer le deffaut par fon complement, & en fin qu'elle luy puiffe donner une groffeur legitime,& raifonnable pour emplir juftement le calibre du
mortier.

Remarquez icy que dans les trois boulets qui font remfermez dans ce
dernier,il fera befoin de former trois trous, ou trois orifices affez proches
l'un de l'autre,lefquels on remplira d'une poudre battuë ; afin que la poudre
conçoive plus facilement le feu,& que l'ayant reçeu, & introduit chez foy,
on ne l'en puiffe chaffer que fort mal-aifement.

### Efpece 5.

On fe fert ordinairement du canon pour jetter cete efpece de boulets, &
particuliérement lors qu'on a deffein de mettre le feu dans les logis les
plus eflevez des villes, & des places affiegecz,ou bien pour embrafer les baf-
ftiments qui ne font faits que de charpenterie, & fpecialement ceux-là qui
font couverts de bardeaux,de chaûme,ou de rofeaux feulement. La Pologne
la Lituanie , la Ruffie, la Suede, & la Mofcovie n'en ont prefque point d'au-
tre.Cornelius Nepos nous rapporte chez Pline Liv. 16. Chap. 10. qu'outre
quantité de villes d'Efpagne,& de France(tefmoing Cefar)les baftiments de
Rome n'avoient efté couverts que d'aiffelles de chefne,pendant l'efpace de
470 ans. Adjoûtez à cecy le tefmoignage de Vitruve,léquel confeffe en fon
liv.2.chap.1.que le Palais de Romule,ou pluftot la cabane qu'il avoit dans le
Capitole, n'avoit autrefois efté couverte que de chaûme , laquelle en mé-
moire de ce premier fondateur des Romains avoit toufiours été confervée
en fon entier : c'eft de ce bel édifice dont nous veut parler Virgile au 8 de
fes Eneïdes,& Ovide au 5, de fes faftes.

*Remuleaque recens horrebat regia culmo*
*Quæ fuerit noftri, fi quæris regia nati,*
*Afpice de canna,ftraminibufque domum.*

Ils tefmoignent donc bien par là que la demeure de ce premier Romain ne fût jamais couverte que de paille, ie vous laiffe à penfer de quoy le pouvoit eftre les cabanes,& les huttes du refte du peuple.

Ie dis doncques que fur des edifices baftis d'une pareille matiere,on pourra jetter avec le canon des boulets à feu fort commodement ; à moins qu'ils ne foient fi bas , ou que les terraffes,& ramparts ne foient fi hauts qu'on ne les pût pas découvrir; car en ce cas on les envoyera beaucoup plus commodement avec les mortiers, pourveu toutéfois que vous foyez certains qu'il y en a dans la place affiegée , qui foient baftis de cete matiere.

La plus part des fieges qui fe font faits dans noftre païs,nous fourniffent tout plein d'exemples de cecy , & on a fouvent remarqué, que tous les globes qui ont efté envoyez par le moyen du canon , ou avec les mortiers , fur les logemens des affiegez,ont prefque toûjours bien reüffly. Il m'eft advis que i'ay encore devant les yeux Biale,qui eft une petite ville affez forte & bien munie dans la Severie , laquelle fût affiegée dans la mefme année que les Mofcovites furent contraints au fiege de Smollen ( comme nous avons dit cy-deffus ) de fe rendre avec toute leur armée , & leurs preparatifs de guerre à la mercy de leur GRAND VLADISLAS,noftre Invincible,& toufiours Victorieux Roy de Pologne,& de Suede; par ce Genereux Heros,& Prince Magnanime CRISTOPHLE,RADIVILLE Palatin de Vilne , General des armées de ce grand & puiffant Duchée de Lituanie : lequel commendant là abfolument , comme brave capitaine, & excellant politique qu'il eftoit, fit jetter force boulets à feu fur ces logemens baftis à la legere, & fur les cabanes des Mofcovites ; lefquelles n'eftoient couvertes que de chaûme,de bardeaux,de lattes,& de toute autre bois de fente : qui leur cauferent des malheurs , & des incommoditez fi extraordinaires de tous coftez dans le lieu affiegé qu'ils font encore contrains d'avoüer qu'ils ont mille & mille fois fouhaité que la foudre,& la tempefte tomba pluftoft fur eux, & qu'il leur auroit efté beaucoup plus facile de fubir les coups de la jufte vengence divine , que non pas d'experimenter les efpouvantables effects , de ces humaines, ou pluftoft inhumaines inventions : car quoy qui priffent tout le foin poffible , & qu'ils employaffent toutes leurs forces ( en quoy certes la nature n'a pas efté ingrate à l'endroit de ce peuple barbare ) pour rendre inutiles les efforts de nos cyclopes, & pour donner ordre à l'incendie general qui devoroit leur maifons ; ils ne purent jamais empefcher que la plus grande partie de la ville ne fût tout à fait confommée par le feu : ainfi ces barbares ont reffenti, que les dards,& javelots forgez avec un pareil artifice,& élancez avec non moins de force,reüffiffoient toûjours beaucoup mieux, que ceux que la rage, ou la temerité lafche à l'avanture,ou bien que quelque mal-adroit pouffe dans l'air fans conduite,ny fans deffein.

Ie ne veux pas laiffer paffer fous filence , ce que le jufte Lipfius raconte en fon livre *Poliorceticon* touchant les prodigieufes executions que firent les boulets à feu dans certaines places de la Mofcovie, & de la Livonie, lors qu'elles furent affiegées & prifes par Eftienne , Roy de Pologne ; *Iuvat notare & excerpere , ut conflet pauca ævo ifto inventa ( etfi aliter opinio eft ) pauca dico , quæ non fint ab ævo illo meliore & fapientiore   Ecce quàm novitia res habita , quod Stephanus Poloniæ nuper Rex ( planè inter magnos laudatofque) Mofcoviæ , aut Livoniæ munimenta aliquod lignea , globis fic candentibus immiffis incendit & cepit.   Cum barbarus ille quereretur , & fremeret , jus belli violari,*

*lari, & armorum decus pollui novâ fraude : ridentibus noſtris, & gaudentibus in ſucceſſu.*

Ce bon Roy inventa des certains boulets à feu qu'il fit jetter dans les retranchements des Livoniens, & des Moſcovites; leſquels n'eſtans baſtis que de bois,faiſoient beau feu par tous les quartiers,de quoy ces-barbares firent leurs plaintes dans l'eſpouvante que ce feu leur donna, diſant qu'on violoit en cela,le droit de la guerre,& que la bien-ſeance des armes ne pouvoit eſtre que polluée,par des fraudes,& des tromperies ſi manifeſtes.Mais on ſe mocqua d'eux,& de leur,raiſons.

On employe auſſi quelquefois les boulets à feu dans les combats navales pour mettre le feu aux voiles,brûler les mats,& cordages, bref pour embraſer les vaiſſeaux meſmes des ennemis:mais on y attachera par deſſous à l'oppoſite des orifices, des grandes pointes de fer, avec des barbes fortes & pointuës,afin que s'attachant d'autant plus fort dans les flancs des navires, le feu ne puiſſe manquer de s'y prendre:Ou bien qu'eſtant pouſſez dans les voiles, ces harpons les puiſſent percer ſans que pour cela les boulets paſſent à travers [ ce que neantmoins ie né me puis perſuader à cauſe de la violence de la poudre , avecque laquelle le canon pouſſe le boulet ; mais bien croirois-ie pluſtoſt que les fleſches ardentes , ou lances à feu tirées avec l'arc , ou l'arbaleſte ſeroient bien plus propres à cauſe que leur mouvement en eſt bien plus moderé comme nous dirons cy apres ) joint que ces pointes eſtant paſſées à travers la toile,le poids du fardeau les portant naturellement vers le bas; les boulets ſe treuvent tellement embaraſſez,& retenus par ces barbes,qu'il eſt preſque impoſſible de les en arracher ; & par ainſi les voiles ſont contrains de neceſſité de brûler malgré qu'on en ait. Tout le remede qui reſte dans cét embraſement eſt de caler promptement les voiles , & âbattre les vergues,& antennes pour eſtouffer le feu ſur le tillac du vaiſſeau meſme.Ce qui ne donne pas peu d'embarras aux aſſaillis.

La forme de ce globe ſe peut clairement voir au nombre 142. ce crampon barbu duquel ie vous ay parlé y eſt auſſi deſſeigné dans la meſme figure ſous la lettre A. Pour ce qui eſt de leur preparation ou de leur charge interne,elle ne differe en rien de tant d'autres que nous avons décrites. Les petards de fer armez de leurs balles de plomb,y pourront eſtre fort commodement employez,afin que leur accez en ſoit d'autant plus dangereux , & à craindre à ceux qui auront aſſez d'aſſeurance pour s'en approcher à deſſein d'en étouffer les flammes.

## Eſpece 6.

La derniere eſpece de boulet à feu,eſt celle que ie m'en vay vous décrire : laquelle à la verité eſt en quelque façon ſemblable à cete ancienne grenade de laquelle nous avons fait mention au Chap: 2 de la 2 partie, de ce livre, qui eſt la meſme que ie vous ay deſſeignée au nombre 115 : quoy que veritablement elle ne luy reſſemble en rien quant à ſes effects, mais quant à ſa forme exterieure ſeulement. Or comme cête eſpece de boulet eſt un peu trop antique, auſſi ne la met on plus du tout en uſage, à cauſe que ſa figure n'eſt pas beaucoup commode, pour paſſer dans l'air par un mouvement libre & agile. Car nous experimentons fort ſouvent , & ſans aucune contradiction , que tous corps pyrotechniques eſtans violemment pouſſez par quelque machine à feu que ce ſoit, rompent d'autant plus aiſement tous les obſtacles q'uils rencontrent dans un air independant, que plus ils approchent de la forme ſpherique: Or comme celle-cy n'eſt guiere éſloi-

gnée

gnée de la figure cylindrique,voila pourquoy c'eſt celle qui a le moins d'aptitude pour faire tous ces roulemens dans l'air , que font les globes, & boulets lors qu'ils y ſont portez par quelque puiſſant agent. Mais paſſons outre, car ie parleray en quelque lieu plus bas des globes cylindriques , & de
ceux qui auront le fonds plat : Pour le preſent il faut que i'acheve de conſtruire , & de preparer celuy-cy ; ce qui ſe fera par la voye ſuivante.

Ayant pris le demy diametre de l'orifice du mortier auquel le boulet à
feu doit ſervir ( tel que vous le voyez dépeint dans la figure du Nomb. 143)
décrivez ſur un papier un parallelogramme dont la longueur ſoit le triple
de ſa hauteur.  Comme le parallelogramme G I K H vous le fait voir dans
la figure ſuperieure : Sa hauteur G H ou I K , eſt égale à C F, le demy
diametre du mortier; c'eſt à dire , à la moitie de B C , le diametre entier
du mortier : mais ſa hauteur G I. ou H K, eſt le triple de ſa largeur ; c'eſt
à dire qu'il eſt d'un & demy,du diametre B C.   Puis de G, & de H, à l'intervalle G H, décrivez les deux arcs de cercles H D, & G D, s'entrecou-
pans mutuellement en D : mais ſur I K vous y formerez le triangle équi-
lateral I K E.

Sur la forme de ce modele vous couperez par apres une portion de toile
forte & épaiſſe , laquelle ſera la ſextuple du tout, c'eſt à dire la ſixieme
partie de celles que vous couperez pour former un globe qui puiſſe reſpödre
à peu pres à la circonference du mortier : puis vous les couſerez fort dextrement tant par le milieu, que par les extremitez de ces dents de deſſus & de
des ſous ; reſervée toutêfois une ouverture par deſſus,par laquelle vous remplirez de compoſition voſtre boulet,lors que vous le voudrez charger:en un
mot vous le lierez fort & ferme , de la façon que vous le voyez preparé ſous
la lettre. A.

Ayant tout executé de la ſorte que ie viens de dire, vous vous trouverez
entre les mains un boulet d'une forme cylindrique lequel ſera couvert par
deſſus comme d'une voûte aſſez baſſe & plate.   Or maintenant comme ſa
baſe eſt toute platte & unie pas deſſous, lors que vous voudrez vous en
ſervir , il vous le faudra bien ajuſter dans un mortier qui aura le fonds pareillement plat.   Nous en ferons voir le deſſein de quelques uns dans la ſeconde partie de noſtre Artillerie au livre des mortiers.

## COROLLAIRE.

De diverſes figures que l'on donne aux Globes,& Boulets pyrotechniques , quelles ſont les plus aptes tant pour recevoir les impreſſions de la puiſſance motrice , que pour le mouvement,& la courſe dans l'air.

Il y en a pluſieurs qui croyent que les boulets qui ont la baſe plate par
deſſous,n'ont pas beſoin d'une ſi grande quantité de poudre , pour eſtre
portez dans une égale,voir meſme dans une plus longue diſtance ſur l'horizon , que ceux-là qui ont la forme parfaitement ſpherique : c'eſt ce que ie
demonſtreray iey ſuivant leurs ſentimens , ſans m'eſloigner en rien des raiſons qui les obligent à le croire.

Les mortiers modernes deſquels on ſe ſert à preſent pour jetter toutes
ſortes de feu d'artifice, n'ayans pour l'ordinaire en longueur que deux diametres

metres ou un diametre & demy , & quelque fois auſſy qu'un diametre de
leurs orifices ſeulement ; ( car pour des plus courts ie ne crois pas qu'on
en puiſſe faire ) la poudre qui ſe loge dans leurs chambres eſtant allumée
par le moyen de l'amorce,& venant à enlever le globe qu'on luy à mis deſſus,
n'agit pas de toutes ſes forces ( comme quelques uns le veulent croire ) à
l'encontre de ce fardeau qui le preſſe , & n'en apprehende pas le fonds bien
à plein , mais pluſtoſt cherche à s'eſcouler par les vuides du boulet ( qui
eſt ce que les Artilliers,& Pyroboliſtes appellent vent de la balle , c'eſt à
dire un certain eſpace vuide entre le plus grand cercle du globe , & la circonference de la concavité interieure du mortier,ou du Canon ) treuvant
en effet qu'il luy eſt bien plus aiſé de ſortir par des voyes qui luy ſont incontinent ouvertes , que non pas d'enlever un poids ſi peſant dont on le
charge ; qui eſt une choſe qu'il ne fait que par contrainte, & lors qu'on luy
oblige par force.    La raiſon de cecy eſt qu'encore que la ſuperficie convexe de l'hemiſphere ait une raiſon de duplation au reſpet de ſa baſe , c'eſt
à dire au plan circulaire ( ſelon la doctrine d'Archimede en ſa propoſition
30 de la ſphere , & du cylindre Liv.  1. ) mais non obſtant tout cela , ſi des
points qu'on ſe peut imaginer en la baſe de cét hemiſphere , on tiroit des
lignes perpendiculaires vers la ſuperficie convexe du meſme , on ne pourroit pas aſſigner un plus grand nombre de points qui terminent les perpen-
ticulaires , que celuy des meſmes points qui ſont en la baſe ſur lequel repoſe l'hemiſphere.    Or eſt-il que d'autant plus que toutes ces perpendiculaires s'eſloignent vers le circuit d'une certaine ligne , laquelle on ſuppoſe
directement au milieu,tirée du centre de la baſe de l'hemiſphere , vers ſon
ſommet le plus eminent , elles en diviennent tant plus courtes ; & par conſequent un ſeul point d'une de ces perperdiculaires qui ſont ſur la ſuperficie convexe , eſtant poſé ſur quelque plan , toucheroit immediatement
ledit plan & en ſeroit reciproquement touché ; mais pour ce qui eſt des
points les plus éloignez , du reſte des perpendiculaires,elles ſeroient exemtes , de cét attouchement , à cauſe qu'elles ſeroient plus courtes que celle
là du milieu.    Voila pourquoy on peut dire qu'il ne s'y treuve qu'un ſeul
point d'attouchement de quelque plan , en la ſuperficie convexe de l'hemiſphere.    Vous rencontrerez pluſieurs demonſtrations de ce theoreme
& de cete ſubtilité d'une Geometrie ſpeculative , & qui n'eſt pas des plus
à negliger,quoy que differentes en apparence , mais neantmoins fort uni-
formes quant à leur fin , chez Clavius en ſa 15. prop. & 16, Liv. 3. d'Euclide.    Outre celles cy voyez chez Marius Bettinus en ſon Tome 3. Livre
3. en ſa Schol. ſur la prop. 1. d'Euclide Liv. 2 & 3 & aux autres ſuivans.
Vous en treuverez auſſi quelques unes chez Theodoſe Tripolit en ſon Liv.
1. des ſpheres,prop. 3.

  Que ſi maintenant nous nous figurons la puiſſance motrice du feu , dans
une quantité de poudre pyrique emflammée , comme quelque corps ayant
une ſuperficie plane par deſſous , & ſe portant naturellement vers le haut ,
lequel touche le globe,& le faſſe mouvoir : cete dite ſuperficie ne touchera
le globe qu'en un point ſeulement , & s'efforcera de l'enlever.    Voila pourquoy on peut conclure qu'elle n'y eſt pas toute entiere , & toute bien unie
enſemble , mais ſeulement une de ſes parties aliquotes : car le plan nous
repreſente comme une face compoſée de pluſieurs points eſpars dont les
actions & les paſſiós ſont toutes disjointes,& particulieres, car l'affection du
point du milieu,ne touche en rien ceux qui ſont aux extremitez , au contraire ceux qui ſont aux extremites n'ont aucune communication avec celuy

luy du milieu : ( il faut neantmoins entendre cecy suivant la qualité de la matiere du corps dont la superficie est plane, parce que d'autant plus qu'elle est amassée, & solide, par l'extréme contiguité de ses parties, ce qui arrive à l'une d'icelles doit necessairement par une action successive passer dans les autres, à sçavoir premiérement dans les plus voisins, puis dans les plus esloignez, & à bien plus forte raison qui si ladite matiere estoit plus rare, & moins compacte) joint que cét attouchement du plan avec le globe (à cause que les parties de ce corps sont éloignées par leur extréme rareté ) se dissipe en un momét & se disperse en plusieurs rayons à l'entour de la partie convexe dudit globe, lesquels n'agissans pas directement & perpendiculairement sur le reste des points de cete masse spherique, semez & espars sur toute l'estenduë de sa circonferēce, à l'entour de son centre de gravité, par le corps de la sphere mémе, compris neantmoins & couverts sous la superficie du mesme, mais seulement obliquement & par reflexion ; à cause que la superficie de la sphere est courbe, oblique, & mesme lubrique : car les rayons obliques sont d'autant plus forts ou plus foibles, qu'ils approchent ou s'esloignent plus ou moins obliquement des perpendiculaires ; c'est de quoy vous pouvez tirer des demonstrations bien manifestes des optiques de Vitellion, & de quantité d'autres. C'est pourquoy on pourra aisément conclure que la puissance motrice ne meut point la sphere avec toutes ses forces, c'est à dire qu'elle est presque tout à fait inepte pour cete action, encore bien que par le moyen des forces unies de la poudre allumée, & renfermée dans la machine bellique elle l'agite fort violemment, & l'envoye bien loing de là. Il n'en va pas ainsi avec la base plate d'un globe ; car comme les points de toutes les perpendiculaires, autant qu'on s'en peut imaginer descendre de la superficie verticale d'un corps qui aura un telle base ( de quelque figure qu'il puisse estre ) sur le plan de ladite base, sont également distans du milieu, lequel on se doit figurer au centre de la base ; joint qu'ils sont comme disposez en lignes droites, infinies, & égalemēt étenduës, dont l'une n'est ny plus haute ny plus basses que l'autre, outre que leurs extremitez ne s'esloignent pas de leurs milieus par un mouvement inégal, tantost haut, ou tantost bas. Voila pourquoy le plan de cete puissance motrice venant à toucher une telle base de fort prés, elle unit toutes ses forces ensemble pour agir & resister à l'encontre du grand fardeau de ce corps qui repose sur cete base : en ce que chaque point de la puissance motrice, chaque partie, ou chaque rayon sert au lieu de subjet & d'objet à chacun de ses moments. Or comme ils retombent directement & perpendiculairement sur le plan, & sur le direct objet de la base, suivant la nature des rayons du soleil, ou de tout autre corps lumineux, c'est pourquoy ils retournent en eux mesmes ; à raison que l'angle de reflexion est tousiours égal à l'angle d'incidence, comme nous l'enseigne l'optique. Voila pourquoy les plus foibles, & l'anguissans qui sont sous l'étenduë de la base ( à cause que les rayons du feu, ne treuvent aucun passage pour s'enfuir par les interstices, qui pourroiēt estre entre le boulet ; & la machine qui renferme le boulet, veu que la base du corps les couvre generalement tous, & les unit ensemble ) taschent de toutes leurs forces de s'opposer à la violence qu'on leur fait, & par ainsi estans condensez & bien unis ensemble sous la base de ce corps, ils l'enlevent en l'air ; d'où vient que iamais on ne verra sortir la flamme par l'orifice de la machine, que le boulet n'en soit premierement dehors : encore ce feu ne s'estendra-t il pas sur les costez, de mesme qu'il en arrive aux boulets & autres corps ronds, qui se laissent surprendre de la flam-

              me

ne de tous coſtez , puis les quittant bien toſt apres retourne vers ſa ſphere où eſt ſon repos naturel ) mais au contraire il demeurera entierement ſous le fonds, portera tout le fardeau, & l'accompagnera meſme bien loing dans l'air ; & le tout ſuivant l'aſſiete , & l'élevation de la machine ſur l'horizon.

Or maintenant, de tout ce que ie viens de dire, un eſprit prompt & precipité conclura d'abord que la puiſſance de la poudre, ſi petite qu'elle puiſſe eſtre , agit bien plus vigoureuſement à l'encontre de la ſuperficie plane du fonds de quelque globe , & conſequemment que le globe pouſſé par une action plus violente a un mouvement bien plus viſte , & eſt porté à une diſtance bien plus grande : à cauſe que comme elle vient à rejoindre toute ſes force, elle agit toute entiere ſans ſouffrir la moindre deſunion en ſes parties ; que non pas ſur une ſuperficie ſpherique ou convexe , où il s'y perd beaucoup de la vertu motrice, quoy que l'on ait employé plus grande quantité de poudre, pour faire mouvoir, ou chaſſer un globe qui ſera tel en ſa ſuperficie.

Puis doncques que ie vous ay demonſtré aſſez clairement & ſuccinctemēt ce qui paroiſſoit avoir en ſoy ie ſçay quelle eſpece de verité, particuliérement aux yeux des moins clair-voyans , & de ces eſprits vulgaires qui ne jugent des choſes que par les apparences ſeulement ; ie ſeray maintenant en ſorte autant qu'il me ſera poſſible de vous demonſtrer comme quoy tous ces beaux ſylogiſmes, (qui veulent conclure que les globes cylindriques ayans les baſes plates , ſont plus propres pour recevoir les impreſſions de la puiſſance mouvante de la poudre , & meſme plus capable d'un mouvement viſte , que non pas les corps ſpheriques) ne ſont que des arguments cornus, & fort mal-polis, qui ont grand beſoin d'eſtre relimez premier que de recevoir leur approbation.

Premiérement nous avons deux choſes à examiner icy , dont l'une eſt qu'il nous faut entendre quelle eſt cete puiſſance, & vertu motrice, qui ſe treuue naturellement conjointe à la ſubſtance de la poudre ? Outre cela quelles ſont ſes proprietez ? quelles ſes qualitez ? comment , & pourquoy elle agit ? quelle eſt la forme dont elle joüit lors qu'elle meut, & pouſſe les corps par ſon attouchement, & c'eſt en ces circonſtances icy ſur quoy ſemblent eſtre fondez toutes ces opinions. La ſeconde choſe eſt qu'il faut que ie faſſe voir cōment une ſphere eſt auſſi capable de recevoir de la puiſſance mortice, les impreſſions neceſſaires au mouvement, que les globes qui ont la baſe tout à fait plate ; ie demonſtreray meſme qu'ils en ſont plus capables , & que ſe ſont les corps les plus aptes de tous pour ſe mouvoir, & par conſequēt ie concluray que tout le reſte des corps qui ſe pouſſent, & guindent en l'air, ſont d'autant plus propres à recevoir les impreſſions des mouvements , & ſont portez par la puiſſance mouvante avec bien plus de viteſſe dans toutes ſortes de milieux, apres qu'ils en ont une fois receu les impreſſions, que leur forme approchera le plus de la ſpherique.

Pour ce qui touche la premiere de ces conſiderations. La generation , ou la production de la puiſſance motrice qui eſt en la poudre pyrique, ne ſe peut attribuer à autre cauſe , ſinon au feu qui eſt introduit dans ladite poudre, lequel transforme toute ſa ſubſtance, (qui de ſa nature eſt fort tranſmuable , ) en une autre beaucoup plus ſubtile , & particuliérement en celle la qui luy eſt la plus ſemblable , & la plus neceſſaire à ſa conſervation, & accroiſſement. Car c'eſt une maxime infaillible , que tous les élements produiſſent autant qu'il leur eſt poſſible, & perfectionnent leurs formes dans les
ſub-

ſubjets où ils ſe rencontrent les plus puiſſans ; la raiſon eſt que chaque eſtre appete naturellement l'infinité & l'éternité. C'eſt ce qui eſt fort veritable dans l'action du feu qui non ſeulement a cete ambition naturelle d'eſtre, mais encore de ſurmonter, & d'eſtre par deſſus toutes autres choſes : Voila pourquoy ( comme dit Scaliger ) eſtant comme Prince, & Souverain Arbitre des élements il augmente de beaucoup ſon empire par une domination perpetuelle, ſeparant, & uniſſant, les uns & les autres, & ſe rendant propre autant qu'il luy eſt poſſible ce qu'on luy a mis en ſon pouvoir, pour l'enlever quant & ſoy vers ſon centre, avant que de partir du lieu où il eſt retenu par la matiere. Par exemple, tout ainſi comme dans la combuſtion du bois, il ſçait fort bien rendre à la terre, la cendre & l'humidité, à l'air les exhalaiſons, auſſi n'oublie-t'il pas à ſe ſaiſir de ce qui luy appartient, & de ſe le conſerver avec beaucoup de ſoin : Il n'en fait pas moins avec la poudre pyrique qu'avec le bois ; dont la ſubſtance eſtant toute de feu, il la change entierement en ſoy meſme, ou pluſtoſt en un certain air de feu duquel il s'empare generalement ( hormis toutêfois quelque petite portion de fumée, & de ſuye engendrée des charbons, & d'une certaine matiere terreſtre attachée au ſoulfre, & au ſalpetre, qui conſervent touſiours quelque impureté, laquelle s'attache ordinairement aux parois interieures de nos machines de guerre apres la combuſtion de la poudre.

Voila pourquoy il nous ſera permis d'appeller cete vertu, & puiſſance motrice produite dans la poudre par le feu, une certaine nature de feu, compoſée d'un autre naturel, lequel de ſoy eſt fort rare, ſubtil & leger (ce qui oblige les philoſophes à dire qu'elle ne brûle ny reluit ) joint qu'elle eſt ſpirable, violente, vehemente, impetueuſe, outre qu'elle pouſſe, meut, éleve, diſſipe, diſperſe, preſſe, épaiſſit, contraint, échauffe, rarefie, & brûle, en fin telle qu'elle ne peut ſouffrir aucun retardement, aucune condenſation, contraction en ſes parties, ou retour en ſoy meſme. Mais c'eſt aſſez car qui voudroit raconter par ordre tous ſes attributs, & tant d'autres belles qualitez qui ſont en elle n'auroit certes jamais fait.

Or puis que maintenant vous avez un aſſez grande connoiſſance de la nature de cete vertu motrice, à laquelle on en a jamais veu ny de pareille, il eſt auſſi en quelque façon neceſſaire que ie vous faſſe connoiſtre ſa façon, ſa vraye, & naturelle maniere d'agir, & de pouſſer, avant que nous parlions de ſa forme.

Mais ie croirois faire un grandiſſime tort au docte Scaliger, ſi ie ne me ſervois de ſon raiſonnement (quoy que ie le puiſſe faire de moy meſme comme ie m'y ſuis deja aſſez efforcé en quantité d'autres endroits cy deſſus ) pour ſoudre cete queſtion ſi peu vulgaire ; laquelle eſt de plus comme un ferme & inébranlable fondement, ſur lequel repoſe tout ce grand corps de noſtre Pyrotechnie : veu que ( ſi ie l'oſe ainſi dire, & comme il y paroiſt en ſes eſcrits ) on a treuvé perſonne apres Ariſtote, qui ait recherché avec tant de diligence, d'eſprit, & d'exaction les ſecrets miſteres de la philoſophie naturelle univerſelle, que ce grand & ſçavant perſonnage. Voicy doncques comme il en parle avec non moins d'utilité que de ſubtilité en ſon excerc. 11 *Præterea per rarefactionem fit etiam impulſio, non ſolum attractio: velut in tubulis æneis anthracothejo ſalenitro plenis. Ignis enim rarefacta materiâ, cum proxima loca vindicare vult, pellit. Id quod à denſitate fieri non recté dicitur.* ( c'eſt à Cardan, à qui il parle. ) *Et quia inveni ſententiæ tuæ pertinaces aliquot populares, paulo fuſius declarabo. Videris ita velle. Pulvis, ubi factus eſt ignis, non poteſt eo capi ſpatio, quo dum pulvis eſſet, capiebatur. Quam ob*

cau-

*caufam partes ejus tum denfari. Ergo denfationem illam, cum ejus partes pati ne-*
*queant, erumpere. Ubi miferi non videtis duas rarefactiones. Unam conjunctam*
*expulfioni:non enim exiret,nifi diffunderetur.Alteram,quæ eft caufa illius conden-*
*fationis.Non enim prope globum ferreum condenfaretur, nifi ad foramen prius cum*
*ignefcit,mox etiam fucceffivè rarefieret.Sic tuâ fententia eft & parum confiderati ,*
*& parum metaphifici:qui primam caufam moventem ignoraveris. Profecto denfa-*
*tio illa eft non folum fecundaria,fed etiam per accidens : Quippe eft privatio proprii*
*naturalis ignis : quod eft raritas. Quonam igitur Naturæ confilio privatio proprie-*
*tatis ignis, ignis efficiet effectionem ? id eft impulfionem. Fit enim à forma appe-*
*tente locum fuum. Præterea rarefactio motus eft, quo rarefacta promovent termi-*
*nos fuos,denfatio verò motus,quo denfata contrahunt terminos fuos.Impulfio autem*
*promotio extremi. Haud recte igitur motum illum à condenfatione commentus es.*

Il preuve fort bien par là que non feulement l'attraction fe fait par la rarefaction des parties,mais auffi cete violente impulfion, comme on void par
exemple dans les tuyaux d'airain remply d'une matiere falpetreufe : car
comme le feu, dans le temps de la rarefaction de fa matiere, veu s'emparer des lieux qui luy font les plus proches, il faut neceffairement qu'il
pouffe,& qu'il preffe, ce qui ne fe peut proprement faire par la denfité , &
parce que ce dit il à Cardan,i'en ay rencontré plufieurs du vulgaire qui s'attachent avecque trop d'opiniatreté à tes fentiments, voila pourquoy i'en
parleray un peu plus amplement. Voicy comment tu voudrois que l'on
l'entendit. La poudre auffi toft qu'elle eft couverte en feu ne peut pas
eftre comprife dans le mefme efpace qui la renfermoit, lors qu'elle eftoit
poudre, c'eft pourquoy fes parties tafchent à fe condenfer, mais comme
fes parties ne peuvent permetre cete condenfation, il faut de neceffité que
elles fortent avec un grand effort ; c'eft là où pauvres gens que vous ef-
tes, vous ne voyez pas qu'il fy fait deux rarefactions, fçavoir une immediatement conjointe à l'expulfion, car il eft certain que la poudre ne forti-
roit pas fi elle n'eftoit rarefiée.La feconde qui proprement eft la caufe de fa
condenfation, car elle ne fe condenferoit pas proche le boulet de fer,
fi elle ne fe rarefioit auffi toft, & fucceffivement à l'emboucheure mefme
de la piece lors qu'elle commence à fe couvertir en feu. Voila ton fentiment, qui eft à la verité celuy d'un homme qui raifonne affez mal, & qui
eft fort peu metaphificien, pour n'avoir iamais eu la conneffance de cete
caufe motrice, à la verité cete denfation n'eft pas feulement fecondaire,
mais encore accidentelle ; parce que c'eft proprement la privation de la
proprieté naturelle du feu, qui eft la rarefaction : comment doncques fe
pourroit il faire, & par quel fecret de nature la privation de la proprieté
du feu pourroit-elle produire les effets du feu, qui en eft l'expulfion ; car
il faut que neceffairement cela fe faffe par la forme appetante fon lieu.
Outre cela la rarefaction eft un mouvement par lequel les chofes rarefiées
eftendent leurs termes,où au contraire la denfation eft un mouvement par
lequel les chofes condenfées refferrent & reftreignent leurs bornes : Or
eft-il que l'impulfion eft une promotion de fon extréme : tu tes doncques
bien mefpris de croire que ce mouvement eft produit par la condenfation.

l'arrefterois volontiers icy le vol de ma plume,fi la dignité de la matiere,
& la gravité du fubjet ne m'y obligeoit laquelle nous conduit par cete voye
à la veritable conneffance des caufes des admirables effets, & des forces indicibles des Baliftes , Scorpions, Catapultes , Arcs, & femblables
machines de guerre ( defquelles les autheurs ont affez traité,& lefquelles
nous expliquerons,& illuftrerons d'excellentes figures dans quelque autre

L l                                                               en-

endroit, suivant leurs tesmoignes) joint que ie sens ie ne sçais quels charmes, & vertus secretes dans ses parolles,& dans ses sentences, qui contraignent ma plume à passer outre.    Laissons luy doncques continuer son
entreprise,& le suivons ce pendant de prés.   *Sicuti contra nihilo melius, eun-*
*dem impulsionis motum in ballistis fieri ob rarefactionem.   Fit sanè per condensa-*
*tionem: quandoquidem condensatur arcus in ballistis ubi retenditur.    Brevior*
*enim sit: ergo contractior.   Ea de causa frangitur aliquando, cùm tenditur:quia*
*rarefit.   Quod si dicas hanc rarefactionem esse causam, propter quam deinde arcus*
*retendatur, atque condensetur; duas excitabis adversum te objectiones.Prima est.*
*Nego tibi ullo in genere causæ reponi posse.   Non est forma, non materia: quippe*
*accidens, & privatio densitatis, quæ debetur arcui.   Non finis.   Finis enim est*
*impulsio.   An verò est efficiens? Nequaquam.   Nullum enim ens,est efficiens sui con-*
*trarii:nulla privatio est efficiens habitus sui.Raritas enim est privatio densitatis.Al-*
*tera objectio.Si vis hìc raritatem esse causam impulsionis, quia antecedit densatio-*
*nem: ergo & in bombardis,atque sclopis eandem causam, eadem statues de causa:*
*Rarefactio namque prior est,illa tua condensatione.Frangitur arcus ergo,quia nimi-*
*um rarefit.Idcirco viscida non franguntur,quia non dissipantur partes,sed usque &*
*usque possunt rarefieri.Terrea non possunt:ideo franguntur, non flectuntur. Metallis*
*quadam tenus rarefieri licet:ac propterea flecti.Quare verò franguntur iidem arcus,*
*si annota fibula, sive clavicula,sive sagitta, aut panni obvolutione reserentur ? Quia*
*dum habent quod impellant, minore impetu contrahuntur: cum nihil objectum est*
*momentaneo impetu.   Propter quam motus violentiam disrumpuntur.  Id quod in*
*vegetum quoque circulis evenit.  Sensim flexi constant, & sequuntur. Si confertis*
*viribus flectantur, absistunt partes illico  Quod si eo quis configat : Arcus in parte*
*concava interiore,cum flectuntur,densari:cum retenduntur rarefieri: id nos quoque*
*profitemur.  At enim verò major arcus ambitus exterior: à cujus amplitudine mo-*
*tus illius inire oporteat rationem.  Hæc nos rudes.   At enim verò tibi possint acutiores,*
*ab impulsione motum illum fieri.  Habere namque præcedentem causam attractio-*
*nem.   Impellit enim sagittam funis, quia trahit: trahit verò quia trahitur. Ut*
*prima sit causa hæc,tractio, quam facit funis prima conjuncta & ut vocant imme-*
*diata : tractio arcus secunda & ulterior.  Tractionis causa reversio arcus ad situm*
*suum:quæ sine condensatione fieri nequit. Est enim reversio totius,condensatio verò*
*partium.Idem sanè motus,differens tantum ratione,non re.Impulsio igitur est effe-*
*ctio mera: condensatio, causa mera : tractio impulsionis causa:effectio, condensatio-*
*nis.   Rumpitur verò etiam funis,ubi sine sagitta retenditur,non eadem qua arcus*
*causa : Non enim rarefactione, sed arcus vi, qui utrinque distrahit, & utro-*
*que : dum nititur.redire ad situm suum liberum nòn à fune coactum.  Ubi verò*
*tenditur arcus, & funis adducitur in fibulam, si rumpatur funis, rumpitur ob ra-*
*refactionem.*

   Il n'en arrive pas moins, (ce ditil, ) dans le mouvement de leur impulsion à cause de la rarefaction qui s'y fait:car il se fait infailliblement par condensation, puis qu'il est certain que l'arc de la baliste se condense lors qu'il
se debende, car comme il se racourcit il faut necessairement qu'il se restrei-
gne,& resserre en quelque façon lors qu'on vient à le bender:à cause qu'il se
rarefie; que si vous dites que la rarefaction est le subjet pourquoy l'arc se
retend par apres, & qu'il se condense, vous suscitez par là deux objec-
tions à l'encontre de vous mesme; la première est que l'on vous nie franchement qu'elle se puisse rejetter sur aucune autre espece de cause. Car
ce n'est pas la forme, & si ce n'est pas la matiere : puis que c'est un accident,
& une pure privation de densité. La seconde objection est telle que si vous
voulez que la rarefaction soit la cause de l'impulsion, par ce qu'elle precede

                                                                          la

la condenfation : il faut auffi par confequent que de cete caufe icy vous en eftabliffiez une autre de mefme pour les arquebufes,& efcopetes : car dans ces armes la rarefaction precede toufiours la condenfation. Or eft il que fi l'arc fe rompt,c'eft à caufe qu'il eft par trop rarefié. C'eft ce qui fait que les corps vifqueux ne fe rompent jamais parce que leurs parties ne fe diffipent point aifement,mais fe peuvent rarefier jufques à un tel,ou tel point,là où au contraire,ceux qui font faits de terre ou d'argile, ne le peuvent nullement ; voila pourquoy ils fe rompent, fans autrement plier. Pour ce qui eft des metaux, ils fe peuvent rarefier jufques à un certain point, auffi void on qu'ils fe plyent en quelque façon. Pourquoy doncques fe rompent ces mefmes arcs,fi on vient à les relâcher apres en avoir ofté la noix, la clavet-te, ou la flefche ? la raifon de cecy eft que tant qu'ils ont de quoy pouffer, ils fe refferrent avec beaucoup moins de violence ; mais au contraire lors qu'ils n'ont rien qui leur foit appofé, ils fe retirent par un mouvement prefque momentané,voila pourquoy l'extréme effort qui fouffrent par la violence d'un mouvement fi fubite,oblige les parties à fe disjoindre, & par confequent les arcs à fe rompre. C'eft ce qui arrive auffi dans les cerceaux lors qu'on les forme pour les lier, car fi vous les pliez doucement, ils demeurent, & fuivent aifement le ply qu'on leur donne, mais fi au con-traire vous les pliez violemment, & tout à coup, ils fe caffent auffi toft. Que fi on me veut advouër que les arcs fe condenfent dans la partie concave interieure lors qu'on les plie : & qu'ils fe rarefient lors qu'on les remets en liberté, on fe treuvera d'accord avec moy. Mais peut eftre eft-ce le tour exterieur des arcs, de la grandeur & longueur duquel, on doit tirer la rai-fon de ce mouvement, voila l'objection de ceux qui l'entendant le moins, & pofez d'ailleurs le cas que mefme les plus fubtils puiffent nier que ce mouvement fe faffe par l'impulfion ; parce qu'il a l'attraction qui en eft la caufe precedente,car fi la corde pouffe la flefche, c'eft parce qu'elle la tire, fi elle la tire c'eft parce qu'elle eft tirée. Mais fi l'on veut que celle-cy foit la caufe premiere, il faut que cete traction que fait la corde foit la premiere & conjointe,& comme l'on dit la caufe immediate ; ainfi la traction de l'arc n'eft que la feconde caufe, & la derniere, & la caufe de cete traction n'eft autre que le retour de l'arc dans fa premiere droiture ; laquelle ne fe peut nullement faire fans condenfation des parties, car c'eft bien à la veri-té le retour du tout, mais la condenfation des parties feulement. Verita-blement ce mouvement n'eft different que par la raifon,& non pas en effet; doncques cete impulfion eft un pur effet,& la condenfation une pure cau-fe : la traction eft la caufe de l'impulfion, & l'effet de la condenfation. On remarque encore que la corde fe rompt lors que l'on debande l'arc fans flé-che, mais ce n'eft pas la mefme caufe que celle de l'arc, car ce n'eft pas par rarefaction qu'elle fe rompt, mais par la force & violence de l'arc, qui la tire, & violente de deux coftez, dans le temps qu'il s'efforce de retour-ner de deux coftez dans fon premier eftat,& dans fon affiète libre, où il ne foit pas contraint par la corde. Mais fi au contraire lors que vous venez à bender l'arc,& à tirer la corde vers la noix,ou clavette,la corde fe rompt,pour lors elle fe rompt par rarefaction.

Tout cecy eft de Scaliger, il me refte maintenant à vous expofer la fuite de mon entreprife:premiérement nous examinerons quelle doit eftre la for-me & la figure de cete puiffance motrice qui eft produite & engendrée par la poudre.

On

On ne peu pas douter , fi l'on a bien conçeu tout ce que ie viens de dire,
que cete puiffance n'eft rien autre chofe que feu , ou un certain air em-
flammé , puifque la matiere de la poudre eftoit prefque toute de feu en
puiffance (comme difent les phificiens,) avant qu'elle fût changée en flamme , & fi d'ailleurs en approchant le feu naturel on l'introduit artificiellement dans la matiere,elle devient actuellement & d'effet feu & flamme ,
d'où vient qu'on ne peut aucunement nier qu'elle n'ait prife fa forme du
feu : puis que fuivant le fentiment de quelques philofophes,toute forme arrive extrinfequement,& eft introduite de dehors dans la matiere ; mais en
telle forte toutêfois que ladite matiere y ait de-ja quelque forte de preparation : c'eft à dire qu'elle ait de foy quelque aptitude à recevoir une forme
telle, qu'elle fe treuve en la puiffance de l'agent , & de ce qui produit la forme,& non pas d'autre.

Or que cete forme foit introduite dans la poudre pyrique par la puiffance du feu , avant qu'un feu eftranger l'ait refout en flamme , on en tire un
argument infaillible , en ce qu'encore bien que le falpetre foit de ce naturel qu'il rapporte fon origine à un certain humeur falé , fi eft-il pourtant
veritable que cét humeur n'eft pas aqueux mais tout à fait aërien , & par
confequent chaud comme l'air , & fort voifin du feu. Adjoûtez à cela que
lors qu'eftant incorporé avec le foulfre & le charbon il vient à eftre puiffamment , violemment,& longuement battu dans le mortier , cét humeur
fe rarefie , & en devient beaucoup plus fubtil : ce qui fait qu'ayant quitté
toute fa matiere terreftre,& incombuftible par cete extréme fubtilité, elle
devient fort voifine de la nature du feu , & par confequent à caufe de cete
grande reffemblance , il fe couvertit entiérement en feu. Or de vous redire icy que le foulfre & le charbon n'empefchent en rien cete tranfmuta-
tion , au contraire qu'ils luy aydent & l'avancent de beaucoup , c'eft ce qui
feroit inutil puifque cela à efté fuffifamment démontré cy deffus.

Qui plus eft , le feu foit naturel, tel qu'il eft en fa fphere ( laquelle on
croit eftre la plus proche des cieux ) ou foit que s'en foit quelque autre produit artificiellement , c'eft à dire ce mefme feu naturel , qui d'abord eftoit,
pur , net , & rarefié , mais apres rendu efpais par la mixtion de quelques
corps groffiers & terreftres , condenfez par quelque moyen que fe foit
( tel que nous fuppofons icy la fubftance de la poudre pyrique, qui n'eft
rien autre chofe, qu'un air efpaiffi qui par la force du feu forte des grains de
la poudre , pour fe mettre en liberté , & comme hors d'une prifon qui la
retenoit eftroitement enferrée ) eft veritablement un corps; pour vous le
prouver il n'eft pas befoin que ie vous forme icy de nouveaux arguments,
puis que la plus grande partie des gens doctes fe treuvent d'acord en cete
opinion : joint que la raifon en eft de foy mefne trop évidente , puifque
la chofe fe void à l'oeil ; & qu'elle fe peut toucher au doigt. Or eft-il qu'il
falloit naturellement que la figure de ce corps fût finie , & terminée, puifque la figure n'eft autre chofe , qu'une difpofition du terme,ou des termes,
Car comme difent les Philofophes Geometres,la fuperficie termine le corps,
la ligne termine la fuperficie , & le point la ligne : mais la figure eft formée de leurs differentes difpofitions. Voila pourquoy les hommes fçavants ont voulu qu'entre le refte des chofes naturelles , les élements fuffent
auffy compris fous certaines figures; D'où viennent ces quatre corps
mondains de Platon , auquels les Platoniciens en ont encore adjoûté un
cinquiéme ; du nombre defquels Clavius en fon Chap. 1. Sphær. Sacrob.
en parle comme s'enfuit. *Plato igni propter acumen flammæ attribuit Pyra-*
                                                                    *mi-*

*midem , feu Tetraedrum ; afcendit namque quælibet particula ignis ad modum
Pyramidis.   Aeri verò Octaedron.   Sicut enim aër proximè ad ignem accedit ,
fic etiam Octaedron maximam fimilitudinem cum Tetraedro obtinet , cum conflet
ex duabus Pyramidibus. Aquæ deinde concedit Icofaedron, propter nimiam mobi-
litatem ac fluxibilitatem.   Cubum autem five Hexaedron tribuit terræ , ob fuam
immobilitatem.  Inter omnia enim corpora regularia cubus motui ineptiffimus eft.
Cælo denique adfcribit Dodecaëdron.   Nam quemadmodum cælum in toto ambitu
12 æqualia figna complectitur, ita quoque Dodecaëdron 12 æqualibus fuperficiebus
continetur.*  Platon ( dit-il ) nous reprefente le feu fouz la figure d'une
Pyramide ou d'un Tetraedre , à caufe de fa flamme qui fe porte naturellement en pointe , comme en effet il n'y a perfonne qui ne puiffe aifement
remarquer , que cét element alonge tous fes rayons en Pyramide , voire
jufques à la moindre de fes particules. A l'air il luy donne l'Octaedre ; car
comme l'air eft l'élement qui approche le plus du naturel du feu , auffi
l'Octaedre a-t'il un fort grand rapport avec le Tetraedre , comme eftant
compofé de deux Pyramides. A l'eau il luy attribue l'Icofaedre , à raifon de
fa trop grande mobilité , & fluidité.  Pour le regard de la terre il luy ordonne le cube, ou l'Hexaedre à caufe qu'elle eft immobile.  Car entre tous
les corps reguliers le cube eft le moins propre au mouvement.  En fin il
veut que le ciel foit Dodecaedre ; car tout ainfi que le ciel comprend dans
fon tour entier douze fignes égaux , il a quelque forte de raifon de la comparer avec le Dodecaedre lequel comprend dans fa figure douze fuperficies.

Sçachez neantmoins que tous cecy ne fe doit entendre que pour les figures des corps naturels feulement ; Car qui pourroit iamais croire que le feu
artificiellement condenfé dans le vuide d'un canon , ou d'un mortier puiffe avoir la forme d'une Pyramide ? ou qui eft celuy qui pourra s'imaginer
comment cete puiffance motrice eftant compofée d'une certaine exhalai-
fon compacte & referrée, fe puiffe conferver la forme de l'air naturel, qui retient celle de l'Octaedre ? laquelle infailliblement elle ne fe peut acquerir
que lors qu'il rentre dans fa premiere liberté pour monter vers le haut: voila
pourquoy l'eau auffi bien que le feu eftans contraints, & naturellement
condenfez recoivent la mefme figure, que la capacité interieur du corps
qui les contient, qui les enferre, & qui les contraint , leur peut donner.
Comme par exemple , fi cét air igné, ou pluftoft cete flamme de feu naturel eft artificiellement condenfé dans une fphere concave ( telle que font
nos grenades ) il aura infailliblement une figure fpherique : que fi on le
renferme dans le ventre d'un canon , qui n'eft autre qu'un cylindre vuide ,
il ne faut pas douter qu'il ne retienne auffi la forme d'un cylindre.

Pour ce qui concerne la figure du fommet, ou partie fuperieure du corps
de la vertu motrice , par lequel elle meut,& pouffe le poids qu'on luy mets
deffus , lors qu'il y touche ; il eft fort difficile d'en rien eftablir de certain;
& c'eft ce que perfonne ne peut prouver, ny mefme affirmer que par conjecture : ou par des comparaifons au lieu d'arguments.  Il eft pourtant vray-
femblable qu'elle s'efforce autant qu'il eft poffible de fuivre la naturelle ,
ou tout au moins celle-là qui luy approche le plus , veu que le poids qui eft
deffus à fçavoir le globe, ne la preffe iamais fi fort que le corps qui la retient
par le coftez , & par la bafe , joint qu'il n'empefche pas fi toft qu'elle ne
prenne fa forme naturelle : d'où vient que peut eftre, elle peut avoir la
forme d'un cone , ou d'une pyramide , figures à la verité qui luy font na-

tu-

turellement propres, joint que dans le sommet elle conferve ordinairement la plus grande force de cete vertu, lequel estant pressé du poids, est contraint de rentrer en soy, puis venant à estre repoussé par un effort interieur, retourne bien plus violemment (à cause que cete puissance se rarefie) & élance son poids, avec d'autant plus de force & d'impetuosité à la façon d'un élatere : Peut-estre bien aussi se ramasse-t'elle en hemisphere ; veu que cete figure est une des plus proches de la naturelle, particuliérement de celles que prennent le feu, & l'air, lors qui sont dans leurs spheres; aussi la sphere est-elle la plus ferme, & la plus certaine de toutes les figures, & de tous les corps : d'où vient que les portefaix voulans se charger de quelques fardeaux, chofissent une posture presque spherique; & se metent en telle forte qu'en se courbant, & contournant le corps, les membres se ramassent, se resserrent, & se replient les uns dans les autres le plus prés qu'il leur est possible, en sorte que de toutes les parties qui estoient relachées, & comme abandonnées à elles mesmes, ils n'en font plus qu'une entiere. La fable d'Atlas que les anciens Poëtes ont feint avoir porté sur ses espaules cete immense machine de la terre, nous conduit bien agreablement à la verité de ce doute.

Mais pour vous donner la vraye, & raisonnable explication, laquelle est veritablement celle, qui est la mieux receuë de la plus part des naturalistes, touchant la figure de la superficie qui termine le haut du corps de la puissance motrice ; il faut premiérement que nous fassions une certaine distinction, de la situation, & de l'asiete que l'on donne aux globes dans les mortiers, d'ou celle-cy est assez évidente, voicy comment on la doit entendre.

Tous les mortiers desquels nous nous servons à jetter toutes sortes de globes pyroboliques (comme nous avons si souvent redit) ont des certaines chambres, dans lesquelles on renferme la poudre, necessaire pour faire partir un boulet, & l'envoyer là où on a dessein qu'il fasse son effet. Suppofons doncques premiérement, que tous les grains de poudre, puissent tous, generalement, & sans exception, prendre feu de tous costez, & dans un mesme instant estre reduits en flamme, & confequemment que le globe ne puisse estre nullement enlevé en l'air, que premiérement toute cete quantité de poudre, ne soit faite puissance motrice. Secondement que vostre globe soit parfaitement rond, en telle sorte que son fonds soit immediatement touché de la puissance mouvante sans qu'aucun autre corps puisse estre interposé entre l'un & l'autre. Il est tres certain que ladite puissance motrice n'attaquera point l'hemisphere entier inferieur, qui occupe la concavité du mortier ; mais cete partie seulement, laquelle bouche l'orifice de la chambre, dont la ligne dimetiente fait justement le tiers, ou tout au moins une partie aliquote du diametre entier de la sphere, ou bien du vuide du mortier, qui comprend la sphere. Or est-il que le globe reçoit tout l'effort qui luy est necessaire pour son mouvement, à sçavoir de cete impetition, ou de ce choc que produit la puissance mouvante, dans le temps qu'elle est encore dans la chambre du mortier ; à cause que ses parties estant extrémement condensées, font des puissants efforts, pour se mettre plus au large ; mais aussi tost qu'elle a gaignée la sortie de sa prison, & qu'apres avoir enlevé le globe, elle se treuve en liberté dans le vuide du mortier, pour lors elle s'affoiblit de beaucoup, à cause qu'elle se rarefie, & se rend moins necessaire pour imprimer au globe quelques plus violents degrez de vitesse.

C'est

C'est assez doncques de ce seul choc, pour le mouvement dont il a besoin, parce que c'est le plus puissant de tous ; considéré qu'il sorte d'un lieu fort estroit. Que si le corps de la puissance motrice, est veritablement accumulé en hemisphere, ou en pyramide, ou en fin s'il prend la forme de la convexité d'une certaine portion de sphere ( qui est celle laquelle comme ie veux croire luy arrive plustost que toute autre ) en telle sorte que l'apprehendant, & l'environnant de tous costez, elle forme une cavité sur la partie superieure dudit corps ( car elle a la proportion d'un corps en quelque façon solide à cause de son extréme densité ) il ne faut pas douter, qu'elle n'attaque puissamment le corps de la sphere, & qu'elle ne la fasse sauter d'importance. Il faut vous imaginer qu'elle n'agit pas icy avec moins de force, & de violence que si ce mesme globe estoit plat par dessous; ce qui arrive pour les raisõs que ce vous en ay données, & de plus à cause que lors qu'elle vient à unir toutes ses forces en une dans un lieu si estroit, elle imprime à la sphere, & au globe qui a la base plate un mouvement suffisant pour la vitesse qui leur est necessaire, par le moyen du diametre de gravité de la sphere, lequel passe par le centre de gravité de la mesme sphere, à l'entour duquel consistent toutes les parties des moments égaux. Ajoûtez à cela que comme la sphere represente une espece d'unité, qui proprement n'est que comme un point, voila pourquoy supposé qu'elle soit solide, & composée d'une matiere compacte & amassée, laquelle est comprise sous une superficie continuë, & qui ne se peut pas aisement disjoindre à cause de sa figure, & de la solidité de sa matiere, c'est assez pour la mouvoir, si la puissance motrice touche en un point seulement ; car là où elle touchera un de ces points, cét attouchement, ou cete affection sera incontinent portée par un mouvement successif dans tous les autres. Et ie veux croire franchement que cete impression ne feroit pas un plus grand effort, que si cete puissance produite d'une pareille quâtité de poudre, touchoit la base entiere d'un globe plat; au contraire i'asseurerois qu'elle en est de beaucoup plus foible: car cete poudre estant éparse (comme nous avons dit en quelque endroit cy dessus) treuve ses puissances dissipées, & consequemment amoindries, ainsi la superficie plane de la puissance motrice (si elle s'accommode tellement avec la base plate, qu'elle mesme soit plate) n'est pas plus commode pour imprimer le mouvement à un corps qui aura la base plate, que celle de toute autre figure.

De plus s'il s'y treuve quelque corps posé au dessous du globe spherique, ou pour le moins approchant d'une pareille figure, & de quelque autre qui ait la base plate, lesquels soient tous deux égaux en poids, & en qualité de matiere ; par exemple un cylindre de bois ( tel qu'on en met d'ordinaire dans la chambre du mortier par dessus la poudre ) qui soit posé en telle sorte que la puissance mouvente ne touche pas immediatement l'un & l'autre globe ; mais seulement par l'entremise de ce corps interposé ; c'est une chose indubitable que cete puissance mouvente, en quelque figure que elle se puisse mettre dans la chambre du mortier apprehendera & chassera le cylindre de toutes ses forces, & que ces deux globes seront assaillis par une égale violence, quoy que leurs mouvements seront inégaux, à cause de l'inégalité de leurs figures, comme on remarquera mieux cy dessous. Car qu'importe-t'il si ce cylindre de bois touche une base plate en plusieurs points, ou s'il ne la touche qu'en un, comme il fait la sphere pour leur imprimer un mouvement plus violent, puis que ( comme nous avons dit cy dessus ) un seul point la sphere est comme le corps entier ; & tout le corps entier comme un seul point : car rien n'en est separé, rien ne s'en éloigne ;

ii

il ne s'y treuve aucune inegalité qui la rende ou defectueuse ou superabon-
dante en aucune de ses parties, à cause de la noblesse & excellence de sa
figure,qui ne souffre aucun deffaut. Pour ce qui touche la raison pourquoy
la puissance mouvante estant sortie de la chambre du mortier, ne sert pas
de beaucoup pour imprimer un mouvement plus violent tant à la sphere,
qu'à un globe qui aura la base plate, il n'est pas besoin de le redire icy,puis-
que ie vous l'ay de-ja demonstré cy dessus ; cela n'empeschera pas pourtant
que ie ne vous dise encore cecy,sçavoir que d'autant plus que la puissance
mouvente est contrainte,&d'autât moins qu'elle peut respirer l'air,tant plus
furieuse se rend elle, & semble prendre tousiours des nouvelles forces jusques à ce qu'elles se soit mise en pleine liberté. Et c'est pour cete raison
que l'on ajuste au dessous des grenades, (outre ce cylindre qui bouche les
chambres de la poudre,) certaines rotules de bois de mesme largeur &
circonference que la concavité des mortiers, comme nous avons dit ailleurs. Voila pourquoy on peut dire que ces rotules suppléent au deffaut
de bases plates, puis qu'elles ne laissent sortir,ny eschapper hors du mortier la moindre particule de la puissance mouvente,que le globe ne soit premierement party, & qu'il n'ait tout à fait abandonné le lieu où il la tenoit
luy mesme prisonniere. Aussi ne leur servent elles que dans ce moment,
car estans sorties des mortiers,elles prennent bien tost congé des globes,soit
qu'elles demeurent entieres,ou qu'elles se brisent par la puissance mouvente
de peur qu'elles ont de nuire à leurs mouvements, lors qui seroient dans
l'air.

Au reste que ce ne soit qu'une seule impression, momentanée, laquelle
est produite par la puissance motrice qui donne les mouvements aux glo-
bles à la sortie de nos mortiers, & de nos canons, de quelque figure qui
puissent estre, c'est un argument infaillible, & fort aisé à preuver par l'e-
xemple de tous ces corps qui sont violemment poussez,soit avec la main,
ou avec l'arc, ou bien avec les balistes, lequels ne sont jamais accompagnez dans leur course de la puissance qui a imprimé le mouvement, ou
qui leur a communiqué certains degrez de vitesse pour passer dans l'air; car
c'est assez pour le mouvement que la force de cete puissance mouvente, &
chassante, demeure imprimée dans la chose poussée. Il s'y rencontre encore plusieurs grands personnages fort sçavants, & fort renommez, qui
croient que le mouvement qui est une fois imprimé dans un corps mobile,
ne l'abbandonnera iamais,que premieremêt il ne soit supprimé par quelque
cause;c'est ce qu'ils jugent fort facile à faire dans un milieu vuide,& desem-
barasse de toutes sortes d'obstacles, où il ne s'y peut rencontrer aucune
chose qui le puise empescher, diminuer, ou aneantir tout à fait : voicy
la raison que nous en donne Mersennus in Phænom: Ballist. prop. 38. *Quod
rationem attinet, in eo sita est, ut nihil ex iis pereat, quæ semel producta sunt, nisi
causa destruens adsit, cum nulla res, seu nullum ens se destruat, quemadmodum
neque se producat. Suntque plures magni viri, qui credant istud adeo verum esse,
ut communibus notionibus accenseri possit: qui enim corpus motu spoliabitur,si desit
qui spoliet? Supponitur enim Deum motui semel impresso non magis suum negare
concursum, quàm rebus cæteris, cumque motus sit modus realis, quomodo peribit, si
nullum impedimentum occurrat.*

La raison de cecy ( ce dit-il ) est que de toutes les choses produites, rien
n'en peut deperir,sans qu'il s'y treuve une cause qui les destruise ; puis qu'il
est tres certain qu'aucun estre n'est si ennemy de soy mesme qu'il se
veüille procurer sa propre destruction ; de mesme qu'il n'est pas capable de
se

de fe produire foy mefme. Il fe rencontre quantité de braues gens qui tiennent cecy tout à fait pour vray & indubitable, joint que l'on peut former des raifonnements fort legitimes là deffus, par les fimples conneffances qu'on en peut avoir ; car quelle apparence qu'un corps puiffe eftre privé de fon mouvement, s'il ne s'y recontre rien en fon chemin qui fe mette en devoir de luy ofter ? car il faut fuppofer icy que le Bon Dieu ne denie pas pluftoft fon concours à un mouvement une fois imprimé dans la chofe meuë, qu'au refte des étres, or comme le mouvement eft un mode réel, comment fe pourroit il faire qu'il pût déperir, puis qu'il ne s'y recontre aucun empefchement.

Je vous expliquerois fort volontiers comme quoy toutes fortes de corps pouféz par un milieu empefchant, & remply d'oftacles ( tel qu'eft l air par lequel nos globes font portez )fe peuvent mouvoir, fi s'en eftoit icy le lieu: mais je vous advertiray feulement que ceux là s'éloignent bien fort de la verité, & qui s'embaraffent deux mefmes dans des inextricables paralogifmes, qui eftiment que la puiffance motrice prodruite par la poudre pyrique acompagne le globe dans fa courfe quelque efpace de temps, & que s'y attachant, elle le pouffe, & luy donne toûjours des nouveaux degrez de viteffe, ou tout au moins qu'elle l'affifte quelque temps, & empefche que fa pefanteur naturelle ne le tire fi toft & fi fubitement vers la terre. Car qui eft celuy qui vive avec fi peu de connoiffance des chofes, lequel ne connoift pas à peu prés la nature du feu ? ou pluftoft qui peut eftre celuy, qui a eu tant d'adreffe que de lier & d'attacher fi fortement cét élement, fi fubtil de fa nature, fi volatil, fi leger, & fi difficile à manier, à un glebe porté dans l'air, qu'il l'ait obligé d'y demeurer colé fans ozer s'en departir ? quelle vertu di-je aimantine peut avoir un globe de fer, pour attirer le feu apres foy, & l'obliger à le fuivre ; mais quoy que je concede encore cecy, que le feu puiffe acompagner le globe bien loin dans l'air, qu'en fera-t'il plus ? que peut-on conclure par là ? comment pourra t'il imprimer des nouveaux degrez de viteffe au globe, ou par quelle voye, & par quel moyen luy augmentera t'il fon mouvemenr, ou comment empefchera-t'il que tout au moins eftant une fois imprimé, il n'abbandonne tout à coup le globe ? veu-que d'abord qu'il eft remis en fa liberté, fa fubftance en devient fi fubtile fi rare, & fi tenuë, qu'il ne luy refte aucune parcelle de la puiffance qu'il avoit lors qu'il a efté rarefié, laquelle confiftoit entierement en fa denfité, en la contrainte & fermeté de fes parties, & dans leur extréme union. Ceux là ne fe trompent pas moins qui s'attachent fi opiniatrement à cete opinion, qui croient que le mouvement d'un canon ( ce que l'un doit pareillement entendre pour toutes fortes d'armes à main)s'augmente d'autant plus, & fe-treuve plus violent, que la canne de la piece d'artillerie fera plus longue : c'eft à dire tant plus long temps que la puiffance mouvente de la poudre accompagnera le globe dans le vuide du canon, & que de plus prés elle l'aura pour fuivie. Mais il eft croyable, que ces pauvres gens qui raifonnent fi mal, n'ont jamais eu la conneffance de certaines regles de noftre art, qui enfeignent, que fi l'on fait faire les pieces d'artillerie longues, ce n'eft pas afin que la puiffance mouvente, durant & demeurant plus long temps dans la canne du canon, elle confere rien plus au mouvement qui chaffe le boulet, mais c'eft que l'on proportionne ces longueurs en telle forte, que la quantité de la poudre neceffaire pour chaffer le boulet, fe puiffe entiérement reffoudre en flamme dans le vuide du canon, & que dans ce moment que le globe viendra à fortir de l'embouchure de la piece, pour lors uniffant

M m                                          tou-

toutes ſes forces elle l'attaque, & le prepare au mouvement qui luy eſt né-
ceſſaire.

Ie veux bien que l'on ſçache auſſi.que d'autant plus que les pieces de canon ſeront longues, tant plus auſſi de poudre y deura t'on employer, & tout
au contraire tant plus courtes qu'elles ſeronr, d'autant moins de poudre au-.
ron-t'elle de beſoin. Car tout ainſi comme une quantité de poudre trop
grande, & qui paſſe la charge ordinaire de la piece où l'on l'employe, n'aide
en rien qui ſoit au mouvement du boulet qui en doit partir ; au contraire
luy empeſche, & confond preſque toûjours ſa courſe ; en ce qu'elle ne ſe
peut pas reſoudre toute en flamme dans le moment que le boulet abandon-
ne l'orifice du canon ; mais en reſpend toûjours une certaine portion ſur
terre qui ne prend pas feu, comme l'experience journaliere, & la pratique
que nous en avons faite nous le donne aſſez à conneſtre ( encore bien que
quelques uns de nos Pyroboliſtes, en baillent quelques autres raiſons,que
je reſerve pour une autre occaſion ) de meſme auſſi par une raiſon contraire, une petite portion de poudre laquelle ſera diſproportionnée-
à la longueur de la picce, eſt bien pluſtoſt brûlée, que le boulet n'aura parcouru tout le vuide dudit canon. Je dis encore que cét accom-
pagnement que fait la puiſſance movente au globe tout le long de la canne
d'une grande piece,ne luy ſert en rien qui ſoit à luy donner des forces nouvelles pour le faire aller plus viſte : car tant plus que la puiſſance mouvente prolonge ſa durée dans le vuide de la machine, apres la combuſtion
entiere de la poudre, & que tant plus grand eſt le lieu, ou le vuide qu'elle
treuve, d'autant plus ſe rareſie-t'elle, & par conſequent ſa vigueur en diminuë d'autant plus : de ſorte que ſi quelqu'un faiſoit conſtruire un canon
qui eût 100 pieds de longueur, ou d'avantage, & qu'il portaſt un boulet de
fer de 2 onces de pieds en ſon diametre, c'eſt à dire du poids d'une ℔, &
qu'il vienne à charger ſon canon comme c'eſt la couſtume d'une ℔ de
poudre,je crois fermement qu'en ce cas la puiſſance & la vertu motrice qui
ſortiroit de cete livre de poudre, & laquelle accompagneroit le boulet,
dans l'eſpace de 100 pieds du vuide dudit canon, perdroit tellement ſa
force qu'à grand' peine pourroit-elle faire ſortir ce boulet hors de l'emboucheure,bien loin de l'enuoyer en l'air. Mais nous aurons ſubjet de parler de
la longueur proportionnée des canons, avec le poids, & la groſſeur de leurs
boulets, outre cela de la quantité de la poudre neceſſaire pour les faire partir, dans la ſeconde partie de noſtre Artillerie Livre I. ou nous traiterons
des çanons.

Contentez vous doncques de ce que je vous ay icy rapporté pour vous
perſuader, & demonſtrer tout enſemble comment les globes pyrotechniques ayans les baſes plates, eſtoient non ſeulement auſſi capables de l'impreſſion neceſſaire au mouvement que ces globes ſpheriques, ou approchans d'une pareille figure, mais encore meilleures, & plus capables d'un
tel mouvement. Or que les boulets d'une forme ſpherique ou ſpheroï-
dale ſoyent beaucoup plus commodes & plus propres pour recevoir les impreſſions du mouvement dans toutes ſortes de milieu, je veux vous en bail-
ler une ſeule demonſtration de Merſennus,Mechan. lib 2.part.3.prop.6. 7.
& 8. *Rotundæ figuræ ſunt reliquis mobiliores, quia planum quovis modo circum-
volutæ in uno tantum punčto tangunt, ideoque minus atteruntur, & impediun-
tur,quia faciunt angulos contingentiæ omni acuto rečtilineo minores ; hinc ad motum procliviores ſunt, parum enim abſunt à plano propter anguſtiam anguli :
& unica linea plano perpendicuri ſolo hæret ; unde quodlibet eo difficilius move-*
*tur*

*tur, quo pluribus punctis planum tangit*, (voila cöme sont faits les globes cylindriques, & qui ont la base plate) *tot enim lineæ perpendiculares per mobile trans-
euntes, illud cum plano uniunt, atque fulciunt, ne dejiciatur : quapropter figurarum
planum pro vertice habentium, stabilissima cubus dicitur, quamvis proclivior sit ad
volutationem, quàm tetraedrum, aut pentaedrum, quia cum pluribus planis clauda-
tur, magis ad sphæram accedit : nam quo plura latera, pluresque angulos figuræ re-
gulares habuerint, & viciniores circulo, vel sphæræ, ac proinde moventiores erunt :
quo vere mobilis latus contingens planum latius fuerit, eo difficilius movebitur im-
mo si planum mobilis, & planum quod tangit, essent perfectè plana, mobile superius
apprehensum à plano subjecto vix disjungi posset: hinc ajunt multi, aut parietem perfectè planum non posse tangi à cubo æneo ita emisso è bombarda, ut aliqua cubi superficies recta versus parietem tendat, quantumvis bombarda parieti vicina, &
quantacunque violentiâ explosa fuerit : neque enim aër intermedius cedet.* ( Le
mesme dans le mesme endroit en la prop. 7. *Aliæ sunt rationes, ob quas figura circularis mobilior est : 1, quia in omni positu dimidia sui parte quoversum ad
planum acclinat ; ideoque sphæricum ad latus quacunque vi movebitur, quæ aërem
impulsu, vel tractu dividere poterit : cum unicus aër circumstans motum impedi-
at.   Hinc perpetua est circuli propensio ad motum : quo vero circulus major fuerit
tanto nutus ejus, seu propensio admotum major erit, quia extremitas diametri ma-
joris remotior est à loco suo naturali, ad quem propterea magis conatur, est autem
nutus, seu pomi vis à Deo unicuìque reimpressa, qua in loco suo naturali quiescit,
& volenti eo dispellere, resistit : quæ resistentia dicitur* ἀντιτυπος. *Cum autem omnis
circulus infinitos concentricos intra se contineat, omnis peripheria nutum habet
infinitum, ac proinde perpetuum ad motum.* De plus dans la prop. 8. *Ex illo
autem perpetuo nutu fit ut cum globum voluimus eum ita veluti proprio nutu se
moventem moveamus ;* ( c'est ce que l'on doit entendre aussi de la puissance
de la poudre, & de la force imprimée sur le boulet ) *nam post motum ad centrum universi maximè circularem desiderat : & linea perpendicularis ducta à
puncto contactus ad diametrum globi, demonstrat eum esse in æquilibrio : quælibet
autem vis duo pondera æquilibria ab hoc statu æquilibri dimovere potest.*

Ces raisonnemens nous demonstrent évidemment qu'un globe spherique ou approchant d'une telle forme, rompt le corps de l'air dans sa course bien plus facilement, & penetre quelque milieu que ce soit avec bien
moins de difficulté, qu'un cylindre qui aura les bases plates. Mais quelqu'un
me pourra objecter icy, qu'il n'est pas possible qu'un cylindre, ait toujours
la base opposée à l'encontre de l'air, ny qu'il passe à travers ces espaces aëriens, comme si c'estoit une flesche ; car il peut arriver que sa superficie convexe coupera l'air, ou qu'elle roulera dans l'air, luy opposant tantost sa base plate, tantost sa superficie convexe.   Je réponds à cecy premiérement,
que le feu sortant du tuyau pourra aisément faire en sorte qu'une de ce bases, sçavoir celle qui est opposée au tuyau, ou à l'orifice du globe par lequel
le feu doit sortir, marche devant, & que l'autre la suive, trainant apres soy la
flamme du feu cöme une longue queuë. 2. La superficie courbe du cylindre
touchera l'air en beaucoup plus de points que la sphere ; quoy qu'ils soient
tous deux d'une mesme pesanteur, ou soit que la hauteur, & la largeur du
cylindre soient mesme égales au diametre de ladite sphere. En ce cas la
disposition du cylindre est fort contraire au mouvement, qu'il peut avoir
receu. 3. Que si ce cylindre roule de telle sorte que les bases pressent &
poussent alternativement l'air circonstant, & le mouvement empeschant,
avec la superficie courbe. Qui est celuy qui ne void assez qu'il ny pourroit
pas avoir beaucoup de difference entre ce mouvement, si d'avanture une

de

de ces bases attaquoit toûjours l'air directement : car elle rencontreroit tousjours la mesme resistance aussi bien dans une situation comme dans l'autre,
Mais quoy qu'il en arrive, ou soit que le cylindre roule , comme c'est un accident fort commun aux globes , à cause de leur figure qui est naturellement disposée à cete action , ou soit qu'il ne roule pas , si est-il certain que
son mouvement, ne ressemble en rien à celuy du globe spherique, bien
loing d'en égaler le mouvement.

Je passeray icy sous silence de mon bon gré quantité de choses admirables que j'aurois pû produire ici en faveur de la figure ronde.    Toûtefois
je ne puis sans crime passer outre, sans que je vous fasse paroistre encore une
fois Scaliger, cét esprit tout à fait divin , pour vous dire luy mesme ce
qu'il a remarqué , & diligemment observé dans la sphere ; adjoûtons doncq-
ques ses raisons, à celles que nous avons de-ja rapportées cy dessus, voicy ses
parolles dans son execit: 30.  1. *Quocunque motu moveatur globus , eandem*
*sui generat in sensu speciem : aliæ figuræ non item.*  2. *Super uno puncto in gy-*
*rum motus loco eodem fruitur semper , quod & Pyramidi evenit , sed circuli ra-*
*tione.  Idem globus si mutat locum , aliam à se figuram describit in aëre , quippe*
*columnarem. Simul verò lineam actu creat , quæ in ipso non est , nisi in potentia ,*
*super planicie , qua labitur , simul solum corporum pro basi punctum habet : quod*
*est maximé admirabile.  Quo fiat modo , ut quod non est super eo solidum quiescat*
*corpus.*  3. *Uno eodemque motu movetur duobus motibus contrariis , sursum , ac*
*deorsum :  si spectas circumferentiam :  non dico de cælo nunc , sed de globo æneo,*
*aut rota.  Quorum alia quoque sit contrarietas : quippe devergens naturalis est ,*
*subiens verò non naturalis , quare uno motu duos efficit contrarios motus , in cor-*
*poribus quæ contingit.*  4. *Cum sit unum corpus continuum: ejus tamen partes a-*
*liæ aliis celerius moventur. Celerius enim duobus modis intelligitur : aut cùm in*
*breviori tempore tantumdem æquè spatii , occupatur , aut cum in eodem tempore*
*plus. Quæ igitur ad ambitum partes sunt, plus evadunt spatii, quàm quæ ad axem.*
Mais faisons le parler François affin que chacun l'entende. Il dit doncques
1. que de quelque mouvement qu'un corps puisse estre meu , il engendre
toûjours dans nos sens une mesme espece de soy mesme: ce qui n'arrive
point aux autres figures. 2. Estant pyroüetté sur un point, il occupe tousjours le mesme lieu, action qui est aussi commune à la pyramide , à cause de
son cercle. Que si ce mesme globe change de place , il d'écrit en l'air une
figure toute autre que la sienne propre, à sçavoir une colomnaire ; il produit aussi tout d'un temps une ligne réellement , & actuellement , laquelle
n'est pas en luy sinon en puissance ; estant posé sur un plan bien plat, il est le
seul de tous les corps qui n'a qu'un point pour sa base :  ce qui est tout à fait
admirable ; comment doncques se peut il faire , que ce qui n'est pas, puisse
sur soy faire reposer un corps solide, & le soustenir. 3. Par un seul & simple
mouvement qu'on luy peut donner, il est neantmoins meu de deux dire-
tement contraires , sçavoir d'un montant, & d'un autre descendant , au
regard de sa circonference: je ne parle pas icy du ciel,mais de quelque boulet d' airin, ou d'une roüe, entre lesquelles , que ce soit il s'y recontre encore
une autre contrarieté fort grande, par ce que celuy qui tend vers le bas , est
naturel , mais celuy qui monte vers le haut est non naturel, c'est ce qui
oblige à dire, que d'un seul mouvement il en produit deux autres tous contraires dans les corps qu'il touche. 4. Or quoy qu'il soit de soy un corps
continu , si toutéfois quelques unes de ses parties sont elles meuës par un
mouvement bien plus viste que les autres: mais ce mot de plus viste se doit
entendre en deux sens , ou parce qu'il occupe autant d'espace en moins de
                                                                    temps

temps, ou parce qu'il en occupe d'avantage dans le mefme temps. Voila pourquoy les parties qui fe treuvent dans le tour fuperficiel, font beaucoup plus de chemin, que celles-là qui font àl'axe.

Enfin le cercle,& la fphere ferviront de bornes à ce corollaire,quoy que eux mefmes n'en fouffrent aucun; & qui plus eft nous ne terminerons pas feulement ce corollaire, mais auffi cete prefente année mil fix cens quarente neuf, de laquelle noftre preffe employe les dernieres heures, à imprimer ces lignes. Avec l'aide de Dieu le jour de demain nous apportera un nouveau corollaire, auffi bien comme un nouvel an, an plein de fainteté, an de ce grand jubilé, tant foûhaité de toute la chretiennété. Cete puiffance infinie, laquelle n'a ny commencement ny fin, a aujourd'huy achevé de tracer la circonference, & le cercle d'un œuvre admirable, dans lequel toute ame doit faire fon cours, fans paffer les bornes qui luy font prefcripts. Demain elle en recommence un nouveau lequel je foûhaite plein de bonheur, de paix,& de joye univerfellement fur toute la terre; fuppliant cete puiffance & bonté ineffable, qu'areftant un des pieds du compas de fon amour dans nos cœurs,& dans nos ames, que de l'autre il y trace,& décrive un nouveau cercle, en excitant dans nous des nouveaux degrez de viteffe qui nous puiffent conduire directement, dans les contentemens perdurables de la beatitude eternelle; afin qu'eftas éloignez des premiers termes de cete puiffance mouvente,qui nous porte naturellement à fuivre, & appeter les viciffitudes d'une fortune mondaine, nous ne courions plus de risque parmy les dangereux efcuëils de noftre follie. Mais au contraire que tournât toûjours par un mouvement circulaire & perpetuel fur les plaines égales de la force & de la conftance,nous puiffions retourner à noftre premier terme, & rentrer dans le point d'où nous fommes fortis, qui eft le ciel, pour y poffeder la vie eternelle.

## COROLLAIRE II.

### De diverfes fortes de Petards Pyrotechniques, preparez pour divers ufages dans l'Art Militaire.

Outre cete Efpece de Petards laquelle nous avons décrite cy deffus au Chap. 1. des Globes à feu les Pyrotechniciens en ont encore quantité d'autres qu'ils mettent en ufage. Mais comme je me fuis propofé d'abord de ne traiter en cét ouvrage que des principales inventions pyrotechniques, & des plus ingenieufes,& artificielles,ou tout au moins de celles qui feroient les plus en vogue dans nos pratiques militaires: Voila pourquoy rejettanr toutes celles que i'ay creu inutiles je m'en vay faire voir à noftre pyrotechnicien les figures des Petards qui font marquées du nomb. 151. fous les lettres A,B,C,D,E,F,G,H,I,K,L. La premiere figure marquée d'un A, ne differe en rien de celle que nous avons deffeignée au nombre 137. Outre les boulets à feu,où l'on les employe, elles peuvent eftre auffi fort commodement ajuftez, dans les Bouquets, Couronnes,Sacs, Cercles à feu, Flefches ardentes,& Lances à feu:comme auffi les deux autres figures fuivantes marquées de B & de C, lefquelles peuvent auffi fervir pour les mefmes ufages, quoy qu'à la verité elles foint differentes de la premiere en quelque petite chofe. On tirera la raifon de la grandeur & groffeur des Petards, de la grandeur & groffeur des corps, où l'on les veut faire fervir : quoy que fi l'on fe veut s'arefter à une proportion determinée, on pourra donner à leurs ori-

fices

fices le diametre d'un boulet de plomb d'une once, ou de deux tout au plus; pour ce qui touche leur hauteur, on leur donnera 5 diametres sans compendre la pointe. Voila la proportion la plus legitime, & la plus propre qu'on puisse leur donner. Pour le regard de leur charge, il faut avoir recours à ce que nous avons dit cy dessus, pour éviter une redite, qui vous seroit peut-estre ennuyeuse.

Les autres especes de petards sont beaucoup plus grandes, & s'ajustent ordinairement dans les globes de bois desquels ie vous donneray la construction dans les Chap. suivants. La premiere que nous avons marquée dans le mesme nombre de la lettre D, est totalement semblable & de mesme nature que celle que nous avons décripte dans l'espece superieure des petards recreatifs sous le Nomb. 107 en la lettre A. La construction de ces petards est fort facile, joint que la figure est assez intelligible pour vous la faire concevoir. On la charge ordinairement de poudre grenée, jusques à la hauteur des deux tiers de sa propre hauteur : le reste de sa capacité se peut remplir de quantité de balles de plomb ; puis on la bouche bien serrée avec du papier ramassé, ou avec des estoupes mises en plotons.

L'autre petard que nous avons marqué d'un E, est triple en sa figure, c'est à dire qu'il en comprend deux autres moindre que luy, quoy que veritablement luy mesme soit totalement semblable à celuy que nous avons immediatement descrit, & marqué d'un D; il est outre cela percé de cincq petits trous, depeur qu'il ne manque à prendre feu, dont il y en a quatre par les costez diametralement opposez l'un à l'autre, & le cinquiéme est au fonds. Pour ce qui regarde la construction des deux autres qui sont marquez d'un F & d'un G, ils ne different gueres de la composition de ces petards lesquels nous avons desseignez cy dessus au nombre 106. On preparera doncques ces trois icy en telle sorte que le premier enferme le second, & le second le troisiéme. Le plus grand des trois marqué sous la lettre E, se remplit ordinairement de poudre grenée, jusques à la moitié de sa hauteur ; ou tout au moins le reste du vuide qui excede la hauteur de celuy du milieu ; puis vous adjustez sur sa charge, le moyen dans lequel vous engagez le dernier, & le plus petit, chargé de poudre, & de quelques balles de plomb ; apres avoir au prealable remply celuy du milieu de poudre grenée, de mesme que le plus grand. J'entends à la hauteur du vuide d'ont il excede le plus petit. Outre tout cecy, tant celuy du milieu que le plus petit, ont leurs chambres particulieres remplies d'une matiére lente, dont nous avons décrit plusieurs compositions cy dessus.

Le troisiéme petard marqué en la lettre H, represente en sa figure un petit tuyau de fer, ou de cuivre sans fonds. Lors que l'on le veut charger, on divise premiérement toute sa hauteur en trois parties égales en telle sorte que celles qui sont aux deux extrémitez puissent estre chargées de balles de plomb : mais celle du milieu se charge de poudre grenée. On mets seulement des petites rotules de papier, pour separer les balles d'avec la poudre; on en mets autant aux deux bouts, pour en boucher les l'orifices. On y perce aussi deux petits trous pour amorcer, ou bien quatre si l'on veut, afin d'introduire plus aisement le feu dans la poudre ; on les percera justement au milieu du Petard.

Le quatriéme Petard qui se void en I, n'a besoin d'aucune explication pour se faire entendre ; car il observe la mesme preparation que ceux dont nous auons donné les profils en F, & en G, il n'en est different qu'en une cho-

chofe feulement, à fçavoir qui va toûjours feul, n'en loge aucun chez foy, & ne veut point eftre logé dans un autre pour eftre employé dans les globes.

En fin ces Petards K & L, l'un desquels reprefento une croix dans fa figure, & l'autre un équiére ; fe chargent ny plus ny moins que les fimples Petards ; on engage dedans pareillement quelques balles de plomb, ou plufieurs, fuivant qu'ils font plus ou moins capables. Je laiffe le refte de leur conftruction à la difcretion de l'ouvrier diligent, & judicieux.

## COROLLAIRE III.

### De diverfes formes qu'on peut donner aux ligatures des boulets à feu, & des noms qui leur font les plus conuenables.

Veritablement je ne treune rien de plus difficile dans toute matiere, que de pouvoir exprimer par paroles & par des noms propres, les chofes que nous ne conneffons que par un maniement continuel. ou par un habitude qui s'acquere dans l'ufage que nous en faifons ; jufques là mefme qu'à grand' peine les yeux, qui en font tesmoins, peuvent ils faire un fidel rapport à noftre jugement de ce qu'ils voient conftruire par les mains d'un autre. Pour vous en dire la verité, la pratique manuelle eft de telle confequence dans toutes fortes d'arts lors qu'on veut s'en acquerir la perfection, que fi vous ne pouvez par mettre en œuvre les chofes que vous avez de-ja conceuës, imaginez vous que vous poffedez une ame tout à fait detachée de fon corps. Au refte le deffein, & la peinture, ne fervent pas de peu, pour inftruire les autres, dans quelque chofe qu'ils ignorent ; voila pourquoy ie vous ay deffeigné touchant le ligamment des globes, tout ce qui a pu tomber fous le pouvoir de ma plume, & du burin ; & ce qui fe pouvoit mettre devant les yeux, pour en faire concevoir la belle cymetrie; ie veux dire tous ces neuds pyrotechniques, & les diverfes revolutions des ligamments, par lefquels on a de coûtume, de lier, bender, & ferrer les globes à feu, pour les rendre plus fermes, & afin qu'ils refiftent mieux à la violence de la poudre, depeur que quelques uns ne fe rompent avant le temps ordonné pour leurs effets.

Les pyrotechniciens ont inventé des noms tous divers pour la ligature des globes fuivant les differentes formes qu'on leur donne. Le premier & le plus fimple de tous eft celuy dont nous nous fommes fervy dans les figures deffeignées, au nombre 136 & 138, les Allemands l'appellent *Riebbondt* ; cét autre qui eft fait de mille entrelas fur la figure du nombre 137 eft appellé par les mefmes *pallen bundt* celuy duquel le nombre 142 eft relié, n'en differe en rien : en fin les plus fortes, & le plus artificieufes ligatures qui fe puiffent faire, & imaginer font celles qui enveloppent les globes, marquez des nombres 140, & 144, il reprefentent dans leur entrelas, & dans leur differentes circonvolutions l'un comme une rofe, & l'autre un limaçon, c'eft ce qui oblige les Allemands à les nommer de ces mots *Rofen* & *Schneckenbundt*. Pour ce qui touche le refte de cete matiere, enquerrez vous en des Pyroboliftes fçavants dans cete pratique, pour moy ie fuis preffé d'ailleurs, il faut que ie continuë mon chemin.

Cha-

# Chapitre V I

### D'un Boulet de bois chargé de grenades à main.

Tout ainfi comme l'ufage des grenades à main ( comme nous avons dit cy deffus ) eft fort frequent dans la pyrotechnie ; auffi eft-il fort divers dans les occurrences militaires : Il ne faut avoir qu'un Inge-nieur à feu qui foit feulement habile homme, & bien entendu, pour les pouvoir mettre en œuvre en temps & lieu ; or de tous les moyens qu'il pourroit choifir pour élancer quantité de grenades enfemble à l'encon-tre des ennemis , celuy-cy en eft un des plus notables, & des mieux in-ventez.

On évuide un globe de bois duquel la hauteur entiere à la largeur ( la-quelle fe doit prendre du diametre de l'orifice du mortier)a une proportion fupertripartiente les quartes, c'eft à dire qu'elle eft comme 7 eft à 4, quoy que la fefquialtere luy convient affez bien. Le fonds aura d'efpaiffeur demy diametre à caufe de la violence de la poudre ; il fera exterieurement arondy; mais par dedans il fera plat & circulaire : L'efpaiffeur des coftez fera de ¼ de toute la largeur entiere. Le chapiteau, ou couvercle aura pareillement la for-me d'un hemifphere concave par dedans,& convexe par dehors: il fe rejoin-dra avec le globe par un emboitement fort exact.

On engagera dedans par l'orifice fuperieur un tuyau de bois , de fer, ou de cuivre , qui aura de longueur la moitié de la hauteur du vuide, mais fon efpaiffeur égale à celle des coftez du globe , c'eft à dire ¼ de la largeur : On chargera ce tuyau de quelqu'une de ces compofitions que nous avons or-données cy devant pour la charge des tuyaux des grenades.

On farcira le ventre dudit Globe de quantité de grenades à main, ie veux dire de tant qu'elle en pourra contenir ; puis on remplira les efpaces vui-des d'une bonne poudre grenée. Sur toutes chofes on obfervera bien dili-gemment que tous les petits tuyaux des grenades foient tournez vers le mi-lieu du globe, c'eft à dire vers le fonds du grand tuyau;afin que tous enfem-ble puiffent prendre feu.

Le tout eftant bien ordonné de la forte , les commiffures de l'emboite-ment du chapiteau avec le globe, feront colléez fort & ferme d'une bonne colle , puis l'ayant enduit par tout fa fuperficie de poix liquide , ou de tarc-que, on l'enveloppera de linge & d'eftoupes imbuës de la mefme drogue; tout le refte fe peut affez connaître par la figure.

# Chapitre V I I.

### D'un Globe de bois compofé de plufieurs autres.

Ce globe que ie vous donne au nombre 153 eft en quelque façon femblable en effet, & en figure à ce boulet à feu deffeigné au Nomb. 141,& décrit dans la 4. efpece des mefmes globes. Voila pourquoy ce qui a efté dit cy deffus touchant la proportion des petits boulets au plus grand qui les contient, fera icy obfervé : outre cela on remar-quera les particularitez fuivantes, qui font propres & peculieres à ce globe.

1. Le Pyrobolifte prendra la groffeur des globes telle qu'il luy plaira pour moy ie leur ay donné dans noftre figure, de leurs diametres.

2. Les globes feront autant ronds qu'il fera poffible; tant à caufe de la capacité de cete figure, que de fon excellence, joint que c'eft la plus commode de toutes,comme nous avons fi fouvent redit cy deffus.

3. Les hemifpheres s'emboiteront bien proprement & juftement les uns dans les autres, à fçavoir des trois globes B C D; car pour le regard du quatriéme A, il n'eft pas fait de bois mais bien de fer: c'eft à dire que c'eft une grenade chargée de tous coftez fur la partie convexe de balles de plomb quoy qu'à la verité, ces trois premiers puiffent auffi bien eftre de fer fi l'on veut, cela depend de la volonté du pyrobolifte. Suppofé doncques qu'ils foient de bois ( ce qui ne les rend pas mefprifables ) apres avoir premiérement remply tous les vuides d'une bonne poudre grenée, & de ces petards de fer, ou de cuivre que nous avons décripts cy deffus; les plus propres pour ce globe font marquez en la figure 151 fous le lettres D E H I K L. Vous collerez bien fort les commiffures & les emboitements, par où les hemifpheres fe joignent ( ie ne vous dis rien icy de l'ordre qu'on doit tenir pour mettre les globes les uns dans les autres, veuque cela eft fort aifé à remarquer par le profil de la figure mefme ) Il faut toutéfois diligemment obferver que la grenade foit pofée en telle forte dans le plus petit des trois,qu'elle ne puiffe vaciller de cofté ny d'autre; mais que l'orifice de fon tuyau foit directement oppofé au fonds du tuyau du plus petit boulet; puis vous arrrefterez avec de la colle le fecond & le troifiéme bien ferme contre le cylindre attaché au fonds du plus petit, ( fans rien obmettre de ce que la figure vous repréfente)chacun d'eux apres fera muny tout à l'entour de lames de fer larges de deux ou trois doigts, & fort aifées à plier, afin qu'on les puiffe plus commodement ajufter fur la partie convexe des globes: en fin on les enveloppera de linge, ou de groffe toile imbuë de goûdron. On pourra auffi les relier, & les bander avecques des bonnes & fortes ficelles, ni plus ny moins que les boulets à feu. Que fi d'avanture vous les faites conftruire de fer,il n'eft pas befoin d'autres ceremonies,finon que de bien fouder les jointures par où les hemifpheres s'emboitent.Toutéfois je crains bien fort, qu'à caufe du puiffant effort qu'ils reçoivent en tombant de haut fur un terrein dur, les foûdures ne fe relachent;ou qu'ils ne fe rompent tous en piece.C'eft pourquoy on ne fera pas mal fi on les relie de bonne & forte ficelle, fuivant l'ordre de la ligature que nous avons dit avoir la figure d'une roze; laquelle eft la plus forte & ferme de toutes celles dont on fe puiffe fervir dans les enveloppes des globes pyrotechniques.

4. Tous les tuyaux qui fe font de lames de metail, ou fi vous voulez de bois, pour l'ufage des globes, doivent eftre proportionnez en telle forte que la grandeur des globes le requiert; & de la mefme façon que vous les voyez deffeignez dans leur figures. En fin on les chargera de quelqu'une de ces compofitions que nous avons ordonnéez pour la charge des tuyaux des grenades.

Au refte ie crois que ce feroit le plus court; de ne rien dire du tout, que de dire peu de chofe des meruilleux, & efpouvantables effets de ce globe l'oferay pourtant bien affeurer que fi l'on l'envoye en cét eftat au milieu des ennemis,enforte qu'y tombant à l'improvifte, & fans qu'auparavant ils s'en meffient, ils n'ayent pas le loifir de fe fauver promptement, il fer un tel defordre, tuera,& maffacrera pour le moins autant d'hommes que cent mousquetaires poutroient faire dans une décharge à travers un bataillon.

Remarquez premiérement que ie n'ay desseigné dans mon profil que trois globes seulement renfermez dans le plus grand ; mais ie veux bien que vous sçachiez qu'on y en peut mettre d'avantage ; pourveu toûtesois qu'ils soient toûjours proportionnez à la grandeur, & capacité du premier globe ; car celuy-cy doit toûjours se rapporter au vuide du mortier.

Remarquez en second lieu qu'au deffaut des mortiers on pourroit fort commodement jetter ces globes avec les balistes : si tant est que vous treuviez bon de les remettre en credit, & leur donner quelque rang parmy nos machines modernes. Ie m'imagine que ce discours donnera sujet de rire à ces petites gens qui ne voient pas plus loing que le bout de leur nez : mais c'est de quoy ie ne mets gueres en peine s'ils s'en rient où s'ils s'en raillēt, car un chacun sçait assez que ces ames peu sensées ne peuvent s'empescher de s'opposer à la verité, & que l'ignorance tient leurs esprits tellement hebetez qu'il leur est impossible de souffrir les lumieres de la raison, qui est fille legitime de la verité, laquelle de soy est tres splendide, & trop éclattante pour des yeux si foibles que les leurs. Pour moy ie m'arreste au jugement des grands personnages qui ont eu la connoissance de l'art militaire tant ancienne que moderne, sans m'amuser à vouloir persuader ces esprits de contradiction, qui ne treuvent rien de bon que les productions de leurs esprits.

Remarquez en troisiéme lieu que l'on peut faire partir ces globes hors des mortiers, avec un feu seul, ou bien avec deux, ny plus ny moins que les grenades, & les boulets à feu ; mais on aura soin de les garnir de bassins de fer ( si d'avanture ils sont de bois ) afin qu'ils puissent supporter plus aisement la violence de la poudre.

# Chapitre VIII.

### De la Pluye de feu.

Les Pyrobolistes entre plusieurs inventions desquelles ils se sont advisez, ont inventé un certain feu d'artifice, pour envoyer de loin le feu dans les maisons des places assiegéez, & sur celles-là particuliérement qui ne seront couvertes que de bardéaux, de lates, de paille, de chaûme, ou de roseaux seulement, (comme nous avons de-ja dit cy dessus) lequel il ont appellé pluye de feu, qui est ce que les Allemands expriment d'un mot de pareille substance *Fewer-regen*. La methode que l'on garde pour le preparer est de-ja assez connuë.

Faites fondre 24 ℔ de soulfre dans quelque vaisseau de terre fort l'arge, & ouvert d'embboucheure comme ces rafraichissoirs, sur des charbons ardents sans flamme neantmoins & sans fumée. Iettez-y dedans par apres 16 ℔ de salpetre, & à mesure qu'ils se fondront, brovillez-les bien ensemble avecque une spatule de fer, afin qu'il s'incorpore mieux avec le soulphre ; aussi tost qu'ils seront fondus tirez-le vaisseau du feu, de peur que le feu ne s'y prenne, puis versez dans cete matiére dissoute 8 ℔ de poudre grenée. Or cependant qu'elle se refroidira, meslez bien fort & bien viste le tout avec la spatule ; puis estant refroidie versez toute ce composition sur un marbre bien poly, ou sur quelques lames de metail, puis la separez toutes en pieces

&

& en morceaux, gros comme des noix italiques, ou comme des pommes
fauvages. Puis les ayant tous enveloppé d'un peu d'eſtoupes pyrotechniques, & faûpoudrez de farine de poudre battuë, vous les enfermerez tous dans un globe de bois; tel que vous en voyez un fous le nombre
154: cedit globe a la meſme proportion, que les recreatifs aëriens deſſeignez fous les nombres 96 & 97 &c. Puis apres rempliſſez moy bien les
eſpaces vuides qui ſe rencontrent entre ces morceaux de compoſition, d'une
bonne poudre grenée. En fin ajuſtez bien proprement à l'orifice du globe un
couvercle lequel vous collerez bien avec de la colle forte & chaude, puis le
couvrez de tous coſtez d'un linge trempé dans du goûdron.

La chambre de l'amorce ſe pourra remplir d'une matiere lente, telle que
nous en avons décript une cy deſſus pour les amorces des Globes recreatifs:
ou ſi vous le treuvez bon, quelqu'une de ces compoſitions dónt on ſe ſert à
charger les tuyaux des grenades y pourra fort bien eſtre employée: pour ce
qui eſt du reſte des circonſtances qu'on doit obſerver dans la preparation de
ce globe, elles ne different en rien de l'ordre que l'on tient pour preparer
les globes recreatifs. Voila pourquoy vous pouvez franchement y retourner pour vous en rafraichir la memoire.

Ie vous adverty ſeulement icy d'une choſe, qu'il faut tellement ſituer le
mortier, & l'élever juſques à une telle hauteur ſur l'horizon, ou le faire de-
cliner en telle ſorte de la perpendiculaire vers l'horizon, que le globe ſe
puiſſe rompre dans l'air. Par ainſi ce globe apres ſa diruption vous repreſentera une veritable pluye de feu, deſcendente, & eſparſe çà & là parmy
l'air apres que ladite matière aura eſté allumée par la force de la poudre renfermée dedans: parce meſme artifice elle tombera, & s'eſtendera ſur pluſieurs batiments, & meſme les embraſera avec autant de facilité que ſi le
globe entier eſtoit tómbé ſur une maiſon ſeulement.

Outre cete compoſition que nous avons donnée cy deſſus pour une matiere liquide (que les Allemands ont appellé *Geſchmoltzen-zeug*) vous pourrez
vous ſervir auſſi de ces ſuivantes, dont la preparation n'eſt en rien diſſemblable, à celle de la ſuperieur.

### 1.

Prenez du Soulfre 3 ℔, du Salpetre 1 ℔, de la Poudre grenée 1 ℔, de la
Limure de fer ℔ β, du Verre pulverizé ℔ β.

### 2.

Prenez du Soulfre 1 ℔, du Salpetre 1 ℔, de la Poudre grenée 1 ℔,

Ces deux compoſitions ſont de Joſeph Furtenbach, auſſi bien comme
les ſuivantes, leſquelles deviennent extrémement viſqueuſes lors qu'elles
ſe reſoudent en feu, mais ie vous dis viſqueuſes dans un tel point que pour
leur lenteur, & tenacité il eſt impoſſible de les arracher, ou de leur faire
quitter le lieu où elles ſe ſont une fois attachéez. Ceux qui ſont experts dans
cét art aſſeurent, ( avec cét autheur ) que ces compoſitions peuvent percer de part en part, une cuiraſſe de fer aſſez forte: ce que i'ay moy meſme
experimenté; ſur une lame de cuivre épaiſſe pour le moins d'une ligne, c'eſt
pourquoy ie vous les donne pour bonnes, & pour eſpreuvéez.

### 3.

Prenez du Soulfre ʒ j, du Galbin ʒ iiij, du Salpetre ʒ iiij, de la poudre grené ʒ iiij.

### 4.

Prenez du Soulfre ʒ iiiij, du Salpetre ʒ ij, de la Colophone ʒ j, de la Poudre grenée ʒ 1 β.

Dans

Dans la magie naturelle de Iean Baptiſte de la Porre Lib. 2.Chap. 10, oñ
treuve deux compoſitions toutes ſemblables,décrites ſuivant l'ordonnance
qui s'enſuit. *Bellica ſæpe inſtrumenta hujuſmodi compoſitionibus replentur, in-*
*de igneas quaſdam emittunt pilas eminus , & diſrumpuntur , ( c'eſt icy où il*
s'accorde fort bien avec nous ) *quas ſic parant:Pulverem hunc obvolvunt ſtuppâ*
*ac mixturâ quam diximus* (car un peu auparavant il a décrit une compoſition
qui brûle dans l'eau,qui eſt une invention tout à fait admirable,& de laquelle ie vous ay donné pluſieurs deſcriptions ailleurs ) *illinunt & implicant , &*
*concavas machinas replent pilis,& mixturâ viciſſim inſperſis, igneq; admoto in ho-*
*ſtiû congreſſibus pilæ per aëra projiiuntur accenſæ. Quod olei vicem expleat,& ar-*
*dentius exuratur immittunt aliqui ſuillum adipem , anſerinum , ſulphur ignem*
*non expertum , quod Græci vocant ἄπυρον ſulphureum oleum , & naphticum , ſal-*
*nitrum ſæpè purgatum , ardentem aquam , thereby, thinam reſinam , liquidam*
*picem , quam omnes Kitram vocant , vulgo dictam liquidam vernicem , vitello-*
*rum ovorum oleum , & aliquando ut molem his addat , & liquida inſpiſſet omnia,*
*lauri ſcobem immiſcent : iis vitreo vaſe occcluſis illud ſub fimo condito , per men-*
*ſes duos vel tres , alternis ſemper denis diebus innovando fimum , & remiſcendo.*
*Exemptæ inde compoſitioni , ſi ignem adjeceris , ardere non deſinit, niſi tota fue-*
*rit abſumpta, aquæ enim aſperſione , non reſtinguitur , immò accenditur : ve-*
*runtamen luto , terrâ , pulvere , & omnino quibuſvis aridis ſuffocatur : ſi caſſidi,*
*clypeo, & armatis hominibus injeceris , igne candentes reddit , ut comburi cogan-*
*tur, aut arma exuere.*
*Aliud trademus , quod valentioris eſt operationis , terebynthinæ reſinæ , picis li-*
*quidæ , & vernicis , inde picis , thuris , & caphuræ pares portiones ,vivi ſulphu-*
*ris ſeſquitertium, ſaliſnitri purgati duplum , ardentis verò aquæ triplum , & tan-*
*tundem naphtici olei ; ſed ſalicis pollinis carbonum puſillum adjicias. Hæc ſimul*
*conficiantur , & in globulos effingito, vel ollulas reple : ſic exurit, ut extinguere ſit*
*vanum.*On charge(ce dit il) fort ſouvent les machines de guerre de ſemblables compoſitions, avec leſquelles ils envoyent de loing certains boulets
remplis de feu qui ſe rompent , & ſe briſent en mille morceaux,on les prepare de la ſorte qui s'enſuit ;On envelop pe premierement cete poudre avec
de l'eſtoupe laquelle eſt imbuë de cete compoſition que nous avons dit,
puis ils rempliſſent les vuides des machines à feu , de boulets trempez de
cete dite mixtion , bref apres y avoir mis le feu,ils envoyent ces balles dans
l'air lors qu'ils abordent l'ennemy pour le combatre. Quelquêfois au lieu
d'huyle ils jettent dans ces compoſitions pour les rendre plus ardentes, de
l'axunge de porc,ou de la graiſſe d'oye , avec du Soulfre vierge , ou qui n'a
jamais paſſée par le feu , que les Grecs appellent ἄπυρον, outre cela de l'huyle de ſoulfre , de l'huyle naptique, du ſoulfre bien purifié , de l'eau de
vie, de la reſine therebinte , du tarc,ou poix liquide que quelques uns appellent *Kitre*, & vulgairement nommé vernis liquide , ou pour mieux le
faire entendre du Goûdron , ils y adjoutent encore l'huyle d'œufs, & quelquêfois auſſi pour donner corps à ces choſes liquides, il y meſlent de la raclure de bois de laurier. Tous ces ingredians, renfermez dans un vaiſſeau de verre,on le cache ſous du fumier, pendant l'eſpace de deux ou trois
mois, renouvellant toûjours le fumier de 10 en 10 jours, & remüant de
temps en temps la drogue contenuë dans le vaiſſeau. Cete compoſition
s'acquere par ce moyen une telle qualité,que ſi apres l'avoir tirée de là,vous
y mettez le feu, elle ne ceſſe de brûler, juſques à ce qu'elle ſoit tout à fait
comſommée ; car on a beau y ietter de l'eau , elle ne s'eſteint point du tout ,
au contraire le feu s'en augmente d'avantage, & s'opiniatre tellement à
                                                                    ſub.

subsister dans cete matiere malgré la froideur & l'humidlté de son ennemy,
qu'il luy est impossible de le supprimer : que si d'avanture cete matiere tombe sur un casque , sur une salade ou sur des hommes chargez d'armes , elle vous les fait paroistre tout de feu , & de flamme , en telle sorte que ceux
qui en sont atteints , sont contrains de quitter là leurs armures, & tout leur
harnois de guerre bien promptement,ou d'estre brûlez tous vifs.

Ie vous en donneray encore une autre qui fera des effeƈts pour le
moins aussi estranges que celle-cy. Prenez par exemple de la therebenti-
tine , du tarcq,& du vernis , de la poix , de l'encens , & du camphre, autant de l'un comme de l'autre ; du soulfre vif un sesquialtere , du salpetre
clarifié le double , de l'eau de vie le triple , avec autant d'huyle naptique, à
quoy vous adjousterez un peu de poudre de charbon de saulx.  Tous ces ingredians seront bien meslez ensemble.  Puis vous en formerez des balles, ou
bien vous en remplirez des petits pots ; cete composition reçoit le feu avec
tant d'avidité , que c'est perdre ses peines que de l'en vouloir separer.  Que
ceux qui auront le loisir , & les commoditez assez grandes pour en employer quelque chose à la preparation de ces compositions , qu'ils en fassent
s'il leur plait les experiences , & ils en verront les effets tels que ie viens de
dire.

## COROLLAIRE I.

Ces compositions que ie vous ay décrites cy dessus ( sauf les deux prece-
cedentes qui sont tirées de la magie naturelle du Sieur de la Porte ) doivent necessairement estre fonduës ; puis bien meslées , & incorporées ensemble : en quoy veritablement on court grand risque de se brûler.  Et ie
me souviens d'avoir veu autrefois certains Pyrobolistes,à qui le malheur arriva , faute de prevoyance , de se brûler les mains , la face, & les cheveux,
& consequemment contrains que quitter là leur ouvrage.  Or pour éviter
des pareilles accidents , ie vous donne icy une composition,qui n'a aucunement besoin d'estre fonduë sur le feu , qui pourtant produit les mesmes effeƈts que les precedentes.

Prenez du Soulfre 16 ℔, du Salpetre 8 ℔, de l'Antimoine crud 2 ℔, de
la Poudre 4 ℔,  battez bien toutes ces matieres, meslez-les, & les incorporez bien ensemble: dissoudez par apres de la colle commune dans de l'eau
boüillie , ou si vous voulez de la gomme arabique , ou de prunier,ou de ce-
rifier dans de l'eau froide , ou tiéde seulement , & la versez sur vostre composition , dans un pot de terre vernissée , ou dans quelque autre vaisseau
de fer , ou de cuivre : meslez bien le tout avec la spatule,ou avec les mains:
formez par apres des boulets telle grosseur que vous jugerez  le plus à propos ; ou pour avoir plustost fait versez vostre composition sur une lâme de
fer , puis la côupez en morceaux oƈtangulaires , ou faits à peu prés comme
des cubes ; lesquels vous exposerez au soleil pour les faire seicher , ou bien
vous les mettrez dans un poësle , où ils se desseicheront peu à peu.  En fin
quand vous en aurez besoin,vous en chargerez vos globes suivant l'ordre &
la methode que nous avons donnée cy dessus.

## COROLLAIRE II.

Que cete pluye de feu, laquelle nous avons si amplement décripte cy dessus , ait tirée son origine du feu Grec des Anciens , les tesmoignages
des antiquitez nous en font assez de foy. Quelques uns (comme nous avons
dit cy devant au Chap. 2.Liv. 2.) en attribuënt l'invention à un certain Marcus

cus Grachus ; mais neantmoins Iean Zonaras nous affeure qu'il a efté inventé par les Grecs auparavant les temps de Conftantin Pogonat Empereur des
Grecs. Nicetas Choniates *in Iaacio*, en parle de la fс rte. *Injicitur ædfi-
ciis miferorum qui ad mare fiti ignis Græcus , quem tegentibus quibuſdam vaſis
fopitum habuerant , is ſtatim more fulminis erupit , & exiluit , & incendit quæcunque nactus eſt , & incidit.* Il dit qu'on jettoit fur les edifices de ces miferables peuples qui habitoient les coftes de la mer un certain feu grec lequel
on tenoit comme enfeveli dans des certains vaiffeaux qui le couvroit entiérement ; puis apres fortoit de là comme fi c'eut efté un foudre,lequel mettoit le feu par tout où il tomboit.

D'autres ont appellé ce feu grec πῦρ υγρὸς comme qui diroit feu humide,
à cause qu'on avoit remarqué qu'il brûloit veritablement furλ'eau,joint qu'il
refiftoit puiffamment à l'humidité ; Or afin que ie m'acquite de ma pro-
meffe,en voicy la compofition telle que ie l'ay tirée de Scaliger, exercit.13.
*Etſi in fulminis hiſtoria multiplici multas agnoſcimus ſubtilitates , tamen non
hic repetenda duxi , quæ in Problemata noſtra ſuo digniſſimus ordine. Nunc de
ignibus , igneiſque pulveribus , atque materiis cum hic ſcribas , eorundemque com-
ponendorum doceas rationem : mirum quare & non inde nomen aucupatus ſis: ubi
admirabilium modus ignium conficiendorum ſcriptus eſt. Circumferuntur enim
multi commentarii , qui ipſos vocant Græcos ignes. Qui igitur ex Arabicis libris
aliquot olim excerpſiſſem : libenter unum aut alterum ſubjiciam. Ignis ferrum
deſtruens, inventum filii Amram. Picis liquidæ: ſic enim interpretor Zerf, Gummi
Iuniperi , quod Samag Agar , in vocem Sandarax corruptis elementis tranſmuta-
runt,Olei è lacryma terebynthi,Olei ex bitumine, Olei de ſulphure, Olei de nitro, Olei
ex ovorum vitellis , Olei laurini, ſingulorum partes ſenas. Pulveris Dhmeſt , id eſt
Lauri ſiccæ , Capur , utriuſque in aqua vitæ macerati , ana partes quatuordecim.
Saliſpetræ ad pondus omnium, Indita in vas vitreum oris anguſti , benè lutato,
& obturato , infodiantur in ventre equino per menſes ſex. Quarto quoque die a-
gitentur : deinde diſtillentur in ſeraphino. Sub his Arabicis alia deſcriptio Catala-
nica lingua. Recrementi lacrymæ laricinæ , quod reſidet ex olei diſtillatione , o-
lei ejuſdem , picis liquidæ,picis cedri , camforæ,bituminis,mummiæ,ceræ novæ , a-
dipis anatis , ſtercoris columbini , Olei ex vivo ſulphure , Olei juniperini , laurini ,
lini, canabis, pitrolei, Olei philoſophorum , Olei vitellini , ſingulorum ſemilibram.
Salis petræ libras decem : Salis ammoniaci uncias ſeptem. Imbuantur aquà ardenti omnia ita , ut cooperiantur : tunc ſepulta in equi ventre tertio quoque die :
& lectus renovetur. Poſt hæc extrahatur anima à Seraphino ; quam ſpiſſabis bu-
buli ſtercoris pulvere tenuiſſimo : In hoc Semimaurus ille canit miracula. Vel ſolis
radiis ignem concipere. Neque id , in quo eſt , urere , ſed admota ſolà urina , aut
aceto extingui , injecta vè terra ſuffocari poſſe. In ipſa aqua invictum pertinaciter ardere : tantum abeſſe , ut ab ea quicquam patiatur. Eſt porro quædam ſubtilitas animadvertenda. Siquidem & Oleum laricinum poſcit , & ejus diſtilla-
ti fæcem. At utrumque erat in ipſa lacryma. Vtrumque igitur ſuffeciſſet hæc. An
hoc fecit : quia non ex æquo utrumque continet lacryma ? ſeparatorum igitur æ-
quæ partes appendi poſſunt. An in Oleo deſtillato, aliquid empyreumatis impreſſum
eſt : neque minus in fæce ipſa ? tum ipſa fæx terreſtrior facta eſt. Quare & perti
nacior. Hos ignes in vaſa conjectos etiam nunc in hoſtes jaculantur* il faut bien remarquer icy ce qui fait le plus à noftre affaire ; toutéfois nous pourrons ra-
porter la plus part de leurs effets à nos pots à feu defquels nous parlerons
cy apres. *Id vaſis genus apud veteres Grecos ἀsίηχε dicebatur.*

Il paroit doncques bien par le rapport des autheurs que le feu grec a eu
les mefmes vertus, & à efté employé dans les mefmes ufages, que nous
em-

employons maintenant noſtre pluye de feu , à ſçavoir pour embraſer les maiſons dans les villes , & places aſſiegées:ie ſuis ſeulement en doute d'une choſe , & pour dire vray ie ne ſçais qu'en dire pour en parler avec verité, à ſçavoir comment ce feu pouvoit demeurer caché & aſſoupi ( comme Nicetas Choniates nous le rapporte cy deſſus ) ſans qu'il fit ſes efforts pour ſortir de là avant qu'il fût arrivé au lieu où l'on l'envoyoit. Ces vaiſſeaux qui contenoient cete matiere combuſtible eſtoient-ils peut-eſtre conſtruits de la meſme façon que ces grenades que nous avons preparéez cy deſſus, & appelléez borgnes ? ou peut-eſtre eſt ce qu'ils eſtoient faits d'argile, & qu'on y attachât des méches allumées portans force feu , leſquels venans à rencontrer quelque objet dur en tombant ſe rompoient,& dans ce choc violent ſecoüoient le feu ſur la matiere eſparce çà & là , comme on void arriver dans la diruption de nos pots à feu ? Ou plûtoſt ( comme ie le veux croire) allumoit on la matiére renfermée dans ces vaſes, premier que de les envoyer avec les machines dans les lieux où ils eſtoient deſtinez ?

Pour moy ie ne void rien qui pût obliger ces vaiſſeaux à ſe rompre , à moins qui fuſſent de terre , ou de bois , car il n'eſt pas poſſible qu'eſtant de fer ou de cuivre , ils ſe puſſent briſer par la ſeule violence de la matiére renfermée ; veu que ſa vertu ne s'eſtendoit que juſques à un certain degré de vehemence , & qu'elle eſtoit ſuſceptible d'un feu inextinguible ; car encore bien qu'elle eut une aſſez grande quantité de poudre meſlée parmy ſa compoſition ( ce qui eſt difficile à croire ) ſi eſt-ce qu'elle n'auroit pas eſté aſſez puiſſante , pour faire crever , & rompre des vaiſſeaux compoſez,d'une matiére dure , & compacte , tels que ſont les metaux , comme pourroit faire noſtre poudre pyrique , à qui ſeule il eſt permis de produire des pareils effets , & privativement à toutes autres matieres,tant naturelles qu'artificielles. ( il y en a qui racontent des merueilles touchant les eſtranges effets de l'or fulminant,par leſquelles il ſemble non ſeulement égaler,mais encore ſurpaſſer de bien loin les operations de noſtre poudre pyrique , à quoy i'ay auſſi en partie conſenty : mais comme ſes operations ſont directement contraires aux effects de noſtre poudre , & que l'on ne la peut pas mettre en uſage dans nos feux d'artifices, comme cete dite poudre : voila pourquoy on ne le mettra point au rang de ces matieres ) c'eſt ce qui ſe rencontre tres veritable dans toutes les compoſitions pyrotechniques que nous appellons *lentes* , leſquelles outre quelques unes encore de celles dont le feu grec eſt compoſé , contiennent non ſeulement du Salpetre , mais auſſi de la poudre battuë , & meſme quelque portion de poudre grenée ; qui neantmoins, eſtant allumées dans les tuyaux , ou dans les globes, où l'on les aura miſes, ne les endommageront en rien , ſi ce n'eſt d'avanture que ces vaiſſeaux ſoient trop minces,& trop delicats , ou qu'ils n'ayent pas eſté bien enveloppez de toile trempée de poix liquide , ou bien que le feu qui s'eſtoit attaché de-ja à la matiére , & qui en avoit de-ja apprehendé une partie , s'efforçant à ſortir , ne peut reſpirer l'air qu'avec grande difficulté. Outre cela on prepare encore des matieres lentes, avec de la poudre ſimplement battuë , deſquelles on remplit pareillement des cartouches de bois ou de papier, qui toutéfois ſont hors de danger de ſe rompre : ie vous laiſſe à penſer combien moins doivent craindre cét accident ces vaiſſeaux de fer & d'airain tels que ſont nos grenades ? leſquels à grand peine peuvent eſtre briſez par la violence de la poudre grenée ( car notez que d'abord qu'elle a perdu la forme de ſes grains, elle perd quant & quant la force & la vertu qu'elle avoit pour forcer les vaiſſeaux de metail, voire meſme ceux de bois ou de

ter-

terre, s'ils font tant foit peu efpais, bien enveloppez de toile & d'eftoupe Goûdronnée, ou liez bien fermes par dehors d'une bonne corde, ou forte ficelle.

Nous conclurons doncques que ces vaiffeaux qui contenoient le feu
Grec, eftoient de bois, ou de metail, ouverts, & non fermez de mefme
que font nos pots à feu qui font maintenant fi fort en ufage dans la pyrotechnie. Difons de plus que la matiére renfermée dans leurs capacitez,
eftoit couverte de quelque autre compofition fort lente, pour empefcher
que le feu ne fut premier introduit dans la matiére violente, que le vaiffeau
ne fût arrivé dans le lieu où l'on l'envoyoit. Ou bien il faut croire qu'on
ajuftoit dedans quelque morceau d'efponge, ou de mefche allumée à l'entrée du vaiffeau, lequel on bouchoit peut-eftre d'une toile; ou d'une petite rotule de bois qui ne s'arreftoit point ferme fur ledit orifice : & par ainfi
la matiére qui eftoit cachée venant à prendre feu fortoit impetueufement,
& confequemment brûloit & devoroit, tout ce à quoy elle pouvoit s'attacher.

Ie ne nie pas pourtant que ceux qui s'en fervoient n'avoient, affez d'invention pour faire enforte que ces vaiffeaux de bois ou d'argile fe rompiffent
dans l'air premier qu'ils vinffent à tomber fur terre & que la matiere rem-
fermée dedans fût efparfe de tous coftez fans eftre allumée : laquelle il e-
ftoit impoffible de voir, ny de connoiftre apres qu'elle eftoit tombée, &
beaucoup moins la deftacher des lieux où elle fe prennoit : auffi d'abord
ne faifoit-elle aucun dommage ; mais à quelque temps de là venant à s'ef-
chauffer par les rayons du foleil ( ce qui eft ayfé à fe perfuader fuivant les
parolles de Scaliger ) ou par le fouffle du vent, ou par l'eau de la pluye,
ou mefme par la rofee du foir ( ie vous décriray cy deffous des compofitions
qui ferons ces effets ) elle ne manquoit à concevoir le feu ; d'où s'enfui-
voit l'incendie des bâtiments, & confequemment de villes entiéres. Or comme nous nous fommes apperceu que les compofitions de cete nature, formées en plottons, ou bien en petits cubes, eftans renfermées dans nos
globes de bois, pouvoient par la violence de la poudre eftre efparfes & def-
unies dans l'air, & de là en apres defcendre allumées, ou non, fur les maifons
des places affiegées ; i'ay treuvé bon de vous décrire les compofitions fuivantes, & de vous donner tout d'un temps le moyen de les preparer fuivant l'ordre qu'en ont laiffé les autheurs : quoy que celle que nous avons
décrite cy deffous de Scaliger ne foit pas des plus mauvaifes ny des plus
ineptes pour cét ufage.

Iean Baptifte de la porte en fon liv. 2. Chap. 16. *Ignea mixtura aquam
fol accendere poteft. Maximè autem fervens in meridie, & id præcipuè illis regionibus, ubi fol flagrat, vel fub caniculæ ortum, nec aliunde evenit, nifi accen-
dibilium rerum compofitione, hanc tamen fedulo parabis, qualis eft quæ ex his
conftat : Caphura paretur, inde vivi fulphuris : trebynthinæ refinæ, juniperi,
& vitellorum ovorum oleum, pix liquida, colophonia in pulverem redaĉta, fal-
nitrum, & omnium duplum ardentis aquæ, arfenici, & tartari pufillum : hæc
omnia bene tufa, & remixta, vitreo condas vafe : quod per duos menfes obrutum immorari oportet, fimum femper innovando, & remifcendo, eodemque ( ut
docebimus ) eliciatur aqua vafe, hæc infpiffetur, vel noftro pulvere* ( il entend
icy une certaine poudre, de laquelle il a montré la preparation cy deffus
pour les globes brulans dans l'eau ) *vel ftercore columbaceo & tenuiter cribrato,
ut ftrigmenti formam habeat, ligna delinito* ) on en pourra auffi fort commodément former des petits plotons, ou des cubes comme nous avons dit
ail-

àilleurs ) *vel aliqua combuſtibilia , & æſtivis ſole utitor diebus. Hæc omnia Marco Gracho adſcribuntur. Vim retinet comburendi maximam columbaceum ſtercus.* ( I'ay experimenté auſſi fort ſouvent que la fiente d'oye, de canard, & de poulle meſme, eſtant bien ſeiche, qui de ſoy eſt un excrement fort chaud, n'eſtoit pas des plus meſpriſables dans ces compoſitions ) *Refert Galenus in Myſia, quæ eſt Aſiæ pars ſic domum conflagraſſe : Erat projectum columbaceum ſtercus, in propinquo feneſtram tangebat, ut jam contingeret ejus ligna, quæ nuper illita reſinâ fuerant, cui jam putri & ex calefacto, & vaporem edenti, media æſtate cùm ſol plurimus incidiſſet, accendit reſinam, & feneſtram, hinc fores aliæ reſinâ quoque illitæ, ignem concipere, & ad tectum uſque ſubmittere incipiunt: ubi autem à tecto ſemel eſt accenſa, flamma celeriter in totam graſſata eſt domum, cum maximam habeat inflammandi vim*

Le meſme au meſme lieu: *Ignem qui oleo extinguitur, & accenditur aqua, fieri ſi opus ſit, ea ſunt conſideranda, quæ facilius in aqua ardent, vel in ea ſponte accenduntur, uti caphura & viva calx: unde ſi cera, naphta, & ſulphure mixtum compoſueris, ignemque concipiens, ubi oleum injeceris, vel cænum, extinguitur: reviviſcit enim, & majorem concipit ignem infuſa aqua. Hac ſiunt compoſitione faces, quæ fluminum trajectu, & pluvioſis locis non extinguntur. Narrat Livius, vetulas quaſdam in eorum ludis, accenſis facibus ex his confectis, Tyberim tranaſſe, ut miraculum ſpectantibus, & cernentibus oſtentarent.*

Faiſons parler tous ces autheurs un language plus vulgaire que celuy-là , afin que pluſieurs les puiſſent entendre. Iean Baptiſte de la porte nous raconte doncques d'une certaine mixtion de drogues, laquelle s'allume aux rayons du ſoleil , particuliérement dans ces regions où le ſoleil eſt exrrémement chaud , ou qui ſont directement ſous la canicule , laquelle n'eſt faite que de matieres fort combuſtibles ; voicy comme il veut qu'on la prepare, & les ingredians qui entrent dans ſa compoſition. Premiérement prenez du camphre, puis de l'huyle de ſoulfre vif, de terebenthine , de genevre, & de jaunes d'œufs: prenez encore de la poix liquide , de la colophone pulverizée, du ſalpetre, de l'eau de vie le double de tout ; adjoutez à tout cecy un peu d'arſenic , & autant de tartre. Toutes ces drogues eſtant bien réduites en poudre , & meſlées enſemble , ſeront miſes dans un vaiſſeau de verre : que vous enſevelirez ſous du fumier , l'eſpace de deux mois entiers, ayant ſoin de renouveller ſouvent le fumier , & de remuër ce qui eſt dans le vaiſſeau , puis par le moyen du meſme vaiſſeau, on en tirera l'eau ( ſuivant la methode qui je diray cy apres ) laquelle on eſpaiſſira , ou avec noſtre poudre ( parlant de celle qu'il a enſeignée un peu auparavant laquelle brûle dans l'eau ) ou bien avec que de la fiente de pigeons paſſée bien deliée par le tamis, en ſorte qu'elle prenne à peu prés la conſiſtence d'une boüillie : Puis enduiſez-en les bois , & tout ce que vous trouverez de combuſtible dans un bâtiment , pourveu toûtefois que vous le faſſiez en plein eſté , & lors que le ſoleil élance le plus ardemment ſes rayons ſur ces corps qui luy ſont oppoſez: on croit que tout cecy vient de l'invention de Marcus Grachus. Pour ce qui eſt de la fiente de pigeons, il eſt tres certain qu'elle a des grandes diſpoſitions pous concevoir le feu , & le mettre en quelque lieu que ſe ſoit , pourveu qu'il treuve des diſpoſitions ſuffiſantes dans la matiere pour recevoir ſa forme. Galien nous rapporte que dans la Myſie , qui eſt une partie de l'Aſie, il y eût une maiſon brûlée de la ſorte : On avoit jetté hors d'un colombier quantité de fiente de pigeons, ſi proche de la feneſtre d'un bâtiment voiſin qu'elle touchoit immediatement au bois de la

croi-

croiſeé, que l'on avoit peu de temps auparavant enduite de reſine. Or comme ce bois eſtoit de-ja pourry, eſchauffé, & plein de vapeurs chaudes, le ſoleil venant à darder ſes cayons dans les jours les plus ardents de l'eté ſur cete matiére diſpoſée à recevoir la forme du feu, alluma tout auſſi toſt la reſine, & conſequement la feneſtre, en ſuite de quoy les portes qui eſtoient auſſi enduites de pareille matiére s'enflammerent, & delà le feu paſſa juſques au toict, où s'eſtant une fois attaché, l'incendie ſût bien toſt univerſelle par toute la maiſon, & conſomma tout ce qu'il treuva de combuſtible, tant cét élement a de force pour devorer ce qui s'oppoſe à ſa violence.

Le meſme autheur nous advertit dans le meſme endroit qui ſi l'on veut preparer un feu qui ſe puiſſe eſteindre avec de l'huyle, & allumer avec de l'eau, il faut bien obſerver les choſes qui brûlent le plus ayſement ſur léau, ou qui de leur bon gré s'y allument, comme par exemple le camphre, & la chaux vive, d'où vient que ſi vous faites une compoſition de cire, de napre, & de ſoulfre, & que vous y mettiez le feu, ſi vous jettez deſſus de l'huyle, ou de la boüe, elle s'eſteindra infailliblement: mais ſi par apres vous l'arroſez d'eau par deſſus elle reprendra vie, & fera éclatter un feu plus grand qu'auparavant. C'eſt de cere compoſition qu'on fait ces ſalots & flambeaux qui ne s'eſteignent point à la pluye, ny pour traverſer les riviéres. Tite Live nous raconte que dans leurs jeux, & recreations certaines vieillottes paſſoient à travers le Tybre avec des flambeaux allumez, compoſez de ces matiéres, pour faire croire au peuple qu'elles faiſoient des miracles.

Cardan dans ſes ſubtilitez: *Aqua ſolet vehementes accendere ignes, quoniam humidum ipſum quod exhalat pinguius redditur, nec à circumfuſo fumo abſumitur; ſed totum ignis ipſe depaſcitur, quo purior inde factus, & ſimul collectus, à frigido alacrior inſurgit, unde etiam ignes qui aqua excitantur, & accenduntur, conſtant pice navali, & Græca, ſulphure, vini fæce, quam vocant tartarum, ſarcocolla, halinitro, petroleo. Relatum hoc ad Marcum Grachum, Additur igitur calx viva duplo pondere, & cum ovorum luteis pariter miſcentur omnia, & in ſimo equino ſepeliuntur.*

L'eau a de coûtume de produire des grandes incendies, par l'accroiſement qu'elle donne au feu, la raiſon eſt que l'humidité qui en exhale en devient bien plus graſſe, & n'eſt pas ſurpriſe, ni acablée de la fumée qui l'environne, mais au contraire eſt entiérement devorée du feu; d'où vient que eſtant purifié, & reüny par ce froid, il s'éleve plus gayement en l'air que ſi il n'avoit pas reſſenti ſon contraire. Voila pourquoy les feux qui s'allument dans l'eau doivent eſtre faits de poix navale, de poix Grecque, de ſoulphre, de lye de vin qu'on appelle du tartre, de ſarcocolle, de halinitre, & de petrole, cecy ſe raporte à Marchus Grachus. On adjoute encore le double de chaux vive puis on meſle le tout également avec des jaunes d'œufs en fin on enſevelit tout dans du fumier de cheval.

Le meſme au meſme lieu: *Olei petrolei, juniperini olei, & halinitri, æquales ſingulorum partes; nigræ picis, pinguedinum anſeris & anatis, ſtercoris columbini, liquidæ vernicis, rurſus ſingulorum tantundem; aſphalti partes 5: excipe ardenti aquâ & in ſimo equino ſepeli.*

Prenez de l'huyle de petrole, de l'huyle de genevre, & du halinitre, de chacun parties égales; de la poix noire, de la graiſſe d'oye, & de canart, de la fiente de pigeons, du vernis liquide, autant de l'un comme de l'autre; de l'aſphalte ou bitume 5 parties, mettez toutes ces drogues dans de l'eau de vie, & les enſeveliſſez ſous du fumier de cheval.

Dans

Dans le mesme endroit le mesme autheur ordonne : *Vernicis liquidæ , sul-*
*phurei olei, & juniperini , & olei lini , & petrolei, lacrymæ larignæ , partes æquas*
*singulorum ; aquæ ardentis tres & mediam; tum halinitri , ligni laurini sicci , in*
*pulverem redactorum quantum sufficit , ut omnia simul mixta, luti spissitudinem*
*recipiant. Hæc omnia vitreo vase excipe, & in fimo equino tribus mensibus sepeli.*
*Si igitur ex his pilæ lignis hæreant , spontè imbribus accenduntur ; sed hoc non*
*omnino semper euenit. Illud autem semper euenit, ut jam accensus nullis aquis ex-*
*tinguatur.*

Prenez du vernis liquide,de l'huyle de soulfre & de genevre,de l'huyle de
lin,& de petrole,de la gomme de pin,de chacun parties égales; 3 parties & ;
d'eau de vie,du halinitre , & du bois de laurier sec, & mis en poudre autant
qu'il en faut pour espaisir la composition,& luy donner la consistance d'une
boüillie assez espaisse pour en former des plotons : mettez tous ces ingredians dans un vaisseau de verre, & l'ensevelisses trois mois dans du fumier de
cheval. Que si doncques apres ce temps vous formez des balles de cete matiére , & que vous les attachiez contre du bois , elles s'allumeront d'elles-
mesmes à la pluye,mais l'affaire ne reüssit pas toûjours comme l'on desire.
Il est bien vray que lors qu'elles sont une fois allumées , il ny a aucun mo
yen de les éteindre avec l'eau.

Scaliger exercit. 13. *Deinde reperiri in libello qui doceret multa salis , multa*
*conficere aluminis genera , ignis confectionem, qui sputo accendatur. Furibus hunc,*
*atque latronibus maximo esse usui (* le pirobóliste le peut aussi utilement mettre en pratique dans les feux d'artifices qui se mettent en usage dans diverses ocurences de guerre , où se font les veritables larcins d'honneur *) Olei*
*sulphurini,laricini, cedrini , picis liquidæ ana uncias quatuordecim. Salispetræ*
*uncias sexdecim. Salis ammoniaci , vitrioli, tartari calcinatorum, ana uncias octo.*
*Magnetis calcinati , calcis vivæ ex silicibus fluvialibus , ana semunciam. Sevi,*
*adipis anatis,ana uncias sex. Aquæ vitæ cooperta omnia sepeliantur in equi ventre*
*per menses tres, in margine scriptum fuit , in equæ fætæ ventre. Quarto quoque*
*die conturbantur : Tum igni decoquuntur, quoad abeat liquor , & remaneat fæx.*
*Ea vase rupto extrahitur, ac teritur. Hoc aspersu pulvere si aqua perfundatur igne*
*concepto ardere. Hæc ego hic posui circulatorum hostis maximus, quo & illud Cte-*
*siæ Cnidii mendacium apponere liceret. Is ex fluviatili verme Indico excipit ole-*
*um : cujus illitu, aut aspersu Persarum reges sine ullo igni urbes hostium incendio*
*absumere consuevissent.*

Scaliger exercit. 13. j'ay rencontré dit-il dans un petit livre un certain secret qui monstre à preparer plusieurs sortes de sel, & d'alun , voire mesme
à faire un feu qui s'allume avec un peu de crachat, c'est de quoy les larrons,
& voleurs de nuits se sçavent fort bien servir . On prend de l'huyle de
soulfre , de sapin , de cedre, de la poix liquide de chacun quatorze onces ;
du Salpetre seize onces, du sel Ammoniac,du vitriol, du tartre calciné de
chacun huit onces , de l'aimant calciné, de la chaux vive faite de cail
loux de riviere, de chacun demye once, du suif, de la graisse de canart de
chacun six onces. On abbreuve toutes ces drogues jusques par dessus
avec bonne eau de vie dans quelque vaisseau propre pour cet effet; puis
on l'enferme dans le ventre d'un cheval trois mois tous entiers, (il y avoit
écrit à la marge, dans le ventre d'une cavalle pleine) On remue le tout bien
proprement de quatre en quatre jours; ce temps expiré on fait boüillir la
composition sur un feu assez grand, jusques à la consomption de toute la
liqueur,en sorte qu'il ny demeure que la lye, puis pour la tirer de là on

rompt

rompt le vaiſſeau, apres on la pulveriſe, Que ſi vous jettez de cete poudre
ſur l'eau, elle ne manquera pas de concevoir auſſi toſt le feu, & de brûler
gaillardement, j'ay décrit cecy tout à deſſein, comme eſtant ennemy capital
des Charlatās, Empiriques, Vendeurs de mithridat, & Conteurs de ſornettes,
à quoy nous adjouterons encore un conte fait à plaiſir rapporté chez Cteſius Cnidius; celuy-cy ſçavoit extraire une huyle d'un certain vermiſſeau
des Indes, de laquelle les Roys de Perſe frotans, ou arrouſans ſeulement les
murailles des villes aſſiégées, ils les pouvoir faire brûler entiérement, ſans ſe
ſervir d'aucun autre feu.

Ælian en ſon liv. 5. Hiſt. Arim. chap. 5. & Ammian liv. 23. racontent pareillement que les Perſes ſe ſeruoient d'une certaine huyle, avec quoy ils
mettoient le feu aux villes, & en embraſoient les portes tellement qu'il eſtoit impoſſible d'en eſteindre les flammes avec l'eau meſme, à cauſe d'une
certaine vertu conjointe à ſa nature qui reſiſtoit particuliérement à cét élement : Or elle eſtoit compoſée de napte. Mais ſi le rapport de Cteſius Cnidius touchant cete huyle des Perſes paroiſt une fable, ou un menſonge à
Scaliger, que diroit-il doncques d'une certaine eau dont Leonard Fronsberger fait mention, laquelle a une vertu ſi eſtrāge, & ſi merueilleuſe, qu'une
piece de canon en eſtant chargée, elle peut envoyer un boulet à la diſtance
de 3000 pas ? Il la compoſe de ſix parties d'eau de ſalpetre, de deux d'huyle de ſoulfre, de trois d'eau de ſel ammoniac, de deux parties d'huyle benite,
ou de baûme. Pour ce qui eſt de cela je n'en veux point douter, nō pas même
en deſavoüer l'invention, que premiérement je n'en aye fait les experiences.
Toutéfois je ne treuve pas que Scaliger a eu beaucoup de raiſon de dire, ou
de croire que cecy fût un menſonge, ou une ſupercherie de ces debiteurs de
fumée, car pour moy je crois fermement que cela ſe peut faire, & vous
pouvez bien auſſi le croire puis que j'ay moy meſme experimenté, à ſçavoir que l'on peut facilement faire des certaines compoſitions leſquelles
eſtant arrouzées d'eau concoivent auſſi toſt le feu, puis s'emflamment bien
toſt apres, ſans qu'on en approche aucunement le feu. Or la cauſe de cét effet conſiſte particuliérement en la chaux vive, avec quoy on meſle certaines
portions d'autres matiéres chaudes & ignées : je vous en donneray icy deux
compoſitions de noſtre invention, leſquelles j'ay moy meſme épreuvées.

### 1.

Prenez du Salpetre 10 ℔, du Soulfre vif 6 ℔, de la Chaux vive 20 ℔.

### 2.

Prenez 6 ℔ de Salpetre, 4 ℔ de Soulphre, d'Encens ℔ β d'Huyle de lin
℔ β d'huyle de Petrole ℥ iiij, de la Poudre pyrique 8 ℔. de la Chaux vive 12 ℔,
du jus d'oygnons 1 ℔.

Les deux ſuivantes ſont de Fronsberger.

### 1.

Prenez égales portions d'Encre, de Soulphre & d'Huyle de jaunes d'œufs:
vous les mettrez dans une poëſle de terre verniſſée, & les ferez bien frire
enſemble ſur un bon feu de charbon, en ſorte qu'apres une longue ébulli-
tion, la matiere ſe ſoit acquiſe la conſiſtance d'une confection : adjoûtez y
encore un quart de cire, & l'incorporez bien avec le tout : en fin conſervez
la bien dans une veſſie imbuë d'huyle puis en bouchez l'orifice avec
un peu de cire, ſi exactement que l'air n'y puiſſe avoir aucun accez. Cét
autheur nous aſſeure que cete compoſition eſtant expoſée au vent en quelque lieu decouvert, elle ſe peut allumer, & qu'eſtant arrouzée d'eau de pluye
elle produit des flammes en abondance, & dit encore que ce feu qu'elle

vo-

vomit de la forte, gafte, ruine, & devore tout ce qui veut s'oppofer à fa violence.

**2.**

Prenez de la Chaux vive de Venize, de la Gomme Arabique, du Soulfre,
de l'Huyle de lin, de chacune portions égales, mettez les toutes en une
maffe; puis lors que vous en voudrez voir des effets, vous l'arroferez
d'un peu d'eau, qui luy fera concevoir le feu tout auffi toft, & jetter des
flammes de tous coftez.

A ces deux ici vous en pourrez adjoûter vne troifiéme, & une quatriéme
fi vous voulez, tirées chez Hiérome Ruffel Italien: à fçavoir les compofitions d'une piérre, laquelle eftant trempée d'eau, ou de falive feulement s'allume tout auffi toft. Prenez doncques de la Chaux vive, de la Tutie qui ne foit
point preparée, du Salpetre clarifié par plufieurs fois, (fuivant la derniere
methode que je vous en ay donnée) de la pierre d'Aymant de chacun une
partie, du Soulfre vif, et du Camphre de chacun deux parties : mettez tout
dans un pot de terre neuf affez eftroit : ajuftez ce vaiffeau dans un creufet affez ample, puis le couvrez d'un autre de pareille grandeur, & les
liez bien enfemble d'un fil de fer; puis luttez les jointures bien proprement,
avec de la terre de fapience, en forte que ce qui fera dedans ne puiffe refpirer l'air; en fin quand le luttement fera bien feiché, on mettra ces creufets dans un chaux-four, ou dans un fourneau où fe cuit la brique, & les lai-
ra-t'on là cuire à grand feu : puis lors que la chaux fera confommée, ou que
la brique fera cuite, on les tirera de là : en fin fans autres ceremonies, vous
cafferez les creufets, d'où vous tirerez un corps dur comme une pierre.

L'autre que le mefme autheur a inventée eft telle ; Prenez du Baûme, ou
de l'Huyle benite, 1 ℔. de l'Huyle de lin 3 ℔, de l'Huyle d'œufs 1 ℔, de la
Chaux vive 8 ℔, meflez tout enfemble & les incorporez comme il faut. Il
affeure que tout ce qui fera enduit de cete compofition, brûlera infailliblement fans qu'on puiffe apporter aucun remede, pour en éteindre ou fuffoquer les flammes, particuliérement fi cete matiére vient à eftre moüillée de tant foit peu de pluye. Quelques uns croyent qu'Alexandre le grand
a efté le premier inventeur de cete compofition.

Quiconque en voudra fçavoir d'avantage touchant cete matiére qu'il s'en
aille vifiter ces autheurs, ils luy en diront des nouvelles. Ie vous adverty
feulement que ces matiéres eftant bien efpreuvées peuvent eftre employées en quantité d'ufages dans la pyrotechnie, car outre tous ceux-là pour
lefquels elles ont efté inventées, elles pourront encore fervir pour allumer
des feux dans l'eau : comme par exemple fi l'on avoit deffein de brûler des
ponts de bois, on pourra mettre cete invention en pratique fçavoir en faifant defcendre au fonds de l'eau, certaines petites barques, ou chalouppes,
ou bien des caiffes & coftres de bois bendéz & reliez de bandes de fer, armez de grenades chargées de poudre, & remplis entre les vuides de quelqu'une de ces matiéres, à condition toutéfois, que ces petits vaiffeaux ou
coffres feront couverts par deffus, bien fermez, & bien enduits de poix,
refervée feulement une fort petite ouverture, par laquelle l'eau puiffe fe glif-
fer infenfiblement dans la matiére; Remarquez de plus que le corps entier
de ce poids doit eftre tel, qu'il ne pefe ny plus ny moins qu'une maffe
d'eau de pareille groffeur, pour les raifons que nous avons dites ailleurs, &
afin qu'il foit porté avec plus de facilité vers le pont qu'on veut embrafer,
comme par un fecond flux d'eau, là où il s'attachera avec des bons crampons artificiellement ajuftéz, jufques à ce que les grenades prennent

O o 3

feu par le moyen de cette matiere qui les environne, (apres qu'elle mefme fera allumée, ) & que par leurs effets ordinaires , elles puiffent ruiner, brifer, & boulverfer le pont où l'on s'eft attaché.

Si la curiofité vous porte à voir de ces petits vaiffeaux nageans entre deux eaux Marinus Merfennus nous en décrit quelques uns dans fon Coroll. 2. prop. 49 de fes Hydraul : & dans fon Liv. 2. Art. Navig : auffi fait Harmon prop. 6. advertiffement 5. D'où l'ingenieux Pyrobolifté pourra tirer quantité de belles chofes, & les appoprier aux ufages de fes feux artificiels: pour moy je me contente de vous les avoir montré au doigt pour vous obliger à les aller rechercher.

# Chapitre IX.

## Des Globes Luyfans.

Nous avons fait voir dans la feconde partie de ce livre au Chap. 3. Coroll. 1. Comment on devoit preparer les Globes Luyfans, tels qu'on a de coûtume de les employer dans les feux d'artifices recreatifs. Il me refte maintenant à vous expofer la feconde efpece des mêmes globes qui font militaires, plus dangereux, & plus propres à faire des executions de guerre que non pas les premiers. En voicy doncques.

## Efpece 1.

Diffoudez fur le feu dans un vaiffeau de terre verniffée, ou d'airain, égales portions de Soulfre, de Poix noire, de Poix refine , & de Terebenthine : Puis prenez moy un globe de pierre ou de fer dont le diametre foit tant foit peu moindre que le diametre du canon , ou du mortier, où l'on veut faire fervir ledit globe, plongez-le dans cete matiére fonduë d'abord que vous le verrez trompé par toute fa fuperficie exterieure, tirez-le de là, & le roulez doucement fur de la poudre grenée  Cela fait couvrez le tout à l'entour d'une toile de cotton, puis le replongez derechef dans voftre compofition , & reïterez comme auparavant ce roulement fur ladite poudre grenée, puis couvrez pour une feconde fois voftre globe d'une autre toile de cotton : & recommencez tant de fois ce roulement & ces enueloppements que voftre globe fe foit acquis une jufte groffeur pour emplir exactement l'orifice de la machine. Souvenez-vous neantmoins que la derniére croute du globe doit eftre de poudre grenée. Eftant donc ainfi preparé, on l'ajuftera dans le canon ou mortier tout nud, fans aucune autre enueloppe , immediatement fur la poudre de la chambre, laquelle doit faire fauter ledit boulet: puis donnez franchement feu à voftre amorce, pour l'envoyer où bon vous femblera. Voyez la Figure du Nombre 155, en la lettre A, B.

## Efpece 2.

Prenez du Salpetre clarifié fuivant la derniere methode que je vous ay enfeignée 1 partie; du Soulfre 1 partie; de l'Orpiment 1 partie; de la Poix navale en pierre 1 partie; de la Colophone une demye partie; du Vernis en grains, ou de la Gomme de Genevre 1 partie; de l'Encens 1. partie; battez tous ces ingredians, & les pulverizez bien fubtilement, & les
incor-

incorporez enſemble. Prenez en apres de la Terebenthyne 1 partie; de la Graiſſe de mouton 1 partie; de l'Huyle de petrole une demye partie; mettez tout dans un vaiſſeau de terre, ou de cuivre, & les faites fondre à feu lent, auſſi toſt qui ſeront fondus, jettez par deſſus la compoſition ſuperieure, & les incorporez bien avec ces graiſſes fonduës. En fin jettez dedans, une bonne quantité d'eſtoupes de lin, ou de chanvre, ou ſi vous voulez du cotton, & les broüillez bien avecque la drogue fonduë: tirez les de là petit à petit, & en formez des boulets, ou plotons de telle groſſeur qu'il vous plaira. Ceux-cy ſe pourront facilement jetter avec la main à l'encontre des ennemis, lors qu'on les verra dans le foſſé au pied du rampart; ou preparez à donner quelque aſſault: ils ſerviront auſſi pour divertir ceux qui s'ayantureront à dreſſer les galleries, venir à la ſappe, ou ſe loger dans les mines; joint que par le moyen de la clarté qu'ils produiront, tout ſe verra à découvert dans les foſſez, & dans les dehors; les menées & entrepriſes des ennemis ſeront miſes en évidence, bref à l'aide de ces flambeaux nocturnes vous pourrez découvrir tout ce que les ennemis pourroint machiner pour voſtre ruine, la ruine de vos compatriotes de la ville, & de voſtre païs. Ajoutez à cela que non ſeulement ces globes eſclairent la nuit, mais brûlent auſſi bien ſerré, & conſomment tout ce à quoy ils peuvent s'attacher.

Que ſi la neceſſité vous oblige, & qu'il faille former des boulets plus gros de cete meſme eſtoupe pour les mieux ajuſter aux orifices des canons ou des mortiers; vous le pourrez faire auſſi ayſement qu'avec ces autres que nous avons decrits dans la premiére eſpece: ceux-cy ſerviront particuliérement, pour envoyer d'és places aſſiegées, dans les lignes des ennemis, lors qu'ils commencent à faire leurs approches de loing, ou dans d'autres ouvrages eſloignez qu'ils pourroient eſlever hors la portée des bras, afin que produiſant là des flammes éclatantes, elles découvrent tout ce que la nuit tenoit caché aux yeux des aſſiegez, & qu'eſclairât par ce meſme moyen toute la campagne circomvoiſine, ils puiſſent prevenir le deſſein des ennemis, & conſequemment donner ordre à tout ce qui leur pourroit nuire: Ie vous conſeille icy pour le plus ſeur, de lier les plus grands bien ſerré, avec des bonnes ficelles, des fils de fer, ou de laiton entre-tiſſus en forme de rets, depeur que la violence de la poudre ne les diſſipe, ou ne les faſſe crever dans l'air, au lieu de demeurer entiers juſques à leur parfaite conſomption.

Que ſi cete compoſition vous ſemble un peu de trop grands fraiz, vous pourrez vous ſervir de la ſuivante fort commodement, laquelle ne ſera pas moins d'effets que celle-cy.

Prenez du Soulphre 10 ℔, de la Poix noire 4 ℔, de la Colophone 1 ℔, du Salpetre 2 ℔, du Suif 2 ℔. Faites fondre tout dans quelque vaiſſeau ſur les charbons ardens: adjoûtez-y par apres 1 ℔, de Charbon; meſlez-le juſques à ce qu'il ſoit bien incorporé avec le reſte; en fin tirez le vaiſſeau du feu, avec voſtre matiére fonduë, puis jettez dedans 3 ℔ de poudre battuë; non pas tout à la fois, mais petit à petit, & par intervalles, en la remüant & meſlant continuellement avec un baſton. De cete compoſition vous en imbuërez des eſtoupes, de meſme que vous avez fait de la precedente; puis vous en formerez des boulets.

Ou bien prenez de la Colophone 1 ℔, du Soulfre 3 ℔, du Salpetre 1 ℔, du Charbon 1 ℔, de l'Antimoine crud un peu. Vous ferez la meſme choſe avec

avec cete compofition que vous avez fait des autres; Celuy qui la inventé
eft Fronsbergerus, de qui Brechtelius la auffi emprunté.

## Efpece 3 & 4.

On pourra pareillement remplir ces globes luyfans, de quelques matieres dangereufes & mortelles, en forte que non feulement, ils puiffent éclairer fuffifamment pour diffiper les tenebres; mais auffi tuer, & fuf-
focquer ceux là qui s'en approcheront de trop prés. C'eft ce qui fût autrefois pratiqué par les Hollandois à ce fameux & tant celebre fiége d'Oftende (fuivant le rapport de Diegus Ufanus au traité 3.de fon Artill.Chap.20.)
auquel les affiégez envoyerent de la ville grand nombre de globes luyfans
( preparez comme nous dirons cy apres ) dans les quartiers des affiegeans,
lefquels cauferent la perte d'une infinité prefque de foldats : mais en fin les
autres s'eftans fait fages aux defpens des plus malheureux, commencerent
quoy que trop tard ( comme l'on dit des Phrygiens ) à s'en donner de garde, & a reconneftre à leur grand malheur, le dommage que leur avoient
caufé ces globes artificiels. Pour ce qui concerne la preparation de cesdits
globes, elle n'a aucune difficulté. Il vous faut feulement prendre une
grenade à main, armée de balles de plomb tout à l'entour, ou quelque autre qui foit plus groffe fi vous voulez ( pourveu qu'elle n'excede point l'o-
rifice du canon, ou du mortier où elle doit fervir ) laquelle fera creufe, &
vuide par dedans ( mais on aura foin d'en boucher l'orifice avec un bâton
rond, & qui fe puiffe tirer de là quand on voudra ) puis vous l'envelope-
rez de tous coftez, d'eftoupes imbuës d'une compofition liquide &
chaude, à l'efpaiffeur d'un ou de deux bons doigts, puis apres avoir tiré
le bâton qui tenoit l'orifice bouché, vous emplirez ladite grenade d'une
bonne poudre grenée: puis vous remplirez promptement le vuide qu'oc-
cupoit le biton avec un peu de ces mefmes eftoupes : cela fait roulez voftre globe de tous coftez fur de la farine de poudre : en fin vous le relie-
rez de corde, de fil de fer, ou de laiton, comme nous avons fi fouvent
redit.

On pourra preparer encore ces globes fuivant la methode que voicy. Prenez une certaine quantité de petards de fer chargez interieurement, de
poudre grenée, & de balles à moufquets ; de quelqu'une de ces efpeces que
nous avons décrites cy deffus, & de plus reliez avec un double ou triple
fil de fer, ou d'archet bien retort, en telle forte que leurs orifices eftans
alternativement difpofez, ils ayent des fituations toutes differentes entr'eux Puis vous les liérez bien fort,formant comme une fphere rayonnan-
te,c'eft à dire chargée tout à l'entour de rayons ; ou bien faite en guife d'un
herizon ramaffé & recueilly en foy mefme ; les intervalles qui refteront vuides entre les petards feront remplis de poudre battuë, trempée, & petrie
d'eau de vie,dans laquelle on aura diffout de la colle commune,ou quelque
autre forte de gomme, en telle façon neantmoins que le corps entier puiffe reprefenter une fphere parfaitement ronde. Faites-le par apres feicher
au foleil, ou dans un poële chaud, apres l'avoir couvert d'un linge de lin
ou de cotton : en fin on le garnira bien tout à l'entour d'eftoupes preparées
fuivant la methode que nous en avons donnée, jufques à ce qu'il ait la groffeur qui luy eft neceffaire. Voyez-en d'avantage touchant les globes de cete
nature chez Diegus Ufanus, au 3 traité de fon Artill. Chap 20, & 21. &
chez Hanzelet en fon Artill.pag.187,& 211. chez Brechtelius part. 2 de

ſon Artill.Chap.1.& 4.Fronſberger en ſon Art.part.2.pag.194.& 196.La où
ce dernier autheur enſeigne pareillement le moyen de preparer un certain
globe, qui brûle épouvantablement tout ce ſur quoy il tombe, & fait le
meſme office que les chauſſes-trappes parmy les ennemis, voicy l'ordre
que cét autheur obſerve pour le preparer: on arreſte bien ferme tout à l'entour d'un globe de bois un aſſez bon nombre de grands ſtilles de fer bien
aigus, & diſpoſez en telle ſorte que les pointes qui ſont fichées dans le bois
regardent toutes le centre du globe, & que les bouts d'en hault aillent
tellement en s'eſlargiſſant, que toutes les pointes ne s'approchent pas deplus prés que d'un, ou deux doigts; & par ainſi ſi elles ſont toutes également longues & également enfoncées dans le bois ( ce qui doit eſtre neceſſairement ) & ſi par conſequent elles ſont d'une égalle longueur par
deſſus la ſuperficie, elles repreſenteront la veritable forme d'un heriſſon
ramaſſé en une boule d'eſguillons, tels qu'on les void lors qu'ils dorment.
ayant ajuſté le globe de la ſorte,on le garny entre les pointes d'une eſtoupe
de chanvre ou de lin,premiérement plongée,& ſuffiſamment trempée d'une
compoſition liquide, comme nous avons fait cy devant, en telle ſorte toutéfois que les pointes de fer excedent encore l'eſtoupe d'un grand demy
doigt,& qu'elles parroiſſent ainſi découvertes ſur la ſuperficie. Pour ce qui
du reſte de ſa preparation, on peut aller conſulter l'autheur. Outre tous
ces écrivains pyroboliſtes que i'ay icy citez au ſubject de ces globes
qu'on aille voir chez Hierome Cataneus en ſon examen d'Artill. pag. 37.
Hierôme Ruſcel dans ſes preceptes de la Milice moderne pag. 11.32 & 33.
& chez Eugene Gentilin dans ſon inſtruct. d'Artill.chap.60. & tant d'autres,
on y trouvera des merueilles décriptes en leur faveur.

# Chapitre X.

### Des globes qui aveuglent, ou qui jettent une fort grande fumée, que les Allemands appellent *Dampf*, & *Blend Kugeln.*

On a de coûtume de faire quantité d'execution à la faveur des tenebres, dans les occurrences de guerres, auſſy bien que dans pluſieurs autres occaſions: ie ne parle pas icy de l'obſcurité des nuicts
les plus ſombres, car c'eſt un effet naturel de la cauſe premiere de
toutes choſes,depuis l'ordre qu'elle a eſtably entre les eſtres : mais i'entens
ſeulement icy traiter des tenebres artificielles, & particuliérement de celles que l'on peut produire, & faire durer quelque temps dans un lieu eſtroit
ſuivant les regles de noſtre Art : ſoit qu'on les faſſe pour aveugler l'ennemy
qui nous veut forcer dans nos places, & nous y attaquer de vive force à
deſſein de nous oſter la vie,l'honneur, & les biens; ou bien ſoit que l'on
ait deſſein de favoriſer le paſſage aux aſſaillans,en acablant les aſſiegez dans
leurs forts d'une fumée eſpaiſſe & importune; en ſorte qu'on les puiſſe
prendre comme des poiſſons eſtourdis dans l'eau trouble. Pour cét effet
on prepare des globes qui pendant leur embraſement,produiſent une fumée
acre & deplaiſante, & en ſi grande abondance qu'il eſt impoſſible d'en ſup-
porter l'incommodité ſans crever. En voicy la methode : Prenez de la poix
navale en pierre 4℔, de la Poix liquide ou du Goûdron 2℔, de la Colophone 6℔, du Soulfre 8℔, du Salpetre 36℔, Faites fondre toutes ces dro-

P p                    gues

gues fur des charbons ardents, dans quelque vaiſſeau que ce ſoit : adjou-
ſtez-y par apres 10 ℔, de charbon, de la ſçieure de bois de pin, ou de ſapin 6 ℔, de l'antimoine crud 2 ℔, & les incorporez bien enſemble, puis jettez dans cette liqueur de l'eſtoupe de chanvre ou de lin un aſſez bonne
quantité, & la broüillez bien dans cete compoſition ; lors qu'elle en ſera
bien imbibée, formez-en des globes de telle groſſeur qu'il vous plaira, ſoit
pour jetter avec la main, ou bien avec les machines telles que vous les jugerez à propos. Au reſte vous obſerverez icy tout ce que nous avons dit
plus haut des globes reluiſans.

Et voila le veritable moyen pour faire naître la nuit en plain midy, pour
obſcurcir meſme le ſoleil, & pour offuſquer les yeux des ennemis pour quelque temps ſeulement, cete voye eſt la plus licite que l'on puiſſe ſuivre,
parce qu'elle raporte ſon origine aux forces des choſes naturelles, &
croyez qu'elle ſera touſiours aſſez juſte, pourveu que la guerre, où l'on
pratiquera ces ſtratagemes, ne ſoit point entrepriſe injuſtement. Car ie
veux bannir, & chaſſer bien loing des limites de noſtre Art, & de la milice
Chretienne tous les moyens illicites dont on ſe peut ſervir pour les conſtruire, ou pour les faire reüſſir: car i'eſtime cet art tout à fait infame, & remply
d'impieté qui dãs la plus part de ſes pratiques employe des charmes, ſortile-
ges, invocations des eſprits immõdes, & quantité d'autres ſuperſtitions abominables, qui ne peuvent-eſtre qu'odieuſes à Dieu & aux hommes, & totalement indignes du nom d'Art. I'ay horreur de rapporter icy ce que les Tartares, Moſcovites, & meſme nos Kauſaques faiſoient preſque tous les jours à
nos yeux par l'entremiſe, & l'aſſiſtance des puiſſances infernales. Mais pour
ne me point arreſter aux damnables abominations, & aux crimes épouvantables, qu'ont accoûtumé de commetre ces impies, qui s'appuyent ſur les
regles de cete ſcience infernale: ie dy ſeulement quils ſont ſi parfaits dans
cét art, ſi habiles gens à faire élever des brovillars, ſuſciter des tempeſtes
qui obſcurciſſent la lumiere du jour, juſques à faire perdre la veuë des ob-
jets les plus proches, par des bruines, des vapeurs eſpaiſſes, & des ſumées
ſi importunes qu'il ſemble qu'ils avent eſté toute leur vie dans l'eſcole du
Perſe Zoroaſte, ou qu'ils ayent eſté élevez dans la cour de Pluton, & de
tous les diables, pour en apprendre les maudites pratiques: mais comme ces
malheureux ſont tout à fait abandonnez de Dieu, & alienez de ſes graces,
lors qu'ils exercent ainſi ces malefices, & nous ſont paroiſtre ces phantoſ-
mes, qui ne laiſſent jamais aucun veſtige apres leur diſſipation ; auſſi voyons nous que les dards, & javelots qu'ils élançoient contre nous, pour
épancher le ſang des innocens, retournoient contre leur teſtes criminelles,
& leur faiſoient ſubir les chaſtiments qu'ils avoient preparez pour noſtre
ruine. Outre un grand nombre d'exemples deſquels les annales de noſtre
pays ſont remplis, ie me contenteray, de vous rapporter l'hiſtoire de cete
prodigieuſe, & tout enſemble miraculeuſe victoire, qu'il pleut au tout Puiſſant nous donner en l'an 1644, proche une petite bourgade de la Podolie nommée Ochmatow ſur 80000 Tartares Crimenſiens & Pere-
copenſiens: où cete nation barbare & totalement adonnée aux arts magi-
ques, apres avoir prononcé quelques incantations diaboliques, firent ſou-
dainement élever un broüilart ſi eſpais, & ſi horrible, que nous creûmes
fermement, que la nature ayant renverſé le cours naturel des choſes, avoit
changé le jour à la nuit. Ainſi noſtre armée petite en nombre à la verité,
mais grande en cœur, & en forces de corps, aſſiſtée & conduite par ce
**Foudre de guerre Staniſlas Koniecpolski,** autrefois General de l'armée
du

du Roy de Pologne, eſtant ainſi aſſublée des ces tenebres, apres avoir
long temps couru çà & là par la campagne & marché ie ne ſçais combien
de milles, à peine pût elle rencontrer ceux qu'elle avoit ſi long temps
cherché, & pourſuivy avec tant de ſoin, pour tirer une vengence d'eux
conforme à leurs demerites, & à tant de maux qui nous avoient procurez.
Comme en effet l'eſperance que nous avions touſiours mis en l'aſſiſtance
particuliere du ciel ne fût pas vaine pour nous. Car tout auſſi toſt que ces
brigans parurent devant nous, le ſoleil nous rendit ſa lumiere acoûtumêe,
& apres avoir diſſipé l'eſpeſſeur de ces broüillars, ſous le voile deſquels
ces canailles faiſoient d'horribles executions parmy les miſerables barbares,
il nous fit renaître en fin un jour tout nouveau ; enſorte que nous experi-
mentâmes que le ciel ne nous avoit point abandonné dans ces extrémitez.
Et pour dire en peu de mots ce que pluſieurs ont décrit fort au large, ie m'y
ſuis treuvé, ie les ay veu, & noſtre D I E U les a vaincu.

# Chapitre XI.

### De Globes Empoiſonnez.

Entre pluſieurs belles ordonnances & reglements militaires qui furent
autrefois eſtablis parmy les Anciens Allemands, auxquelles ils obli-
geoient par ſerment tous ceux qui deſiroient s'addonner à l'art pyrotechnique, celles-cy ne furent, pas des dernieres, ny des moins
conſiderables : ( au rapport de François Joachim Brechtelius en ſon Artill:
Part 2. Chap. 2. ) à ſçavoir qu'ils ne prepareroient jamais aucuns feux artificiels ſautans, voltigeans, ny choquans quoy, ny qui que ce fût ; que de
nuit ils ne tireroient point de canon ; qu'ils ne cacheroient point de feux
clandeſtins en aucuns lieux ſecrets ; & ſur tout qu'ils ne conſtruiroient aucuns globes empoiſonnez, ny autres ſortes d'inventions pyroboliques, où il
y entreroit aucun poiſon, outre cela qu'ils ne s'en ſerviroient jamais pour la
ruine & deſtruction des hommes ; car les premiers inventeurs de noſtre art
eſtimoient ces actions autant injuſtes parmy eux qu'elles eſtoient indignes,
d'un homme de cœur, & d'un veritable ſoldat ( auſſi bien que pluſieurs autres que la pratique militaire condemnoit ) à ſçavoir d'attaquer ſon ennemis
par des fourbes ſi laſches, & avec des armes clandeſtines à la façon de voleurs & des brigans, pouvant l'aſſaillir, & luy nuire ouvertement en mille &
mille autres façons. Mais tout beau c'eſt à tort que l'on donne ce nom d'armes à quelque poiſon que ce ſoit, qui ſoit ordonné pour faire mourir l'homme, car les poiſons ſont proprement les traits, & les dards deſquels les cyclopes d'enfer s'arment pour d'étruire le genre humain : leſquels les Agirtes,
Aliptes, donneurs de brevets, magiciens, enchanteurs, vieilles ſorciéres, & canailles de ſemblables farine achetent au prix de leurs ames, pour les élancer
à l'encontre des miſerables qui s'en donnent le moins de garde. Or puis
qu'ainſi eſt que les loix divines & humaines deſfendent abſolument dans
l'eſtat civil, de ſe ſervir de ces pernicieuſes inventions, & que meſme elles
enjoignent des peines, & des châtiments corporels à ceux qui pour aſſouvir
leurs convoitiſes abuſeront des poiſons, charmes, incantations, & autres
ſemblables malicieuſes pratiques ; ie vous laiſſe à penſer combien plus reli-
gieuſement le deuroit-on obſerver dans l'eſtat militaire, qui eſt la vraye li-
ce, non pas d'une licence effrenée, ou d'une diſſolution infame & dereiglée,

mais

mais bien de toute honeſteté, d'une force inébranlable, d'une magnani-
mité conſtante, d'une ſincere probité,en fin le theatre de toutes ſortes de
vertus.  Pour ce qui touche les armes ſecretes,qui ne ſont autres choſes que
des certaines inventions pleines d'artifices, ou des ſtratagemes de guerre,
qu'un eſprit ſubtil,& une longue pratique dans la ſcience militaire nous apportent inſenſiblement, ie ne les deſappreuve aucunement, auſſi ne les
mèts-ie pas au rang de ces ſupercheries illicites : puis qu'il eſt tres conſtant
que quantité de braves capitaines les ont mis aſſez ſouvent en pratique, &
les ont fort loüé, ie m'en vay vous en faire voir quelques unes dans ce petit ouvrage.    Mais ie ſupplie que l'on ne met pas au rang de nos inventions
belliques cete façon de nuire à l'ennemy,laquelle ſe pratique par la voye des
globes empoiſonnez:veuque comme i'ay de-ja dit cy deſſus c'eſt une action
fort laſche à un brave ſoldat, auſſi bien qu'a un vray Chreſtien, que de faire
mourir ſon prochain par aucun venin ny poiſö:n'en avons nous pas aſſez,de
tant de diſterentes eſpeces de fleſches,& d'autres armes autant admirables
que dangereuſes en leurs effets?deſquelles ceux qui ont veſcu dans le premier âge (qu'on a appellé le ſiecle d'or, le ſiecle heureux, ſaint, & exempt
de toutes malices, fraudes, & mechancetez) n'ont eu aucune conneſſance: mais qui toutefois avec le temps ont bien ſçeu treuver l'invention de ſe
forger des armes,pour ruiner & exterminer leur eſpece.N'en avons nous pas
diſ-je aſſez,de celles que nous pouvons librement employer à l'encontre de
nos ennemis ſans bleſſer nos conſciences?ſans nous ſervir encore de tant de
voyes deffenduës pour d'eſtruire nos ſemblables & nos ames.
    Au  reſte en tout ce que nous pouvons avoir leu dans l'hiſtoire touchant
tant de beaux exploits de guerre qui ſe ſont faits dans les premiers ſiecles,
nous ne treuvons rien en aucun lieu qui puiſſe condemner,ny couvaincte de
crime illicite (car celuy cy doit eſtre permis) les loüables effects des globes de cete eſpece : Comme en effet ie dis qu'il a eſté permis autrefois,voire
meſme aux ames les plus conſciencieuſes, & qu'il eſt encore loiſible à
preſent aux plus Chreſtiens, de ſe ſervir de ces globes, non pas contre les
Chreſtiens à la verité, mais bien contre les Turcs,Tartares, & autres infide-
les,tous ennemis juréz du nom Chreſtien, & de la religion que nous profeſ-
ſons, leſquels nous pouvons ſans ſcrupule exclure du nombre de nos pro-
chains.Ie ne treuve point de remede plus réel & plus expedient pour preparer des globes qui puiſſent eſtre jettez dans les places ennemies, & au contraire des places dans le camp,& dans les cartiers des aſſiegeans,que ceux qui
peuvent engendrer un air peſtilentiel, dans les lieux où ils creveront,pour
faire perir les hommes ſans apparence de remede.    Nous ſommes aſſeurez
par nos propres experiences,& par le rapport & ſentiment des medecins que
les ſuffumigations veneneuſes (qui doivent proprement ſervir à la preparation de ces globes) nuiſent particuliérement à la ſanté de l'homme, en
ruinent les principes, & par conſequent en eſteignent les eſprits qui arreſ-
toient l'ame unie avec les organes corporelles.    Mais toutefois faut conſiderer que ceux-cy ne ſe peuvent mettre en pratique que dans des lieux aſſez
étroits, renfermez de tous coſtez,& couverts par deſſus; car pour en dire
la verité il eſt bien difficile de donner quelque poiſon certain, qui puiſſe
faire des grands effets, dans un air libre,& bien eſtandu (tel que nous entendons icy celuy de quelque ville aſſiegée ou bien de quelque autre fort,
qui peut recevoir l'air pur & fraiz du dehors; toutefois s'il m'eſt permis de
dire mon ſentiment touchant ce qui en peut arriver, on peut remarquer ce
qui s'enſuit quoy que veritablement ie ne l'aye iamais appris par aucune ex-
                                                                    perien-

perience que i'en aye fait, mais feulement par quelque petite connellance
que i'ay des chofes naturelles:On s'en pourra doncques fervir non pas contre la foy, mais bien contre ceux qui combattent les fideles,& contre la
foy mefme.

Ah, que la malice eft une mere feconde, que de maux elle nous produit ?
un feul mal d'ordinaire nous en engendre un milion?un crime en entreine
apres foy une infinité : ce n'eftoit pas affez qu'un efprit determiné eût treuvé l'invention d'un arc, & des fléches ( ce que les anciens tenoient autrefois
pour une invention tout à fait divine: puifque Diodore le Sicilien l'a attribué
à Apollon, & Pline au Scythe filz de Jupiter ) pour la commune ruine du
genre humain ; mais il a fallu qu'ils ayent encore inventé quelque chofe de
pire pour fe detruire les uns les autres, ils ont treuvé le moyen de tremper
leurs flefches,& javelots dans du poifon,pour les rēdre plus mortelles.Vous
pouvez avoir des tefmoignages de tout cecy dans quantité d'autheurs : entre autres vous en treuverez plufieurs paffages chez Pline lib. 12. Chap. 53.
traitant des Scytes; chez Paul Æginete liv. 6. Chap. 88.parlant des Daciens
& Dalmaciens ; chez Theophrafte liv. plant. 9. Chap. 15, difcourant des
guerres des Æthiopiens & generalement des Barbares ; chez Diofcorides liv.
6. Chap. 20. En fin chez Virgile dans fes Æneides liy.9.comme s'enfuit.

*Vngere tela manu, ferrumque armare veneno*

Et au liv. 10.

*Vulnera dirigere , & calamos armare veneno*

Et au liv. 12.

*Non fecus ac vento per nubem impulfa fagitta*
*Armatam fævi Parthus quam felle veneni*
*Parthus.five Lydon telum immedicabile torfit*

Silius auffi en fon liv. 1.

*Spicula quæ patrio gaudens acuiffe veneno*

Chez Ovide mefme au liv. 3, Trift.

*Nam volucri ferro tinĉtile virus ineft*

Homere n'en dit pas moins dans fon Odiff. 1.

Φάρμακον ἀνϑρφόνον διζήμϕΘ, ὁϼϼ οἱ ἄν. Ιὺς κέλϑαι,

c'eft à dire

*Pharmacum mortiferum quærens,ut ei effet unde fagittas oblineret.*

qui eft

Cherchant une drogue mortelle,avec quoy il pût tremper fes fagettes.

Or ce mal icy prenant fon origine du premier de tous les maux, en a engendré un nouveau plus pernicieux & plus deteftable que fa propre mere,
lequel nos anceftres ont deja bien fceu mettre en pratique dans leur temps;
enforte que les hommes font maintenāt contraint de mourir non feulement
d'un genre de mort,mais de trois tout à la fois:car par la voye de cete invention,une balle de plomb,ou de fer,nous perce le corps,le poifon nous eftouf-
fe, & le feu nous confomme.

Il eft bien vray que le premier inventeur de noftre poudre pyrique, eft
coulpable,en ce qu'il a donné le moyen pour jetter à l'encontre des ennemis des boulets de fer ou de plomb par la violence de feu;mais cete maudi-
te race l'eft encore bien d'avantage laquelle y a adjouté le poifon ; comme fi
ces boulets n'euffent pas eu affez de forces ou de vertus, pour faire mourir
un homme dans un feul moment. C'eft de là qu'eft venuë l'invention des
globes veneneux que les Pyroboliftes mettent en ufage ; de là les balles à
moufquets empoifonnées,dont fe fervent les moufquetaires & arquebufiers

mo-

modernes. Mais premier que nous en touchions quelque chofe, ie vous supplie d'entendre le sentiment de Joseph Quercetan Medecin fort renommé *in libello Sclopetario* touchant les moyens qu'on tient pour les empoisonner. *Vt igitur huic quæstioni non absurdæ respondeamus, ingenuè fateor plumbum quidem per se & simpliciter in sua natura confideratum, nullam posse venenatam inferre plagis illis qualitatem, nisi forte venenum extrinsecus adhibeatur: quod facilè factu esse nemo negaverit. Neque enim cuiquam dubium est, quin plumbum (quamvis corpore suo grave inter cætera metalla & terreum sit) tamen & rarum & spongiosum sit, quemadmodum Philosophi omnes fatentur, quippe quod constet ex sulphure impuro, & combustibili: magnaque crassi mercurii copia impuri & fæculenti (quæ tantæ infundendo facilitatis,& raritatis & mollicieï causa est) ac propterea facillimè quovis liquore imbuatur. Quod si etiam ipso ferro multò densiori, solidiori, minusque poroso (quippe in quo minima mercurii copia sit) tribuitur, ut etiam venenatam aliquam qualitatem recipiat, dubium nemini esse debet quin plumbum propter causas superius expositas multò facilius, venenatam illam qualitatem admittat, cujus quidem rei varia apud auctores testimonia reperiuntur &c. Vn peu plus bas. Neque ad rem pertinet, si quis neget plumbum suam in fundendo crassitiem exuens, alterius generis substantiam admittere. Sic enim natura fert, experientiaque comprobat, metalla omnia per ignem purgari, terramque fæculentam, sive sulphur impurum exuere: eademque operà multò puriora in sua substantia evadere. Hac eadem arte fiunt præparationes cupri, stanni, atque adeo ferri: quod per ignitam fusionem fæces ac sordes suas exuit, atque in imum abjicit, quodque in eo purius ac syncerius est, quod Chalybs appellatur, remanet, ut 4 Meteor: cap: 6 Aristot: testatur. Etsi autem horum metallorum imperfectorum proprium sit, crassitiem & sordes suas per vim ignis exure (quemadmodum supra dictum est) nihilominus tamen substantiam quanquam à natura sua alienam imbibunt. Cui namque dubium est, quin Calybs inter ea quæ solidiora sunt, substantia quadam planè contraria temperetur atque inficiatur? Quis dicet acetum, fuliginem, salem, aquam pilosellæ, aut lumbricorum (raphanorum succo permixtam) esse substantiæ ferreæ? At ferrum in illum succum sæpius immersum ac restinctum, adeo indurescit, ut vix quisquam nisi re ipsa sit expertus fidem sit habiturus. Idem ex contrario mollescit extinctum sæpius in succo cicutæ, saponis & althææ. Quod idem quoque stanno usu venit atque etiam plumbo: quæ fusa & sæpius in succo squillæ restincta sic afficiuntur, ut illud stridorem exuat, hoc verò mollitiem & nigredinem, quod fieri non posset nisi aliquid ex ipsius temperationis spiritu & virtute retinerent. Perspicuum est igitur illa quamvis per ignem purgentur, & crassitiem suam exuant, tamen alterius etiam generis substantiam facile posse imbibere. At qui absurdum esset existimare spiritum metallicorum, quæ generis ejusdem sunt, mixtionem eò facilius fieri non posse. Sic enim videmus cuprum, tingi & flavescere, per calaminæ & tuthiæ spiritum: rursus idem albescere per arsenici, auripigmenti, & aliorum quorundam spirituum. Unde commode concludetur: si metalla (ex quibus generaliter glandes & globi conficiuntur) ac præcipuè plumbum natura sua spiritualem substantiam quæ sui generis sit, recipiant (ex qua veluti ex tam variis aquis mercurialibus fætidis, & lethiferis, quæ componi solent adhibendo succum Aconiti, Napelli, Squillæ, Taxi, Apii risus, & similium simplicium, venenatarumque bestiarum, quæ propter substantiæ suæ dissensionem substantiam nostram lædunt & corrumpunt) mixtiones venenatas inde confici, atque plagas reddi istiusmodi veneno ita complicatas, ut solo trajectu ac transmissu notas ejus veneni periculosissimas relinquant, nisi mature opportunum remedium adhibeatur. Nam experientia nos docet multas hodie reperiri mixtiones, adeo venena-*

*tas, & peſtiferas, ut ſi in iis acies ſagittæ temperetur, quæ vulnus fiat, & ſan-
guis profluat, quamvis ſagitta non adhæreſcat, ſed velociſsimè tranſmittatur ;
tamen venenum adeo ſubtile eſſe & peſtiferum, ut ſenſim à minoribus venis ad
majores ſerpens, atque inde ad præcordia progrediens, confeſtim vulneratum in-
terimat. &c.*

Parlant encore ſur ce meſme ſubjet : *Verum ut ex hoc diverticulo
in viam redeamus concludimus globulos inſici veneno poſſe, non inſundendo
venenum in foramen aliquod datâ operâ factum, quemadmodum non nullis pla-
cere video : ſed immergendis globulis, atque aliquoties extinguendis in illis
aquis mercurialibus, & ſuccis lethiferis : à quibus illorum ſubſtantia alte-
rari & corrumpi poteſt, inſicereque atque imbuere maligna illorum qualitate plagas ( tanta illorum ſubtilitas eſt ) quantumvis velociter ipſi globuli
tranſmittantur. Quod vel ex iis liquet qui hanc in beſtiis experientiam ani-
madverterunt : quam rationibus aliquot confirmare inſtituimus in eo libro de
antidotis, cujus paulò ſupra mentionem fecimus. Verumtamen ut concedamus
globulum velociter per corpus permeantem tam celeriter venenum ſuum imprimere
non poſſe : at certè tamen frequenter uſu venit, ut in plaga ſatis diu globulus lateat,
neque deprehendi à chirurgo poſſit.*

*Venenum autem quod in illo globulo latet ( qua de re dubitaturum neminem ar-
bitramur ) an non intereà ſatis habet temporis ad partes læſas inſiciendas ?
Nam quo magis ex ſpirituali & ſubtili ſubſtantia compoſitum eſt ( quemadmodum ſuperius demonſtravimus ) eò celeriores ſunt ac ſubtiliores ipſius effectus : vaporeque ſuo maligno, per venas, arterias, & nervos inſuſo, ſpiri-
tus naturales, vitales & animales inſicit : quos contrarietate & pugnantia
quadam ſuffocat, per eoſdem ſe permiſcens : unde vita hominis extinguitur,
quæ in viva & idonea ipſorum actione conſiſtit. Hæc eadem venena quo magis ſubtilia & communicabilia ſunt, eò pernicioſiora eſſe ſolent, quemadmodum ex viperarum, aliarumque venenatarum belluarum morſu licet animad-
vertere &c.*

Expoſons tout cecy en françois : pour ne doncques point reſpondre ab-
ſurdement à cete queſtion, l'advoüe ( ce dit-il ) ingenuëment que le plomb
conſideré purement & ſimplement dans ſa nature, ne peut de ſoy, porter aucune qualité veneneuſe dans les playes, ſi d'ailleurs on ne l'a trempé
de poiſon par dehors. Ce que l'on me confeſſera eſtre fort facile à faire,
car ie crois que perſonne ne doute que le plomb ( quoy que naturellement
peſant & terreſtre entre tous les metaux ) ne ſoit neantmoins d'une nature
aſſez rare & ſpongieuſe, ce que tous les Philoſophes publient unanimement, puis qu'il eſt compoſé d'un ſoulfre impur & combuſtible, & d'une
aſſez grande quantité d'un mercure groſſier, impur, & ſeculent ( qui eſt la
cauſe de ſa grande facilité à ſe fondre, de ſa rareté, & de ſa moleſſe ) voila
pourquoy il s'imbibe fort aiſement de quelque liqueur que ſe ſoit. Que ſi
on attribuë ces meſmes qualitez au fer qui eſt beaucoup plus compact, ſolide, & moins poreux ( à raiſon qu'il ne contient pas tant de mercure )
comme eſtant ſuſceptible d'impreſſions veneneuſes : à plus forte raiſon doit
on croire que le plomb peut beaucoup plus facilement recevoir & introduire en ſoy ces qualitez dangereuſes, & peſtiferes, pour les raiſons que ie
vous ay apportéez cy deſſus. On treuve quantité de teſmoignages en faveur
de cete matiere, chez les autheurs &c.

Un peu plus bas il dit encore, ce n'eſt pas raiſonner bien à propos de dire
que le plomb ſe depoüillant dans ſa fonte de ſa nature groſſiere, il introduit
en ſoy quant & quant quelque autre ſubſtance d'une autre eſpece. Car c'eſt
**un**

un effet de la nature que nous remarquons par les experiences que nous en faisons, que tous les metaux se purifient,& se purgent par le moyen du feu, que par luy ils quittent leur terre feculente,& leur soulfre impur: & par mé-moyen en deviennent beaucoup plus pur en leur substance. C'est de cét artifice, dont on se sert pour preparer le cuivre, l'estain, & le fer, lequel dans sa fonte se desfait de quantité de saletez & d'excrements, qu'il fait descendre au fonds : ainsi la matiére la plus pure & la plus sincere, que nous appellons acier, demeure toute unie en soy, comme Aristote nous le tesmoigne au 4 des Meteores Chap. 6. Or encore que se soit le propre de ces metaux imparfaits de rejetter leur impuretez, & immondices par la force du feu ( comme nous avons dit cy dessus ) si faut-il toutesfois croire quils s'imbibent d'une certaine substance estrangere, & contraire à leur na ture. Car qui est celuy qui peut douter que l'acier entre les choses les plus solides ne puisse estre trempé, & mesme infecté de quelque substance tout à fait contraire à sa nature ? qui est celuy qui dira, ou qui croira que le vi-naigre, la suye de cheminée, le sel, l'eau de pilosselle, l'eau de vers (meslé avec du jus de raisforts, )ont une certaine qualité de fer ? car le fer estant plongé & plusieurs fois éteints dans ce jus, s'endurcit tellement que diffi-cilement le peut on croire,à moins que de l'avoir experimenté. Le mesme encore par un effet contraire,estant souventesfois éteint dans le jus de cyguë, de saponaire,& de guimauves,se ramollit. Autant en arrive-t'il à l'estain, & au plomb,lesquels estans fondus, & éteints dans le jus de Squille ou scylle ( qui est une oygnon marin qui a la forme d'un naveau ) par plusieurs fois, en recoivent la trempe telle, que celuy-cy en perd son petillement, & cét autre sa molesse & sa noirceur tout ensemble, ce qui ne se pourroit pas fai-re s'ils ne retenoient quelque chose, de la vertu & de l'esprit de cete trempe: Il est doncques tres manifeste que ces metaux quoy que purifiez par le feu, & quoy que depoüillez de tous leurs excrements, si est-ce que toutesfois ils imbibent toute autre substance d'une autre espece. Car se se-roit une sotise de croire que le mélange des esprits metalliques qui sont d'une mesme nature & espece ne se puisse pas faire avec plus de facilité que cela. Ainsi voyons nous que le cuivre se charge de couleur,& se jaunit avec l'esprit de Calamine,& de Tutie : puis derechef on peut luy faire perdre ce-te couleur, & le reblanchir avec de l'esprit d'Arsenic, d'Orpiment, ou de quelque autre semblable drogue. De là on pourroit tirer cete conclusion avec beaucoup de raison : que si les metaux ( de quoy l'on fait generale-ment toutes sortes de balles, & boulets ) & particuliérement le plomb re-çoivent en eux une substance naturellement spirituelle qui soit de leur espe-ce ( avec quoy on les prepare aussi aisement qu'avec une infinité d'autres eaux mercuriales, puantes, & mortelles, que l'on a de coûtume de com-poser avec le suc d'Aconite de Napellus, de Squille, d'If, de Basinet qui est une espece de ranuncule, & d'autres semblables simples, & même des bestes venimeuses, lesquelles à cause de la dissention de leur substance,blessent & ruinent totalement la nostre ) voila de quoy on prepare ordinairement ces mixtions mortelles;c'est par ce poison que les playes deviennent tellement compliquées que c est assez d'avoir seulement passé à travers les membres de ceux qui en font atteints pour y laisser les impressions mortelles de leur venin,si l'on y donne ordre de bonne heure. Car l'experience nous ap-prend tous les jours qu'il s'y treuve aujourdhuy des mixtions tellement violentes & dangereuses,que si on y trempe seulement la pointe d'une flé-che, avecque quoy l'on vienne à faire quelque blessure sur le corps tant soit

peu

peu notable, quoy que mefme elle ne faffe que paffer affez legerement
fans demeurer fiché dans la playe, fi eft-ce que ce poifon eft fi fubtil, & penetrant que paffant infenfiblement des petites veines dans les plus gros vaiffeaux, & de là dans les parties nobles, il tuë promptement celuy qui en
eft atteint, auparavant qu'on puiffe luy apporter aucun remede. &c.

Or pour retourner fur nos premiéres brifées, nous concluons que l'on
peut empoifonner les balles dont on charge les armes à feu, fans que l'on
verfe pour cela du poifon dans aucun trou qu'on y pourroit avoir fait à ce
deffein, comme ie voy que quelques uns en appreuvent l'invention; mais
bien en les plongeant feulement, & les éteignant par plufieurs fois dans
ces eaux mercuriales, & dans ces fucs mortels, lefquels peuvent alterer & corrompre leur fubftance, & confequemment empoifonner les
blefures par leur mauvaife qualité (tant eft grande leur fubtilité) pour
vifte que puiffent paffer lefdits boulets. C'eft ce que l'on fçait affeurément
de ceux là mefme qui en ont fait les experiences fur des animaux : lefquelles j'ay deffein de vous confirmer, par des bonnes raifons dans mon livre
des antidotes, duquel ie vous ay de-ja fait mention cy deffus. Toutêfois
fi vous advoüray-ie qu'une balle paffant avec une grandiffime viteffe à travers un corps, ne peut pas fi promptement communiquer fon poifon :
pourveu que vous m'accordiez d'ailleurs, qu'il arrive le plus fouvent que la
balle ne demeure que trop long temps dans la playe, avant qu'elle puiffe eftre aperceuë, & tirée hors par le chirurgien.

Or dans ce temps là que la balle empoifonnée, demeure arreftée dans la
partie atteinte, n'a t'elle pas affez de loifir pour l'infecter tout à fait ? c'eft
de quoy ie ne crois pas que perfonne puiffe douter, car d'autant plus que
fon poifon eft compofé d'une fubftance plus fubtile & fpirituelle (comme
nous avons demonftré cy deffus) d'autant plus prompts & fubtils en font
fes effets, & confequemment cete vapeur maligne fe répandant, dans les
veines, dans les arteres, & par tous les nerfs, elle infecte d'abord les efprits naturels, vitaux, & animaux lefquels par ie ne fçays qu'elle contrarité & anti-
patie naturelle, elle fuffoque auffi toft en fe meflant pefle-mefle avec eux,
d'où s'enfuit privation de la vie de l'homme, laquelle ne fubfifte proprement que dans leur union vive, & bien temperée. Souvenez vous encore
que ces poifons font d'autant plus pernicieux que plus ils font fubtils &
communiquables, comme on le peut affez reconneftre dans la morfure des
viperes, & des autres beftes venimeufes &c.

Voila tout ce que cét autheur nous a dit touchant la façon & les moyens
que l'on doit tenir pour empoifonner les balles de plomb, & tels autres boulets que l'on voudra : outre cela comment ces poifons eftans diffus par tout le
corps humain, ils efteignent & fuffoquent entiérement les efprits vitaux & animaux, s'il arrive que quelqu'un en foit percé ou bleffé en quelque façon.

Ceux-là donc qui voudront preparer de ces globes empoifonnez pourront
s'ils veulent, fuivre les methodes qu'ont tenu les Anciens Pyroboliftes, ou celles qui font icy de noftre invention. Prenez de l'Aconite licoctome appellé chez les Italiens *Luparia*, chez les Allemands *Wulffvurts*; du Napellus qui a la racine faicte comme un ret, celuy-cy eft un poifon bien plus
violent & plus dangereux que les autres ; tirez-en le fuc avecque la preffe,
mais prenez-bien garde d'y toucher avecque les mains nuës : le fuc en eftant
tiré, verfez-le dans une terrine de verre d'une moyenne grandeur, mais
toutêfois affez capable, puis l'expofez au foleil dans le mois de Iuillet, l'ef-

pace

pace d'un jour tout entier, c'eſt à dire tant que le ſoleil ſera chaud, &
qu'il luyra ſur l'horiſon, mais auſſi toſt qu'il ſera couché, mettez ladité
terrine dans une armoire ou caiſſe de bois couverte, dans quelque lieu
chaud, ou il ny ayt oygnons, ny aulx, ny aucune autre choſe qui puiſſé
rendre une odeur acre & forte, autrement ce ſuc perdroit beaucoup de ſa
vigueur naturelle; Le jour ſuivant auſſy toſt que le ſoleil ſera levé apportez
derechef voſtre terrine dans le meſme lieu,& l'expoſez à l'ardeur de ſes rayons,puis le ſoir venu faites de meſme comme auparavant,& continuez toujours ainſi l'eſpace d'un mois tout entier : au bout du terme vous aurez une
matiere veneneuſe groſſe & eſpaiſſe en forme d'onguent:mais ie vous adverty icy que lors que vous ouvrirez & fermerèz le coffre, où vous reſerrerez
cete terrine pendant la nuit, de le laiſſer ouvert environ l'eſpace d'une
bonne heure, depeur que l'odeur violent & malin de ce poiſon eſtant attiré par les narines, & porté au cerveau, ne cauſe de l'alteration à voſtre
ſanté.

Prenez encore outre cela 3 ou 4,petites Rubetes qui ſe nouriſſent dans les
hayes, & qui ont le dos heriſſoné par des certaines petites tubercules, c'eſt
une eſpece de grenoüilletes aſſez grādes,& peintes de diverſes couleurs par
toute la peau, que quelques autres appellent Crapauts:ces animaux ſeront
d'autant plus nuiſibles, & mortelz, qu'ils ſeront pris dans des buiſſons &
dans des bois plus ombragez & froids,car c'eſt là où ils s'aquierēt un ſi puiſſant venin.Vous aurez auſſy un vaiſſeau d'airain faiĉt à la façon d'un alambique,aſſez ample pour contenir ces Rubetes & Crapaux, enſorte qu'elles y
puiſſent toutes eſtre aſſez au large : ce vaiſſeau aura un chapiteau par deſſus, lequel s'emboîtera avec le recipient: par deſſus ledit chapiteau il y aura un anſe, pour l'enlever quand on voudra, ſur le coſté de ce vaiſſeau il
s'y élevera un petit hemiſphere concave environ gros comme la moitié
d'une pomme d'orenge,qui ſera faite en guiſe d'une petite auge ou urceole
qui pendra exterieurement,& qui aura le plan du cercle de l'hemiſphere parallele à l'horiſon ; vous ferez auſſy une certaine petite fente par deſſus cét
auget, par où on y pourra voir clair, puis vous le remplirez d'huyle
de Sçorpions, & mettrez dedans vos crapaux: en ſuite fermez bien exaĉte-
ment voſtre vaiſſeau par deſſus, eſtant bien bouché faites entrer le tuyau
de voſtre alembique dans une phiole de verre laquelle repoſera dans un
chauderon ou baſſin plain d'eau froide. En fin le tout eſtant bien diſpoſé
de la ſorte,faites allumer du charbon tout à l'entour,non pas toutefois trop
proche,ny trop ardent, depeur qu'il ne l'eſchauffe plus qu'il ne ſoit de beſoin, mais à la diſtance d'une ou de deux palmes ſeulement, afin que par
ce moyen le vaiſſeau s'eſchauffe fort lentement, & qu'ainſi il puiſſe communiquer au dedans une chaleur aſſez moderé : laquelle les crapaux venans
à ſentir, vomiront incontinent, & rendront le venin dont ils eſtoient abondamment remplis. S'eſtans donc ainſi vuidez par ce vomiſſement, &
ſuans d'ailleurs, & conſequemment alterez à cauſe de cete chaleur eſtran
gere,laquelle ils n'ont pas accoûtumé de reſſentir, ils boiront avidemment
l'huyle contenu dans ces petits receptacles, pour eſtancher l'ardeur de leur
alteration : puis bien toſt apres ils revomiront tout le venin qu'ils auront
avalé : lequel ſera receu dans la phiole ſuſpenduë au bout du tuyau de l'a-
lambique.On entretiendra cependant le feu touſiours dans un pareil degré
de chaleur l'eſpace de 4 heures entieres ſans l'augmenter ny diminuër : ce
temps eſcoulé vous laiſſerez l'ouvrage imparfait juſqu'au jour ſuivant, &
attendrez pour l'ouvrir,qu'il s'y ſoit élevé un peu de vent; auquel tournant
le

le dos, & vous éloignant du vaiſſeau à la diſtance de quelques pas, vous en-
leverez le couvercle avec une perche aſſez longue, laquelle vous paſſerez
dans l'anneau dudit couvercle : & laiſſerez ce vaiſſeau ainſi découvert l'eſpace de 4 ou 5 heures : En fin ces vapeurs nuiſibles eſtant évanouïes vous
pourrez librement vous en approcher pour en oſter la phiole. Voila pour
ce qui touche la preparation de ce poiſon ; reſte à vous en donner l'uſage.
Vous arrouſerez la compoſition, de laquelle on ſe ſert pour emplir les boulets à feu de cete liqueur mortelle, comme auſſi du jus tiré de ces herbes
dont nous avons fait mention cy deſſus, & en chargerez voſtre boulet ſuivant l'ordre & la methode accoûtumée.

Vous pourrez encore adjoûter à cecy, les ſucs extraits des herbes ſuivantes, à ſçavoir d'Anemone, de Boüillon ſauvage, de Cyguë, d'Herbe im-
patiente, de juſquiâme, de pommes inſenſées, de Mandragore, de Napellus blanc & bleu, de Pied d'oye, de Pulſatille, de Ranoncule, de Morelle venimeuſe, de Squille, d'If, de Baſinet, & de quantité d'autres ſimples
de pareille nature.

Ces poudres ſuivantes y pourront auſſy fort bien ſervir comme le Mercure ſublimé, l'Arſehic blanc, l'orpiment, le Cynabre, le Minium, la
Litharge, parmy quoy vous pourrez auſſi mêler des menſtruës de femmes
brehaignes, & ſteriles, & de la cervelle de rars, de chats, & d'ours, de
l'Eſcume de chien enragé, du Sang de chauve-ſouris, de l'huyle dans laquelle vous aurez fait mourir quantité d'araignées domeſtiques, de l'Argent
vif, & du Diagréde auſſi, de la Coloquinthe, de l'Euphorbe, de l'un &
l'autre Elebore, du Thymelea grave, du Catapuce, des eſcorces d'Ezule,
des Noix vomiques, & pluſieurs autres ſemblables ingrediāns, qui ont des
qualitez nuiſibles.

Vous pourrez auſſi preparer une poudre pyrique en cête façon qui ſera
capable d'infecter l'air & de tuer promptement ceux qui ſeront contraint
d'en reſpirer la fumée. Enſeveliſſez moy un crapaut dans du ſalpetre, & le
fourrez dans du fumier de cheval l'eſpace d'environ quinze jours ; tirez-le
de là par apres, & le proportionnez avec du Soulphre & du charbon, comme nous avons enſeigné cy deſſus.

Ou ſi vous aymez mieux faites fondre du ſalpetre dans quelque vaiſſeau
propre à cét effet ſur des charbons ardens ; puis jettez dedans force arai-
gnéez domeſtiques toutes vives enſorte qu'elles y ſoient ſuffoquées, &
qu'elles y regorgent tout leur venin ; vous pourrez auſſi ſemer par deſſus
voſtre Salpetre quelque peu d'Arſenic, apres y en avoir incorporé une aſſez
bonne quantité : puis de cete mixtion preparez voſtre poudre pyrique ſuivant l'ordre accoûtumé.

Notez 1. Ie crois que l'on feroit encore mieux, ſi parmy cete compoſition que nous avons ordonnnée cy deſſus pour les globes ſumeux, on mé-
loit les jus de ces herbes, leurs fuëilles, ou leurs racines à demy ſeiches
c'eſt à dire un peu fleſtries, ou mortifiées, & meſme toutes ces autres matiéres venimeuſes que nous avons deduites tantoſt ; & que ſuivant l'ordre
eſtably on en forma des globes & boulets. On peut auſſi y adjouter de l'eſcorce exterieure de bouleau : car toutes ces choſes engendrent une fumée
extrémement épaiſſe & importune : joint que les racines de ces herbes,
ou bien les fuëilles encore moites, produiſent le meſme effet : adjoutez à cela
que la fumée qui en eſt engendrée contenant en ſoy beaucoup d'humidité, s'éleve d'autant moins vers la plus haute region de l'air ; mais rampant
tout doucement aſſez proche de terre, elle ſe maintieñ dans le lieu

308      *Du Grand Art d'Artillerie.*

où elle eſt produite, ſe porte de ruë en ruë, entre dans les maiſons, & paſſe dans les lieux les plus ſecrets de la place aſſiegée: & voila pourquoy, on
ne pourra point choiſir de temps plus commode, ou qui puiſſe mieux favoriſer le deſſein de celuy qui envoyera ces boulets,que lors que le ciel ſera
fort couvert, nuageux, & bruineux ; pendant un grand broüillart, lors
qu'il pleuvra, ou qu'il neigera, dans des nuits fort obſcures & facheuſes ;
qui ſeront les plus propres pour faire reüſſir des pareils deſſeins ; la raiſon
de cecy eſt que dans ce temps, la region de l'air qui nous eſt la plus voiſi-
ne, eſt extrémement groſſe & eſpaiſſe, & par conſequent bien plus mal-
aiſée à eſtre penetrée par cete fumée veneneuſe, qui s'efforce de s'enlever,
que non pas lors que le ſoleil luit,que le ciel eſt ſerain & beau, & qu'elle ne
rencontre aucun obſtacle dans l'eſtanduë de l'air.

Notez 2. On pourra armer ces globes d'une quantité de petards, afin
que d'autant plus mal-aiſement les puiſſe-t'on ſuffoquer, pour en empeſcher les effets.

Notez 3. Donnez vous bien de garde que ce que vous avez preparé pour
la perte & ruine de vos ennemis, par un effet contraire à voſtre intention,
ne ſe tourne à voſtre deſavantage, & qu'au lieu de porter la mort chez les
autres,par ces dangereuſes inventions, vous n'en ſoyez prevenus chez vous
meſmes,& accablez avant que de pouvoir vous reconneſtre.   Voila pourquoy pour éviter l'inconvenient qui en pourroit arriver, vous ſemerez tout
à l'entour du globe exterieurement de la poudre commune,& non pas veneneuſe ; puis vous l'envelopperez par deſſus d'eſtoupe pareillement
exempte de cete infection : ou bien ſi vous voulez mettre cete compoſition
veneneuſe dans un ſac, comme on fait les globes à feu,vous chargerez le tuyau de fer d'une matiere lente.

Ie laiſſe le ſoin du reſte à l'ingenieux Pyroboliſte, lequel inventera tout
ce qu'il jugera à propos pour l'uſage de ces inventions: quoy que pour vous
en dire la verité nous n'avons pas beſoin de maiſtre pour nous môſter à faire mal : car la malice de ſoy, & de ſa propre nature eſt aſſez induſtrieuſe,
& particuliérement lorsqu'il eſt queſtion de mettre au jour des productions de ſon eſpece.   Ie vous adverty neantmoins de rechef, & vous repete
encore ce que ie vous ay deja dit, qu'il ſe faut tellement ſervir de ces inventions pour l'extirpation des hommes, que vous ne vous repentiez jamais, ny en cete vie mortelle, ny en celle que nous eſperons dans l'éternité, d'avoir employé des moyens ſi dangereux, & ſi ſuſpects à une bonne
conſcience ; or vous ne vous en repentirez jamais, ſi vous vous ſouvenez
bien que l'amour de voſtre prochain, doit toûjours accompagner l'amour
divin : & que nous avons noſtre Dieu, & noſtre Iuge qui nous void continuellement,& qui nous ſçaura bien rendre la pareille ſi nous faiſons mal.

# Chapitre XII.

## Des Globes Puants.

Il ſemble que les Globes puants, & de mauvaiſes odeurs, relevent en
quelque façon des globes veneneux, & empoiſonnez, mais toutefois
ceux-cy peuvent eſtre mis en uſage avec bien plus de liberté ( ſuppoſé
qu'il ſoit permis de nuire à ſon ennemis par toutes ſortes d'artifices) que
non pas ceux-là que nous avons décripts dans le chapitre precedent veuque

que par le moyen de ces derniers, on incommode seulement les assiegez, leur envoyant chez eux des vapeurs puantes, des fuméez des-agreables, & des brovillards artificiels autant insuportables au nez & au cerveau pour leurs puanteurs extraordinaires, que dommageables au yeux à cause de leur qualité ardente, acre, & grossiere; joint que la corruption de l'air ne s'ensuit pas si tost apres. Pour ce qui est du reste de leur preparation · ils n'ont rien qui ne soit commun avec les autres globes artificiels, & pyro-techniques : voicy la veritable methode qu'on doit observer pour les pre-parer. Prenez 10 ℔ de Poix navale, 6 ℔ de poix liquide ou Goudron, du Salpetre 20 ℔, du Souifre 8 ℔, de la Colophone 4 ℔, Faites fondre touts ces ingredians à feu lent dans quelque vaisseau de terre : tout est·nt fondu jettez dedans 2 ℔, de Charbon, de la raclure ou parure de l'ongle d'un cheval, ou mulet &c. 6 ℔, de l'Assa Fætida 3 ℔, du Sagapenum ( que les Italiens appellent Saracenum putidum ) 1 ℔. du Spatula Fætida ℔ ß: meslez bien tout & les incorporez ensemble : En fin jettez dans cete composition des estoupes de lin ou de chanvre suffisamment pour absorber toute la ma-tiere : & cependant qu'elle sera encore chaude, vous en formerez des glo-bes de telle grosseur qu'il vous plaira ; le reste de la preparation s'achevera suivant l'ordre & la methode que nous avons donnée cy dessus, pour les globes, luysans, pour les fumeux & pour les empoisonnez.

## COROLLAIRE.

Qui est-celuy qui ne sçait pas, que l'air dans lequel nous respirons, ne puis-se estre puissamment corrompu ; & que d'une puante corruption il s'en engendre le plus souvent des maladies contagieuses, & consequemment des pestes inévitables? veritablement tout ainsi comme une ville assiégée telle qu'elle soit, n'est autre chose qu'un theatre de tous les maux, & miseres qui peuvent affliger un homme, aussi est elle extrêmement subjecte aux airs contagieux, vapeurs pestilentielles, & toutes sortes d'alterations dan-gereuses, qui proviennent de la puanteur des charognes, de la pourriture des animaux corrompus, & quelquefois de la quantité des boües, & des fumiers qu'on a pas la commodité de faire vuider hors des égouts & cloaques publi-ques. Ie n'entreprens pas icy de vous raconter tant d'exemples que nous avons des villes & places assiegées, dans lesquelles on a veu perir d'avanta-ge de peuple par des maladies contagieuses que par le fer ny le feu de enne-mis. Or pour en venir au point que ie pretends, ie dis que cete corruption de l'air peut estre introduite dans les villes assiegées, partie par des puanteurs engendrées dans les lieux mesmes, & partie aussi par des fumées qui y sont portées de dehors, pour y corrōpre l'air pur & net. Les puanteurs qui provien-nent de dedans sont les haleines mal-saines, & pourries de malades de faim, de veilles, de fatigues continüelles, & de milles autres semblables incommo-ditez : outre cela les cadavres des soldats massacrez, les bestes mortes, les fiantes, fumiers, & immondices, qu'on ne peut pas porter hors de l'enceinte des murailles, lesquelles vomissant & élevant en l'air quantité d'exhalaison puantes, grossieres & mal-digerées, infectent aussi tost l'air de la place, pour estre compris & renfermé dans un espace trop limité. Les assiegeans peuvent produire des effets presque tous semblables à ceux-cy; en envo-yant dans les lieux assiegez divers globes empoisonnez : ou bien en y élan-çant avec des machines antiques ( ce que l'on ne pourra aucunement faire avec nos modernes ) les cadavres des soldats morts, les charoignes des che-vaux & autres bestes mortifiées, à demy pourries, & pleines d'infections,

outre

outre cela les vuidanges des latrines , renfermées dans des grands tonneaux ou semblables vaiſſeaux , & une· infinité d'autres puanteurs , & vilenies de pareille eſtoffe , que l'on fera pleuvoir ſur les aſſiegez : Les commentaires des hiſtoires ſont tous remplis de ce qu'en ont pratiqué les Anciens Romains , & pluſieurs autres nations belliqueuſes qui fleuriſſoient de leur temps.    Et ſans aller ſi loing nous en avons meſme de exemples plus recens dans les chroniques de la ville de Liege ou l'on treuve cete remarque : *Leodicenſes caſtrum de Argenteal fortiter impugnare cœperunt , jactis lapidibus magnis cum mangonalibus* ( voila comment ils appelloient de ja de ce temps-là les baliſtes des Anciens)*& fuſo metallo in vaſculis terreis ferroque candenti projectis, tandem ſtercoribus etiam injectis.* Les Liegeois s'eſtans attachez fort & ferme au chaſteau d'Argenteal,élancoient des grandes pierres dedans avec des mangonales , outre cela des metaux fondus, renfermez dans des vaiſſeaux de terre , du fer rouge, & en fin des excrements humains en abondance.

On peut tirer deux conſequences de cecy,premiéremēt qu'il eſt tres conſtant qu'une ville peut eſtre infectée puiſſamment par ces horribles puanteurs :  que l'air peut eſtre tellement corrompu , & que par cete voye on peut apporter tant d'incommodité à ceux qui ſont renfermez dans les places, qu'on peut ayſement les contraindre à ſe rendre, ou pour le moins les diſpoſer à parlementer pluſtoſt qui n'en auroient eu de deſſein.

Secondement c'eſt une choſe tout à fait digne de remarque ( laquelle j'ay dit & redit en tant d'endroits ) à ſçavoir que par le moyen des machines antiques on pouvoit non ſeulement guinder en l'air des ſi puiſſantes maſſes, telles que ſont les  cadavres des chevaux morts , & des hommes aſſommez , & toutes ſortes de vaiſſeaux remplis de matiéres ardentes, flambentes , & boüillantes, mais auſſi des groſſes pierres rondes , des grands cartiers de roches, & des fardeaux d'une demeſurée grandeur. Entre quantité de teſmoignages que nous avons de cete verité ;  ie vous produiray ſeulement celuy qui ſe treuve chez Paulus Emilius en ſon hiſtoire du ſiege Ptolemaïde,fait par Philippe Roy de France·, & Henry Roy d'Angleterre, en ces termes : *Saxorum molarium ictu quæ Tollenonibus* ( ils appelloient icy les Baliſtes de ce mot de Tollenons à cauſe du rapport qu'elles ont avec ceux que Vegeſe nous décrit en ſon Liv. 4. Chap: 21. ) *mittebantur, tecta domorum in urbe ſupernè perfingebantur , magna incolentium peſte.* Ils ruinoient ce dit-il toutes les couvertures des édifices à force de jetter de ces grandes maſſes de pierres,leſquelles ils envoyoient dans la ville , par le moyen de ces furieux engins qu'on appelloit des Tollenons, ce qui eſtoit la veritable peſte , & la perte des habitans.     Silius en fait auſſi mention en ſon liv. 1.

> *Phocais effundit vaſtos Balliſta molares,*
> *Atque eadem ingentis mutato pondere teli*
> *Ferratam excutiens ornum media agmina rupit.*

Iugez maintenant de la grandeur de leur poids par leurs eſtranges & épouvantables executions.  On treuve encore dans les annales d'Eſpagne, ( ſuivant le rapport de Lipſius ) l'hiſtoire d'un jeune homme nommé Pelage , mais ſur tout fort chaſte & honneſte, lequel eſtant ſollicité par un Roy barbare à commettre,ou ſouffrir une action ſale , & honteuſe, le frappa du point par malheur comme il le careſſoit ; Cét infame & cruel Roy commenda auſſi toſt qu'on eût à le mettre ſur une fonde machinale ( ce qui étoit proprement une baliſte ) pour eſtre jetté au de là du Betis , à travers les rochers & les eſcuëils. Mais nous parlerons de cecy plus au long en

son

fon lieu, ou ie vous feray voir les figures de toutes les machines des Anciens, lefquelles j'ay tirées des remarques de toutes les antiquitez,& mefme pris la peine bien fouvent d'en former les modeles de mes propres
mains, pour en éprouver les admirables eflets, (quoy que dans des proportions bien plus petites & plus racourcies,) & pour fçavoir s'il eftoit ainfi
que les autheurs nous les avoient tant vantées. Ce que i'en ay dit icy en
paffant a feulement efté à l'occafion des globes puants, afin de vous advertir, que les affiegez peuvent élancer à l'encontre de leurs aggrefleurs, non
feulement des puanteurs en grande abondance, avec beaucoup de commodité & de promptitude, mais auffi une infinité de vaifleaux de toutes fortes
de figures qu'on fe peut imaginer, remplis de compofitions ou veneneufes
ou fumeufes : outre cela des grandiffimes maffes de feu, & toutes autres
inventions pyroboliques defquelles nous difcourerons dans le livre fuivant,
& particuliérement de celles qu'on employe d'ordinaire à la deffence des
places affiegées.Que ceux qui auront le jugemét bon & l'éprit fain jugent un
peu de cecy:que s'ils me contraignent de fuccomber apres tant des fi plaufi-
bles arguments & des raifons fi convaincantes, tant noftres,que des autres
autheurs fi fameux & fi graves,ie me rendray tres volontiers,& embrafferỳ
l'opinion de ceux qui auront des fentiments contraires. Mais comme ie ne
crains rien de ce cofté là, auffi plaindray-ie tant que ie vivray la miferable
condition de quelqu'unes de ces machines antiques.

# Chapitre XIII.

### D'un Globe appellé Tefte de mort, parmy les Inge-
nieurs à feu.

Qu'on fafle fondre un globe parfaitement fpherique de fer, de laiton, de cuivre, ou de quelque autre metail que ce foit, d'une telle groffeur qu'il réponde exactement à l'emboucheure du canon
où il doit fervir : on l'évuidra par le diametre de fa hauteur en telle
forte que la longueur de cete évuidure (laquelle a la vraye forme d'un cylindre vuide) foit de ⅔,& la largeur d'un ⅓ du mefme diametre. Outre celle-là on fera quantité d'autres petites cavitez de la figure d'un petard vulgaire tout à l'entour du circuit, lefquelles regarderont toutes celles du milieu. Au fonds de celles-cy on percera des petits canaux qui pafferont jufques dans le vuide du milieu pour y recevoir le feu.Ils feront chargez d'une
poudre battuë fort deliée,mais les cavitez feront remplies d'une bonne poudre grenée, & de quantité de poftes de plomb,ou groffe dragée;puis on les
bourrera bien par deffus avec de l'eftoupe,ou du papier.

Le grand cylindre du milieu, fera remply de poudre battuë, parmy laquelle on mêlera une quatriéme partie de charbon,& fera arroufée d'eau de
vie ou d'huyle de petrole, ou bien on le chargera d'une de ces compofitions
que nous avons ordonnées pour les tuyaux des grenades : en fin le globe fera
enveloppé exterieurement d'une toile trempée de poix liquide, hormis l'orifice de l'excavation au milieu. Lors que l'on le voudra tirer, on le fituera
dans le canon en telle forte que l'orifice de ce tuyau du milieu touchera immediatement la poudre fans qu'il y ait aucun corps interpofé: la figure 156
vous fera voir le refte de fa conftruction.

Notez. que ces globes icy pourront auffi eftre faits de bois: mais à telle
con-

condition qu'on inferera dans toutes ces cavitez qui font à l'entour du
grand tuyau , des petards tels que vous en voyez un deſſeigné fous la lettre D en la figure du Nomb. 151.Il faudra auſſi neceſſairement que ce globe
foit bendé exterieurement avec des bons cercles de fer , attachez avec des
clous , depeur que par la violence de la poudre , lors qu'on le tire du canon,
ou pendant que l'on charge les petards,il ne vienne à ſe rompre,& ſe diſſiper
premier que de prendre feu.

# Chapitre X I V.

### Du Globe appellé vulgairement le Valet du Pyroboliſte.

Ce globe que vous voyez deſſeigné au nombre 157,s'eſt acquis le nom
de Valet d'Ingenieur à feu,à cauſe qu'il demeure touſiours de bout ,
pour faire ſon devoir,au contraire des autres qui ne ſçavent en qu'elle
poſture ſe mettre , pour rendre quelque bon ſervice ; car les uns
veulent eſtre couchez,les autres de travers,ou tout à fait renverſez,lors qu'il
eſt queſtion de ſe ſervir d'eux.Or ce Gentil Serviteur icy n'eſt pas difficile à
gouverner , ni à conſtruire , auſſi eſt-il d'une nature fort ſimple , & traita-
table : Il faut prendre ſeulement un cylindre de bois ſolide dont la groſſeur
correſponde au diametre de l'emboucheure du canon : il a ſa hauteur depuis le haut juſques à la pointe de trois diametres de ſa largeur : ſa pointe ſe
terminant en pyramide multangulaire porte juſtement un diametre de ſa
groſſeur : apres cela on le perce avec une tariére par le milieu de ſa hauteur,
en telle ſorte que le diametre de cete évuidure , ou de la largeur de ce cylindre vuide , ait un tiers de ſa groſſeur ; ſa hauteur ſera de trois diametres,
c'eſt à dire juſques à la baſe de ſa pointe.  En ſuite on perce quantité de
de trous dans ſa ſuperficie exterieure , larges d'un ou de deux doigts, leſquels reſpondent directement au vuide du milieu ; on ajuſte dans ces trous
des petards de fer ſemblables à ceux que ie vous ay fait voir cy deſſus dans
l'autre globe , leſquels on charge de poudre & de balles de plomb ( ſuppoſé toutêfois que ce globe ſoit de bois.) Le vuide du milieu ſe pourra
auſſi remplir des meſmes compoſitions que nous avons ordonnées pour le
globe precedent.La pointe ſera garnie d'un fer bien aceré,afin que ce globe
venant à tomber ſur terre , ou ſur du bois , ou bien ſur quelque autre objet
dur & reſiſtant , il s'y puiſſe attacher , & y demeurer ſi ferme qu'on ne puiſſe pas l'en arracher.Outre cela pour le rendre plus ferme, on pourra le relier de trois cercles de fer , à ſçavoir un à ſon orifice ſuperieur , l'autre à la
baſe de ſa pointe , & le troiſiéme au milieu , afin qu'il ſe mocque des forces de la poudre & qu'il n'en apprehende nullement les efforts.  Pour ce
qui eſt du reſte il n'a rien de particulier & qui ne ſoit commun avec le globe precedent.

# Chapitre X V.

### Du Manipule Pyrotechnique.

Il arrive fort ſouvent que le temps nous reduit à des telles extremitez,ou
que nous nous treuvons ſi fort embaraſſez dans diverſes difficultez ( qui
ſont veritablement fort frequentes & preſque inévitables dans les occur-
ren-

rences militaires ) qu'il nous eſt impoſſible de preparer aſſez toſt nos globes artificiels : voila pourquoy noſtre Manipule ſuppléra au deſfaut des autres , lequel n'eſt autre choſe qu'une certaine quantité de petards de fer
ou de cuivre unis enſemble ( ſemblables à ceux que ie vous ay deſſeignéz
en la figure du Nomb. 151 ſous la lettre F G & I. Soit doublez, triplez, ou
ſimples , pourveu qui ſoient chargez d'un bonne poudre grenée , & de
balles à mouſquets ) joint qu'ils ſont bien reliez d'un fil d'archer, ou de fer ,
afin que ces petards ne craignent point la violence de la poudre , & qu'ils
n'en ſoient point diſſipez , ou deſ-unis , mais au contraire demeurans bien
alliez en un corps, ils faſſent tous leur devoir , lors qui ſeront arrivez au
lieu où l'on les aura envoyez.   Les amorces ſeront remplies d'une matiere
lente, telle que nous l'avons ordonnée cy deſſus.   Au reſte on pourra conſtruire ces Manipules de diverſes grandeur , afin qu'on les puiſſe faire ſervir
aux canons,& mortiers de calibres tous diſlerents : on les ajuſtera doncques ainſi tous nuds dans les machines immmediatement ſur la poudre
dont elles ſont chargées.

# Chapitre X V I.

### De certains Globes Pyrotechniques que l'on peut cacher en quel-
que lieu ſecret, pour leur faire produire leurs effets dans un certain temps determiné.

Nous vous avōs de-ja adverty cy deſſus ce me ſemble que les Anciens
Capitaines Allemands avoient toûjours non ſeulement blâmé mais
auſſi banny hors des limites de leur milice les feux clandeſtins, (appelle chez eux *heimlich* ou *leg fewer* ) comme des inventions injuſtes & illicites , & que pour céte raiſon ils avoient deſſendu aux Pyroboliſtes , & Ingenieurs à feu de n'en point conſtruire du tout : nous treuvons
dans l'hiſtoire neantmoins que du temps duquel ces ordonnances eſtoient
encore nouvellement eſtablies , & dans leur vigeur, ces feux eſtoient encore aſſez en uſage: mais à la verité dans le ſiecle où nous ſommes, auquel il
ſemble que toutes les inventions antiques doivent prendre fin, pour en introduire des nouvelles autrefois inconnuës aux Anciens; à peine ces feux
y reluiſent-ils encore : & ie crois veritablement que ſi par nos eſcrits nous
n'en conſervions les dernieres flameſches qui ſe meurent, d'icy à quelques
années il n'en reſteroit pas meſme le ſouvenir. Or puiſque nos peres, & tous
ceux qui ont encore veſcu avant eux, ont experimenté en effet qu'ils leur
eſtoient utiles ( quoy qu'ils ne les eſtimaſſant guéres licites, ny honneſtes)
pourquoy ne nous ſera-t'il pas maintenant permis, ou pluſtoſt pourquoy
ne nous le doit-il pas eſtre auſſi bien comme à eux ? il ne faut ſeulement
qu'avoir un peu d'eſprit & d'induſtrie, pour les ſçavoir accommoder aux
temps , & aux lieux.  Or ie treuve pluſieurs moyens pour les conſtruire diverſement, & leur donner diverſes formes , ſuivant la quantité, & la difference des circonſtances qui nous obligent à nous en ſervir : car autres ſeront ceux qui ſe doivent cacher dans les maiſons , cabinets , granges , gre-
niers , & lieux ſemblables ; autres ceux que l'on inſinuëra dans les tours où
ſe gardent les poudres , dans les magazins , & arcenals, auxquels l'on peut
librement entrer , & en fin autres ceux que l'on enfermera dans des cha-

riots , coffres, tonneaux , & femblables bagages que l'on peut tranfporter
dans les villes & forterefles des ennemis : toutes ces cicronftances de lieux
demandent des preparations toutes particulieres , & des formes toutes diverfes pour ces feux clandeftins. Ie vous en propoferay icy un modele ,
feulement pour exemple , en trois globes de trois differentes figures , le
premier defquels marqué en la lettre A, au nomb. 159, retient entiérement la forme d'un globe à feu vulgaire : finon qu'on y attache une méche,
difpofée en limacon tout à l'entour ( pourveu toutéfois que ce foit fur un
terrain égal & plain ) laquelle ne foit pas de ces meches communes à la verité;mais de celles qui ne fument & ne puent point,dont ie vous ay enfeigné
la preparation au liv. 2. chap. 27.On fait entrer un des bouts dans l'orifice
du globe , & l'autre qui eft allumé apres quelques revolutions fpirales faites à l'entour demeure à cofté, en telle forte que fes divers retours & replis
ne fe touchent , depeur que le feu en paffant ne la coupe , & qu'ainfi elle
n'anticipe le temps ordonné à fa combuftion.    Cete méche n'a point d'autre longueur determinée que de l'intervalle du temps auquel il faut que le
globe faffe fon effet : ce qui ne fera pas beaucoup difficile à ordonner pourveu que vous foyez certain de la quâtité,& de la longueur de la méche que
le feu peut confommer à chaque quart d'heure:enforte que fi l'on defire que
le globe faffe fon effet deux heures apres qu'il aura efté caché,& que vous
foyez affeuré d'ailleurs que le feu confomme à peu prés un demy pied de
méche en chaque quart d'heure ; vous pourrez conclure aifement que pour
deux heures il vous faut avoir quatre pieds de méche.

L'autre globe deffeigné en la lettre B, eft ordinairement fait de bois :
( quoy que l'on le pourroit faire conftruire de fer ou de bronze à la façon
d'une grenade vulgaire; mais en ce cas on feroit obligé de remplir le vuide
de poudre grenée,fans y meffer aucune autre compofition comme nous dirons plus bas)il doit eftre canelé fpiralement,depuis le fonds jufques au fom
met,en telle forte que l'on puiffe ajufter,& coller dans ce fillon fpiral,une mé
che qui paffe & tourne depuis un bout jufques à l'autre ; comme il fe void
dans l'autre figure marquée d'un C: celuy-cy eft beaucoup meilleur que le
premier , parce que la méche ne fait qu'un corps avec le globe , & n'a pas
befoin d'un fi grand efpace fur le terrain, quoy quils foient tous deux d'un
égale groffeur.

En fin le troifiéme globe de cete efpece que nous avons marqué d'un D,
retient auffi quelque chofe de la forme d'un globe vulgaire : il a un petit
bafton droit & rond engagé dans fon orifice , fur lequel eft entortillée en
forme fpirale une méche de la longueur qu'elle doit eftre pour aller jufques
au temps,auquel le boulet doit faire fon effet , & la colle-t on bien fort, depeur qu'elle ne fe des-enveloppe en brûlant.

Tous ces globes icy fe doivent charger de matieres violentes , & qui produifent force feu , telle que i'eftime celle que l'on dit avoir anciennement
efté employé dans la preparation du feu Grec , comme vous pouvez l'avoir
remarqué cy deffus par le difcours de Scaliger dans la defcription de noftre
pluye de feu.    Or cete matiére fera fuffifemment violente, tant à caufe des
ingredians extrémement chauds & ignéz qui entrent dans fa compofition,
qu'à caufe de la forme de fa preparation qui eft toute particuliére : car nous
fçavons fort bien que le fumier a une puiffante,& admirable vertu,pour trã-
former,& rectifier les matieres que l'on cache quelque fois dãs fes entrailles:
c'eft en quoy il eft fort femblable à la chaleur naturelle : cete mere qui produit tant de merueilles,s'eft refervé une vertu de pourrir qui n'eft pas à mefprifer

prifer : & l'on void toufiours que la putrefaction engendre autant de forte d'animaux, qu'il y a de chofes qui fe peuvent putrefier : que fi quelqu'un fait reflexion là deffus, & qu'il le confidere un peu attentivement, ie vous affeure qu'il ne tirera pas un petit principe d'un fi grand fecret. Voila pourquoy à mon avis cete compofition fera plus vehemente que toutes celles qui fe mélent, & s'incorporent feulement fans autre preparation : hormis toutêfois, la poudre pyrique preparée en telle forte qu'elle foit long temps battuë en plotons; car par cete forte de preparation, elle devient extrémement violente,(comme nous avons dit cy-deffus) & fe change en une fubftance tout à fait legere & volatile.

Brechtelius dans le livre 2. Chap. 2. de fon Artillerie nous êxpofe encore cete compofition pour la charge de ces globes : Prenez 3 ℔ de Poudre, du Soulfre 1 ℔, mettrez-les tous deux en poudre bien fubtile, & les incorporez enfemble : adjoutez-y par apres un peu de Colophone, & quelques goutes de therebentine; puis petriffez-moy bien tout cecy avec de l'huyle de lin, & de l'eau de vie, eftant bien malaxé, rempliffez voftre globe de cete compofition. Toutêfois fi l'on me veut croire on fe fervira plûtoft de celle dont le feu Greque eftoit compofé : car il eft fuffifamment violent comme on le peut affez remarquer par la nature de chaque ingrediant qui entre dans fa compofition ; joint que noftre feu fecret & clandeftin a beaucoup de rapport quant à fes operations, & à fes effets, au feu Grec ; comme quantité d'autheurs digne de foy nous le rapporte : ie ne doute pas toutêfois que quelqu'unes de ces matieres ne vous pourront bien manquer, pour eftre trop difficile à recouvrer, ou pour eftre de trop grand prix. Souvenez vous encore qu'au lieu de méche vous pourrez librement employer de l'eftoupe pyrotechnique, patticuliérement celle que Brechtelius a décrit pour ce mefme effet, en fon Artillerie, partie 2, Chap. 2, & dont nous avons donné la conftruction à fon imitation au livre 2. Chap. 1,

# Chapitre XVII.

### Des Boulets de fer ardents ou rougis au feu.

Cete une pratique qui n'eft pas beaucoup nouvelle que les boulets de fer rouge, Puifque long temps auparavant que nos pieces d'Artillerie modernes fuffent inventées, le fer chaud, & brûlant eftoit une arme d'un grandiffime deffence parmy les anciens : comme Diodorus Siculus entre plufieurs autres nous le refmoigne quand il dit. *Tyrios immififfe in Alexandri Magni machinamenta maffas magnas ferreas candentes :* que les Tyriens avoient envoyé fur les travaux qu'Alexandre le Grand avoit fait élever des groffes maffes de fer rouge. Un autheur incertain chez Suidas en parle auffi en ces termes: *Liquida omnia & fufilia in hoftes ex fuperiore loco ferventia mittebantur. Inter alia vero & ferri cruftas quas multo igne candentes reddiderant in murum fubeuntes parabant effundere.* On envoyoit fe dit-il dés lieux les plus eminents fur les ennemis, tout ce qu'ils treuvoient de liquide & de fufible, & le tout chaud & boüillants; & entre autre chofes ils avoient quantité de croutes de fer qu'ils avoient fait rougir au feu, & qu'ils tenoient de-ja toutes preftes pour jetter fur ceux qui s'avantureroient d'efcalader leurs murailles. Vitruve parlant pareillement des Maffilitans, Liv. 10 Chap. 22. *Et jam cum ager ad murum*

*con-*

*contra eos compararetur, & arboribus excifis, eoque collocatis, locus operibus*
*exageraretur, balliftis vectes ferreos candentes in id mittendo totam munitionem*
*coegerunt conflagrare.* Où l'on void évidemment que ces peuples fe fervirent
de leurs baliftes pour jetter des barres de fer rouge avec quoy ils mirent à
ce qu'il dit, le feu dans les amonitions.   Qui en voudra fçavoir d'avantage
fur ce fujet pourra s'il luy plait l'apprendre des autres autheurs, defquels
nous avons de-ja produits les tefmoignages ailleurs.   De dire maintenant
dans quelle vogue ont efté nos boulets ardents, depuis l'invention de la
poudre à canon, quels ravages ils ont fait, & quelles exécutions dans diverfes occurrences de guerre, il n'y a que ceux qui n'ont jamais porté les
armes, ou qui n'ont jamais fueilletté les hiftoires qui en peuvent ignorer
les effets: dans lefquelles, entre une infinité d'autres exemples qui s'y
rencontrent.   *Emanuel de Meteren* nous en raconte une en fon hiftoire des
Païs Bas liv. 20. affez remarquable, qui arriva à Rhenobergh affiegée par l'Admiral d'Arragon en l'an de Noftre Seigneur 1598, où il affeure qu'un boulet
de fer ( faut neceffairement qu'il ait efté rouge, quoy que l'autheur n'en
dife mot ) ayant efté envoyé d'une batterie des affiegeans à l'encontre d'u-
ne tour où l'on confervoit de la poudre à canon, & qu'ayant percé la muraille qui n'eftoit efpaiffe que d'une brique, il tombât dans un vaiffeau
plein de poudre, laquelle prit incontinent feu, & le communiqua dans
le mefme inftant à tous les autres vaiffeaux ( qui eftoient jufques au nombre de 150 ) d'où il s'en enfuivit un tintamare fi efpouvantable par la violence de la poudre, & une incendie fi generale, que non feulement elle fit
fauter la tour où elle eftoit renfermée, mais auffi embrafa, les maifons les
plus eflevées ruina les plus voifines, & bouleverfa une grande partie des
murs de la ville, & ce qui fut le pis de tout, la plus part des bourgeois & des
foldats y furent accablez avec le gouverneur de la place; bref le defordre
fût fi effroyable, & la confufion fi grande parmy ces miferables affiégez que
fort peu en fortirent fains & entiers; qui ne fuffent eftropiez de quelques
membres, incapables de porter les armes, ou de jamais excercer leurs me-
ftiers.   Paulus Piafecius Evefque de Prémifle qui a efcrit nos annales nous
raconte auffi une pareille hiftoire en ces termes: *inde progreffus* ( Parlant de
l'Admiral d'Aragon ) *ad Rheni ripam oppidum Rhinberck Colonienfis Archiepif-*
*copi quod jam ante ab Hifpanis occupatum Hollandi morante in Gallia Alberto Ar-*
*chiduce in fuam poteftatem afferuerant, & præfidio proprio munitum, eo ufque*
*tenebant, oppugnavit. Et initio quidem obfeffi fatis animi ad refiftendum præfe-*
*rebant, fed cum fortuito* ( ie veux pourtant croire que cela fût fait à deffein
& de propos deliberé ) *à tormenti jaculo ignis delatus in locum ubi repofitus erat*
*pulvis nitratus incendium ingens excitaffet, quo præcipua turris concidit, & vi-*
*cinam partem muri in ruinam traxit, ut facilis effet intro ingreffus oppugnatori-*
*bus, pacti incolumitatem fibi, & impedimentorum abducendorem libertatem,*
*deditionem fecerunt.* l'Admiral d'Arragon ayant fait marcher fes troupes vers
le Rhin s'en alla attaquer Rhinberck, place qui appartenoit à l'Archevefque
de Cologne, auparavant occupée des Efpagnols, mais qui dans le temps que
l'Archiduc Albert eftoit en France fût reduite fous la puiffance des Hollandois, & dans laquelle ils avoient eu jufques là des bonnes & fortes garnifons.
D'abord ( ce dit-il ) les affiegez tefmoignoient avoir affez de courage par
la refiftance qu'ils faifoient; mais le malheur ayant voulu qu'un boulet de
canon eftant fortuitement entré dans un magazin, où il y avoit quantité de
poudre, fit un tel defordre dans fon embrafement que la principale tour
fût boulé verfée, laquelle par fa cheute entraina quant & foy, un pan fi notable
de

de la muraille voifine qu'il fût ayfé aux affiegeans d'y entrer par la bréche, ce qui les obligea bien toft apres à parlementer, comme en effet ayant obtenu quartier, & la liberté de fortir avec leur bagage, ils fe rendirent. Mais Diegus Ufanus au fecond traité de fon Artillerie, Dial: 12, rapporte encore une hiftoire prefque autant tragique que celle-cy: à quoy il adjoute un eftrange exemple d'un navire Hollandois qui s'en allant pour entrer dans Oftende chargé de poudre pyrique fut embrafé par un boulet de canon: cét autheur eftime que ces deux accidents arriverent par un autre voye, & croit que le boulet ayant frappé rudement contre quelque pierre, ou clou, ou quelque autre objet dur, avoit fait du feu fuffifamment pour allumer la poudre, d'où s'eftoient enfuivies ces incendies fi épouvantables. Pour moy mon fentiment eft (auquel *Emanuel de Meteren* femble auffi s'accorder) que c'eftoit quelque boulet ardant qu'on avoit tiré tout à deffein : car il n'eft pas à croire qu'un boulet de canon pour avoir percée une muraille efpaiffe d'une brique feulement, traverfé une planche d'un vaiffeau, ou rencontré un clou pût jetter une affez grande quantité d'étincelles, ny du feu capable de penetrer les barriques, & tonneaux à poudre ; mais bien me perfuaderay-ie pluftoft que quelque fuyard eftant paffé chez les ennemis, auroit accufé & decouvert le lieu ou ces poudres étoient cachées, ou que cete tour en auroit été remplie, & ce vaiffeau chargé, ce qui les auroit obligé à y envoyer des boulets ardens tout à deffein pour y mettre le feu : auffi a-t'on treuvée par experience que ceftoit la meilleure invention qu'on fe pouvoit imaginer pour employer dans des pareilles occafions, & il eft tres certain que l'on ne peut pas avec toute autre efpece de boulet (quoy que noftre Art en ait inventé de bien de fortes) porter le feu fi commodement, qu'avec les boulets ardents : car outre qu'ils rompent & brifent tout, ils brûlent auffi puiffamment s'il leur arrive de tomber fur un matière combuftible : joint qu'il eft impoffible de remarquer lors qu'ils font dans l'air, s'ils portent du feu ou non, mais feulement paroiffent comme des boulets vulgaires.

Nous pouvons bien faire revenir icy ce que nous avons dit cy deffus de Lipfius, touchant les globes à feu qu'on à de coûtume de jetter avec le canon : car ie fuis d'avis auffi bien comme luy qu'on pourroit faire les mefmes effets fort commodement avec des boulets ardents : & nous fommes obligez d'ajoûter foy à un perfonnage fi grave & fi renommé qu'eft celuy là. Or pour favorifer encore d'avantage fon fentiment nos Annaliftes qui ont efcrit les beaux exploits, & tous les genereux faits d'armes de noftre tres Heureux & tres Genereux Roy, en noftre langue, n'ont mis aucune diftinction entre les boulets ardents & les globes à feu : mais ont fimplement appellé en language du païs: *Kule Ognifte* ces globes qui fervent à mettre le feu, dans des batiments, retranchements, paliffades & autres obftacles de guerre faits de charpenterie, ce qui en langue Latine fignifie *Globus igneus*, ou *ignitus*, un globe igné ou de feu ; or eft-il que ce mefme mot fe peut appliquer auffi (quoy qu'affez improprement) aux boulets ardents: joint que chez les Latins, ces mots *igneus*, *ignitus*, & *candens*, font prefque tous d'une mefme fignification, & que l'on fe fert indifferement de l'un au lieu de l'autre.

Au refte ie n'ay pas deffein de vous entretenir plus long temps fur ce fubjet pour vous obliger à croire que les boulets ardēts ne font pas d'une petite utilité dans les occurrences militaires : puis que quantité d'autres autheurs ont pris cete peine auparavant moy, & fe font fort bien acquité de ce devoir;

voir ; il me reſte ſeulement de vous expliquer comment on les doit tirer avec le canon.

Premierement on chargera le canon comme on a de coutûme de ſa juſte charge pour chaſſer un boulet de ſon calibre : vous ajuſterez ſur cete poudre un cylindre de bois,qui ſoit juſtement de la groſſeur & rondeur du calibre du canon,il aura ſa hauteur égale ou un peu moindre que le diametre du globe : & pour plus grande ſeureté vous pourrez pouſſer encore par deſſus un bouchon de paille, de foin ou d'eſtoupes, ou bien ce qui vaudra encore mieux que tout, des nerfs de divers animaux defilez en guiſe d'eſtoupes, apres les avoir moüillez au prealable. Cela fait vous nettoyrez bien le vuide du canon & en tirerez avec l'écuvillon, qui eſt fait d'une peau de mouton attaché au bout d'une perche, tous les grains de poudre qui pourroient eſtre demeurez çà & là dans la canne du canon. Cela fait pointez voſtre piece ſuivant l'Art vers le lieu où vous deſirez porter le feu ; qu'il demeure là ferme,& arreſté juſques à ce que vous ayez mis dedans, voſtre boulet de fer qui ſera parfaitement rond, courant à l'aiſe dans ſon calibre, & tout rouge, que vous prendrez avec des tenailles de fer hors du feu qui ne ſera guéres eſloigné de la batterie:en fin auſſi toſt que vous aurez reconnu que le boulet touchera au bouchon de paille, donnez incontinent feu à voſtre canon.

Il y en a qui pouſſent dans la piéce des boites faites avec des lames de fer ou de cuivre : & quelqu'autres y en mettent d'argile, puis par deſſus les boulets ardents, qu'ils pouſſent juſques ſur la poudre le plus viſte qu'il leur eſt poſſible avec le pouſſoir, qui doit eſtre garny par le bout qui touche le boulet d'une lame de cuivre, mais la premiere methode que ie vous ay donnée eſt la plus commode, & la moins perilleuſe à mon advis.

# Chapitre XVIII.

## De la Gréle Pyrotechnique.

Nous appellons Gréle pyrotechnique, du mot commun & uſité parmy tous les pyroboliſtes, un certain ramas de pluſieurs petits corps durs, qui ſemble avoir du rapport avec la gréle naturelle, laquelle s'engendre des humides vapeurs de la terre qui s'élevent juſques dans la ſeconde region de l'air, où elle ſe forme & s'endurcit toutes en petits boulets, puis retombe en grande abondance, & quelque-fois avec grande impetuoſité ſur la terre. Or la noſtre neantmoins eſt encore un peu plus dure & plus perilleuſe que celle-cy ; car elle eſt ordinairement compoſée, d'un gros gravoir, de cailloux de rivieres, petites pierres rondes & choſes ſemblables, de la groſſeur environ d'un œuf de pigeon, telles qu'elles ſe treuvent ſur le bord des eaux courantes : quelque fois auſſi on la fait de balles de plomb, ou de gros poſtes ; ou bien de carreaux de fer faits comme des déz en fin de toute autre ſorte de fragments d'un pareil metail.

On a de coûtume d'envoyer cete gréle ſur les ennemis avec des pieces de canon fort courtes,& qui ont le calibre fort grand, telles que ſont les pierieres des Anciens,nos mortiers modernes,nos demys courtauts, & s'emblables pieces de campagne.

On la ſituë differemment dans le vuide des machines lors que l'on veut
faire

faire gréler ; car quelque-fois on la renferme dans des boëtes,ou des cartouches de bois comme vous en voyez quelques unes de deſſeignéez en la figure du N°. 160, ſous les lettres A B; quelque-fois auſsi on la loge , dans des
boëtes de fer ou de cuivre,de la meſme façon que vous en voyez deux aux
letres D E ; finalement on coule parmy les vuides de la poix en pierre fonduë, afin que ces balles ou cailloux demeurent attachez , & unis enſemble.

La longueur de la boëte ſera de 1; ou 2 diametres tout au plus de l'orifice
du canon où elle doit eſtre employée ; le fonds aura l'épaiſſeur d'un demy
diametre ; le couvercle d'un quart , & les coſtez d'un ſeiziéme ſeulement ;
j'entens parler des boëtes de bois , car pour celles de fer elles obſerveront
bien cete même longueur , mais pour ce qui eſt du reſte,rien qui ſoit.

Il y en a quelques uns qui ny ſont pas tant de façon : ils chargent premiérement le canon comme il eſt de raiſon, & ſuivant l'ordre acoûtumé ; puis
pouſſent par deſſus la poudre,un cylindre de bois ; ſur ce cylindre, ils ver-
ſent de la gréle juſques à la peſanteur d'un boulet de fer du calibre de la
piece.En fin ils bourrent bien le tout d'un bon bouchon de paille ou de
foin pour areſter la gréle ferme ſur le cylindre.

D'autres preparent des poches de toile , leſquelles ils rempliſſent de cete
gréle, lors qu'ils en veulent charger leurs machines. Ie vous en fait voir
une eſpece fort jolie en la meſme figure ſous les lettres G & H laquelle repreſente en ſa forme une grappe de raiſins ; la preparation en eſt auſsi fort
ayſée. En la lettre F ſe void une rotule de bois , au centre de laquelle eſt
attaché un baſton perpendiculairement élevé. On relie fort & ferme le
fonds du ſac d'une bonne ficelle;puis on ajence dedans des balles de plomb
les unes ſur les autres , plus groſſes toutêſois que des balles communes comme de 2 de 3 ou de 4. onces. On lie premiérement la poche bien ſerrée
par le haut , puis vous conduiſez la fidelle tout à l'entour de la ſuperficie
exterieure entre les ſillons que forment les balles , en telle ſorte que la ſy-
metrie de ſes circonvolutions recroiſéez, repreſente comme un ret à pê-
cher. L'ayant ainſi ajuſtée empoiſſez-la bien depuis un bout juſquesà
l'autre.

Nous avons encore une autre façon pour preparer la gréle , qui n'eſt pas
des plus vulgaires,à ſçavoir quand on ramaſſe en une boule(comme on peut
remarquer en la lettre C) tout ce qui s'enſuit.

Prenez de la Poix noire 4 parties, de la Colophone 1 partie, de la Cire 1,
partie, du Soulfre 2 partie, un peu de Terebentine : faites fondre le tout à
feu lent:jettez par apres dans cete liqueur 8 parties de Chaux vive,des Tuyles pulverizées 4 parties , de la Limure de fer 1 partie , mêlez bien tout enſemble,& les incorporez : en fin jettez dedans des petits cailloux , ou des
balles de plomb autant qu'il en ſera de beſoin. Puis de cete mixtion formez-en des boulets avant qu'elle ſoit refroidie , de la groſſeur juſtement du
calibre des canons,ou mortiers qui doivent les mettre en œuvre.

Il y en a certains qui forment ces boulets avec du Plaſtre ou de l'Albâtre
reduit en poudre ; mais qui voudra ſçavoir le ſecret de cete preparation
qu'il prenne advis de quelque ſculpteur, il luy apprendra à manier ces materiaux. D'autres les preparent avec de la bouë, ou bien avec de la terre
forte,de quoy on fait les tuyles, en y meſlant de cete gréle parmy ; puis en
ayant formé des boulets, ils les laiſſent ſeicher au ſoleil ou au vent.

On ſe ſert particuliérement de cete greſle dans les combats qui ſe rendent en pleine campagne, dans les batailles rengées , ou bien lors que les
aſſie-

affiegeans font des extrémes efforts pour forcer une place , s'emparer d'une
porte ouverte , monter fur la breche , pour lors on charge les canons , &
mortiers de cete gréle que l'on ajufte fur ces lieux là pour y faire des executions épouvantables parmy les ennemis dans le temps qui font en confufion,en abondance,& en eftât de fe rendre maiftres de la place afliegée.

Pour ce qui regarde la quantité la poudre neceffaire pour chaffer cete
gréle,il n'en faut pas d'avantage que pour un boulet commun.

# Chapitre XIX.

### De divers Boulets de fer enchaifnez & de quelques autres semblables Inftruments.

Ie vous propofe icy dans le dernier chapitre de ce livre, les figures & l'u-
fage de quantité de boulets de fer enchaifnez, affez differents entr'eux,
& de quelques autres perilleufes machines qu'on a acoûtumé de mettre
en ufage dans les combats navales pour couper,rompre, brifer toutes les
parties eminentes & élevées d'un vaiffeau,comme font les grands mats,mats
de mifenne,beauprez,trinquet , antennes,vergues,voiles,hauts-bans,cables,
cordages, efcoutes, pavillons, capeftants , gouvernail,rames,ancres, & mille
autres chofes qui font de l'attirail d'un vaiffeau dont la conneffance n'eft refervée qu'aux feuls mariniers & gens de mer. Outre tout cela ces furieufes
inventions n'efpargneront pas mefme les foldats combatans,en fin tailleront
en pieces,eftropieront,affommeront autant de matelots qu'ils en rencontreront d'occupez à leurs offices,& de fufpendus à leurs cordages.

Toutes les figures de ces globes,& boulets fe peuvent ayfement voir fous
les nombres, 161,162,163,164,165,166,167,168,169. Mais celle qui eft
marqué du nombre 170 donne à conneftre une boëte de bois dans laquelle
on renferme ces cinq efpeces de globes qui fe voyent attachez avec des
chaifnes,pour eftre mife ainfi dans la piece. Pareillement ce globe à double
pointe , marqué du nombre 161,a fa boite particuliere:vous en voyez la figure marquée d'un A au deffus.Pour ce qui eft des trois autres pieces on les
pourra commodement charger dans les canons , fans qu'elles foient em-
boitez.

Tous ces globes que ie vous reprefente icy feront pareillement d'eftranges executions,dans des combats en raze campagne,dans des affauts, & violentes irruptions des ennemis : au refte on s'en pourra fervir par tout où la
neceffité le requerera,de mefme que nous avons dit de noftre gréle cy def-
fus.En fin les deux derniers deffeignez fous les nomb.168,&169 feront fort
utiles pour rompre les paliffades,ruiner les ouvrages fraizez,brifer les chauf-
fes-trapes, chevaux de frifes,herfes,grilles,couper les hayes, les faulx , & autres bois qui fe plantent au pied,ou fur les ramparts: & en un mot pour renverfer bouleverfer,foudroyer corbeilles,gabions,batteries,chandeliers,& tous
les obftacles de bois que l'on pourroit oppofer à leurs épouvtanables efforts.

Il n'eft pas neceffaire ce me femble que ie vous enfeigne comme quoy
vous pouvez vous fervir de toutes ce machines effroyables,veuque cela s'apprendra mieux en les pratiquant & en les confiderant que non pas par aucuns preceptes,ou quelque plus long difcours que ie vous en pourrois faire.

### Fin du quatriéme livre.

DV

# DV GRAND ART
# D'ARTILLERIE
## PARTIE PREMIERE
### LIVRE V.

De diverſes Machines de guerre fixes, ou mobiles, Maſſes, En‑
gins, & autres Armes Pyrotechniques, tant recreatives
que ſerieuſes, ou militaires.

'Ay pris le ſoin dans ce livre de vous faire un ramas des in‑
ventions les plus artificieuſes, & les principales de toute la
Pyrotechnie, une partie deſquelles portera le titre de Ma‑
chines, & d'Engins, l'autre de Maſſes, quelques unes de
Miſſiles, & d'Armes artificielles, outre quelques autres par‑
ticulieres appellations qu'elles ſe ſont acquiſes par la diver‑
ſité de leurs formes. Il eſt bien vray qu'on pourroit aſſez proprement ſe
ſervir de ce mot de machines pour appeller toutes ces belles inventions:
puiſque machine ( ſuivant la definition d'Aſconius ) eſt une choſe en la‑
quelle la matiére ne doit pas eſtre conſiderée mais bien l'art & la ſubtilité,
tant de l'inventeur, que de l'invention : *eſt enim machina* (comme dit cét
autheur ) *ubi non tam materiæ quam artis atque ingenii ratio ducitur* : Comme
en effet tous nos engins artificiels & pyrotechniques, outre un grand nom‑
bre d'eſtranges operations de certaines choſes naturelles que nous y joi‑
gnons, en les mêlant diverſement, compoſant, & preparant, ſuivant les rei‑
gles de noſtre art, ſe glorifient en elles meſmes d'avoir eu des inventeurs ſi
ſignaléez pour leurs eſprits, & ſi feconds dans la production de leurs conce‑
ptions : c'eſt de là que les Latins ont pris occaſion d'apeller les Architectes,
& autheurs de ces machines *Ingeniarii* ou *Ingenioſi*, en quoy les François
les ont imité, en leur donnant le titre *d'Ingenieurs à feu* : mais ce n'eſt pas
icy le lieu pour faire la recherche de l'étimologie de ce mot.
  Au reſte ce mot de Machine & de Machination, s'eſtend extremément au
large & au long : car tous ces mots de tromperies, fraudes, ſubtilités ſtrata‑
gémes, embuſches, ſupercheries, & embuſcades paſſent chez les Comiques,
tous generalement ſous ce nom : d'où vient que chez le Prince des Ora‑
teurs, pro Dom : 17 : *iiſdem machiniſ ſperant me reſtitutum poſſe labefactari, qui‑
bus antea ſtantem perculerunt* : ils s'imaginent ce dit Ciceron que ſi je ſuis une
fois retably, & remis ſus pied, ils pourront derechef m'esbranler avec les
meſmes machines dont ils ſe ſont ſervis auparavant pour me ruiner: ou l'on
peut voir que par ce mot de machine, il entend ſuborner par leurs trompe‑
ries. Brutus en ſon Epiſtre 18. l'employe (dit‑il) toutes les machines poſ‑
ſible pour arreſter ce jeune homme : *omnes adhibeo machinas ad tenendum
adoleſcentem:* voulant dire qu'il ſe ſervoit de toutes les inventions, & de tous
les moyens imaginables pour moderer cét eſprit turbulent & jeune. Mais
j'aurois ce me ſemble beaucoup plus de raiſon de me ſervir de ce mot pour
appeller toutes nos pieces d'Artillerie modernes, ſous lequel ie comprend
les Canons, Coulevrines, les Periéres des Anciens, chambrées & autres, &
S ſ

tou‑

toutes les autres machines qui ont la canne longue. Outre cela les moufquets arquebufes, ou bombardes (pour les nommer de leur ancien nom) &
toutes les autres armes à feu manüelles. Voire mefme les mortiers & petards meritent auffi ce titre de machine, à caufe du grand rapport qu'il y a
de leur forces avec les vertus de celles des Anciens: telles qu'eftoient
les Beliers, Onagres, Baliftes, Catapultes, & Scorpions avec lefquels ils
renverfoient les murailles, ruinoient les Clofures des villes, & élançoient
toutes fortes d'armes offenfives: quoy que toutêfois Lipfius ne leur a jamais voulu faire tant d'honneur (non plus que plufieurs autres autheurs)
que de les appeller de ce nom de machine, mais feulement du mot general
de *Tormentum* que nous exprimons maintenant par celuy de *canon* ou *piece
d'Artillerie.* Mais fçavez vous ce qu'il a appellé machine,ça efté la Tortuë A-
rietaire, les Plutes,les Mufcles, les Tours roulantes, Sambuques, Tollenons
& toutes fortes d'Echeles artificielles, ou chofes femblables deffus, ou deffous lefquelles on placeoit ces Torments, & où l'on mettoit des foldats en
feureté,pour attaquer quelque fortereffe,ou bien pour efcalader des murailles. Veritablement il a eu grand' raifon d'y mettre de la diftinction puifque
leurs fonctions étoient fi differentes entr'elles:tout de même que maintenât
nous autres nous comprenons fous ce nom de machine, feulement des certaines inventions artificielles,ou de maffes proprement compofées de feux
d'artifice recreatifs,comme font tous ces Palais, Arcs triomphaux, & diverfes fabriques ordonnées fuivant l'ordre de l'Architecture civile, les Chafteaux, Tours, Colomnes, Pyramides, Obelifques,Coloffes,Pariles,Sigilles,
diverfes ftatues humaines, & des reprefentations toutes fortes d'animaux;
outre cela des Fontaines, Roües à feu terreftres & aquatiques, & plufieurs
autres inventions de cete efpece, defquelles nous ferons mention chacune en fon lieu, à qui veritablement nous avons donné le nom de machine
non pas au refpect de leurs formes (lefquelles font extrément diverfes &
prefque infinies parmy ces inftruments) mais à la confideration de leurs effets, par lefquels elles marchent non feulement de pair avec toutes ces
autres machines artificielles, mais encore les devancent de bien loin. Nous
aurions bien pû comprendre à la verité toutes les longues pieces d'Artillerie, les Mortiers, & les Petards, fous ce nom general de canon; neantmoins à raifon qu'une efpece de ces machines differe de beaucoup de l'autre, tant en fa forme, en fes effects, & en fa vertu, qu'en la façon de les manier, joint que leur ftructure & leur ufage ont befoin d'un grand raifonnement pour en pouvoir tirer une conneffance utile: voilà pourquoy chacune aura fon livre à part dans la feconde partie de noftre Artillerie. Or ce
qui nous oblige d'affeurer que le nom de machine leur convient bien, &
ce qui nous fait demeurer fi fermes dans noftre opinion, eft premierement l'authorité de la S. Efcriture qui nous fortifie puiffamment de ce
cofté là: car nous entendons Moyfe au Deuteronome Chap. 20. qui dit.
*Si quæ autem ligna non funt pomifera fed agreftia, & in cæteros apta ufus, fuc-
cide, & inftrue machinas, donec capias civitatem quæ contra te dimicat.* Si
vous treuvez quelques arbres qui ne portent pas de fruits, coupez-les & en
faites des machines pour vous en fervir à l'encontre des villes qui combattent contre vous, jufques à ce que vous les ayez prifes. Et au Paralip. Chap.
20. parlant du Roy Ozia il en eft fait mention affez clairement prefque en
mefmes termes: *Fecit in Hierufalem diverfi generis machinas, quas in turribus, collocavit, & angulis murorum, ut mitterent fagittas, & faxa grandia.*
Où vous voyez qu'il fit conftruire diverfes machines dans Hierufalem, lef-
quel-

quelles il fit placer fur les tours, & aux angles des murailles pour élancer des javelots, & des grosses pierres. Secondement cêt illustre Prince des Architectes & ce grand Inventeur de machines Vitruve, m'augmente encore de beaucoup le courage, & le dessein que j'ay de demeurer dans mon sentiment, lequel met les balistes (d'où nos canons modernes ont tiré leur origine) pareillemēt au rang de ses machines, où il nous les fait voir par ordre, & toutes distinguées les unes des autres, au Chap. 1, de son 10. liv. Voicy ses parolles : *Machina est continens ex materia conjunctio, maximas ad onerum motus habens virtutes. Ea movetur ex arte circulorum rotundationibus, quam Græci* κυκλικὴν κίνησιν *appellant. Est autem unum genus scansorium quod Græcè* ἀκροβατικὸν *dicitur : alterum spiritale, quod apud eos* πνευματικὸν *appellatur, tertium tractorium, id autem Græci* tractorium *vocant. Scansorium autem est cum machinæ ita fuerint collocatæ, ut ad altitudinem tignis statutis, & transversariis colligatis, sine periculo scandatur, ad apparatus spectationem. Spiritale est, cum spiritus expressionibus impulsus, & plagæ vocesque organicæ exprimuntur. Tractorium verò, cum onera machinis pertrahuntur, aut ad altitudinem sublata collocantur. Scansoria ratio non arte, sed audacia gloriatur. Ea catenationibus, & transversariis, & plexis colligationibus, & erismatum fulturis continetur. Quæ autem spiritus potestate assumit ingressus, elegantes artis subtilitatibus consequitur effectus. Tractoria autem majores, & magnificentia plenas habet ad utilitatem opportunitates, & in agendo cum prudentia summas virtutes. Ex his sunt alia quæ mechanicas, alia quæ organicas moventur. Inter machinas & organa id videtur esse discrimen, quod machinæ pluribus operibus, aut vi majore coguntur effectus habere, uti ballistæ, torculariumque prela. Organa autem unius opere, prudenti tactu perficiunt quod propositum est, uti Scorpionis, seu anisocyclorum versationes. Ergo & organa, & machinarum ratio ad usum sunt necessaria, sine quibus nulla res potest esse non impedita.* Ie ne peux mempescher de repeter ce que ie viens de dire. Il nous definit donc la machine un conjonction ou assemblage composé de matiere lequel a en soy des grandes vertus pour mouvoir des fardeaux. Elle a des certains mouvements artificiels par des tours & roulements de cercles. Or il s'en fait pour monter, d'autres pour respirer ou attirer l'air, les troisiémes pour tirer les pesans fardeaux; celles qui sont faites pour monter, est lors que les machines sont tellement disposées que l'on peut grimper jusques au haut sans peril par des certaines pieces de bois dressées, auxquelles il y en a d'autres attachées de travers ; les spiritales sont eelles qui attirans le vent, expriment des voix organiques. Celles qui tirent, sont celles-la qu'on fait servir à tirer des grands fardeaux, ou a les élever dans des lieux hauts. Là façon & methode de monter, ne consiste pas en l'artifice, mais en la hardiesse. Celle-cy est comprise sous des enchaisnements, des traverses, & des repliments admirables. Et celle-la qui treuve entrée par la puissance du vent peut tirer des beaux effets de son art par ses subtilitez; mais celle qui montre à tirer est encore plus commode & plus magnifique que toutes les autres à cause de son utilité, & qu'elle joint des grandes forces avec sa prudence. De tout cecy les unes sont meuës mechaniquemēt les autres organiquement. Entre les machines & les organes il y a cete difference que les machines servent & sont mises en action par plusieurs ouvriers, & ont besoin d'une plus grande force pour faire leurs effets, comme sont les balistes & les presses des pressoirs. Mais les organes par un ouvrier seulemēt, & viennent à bout de ce que lon s'estoit proposé par un prudent attouchement telles que sont les guindements du Scorpion ou de l'Anisocycle. Par consequent on peut mettre en usages les organes, & les machines comme necessaires, & sās

leslefquelles on demeureroit bien embaraſſé dans quantité d'affaires.

La deſſus quelqu'un me pourra objecter que nos Canons, nos Mortiers & nos Petards comme auſſi tout le reſte des armes à feu manüelles, pourroient avec bien plus de raiſon eſtre appellez organes, que non pas machines, ſuivant la difference que Vitruve vient de mettre entre les machines & les organes, en ce que la plus part d'icelles peut eſtre chargée, maniée & gouvernée par un homme ſeul. Mais ie réponds à cela qu'en ce cas, la denomination ſe doit tirer de la plus grande piece : car il eſt certain qu'il y a quantité de grandes pieces d'Artillerie, & des mortiers d'une grandeur & peſanteur ſi notable qu'il eſt impoſſible qu'elles puiſſent eſtre chargées par un ſeul canonier, ou maniées par un Pyroboliſte, mais ont beſoin de la main de pluſieurs ouvriers pour eſtre miſes en eſtat : joignez à cela qu'on y employe pas ſeulemēt des hommes, mais auſſi des chevaux pour les tirer, les mouvoir, & les tranſporter d'un lieu à un autre : pour ce qui eſt des mouſquets, piſtolets & ſemblables armes à feu manüelles, & portatives, ie ne nie pas qu'on ne les pourroit en quelque façon appeller des organes, à l'imitation des Scorpions, des Arcs, & des Arbaleſtes des Anciens : toutêfois que ſi tout cela ne vous contente point, donnez leur ſi vous voulez le nom que nous avons donné à nos canons, ainſi qu'a fait ce celebre autheur de noſtre temps Ericus Puteanus, dans un petit livre où il nous décrit le canon triſpherique inventé par Mich : Flor : Langrenus : *Serò tandem & audaci herclè curioſitate Machinarum Machina* ( cecy eſt remarquable ) *Bombarda inventa eſt, ſumpto à ſono nomine vim cæli magno naturæ prodigio exprimens* &c. (& un peu plus bas ) *Hac machinâ ſic inventâ, Dani primum niſi ſunt* &c. ( puis encore au meſme endroit ) *Nunc autem quia ſecundum tertiumque globum machina gerit, facili negotio, exiguoque ſpatio, quæ poſt primum ictum ſtatu ceſſerat, reduci poteſt, ignem concipere, & inopinato verbere vim ingruentem diſturbare.* Il n'a pas meſme fait difficulté de donner le nom de machine en ce meſme lieu aux piſtolets : *Tormentum igitur hoc Bertoldi & varium, & pulchrum, & ad extremum terrorem comparatum eſt. Ut ignem ferret, & objecta feriret, è ferro communi omnium armorum materia. Scorteum fieri potuiſſe, uſurpato metalli vice corio, miror ac ſtupeo. Potuit profecto, & gemino quidem beneficio, ut & pretium vile, & onus exiguum eſſet. Optimum verò, quod æneum eſt ; tubi oblongi formâ, & unius oris, globum vi flammæ emittentis. Ligneo præterea ſolidoque quaſi feretro ſuſpenſum, rotis etiam geminis libratum, moveri commodè, verti, vehique poteſt. Ut verò vim faciat, ante omnia pulvis è nitro, ſulphure, carbone compoſitus, palâ ſive cochleari concavo æreoque ingeritur, piſtillo ligneo & oblongo cogitur. Globus ſuccedit, interjecto ſive ſtramine, ſive fæno, ſive ſtuppâ, ferreus plerumque : nam & lapideus aliquando eſſe ſolet ;* in minoribus machinis ( cecy ſait beaucoup à noſtre affaire ) *plumbeus, Glandis, appellatione* &c. Toutes ces expoſitions parlent d'elles meſmes, & ſont aiſées à qui les lira avec attention : Retournons à noſtre ſubjet. Comprenant doncques tous ces inſtruments de guerres que ie vous ay rapportez cy deſſus, ſous le nom commun de machine, nous mettrons au rang des maſſes, les divers Tuyaux pyrotechniques tant recreatifs que militaires, les Cylindres, les Souches, les Barils ou Tonneaux, les Sacs, les Paniers & Corbeilles, à quoy nous adjouſtons encore, les Couronnes, Bouquets, Cercles à feu, Baſtons, Calices, & les autres feux artificiels de meſme qualité. Nous appellerons miſſiles ( c'eſt à dire feux qui s'envoyent d'un lieu à un autre ) les Fléches, ou javelines ardentes, les Pots à feu, & les Phioles artificiel-

les

les. On pourroit pareillement faire comparaistre icy tous ces globes & boulets, tant recreatifs que militaires lesquels nous avons décrit si au long dans le livre precedent. Mais puisque chacun d'eux a de-ja son nom à part, ils semblent estre exclus de la cathegorie de ceux-cy : joint aussi que ils ont trop peu de ressemblance quant à leurs formes avec les missiles que nous décrirons dans ce livre : ce n'est pas qu'ils ne meritent bien ce mesme titre de missiles, puis qu'on les jette & envoye où lon veut avec la main, ou bien avec des machines propres à cét effet. En fin nous appellerons Armes Pyrotechniques & Artificielles, les Targes & Pavois, les Sabres, Glaives, Perches, Massuës, & Lances.

Au reste puisque toutes ces inventions sont partie recreatives, & en partie serieuses ; c'est pourquoy nous diviserons ce livre en deux parties : la premiere contiendra les recreatives, l'autre comprendra les serieuses & militaires, tant les machines masses, & missiles, que les Armes Artificielles.

# PARTIE PREMIERE

## DE CE LIVRE.

### Des Machines, & Engins, Masses, Missiles, & Armes Pyrotechniques Artificielles & Recreatives.

## Chapitre I.

### Des Boucliers & Escus artificiels.

#### Espece 1.

Prenez moy deux planches de bois de sapin, ou de tilier, bien seiches, bien polies, & bien rabotées, espaisses d'un doigt, ou un peu moins : Faites-les arrondir toutes deux par un menuisier si vous même ne le pouvez faire. Vous pourrez leur donner deux ou 3 pieds de diametre si vous voulez, car nous laissons cela à la discretion de l'ouvrier. Tracez par apres sur la superficie des lignes spirales bien égales, commençant des centres de ces rondeles, & continuant jusques à un doigt proche des bords, les traces de cete spire toutes paralleles entr'elles, lesquelles auront trois ou quatre doigts de distance entre-deux. Creusez maintenant le long de ces deux lignes, des canaux d'une égale largueur, & profondeur, avec quelque formoir ou autre instrument propre à ce faire, ( ie vous en ay fait voir les figures au livre 2 ) en sorte que ces évuidures ou canaux ayent la forme comme d'un demy-cylindre vuide, ou parallelipipede. Les canaux pour les plus estroits seront tousiours de six lignes ; & les plus larges d'un doigt : mais il les faut creuser avec tant d'adresse, que lors que vous viendrez à joindre vos deux rondelles, les extremitez des canaux se puissent mutuellement rencontrer, en telle sorte que le rapport de ces deux cavitez, fasse comme un tuyau vuide serpentant spiralement jusques au fonds : voila pourquoy si vous desirez que cela se fasse bien exactement vous prendrez bien garde à ce que ces lignes premiérement tracées sur l'une & l'autre rondele passent directement

ment par le milieu de la largeur des canaux. Cela fait vous les remplirez,
ou d'eſtoupe pyrotechnique formée en meché, mais fort legerement torte;
ou bien d'une compoſition lente arrouzée d'eau de gomme, afin qu'elle
adhere mieux, & que lors que vous voudrez joindre la rotule ſuperieure,
avec l'inferieur qui ſera peut-eſtre poſée ſur un plan horizontal, elle ne tombe hors du canal, & que par ainſi voſtre travail ne ſoit rendu vain.   Apres
cela cloüez-les bien toutes deux enſemble; & pour les affermir d'avantage collez-les avec de la colle chaude.   Outre cela il faudra tracer ſur la
partie exterieure de l'une ou de l'autre de ces rotules, une ligne égale, & directement correſpondante au canal interieur, ſur laquelle vous percerez
des trous, qui paſſeront juſques à cedit canal, dans leſquels vous engagerez des tuyaux de petards de la groſſeur & longueur de ceux que nous
avons deſſeignez au nombre 108. en la lettre B; en telles diſtances qu'il y
aura touſiours un ou deux grands doigts entre-deux; depeur que l'un venant à ſe crever par la violence de la poudre qu'il renferme, ſon voiſin n'en
reſſente quelque incommodité: Voila pourquoy on les arreſtera bien fermes
dans leurs trous avec de la colle, outre qu'on les reliéra avec deux ou trois
petites lames de fer par dehors, ou bien avec une bonne ficelle pour les
empéſcher de crever.   De plus vous attacherez par derriére c'eſt à dire
ſur le coſté qui doit regarder le corps, deux ances ou manipules de cuir,
ou de quelque autre choſe de ſemblable, afin que vous puiſſiez commodement manier le bouclier.   En fin vous couvrirez tous ces petards d'un
ſimple papier que vous collerez ſur le tout : avec tant d'adreſſe neantmoins
& d'artifice que cete couverture s'eſlevera un peu en rondeur, ou en pointe
vers le milieu, afin que par cete boſſe, voſtre roüe puiſſe reſſembler à un veritable bouclier de guerre : & pour mieux couvrir voſtre jeu vous pourrez le peindre en couleur de fer ou d'airain, afin de mieux tromper & le faire
croire tout autre qu'il ne ſera pas. Bref il ny reſte plus rien qu'a percer un
trou pour luy donner feu, qui paſſe juſqu'au canal, en cas qu'il ne vienne
pas aboutir à l'extremité de la roüe; alors quand vous voudrez en avoir le
plaiſir, donnez feu ſans crainte à la matiere renfermée, & que celuy qui
portera le bouclier demeure ferme & aſſeuré à chaque coup de petards, ſe
donnant bien de garde d'abandonner ſes armes qu'ils n'ayent tous faits
leurs effects, & petez juſque au dernier, voyez s'il vous plait la figure deſſeignée au nomb. 171.

## Eſpece 2.

Tout ce que nous avons dit cy deſſus dans la premiere eſpece de bouclier,
touchant la proportion de leurs roües, la forme, & la grandeur, la trace de la ligne ſpirale, l'excavation du canal, ſon rempliſſage d'eſtoupe pyrotechnique, & artificielle, de la compaction de roües, leur conglutina-
tion, leur couverture, & en fin de leurs ances ou manipules, doit eſtre
auſſi pratiqué dans cete ſeconde eſpece : il ny a que cecy en quoy elle differe de l'autre; à ſçavoir qu'au lieu de petards, on ajuſtera perpendiculairement ſur le plan de la roüe, des fuzées courantes, ou des petards de fer
dans des trous que l'on aura percez juſques ſur la meche, d'une telle grandeur, que la rondeur des fuzées ou petards le requerera.   Vous remarquerez encore s'il vous plait qu'on pourra faire ledit canal tant ſoit peu
plus

plus eftroit, & ce à caufe que le feu continuant fa courfe le long de la ligne fpirale, & devorant fucceffivement la matiére renfermée dans le canal, il à fes refpirations bien plus larges, & plus frequentes par les trous
d'où il fait fortir les petards, ou fuzées, que non pas dans le fuperieur.
La lettre A vous monftre le lieu où il faut mettre l'amorce pour donner feu
à la machine. Voyez la figure du nombre 172.

## Efpece 3.

La figure que vous voyez deffeignée au N°. 173. reprefente la forme d'un
ancien efcu. Celuy-cy fe prepare auffi de la mefme façon que les boucliers decrits cy deffus, à fçavoir de deux planches affez legeres : avec ceté
difference neantmoins que les canaux ne fe creufent point fpiralement
comme dans les autres mais bien en ligne droite fuivant la largeur de l'efcu, ie veux dire en traçant depuis une extremité jufques à l'autre qui luy
eft oppofée(ou tout au plus à un doigt proche du bord)des lignes droites, &
des tranfverfales,lefquelles joignent alternativement les droites & paralleles,
à fçavoir la fuperieure avec l'inferieure qui luy eft la plus proche,par les mêmes extrémitez de ces lignes;en telle forte qu'elles ne faffent que côme une
ligne droite continuë, & confequemment que les canaux qui font conduits & creufez tout le long de cete trace, ne reprefentent qu'un canal continu, lequel commençant à la tefte de l'ecuffon,s'en va aboutir à fon extremité la plus baffe ; c'eft à dire attaché & continué feulement par les extremitez alternatives, en forte qu'il fe plie, fe courbe & fe porte obliquement fuivant l'incurvation des bords de l'efcu. Ces canaux droits feront diftans les uns des autres de deux ou trois doigts, comme nous avons
dit cy deffus. On percera les trous dans lefquels on doit engager les fuzéez courantes ou petards, en tel ordre qu'ils ne foient pas directement oppofez l'un à l'autre, fuivant la longeur de l'ecuffon, mais bien difpofez
en forme triangulaire, ou bien d'un rombe compofé de deux triangles
équilateres, par toute la fuperficie : car par ce moyen les fuzées, & les petards feront fuffifamment effoignez les uns des autres. Pour ce qui regarde le refte de la preparation de cét efcu, elles n'a rien qui ne foit commun
avec les fuperieurs. On pourra bien auffi luy former un ventre par quelque artifice, pour le moins felon fa largeur, afin qu'il en ait un peu meilleure grace, & que s'élevant vers le milieu il reprefente en fa figure comme
une tuyle creufe,ou quelque autre chofe de cete forme,

## Efpece 4.

Il fe rencontre encore parmy nos feux recreatifs, une autre efpece d'efcuffon, d'une forme ovale, ou eliptique, laquelle vous eft reprefentée en la
figure du nombre 174. Sa conftruction eft en quelque chofe femblable à
celle que nous avons immediatement décrite, dans l'efpece fuperieure,
premierement en l'ordre, non pas veritablement des fuzées fimples ou des
petards ; mais bien de boëtes de bois, ou de papier remplies de fuzées courantes, lefquelles on difpofe en forme d'un triangle équilatere ou bien d'un
rhombe compofé de deux triangles de mefme nature. Outre cela vous évuidez les canaux, fuivant la longeur, ou largeur de l'efcu, ou bien mefme en
quelque façon obliques, tous paralleles entr'eux fur la fuperficie : les
tranfverfales qui joignent les droits enfemble, feront orthogonelement ou
obliquement recourbez, comme nous avons dit dans l'efpece precedente.
Au refte vous pouvez s'il vous plait former ce canal fur une ligne fpirale laquelle

quelle fuive la forme de l'efcuſſon , tant en ſa longueur qu'en ſa largeur :
alors diſpoſez vos boëtes de meſme que vous avez ajencé vos petards , &
vos fuzées cy deſſus dans la premiére & ſeconde eſpece : prenant toutêſois
bien garde que les paralleles de voſtre canal ſpiral,ou bien celles de vos canaux droits ( ſi d'avanture vous les avez fait tels ) ſoient beaucoup plus
eſloignéez les unes des autres que dans les precedentes figures, le tout ſuivant la groſſeur des boëtes,qui à raiſon de leur groſſeur doivent eſtre ſituéez
dans des plus grandes diſtances, que non pas les fuzées & les petards qui
ne contiennent pas tant de compoſition & qui par conſequent ne produiſent pas tant de feu.    Que ſi ces boëtes ſont faites de bois , on percera au
fonds des petits trous, dans leſquels on inſerera par un des bouts des petits
tuyaux de ſer ou de cuivre remplis d'une poudre battuë & preſſée fort mo-
derement :  l'autre bout entrera dans des autres trous percez tout le
long de voſtre canal , afin que le feu ſoit porté dans les boëtes par ces petits
canaux & que la poudre qu'elles tiennent renfermée le puiſſe concevoir,
pour faire partir les fuzées courantes.   Que ſi vous ne faites vos boëtes que
de papier, vous pourrez les laiſſer toutes ouvertes par deſſous, & ſans aucun fonds : vous n'aurez ſeulement qu'a percer dans voſtre rondele des
trous, profonds de deux ou trois lignes , & d'une telle largeur que les boëtes y puiſſent exactement entrer :  là où elles ſeront colléez avec de la colle
forte : au milieu de ces excavations on percera ſeulement des petits trous
qui paſſeront juſques dans les canaux , leſquels on remplira de poudre battuë.   Cela fait on les couvrira d'un petit chapiteau fait en pointe en cas
que la ſuperficie exterieure de l'eſcu ſoit toute plate & à decouvert ; mais ſi
elle eſt en quelque façon relevée par le milieu ( ce que l'on pourra faire
avec une couverture de papier ou de toile ) on les laiſſera tout plats & ſans
chapiteaux.   Ce qui reſte pour le complement de la preparation de cete
eſpece,ſe trouvera dans la deſcription des precedentes , où vous le pourrez
recouvrer.

## Eſpece  5.

Cete derniere eſpece d'Eſcu dont vous voyez la forme deſſeignée au
nombre 175, ne peut eſtre miſe en pratique que premierement on ne
ſçache comment on doit conſtruire les rouës à feu :  c'eſt pourquoy ie reſerveray ſa parfaite preparation juſques à ce que nous ayons occaſion de parler des rouës : ie veux vous advertir ſeulement icy d'une choſe, ſçavoir que
l'eſcuſſon peut eſtre fait en telle forme & figure qu'il vous plaira ; de plus
que ce ne doit eſtre qu'une planche ſimple & ſolide : que ſa ſuperficie peut
eſtre ou plate ou relevée en boſſe au milieu à la façon d'un pavois.   Finalement que la rouë à feu ſe doit mettre au milieu de l'eſcuſſon ſur un petit
eſſieu , ou clou rond bien ferme areſté dans l'eſpeſſeur du bois , afin qu'elle
puiſſe mieux tourner. Le reſte qui appartient à la conneſſancé de cete machine,s'apprendra par la ſuite.

Cha-

# Chapitre II.

## Des Coutelas à feu.

Faites faire de deux planches de bois bien unies,& bien seiches,unCoutelas fait comme un sabre de Polacre, ou comme le cymetere d'un Turc,tant soit peu recourbé en arriére,& avec un simple tranchant,tel que l'on le peut voir en la figure du nomb. 176:joignez les trenchants de deux aix ensemble ; & tenez le dos ouvert de deux ou trois doigts de largeur , afin que ces ais vous fassent comme un canal vuide dont le profil, ou la section trasversale constituëra un triangle isocelle. Divisez tout ce vuide suivant la longueur du Coutelas par des petits ais triangulaires , qui se rapporterõt exactement à l'ouverture orthographique du vuide,& les collez bien serré contre les planches qui forment le Coutelas, & pour d'avantage les affermir atrachez-y des petites chevilles de bois par dehors, ou bien des petits cloux, afin qui fassent une corps ferme & indissoluble. Vous attacherez pareillement au bout une poignée , avec quoy on le puisse tenir ferme & le manier aysement. Mais auparavant que vous mettiez toutes ces petites separations dans le vuide,il est necessaire que vous formiez interieurement un petit canal justement sur la rencontre des deux trenchants du sabre,dans lequel vous verserez de la composition lente à la hauteur d'un demy doigt,ou bien vous y coucherez une meche faite de nostre estoupe Pyrotechnique , la couvrant par dessus d'une petite lame de plomb seulement,ou bien d'un ais bien delicat , sur lequel vous collerez du papier pour le tenir arresté sur vostre amorce. Vous n'oublierez pas à y percer des petits trous qui respondent à chacune de ces chambretes par où la composition puisse communiquer son feu aux fuzées courantes, estoiles , estincelles , globes luisants,& toutes autres choses semblables desquelles on remplit ordinairement ces chambretes. En fin apres avoir colé du papier sur le dos du sabre , vous le couvrirez de toile bien proprement tout à l'entour puis en ferez peindre la lame en couleur de fer. Si vous desirez en tirer encore plus de plaisir vous pourrez coller exterieurement sur les deux costez du Coutelas , des petards de papier disposez en sautoir, ou en croix S. André, comme on le peut remarquer dans nostre figure; la lumiere par où on donra feu à la composition sera faite vers la pointe du sabre,ou environ.

# Chapitre III.

## Du Demy espadon artificiel.

La forme du Demy espandon que nous avons desseigné au Nº 177. ne differe pas de beaucoup de celle du Coutelas que je vous ay décrit. cy dessus : On le construit aussi bien comme l'autre d'un bois leger & sec.On évuide & canele son tranchant tout le long,en sorte qu'il paraisse comme un canal demy cylindrique : vous y ajustez par apres des fuzées du poids de 8 ou 10 onces, ou des plus grosses si vous voulez (pourveu qu'elles soient proportionnées à la grandeur du demy-espadon,& quelles n'excede point la capacité de l'évuidure) vous les chargerez d'une de

ces matieres lentes dont les compofitions ont eflé decriptes cy deffus;
mais au deffaut de celles-là, la compofition fuivante y pourra fort bien
fervir.   Prenez de la poudre 5 parties, du Salpetre 3 parties, du Charbon 2 parties, du Soulfre 1. partie, apres les avoir battuës, mêlées, &
incorporées enfemble, rempliffez-en des fuzées jufques aux bords de leurs
orifices, fans y mettre ny rotules, ny petards de poudre grenée, comme
on fait coutumiérement dans les fuzées vulgaires : puis fans les lier par
deffus, ny fans les percer autrement, ajuftez-les ainfi toutes ouvertes les
unes fur les autres dans l'évuidure de voftre demy-efpadon, puis les collez,
& les couvrez de papier par deffus.   Outre cecy vous pourrez encore attacher fur les deux coftez, & mefme fur le dos dudit efpadon, des petards de
papier, lefquels vous affermirez fur des certains petits arrets, afin qu'ils ne
branlent point : bref vous y ajufterez à chacun des petits tuyaux remplis
de farine de poudre qui leur apporteront le feu dés fuzéez, à mefure qu'elles
le recevront.

# Chapitre I V.

### Des Glaives ou Efpées artificielles.

C'eft une peine prife à credit ( comme on dit ordinairement ) que
d'employer beaucoup de foin à l'execution d'une chofe, qui fe pourroit effectuer avec moins, cete une maxime bien veritable, & qui
s'accorde mefme fort bien avec ce Chapitre: car pour vous dire la verité la figure de ce Glaive à feu que ie vous ay deffignée fous le nomb. 178
n'a aucunement befoin d'explication ; confideré que le Glaive n'a rien de
diffemblable, ni d'eftranger de la conftruction du demi-efpadon cy deffus
defcript, qu'en la feule figure. Voila pourquoy pour n'eftre point obligé à
redire tout ce qui a efté dit cy deffus & pour éviter la peine d'inventer des
nouveaux, termes, & de nous fervir icy des graces & de l'abondance des
mots d'un Orateur, pour vous exprimer une chofe deux fois; ie vous dis, &
vous le repete haut & clair, que la façon de conftruire les Glaives à feu, ne
differe pas du travers de l'ongle de celle que nous avons defcrite cy deffus
pour la conftruction des demi-efpadons.

# Chapitre V.

### Des Perches à feu.

V ous ferez faire des Perches à feu de la longueur de dix ou douzes
pieds; elles feront groffes par leurs diametres de deux doigts tout au
plus. En l'une des extremitéz, à la longueur de deux ou trois pieds
vous creuferez 3 ou 4 canaux à l'oppofite l'un de l'autre : dans l'un
defquels vous attacherez des fuzées preparées de la mefme façon que nous
avons dit dans la defcription des demi-efpadons; mais dans les autres vous y
attacherez des petards de papier feulement; apres avoir percé des trous qui
pafferont depuis les fuzées jufques aux petards, en fin vous couvrirez bien
proprement tout voftre artifice, afin de mieux tromper les yeux du peuple.
Voyez la figure 179.

# Chapitre VI.

### Des Rouës à feu.

#### Efpece 1.

La plus commune & la plus fimple efpece, de toutes les efpeces. de Rouës à feu que l'Ingenieur peut conftruire eft celle que nous avons dépeinte fur noftre efcuffon au nomb. 175. On la prepare de planches de tilliet ou de fapin affez legeres, difpofées en forme octangulaire & bien attachées enfemble. Elle a au centre un petit moyeu avec tous fes rays qui fouftiennent les coftéz de la roüe. Les bords de chaque cofté fe creufent de la mefme façon que nous avons dit cy deffus des Efpadons, & des Perches, puis vous attachez bien ferme avec de la colle, des grandes fuzées le long de ces excavations, à fçavoir une, deux, ou plufieurs, fuivant la longueur du cofté de la Roüe: mais il eft neceffaire icy que lefdites fuzées foient percées ny plus ny moins que les fuzées vulgaires qui montent en l'air, & qu'elles foient chargées d'une matiére legitime: Elles feront pareillement liées par deffus; y refervant toutéfois à chacune un trou affez large, par lequel le feu puiffe paffer apres qu'il aura confommé toute la matiére qui eftoit dedans, pour s'attacher à l'amorce de la plus voifine, & qu'ainfi confecutivement une eftant brulée l'autre foit auffi toft emflammée par un ordre perpetuel jufques à la derniere: mais celle-cy doit eftre liée bien ferré par deffus, & fi doit-on faire en forte par quelque moyen que ce foit, qu'auffi toft que la premiere fuzée fera allumée, le feu qui en fortira en grande abondance ne vienne par malheur à l'incommoder: pour conclufion vous pourrez fi vous voulez mettre dans cete derniere fuzée un petard de poudre grenée.

#### Efpece 2.

Cete efpece de Roüe eft un peu plus ingenieufement inventée que la precedente. Elle eft parfaitement ronde quant à fa forme; elle eft pareillement canelée tout à l'entour de fa convexité, dans laquelle on attache & colle des fuzées preparées de la mefme façon que les precedentes. Par deffus on arrefte encore bien ferme des petards de papier, qui recoivent le feu par des petits canaux remplis de poudre battuë, qui le leur apportent en paffant dés fuzées voifines. La figure marquée du nombre 180 vous fait voir le refte.

#### Efpece 3 & 4.

La forme de cete Roüe que ie m'en vay vous décrire a les mefmes conditions que celle de la prémiere efpece, en forte que la conftruction de toutes deux n'eft prefque qu'une mefme chofe: neantmoins celle-cy furpaffe les deux precedentes, en ce qu'elle porte deux ordre de fuzées, & qu'elle fait deux fois fa courfe par deux mouvements tout contraires, à fçavoir par un qui tourne à droite, & l'autre à gauche; elle ne fait pas toutéfois ces deux tours fi differens, en un mefme temps comme vous pouvez vous imaginer; mais apres qu'elle a tournée d'un cofté durant le temps que les fuzées dé l'ordre inferieur ont demeurées à brûler; par un mouvemēt retro-

garde

grade elle recommence un autre tour tout contraire au premier, apres avoir
communiqué le feu à l'ordre superieur des fuzées, par un petit canal secret.  Or qui veut sçavoir comment les fuzées doivent estre ordonnées
dans l'ordre superieur, qu'il porte derechef ses yeux sur la figure du nombre 181.

Remarquez que toutes ces especes de fuzées que nous avons décrites
icy, sont ordinairement ou horizontales, ou perpendiculaires : c'est à dire,
que pendant qu'elles se brûlent en tournant sur un axe de fer ( tel que la
figure du nombre 182 vous en fait voir le modele ) leur plan doit estre
parallele avec l'horizon, ou bien perpendiculaire.  Ie vous représente la figure d'une Roüe horizontale au nomb. 204. en la lettre E; & pas loing de
là une autre, perpendiculaire, que i'ay marquée de la lettre G.  Souvenez-
vous toutefois que cete horizontale, tient le lieu de la quatriéme espece
des roües à feu ; parce qu'elle differe en quelque chose des autres : particuliérement en ce que le plan de la surface est tout parsemé de fuzées courantes, ou bien de fuzées montantes, si d'avanture elle est assez grande :
joint que sa construction est fort semblable à celle du Bouclier de la seconde espece, au respect des fuzées qu'on attache sur son plan : pour le regard du reste de sa construction, elle n'a rien de particulier, & qui ne soit
commun avec les roües que nous avons cy devant décrites.

Outre cecy ie vous expose encore une autre Roüe circulaire, de laquelle est formé le bassin d'une fontaine de feu.  Celly-cy se void en la figure
du nombre 202 sous la lettre. B. Son plan est marqué d'un E, mais sa veritable orthographie; & l'ordre qu'il doit tenir pour tourner à l'entour d'un
tuyau de feu, paroist en la lettre F; mais passons outre, nous en discourre-
rons ailleurs plus au long, lors que nous viendrons en son lieu.

## Espece 5.

POur construire cete Roüe artificielle que ie m'en vay vous décrire dans
cete cinquiéme espece il faut que vous ayez premiérement un bassin de
bois assez ample, qui ait les bords fort estendus, droits & non retroussez :
tel que ie vous le fais voir en la figure du nombre 183 sous la lettre B: de
plus vous aurez une planche de bois seiche, legere, & quarrée en sa forme, large de tous costez de deux ou trois pieds.  Coupez luy les quatre
coins, & en formez une table octangulaire : puis évuidez-la tout à l'entour
de son espesseur en canal demy-cylindrique.  Faites par apres un trou au
beau milieu de la planche, dans lequel vous ajusterez un globe aquatique,
ou quelque autre qui luy ressemble, tels que sont ceux que nous avons décrits dans la troisiéme espece des globes sautans sur des plans horizontaux:
en telle sorte qu'il y en ait la moitié de cachée sous la planche dans le vuide
du bassin ; & que l'autre émine par dessus son plan.  Cloüez cete planche
avec les bords du plat : puis posez vostre globe dans le milieu, & l'arrestez-
là si ferme avec du fil de fer, ou par quelque autre moyen, que difficilement
puisse-t'il estre separé d'avec ladite planche; cela fait vous colerez dans les
canaux qui sont faits dans l'espaisseur des costez, des fuzées preparées comme nous avons dit ailleurs les joignant les unes aux autres successivement
en telle sorte que prenant feu les unes apres les autres, elles fassent pyroüe-
ter la Roüe d'un tour perpetuel, jusques à ce qu'elles soient toutes consom-
mées. Vous pourrez adjouter si vous voulez sur chaque costé de la roüe
trois ou quatre boëtes, perpendiculairement dressées sur le plan de la planche: bref vous disposerez sur ce mesme plan des petards arengez de bout en

bout

bout; vous y en mettrez non feulement un fimple rang, mais bien un double, un triple, ou autant qu'il vous plaira, ou que l'eftenduë de la Roüe en
fera capable.

Tous les canaux feront ordonnez de la forte qui s'enfuit: conduifez un
canal fecret depuis l'amorce où la premiére fuzée doit prendre feu, qui paffe à travers la planche jufques au globe qui eft arrefté au milieu, lequel
vous percerez pareillement jufques à la matiére qui eft au dedans : rempliffez moy ce canal d'une poudre battuë fort menuë, puis le bouchez diligemment par deffus. Ajuftez encore deux petits canaux, qui paffent
dés fuzées voifines à chaque boëte, & de chaque boëte à chaque petard,
& de petards en petards, fi les ordres font multipliez, mais i'entens que ces
canaux foient tous remplis de poudre battuë.

Ces boëtes feront toutes preparées, & placées fur la planche fuivant le
mefme ordre que nous avons dit, dans la defcription de la quatriéme efpece
d'efcuffons. Finalement vous enduirez bien le globe, la planche, les fuzées, les petards, les boëtes, & le baffin, univerfellement par tout de poix
fonduë; en telle forte que la Roüe eftant jettée dans l'eau, cét élément ne
treuve aucune fente par laquelle il puiffe entrer, & s'infinuër dans les canaux, dans les fuzées, ou dans les boëtes, non plus que dans le corps du
baffin : car à moins de cét exacte enduiment, tout voftre travail s'en
iroit en fumée; non, ie veux dire en eau, fans que vous en puffiez avoir le
divertiffement. C'eft en quoy le pyrobolifte monftrera qu'il aura de la diligence & de l'adreffe dans fon art.

Remarquez qu'il faut premiérement d'onner feu à cét artifice par le milieu de la Roüe, & auffi toft que vous verrez que la matiére renfermée aura
bien conceuë la flamme, vous expoferez voftre machine doucement fur
l'eau. lettez les yeux fur la mefme figure vous y remarquerez toutes les
circonftances que nous vous avons décrites dans la belle fymetrie de cete
Roüe artificielle, en la lettre A.

# Chapitre VII.

## Des Maffuës Artificielles.

### Efpece 1 & 2.

Ie ne m'arrefteray pas icy à vous décrire plufieurs efpeces de Maffuës, que
quantité de Pyroboliftes fe font plû à inventer, & à nous dépeindre;
veuque (comme je vous ay de-jà dit fi fouvent) je n'ay pas deffein de
m'arrefter à des chofes de fi peu de confequence, ny comme lon dit communément, à baleyer jufques aux moindres pailles hors de noftre grange
Pyrotechnique, mais de faire en forte par noftre travail, & noftre diligence d'y amaffer le pur froment, & d'y tranfporter les grains les plus
triez & les plus purs dés principales inventions de la Pyrotechnie. Voila
pourquoy ie ne vous en reprefenteray icy que les trois efpeces fuivantes
feulement. Les deux premiéres defquelles, marquées fous les nombres
184, & 185, reffemblent en toutes chofes aux globes aquatiques décripts
cy deffus dans la feptiême & neufviême efpece, c'eft là où ie vous renvoye
pour en apprendre la conftructiõ. Vous aurez feulemët foin d'y faire ajufter
des manches bien tournez, & bien polis, tels que nos figures vous les repre-

fen-

sentent; encore bien qu'on les puisse faire d'une autre façon si l'on veut, cela depend de l'ingenieur; I'adjoûte encore icy la composition suivante, laquelle i'ay jugée estre plus propre & convenable que celle dont on se sert coutumiérement dans la construction des globes aquatiques. Prenez de la Poix 1 ℔, du Soulfre ℥ iiij, du Charbon ℥ ij; battez, meslez, & incorporez tout ensemble, en les arrousant de quelque liqueur grasse, ou d'eau de vie, en fin chargez en vos globes: ou bien s'il vous plait vous servir de la composition que nous avons ordonnée cy dessus pour les coutelas, elle est aussi excellente, & fort propre pour cét effet.

### Espece 3.

Faites faire par un tourneur une Massuë avec sa poignée, qui ait la teste exterieurement arondie comme un grand oeuf, ou pour mieux dire comme un spheröide, mais interieurement elle sera ou creuse comme est sa convexité, (en telle sorte toutêfois que son bois demeurera espais tout à l'entour de cinq doigts pour le moins) ou bien elle n'aura qu'un trou seulement dans le milieu, qui penetrera depuis le haut jusques à la moitié de sa hauteur, & large de trois ou quatre doigts. De plus vous percerez tout à l'entour, des trous de la largeur de 3 ou 4 doigts; & de la profondeur des fuzées courantes; & ferez en sorte qu'ils soient tournéz tous vers l'excavation du milieu.

Vous y percerez en suite des petits canaux passants du fonds de ces évuidures jusques au vuide du milieu, lesquels vous remplirez de poudre battuë. Formez en apres des boëtes ou cartouches de papier sur un cylindre, un peu plus menu que les vuides des excavations ne font larges, qui sera bien collé, afin qu'il se puisse rapporter, & s'ajuster à l'aise dans ces trous: si vous voulez, vous pourrez leur faire des fonds de papier, pourveu que vous les perciez par le milieu, afin que le feu puisse estre porté dans les fuzées emprisonnées dans ces tuyaux: quand vous les aurez doncques mises dans les excavations, vous les couvrirez aussi par dessus d'un petit chapiteau conique; vous aurez pourtant soin de couvrir premiérement tous les orifices des boëtes, avec des petites roüelles de papier, afin qu'elles demeurent immobiles dans leur niches. Vous pourrez remplir si vous voulez la cavité du milieu de vostre massuë de cete composition que nous avons ordonnées dans les deux autres especes cy dessus décriptes: Sinon, la suivante vous servira, laquelle a presque les mesmes vertus. Prenez du Salpetre 1 ℔, du Soulphre ℔ ß, de la Poudre ℥ iiij, de Charbon ℥ ij. Finalement plongez moy vostre massuë toute entiére, armée de la sorte de tous ces Chapiteaux pointus, dans une quantité de poix liquide, ou l'enduisez tout à l'entour de colle; en un mot donnez-luy telle couleur qu'il vous plaira. Voiez la figure du Nomb. 188.

# Chapitre VIII.

## Du Baston à feu.

Le baston à feu pourra bien quelquefois suppléer au deffaut d'une Roüe artificielle, veuque l'on le fait tourner & pyroüetter horizontalement & perpendiculairement sur un clou, qui est une action commune aux Roües à feu: Pour ce qui est de sa construction elle n'est

ny

ny de grand prix ny de grand travail: On charge premiérement deux fuzées montantes de quelque grandeur que ce soit, d'une composition à ce convenable, jufques aux bords de leurs orifices: puis on les perce jufques à la troifiéme partie de leur hauteur avec une tariére ou poinçon propre à cét office. Vous faites faire en fuite par un tourneur une boule de bois folide avec des petits effieux diametralement oppofez, que l'on fait entrer le plus juftement qu'il eft poffible dans les orifices des fuzées. Percez par aprés cete mefme boule par le diametre, qui coupe Orthogonalement la ligne droite paffant par le milieu des petits effieux : outre cela attachez à ces deux fuzées par dehors des petards de papier tous d'un cofté, avec leurs petits tuyaux, efloignées toutéfois des leurs orifices de deux ou trois bons doigts : vous ajufterez fur la partie oppofite de ces petards, un long canal par lequel le feu puiffe eftre porté, de la fuzée confommée jufques à l'orifice de la chambre de l'autre, laquelle fera couverte d'un petit chapiteau de papier de mefme que nous l'avons ordonné cy deffus aux fuzées courantes fur des cordes. Au profil du N° 187, en la lettre A fe void la boule de bois, avec fes deux axes, ajuftez dans les orifices des fuzées : B C font les deux fuzées chargées de composition, & percées comme elles doivent eftre : E F font les petards de papier. D le canal : le refte fe peut entendre par la figure mefme.

# Chapitre IX.

## Du Calice à feu.

Faites faire une Coupe, ou un Calice de bois, ou de quelque metail fufible, ou battu, femblable à ceux dont nous nous fervons à table de quelle forme qu'il vous plaira ; pour moy je n'en ay pas treuvé de plus commode pour cét effet que celuy que vous pourrez remarquer en la figure du Nomb. 188: fon fonds fera percé avec toute fa bafe depuis le pied jufques à la concavité du vaiffeau : puis on inferera dedans un canal de bois ou de metail, chargé de la composition fuivante, laquelle produira une flamme fort obfcure & noire, Prenez de la Poudre ℥ iiij, du Soulfre ℥ ij, du Charbon ℥ j, de l'Antimoine crud ℥ ij, du Sel commun ℥ j.

Vous remplirez la capacité de la coupe de fuzées courantes, apres avoir mis au prealable fur le fonds un peu de poudre grenée, meflée avec d'autre battuë pour les faire partir. Vous les couvrirez bien proprement d'une rouëlle de bois, efpaiffe de trois ou quatre lignes feulement, avec tant de juftéffe, que fa fuperficie inferieure repofe immediatement fur les teftes des fuzées, & que fa circonference ioigne l'interieure du vaiffeau : en fin empoiffez le refte du vuide du calice jufques aux bords avec du goudron ; & principalement cét orbicule de bois pofé fur les fuzées, fe couvrira d'une toile imbuë de poix liquide ; afin qu'il ne branle aucunement dans le vafe, & qu'il ne s'y gliffe de cete liqueur fonduë parmy les fuzées, par quelque ouverture qui pourroit eftre reftée entre ces deux corps.

L'Ingenieur Pyrobolifte pourra controuver mille fortes d'inventions qu'il fera reuffir par le moyen de ce calice artificiel. Particuliérement pour boire à la fanté de quelque homme de remarque. Il fera premiérement mettre le feu au tuyau caché dans le fonds du calice par deffous, pendant ce temps il boira promptement la liqueur qu'on luy aura prefenté dans ledit

vaifvaisseau puis l'eslevant par dessus sa teste, il attendra jusques à ce que le feu s'estant pris aux fuzées, elles se soient enlevéez toutes dans l'air, pour y produire leur effets : mais ie vous advert y icy qu'il faut verser si peu de vin ou de quoy que ce soit dans la coupe, qu'il se puisse boire en un, ou deux traits, ou bien il faut que celuy qui boira ait le gozier fait à l'Allemande, ie veux dire à la Greque, pour vuider le hanap tout d'un trait, car on ne coure pas icy risque de se brûler le nez seulement, mais aussi quelque fois d'y perdre le gout du pain. Or outre la forme de ce calice que ie viens de vous decrire consultez la figure des Nº 200 & 201. elles vous en feront voir d'autres,

# Chapitre X.

## Des Tuyaux artificiels.

Que si on a jamais inventé quelque chose d'important & de necessaire, pour construire les machines artificielles pyrotechniques desquelles nous ferons mention dans le chapitre suivant; il ne faut pas douter que les tuyaux à feu ne doivent tenir les premiers rangs : car ie ne crois pas qu'on puisse à grand peine treuver quelque autre invention qui soit plus propre pour emplir, soustenir, & porter toute une machine, ny pour jetter tant des divers feux, ny en si grande abondance, par ordre, & par intervalles suivant la volonté du Pyroboliste, que tous ces tuyaux que non mettons en usage dans la Pyrotechnie. Voila pourquoy ie vous en proposeray quelques uns de ceux qui sont les plus en vogue aujourdhuy parmy nos ingenieurs à feu; & le tout par ordre, & sans confusion. Soit doncques icy.

## Espece 1.

En la figure du nombre 189 est representée la forme d'un tuyau composé de plusieurs boëtes, duquel la hauteur est arbitraire, & telle qu'on la luy veut donner : or toutes ces boëtes sont toutes evuidées du costé que châcune d'elles couvre immediatement celle qu'elle tient au dessous de soy, afin que l'une se puisse commodement emboiter dans l'autre. Que si elles sont faites de bois, il faudra faire les commissures & emboitements si bien rapportées, & si justes que l'on ne s'en puisse presque appercevoir à moins que d'y prendre garde de bien prés, ensorte qu'estans toutes jointes ensemble on les prenne pour un cylindre veritablement solide : Que si au contraire on les fait faire de papier seulement ( qui font cellesque i'estime les meilleures, tant à cause de leur fermeté que de leur legereté ) considerez qu'elles sont toutes d'une égale grosseur & grandeur par de dans, voila ponrquoy on colera exterieurement proche des fonds de chaque boëte d'autres petites boëtes encore, hautes d'une palme ou environ ; si bien ajustez que la circonference interne de leur concavité, soit égale avec le tour exterieur des tuyaux: bref vous les ferez passer au delà du fonds de la moitié de leur hauteur, afin que l'inferieure se puisse aysement joindre avec la superieure.

Ie ne treuve rien de plus commode pour construire ces boëtes que cete petite machine marquée sous la lettre A, avec ces deux cylindres qui sont sous B & C sur lesquels, ( apres les avoir frotez de savon) on colle, façonne, & donne-t'on la juste grandeur & grosseur que l'on veut aux boëtes, en

y col-

y collant papier fur papier, & faifant rouler lèdit cylindre fufpendu
fur deux petites fourches qui le fouftienēt par des axes qu'ils ont aux deux
bouts, à l'un defquels eft attachée une poignée pour les faire tourner. Eftans
bien rouléz & coléz on les met dans un lieu mediocrement chaud, là où on
les laiffe feicher petit à petit ; car autrement fi on les faifoit feicher à grand
feu, & tout à coup, elles fe retireroient, & feroient mille plis : voila pourquoy auffi toft qu'on les a tirez de deffus ces moules, ou cylindres, on y
adjufte promptemēt des rotules de bois pour leur fervir de fonds, lefquelles
on colle bien ferré, puis on les clouë encore par dehors, afin qu'elles foient
plus fermes, & qu'elles adherent mieux aux tuyaux. Les tuyaux de bois
que l'on arrefte aux fonds de chaque boëte fe traitent de la mefme façon,
& fe chargent de la mefme matiere, que nous avons dit cy deffus dans
la quatriéme efpece des globes aquatiques ; les fuzées pareillement font
mifes dans le mefme ordre. Si vous defirez fçavoir comment on doit ajufter
tous ces tuyaux dans les machines pyrotechniques, faut arrefter vos yeux
fur ce fimulacre de la Fortune que nous avons reprefenté en la figure du
Nomb.20 2;c'eft là où vous verrez auffi en grand volume, un tuyau femblable à celuy-cy fouz la lettre A.

## Efpece 2.

Nous avons fait marcher devant une efpece de tuyaux compofez de plufieurs boëtes, qui fe diminuent petit à petit, lors que les fuzées conte-
nuës dans le tuyau inferieur enlevent le fuperieur qui de ja eft quitte des
fiennes, & le renvoyent comme inutile vers fon centre, où il retourne par
fon propre poids ; en voicy d'autres qui font folides, & qui demeurent
toufiours dans leur premiere hauteur ; ils portent feulement par dehors
certains feux artificiels attachez, qui s'entre fuivans d'un ordre continu depuis le haut jufques en bas, brûlent, & s'enlevent en l'air avec eftonnement: outre cela ils portent encore dans leurs corps, des globes artificiels recreatifs, & quantité d'autres chofes femblables qui pareillement en fortent
& s'en vont en l'air faire leurs effets, & par ainfi ces tuyaux demeurent
vuides : Or ie m'en vay vous en entre tenir fort fuccinctemēt, & vous les
décrire fans beaucoup de ceremonies. Premiérement.

Le tuyau qui fe void au nombre 190 fera fait d'un bois folide, dur, & fec,
de la mefme hauteur qu'on jugera luy eftre neceffaire : fa groffeur pareillement fera telle qu'on voudra, cela dependra de la volonté, & du bon jugement du Pyrobolifte: on le percera avec une grande tariére de bout en bout,
en telle forte que la largeur de ce trou foit d'un tiers, ou tout au moins d'un
quart de toute l'efpaiffeur. On divifera par apres toute la hauteur du tuyau
en certaines parties egales entr'elles, lefquelles correfponderont à la hauteur
des fuzées montantes de quelque grandeur qu'on les vueilles prendre, ou
bien on les fera un peu plus courtes. Derechef toutes ces portions fe reti-
reront en dedans : la premiere & la plus haute en effect fe portera orthogonalement & parallelement à l'axe du tuyau, mais toutes les autres obliquement, c'eft à dire qu'elles feront faites plus larges par le haut, & ce fuivant la groffeur qui leur demeurera du tuyau ; mais celles d'embas feront plus deliées, & leurs retraites ( que les Allemands appellent *ab-
fatz* ) feront egales à celles de la plus haute portion, & leur efpaiffeur
à leur efpaiffeur. De plus on fait tout à l'entour de ces retraites fur des
plans orbiculaires, des canaux évuidez en demy-cylindre, larges d'un

Vu                    doigt,

doigt, & profonds de six lignes ou environ. Puis de chacun de ces canaux on en fait passer encore des plus petits, jusques au vuide du tuyau, par lesquels le feu doit estre porté pour allumer les fuzées, ajustées dans des cartouches de papier sur le plan de ces retraites, avec un canal qui passe par le milieu. Où elles sont arrestées fort & ferme, avec de la colle & de la ficelle, depeur qu'elles ne s'en aillent en l'air avec les fuzées. Pour observer un bon ordre tant en la construction qu'en la disposition de ces canaux & tuyaux armez de fuzées, il faut retourner au chapitre des globes aquatiques, où nous en avons marqué une espece sous le nombre 83, le profil voisin donne le reste à entendre suffisamment, sur lequel A & B marquent les tuyaux accompagnez de leurs fuzées, C les grands & petits canaux, D l'orifice du vuide du tuyau. Les canaux seront remplis d'une poudre fort subtilement, battuë, mais le grand tuyau interieur & tous ceux que nous décrirons cy apres, seront chargez d'une composition pareille à celles que nous avons ordonnées ailleurs pour les globes aquatiques, & boulets à feu : vous observerez pourtant bien diligemment qu'apres chaque cinq ou six livres de poudre mises dans le tuyaux, vous y versiez toutes les fois une demye livre de poudre grenée, pour nettoyer l'orifice du tuyau de quantité de saletez, & de suye, qui s'y arrestent, & qui pour l'ordinaire empeschent que la flamme ne sorte avec toute liberté. Le fonds de ce tuyau sera parfaitement solide, c'est à dire que l'on percera le vuide de trois ou quattre grands doigts plus court que le tuyau, & ne penetrera jamais toute sa hauteur entiere.

## Espece 3.

La forme du tuyau desseigné au nombre 191 ne differe pas peu de celle du precedent ; parce que celuy-cy represente un cylindre parfaitement rond en sa forme exterieure ; quoy que veritablement il soit évuidé de la mesme façon que le superieur. On tourne un fil tout à l'entour de sa convexité depuis un bout jusques à l'autre par une voye spirale ; puis suivant cete trace, on creuse des trous dans l'épaisseur du bois à la profondeur de deux ou trois doigts dans une distance juste & convenable, dont les bases & les cathetes tombent obliquement sur l'axe & ses paralleles en l'orthographie de la profondeur, dans une distance neantmoins égale : (voyez les lettres B & C sous la mesme figure) on arreste dans ces trous par quelque sorte d'artifice des cartouches de papier, avec des fonds de bois, dans lesquelles on insere des fuzées courantes, ou montantes, accommodées à la grandeur des tuyaux, c'est-ce que la mesme figure nous represente aux lettres A & E : mais il faut avoir soin de faire passer des petits canaux de chaque trou jusques au vuide interieur du grand tuyau, lesquels s'en aillent aboutir par des petites canules de papier à la poudre qui sera mise au dessous des fuzées.

## Espece 4.

A peine puis-ie rien adjoûter de nouveau à ce tuyau desseigné en la figure du nombre 192, car pour ainsi dire, c'est le frere germain du precedent n'y ayant rien qui luy ressemble mieux que celuy-là. Ils ont toutefois cete difference, que ce premier est armé de fuzées, qui sortent hors de certaines cartouches de papier qui l'environnent ; où au contraire celuy-cy est entourré de quantité de boëtes de papier disposées dans le mesme ordre

que

que ce premier , joint qu'elles font bien ajuſtées par deſſus avec des fonds
de bois, qu'elles ſont bien colées ſur la ſuperficie du tuyau, bien attachées,
bien cloüées,biē ſouſtenuës par deſſous avec des certains ſupports,outre cela qui envoyent en l'air un grand nombre de fuzées courantes:enun mot elles ſont dans une ſituation droite,& parallele avec l'axe,& avec les coſtéz du
tuyau : pour ce qui eſt du reſte de ſa preparation cete eſpece n'a rien en ſoy
que l'autre ne ſe puiſſe vanter d'avoir auſſi.

## Eſpece 5.

On diviſe le circuit du cylindre par les deux bouts ; premiérement en
certaines parties égales puis on tire des lignes qui joignent les points
enſemble, & qui dans un exacte compaſſement forment de part & d'autre
deux figures multangulaires , dont les angles reſpondent directement aux
angles,& le coſtéz mutuellement aux coſtéz:L'ayant ajuſté par les deux extremitez,on esbauche le cylindre tout le long,& le rabote-t'on bien uni d'un
bout à l'autre , ſuivant les baſes oppoſées, ainſi vous en formez un priſme polyedre : Si vous deſirez le voir jertez les yeux ſur la figure du Nombre 193.

Cela fait vous le percerez de la meſme façon que les autres tuyaux ; puis
chaque hedre ou coſté ſera percé de pluſieurs trous , tombans obliquement
& en angles aigus ſur l'axe du priſme , & ſur le plan des coſtéz; & paſſans
tous juſques au vuide du milieu.Dans ces trous on inſerera ou des petards
de fer,ou des fuzées courantes,ou bien des montantes,pourveu que le tuyau
ſoit aſſez grand pour les ſouffrir.

Cete tour eſlevée au milieu de noſtre chaſteau fortifié de cinq baſtons,eſt
baſtie ſur un tuyau de cete fabrique , comme on le peut voir en la figure du
nomb. 204.Mais l'ingenieur adroit pourra inventer quantité d'autres belles
choſes tant recreatives que ſerieuſes, où il pourra ſe ſervir adroitement de
cete eſpece de tuyau : pour moy ie paſſe outre pour vous en faire voir quelques autres que ie n'eſtime pas moins.

## Eſpece 6.

Si vous vous en ſouvenez ie vous ay de-ja entretenu aſſez long temps des
tuyaux de cete nature , au liv. 3. eſpece troiſiéme des fuzées montantes , & au liv. 4. eſpece douziéme des globes aquatiques : & encore
bien que ie ſois obligé de vous tenir ce que ie vous ay promis pour lors,
toutéfois puis qu'il y a ſi peu de difference entr'eux qu'a grand' peine les
puiſſe-t'on diſcerner les uns des autres,ſi ce n'eſt par leur grandeur,ou groſſeur',voila pourquoy ie vous renvoye ſur le lieu pour en prendre la conſtruction : toutéfois ie diſire que vous remarquiez encore cecy en paſſant ;
à ſçavoir que toutes ſortes de tuyaux , ( hormis celuy que nous avons décrit le premier ) pourront ſe charger de la meſme ſorte par dedans, que le
tuyau du Nomb. 194 à eſté chargé. La lettre A dans cét endroit vous
marque des eſtoiles, & des eſtincelles pyrotechniques, meſlées avec de la
poudre grenée ; B un globe recreatif, chargé de petards de papier ou de
fer; C un globe luyſant , ou aquatique,; finalement D fait voir un autre
globe recreatif garny de fuzées courantes : les vuides & interſtices qui ſont
parmy ces feux ſont remplis d'un matiere lente,& d'une poudre grenée pour
faire deloger chaque globe à ſon tour.

Eſpe,

## Espece 7.

Veritablement j'advoüe que c'est une chose tout à fait inutile, & mesme importune, que de se travailler tousiours apres la recherche des nouveaux mots, pour décrire chaque espece de tuyau ; puisque par la construction d'un seul, on peut arriver sans aucune difficulté à la connessance de tous les autres ; joint que les figures vous les rendent si claires, & si manifestes, qu'il est impossible de chopper dans leur preparation. C'est pourquoy ie n'adjoûteray icy que deux mots en faveur de cete espece, à sçavoir que vous devez disposer tous vos petards sur la superficie de vostre tuyau suivant une ligne spirale un peu serrée, en telle sorte qu'ils vous forment dans leur situation des rhombes composez de deux triangles équilateres, ou des sautoirs, & dans cêt ordre les arrester bien ferme sur la convexité du tuyau. Le reste de tout ce qui concerne cete espece à de-ja esté declaré ailleurs: allez-en relire la methode donnée, puis venez jetter les yeux sur la figure marquée du Nomb. 195.

## Espece 8.

Prenez moy un cylindre de bois bien tourné, ou pour le moins tellement esbauché, rabotté & arrondy, qu'il paroisse rond en quelque façon, & qu'outre cela il ait ses deux bases égales. Sa grosseur dépendra de vostre volonté, pourveu que sa hauteur soit sextuple ou decuple de son espaisseur. Cela fait il sera canellé tout à l'entour de la mesme façon que vous le voyez au nomb. 169; Or si vous ignorez par quel artifice cela se fasse ie m'en vay vous l'apprendre en peu de mots.

Divisez le cercle qui fait le tour de la base en six parties égales, ce que vous ferez aisement en prenant le demy diametre de la grosseur du cylindre : divisez derechef chaque sixiéme en sept autres parties égales: vous prendrez une de ces parties pour l'épaisseur de ce rais, ou pour cete partie qui s'éleve entre deux canaux, & les six autres resteront pour les canaux mesmes & évuidures, qui sont entre ces éminences, voicy comme on les forme.

Prenez la moitié de la largeur du canal pour demy-diametre, & tirez un demy-cercle d'un point de la peripherie comprenant la base jusqu'a un autre, à sçavoir à droite & à gauche. Puis derechef apres avoir pris; pour l'épaisseur de l'entre-deux, tracez avec le compas un autre arc de cercle pareil au premier, une des pointe estant arrestée sur la mesme peripherie ; & continuez de la sorte ce compassement, jusques à ce que vous ayez descrit six arcs de cercle. Vous en ferez autant sur l'autre base : En fin apres avoir tiré des lignes droites le long de la superficie du cylindre dés points des bases opposées terminantes exactement les rayons & les évuidures, vous creuserez six canaux de la mesme largeur & profondeur que les lignes tracées sur les bases vous le monstreront. Outre cela vous ferez percer ledit cylindre de bout en bout, en telle sorte que le diametre de son vuide soit dés ; ou des; de la largeur d'un des canaux.

En suite de cecy preparez des petits mortiers en la façon qui s'ensuit : Faites tourner des cylindres de bois dont la grosseur, & la hauteur soient égales avec la largeur de l'évuidure : puis vous ferez une retraite à l'une ou à l'autre des bases de la hauteur de ;, mais dans la largeur, de ⁊ seulement : vous creuserez pareillement la base par une évuidure circulaire fort profonde & escarpée ; puis dans le fonds de cete excavation, vous creuserez

en-

encore une autre petite chambre,ou receptacle pour mettre la poudre , de la hauteur de ⅓ & ⅓ du canal , mais de la largeur de ½ seulement,

Collez bien ferré des tuyaux de papier fur ces cylindres , & les attachez bien ferme avec des cloux dans toutes ces retraites : de la largeur defquelles les tuyaux tireront leur groffeur : mais pour le regard de leur hauteur , ils auront le double de la largeur de l'évuidure. Ces petits mortiers renfermeront dans leur interieur des globes recratifs faits de papier , mais avec des fonds de bois neantmoins, & preparez comme nous avons enfeigné cy deffus : on mettra par apres dans les chambres des mortiers, la poudre qui eft neceffaire pour les faire déloger : en fin apres avoir tourné spiralement un fil depuis un bout jufques à l'autre ; on difpofera tous ces petits mortiers fuivât la trace du fil conduit fur les canaux,& fur les rayons,où lon les arreftera bien ferme avec des petits crampons de fer, attachez aux bafes des mortiers , & à chaque cofté des faillies du tuyau ; & pour les affermir d'avantage on fera paffer par deffus environ le milieu,des petites lames qui s'attacheront au corps du tuyau : En fin fi avec tout cecy vous craignez qu'ils ne foient pas affez fermes , vous arreiterez par deffous des eftayes de bois ou bien vous y pousferez des grandes pointes de fer , lefquelles feront recourbées par un bout pour les tenir fermes. Mais auparavant que vous attachiez ces mortiers avec le tuyau , il faut neceffairement y percer des petits trous pour amorcer, contre lefquels vous appliquerez d'extrement les lumieres , & amorces de vos mortiers. Tout le refte eft ayfé à comprendre par la figure : En laquelle les lettres A & B donnent à conneftre les mortiers,la lettre C monftre le globe recreatif. Ie vous adverty encore d'une chofe, fçavoir que chaque petit mortier doit eftre ajufté dans chaque canal,& que jamais l'un ne doit eftre mis au deffous de l'autre. Ie ne vous parleray plus icy de la charge du tuyau, puifque ie l'ay tant de fois redite.

## COROLLAIRE I.

On peut preparer ces tuyaux en telle forte qu'on les puiffe aifément porter tout de mefme que l'on feroit une maffuë , & pour cét effet il ne faut que leur attacher des manches,ou poignées afin de les pouvoir manier fans peril , & en détruire fes ennemis , c'eft pour cete raifon qu'on pourra non feulement les mettre au rang de feux recreatifs artificiels,mais auffi parmy les plus ferieux, & les plus militaires,apres qu'on les aura garnis par dedans d'une charge dangereufe & mortelle , & armez par dehors de matieres propres à faire des executions parmy les ennemis. C'eft ce que i'ay treuvé bon de laiffer aux foins des ouvriers,& à l'induftrie des Ingenieurs : joint que nous aurons occafion de parler de cecy dans un autre endroit.

## COROLLAIRE II.

Encore bien que ces 7 derniers tuyaux puiffent eftre affez commodement chargez de ces compofitions ordonnées pour les globes aquatiques, & boulets à feu: i'adjoûteray encore icy neantmoins à leur faveur ces compofitions fuivantes, lefquelles feront propres, & peculieres pour les tuyaux à feu.

1. Prenez de la Poudre 12 ℔, du Salpetre 8 ℔, du Charbon 4 ℔, de la Limure de fer 2 ℔.

2. Prenez de la Poudre 24 ℔, 10 ℔ de Salpette, 6 ℔ de Soulfre, 4 ℔ de Charbon, deux ℔ de Colophone, & de la râpure de bois 8 ℔.

CO-

## COROLLAIRE III.

Nous avons fait ſi ſouvent mention dans ces figures décrites, d'une certaine ligne ſpirale,qui ſe trace tout à l'étour d'un corps cylindrique, ou
d'un certain fil qui ſe tourne en limaçõ ſur la ſuperficie d'un cylindre:il ſera
fort à propòs que ie vous apporte des raiſons de cecy un peu plus ſpecieu-
ſes, afin que cete conneſſance vous ſerve non ſeulement pour reüſſir dans la
conſtruction de nos tuyaux artificiels, mais auſſi pour venir à bout de quantité de pieces d'Architecture, Mechaniques & Hydrauliques : Or puiſque
j'ay rencontré ſi à propos un paſſage de Vitruve parlant ſur ce ſujet en ſon
liv.10.Chap.11 où il nous enſeigne comment on doit conſtruire cete viz helicique ou machine ſpirale, laquelle enleve une ſi grande quantité d'eau,dont
l'invention neantmoins à eſté attribuée à Archimedes, auparavant meſme
que l'on eut jamais connu Vitruve;Eſcoutons doncques ce qu'il nous en dit
voicy ſes propres termes.

*Eſt etiam cochleæ ratio quæ magnam vim haurit aquæ , ſed non tam altè tollit*
*quàm rota. Ejus autem ratio ſic expeditur. Tignum ſumitur , cujus tigni quanta*
*fuerit pedum longitudo,tanta digitorum expeditur craſſitudo:id ad circinum rotun-*
*datur.   In capitibus circino dividuntur circinationes eorum tetrantibus in partes*
*quatuor , vel octantibus in partes octo ductis lineis : eæque lineæ ita collocentur , ut*
*in plano poſito tigno ad libellam,utriuſque capitis lineæ inter ſe reſpondeant ad per-*
*pendiculum : ab his deinde à capite ad alterum caput lineæ perducantur conveni-*
*entes, uti quàm magna erit pars octava circinationis tigni , tam magnis ſpatiis di-*
*ſtent ſecundum latitudinem.   Sic & in rotundatione & in longitudine , æqualia*
*ſpatia fient. Ita quo loci deſcribuntur lineæ quæ ſunt in longitudine ſpectantes,fa-*
*ciendæ decuſſationes ,   & in decuſſationibus finita puncta. His ita emendate deſcri-*
*ptis,ſumitur ſalignea tenuis, aut de vitice ſecta regula , quæ uncla liquida pice ,fi-*
*gitur in primo decuſſis puncto:deinde trajicitur oblique ad inſequentes longitudines*
*& circuitiones decuſſium. Et ita ex ordine progrediens,ſingula puncta prætereun-*
*do , & circumvolvendo , collocatur in ſingulis decuſſationibus : & ita pervenit &*
*figitur ad eam lineam , recedens à primo in octavum punctum , in qua prima pars*
*ejus eſt fixa : Eo modo quantum progredietur obliquè per ſpatium & per octo pun-*
*cta , tantundem in longitudine procedit ad octavum punctum. Eadem ratione , per*
*omne ſpatium longitudinis & rotunditatis ſingulis decuſſationibus obliquè fixæ re-*
*gulæ , per octo craſſitudinis diviſiones involutos faciunt canales , & juſtam cochleæ*
*naturalemque imitationem &c.*

Que ſi quelqu'un treuve ce paſſage un peu  trop difficileà entendre , à
cauſe des termes inuſités qui ne tombent pas en la conneſſance d'un chacun, qu'il liſe les commentaires de Philandre , & de Daniel Barbarus ſur le
meſme ſubjet,il y treuvera de quoy ſe mieux ſatisfaire,veu que ces autheurs
en ont parlé plus intelligiblement.

Outre ceux cy Marinus Bettinus *in Ærario Philoſophiæ Mathematicæ* tom.
1. pag. 48, & 49, nous donne encore un autre moyen pour décrire une
viz ou ligne ſpirale à l'entour d'un cylindre par des projections obliques,in-
vention de laquelle (comme quelques uns ont creu) Albert Durerus a eſté
l'autheur.   Ce meſme Bettinus nous en rapporte encore un troiſiéme moyen pour ce faire qu'il a pris chez Pappus liv.8.coll.Mat.prop. 24. & ce ſuivant l'explication du ſentiment de Vitruve ſur le meſme paſſage que nous
avons de-ja cité cy deſſus i'en ay tiré de cet autheur une expoſition la
plus compendieuſe qu'il m'a eſté poſſible pour vous la faire voir , apres en
avoir

avoir retranché certaines circonstances qui regardoient particulièrement sa figure & mesme y avoir ajouté quelque chose du nostre.

*Cylindri perimetro exponatur recta æqualis,& ex altero ejus termino erecta perpendiculari ( longiore si laxiorem vis helicem , breviore si arctiorem ) connectantur perpendicularis & basis alterius extremi puncta , linea obliqua seu hypotenusa, & factum erit triangulum in pagella vel papyro : cujus basi circumposita ad perimetrum cylindri , hypotenusa obliquo amplexu & continuato , notabit limitem in superficie cylindrica , quem pro spirali signabis , eritque facta prima spiralis. Iterum applicandum erit triangulum circa cylindrum pari modo pro secunda spirali.*

*Triangulum rectangulum basi sua ostentat progressum circularem extremi puncti , rectæ perpendicularis : latus vero perpendiculare indicat sua longitudine progressum quem fecit punctum , quod motum est ab imo ad summum eodem tempore , quo peracta est circularis peripheria.*

Tout cecy a si peu de difficulté que ce seroit vous faire tort de vous le vouloir interpreter , pour ce qui est du reste vous irez le rechercher chez l'autheur mesme : l'adjoûte doncques à cecy que suivant cete derniere methode on pourra fort commodement décrire une ligne helicique , ou spirale sur le tuyau de cete derniere espece que nous avons exposée , à sçavoir si l'on fait un triangle orthogone dont la base soit prise du circuit du tuyau mesme , & la perpendiculaire de sa hauteur ; puis que l'on joigne les points de la perpendiculaire , & de l'extremité de l'autre base par une troisiéme ligne oblique , si par apres vous appliquez ce triangle sur la superficie du tuyau en telle sorte , que sa hauteur s'accorde avec la hauteur dudit tuyau, & sa base avec la circonference de sa base , alors la troisiéme ligne oblique marquera une parfaite spire sur la superficie du cylindre , suivant laquelle vous disposerez par apres vos mortiers dans les canaux,ou évuidures du tuyau , là où on les arestera fort & ferme suivant l'ordre que nous en avons donné cy dessus.

Vous pourrez aussi vous enquerir du mesme autheur si vous voulez,comment on peut decrire une ligne spirale sur un plan , ce qu'il faut necessairement que vous sçachiez aussi,afin que vous puissiez former des canaux heliciques sur les boucliers , & escus pyrotechniques,comme nous avons deja dit cy dessus.

# Chapitre X I.

### De diverses Machines & Engins Pyrotechniques recreatifs, composez de fuzées , de Petards , Globes , Rouës , Boucliers , Massuës , Cimeteres,Glaives, Perches, Bastons, Tuyaux , & de tout autre semblable feu artificiel.

Tout ce que nous avons dit jusques à cete heure des feux d'artifices recreatifs, se doit rapporter à ce present chapitre comme au centre commun de toutes ces inventions artificielles,joint que tout ce que, ie vous ay si abondamment declaré touchant les moyens , les ordres, & la façon de construire toutes ces machines à feu , n'estoit proprement que ce que les Grecs ont appellé une certaine ordonnance, un appa-

pareil bien reglé qui nous a appris à connoiftre les matieres, les choifir, & les preparer; & qui de plus nous a infenfiblement conduit à la conneffance de certaines parties effentielles, ou de plufieurs membres defquels
ces puiffantes & admirables machines font compofées, & de toutes ces autres inventions, que nous appellons parmy nous des paffe-temps pyrotechniques, des feux de joye, & des divertiffements populaires.   Maintenant
fuit l'autre partie comprife dans ce chapitre, laquelle les Architectes ont
appellée à l'imitation des Grecs διατεσιν ce qui eft fuivant la definition de
Vitruve (*rerum apta collocatio, elegansque in compofitionibus effectus operis
cum qualitate*: une jufte & convenable affiete des chofes, & un elegant effet de l'ouvrage avec qualité dans toutes fes compofitions : Or celle-cy eft
compofée de plufieurs parties entre lefquelles, ( fans m'arrefter à toutes
les autres qui demandent une connoiffance particuliere de l'Architecture
de laquelle le Pyrobolifte ne fera pas tout à fait ignorant ) i'en ay choi-
fiés deux feulement, dont ie veux icy vous entretenir.   La premiere eft le
Thematifme ( du mot Grec θματισμθ ) qui fignifie affiette, bien-feance,
& bonne grace, que l'on definit *emendatus operis afpectus, probatis rebus
compofitioni cum authoritate*: Or toute cete grace & cete admirable fymmetrie
qui fe rencontre dans les parties, procede d'une profonde meditation, & des
foins particuliers que prend un Ingenieur à rechercher dans fon imagina-
tion tant de differentes inventions pour les produire en public lefquelles
il fçait fort bien accommoder au temps, au lieu, à la qualité, & authorité
des perfonnes à qui il defire complaire, fe fervant particuliérement de celles qui font les mieux receuës, & les plus approuvées dans l'ufage commun
des hommes, & dans l'obfervation naturelle des chofes, fans toutêfois tanter
rien d'impoffible, ni qui puiffe choquer tant foit peu les regles de noftre Art.
 La feconde eft la diftribution que les mefmes ont appellée οικονομια Celle
cy veut que l'on met la main à l'œuvre tout de bon, elle côfifte dans une pratique actuelle & dans une parfaite & mutuelle cônexion des membres, voulant qu'on fe ferve de fon jugement pour raifonner, & fçavoir, quoy, comment, & pourquoy cecy doit eftre mis dans un endroit & non pas dans cêt
autre, pourquoy de travers & non pas droit, & enfin pourquoy employé
dans un têps & non dans toute autre faifon de l'année. A celle cy fe rapporte
encore la moderation dans les frais, le bôn menâge dans la dépence, & la fage
conduite dans les entreprifes.   Et fur toutes chofes le foin particulier de
noftre falut & de noftre vie non feulement, mais auffi de tous ceux qui peuvent encourir des grands dangers par noftre faute regarde directement cete
œconomie. Voila doncques les deux parties de noftre Pyrotechnie defquelles ie defire vous entretenir pour le prefent.

## Du Thematifme, & de la Bien-feance que l'on doit obferver dans les machines pyrotechniques & recreatives.

Les Anciens auffi bien comme les Modernes ont voulu que les feux
d'Artifice recreatifs fuffent mis en ufage particuliérement dans quatre certains temps; premiérement aux facres & coronnements des Papes, des Empereurs, & des Rois, aux receptions des Princes, & des Generaux d'armée,
dans les creations des Bourgue-maiftres, Efchevins & de tout autre Magif-
trat, pour faire retentir cete joie commune qui accompagne ordinairement ces jours pleins de rejoüiffance & d'un applaudiffement public.
  Secondement on employe les feux de joie apres quelque fignalée victoire
rem-

remportée fur mer ou fur terre, après s'eftre rendu maiftre d'une province entiére, pour une ville renduë, un fiege levé, apres une grande deffaite des ennemis, & la prife de plufieurs prifonniers, une flotte battuë & quantité d'autres beaux & heureux exploits de guerre : lors que la paix fe fait entre deux puiffants eftats ; aux entrées triomphantes des Empereurs des Rois & des grands Capitaines ; ( ce qui fe fait bien auffi quelquefois en leur ab-fence par leurs fubjets leurs cytoiens & leurs amis ) pour leur rendre l'honneur & la gloire deuë à leur vertu & à leur fortune : ou pour tefmoigner une reconnoiffance publique, en fin parmy plufieurs autres congratula-tions populaires, dons, fpeétacles, jeux publiqs, trophées élevez, arcs triomphaux & autres femblables honneurs, dont on a de coûtume de com-bler la vertu.

Vous pourrez adjoûter à cécy les jours des Feftes, les Anniverfaires, & Dedicaces des Saints, les Canonizations des bien-heureux : car il femble que cela foit tres jufte de donner des jours pleins de joie, & de benediétions à ceux là qui ont remporté des viétoires fur le monde & dans le monde ; & qui ont donné des marques vifibles de leur pieté, fainéteté, continence, ma-gnanimité chreftienne, & de toutes les autres vertus qui rendent les ames belles & agreables devant le throfne du tout puiffant.

En trofiéme lieu, aux feftins, & affemblées de nopces.

En quatriéme lieu, aux banquets & bonnes cheres des amis, comme nous avons dit ailleurs.

Pour ce qui regarde le premier. Il fera fort à propos de conftruire de couronnes à feu, de reprefenter les armes tant des Princes, que des Pro-vinces, des villes, & des peuples : quelque grande ftatuë ou coloffe ma-jeftueux, que quantité d'autres plus petites environneront reprefentant les peuples & fubjets, à qui ce Prince fait la loy, tous veftus à la mode du païs, adorans, faluans, flechiffans les genoux, & fe fouf-mettans en mil-le façons à leur Souverain. On fera fervir auffi aux inaugurations des Papes ce fonge miftique de Jofeph rapporté dans les facréz cayers, à fça-voir des onze gerbes qui fe fousmettent à une douziéme plus grande affife au milieu d'elles. Pour les Empereurs on pourra leur accommo-der des feux qui nous feront voir cete ancienne ceremonie jadis mife en pratique parmy les Anciens Romains aux creations des Empereurs, de laquelle Nicephore Gregoras nous fait mention en fon liv. 3. de l'I i toire Romaine pag. 25. *Theodorus poft obitum patris totius populi fuffragiis crea-tus eft Imperator more à majoribus accepto ﾠﾠﾠ ﾠﾠﾠ clypeo infidens.* Et au livre 4. *Michaelem Paleologum clypeo infidentem circa Magnefiam optimates Imperatorem appellant.* Où il dit qu'on éleva Theodore fur un bou-clier apres la mort de fon pere pour le faire reconneftre Empereur, & que Michael Paleologue fut receu à l'Empire avec une pareille ceremo-nie. Iule Capitolin *in Maximo & Balbino: Inter hæc Gordanus Cæfar fub-latus à militibus Imperator eft appellatus.* Parmy ces entre faites ( dit il ) Ce-far Gordian fut eflevé par les foldats & declaré Empereur. Ammianus Marcellus auffi au livre 20. où il fait mention de Julian l'Empereur eflevé à cete fupréme dignité par les foldats Gaulois : *Impofitus fcuto pedeftri & fublatus eminens, populo filente, Auguftus renunciatus, jubebatur diadema pro-ferre.* Ayant efté mis fur un bouclier de pieton, & eflevé en l'air, fans

fans que le peuple fit aucun bruit , il fût publié Empereur , & honoré du
diademe. On remarque auffi chez Adon le Viennois dans la chronique
de l'an & fix que cete mefme coûtume eſtoit autrefois en ufage parmy les
Gaulois, dans la creation des Rois,où il dit : *Sigebertus contra Chilpericum
fratrem more gentis clypeo impofitus Rex conſtituitur.* que Sigisbert fût mis
fur un bouclier fuivant la coûtume du païs , & proclamé Roy au prejudice de ſon frere Chilperic. Les Goths obfervoient pareillement la mefme
ceremonie,tefmoin Aurelius Caffiodore lib. 10, var. Epiſ. 31. *Indicamus
parentes noſtros Gothos inter procinctuales gladios more majorum ſcuto , ( & non
pas ſcutorum , comme Thomas Dempſterus l'a fort bien corrigé ) ſuppoſi-
to, regalem nobis contuliſſe Deo præſtante dignitatem.* Où il dit que les anciens Gots leurs peres leur avoient eſtablis des Roys fuivant la coûtume de leurs ayeux, qui les eſlevoient fur un bouclier parmy les eſpées
nuës.

Cete ceremonie di-je fera fort à propos dans les couronnements des Empereurs , & aux facres des Rois , en faifant former des ſtatuës remplies de
feu d'artifice , portantes l'image du Roy, ou de l'Empereur fur un pavois
( ce qui fera le Hierogliphe du courage belliqueux du Souverain , & de fa
force indomptable pour laquelle on l'a élevé à ce haut rang d'honneur ; ou
pour le moins un advertiffement & un éguillon pour l'émouvoir , & le porter à s'acquerir cete vertu heroïque requife à la deffence & confervation de
fes états ) ou bien elles feront fouſtenuës des armoiries de diverſes
provinces,des villes , & citéz particulières : qui feront comme les voix ,
peintes,& les veritables images de la volonté des peuples ; pourveu que ces
inventions ne choquent en rien l'eſtat du Royaûme, c'eſt en quoy l'Ingenieur montrera qu'il a de l'eſprit & du jugement. On pourra auffi dreſ-
fer une colomne , couronnée par deſſus d'un diademe Royale, ou d'une
couronne imperiale avec cete devife *currenti* : cete epigraphe tire ſon origine d'une ancienne coûtume qui fût eſtablie parmy les Polonois apres la
mort de Premiſlas, ou de Lefque premier de ce nom, car une grande
difpute s'eſtant élevée entre les plus grands feigneurs du païs pour la principauté & ne fe treuvant d'ailleurs aucune voye par laquelle ils puſſent fatisfaire à tant de perſonnes de marque qui tefmoignoient avoir de l'ambition pour le gouvernemenr de l'eſtat , & qui pourtant ne fe vouloient ceder les uns aux autres , ils treuverent bon de remettre le choix entre les
mains de la fortune: pour cét effet ils eſtablirent une courfe à cheval où chacun deux fe devoit treuver monte fur un courfier pommelé à un certain jour
determiné , pour voir qui d'entr'eux arriveroit le premier au bout de la
carriere , & qui par confequent demeureroit Seigneur & Prince de toute
la Pologne. Or de vous dire maintenant par quel moyen un certain de
ces competiteurs nommé Lefcus arriva le premier au but ordonné par la
fubtilité de je ne ſcais quels fers hexagones , & des ſtiles fecrets qu'il
avoit femez & cachez ſous le fable par toute la carriere , pour faire bron-
cher les chevaux & les arreſter dans leur courfe à la referve d'un certain
fentier que luy feul connoiſſoit fort bien : vous décrire di-je comme
quoy il parvint à la principauté , c'eſt ce qui n'eſt pas de ce lieu : qui voudra en ſcavoir d'avantage, qu'il prenne la peine de lire Martin Cromere
en ſon liv. 2. des faits de guerre des Polonois. J'adjoûte à cecy feulement qu'on fe pourra fort proprement fervir de cete invention pour donner à entendre la bonne fortune de celuy qui entre en poſſeſſion d'un
ſcep-

ſçeptre ou d'une couronne ou de quelque pouvoir particulier ſur les peuples : principalement ſi celuy cy à eſté proclamé Roy d'une voix commune,& comme choiſy des ſubjets entre le reſte d'une infinité d'autres competiteurs qui briguoient la meſme dignité. C'eſt ceque le ſage & prudent Pyroboliſte ſçaura fort adroitement accommoder à l'eſtat des affaires.

Les Princes pourront auſſi tirer des excellantes & ſalutaires meditations ſur les viceſſitudines mondaines, l'incertitude de toutes nos proſperitéz, & du changement ſoudain de toutes les choſes terreſtres au ſeul aſpet de cete roüe de Fortune qu'on luy repreſentera par des ſeux recreatifs, & artificiels : comme on a fait dernièrement à Hafne, au couronnement de Frederic, regnant encore aujourdhuy Roy de Dannemarc : Comme en effet on en pourra fort bien repreſenter avec nos roüës à feu deſquelles nous avons parlé cy deſſus : & ie treuve cete invention fort convenable pour des pareilles rencontres : car comme diſoit Pythagoras : *circulus enim ſeu rota bonorum , & malorum eſt* , c'eſt une roüe ou un cercle des biens & des maux. On attribue doncques le cercle à la Fortune qui n'eſt autre choſe que la providence divine, comme nous le teſmoigne cet ingenieux inventeur des fables Æſope lequel ayant eſté jadis interrogé par quelqu'un, qui luy demandoit, que faiſoit Dieu ? il reſpondit fort à propos : τὰ ῥὴ ὑψιλα ταπεινοῖ, τὰ δὲ ταπεινοι υψοι , *Deprimit excelſa , & tollit humilia.* Il abaiſſe ce qui eſt élevé, & élevé ce qui abaiſſé. Joignez à cela les parolles du texte ſacré : *Hunc humiliat , & hunc exaltat : Depoſuit potentes de ſede , & exaltavit humiles.* Il humilie les uns, il exalte les autres, il à depoſſedé les puiſſants de leurs ſieges, & a élevé les humbles. Souvenez vous encore de cete celebre ſentence κύκλ⊙ τὰ ανθρωπινα, qui veut dire *circulus ſunt res mortalium.* les affaires humaines ne ſe peuvent pas mieux repreſenter que par un cercle qui rapporte toûſiours ſon commencement à ſa fin. Ces changements ſont fort legitimes en ce qu'ils nous oſtent le degoût d'un continuel uſage des choſes. Car comme dit le Philoſophe en ſon liv. 7. mor: Eudem: & au 2 de ſa Rhetor : μεταβολὴ παντων γλυκυ c'eſt à dire *viciſſitudo rerum omnium jucunda.* Le changement & la viciſſitude des choſes plait extrémement à l'homme.

Vous avez encore pour ces meſmes occurrences une autre repreſentation de la Fortune , avec une boule ſous ſes pieds , un voile déplié & enflé de vent , & chevelüe ſur le front en la figure du nomb. 203. afin d'advertir par là ceux que la main du tout puiſſant à elevé à ces ſupremes degrez d'honneur pour faire la loy aux autres, que leur felicité, leur bonheur,& leur majeſté dependent abſolument de celuy qui en eſt l'autheur , qu'elles ſont ſemblables aux changements des vents,& au reſte fort douteuſes,& de peu de durée : & afin que les grands hommes ne ſe laiſſent pas enchanter aux ſauſſes apparences de cete Fortune flatereſſe , mais qu'ils conſervent toûjours un eſprit égal dans toutes leurs affaires.

La figure que nous avons miſe pour frontiſpice de noſtre œuvre ne repreſente autre choſe que la vanité des honneurs,& de la gloire mondaine : car que peut eſtre un homme avec toute ſa majeſté, ſa dignité, & ſes honneurs,ſinon une bouteille formée du ſouffle d'un enfant,& d'un peu de matiére ſavonneuſe : & voire meſme encore moins qu'une bouteille. On s'en ſervira doncques auſſi ſi l'on veut dans des pareilles occurrences : & ie veux croire que cete figure à tiré ſon origine du ſonge de l'Empereur Conſtantin, qui auparavant le revers de ſa fortune vied en ſonge un petit enfant

X x 2 ſant

fant qui jettoit hors du sein de son pere des petites boules fort fragiles; d'où il tira un fort sinistre augure des malheurs qui l'accuëillirent bien tost apres.

Pour quelque grãd Capitaine, ou General d'armée qui sortira en campagne à qui le Prince ou Magistrat aura nouvellement donné le pouvoir absolu de conduire ses armes, & de manier toutes les forces de l'estat : l'ingenieux pyrobboliste sçaura cõment on peut accommoder cete ceremonie des Anciens Capitaines Romains, lesquels ( comme écrit Servius Grammaticus en son liv. 8. Æn.) apres avoir pris le soin & la conduite des armes de leur patrie, entroient dans le temple de Mars, & là branloient premiérement le bouclier puis la lance du simulacre, & s'escrioient tout d'un temps : *Mars, Vigilia.*

Apres le second, suit le temps des Empereurs, & des braves Capitaines tous glorieux & tous triomphans apres quelque victoire signalée remportée sur les ennemis.   Certes si javois à vous raconter tout ce que l'on peut representer de beau dans ce temps là, & quels doivent estre les feux d'artifices qu'on y peut employer, i'aurois beau subjet de vous entretenir, veuque i'en voy un champs tout plein qui se presente à mes yeux, mais je me contenteray de vous en faire voir les principaux seulement.

Il sera doncques permis à l'ingenieur à feu de pratiquer adroitement tout ce que l'on se peut imaginer necessaire dans une solemnité triomphante, cõme sont les arcs triomphaux, pyramides, obelisques, trophées, statuës, despoüilles des ennemis, enseignes & estandars des peuples subjuguez, des Capitaines captifs ayant les mains enchainées derriere le dos, des soldats tous crasseux, ords, mal-peignez maigres, & à demy morts de faim : & voire mesme les vives representations des villes entiéres conquises.

Outre tout cecy il pourra encore former toutes sortes de couronnes telles qu'estoient autrefois les couronnes d'or triomphales ; les civiles de chesne, les murales ailées, les vallaires de campagne, les herbuës obsidionnales ; & en fin les navales faites en prouës de navire. Mais afin que l'Ingenieur à feu n'ignore rien de la pompe & de la magnificence des triomphes des Anciens Empereurs Romains, & qu'il ait matiére d'où il puisse former divers projets avec ses feux d'artifices, lesquels il accommodera aux temps & aux lieux ; ie vous ay transcrit icy ce que Joannes Rosinus, & Thomas Dempsterus nous ont recueilli dans leurs additions, de quantité d'auteurs, touchant les Antiquitês Romaines. Premiérement doncques Rosinus en son liv. 10, Chap. 29 : *Ad ipsam pompam Triumphi quod attinet in genere, hæc fuit fere ejusmodi : Imperator, ut scribit Zonaras lib. 2. triumphali habitu ornatus, armillis sumptis, laurea redimitus & ramum dextra tenens populum convocabat, & militibus suis aliis communibus, aliis propriis laudibus oneratis, pecuniam & ornamenta dividebat ; cum armillas aliis, aliis hastas puras, aliis coronas aureas, aliis argenteas, expressum viri nomen, & facinus ferens largiretur. Nam si quis primus murum ascenderat, muri : si castellum aliquod expugnarat, castelli speciem corona gerebat : si navali prælio vicerat, rostris corona exornabatur : si equestre, equestre aliquid præseferabat.   Qui autem civem in acie, aut in obsidione, aut in alio periculo conservasset, cum summam laudem assequebatur tum quernam coronam accipiebat, cujus honos argenteis & aureis omnibus excellebat.*

*Neque vero hæc dona singulis tantum virtutis causa dabantur, sed & cohortibus & exercitibus universis : spoliorum autem magna pars militibus distribuebatur. Quin etiam quidam universum populum donarunt, & sumptus in ludorum pu-*

*blicorum apparàtus fecerunt,& fi quid reliqui erat,in porticus,templa,aut alia ejuſ\_
modi opera publica confumpferunt.His rebus perfectis atque facrificio facto, triumphans currum confcendebat,ita precatus.*

Dii, Nutu et Imperio, quorum nata et aucta est
res Romana, eandem placati, propitiatique ser-
vate. *Tum per portam triumphalem vehebatur. Præcedebant tubicines, canentes modos triumphales, aut quod etiam in Æmilii triumpho factum eſt, claſſi-
cum. Poſt hos ducebantur boves mactandi in facrificiis, vittis fertifque redimiti,
& aliquando auratis cornibus. Illis fuccedebat fpeciofa oſtentatio fpoliorum &
manubiarum, quæ fingulari arte compofita, partim plauſtris vehebantur, partim
geſtabantur ab adolefcentibus ornatis. Ferebantur & tituli victarum gentium
cum imaginibus devictarum urbium: ac fuerunt fpoliis interdum mixta anima-
lia, antea non vifa, aut mirabiles plantæ, ex locis captis afportatæ. Succede-
bant inde qui ex hoſtibus capti erant. Duces vincti catenis, & poſt illos ante currum Imperatoris portabantur coronæ aureæ, fi quæ ipfi ab urbibus & provinciis
fuerant fummi honoris caufa, quod fæpè accidit, per legationes exhibitæ. Ac
tum demum ipfe Imperator curru fublimi, magnificè exornato, vehebatur ful-
gens veſte triumphali, & redimitus coronâ laureâ, ramumque lauri manu ge-
ſtans. Veſtis triumphalis erat purpura, auro intexto picta, de qua Plinius lib. 9.
cap. 36. & lib. 8. cap. 48. Tali autem veſte extra hanc pompam, uti nemini
fas fuiſſe, docet hiſtoria Marii, in qua apud Plutarchum fic legitur: Peracto triumpho, induxit fenatum Marius in Capitolium, atque incertum num prudens
id, an fortunâ fuâ elatus fecerit, infolentius ingreſſus Curiam eſt veſte triumphali. Verum cito offenfum animadvertens Senatum, furrexit, fumptaque rediit
prætexta. Dionyfius Halycarnaſſeus lib. 3. loquens de toga picta purpurea, qua
Reges fuerint ufi, indicat, quod Regibus exactis non licuerit ulli, etiam fi con-
ful eſſet, eam ufurpare, ficut nec coronam regiam. Nam hæc fola inquit de ornatu
regio confulibus adempta funt, quod individiofa viderentur, & libertati gravia.
Poſt victoriam tantum ex Senatus confulto triumphantes ornantur auro, & ami-
ciuntur togis pictis purpureis, De corona laurea Plin. 15. cap. 50. Currum
qui neque bellicarum, neque ludicrarum quadrigarum fed turris rotundæ inſtar,
teſte Zonara, conſtructus erat, uſitatè traxerunt equi: quos, cum albos junxiſſet
in fuo triumpho Camillus, vehementer populum offendit, propterea quod albæ qua-
drigæ Deorum Regi & Patri facræ, ac peculiariter dicatæ habebantur. Quidam
tamen cervos, quidam leones junxerunt. Sub curru, eo loco, cui Imperator infidebat, fufpenfum fuit idolum Fafcini, de quo Plinius lib. 28. cap. 4, fic: Deus Fa-
fcinus Imperatorum quoque, non folum infantium cuſtos, currus triumphantium
fub his pendens, defendit, medicus invidiæ, jubetque eofdem refpicere. Quod autem Plinius dicit, moneri triumphantem à Fafcino, ut refpiciat, exiſtimo illud eſſe
Tertuliani in Apologetico: Hominem fe eſſe etiam triumphans Imperator in illo
fublimiſſimo curru admonetur. Suggeritur enim à tergo: Refpice poſt te, hominem
momento te. Zonaras auctor eſt in ipfo curru miniſtrum publicum advectum eſſe,
qui pone coronam auream, gemmis diſtinctam fuſtinens, admoneret eum, ut re-
fpiceret: id eſt, ut reliquum vitæ fpatium provideret, nec eo honore elatus fuper-
biret. Appenfum quoque fuiſſe currui tintinnabulum, & flagellum, quibus nota-
tum fuerit, ipfum in eam calamitatem incidere poſſe, ut flagris cæderetur, &
capite damnaretur. Nam, inquit, qui ob facinus fupremo fupplicio afficiebantur,
tintinnabula geſtare folebant, ne quis inter eundum contactu illorum piaculo fe ob-
ſtringeret. Teſtis eſt etiam Plinius lib. 33. cap. 7. triumphantium ora minio illini
folita, & fic Camillum triumphaſſe: quod tamen poſterioribus temporibus exolevit.
Moris item fuiſſe, ut triumphans fecum in curru haberet filiolos pueros, patet ex Li-*

*vio*

*vio lib.* 45. *cum de filiis Æmily loquitur. Quin etiam cognatorum, si aliquos ha-*
*bebat, virgines & pueros in currum adscifcebat: natu vero grandiores in equis ju-*
*galibus imponebat. Si autem plures erant, equis singularibus vecti ipfum profe-*
*quebantur. Currum inde fequebatur equitum & peditum exercitus fuo quifque or-*
*dine. Ex his si qui peculiares coronas, aut alia dona ob egregium facinus ab Impe-*
*ratore acceperant, ea præ fe ferebant. Cæteri omnes laureati incedebant, cientes*
*lætiffima voce triumphum, & accinentes triumphalia carmina, quibus etiam jo-*
*cos mifcere licebat. Qui verò ad fpectaculum coufluxerant, ex urbe, & aliis Ita-*
*liæ locis homines, omnes velut in publica eaque lætiffima feftivitate, cum lætiffima*
*aggratulatione, & applaufu, pompam fpectant, induti veftitu mundo,& ut pluri-*
*mum albo. Procedente etiam pompa in honorem deorum omnes ædes facræ fue-*
*runt apertæ, atque coronis & fuffitibus repletæ. Sic igitur ad Capitolium ductus*
*Imperator fimul atque de foro, verfus illud currum flectere cæpit, hoftes ante cur-*
*rum ductos abduci mandavit in carcerem. Cic. Verrina* 7. *ubi vel detenti funt per-*
*petuò, vel illico fecuri percuffi.Cum ventum fuit in Capitolium triumphans ita pre-*
*catus eft.*

GRATIAS TIBI JUPITER OPTUME MAXUME,TIBIQUE JU-
NONI REGINÆ,ET CÆTERIS HUJUS CUSTODIBUS, HABITATO-
RIBUSQUE ARCIS DII, LUBENS LÆTUSQUE AGO, RE ROMANA
IN HANC DIEM ET HORAM PER MANUS QUOD VOLUISTI MEAS,
SERVATE, BENE GESTAQUE, EAMDEM ET SERVATE, UT FACI-
TIS, FOVE TE PROTEGITE PROPITIATI SUPPLEX ORO.

*Et immolatæ funt cum maxima folemnitate hoftiæ, feu victimæ, & dicata Iovi*
*corona aurea, & aliquot pretiofæ manubiæ, clypei & alia monumenta ibi fufpenfa.*
*Datum etiam in ipfo Capitolio epulum fumptibus publicis, & aliquantum pecuniæ*
*viritim plebi diftributum, cætera relata in ærarium publicum. Quod si quis opima*
*fpolia fuiffet confecutus,ea in templo Iovis Feretrii fufpendebantur.Erant autè fpolia*
*Opima quæ dux hoftium Duci à fe immediatè interfecto detraxerat. Quorum uti*
*Feftus & cum eo alii tradunt,tanta raritas fuit,ut intra annos paulo minus* 530.
*tantum tria contigerint nomini Romano:una,quæ Romulus de Acrone: altera quæ*
*Coffus Cornelius de Tolumnio : quæ Marcus Marcellus Iovi Feretrio de Vitidomato*
*fixerunt.Marcus Varro ait,Opima etiam fpolia effe,fi manipularis miles detraxerit,*
*dummodo Duci hoftium detraxerit.  Et un peu aprés : fed etiam erectæ fue-*
*runt triumphales columnæ, & flatuæ, arcus triumphales, trophæa, atque alia mo-*
*numenta,Quin & hoc ufitatum fuiffe ait Plinius lib.*35.*cap:*2,*Ut ædes ornamenta*
*triumphalia circa limina acciperent.Sic enim fcribit:Aliæ foris & circa limina a-*
*nimorum ingentium imagines erant affixis hoftium fpoliis,quæ nec emptori refrin-*
*gere liceret : triumphabantque etiam dominis mutatis ipfæ domus:& erat hæc fty-*
*mulatio ingens exprobrantibus tectis quotidie imbellem dominum intrare in alie-*
*num triumphum.De columnis triumphalibus,& ftatuis Plinius lib.* 34. *cap,* 5.6.7.
*& Valerius Maximus lib.*2,*cap.* 5.*De Arcubus triumphalibus ita fcribit Georgius*
*Fabricius in fua Roma cap.*15.*Arcus olim honoris virtutifque caufa erecti funt iis,*
*qui externis gentibus domitis,fingulares victorias patriæ pepererant.Ii primum ru-*
*des & fimplices fuerunt, cù præmia virtutis effent,non ambitionis lenocinia:fæculo*
*infolentiore monumenta victoriarum, & triumphorum pompa in iis incifa. Erant*
*aut latericii ut Romuli:aut ex rudi lapide quadrato,ut Camilli:aut ex marmore,ut*
*Cæfaris in foro:Drufi cum trophæis in via Appia:Trajani in ejufdè foro:Gordiani in*
*Viminali:Gratiani,item Theodofii,non longè à via triumphali:deinde etiam reliqui.*
*Arcuum forma primum erat femicircularis,unde & nomen fornicis accepit : fornix*
*enim Fabianus à Cicerone dicitur , qui à Victore arcus Fabianus nominatur. Poftea*
*quadrata,ita ut in medio ampla effet porta fornicata,& ex ejus utroque latere por-*
*tæ*

*tæ minores additæ. Intra mediæ portæ fornicem Victoriæ alatæ pependerunt, quæ demiſſæ victori tranſeunti coronam imponerent.In ſuperiore arcus parte ſpatia ſunt in quibus aliquot homines, vel qui tubis canerent, vel qui trophæa maxime inſi-gnia oſtentarent, ſtetiſſe exiſtimantur. Huc magnificentia Auguſti temporibus vel paulo antè cæpit. Nam de Cæſaris arcu, Servius: de Druſi Suetonius: De Germa-nici & Neronis, Tacitus. Novitium hoc inventum ait Plinius, non quod arcus an-te Cæſarum tempora non fuerint, ſed quod tali ornatu non fuerint. Antiquiſſimi de quibus extrà aliquid, ſunt tres: novitii autem Plinio, nobis veteres, quinque. Hactenus Fabricius.*

*Trophæa erant corpora trunca cum ſpoliis. Sic enim idem Fabricius de trophæis Marii ſcribit:Inter templa S. Euſebii, & S. Iuliani in Eſquilino, moles latericia,in qua bina trophæa ex marmore. Sunt autem trunca corpora cum ſpoliis, quorum alterum thorace ſquamoſo indutum, cum ornamentis militaribus, & clypeis, an-ante ſe habens juvenem captivum, brachiis ad tergum revinctis, & undique ala-tas Victorias. Alterum armis militaribus ornatum, inter quæ clypei inæqualitèr rotundi, galea aperta cum cono & criſtis clauſa. In eodem ineſt forma chlamy-dis, & alia quædam quæ marmore detrito, & corrupto cognoſci ſatis non poſſunt. Locus ille hodie Cimbricum vocatur, quia de Cimbris, a Caio Mario trophæa illa ſunt erecta.*

I'avois pris deſſein de paſſer ſous ſilence toutes ces anciennes ceremonies comme n'eſtant pas proprement de l'eſſence de ma traduction, neantmoins i'en ay treuvé la matiére ſi recommandable de ſoy,que i'aurois creu pecher d'en laiſer le lecteur ignorent;ie ſuivray doncques nos autheurs de prés,ſans perdre le temps, ny changer leurs termes. Voicy comment Roſinus nous parle en general de la pompe des Anciens Triomphateurs. L'Empereur ce dit Zonaras liv. 2. ſuperbement veſtu de ſes ornements triumphaux, pa-ré de riches braſſelets, couronné de laurier, & portant à ſa main droite un rameau, faiſoit aſſembler tout le peuple en un lieu, & là apres avoir loüé hautement ſes ſoldats en commun, & quelqu'uns en particuliers de ceux qui s'eſtoient rendus remarquables par des actions qui paſſoient le commun, leur diſtribuoit de grandes ſommes d'argét &des riches ornements;aux uns il donnoit des braſſelets de grand prix,auxautres des pures javelines, à ceux cy des couronnes d'or, à ceux là d'argent ſeulement,où leurs noms eſtoient expreſſément eſcrits, leurs beaux faits, & leurs exploits marquéz : car ſi quelqu'un s'eſtoit monſtré vaillant à l'aſſaut d'une muraille, la couronne dont on l'honoroit en avoit la forme : s'il avoit forcé un chaſteau elle re-preſentoit un chaſteau : s'il avoit remporté quelque victoire ſur mer ſa cou-ronne eſtoit navale,& ornée tout à l'entour deprouës de vaiſſeaux, s'il avoit deſſait quelque eſcadron de cavallerie ſon diademe en portoit des mar-ques : bref que ſi quelque ſoldat avoit conſervé un cytoien dans un com-bat, dans une ville aſſiegée, ou dans quelque autre peril notable, il le chargeoit premiérement de mille loüanges, puis le couronnoit de cheſne, qui luy eſtoit un honneur bien plus precieux que tout l'or, n'y largent du monde.

Les braves en particuliers ny eſtoient pas ſeulement recompenſéz pour leurs vertus, mais auſſi les troupes & les armées entiéres. Car on diſtri-buoit parmy les ſoldats toutes les depoüilles des ennemis. Il s'en eſt treu-vé meſme qui ont fait des grandes munificences à tout le peuple, qui ont conſommé des grandes richeſſes pour dreſſer les appareils des jeux publics, & même s'ils avoient quelque choſe de reſte,ils l'employoient à la fabrique des galleries,des temples,& de ſemblables ouvrages publics. Chacun eſtant

recompensé suivant son merite, & le sacrifice achevé, l'Empereur montoit tout triomphant sur son chariot faisant mille veux au ciel pour sa
patrie & pour l'accroisement de l'empire Romain puis on le menoit droit
à la porte qu'ils appelloient triomphale. Les trompetes alloient devant
faisans mille fanfares, apres suivoient les bœufs qui devoient servir de victimes aux sacrifices tous chargez de bouquets, de couronnes, & de rubands,
ayant les cornes pour le plus souvent dorées. A ceux cy succedoient immediatement les butins & les depoüilles des ennemis ordonnées avec une
artifice admirable, on en trainoit une partie sur des chariots, le reste estoit
porté par des jeunes hommes, dont la beauté & les riches ornements
sembloiét augmenter de beaucoup le prix de leurs glorieuses charges. Vous
voyez en suite les titres, & les noms des peuples vaincus, avec les representations des villes subjuguées: mais j'oubliois à dire que parmy l'ordre de
ceux qui portoient les depoüilles, on faisoit marcher des animaux estran-
gers & auparavant inconnus parmy eux, des plantes admirables, qu'ils ap-
portoient comme des raretéz des païs conquis. Apres suivoient les prisonniers, les captifs & capitaines vaincus, attachez avec des grosses
chaisnes: puis en fin marchoient ceux qui portoient les couronnes d'or
devant l'empereur, si d'avanture quelques provinces, ou villes luy en avoient
envoyées quelques unes pour hommage, par leurs embassadeurs. Quant à
la personne du conquerant elle estoit elevée sur un haut char de triomphe,
magnifiquement orné, tout esclattant de gloire, dans ses ornements triomphaux, la teste chargée d'une couronne de laurier, & portant dans la main
une branche de ce mesme arbre pour marque particuliere de ses victoires, &
des ses vertus heroïques: sa robe triomphante estoit de pourpre entretis-
suë d'un fil d'or, & il n'estoit permis à qui que se fut de porter un tel habillement à moins que d'estre arrivé dans ce haut degré d'honneur, comme
nous lisons chez Plutarque dans l'histoire de Marius: que la ceremonie
du triomphe estant achevée Marius fit entrer le Senat dans le Capitole, &
on ne sçait s'il fit cela tout à dessein, ou par vanité, mais tant y a qu'il
entra insolemment dans le Senat vestu de sa robe triomphante. Il est bien
vray qu'ayant remarqué que les Senateurs s'estoient offencez d'une action
si extravagante, il se leva, & qu'ayant reprit sa robe il s'en retourna sans dire mot. Denis Halycarnasse en son livre 3 parlant de la pourpre que portoient les Monarques, dit qu'il n'estoit pas licite non pas mesme aux con-
sules de la porter, non plus que la couronne royale, comme estant un honneur trop sujet à estre envié, & trop suspect parmy des esprits ambitieux.
Voila ce que ie desirois vous faire entendre touchant le triomphe des Anciens Empereurs, si vous en voulez sçavoir d'avantage lisez Pline, Sueton
& Rosinus qui nous en à raconté tant de merueilles cy dessus, sinon voicy
Thomas Dempsterus qui vous en dira assez, dans des remarques qu'il à fait
sur le mesme chapitre de Rosinus traitant des triomphes.

*Atque ut victoriæ aliquas notas spectaret populus, sanguine respergebantur* (à
sçavoir les chariots) *Luc. Seneca lib.* 1. *de Clementia cap. ult. in fine: nullum
ornamentum Principis fastigio dignius, quàm illa corona ob cives servatos, non
hostilia arma detracta victis, non currus barbarorum sanguine cruenti, non parta
bello spolia.* &c.

*Currum hunc ducebant quatuor equi albi* &c. *Servius Honoratus ad lib. 4. Æned.
vers.* 543: *propriè ovatio est minor triumphus, qui enim ovationem meretur, & uno
equo utitur, & à plebejis, vel ab equitibus Romanis ducitur in Capitolium, & de o-
vibus sacrificat: unde & ovatio dicta, qui autem triumphat, albis equis utitur qua-*
*tuor,*

*tuor,& Senatu præeunte in Capitolio de tauris facrificat.&c,*
*Equis vecti triumphantes,&quandiu ftetit Refpublicâ,ac erepta libertate mutati*
*mores.& pro equis leones juncti.Plin.lib.8. cap. 16, jugo fubdidit eos,primufque ad*
*currum junxit M. Antonius,& quidem civili bello, cum dimicatum effet in Phar-*
*falicis campis.&c.Andreas Alciatus Emblem, 29,*
> *Romani poftquam eloquii,Cicerone perempto,*
> *Perdiderat patriæ peftis acerba fuæ,*
> *Infcendit currus victor junxitque leones,*
> *Compulit & durum colla fubire jugum,*
> *Magnanimos ceffiffe fuis Antonius armis*
> *Ambage hac cupiens fignificare duces.*

*Pompejus Magnus elephantos primus currui junxit Romæ. Plinius lib.8.cap.2.*
*Poft hunc Cajus Cæfar Gallico triumpho Sueton. cap. 37.* Recherchez les autres
s'il vous plaît chez le mefme autheur de qui il a recueilly les refmoigna-
ges,pour moy ie me fuis attaché aux chofes les plus notables feulement.

*Antonius Heliobagalus triumphavit tigribus, ut Bacchum referret ; leonibus ut*
*Martem ; denique canibus, ut exemplo careret. Ælius Lamprid in eo Aurelianus*
*Auguftus ad hoftium timiditatem exprimendam cervis vectabatur. F. Vopifcus in*
*illo. Denique Nero, uno & portentofo exemplo, equas Hermaphroditas conjunxit,*
*C. Plin. lib.11.cap.49. hæc quidem in Romano ritu; at infolentius multo Sufacus*
*Ægypti princeps, devictos bello â fe Reges currui, cui infidebat,fubjungebat. Iofeph.*
*lib.8.Iudaicar.Antiquit.cap.10.*

C'eft de là que vous pourrez tirer mille belles inventions pour en compofer vos feux artificiels, le nombre n'en eft pas petit, & la diverfité qui en
eft fi grande, qu'infailliblement vous y trouverez de quoy exercer voftre
efprit, y employer honneftement voftre loifir, & y fatisfaire les plus curieux ; d'un cofté vous avez les facrifices à imiter avecques leurs victimes
& les effrandes qui s'y faifoient, d'un autre tous les appareils d'un triomphe, comme font tous les arcs triomphaux, les pyramides, ftatuës portatives, les couronnes, les trophéez, & les defpoüilles des ennemis, que
vous pourrez difpofer dans l'ordre que ces anciens ont obfervé, Vous
voyez d'ailleurs les triomphateurs, trainez dans le Capitol tantoft par
quatre chevaux blancs, comme un Scipion, & tantoft par des lions comme un Marc Anthoine : un Pompée le grand & un Caius Cefar par des
élephants, un Heliogabal par des tygres quand il contrefait le Baccus
quelque fois par des lions lors qu'il reprefente le Dieu Mars, ou par des
puiffans dogues pour eftre fans exemples & fans imitateurs, adjoûtez encore à tous ceux-cy le triomphe d'Aurelian Augufte qui fe fait trainer par
des cerfs pour exprimer là timidité de fes ennemis : un Neron que des ju-
ments hermaphrodites accouplées à fon char tirent en triomphe, & fi vous
en defirez des plus infolents vous avez Sufacus Prince Egyptien qui fait
attacher au timon de fon chariot triomphant des Roys captifs pour le trainer en triomphe, comme il eft efcrit chez Iofeph. lib. 8. des Antiquités
Iudaïques.Chap.10.

Que fi ces deux autheurs ont encore trop peu dit pour vous contenter,
voicy encore Appian Alexandrin qui s'offre à vous faire voir l'ordre que
obfervoient les Romains dans leurs triomphes, il en parle en ces termes
dans fon Lybique, où il fait mention de l'entrée triompante du Grand Scipion : *fertis redimiti omnes, præcinentibus tubis, currus fpoliis onuftos deduce-*
*bant, ferebantur & ligneæ turres, captarum urbium fimulachra præferentes, ima-*
*gines deinde, & fcripturæ eorum quæ geffiffent,aurum deinceps,& argentum,par-*

*tim rudibus maſſis, partim notis, aut hujuſmodi impreſſum ſignis : coronæ præterea quas virtutis gratia urbes, aut ſocii, aut exercitus dediſſent : candidi ſubinde lỗues,& elephanti illos ſequebantur : poſt hos Carthaginenſes, & Numidiæ principes bello capti : Imperatorem lictores præibant purpureis amicti veſtibus : tum cytharædorum ac tibiarum turba ad Hetruſcæ ſimilitudinem pompæ : hi ſuccincti. coroniſque aureis redimitti, ſuo quique ordine canentes, pſallenteſque prodibant : horum in medio, quiſpiam talari veſte, fimbriis, atque armillis auro ſplendentibus amictus, geſtus varios edebat, hoſtibuſque devictus inſultans riſus unâque ciebat, poſtea thuris & odorum copia imperatorem circumſteterat, quem curru de- aurato, multifariamque notis reſulgente candidi vehebant equi, auream capite geſtantes coronam, lapillis ornatamgemmiſque : hic veſtem ſuccinctus purpuream, patrio more aureis intextam ſideribus, altera manu eburneum ſceptrum, alterâ laurum præferebat : vehebantur & cum eo pueri, virgineſque, & ad habenas hinc inde cognati juvenes : demum qui exercitus in turmas acieſquediviſus currum ſequebantur, milites vero lauro coronati, laurum manu ferentes : quibus meritorum inſignia adjuncta erant, qui primores hos quidem laudibus ferrent, hos ſalibus. inſectarentur, nonnullos infamia notarent. ( Atque hi quidem ) togis candidis, ut loquitur vetus ſcholiaſtes Iuvenalis ad vers,45.ſat.10.*

Vous repeter encore tous ces ordres de marcher dans le triomphe de cet Empereur c'eſt m'engager à une redite importune des meſmes termes, laquelle il me ſeroit impoſſible d'eviter, neantmoins cét autheur adjoûte des choſes ſi particulieres, & ſi remarquables pour l'Ingenieur à feu, que ie croirois faire tort à ceux qui n'entendent pas cete langue Latine ſi ie ne leur expoſois en la noſtre. Il dit doncques que tous ceux qui accompagnoient le triomphe marchoient dans un ordre admirable tous couronnez de guirlandes de fleurs, & au ſon des trompettes, qui ne ceſſoient de joûer de fanfares tout long du chemin, apres ſuivoient les chariots, une partie deſquels eſtoit chargée des deſpoüilles, & l'autre de puiſſantes tours de bois,& des repreſentations des villes,& fortereſſes reduites ſouz l'obeiſſance de ce grand conquerant, en ſuite paroiſſoient les images, & deviſes, de toutes les belles actions que les plus braves & genereux ſoldats avoient executées; puis apres les couronnes precieuſes, que les villes, les alliez & les armées meſmes leur avoient offertes comme des marques de leur reconneſſance, & des hommages qui rendoient à la vertu d'un ſi puiſſant monarque; en ſuite de cecy on voyoit paſſer les taureaux blancs avec les elephants qui devoient eſtre les victimes des ſacrifices. Apres ceux-là marchoient les Cartaginois, & les Princes de Numidie, qui avoient eſté faits priſonniers dans diverſes batailles : Les harauts d'armes precedoient immediatement l'Empereur, tous richement veſtus d'une fine pourpre; puis les trompetes, joüeurs d'inſtruments, chantres, & muſiciens ſuivoient tous en troupe couronnez de guirlandes & de couronnes d'or, chantans & joüans tous, chacuns ſuivant leur ordre, parmy ceux-cy ſe voyoit un baladin veſtu d'une robe, qui luy alloit juſques aux talons, chamarrée d'un paſſement d'or, & bordée d'une frange d'une pareille matiere, lequel ſe mettant en mille poſtures ridicules, ſautant & gambadant, à l'entour des miſerables vaincus, faiſoit rire tous les ſpectateurs; d'autres cependant brûloient forces encens, & des odeurs precieux aux pieds de l'Empereur, que des chevaux blancs comme la neige, & couronnez de guirlandes d'or chargées de toutes ſorte de pierreries trainoient ſur un chariot tout reluiſant en or où l'Empereur eſtoit eſlevé & paroiſſoit comme on ſoleil brillant, veſtu d'une robe

de

de pourpre felon la mode du pays, toute en broderię d'eſtoiles d'or, portant dans une de ſes mains un ſçeptre d'ivoire, & dans l'autre un rameau de
laurier : quant & luy machoit toute la jeuneſſe, c'eſt à dire les jeunes garçons & jeunes fillettes qui de part & d'autre tenoient les chevaux par les rênes : bref, apres tout marchoit en bel ordre la gendarmerie, diviſée en diverſes brigades : tous les ſoldats y eſtoient pareillement couronnéz d'un
rameau de laurier avec un autre qu'ils tenoient dans la main : chacun d'eux outre cela portoit les marques deuës à ſes merites, ou à ſes demerites, car comme ils ſçavoient fort hautement loüer, & applaudir à
ceux qui s'eſtoient rendus recommendables par leurs belles actions, auſſi
marquoit ť on d'infamie tous ceux qui s'eſtoient laſchement comportéz
dans les occaſions, & ceux cy paroiſſoient en robes blanches comme dit
fort bien cét ancien Scholiaſte Juvenal, au vers. 45, ſat. 10.

> -- *Hinc præcedentia longi*
> *Agminis officia, & niveos ad fræna Quirites.*

Les robes des triomphateurs eſtoient toutes peintes, ou chargées de palmes : on les appelloit peintes à cauſe qu'elles eſtoient toutes parſemées d'e-
ſtoiles d'or, les autres ſe nommoient palmées, à raiſon des palmes qui eſtoient ou brodées ou peintes ſur l'eſtofe. Lucan parlant de robes peintes dit
en ſon liv. 9. vers. 177.

> -- *Pictaſque togas velamina ſummò*
> *Ter conſpecta Jovi*

Martial faiſant mention des robes palmées, ou parſemées de palmes eſcrit
en ſon liv. 7. epigr. 1. *ad Loricam.*

> *I precor & magnos illæſa merere triumphos,*
> *Palmatæque ducem, ſed cito redde toga.*

Outre toutes ces effigies, on portoit encore dans les triomphes les noms
des villes, des montagnes & des fleuves, les figures ſolides des chaſteaux,
des villes & des tours, ordinairement toutes d'or maſſif, ou d'argent,
ou de fer, ou de quelque autre matiére ; Mais principalement d'ivoire
comme on le peut remarquer chez Ovide en ſon liv. *de Ponto* eleg. 2.

> *Protinus argento verus imitantia muros*
> *Barbara cum victis oppida lata viſis.*
> *Fluminaque & montes, & in altas profluà ſyluas,*
> *Armaque cum telis inſtrue junctâ ſuis*
> *Deque Trophæorum quod ſol incenderat auro*
> *Aurea Romani tecta fuiſſe fori*

Et au liv. *de Ponto* Eleg. 4.

> *Oppida turritis cingantur eburnea muris*

Claudian en ſon liv. 3. *de laudibus Stilich.*

> *Oſtentarent ſuos priſco ſi more labores,*
> *Et gentes cuperent vulgo monſtrare ſubactas :*
> *Certarent utroque pares à cardine laurus,*
> *Hæc Alemannorum ſpoliis, Auſtralibus illâ*
> *Ditior exuviis, illic flavente Sicambri*
> *Cæſarie, nigris hinc Mauri crinibus irent :*
> *Ipſe albis veheretur equis, currumque ſequutus*
> *Laurigerum feſto fremuiſſet carmine miles :*
> *Hi famulos traberent reges, hi facta metallo*

Yy 2

Op-

*Oppida , vel montes , captivaque flumina ferrent*
*Hinc Lybici fractis lugerent cornibus amnes ,*
*Inde catenato gemeret Germania Rheno*

On y portoit encore les images des fleuves & rivieres,des villes & des places
subjuguées, chargées de fers & de chaisnes, pour marques de leur servitude.
Ovide en son eleg.4. *de Pónto.*

*Squallidus imittat fracta sub arundine crines*
*Rhenus, & infectus sanguine potet aquas,*

L'ingenieur pourra donner des formes humaines aux fleuves & aux
montagnes dont les Princes se feront rendus maîtres, dans des postures
pleines de soûfmission,& prosternées aux pieds des vainqueurs : les rivieres
leur presenteront diverses especes de poissons en hommage, les montagnes
offriront leurs metaux dans des petits chariots roulans, remplis de quantité de croutes metalliques:mais ceux qui auront l'esprit tant soit peu ingenieux en inventeront plus que ie n'en sçaurois pas décrire : pour moy ie
passe outre pour vous faire voir seulement celles qui seront les plus remarquables.

Les captifs qu'on menoit en triomphe estoient ordinairement chargez
de chaisnes , c'est à sçavoir attachez par le col , les bras , les mains, & les
iambes.    Pour ce qui regarde l'enchainement du col, entre autres autheurs
Isidore en fait mention au liv.5.de ses etymologies chap.27.où il dit que les
liens dont ils attachoient les prisonniers, estoit ce qu'ils appelloient *vincula*
*à vinciendo*comme qui diroit lier,serrer, ou presser.C'est de quoy parle Ovide au liv. 1. *de arte* 3.

*Ibunt ante duces onerati colla catenis.*

Pource qui est des mennotes avec quoy ils leur engageoient les mains ,
Seneque en parle au liv.*de tranquill.* cha. 10.*alligatique etiam sunt qui alligave-*
*runt ; nisi tu leviorem in sinistra catenam putas :* car on attachoit ordinairement la main gauche d'un soldat avec la droite d'un prisonnier,depeur que
le vaincu ne voulut entre prendre quelque nouveau dessein pour se mettre
en liberté,là où au contraire le vainqueur avoit toûsiours la main droite libre , & preste à la porter sur la garde de son espée , en cas qu'il eut esté obli-
ligé de s'en servir.

Papin.Stat.liv.12.Thebaid.v.470.en parle ainsi.

*Me pietas me duxit amor deposcere sæva*
*Supplicia, & dextras juvat insertare catenis.*

Tertulian fait mention des entraves qu'ils jettoient aux jambes des captifs
dans son Liv. ad Mart: *nihil crus sentit in nervo, cum animus in cælo est.*
Et Sidon Apóll.carm. 2.vers. 179.

*Despiciens vastas tenuato in crure catenas.*

Ce que ie treuve de plus honteux, est en ce qu'ils tondoient les cheveux aux capitaines, & chefs de guerre prisonniers, pour marque de leur
captivité ; comme la escrit Properse au liv.4. Eleg. 12.

*Testor majorum cineres tibi Roma colendos,*
*Sub quorum titulis Africa tonsa jacet*

Ovide en touche aussi quelque mot au liv.1.*Amor.*eleg 14.

*Iam tibi captivos mittet Germania crines,*
*Culpa triumphatæ munere gentis eris.*

On trainoit aussi le plus souvent en triomphe les machines de guerre, res-
moing Tite Live liv. 9,decad. 3. parlant du triomphe de Metellus, & au liv.
6.decad.4.decrivant celuy de M.Fulvius.

Les

Les citoyens rachetez, les peuples rendus, les voisins & alliez marchoient pesle-mesle avec les bourgeois, lequels accompagnoient aussi le char du triomphateur par derriere, Valere le Grand nous en parle en son liv. 5. chapitre 2. *& duo millia captivorum ab Hannibale venditorum, Titi Flaminii currum* &c. Ces deux mille captifs qui furent vendus par Hannibal avoient tous la teste razée suivant le tesmoignage de Tite Live livre 4. décad. 4.

Voila ce que i'ay pû apprendre des triomphes des Anciens Romains par les tesmoignages des autheurs, plusieurs desquels fourniront quantité de belles pensées à nostre ingenieur pour en coustruire ses feux artificiels, Mais à tout cecy i'ay treuvé à propos j'adjoûter encore l'invention des statuës de Mars, de Bellone, de la Victoire, de Nemese, & de Pallas, tirées des monuments des Anciens, que le Pyrotechnicien pourra pareillement eriger en faveur des triomphateurs : en y adjoutant, diminuant ou changeant quelques circonstances, suivant que le temps, l'occasion, le lieu, les personnes, & la dépence le permetront.

Les Anciens nous representoient le Dieu MARS tout de feu, & de flamme, tantost tiré sur un chariot triomphant, & tantost advantageusement monté sur un cheval de bataille, quelque-fois on le voyoit la lance en main dans un lieu, & dans un autre il portoit un fouet; ils luy peignoient ordinairement un cocq à ses costez, advertissans par là les Capitaines & soldats à se tenir tousiours sur leur garde, estre vigilans dans leurs affaires, & diligents dans leurs entreprises. Ses courtizans les plus en credit, & ses favoris à qui il faisoit part de sa gloire, estoient la Terreur, l'Effroy l'Epouvante, & la Contention, comme il est escrit chez Homere en son Iliad. liv. 14. & chez Virgile presque en mesmes termes Æneid. 8.

> - - *tristesque ex æthere diræ*
> *Et scissa gaudens vadit Discordia palla,*
> *Quam cum sanguineo sequitur Bellona flagello-*

Et au 2 des Æneides.

> - - *circumque atræ Formidinis ora,*
> *Iræque Insidiæque, Dei comitatus aguntur*

Papinius grossit son trein d'un bien autre façon en son livre 3. Thebaid. v. 425. où il dit que la rage, & la fureur, luy ajuste sa perruque, la cholere luy dresse ses plumes, l'épouvante & l'effroy luy enharnachent ses chevaux, & que la renommée precede tousiours son chariot pour semer par tout le bruit de sa gloire & faire retentir le son de ses vertus heroïques.

> - - *comunt Furor Iraque cristas,*
> *Fræna ministrat equis Pavor aliger, ac vigil omni*
> *Fama sono, varios rerum succincta tumultus,*
> *Ante volat currum.*

Quelques autres feignent que la renommée conduit les chevaux du chariot de ce Dieu de la guerre.

Valerius Flac. liv. 3. des Argonau.

> - - *Terrorque Pavorque*
> *Martis equi, sic contextis umbonibus hærent*

Claudian en son liv. 1, en Ruffin.

> *Fer galeam Bellona mihi, nexusque rotarum*
> *Tende Pavor, frænet celeres Formido jugales.*

Le mesme autheur *de laudibus Stilichonis.*

> - - *currum patris Bellona cruentum*

*Ditibus exuviis tendentem ad fidera quercum*
*Præcedit, lictorque Metus, cum fratre Pavore*
*Barbara ferratis innectunt colla catenis ,*
*Formido ingentem vibrat fuccincta fecurim.*

Quelques efcrivains nous rapporte que BELLONE eftoit feur de Mars ,
d'autres nous affirment qu'elle eftoit fa femme & fi nous voulons adjouter
foy à des troifiémes, il s'en treuve qui difent qu'elle eftoit & fa feur & fa
femme tout enfemble. On la reprefentoit anciennement avec des cheveux
efpars,& flottans fur fes efpaules, la main armée d'un flambeau, comme il paroift dans Silius Ital liv. 5. Punicor.

*Ipfa facem quatiens, ac Flamen fanguine multo*
*Sparfa com im medias acies Bellona pererrat.*

Quelques uns nous la faifoient voir avec une faux dans une des mains, &
dans l'autre un bouclier.

Le fimulacre de la VICTOIRE eftoit reprefenté par une vierge ailée ,
qui prenoit fon effort dans l'air , portant dans la main une palme , & une
couronne fur la tefte : les Anciens nous donnoient à entendre par les ailes
de cete belle Deefle, combien les évenements de la guerre font douteux, &
incertains , ou bien que la pourfuitte de ces ambitieux qui fuivent la fortune avec trop d'opiniatreté n'eft pas proprement une courfe , mais un vol
effectif & continuel , ou en fin pour nous faire conneftre avec quelle viteffe
elle fe porte de lieu en lieu , & province en province, pour gaigner les oreilles & les cœurs des hommes. Dans les temples fon fimulacre eftoit ordinairement fouftenu par d'autres ftatuës qui l'eflevoient en l'air avec leurs
mains.

Sa robe eftoit toujours d'une etoffe blanche , ou teinte d'une couleur de
pourpre : car comme celle cy eft le fymbole de la majefté , cete autre eft le
vray Hyerogliphe de la paix & la veritable marque de la joye qu'elle fait nai-
tie dans les cœurs de ceux qu'elle favorife.

Autrefois on nous la reprefentoit auffy fans ailes affife fur une boule.
quelques uns même nous ont feint que par un prodige eftrange la foudre
brûla u n jour les ailes du fimulacre de la Victoire:ce qui a donné occafion à
un certain Poëte de s'efguayer fur ce fubiet,

*Dic mihi Roma alis cur ftet Victoria lapfis,*
*Urbem ne valeat deferuiffe fuam.*

Et ie treuve que Rome avoit grandiffime raifon d'avoir ofté les ailes à la
victoire, puis que c'eftoit le vray moyen de la retenir chez foy, & de l'empescher qu'elle ne quitta fon parti.

On pourra doncques faire conftruire une ftatuë de bout tenant en fes
mains la victoire , pour tefmoigner par cete pofture droite que celuy qui a
obtenu la victoire n'eftoit pas un endormy, ny un homme à fe coucher lors
qu'il eftoit queftion d'obtenir une victoire, & d'arracher des palmes & des
lauriers d'entre les mains de fes ennemis.

NEMESIS eftoit la deeffe vengereffe des crimes & des impietéz , celle qui recompenfoit les gens de bien , la Reine des caufes , & la Souveraine arbitre de toutes chofes ; les anciens Theologiens difoient qu'elle eftoit
fille de la Iuftice. Son fimulacre eftoit pareillement ailé , & avoit fous fes
pieds une roüe , à caufe de l'admirable viteffe avec laquelle elle agit. Quelque fois auffi on la faifoit voir avec un frein , & la mefure d'une coudée en
main. Cete invention fera fort jolie pour eftre reprefentée , lors qu'un Prince ,

cé , ou quelque grand Capitaine aura remporté quelque signalée victoire
sur des subjets rebels, sur les violateurs de la paix,& autres perturbateurs du
repos des estats, afin que telles gens apprennent par cete representation
que Dieu est juste vengeur des crimes, & qu'il ne laisse point le parjure im-
puni , & qu'ils apprennent un autrefois à ne point passer les limites, ni la
juste mesure que sa providence eternelle leur a ordonnée.

M I N E R V E , qui est la mesme que P A L L A s,est appellée par Ciceron liv.
3. *de natura Deorum* chap. 15, l'inventrice des guerres.

Le simulacre de Pallas , portoit dans sa main droite une pomme de grenades , & dans sa gauche un heaume , suivant le tesmoignage de Celiui:
car il y a deux choses qui conservent une Republique , à sçavoir l'union des
cœurs & des volontez , laquelle est representée par les grains qui sont unis
dans une pomme de grenade , l'autre est la promptitude à sa deffence , & à
sa conservation , que nous figurons par le heaûme.   Car le heaûme porté a
la main & non sur la teste signifie,qu'un brave Prince & genereux,doit mettre à couvert son païs & non sa teste , c'est à dire proteger ses subjets,
& deffendre ses interrests avec ceux du public au peril de sa vie. C'est pour
cete raison que dans les jardins de medecine on void un Scipion depeint
avec un monde à ses pieds couvert de son armet.

Autant en dirons nous de la Paix,Deesse à qui les Anciens avoient consa-
cré l'olivier:c'est à ce subjet qu'Ovide a fait une plaisante fiction au 6.liv. de
sa metamorphose fable 1. feignant que Minerve & Neptune disputoient un
jour qui des deux feroit porter son nom à Cecropia : pendant ce contraste
qui mettoit les 12 dieux bien en peine pour en resoudre , & terminer un
different de si grande importance , Neptune pour les obliger à pencher de
son costé , ayant frappé la terre de son trident , en fit sortir un cheval, Minerve aussi de son costé qui avoit la mesme ambition que luy,en fit naistre un
olivier ; simboles de la paix & de la guerre , mais l'invention de Minerve
ayant pleu aux Dieux d'avantage que celle de Neptune, fit qui porterent
leur jugement en sa faveur, ainsi fût terminé leur different: or par cette
plaisante fiction , il nous donne à entendre que la paix est bien plus à
souhaiter que la guerre, & que ses loix sont bien plus douces à subir que le
joug pesant d'une deplorable guerre qui nous detrempe les douceurs de la
vie avec tant d'amertumes.   Cete invention icy servira bien,quand quelque
Prince aura mis fin aux guerres civiles ou estrangeres qui desoloient ses
estats, &tendu la paix à ses subjets.

La Colombe portant en son bec un rameau d'olivier est le veritable symbole de la paix : aussi est-ce celuy-la que le souverain chef de l'Eglise Romaine INNOCENT X à choisi pour en charger ses armes:ce qui fait croire que
le bon Dieu reünira les PrincesChrestiens pendant le Pontificat de ce Prince debonnaire , & qu'il renvoira la paix à son peuple,qui gemit de puis tant
d'années sous le faix des miseres,& qui ne respire qu'apres cete seule faveur,
qu'il luy plaise nous envoyer du ciel.

Or ,afin que ie vous die quelque chose de la paix à l'occasion de l'olivier , les Romains la depeignoient anciennement avec une branche d'olivier à la main , quelque-fois avec des espics de blé , & la couronnoit d'un
rameau de l'aurier ; quelque-fois certains Peintres & Sculpteurs la representoient avec une rose ; d'autres ne luy mettoient qu'un caducée en
main.

L'amie de la Paix , & sa plus grande confidente estoit la Felicité, dont
le simulacre estoit represeenté comme s'ensuit.   C'estoit une femme élevée
sur

fur un throfne royal, tenant en fa main droite un caducée, & de la gauche
une corne d'abondance ; ( tefmoing Pline liv. 35. ) Car il eft certain que
la veritable felicité & tout le bon heur d'une Republique confifte en l'union
& concorde des fubjets avecques leur Prince , & en la fertilité du fole qui
ne fe peut bien cultiver que pendant la paix.

Ces ftatuës ferviront particuliérement à la decoration des arcs triomphaux , ou fur d'autres ftructures artificielles , où l'Ingenieur trouvera bon
de les placer pour en faire paraifte d'ayantage fon entreprife. Sinon il les
pourra élever fur des pied-eftaux fans autre artifice , de mefme que ie vous
en reprefente une dans la figure du nomb. 205.

Lors que quelque grand Amiral aura obtenu une victoire fignalée fur
mer; on pourra reprefenter fur les eaux un Neptune triomphant, tiré par
des chevaux marins, le chef environné d'une couronne navale ; élançant
de fa main gauche un trident,& portant dans fa droite un petit vaiffeau avec
toutes fes voiles au vent,où l'Honneur paraîtra elevé fur la prouë fous la forme d'un jeune adolefcent decemment habillé , portant dans fa main gauche
une pique , & dans fa droite un fceptre ; & fa tefte couronnée de laurier : la
vertu fera affife au gouvernail , fous l'habillement d'une matrone ; quoy
qu'anciennement on nous la reprefenta fous la figure d'un jeune homme.
Neptune fera environné de tous coftez d'un grand nombre de Nimphes,
de Nereïdes , & d'autres monftres marins , enflans des conques & des cors ,
& prefentans des couronnes aux braves qui auront deffein de s'acquerir de
la gloire. Au refte l'Ingenieur ne treuvera que trop de matiére fur ce
fubjet.

On treuve dans les hiftoires que le premier qui a voulu paroiftre fous
l'appareil d'un triomphe navale parmy les Romains à efté C. Duilius; voicy comme quoy Valere le Grand en parle au liv. 1, Chap. 6. C. Duilius
qui premier remporta des Peniens le triomphe navale , toutes & quantes-
fois qu'il s'en alloit en quelque feftin , il faifoit porter un flambeau ou falot
puis apres fouper s'en retournoit chez foy de la mefme façon , faifant marcher devant foy des trompetes & joüeurs d'inftruments,voulant tefmoigner
par là un fuccez de guerre fignalé , & extraordinaire par cete ceremonie
nocturne.

Au refte il faut que l'on fçache que Neptune s'eft acquis l'empire des
eaux , pour avoir efté le premier inventeur de la navigation , pour avoir
le premier fait conftruire les vaiffeaux de mer , & armé la premiere flotte :
de laquelle on tient que Saturne le fit grand Amiral.

Mais auparavant que ie met fin à nos triomphes, il faut que ie vous décrive icy cete admirable & artificieufe fabrique , & cet ravifante piece reprefentée dans la ville de Paris au retour triomphant du Roy tres Chreftien
L O V I S X I I I. apres la prife de la Rochelle en l'an de noftre falut 1628,
laquelle fut inventée par Henry Clarnere Norembergeois , un des plus celebres ingenieurs à feu de noftre temps, duquel ie vous ay deja parlé en
quelque autre endroit cy deffus. Voicy comment Paule Grodicki, perfonnage autant renommé,que fçavant,& de plus,grand maître de l'Artillerie
dans le Royaume de Pologne. Cét excellant ouvrier avoit fait élever au milieu de la Seine comme un grand rocher , qui paroiffoit inacceffible pour
fes efcueils, & efpouvantable pour fes precipices : auquel il avoit enchainé
une jeune pucelle toute nuë: tout à l'entour d'elle paroiffoient des Nymphes, qui courroient cà & là portans des flambeaux ardens dans leurs
mains, & declamans des vers lugubres. Quelque temps apres il fit for-
                                                                            tir

tir de l'eau un efpouvantable monftre marin duquel la hure eftoit d'une forme effroyable, jettant feu & flamme par la geule & vomiffant des fla-mefches & eftincelles de feu en fi grande abondance qu'il donnoit autant d'efpouvante que d'admiration ; cete horrible befte eftoit porté avec le cour de l'eau vers le rocher avec apparence de vouloir engloutir cete mife-rable victime qu'on luy avoit deftinée. Mais comme elle vint pour abor-der le rocher on vit paraiftre en l'air un jeune Heros, armé a l'advantage & monté fur un grand cheval ailé, couant à bride abatuë, lequel pre-fentant fa lance à cét effroyable monftre s'en vint luy percer le corps de part en part. D'où fortirent àpres une grandiffime abondance de feux d'artifice, dont le monftre, le cavalier, le cheval, la pucelle & le rocher eftoient compofez : Ce qui dura l'efpace de quelques heures fans ceffer pendant lefquelles ces corps envoyent en l'air des feux d'artifices diffe-remment preparez. Entre autres chofes il fit voir en l'air plufieurs cara-cteres de feu, portans le nom du Roy, & des fentences glorieufes & triom-phales : outre cela les armoiries & le nom de la ville renduë fe faifoient voir en plufieurs endroits dans l'étenduë de l'air.

Ce qui avoit fourny le fubjet d'une fi jolie invention eftoit la fable d'Andromede fille de Cephée Roy d'Etiopie, & de Caffiope, laquel-le pour la vanité de fa mere qui s'eftoit vantée que fa fille furpaffoit les Nereides en beauté & en grace, fût attachée par les Nimphes & à grand Rocher & expofée à un effroyable monftre marin : puis toutêfois de li-vrée de ce danger par Perfée qui paffant par là pour s'en retournent en fon pays la vit dans cete extremité, la fecourru, l'enleva, & l'efpoufa chez luy Properfe en parle en ces termes en fon liv. 1.

*Andromede monftris fuerat dedicata marinis*
*Hæc eadem Perfei nobilis uxor erat.*

Il faut advoüer que cét Ingenieur avoit fort bien rencontré dans le pro-jet de fon deffein, & que fon invention eftoit rauiffamment bien imaginée à caufe du rapport qu'il y a de cete fiction avec les veritables adventures & les hauts faits d'armes de noftre Roy tres Chreftien executéz pendant le fiege de la Rochelle ; lequel il nous reprefentoit fous la forme de Perfée, le Pegafe ailé que montoit ce feint liberateur donnoit à entendre la vertu martiale de ce grand Monarque toufiours munie des ailes de la vivacité de fon efprit & d'une loüable promptitude dans toutes fes entreprifes : Andro-mede eftoit la veritable image de la Religion Catholique pour lors oppref-fée par les Proteftans reformez de la Rochelle : le Rocher eftoit la ville de la Rochelle mefme laquelle fe faifoit affez conneftre par ce mot de ro-che ou de rocher : En fin le monftre marin mis à mort par Perfée, & cete Andromede delivrée ne fignifioient autre chofe que la Religion Catho-lique deftinée à la mort par les Huguenots fes ennemis, & mife en liber-té par la prife de la ville ; les Proteftans reduits fous le joug, & leur pro-pre religion punie, eftouffée, & tout à fait efteint par le fecours de noftre Ge-nereux Perfée.

L'ufage de cete fable fera auffi fort à propos mis en pratique, lors que quelque General d'armée ou grand Capitaine aura fait lever le fiege d'une ville, contraint l'ennemis à quitter une place, ou un fort auquel il fe feroit violemment attaché & rendu la liberté à ceux qui fe croyoient de-ja fous la puiffance de leurs ennemis.

Z z On

On pourra aussi representer les villes prises, sous la forme de quelque jeune damoiselle, ou d'une venerable matrone (pourveu que ce sexe ait du rapport avec le nom de la ville) On la placera à l'entrée de la porte de quelque grand edifice, en telle posture qu'elle semble saluer quelque Heros qui s'en approche, & qui tesmoigne apparemment avoir dessein d'y entrer, elle luy montrera comment toutes les portes luy sont ouvertes, que tout y est à sa devotion, & qu'il ne luy reste qu'a prendre possession du lieu. Ce qui a esté fait derniérement à ce que nous en ont rapporté ceux qui ont veu les feux d'artifice representez apres la rendition de Gravelines, une des jolies places maritimes de toute la Flandre, assiégée, & prise par Monsr. le Duc D'Orleans.

Mais qui est celuy qui a jamais sçeu donner des regles suffisentes de quelque art, & qui pussent satisfaire l'esprit de l'homme? ne treuve-t'on pas encore tous les jours des nouveaux suppléements aux choses inventées? & ce qu'ont ignoré nos predecesseurs, est aujourd'huy si commun, que quelques uns sont mesme honteux de le repeter si souvent; on ne demande tous les jours que des inventions nouvelles, sans se soucier de ce qui a de-ja esté ou veu ou fait. Voila pourquoy ie laisse tout le reste à la discretion des autres qui s'en pourront imaginer à leur fantaisie. Passons maintenant aux veilles, & jours de festes, & parlons un peu des feux d'artifice qu'on à de coûtume de representer ces jours là.

Pour moy ie crois fermement, que nos feux artificiels, que nous appellons recreatifs, ou de joye, ont tiré leur origine d'une certaine ceremonie qu'observoient les Anciens Romains aux jours de festes, par des certains jeux qu'ils celebroient à l'honneur de leurs fausses divinités : ie vous rapporteray icy bas les tesmoignages de quantité d'auteurs au sujet de ces feux, & vous en feray voir la pompe ; mais il faut que ie vous die encore quatre mots auparavant.

Les plus celebres d'entre les jeux qu'ayent exercé les Anciens, ont esté ceux qu'ils appelloient Seculaires:ceux là qui en voudront sçavoir l'origine qui voyent Valere le Grand liv. 2, Chap. 4. & les autres autheurs. On les appelloit Seculaires,parce qu'ordinairement on les celebroit de 100 en 100 ans, qui estoit le nombre des années qu'ils estimoient estre compris sous l'estenduë d'un siecle.Celuy qui establit & qui celebra le premier ces jeux, fût P. Valerius Poplicola, le premier consul crée apres l'abolissement des Rois: mais le dernier fût Septimius Severus, avec ses fils Anthoine & Geta, Chilon & Vibon tous quatre consuls : car apres Septimius, Zosimus asseure qu'on en rétablit pas un; à cause que la fin du siecle estoit arrivée pendant le troisiéme consulat du Prince Constantin Chrestian, & de Licinius. Mais Orosius liv. 6. Eutropius liv. 9. Zonaras liv. 2. & Eusebius liv. 6. tesmoignent que les deux Philippes sçavoir le pere & le fils (que l'on croit avoir esté les deux premiers Empereurs Chrestiens) les avoienr celebré dans Rome avec un grand appareil des Iuifs,plus de mil ans apres la fondation de la ville. Celuy qui à l'imitation de ceux-cy institua premier l'an Seculaire Chrestien (que nous appellons maintenant le Grand Iubilé) fût le Pape Boniface, en l'an de nostre redemption 1300, du Regne d'Albert Empereur Romain, tesmoin Iean Valla. liv. 8. Apres luy le Pape Clement VI. à la requeste & instance du peuple Romain fit revenir cete celebre & misterieuse ceremonie du Jubilée à la cinquantiéme année, c'est à dire que elle seroit celebrée de cinquante en cinquante ans, & la fit garder en l'an 1350 du Regne de Charles IV Empereur de Rome.En fin le Pape Xistus IV

or-

ordonna que cete fefte feroit obfervée tous les 25 ans, & luy mefme la celebra en l'an 1475 du temps que Frederic III Empereur des Romains re-
gnoit : Bref les Catholiques celebrent cete prefente année 1650 ce grand
& mifterieux jubilée pendant le Regne du PAPE INNOCENT X aujourd'huy chef de l'Eglife Catholique, & fous l'Empire de Ferdinand
III Empereur des Romains. Quiconque aura la curiofité de feavoir avec
quelles ceremonies on celebre cete fefte, qu'il life noftre Annalifte Paulus
Piafecius Evefque de Prémifle, qui eftoit prefent à Rome lors que le Iu-
bilée arriva en l'an 1625, fous le Regne d'Urbain VIII où il remarqua
avec beaucoup de foin & de curiofité tout ce qui s'y paffa; mais pour en
avoir des nouvelles plus recentes, on pourra l'apprendre mieux de ceux qui
reviendront cete année de Rome; car tout change de jour en jour. Retournons cependant à la coûtume des jeux feculaires obfervée parmy les
Anciens Romains, afin que nous puiffions tirer quelque chofe delà pour
nous en fervir dans nos entreprifes artificielles. Voicy doncques premiérement comme quoy Rofinus en parle en fon liv, 5. Chap. 21. Suivant Eufeb.
& Euttop. *Inftantibus itaque ludis tota Italia præcones miffitabantur convoca-*
*tum ad ludos, qui nec fpectati, nec fpectandi iterum forent. Tum ætatis tem-*
*pore paucis antequam fpectacula edebantur, diebus, Quindecim viri facris fa-*
*ciundis in Capitolio, & Palatino templo pro fuggeftu confidentes, piamina divi-*
*debant populo, quæ erant tædæ, fulphur, & bitumen* (faut remarquer cecy)
*Nec tamen ad ea fervis quoque accipienda jus ullum. Coibat autem populus, cum*
*in quæ fupra retulimus loca, tum præterea in Dianæ templum, quod erat in A-*
*ventino, & cui triticum, faba, hordeumque dari mos. Tum ad inftar Cereris ini-*
*tiorum pervigilia fiebant. Ubi vero jam advenit feftus dies, triduum trinoctium-*
*que facris intenti, in ripa ipfa maxime Tiberis agitabant. Sacrificia vero Iovi,*
*Iunoni, Apollini, Latonæ, Dianæ, prætereaque Parcis, & quas vocant Ilithyas,*
*tum Cereri & Diti, & Proferpinæ fufcipiebantur. Igitur fecunda primæ noctis*
*hora Princeps ipfe tribus aris ad ripam fluminis extructis totidem agnos, & unà*
*Quindecim viri immolabant, & fanguine imbutis aris, cæfa victimarum corpo-*
*ra concremabant. Conftructà autem fcenà in theatri morem, lumina & ignes ac-*
*cendi,*(& cecy encore)*& hymni concini, ad hunc ufum tum maximè compofiti. &*
*item fpectacula edi folemniter folita, datâ celebrantibus hac mercede. tritico,*
*fabâ, hordeo, quæ fupra inter univerfum populum dividi oftendimus. Mane ve-*
*rò Capitolium afcendere, facra tbi de more agitare, tum in theatrum convenire*
*ad ludos in honorem Apollinis & Dianæ faciundos confueverunt, Sequenti die*
*nobiles matronas, qua hora præcipitur ab oraculo convenire in Capitolium, fup-*
*plicare Deo, frequentare lectifternia, canere hymnos ex ritu mos habebat. Ter-*
*tio denique die in templo Apollinis Palatini, ter novem pueri prætextati, toti-*
*demque virgines patrimi omnes matrimique Græca, Romanaque voce carmina*
*& pæanas concinebant, quibus imperium fuum & incolumitatem populi Diis im-*
*mortalibus commendabant* &c.

Puis qu'il eft neceffaire que le Pyrobolifte ait la conneffance de ces ceremonies pour en former diverfes inventions artificielles, ie vous les ex-
poferay en noftre langue fuivant le deffein de l'autheur; il dit doncques
qu'a mefure que le temps des jeux s'approchoit, on envoyoit des couriers
par toute l'Italie pour convoquer les peuples & les inyiter à venir voir des
jeux qui jamais n'avoient efté veus auparavant, & qui peut-eftre ne fe ver-
roient jamais. Puis eftans tous affemblez & le temps de la fefte approchant
de fon terme, quelques jours auparavant que l'on fit rien voir au public, quinze graves perfonnages deftinéz à faire les facrifices entroient
dans

le Capitole & dans le temple Palatin , & là s'eſtans aſſiz ſur un lieu eſlevé
diſtribuoient les offrandes à tout le peuple , qui n'eſtoient autres choſes
que des flambeaux , du ſoulfre , & du bitume , reſervé touréfois les ſerfs
& eſclaves, à qui il n'eſtoit pas licite de s'y treuver pour en prendre. Outre ces lieux que ie vous ay rapportez le peuple s'aſſembloit encore dans
le temple de Diane , qui eſtoit au mont Aventin , & là on luy diſtri-
buoit ordinairement du froment,des febues,& de l'orge. Pour lors ils commençoient à veiller comme ſi c'eut été pour Ceres.Puis auſſi toſt que le jour
de la ſolemnité eſtoit venu , ils ſe rendoient au bords du Tibre , où ils de-
meuroient trois jours & trois nuits parfaitement attentifs aux ſacrées ceremonies. Apres ces preparations ils offroient leurs ſacrifices à Jupiter ,
à Junon, Apollon, Latone ; Diane , puis apres aux Parques , & à certaines divinités qu'ils appelloient Ilithyes , & en fin à Ceres , à Pluton , & à
Proſerpine. Or pour cét effet la ſeconde heure de la premiére nuit le Prince ayant fait eriger trois autels ſur le bord du fleuve y ſacrifioit luy meſme
autant d'aigneaux,& avec luy les quinze venerables, puis apres avoir arrou-
ſées les autels de ſang , ils brûloient les corps des victimes. En fin ayant
fait élever des tables en façon de theatre ils allumoient force feux, lampes ,
& flambeaux , chantoient des hymnes qui eſtoient faits pour des pareilles
ſolemnités , puis commençoient à ſolemniſer leurs ſpectacles tout de bon ,
donnant pour recompenſe à ceux qui eſtoient employez à faire les principales ceremonies du froment , des febues, & de l'orge, comme nous avons
dit qu'on le diſtribuoit parmy le commun peuple. Le matin n'eſtoit pas
pluſtot venu qu'ils montoient au Capitole pour y faire les ſacrifices comme
ils avoient accoûtumez, puis ils s'aſſembloient ſur un theatre où ils s'exer-
çoient en mille ſortes de jeux en l'honneur d'Apollon , & de Diane. Le
jour ſuivant les nobles matrones ſe rendoient au Capitole à l'heure que
l'oracle leur avoit commendée pour faire des prieres à ce beau Dieu , pour
frequenter les repoſoirs , & chanter des Hymnes ſelon la coûtume. En
fin le troiſiéme jour , trente ſept jeunes garçons bien couverts & autant
de fillettes ayans tous peres & meres declamoient quantité de vers & chantoient des hymnes en langue Grecque & Romaine dans le temple d'Apollon
Palatin, par leſquels ils recommendoient leur empire , & le ſalut du peuple
aux dieux immortels &c.

Pour ce qui touche les jeux decennales qui furent celebrez par l'Empereur Gallican, Trebellius Pallio en parle en ces termes : *Interfectis ſane
militibus apud Byzantium , Gallienus quaſi magnum aliquid geſſiſſet Romam cur-
ſu rapido convolavit , convocatiſque Patribus decennia celebravit novo genere ludorum , nova ſpecie pomparum , exquiſito genere voluptatum. Iam primùm in-
terrogatos Patres , & equeſtrem ordinem , albatos milites & omni populo præeunte , ſervis etiam prope omnium , & mulieribus , cum cereis facibus , & lampa-
dibus præcedentibus Capitolium petiit. Proceſſerunt etiam altrinſecus centeni albi boves , cornibus auro jugatis , & dorſalibus ſericis diſcoloribus præfulgentes.
Agnæ candentes ab utraque parte 200 proceſſerunt,& 10 elephanti,qui tunc erant
Romæ, 1200 gladiatores pompaliter ornati,cum auratis veſtibus matronarum,man-
ſuetæ feræ diverſi generis 200,ornatu quàm maximo affectæ.Carpenta cum mimis
& omni genere hiſtrionum:pugiles ſacculis,non veritate pugillantes. Cyclopea etiam
luſerunt omnes omnino omnes ſenarii , ita ut miranda quædam monſtrarent. Omnes viæ ludis
ſtrepituque,& plauſibus perſonabant. Ipſe medius cum picta toga & tunica palma-
ta inter patres , ut diximus , omnibus ſacerdotibus prætextatis , Capitolium petiit.
Haſtæauratæ altrinſecus quingenæ , vexilla centena, & præterea quæ collegiorum
erant*

*erant dracones & signa templorum, omniumque legionum ibant. Ibant præterea gentes simulatæ, ut Gothi, Sarmatæ, Persæ, ita ut non minùs quàm ducenti singulis globis ducerentur.*

Apres une assez notable deroute de soldats faite aupres de Byzance, Gallienus, comme s'il eut fait une grande conqueste ; s'en retourna à Rome en grande diligence, & là ayant fait assembler tous les Anciens, celebra les jeux decennales par des nouveaux divertissements par des pompes extraordinaires, & par un genre tout nouveau de voluptueuses recreations. Premiérement il s'en alla vers le Capitole accompagné de tous ces Anciens qui l'environnoient de toute part, & suivy de la cavallerie, & des soldats vestus de blanc qu'un nombre innombrable de peuple precedoit tant hommes que femmes, serviteurs & esclaves, tous avec des flambeaux de cire, & des lampes ardentes dans les mains, aux deux costéz on faisoit marcher en bel ordre cent bœufs blancs ayans les cornes dorées, & tous couverts de riches housses de soye de diverses couleurs, sur les ailes marchoient encore deux cens aigneaux blancs comme la neige, & 10 elephants qui pour lors estoient à Rome : 1200 gladiateurs pompeusement vestus en habits de matrones tous esclatans en or. 200 bestes sauvages apprivoisées, & couvertes d'ornements precieux, des chariots chargéz de masques, & de toutes sortes de bouffons : des baladins faisans semblant de s'entre-frapper avec des sacs & vessies. Les Apenaires côtrefaisoient aussi les Cyclopes, ensorte que s'estoit merueille de les voir ; toutes les ruës retentissoient de cris de joye, d'applaudissements, & de jeux divertissans. Galienus estant au milieu de tous ces Anciens comme nous avons dit avec une robe peinte, & un long mateau chamarré de palmes, accompagné de tous les prestres & sacrificateurs, couverts de robes longues, entra de la sorte dans le Capitole : il avoit pour sa garde de part & d'autre cinquante hallebardiers arméz de pertuisannes d'orées, outre cela cent drappeaux l'acompagnoient, avec toutes les bannieres des colleges, les gonfanons des temples, & de toutes les legions: apres cela suivoit un grand nombre de peuple deguisé, comme des Gots, des Sarmates & des Perses, qui ne marchoient pas moins que de deux censen chaque troupe.

Voila des plaisans divertissements, & bien dignes d'occuper les esprits serieux de ces grands capitaines, mais laissons les faire à leur guise & suivre leur propre fantaisies, sans leur contredire: que le Pyroboliste se contente seulement d'en prendre ce qui luy peut estre utile, & de tirer de tant de divers caprices de nouveaux projets pour l'invention de ses feux artificiels, passons aux autres.

Pour ce qui touche les festes de Bachus qui se faisoient ordinairement de nuit, on en treuve de plusieurs especes chez quantité d'autheurs mais particulierement S. Augustin nous rapporte en son liv. 10. Chap. 13. de la Cité de Dieu, que non seulement les Romains, chez qui ces festes estoient en grandissime honneur, mais aussi les Grecs les celebroient avec des excés & des insolences espouvantables, courans par les ruës, & par les places de la ville comme des desesperez, portans des flambeaux, & des cruches remplies de vin, duquel ils prenoient abondamment (pour ce qui est des autres infamies qu'ils commettoient, ie n'en veux point souiller ces pages) mais en fin les Romains s'en sont lassez, les ont abolies & chasséez de leur Republique, & mesme deffendu par des loix severes de jamais les remettre sus pied, ny les celebrer dans tout leur Empire. Alexandre d'Alexandrie, nous raconte aussi quelque chose de semblable touchant les jeux florales en son

Z z 3 liv.

liv.6.Gen.dier.Chap.8.   Et Ovide entre autres remarque nous en rapporte cecy au liv.5.des Fastes.

> *Lumina reflabant, quorum me caufa latebat,*
> *Cum fic errores abftulit illa meos.*
> *Vel quia purpureis collucent floribus agri,*
> *Lumina funt noftros vifa decere dies.*
> *Vel quia nec flos eft hebeti, nec flamma colore,*
> *Atque oculos in fe fplendor uterque trahit.*
> *Vel quia deliciis nocturna licentia noftris*
> *Convenit, à vero tertia caufa venit*

Diane avoit ses jours de festes aussi bien comme les autres, qui arrivoient d'ordinaires aux Ides d'Aoust: ces jours qu'on luy dedioyent, se celebroient pareillement avec des flambeaux alluméz, des torches, & des falots ardents, comme Properse nous le tesmoigne au liv.2.eleg.33.

> - - *fed tibi me credere turba vetat ,*
> *Cùm videt accenfis devotam currere tædis*
> *In nemus, & Triviæ lumina ferre deæ.*

Ovide en ses Fastes en fait aussi mention.

> *Sæpe potens voci frontem redimita coronis*
> *Fæmina lucentes portat ab urbe faces.*

Les Anciens donnoient aussi des jours de festes à la memoire de Ceres lesquels ils solemnisoient avec des flambeaux ardents , à cause qu'elle entreprit la premiére la queste de sa fille Proserpine ravie par Pluton le Dieu des Enfers.   Lactence Firmian en fait mention en son liv. 1. Chap.21. *Quia facibus ex Ætnæ vertice accenfis Proferpinam Ceres quæfiffe dicitur, idcircò facta ejus ardentium tædarum jactatione celebrantur.*   La raison dit-il pourquoy on celebre la feste de cete Deesse des moissons avec des torches allumées, c'est parce qu'elle mesme alluma autrefois un flambeau sur la croupe du mont Etna, pour chercher sa fille Proserpine enlevée par le Roy des ombres.   Ceux qui solemnisoient cete feste couroient à corps perdus avec des falots de soulfre & de boüe, comme la remarqué Brodée, un ancien Scoliaste & juvenal.fat.2.vers.90.

> *Talia fecreta coluerunt orgia tædá*
> *Cecropiam folidi Baptæ laffare Cocyton.*

Lucius Ann. Senec. dans une anagramme act. 2. in Choro, en parle aussi.

> *Tibi votivam matres Grajæ*
> *Lampada jactant.*

Qui veut en apprendre d'avantage sur ce sujet qu'il life Statius liv.7.Theb. v.412, & le mesme encore liv. 12. Theb. v. 132.   Qu'il voye Claudian liv. 2.& 3. Martian.liv.2.de Nupt. Ovide.épitre.2.de Phillis à Demophon,& aux Fastes 2.& tant d'autres.

Outre cela les Atheniens adjoûtoient encore à ces trois festes, des lampes, & des feux qui voüoient à Panatenée, à Vulcan & à Prometée : & le premier usage de la lampe dans le sacrifices est attribué à Vulcan, à cause qu'on tient qu'il a le premier inventé l'usage du feu, & que luy seul la enseigné aux hommes,  comme Ister nous le rapporte chez Suidas par ce mot λαμπαδος.

On ne se servoit pas seulement des flambeaux , & des torches dans les festes, & jours de recreations, mais aussi dans toutes les initiations des Prestres & Sacrificateurs. Tesmoings Hesiod.liv.9,pag.424,& Iuvenal. fat. 25.

Quis

*Quis enim bonus, & face dignus*
*Arcana qualem Cereris vult esse sacerdotis.*
Et Stat. liv. 2. Thebaid. sur la fin.
*Tuque Actæa Ceres cursu cui semper anhelo*
*Votivam jaciti quassamus lampada mystæ.*

Ie passe sous silence les festes, & jours dediéz à Saturne, que l'on celebroit aussi auec des luminaires, comme on remarque chez Macrob. Saturn.
chap. 7. Mais à tous ces feux de joye on peut encore rapporter toutes ces fo-
üées sacrées des Sauvages, lesquels sur le soir allumoint des certains feux de
chaûme, par dessus lequels ils sautoient trois fois, voicy comme Ovide en
parle.

*Dum licet apposita veluti cratere camella*
*Lac niveum potes purpureamque sapam*
*Moxque per ardentes stipulæ crepitantis acervos*
*Trajicias celeri strenua membra pede*

Cete coûtume est passée jusques à nous : car par toute la Pologne, la Lituanie, la Russie & dans toutes les provinces circonvoisines, cete ceremonie y est encore fort religieusement observée : voire mesme aujourd'huy
par toute la France, la veille de la nativité S. Iean baptiste toute la popu-
lace, hommes & femmes, jeunes & vieux, s'assemblent par troupes dans
les places publiques des villes, & les paysans dans les Campagnes, où
après avoir allumé quantité de feux çà & là par tous les carrefours, ils ont
de coûtume de tourner, sauter, & dancer à l'entour, en signe de rejoüis-
sance. Le Grand Olaüs nous raconte en son liv. 15. Chap. 4. Hist. Gent.
Sept. que la mesme chose se faisoit aussi de son temps dans la Suecie.

Mais c'est assez discourru sur les feux de joye que les Anciens avoit accoutumé de faire pour solemnifer les veilles, & les jours de leurs festes. Il est bien
vray que ie pourrois dire plusieurs choses sur ce subjet, touchant l'ordre que
l'on y deuroit tenir, considere que nous surpassons de bien loin les Anciens
non seulemēt en inventions artificieuses mais aussi en pieté & Religion, mais
depeur que l'on ne croye que ie veüilles pluftost faire un livre qu'un Chap:
pour en faire un veritable abbregé ie n'en parleray point du tout : joint que
je suis pressé de vous faire voir les feux d'artifice que l'on pratique ordinairement dans les festins de nopces, dans les banquets, & assemblées publiques, lesquels sont maintenant ceux que l'on mets le plus en usage : Car
pour vous en dire la pure verité, dans le siécle où nous sommes, nous tenons
le cœur & la main si serrée aux honneurs que nous devrions rendre à l'Autheur de tous biens & de toute honneur, que difficilement nous pouvons
nous resoudre à faire quelque depense pour solemnifer ses festes, & tant
de beaux jours qui sont establis pour l'honnorer en ses Saints (qu'a Dieu
ne plaise toutesfois qu'on y meslast aucune superstition, feinte pieté, ou
vanité pharisienne) là où au contraire nous sommes si liberaux dans nos
festins, si excessifs dans nos superfluitéz & si prodigues dans toutes nos
debauches que nous ne treuvons rien de trop cher ny de trop chaud, que
nous n'employons librement pour satisfaire à nos appetits déreiglez. Non-
obstant tout cecy si vous desirez en avoir quelques inventions qui puissent
servir à la solemnité des jours de devotion, & de sainteté, les Sacrez Cayers vous en fourniront un nombre presque innombrable dans lesquels vous
treuverez des thresors mystiques & moraux inepuisables. Voila pourquoy
s'il s'y presente quelque occasion qui vous oblige à representer des feux
d'artifice sacrez, vous aurez là vostre recours, ou en consulterez ceux qui
seuls

ſeuls ont ce pouvoir d'interpreter les lettres ſacrées, & de nous expliquer les miſterieux ſecrets qu'il a plu à la divine majeſté nous y tenir caché. Pour moy ie paſſe mon chemin, & ſans me laſſer, ie continueray à traiter devan- tez humaines, dans le deſſein que j'ay de vous faire voir les feux d'arti- fice recreatifs que l'on employe de coûtume dans le temps des banquets & des feſtins de nopces.

Nous avons tout plein de teſmoignages de pluſieurs autheurs fort renom- mez, que les Romains auſſi bien comme les Grecs ſouloient faire de feux ſolemnels dans les nopces & feſtins: on ne rencontre rien autre choſe chez les leurs Poëtes, eſcrits ſont tous farcis de ces termes *tædæ* ou *faces ju- gales*, *faces legitimæ, tædæ geniales*, *& feſtæ*, des flambeux jugales, des feux legimes, des flammes & des braſiers d'un amour mutuel. Voicy Claudian liv. 2. in Ruſſin.

  *- - dilecta hic pignora certè*
  *Hic domus, hoc proprium tædis genialibus omen*
Le meſme autheur de 4. Hon. Conſul.
  *Cum tibi prodiderit feſtas nox pronuba tædas*
Et dans une Epithalame, d'Honnoré & de Marie
  *Tu feſtas Hymenæe faces, ut Gratia flores*
  *Elige.*
Seneque le Tragicomedien
  *Et tu qui facibus legitimis ades,*
  *Noctem diſcutiens auſpice dexterâ*
Ovide en ſon liv, 1. Methamorph. Fab. 9. & ailleurs.
  *Conde tuas Hymenæe faces & ab ignibus atris*
  *Aufer, habent alias maſta ſepulchra faces.*

Or pour ſçavoir ce que ces Anciens Poëtes nous ont voulu exprimer par ſes feux & par ces flambeaux: Feſtus nous l'expoſe en ces termes en ſon liv. 6. *Facem in nuptiis in honorem Cereris præferebant, aquaque expurgaba- tur nova nupta, ſive ut caſta puraque ad virum veniret, ſive ut ignem & aquam cum viro communicaret.* On portoit des flambeaux devant les eſpoux aux nopces, en l'honneur de Ceres, & lavoit-on l'eſpouſée avec de l'eau clai- re, ſoit que ſe fût pour paraiſtre pure & chaſte lors qu'elle viendroit ſe ren- dre entre le bras de ſon eſpoux, ou ſoit qu'ils vouluſſent teſmoigner par là que la femme devoit partager l'eau & le feu avec ſon mary.

Lactance Firmian. liv. 2, chap. 10. apporte d'autres raiſons: *duo illa prin- cipia* (parlant du feu & de l'eau) *inveniuntur, quæ diverſam & contrariam habent poteſtatem, calor & humor, quæ mirabiliter Deus ad ſuſtentanda & gi- gnenda omnia excôgitavit.* On y treuve (dit-il) ces deux admirables prin- cipes, qui ont deux qualitez ſi contraires à ſçavoir la chaleur & l'humidité, que Dieu à ſi admirablement inventez pour engendrer nourrir & ſuſtenter toutes les choſes crées. Puis un peu plus bas: *Alterum enim quaſi maſcu- linum elementum eſt; alterum quaſi fæmininum: alterum activum; alterum pati- bile: ideoque à veteribus inſtitutum eſt ut ſacramentis ignis & aquæ nuptiarum fædera ſanciantur, quod fœtus animantium calore, & humore corporentur, atque a- nimentur ad vitam: cùm enim conſtet omne animal ex anima & corpore, materia corporis in humore eſt, animæ verò in calore.*

Il y a un des elements qui eſt comme le maſle & l'autre comme la femel- le; l'un eſt actif, eſt l'autre eſt paſſif. Voila pourquoy les Anciens ont voulu que les mariages & aliances nuptiales fuſſent authoriſées par les ſa- crements du feu & de l'eau, la raiſon de cecy eſt parce que les fruicts des
ani-

animaux font compofez de chaleur & d'humidité: car comme tout animal eft fait d'une ame, & d'un corps, la matiére du corps confifte en l'humidité & la forme de l'ame en la chaleur.

Le pin eftoit le bois qu'on employoit ordinairement dans la compofition des flambeaux tefmoing Ovide *lib.2.Faftor.*

> *Exoptat puros pinea tæda deos.*

On avoit de coûtume de les faire porter par cinq jeunes garçons chez les Romains, au rapport de Plutarque *Prob.Rom.Chap.* 10: mais chez les Grecs la mere de l'efpoufée les portoit elle mefme, à ce que dit Dempfterus fur un paffage d'Euripide *in Phæniff.* mais ie ne vous entretiendray pas d'avantage fur ce fubjet. Paffons maintenant aux ouvrages pyrotechniques & artificiels qu'on peut proprement mettre en ufage dans les feftins de nopces.

Perfonne ne doute comme ie crois que la folemnité nuptiale ne foit un temps ordonné pour une rejouiffance commune entre les amis, apres une aliance contractée entre des parties fortables, ou pour mieux dire comme un theatre où l'on fait paraiftre à decouvert la veritable joye, la franchife des cœurs, & une certaine liberté mutuelle entre les parents, amis, & alliez, accompagnée de mille paffe temps innocens, de jeux, & de divertiffements fi particulières neantmoins à ces ceremonies conjugales, que mefme on ne pourroit pas les pratiquer en toute autre faifon fans choquer en quelque façon la modeftie, & la bien-feance des ames fcrupuleufes. Voila pourquoy comme on fe donne toute forte d'honnefte liberté dans ce temps là, le Pyrobolifte aura une matiere affez ample pour inventer un million de machines artificielles, lefquelles il accommodera aux temps & & aux lieux, fuivant que fon efprit luy fuggerera les plus à propos. Si toutéfois il veut fuivre l'ordre que l'on garde en cecy il donnera les premiers rangs aux ftatuës, aux figures humaines, aux reprefentations de divers animaux, bien artiftement façonnez, defquelles il ornera diverfes fabriques, des edifices, & des palais en apparence, des arcs triomphaux, des chataux & des fontaines, & autres femblables ouvrages pyrotechniques. Entre autres chofes il pourra faire paraiftre une Iunon, une Diane, une Venus, un Cupidon & toutes ces autres belles divinitéz tant mafles que femelles que ces pauvres aveuglez Payens ont creu prefider aux feftins aux banquets & aux nopces, defquels vous rencontrerez les effigies, ou tout au moins leurs defcriptions dans les efcrits des Poëtes telles que les Anciens fe les figuroient. Or pour ayder charitablement à ceux qui peut eftre n'auroient pas la commodité d'avoir ces livres qui quelquefois font affez difficiles à recouvrer,& auffi pour ne point renvoyer ailleurs noftre nouveau pyrotechnicien qui pourroit fe trouver embaraffé dans les intrigues de ces fictions Poëtiques; i'ay pris la peine de les ramaffer çà & là, pour les luy faire voir icy comme dans un miroir, fans qu'il prenne le foin de les aller chercher.

JUNON feur & femme de Jupiter, outre plufieurs autres noms & qualitez que fes adorateurs luy impofoient, elle fe faifoit appeller Lucine, à caufe qu'on s'ymaginoit qu'elle ouvroit les yeux & faifoit voir la lumiere aux enfans à leur naiffance, d'où vient qu'elle fe nommoit auffi Lucréce. Où bien ce titre de *Juno Lucina* venoit de ces mots *à Juvando & luce*, ce qui eft la raifon pourquoy les femmes qui enfantoient dans ce temps que elle eftoit en credit, la reclamoient pendant leurs plus grandes douleurs. Elle s'appelloit encore Iunon la Iugale, ou par ce que ceux qui font accou-

plez femblent égaux fous un mefme joug d'où vient que Latins nommoient le mari & la femme *conjuges*, felon le fentiment de Pompée : ou
bien comme Servius s'imagine, à caufe du joug qu'on mettoit fur la tefte de
l'homme & de la femme lors qu'on les efpoufoit.

Rofinus nous décrit la figure de fon fimulacre en fon liv. 2. Chap. 6. *ex
Albeco*, en ces termes : *Fæmina erat in throno fedens, fceptrum regium tenens
in dextera, ejus caput nubes tenebant opertum fupra diadema,quod capite geftabat.
cui & Iris fociata erat, quæ ipfam per circuitum cingebat : nunciamque Iunonis
Iridem populi appellabant.    Ideo juxta illam Iridem ancillam paratam, ad obfe-
quium dominæ figurabant.  Pavones autem ante pedes ejus, à dextris & finiftris
ftabant,avefque Iunonis fpecialiter vocabantur.*

On la reprefentoit par une femme affife fur un throne, portant un fceptre royal dans fa main droite, elle avoit la tefte dans les nuës chargée
d'un diademe, bref elle eftoit accompagnée de l'arc en ciel qui l'environnoit
de tous cofté : auffi les peuples appelloient-ils Iris, la meffagere de Iunon.
Voila pourquoy lors qu'ils vouloient reprefenter cete Iris ils nous depeignoient une fervante toute prefte à recevoir les commendements de fa maitreffe.  Elle avoit fous fes pieds des paons, outre ceux-là qui eftoient à fes
coftez, lefquels on appelloit fpecialement les oyfeaux de Iunon.

D I A N E feur d'Apollon, & fille de Iupiter, s'appelloit auffi la Lune,
Lucine, & de quantité d'autres qualitez que les Anciens luy attribuoient.
Elle prefidoit aux accouchements ; & aux exercices de la chaffe, les accou-
chées luy dreffoient des facrifices auffi toft qu'elles eftoient delivrées de
leur fruit,& luy faifoient des veftements;les chaffeurs celebroient fa fefte au
mois d'Aouft fort pompeufement,avec des flambeaux & des torches ornées
d'épics, c'eft ce qui à fait chanter Gratius de la forte, dans fon Cyne-
gitique.

> *Spicatafque faces facrum ad nemorale Dianæ*
> *Siftimus, & folito catuli velantur honore,*
> *Ipfaque per flores medio in difcrimine luci,*
> *Stravère arma facris.*

On la reprefentoit fous le vifage, la taille, & le port d'une femme, les cheveux épars fur fes épaules,laquelle portoit en fa main une arc & une flefche,
fon front eftoit orné d'un croiffant : quelquefois on la feignoit fuivre un
cerf à la courfe fous un habit de chaffeur.

Cleobulus nous en racôte une plaifante hiftoire:fçavoir qu'un jour elle pria
fa mere de luy vouloir titre une robe, mais fa mere qui conoiffoit l'imperfection de fa nature luy refpondit : comment veux tu que je le faffe puifque tantoft tu es entiere,& tantoft tu n'es qu'a demy? de mefme en eft-il des
hommes capricieux, & fujets aux changements comme la Lune, car veritablement ils n'ont ny regles ny mefures.

V E N U S a toufiours efté eftimée & honorée parmy les Payens, comme la
Déeffe des voluptez, des delices, & de la generation.   Les Poëtes veulent
nous faire acroire qu'elle a efté engendrée d'une femence de feu tombée du ciel dans la mer, & d'un peu d'efcume, voulans fignifier par là combien cete extréme union du feu & de l'eau eft puiffante, quand ils font tous
deux bien alliez : comme dit Varro.

Son fimulacre a toufiours efté reprefenté fort diverfement. Car quelque-
fois on la faifoit voir fous la forme d'une jeune pucelle fortant de la mer
dãs une coquille.Et quelque-fois auffi elle paroiffoit comme une femme portant une conque dans fa main, & ayant la tefte couronnée d'une guirlande

de

de rozes & de toutes fortes de fleurs,Les Graces marchoient à fa fuite,Cupidon & Anteros à fes coftez. Icy on la voyoit eflevée fur un char triomphant tiré par des colombes,à caufe de leur chaftetéːailleurs c'eftoient des cygnes acoupplez qui traifnoient fon caroffe, nous tefmoignant par là, ou que l'amour s'acquere avec beaucoup de candeur & de fincerité, ou que les adorateurs de cete divinité font toufiours exterieurement nets, polis, & bien ajuftez ; mais au dedans noirs comme ces oyfeaux, ou bien que ne fe fouvenans pas qu'il faut mourir,ils chantent comme les cygnes, lors qu'ils font le plus proches de leur fin.

De plus on la depeignoit toute nuëː pour nous apprendre qu'une volupté effrenée en renvoit quantité les mains vuides,& dépouillez de leurs meilleurs veftements.

Phidias Eleis cét excellent Sculpteur nous a autrefois reprefenté l'effigie de Venus foulant aux pieds une tortuë. Comme nous rapporte Plutarque *in præceptis connubialibus*, advertiffant les femmes par la lenteur de cét animal, de demeurer arreftées dans leurs maifons, & par fon filence d'apprendre à tenir leurs langues.

Le fort qui tomboit fur Venus dans le jeu, eftoit iadis eftimé le plus heureux, à fçavoir lors que tous les déz tomboient fur le mefme cofté. Ce fimulacre pourra doncques eftre employé fort à propos,quand on voudra congratuler au grand bonheur de quelque Prince ,qui aura augmenté fes eftats par un heureux mariage, ou par une aliance fort avantageufe; non pas à la verité par l'entremife de Mars mais bien de Venus.

CUPIDON eftoit le Dieu des amours,du luxe,& de toutes fortes de lafciveté.Servius parle de fon image en ces termes chez Rofinus : On le dépeint ce dit-il comme un enfant, parce que ce n'eft rien autre chofe qu'un effrenée convoitife des chofes fales & deshonneftes : joint que les amans ne font que begueyer la plus part du temps, que comme des petits enfans.

On luy donne des ailes parce qu'il ny a rien de plus leger que l'efprit d'un amant, rien de plus incertain que fes promeffes, ny rien de plus changeant que fes refolutions, on luy met des flefches empennées en main, à caufe qu'ordinairement les éguillons du repentir, & les remords de la confcience fuivent les plaifirs de l'amour, ou bien pour monftrer combien les evenements en font douteux, & leur courfe prompte, & de peu de durée. C'eft ce qui a obligé Boëce à s'efcrier dans la Confolation de fa Philofophie.

*Omnis habet hoc voluptas*
*Stimulis agit fruentes*
*Apiumque par volantum*
*Ubi grata mella fudit ,*
*Fugit , & nimis tenaci*
*Figit icta corda morfu.*

Philoftrate a raviffemment bien exprimé la puiffance de cete paffion amoureufe, lors qu'il luy a remply le fein plein de conqueftes, de victoires & de triomphes. Plutarque l'appelle Dictateur qui eftoit autrefois la charge la plus éminente qui fût dans Rome; quelques autres l'appellent un doux Tyran.

On la reprefenté autrefois monté fur un lion pour tefmoigner comme il peut dompter toutes chofes.

Philippe à feint qu'il avoit arrachée le foudre des mains de Jupiter; détrouffé Apollon, ofté les ailes & le caducée à Mercure, defarmé Hercu-

le

le de sa massuë, Mars de son espée, Bachus de son thyrse ; & Neptune de son trident : par où il nous signifioit qu'il ny a rien d'inexpugnable à l'amour. Veritablement toutes ces belles pensées auront bonnes graces parmy les inventions des feux d'artifice pourveu qu'elles soient bien adroitement appliquées par le Pyroboliste à divers subjets, particuliérement dans l'alliance de quelque brave & genereux guerier, lequel ayant tousjours esté invincible dans les armes, & detaché de toutes sortes de passions, ne respiroit autre chose que le feu & le sang dans la guerre, se fera neantmoins laissé esbranler, aux attraits de quelque rare beauté, abattre par les amoureux efforts d'un objet plein de charmes, & en fin desarmer par les mains d'une femme qui triomphera de sa liberté sous l'empire d'un sacré & legitime mariage. Vous pourrez adjoûter à cecy cete fabuleuse histoire d'Hercule lequel devint si passionnement amoureux de la belle Omphale qu'oubliant qu'il estoit Hercule ce dompteur de monstres, il se couvrit de la robe d'une femme, se meit à faire des ouvrages qui ne sont propres qu'a celles de leur sexe, bref permit qu'elle se revestit de ses propres habits, & ce que ie treuve encore de plus estrange il fût complaisant jusques à un tel point, qu'il en receut des coups de sa sandale.

On depeignoit aussi l'amour sous la forme d'un jeune enfant, ayant la teste nuë, vestu d'une robe verte, où ces mots *Mors* & *Vita* estoient escrits tout à l'entour du bord : ce sont là les termes de cete passion qui se porte tousiours dans les extremitéz. Il portoit sur le front cete divise *astas* & *hyems*, tesmoignant par là que l'amitié doit estre tousiours constante, & égale dans la prosperité aussi bien que dans l'adversité : il avoit aussi le costé ouvert à l'endroit du cœur où l'on voyoit escrit en beaux caracteres *longè* & *propé* : nous advertissant que la distance des lieux ny la separation des choses aymées ne doit point desunir les amitiés.

Les G R A C E S que les Grecs ont appellées en leur language Charites : encore bien qu'elles n'assistassent point aux alliances, ny aux nopces, neantmoins puis qu'elles estoient compagnes de la Déesse Venus, ie diray icy deux mots en leur faveur. Voicy doncques comment on nous representoit leur troupe : c'estoient trois pucelles qui s'entretenoient par les mains en telle sorte que la premiere ne faisoit voir que le derriere de la teste seulement ; la seconde qui estoit au milieu des deux autres avoit la face depeinte en profil, c'est à dire qu'on ne luy voyoit que le costé droit du visage : mais la troisiéme paroissoit de front & à plein. Seneque nous explique la difference de ce dessein par un fort beau raisonnement en son livre des Benefices. Pourquoy dit-il nous feint-on que les trois graces sont trois seurs & pour qu'elle raison s'entretiennent-elles par les mains ? quelques uns veulent dire que la premiere est celle qui confere les biens-faits, la seconde celle qui les reçoit, & la troisiéme qui les rend. Car il est certain qu'un bien-fait en engendre un autre. Une faveur attire un remerciment & le retour d'un autre faveur, & par ainsi de bien-fait en bien-fait & de courtoisie en courtoisie, c'est un cercle perpetuel. On les depeignoit avec un visage gay, & la mine riante : pour nous apprendre par la que celúy qui donne, ou qui merite quelque chose, doit tousiours paraistre d'un humeur plaisant, d'un visage serain & contant ; & à plus forte raison celuy qui reçoit le bien-fait, puis que c'est luy seul qui joüit du fruit de la reconnessance des autres. On les representoit jeunes & pucelles, parce que la memoire des bien-faits ne doit jamais vieillir, joint que les faveurs faites veulent estre tousiours entiéres, desinteressées & sans aucune esperance de lucre ny attè-

te

te de retour. En fin il n'y doit rien avoir dans le bien-fait qui puisse obliger
en chose du mode celuy qui le reçoit. On les faisoit voir sans ceintures, pour
tesmoigner leur humeur liberal, & vestuës de robes reluisantes, parce que
les bien faits ne peuvent pas demeurer cachéz, mais tost ou tard viennent
en lumiere au grand honneur du bien-faiteur.

Parmy ces divinitéz vous pourriez bien faire passer Bachus, à qui seul
d'entre les Dieux il estoit permy d'entrer dans les nopces & festins, où il
presidoit le plus souvent, comme on peut voir par ces vers de Papin liv. 1.
sil. 2. mais nous parlerons de luy à son tour, & en son lieu.

  - - *tibi Phœbus, & Evan* (ainsi s'appelloit Bachus. )
     *Et de Menelaja volucer Tegeaticus umbra,*
     *Serta ferunt.*

Ie serois volontiers paraistre icy parmy les autres, F L O R E & P R I A P E
comme des divinitez qui assistoient aussi aux alliances nuptialeschéz les Anciens; mais la honte m'empesche d'en parler pour ne point faire rougir le lecteur: voila pourquoy ceux qui auront cete curiosité en iront rechercher
leur histoire ailleurs, où ils pourront apprendre sous quelle posture & en
quelle forme les Anciens les ont representéez. Toutefois pour ne vous rien
celer de ce que l'honnesteté me permet de vous dire, on depeignoit Flore
sous la forme d'une Nimphe couronnée de fleurs, d'un port & maintient
fort gracieux, & avec un visage joyeux & affété. Quiconque en voudra
sçavoir d'avantage qu'il lise les Hieroglyphique de Pierius Valerianus, les
Emblemes d'André Alciat, & les jours geniales d'Alexandre d'Alexandrie, où il pourra tirer mille belles pensées de quantité d'inventions ingenieuses, pour preparer non seulement des feux d'artifices nuptiaux, mais
aussi pour les triomphes, & autres occasions où l'on en aura de besoin. Il
me reste donc à vous dire quelque chose en faveur de Fontaines à feu, lesquelles on pourra aussi fort commodement employer dans telles solemnitéz
quoy que le Pyrolobiste s'en puisse servir dans toutes les autres saisons, &
rencontres comme nous décrirons cy apres.

Tout ce que les Architectes ont de coûtume de representer avec l'eau par
les regles Hydrauliques des fontaines artificielles, en formans divers tuyaux par le moyen desquels ils representent à nos yeux du verre, une
cloche, une croix, ou une estoile, un arc en ciel, une pluye, ou toute
autre chose de semblable: nous sçavons fort bien les imiter par nos feux
d'artifice en toutes ces inventions; mais nous parlerons de ces particularitez icy en quelque autre lieu. Toutes ces fontaines artificielles dont
nous empruntons le nom & l'invention des Italiens seront fort propres
pour cacher quantité de feu d'artifice que l'on fera sortir de là par apres
abondamment & differemment avec l'admiration de tous les spectateurs,
quoy que proprement elles ne semblent avoir esté inventées que pour loger l'ennemis de cét element, & fournir de l'eau pour la commodité des
habitans des villes & des communautez des peuples: & ie ne doute pas que
ces feux ne soient d'autãt plus agreables & plaisans aux yeux des spectateurs
que l'on les verra sortir hors de toute esperance d'une fontaine qui passera
dans la croyance universelle de tout le monde pour un organe particuliérement destiné à jetter de l'eau: & ce qui sera le plus admirable dans cete
invention, c'est qu'il sera impossible à qui que se soit d'en connoistre l'artifice, ny de pouvoir juger apparemment si cete machine sera remplie de feu
ou d'eau, à cause qu'elle aura toutes les marques exterieures d'une fontaine: car pour en coûvrir mesme la tromperie avec plus d'artifice on rem-

plira

plira quelqu'uns de ſes baſſins d'eau viſve : laquelle ſi on veut on fera élever en l'air par des tuyaux de plomb, que l'on enflera de vent ſi la machine n'eſt pas beaucoup grande, ou par une retombée d'eau qui viendra d'un lieu élevé ſi d'avanture la machine eſt d'une grande fabrique, afin de mieux tromper les yeux du peuple, & leur faire croire cependant, que ce qui voyent eſt une machine hydraulique, & une veritable fontaine.

Or dans ces repreſentations le Pirobolifte aura ſoin de faire paraiftre ſon bon jugement dans la diſpoſition & le bel ordre des diverſes ſtatuës, leſquelles doiuent auoir du rapport avec la fabrique de ces ouurages hydrauliques : comme par exemple vn Neptune tiré par des hypotames, vne Arethuſe coucheé toute nuë, les Images des Nymphes, & des Nereïdes nageantes & flottantes à fleur d'eau, & ſe joüant auec des monftres marins: entre leſquelles Helis paraîtra montée ſur un belier. Sirene ſur un dauphin, & Europe ſur un taureau; un Najade toute nuë, outre cela on y pourra repreſenter la fable d'Acteon ſurprenant Diane & ſes compagnes aux bains : la fiction d'Arion ; l'hiftoire de Ionas vomy par une baleine ſur le bord de la mer, & quantité d'autres belles penſées qui ſe liſent chez les Poëtes, & dans les hiftoires ſacrées & profanes. Ie vous enſeigneray icy bas l'ordre qu'il faudra tenir pour former toutes ces differentes inventions. Mais il eftoit neceſſaire que ie vous dy ces deux mots en paſſant touchant ces feux Nuptiaux & Genethliaques, ſçavoir quels ils doivent eftre, & à quoy ils ſont les plus propres; mais il n'eft pas à propos que ie m'y arrefte d'avantage ceux qui auront l'eſprit tant ſoit peu inventif, formeront mille projets differents de toutes ces penſées que ie leur ay fourny, & en conftruiront des machines artificielles qui ne cauſeront pas moins d'eftonnement aux oreilles, que d'admiration aux yeux. Voyons maintenant le quatriéme & dernier lieu, auquel on peut employer les feux d'artifice.

Le quatrieme temps auquel nous pouvons mettre les feux d'artifice en œuvre, eft celuy qu'on employe à faire des feſtins, des banquets, & des aſſemblées parmy les amis pour ſe bien-veigner les uns les autres. Ie crois qu'il ny a perſonne qui ne ſçache, ou qui ne puiſſe bien conjecturer ſans que ie luy diſe, que Bacchus eft celuy qui preſide dans des pareilles occurrences, & que c'eft luy qui triomphe pour lors, & qui l'emporte par deſſus toutes les autres divinitéz qui pourroient s'y rencontrer.

Voila pourquoy nous luy erigerons pareillement des ſtatues, à ſes amis, à ſes compagnons, & à toute ſa ſuite, deſquels nous tirerons les figures des meſmes ſources d'où nous avons tirées celles des autres que nous avons depeintes cy deſſus : ie commenceray premierement par l'hiftoire de ce Dieu des bouteilles, afin que le Pyrobolifte ſçache rendre raiſon pourquoy on luy donne cete figure & non pas celle là, pourquoy certaine poſture & non pas toute autre.

Bacchus ſuivant le teſmoignage de Diodore *lib.* 5. *antiquit. chap.* 5. eftoit filz de Jupiter & de Semele qui fut élevé par des Nymphes dans la grotte de Nyſe, qui eft entre le Nil & la Phenicie, d'ou vient qu'elles luy impoſerent le nom de Dionyſe. D'ailleurs on le nomme Bacchus à cauſe d'une certaine couronne qu'il portoit ſur la teſte, laquelle eftoit toute chargée de bayes, ou peut eftre de ce mot *bacchari* qui exprime les cris & les hurlements que faiſoient ceux qui celebroient ſes orgies. Les autres l'appelloient le pere *Liber* comme qui diroit libre, & ſans ſoucy, ou à cauſe qu'il delie la langue à ceux qui uſent du jus de la vigne, ou peut eftre à cauſe qu'il les delivre de tous ſoins, & fait perdre la memoire des travaux, des diſgraces &
　　　　　　　　　　　　　　　　　　　　　　　des

des miſeres ſouffertes à ceux qui ſuivent ordinairement ſa court. Eſcoutez Ovide.

*Cura fugit , multo diluiturque mero,*
*Tunc veniunt riſus, tunc pauper cornua ſumit ,*
*Tunc dolor & curæ , rugaque frontis abit.*

Mais Auſonius a bien mieux examiné ſa genealogie, ſes titres , & ſes qualitez dans l'Epigr. 26. que voicy.

*Ogygia me Bacchum vocat,*
*Oſyrim Ægyptus putat ,*
*Myſtæ Phanacen nominant.*
*Dionyſon Indi exiſtimant.*
*Romano Sacra Liberum.*
*Arabica gens Adoneum.*
*Lucaniacus Pantheum.*

Il le fait donc parler luy meſme de la ſorte , l'Ogygie dit-il m'appelle Bacchus, l'Egypte me prent pour Oſyris , parmy les Myſtes ie paſſe pour Phanaſle , ie ſuis Dioniſe dans les Indes. Les Romains m'honorent comme Liber, l'Arabie me reconnoit pour Adonis, & la Lucanie pour Panthée: voila des denominations bien differentes & des qualités bien contraires,qui ſeront autant de formes diverſes qu'on luy pourra donner pour le faire paraiſtre parmy vos machines artificielles.

Tout le monde eſt d'accord que c'eſt luy qui à inventé le vin , & qui à le premier planté la vigne , c'eſt ce qui à fait dire à Tibullus livre 2. Elegie 3.

*At tu Bacche tener jucundæ conſitor uvæ.*
*Tu quoque devotos Bacche relinque lacus*

Voicy la deſcription que Macrobe nous donne en ſon liv. 1. Saturnal. touchant le Simulacre de Bacchus. *Liberi Patris ſimulachra partim puerili ætate , partim juvenili fingebantur : præterea barbata ſpecie , ſenili quoque. Coronabatur Pampineis , hedera , & ficulneis frondibus. Pampino quidem & ficu , ex memoria Nympharum Staphilæ , & Sycæ ; hedera verò ex memoria Ciſſi pueri, qui fuerat in hanc plantam converſus. Effictus eſt aliquandò in curru pampineo, & triumphans, qui pantheris modò, modò tigribus, ac lyncibus trahebatur. Silenus pando aſello propter aſtans Bacchus & Satyris thyrſos in ferulas vibrantibus , cæteròque bacchantium comitatu,tum præeunte,tum ſubſequente.*

*Aliquando etiam depingebatur pectore nudo muliebri , capite cornuto, vitibuſque coronato,tigridi inequitans,manu dextra racemum prætendebat, ſiniſtra poculum.*

On nous repreſentoit les ſimulacres de ce bon pere ce dit-il quelque-fois dans un âge qui tenoit en partie de l'enfance , & en partie de l'adoleſcence: tantoſt on le dépeignoit avec de la barbe,& tantoſt comme un vieillard, Il portoit ſur ſon chef ordinairement une couronne de pampre, ou de liére, ou de fueilles de figuier quãd il paroiſſoit couronné de pampre & de figuier c'eſtoit pour honorer la memoire des Nymphes ſtaphile , & Syco ; mais on luy donnoit le liére à conſideration du jeune Ciſſus, qui fût changé en une plante de ſon nom. Quelque-fois on le voyoit élevé ſur un chariot triomphant chargé de pampre de vigne , & tiré tantoſt par des pantheres , tantoſt par des tygres , ou par des lynx. A coſté de luy marchoit le bon vieillard Sylene monté ſur ſon aſne , acompagné d'un grand nombre de Satires, armés de thyrſes,& du reſte des Bacchantes qui marchoient en deſordre devant & derriere luy.

En certains endroits on le repreſentoit la poitrine toute decouverte , & les

avec les memmelles d'une femme, la teste armée de cornes, & couronnée de pampre de vigne, monté sur un tygre, & portant dans sa main droite, une grappe de raisins & dans sa gauche une cruche à boire.   Tesmoing Albricus _lib.de imag.Deor._

La raison pourquoy on le depeignoit ainsi nud, c'estoit pour nous donner à entendre la nature du vin qui ne peut rien tenir de secret.

On luy consacroit des tygres pour montrer qu'il ny a rien qu'on ne puisse dompter par la force du vin,

Quelques uns disent qu'il fit mourir Licurge; voulans dire par là que bien souvent les loix demeurent opprimées dans les republiques, où le vin est en usage sans discretion.

Dempsterus nous rapporte que Bacchus a aussi esté soldat, & qu'il a fait autrefois des grandes conquestes dans les Indes, voicy comme il en parle. _Tyrsus erat Bacchi hasta hedera obvoluta, quam exercitus ejus in India ad decipiendos rudes Indorum animos belloque inidoneos gestavit._

On solemnisoit tousiours ses festes de nuit avec des flambeaux, comme nous avons dit cy dessus.

Les Compagnons de Bacchus, & ceux qui faisoient la principale partie de son train, estoient _les Silenes, les Satires, les Bacchantes, & les Bassarides, les Lenes, les Thyes, les Mimallones, les Nayades, les Tytires, les Nymphes, & les Faunes._

Silene le pere nourissier de Bacchus, estoit representé par un bon vieillard, monté sur un asne, qui avoit la teste toute chauve : nous voulant tesmoigner par le triste équipage de ce bon homme que l'yvrognerie transforme en bestes brutes les hommes les plus sages & rend les esprits les plus forts, & les plus relevez aussi stupides que cet animal qui servoit de monture à ce Silene.   C'est de luy que parle Senec dans son Oedipe acte 2.

> _Te senior turpi sequitur Silenus asella,_
> _Turgida pampineis redimitus tempora sertis,_
> _Condita lascivi deducunt orgia mystæ._

Et Ovide dans son premier _liv.1.de Arte._

> _In caput aurito cecidit delapsus asello._

Les vestements des S Y L E N E S dans les jeux des Romains estoient des longes robes, tissuës de toutes sortes de fleurs.

Les S A T Y R E S estoient couverts de peaux de boucs, & portoient par dessus une hure espouvantable.

F A U N E que les Latins appelloient _Faunus_, & les Grecs P A N estoit le Dieu des champs & des bergers, mais au reste fils de Mercure. Son simulacre avoit la teste faite comme celle d'une chevre, d une couleur rousse & bazannée, & portant deux cornes sur le front, la poitrine esclatante de rayons, il avoit toute la partie inferieure depuis le nombril jusques en bas herissée de poil, ses deux pieds estoient pieds de cheure, dont l'un estoit tortu.  Macrobe en fait mention _liv.1.Saturn.Chap.23._

Mais à quel propos me romp-ie la teste à vous entretenir de Bachus & de tout son trein ? n'est ce pas assez de vous avoir montré au doigt les lieux où vous pouvez trouver de quoy vous satisfaire, que ceux doncques qui auront plus de loisir refuëillent ces autheurs citez ; pour moy apres vous avoir donné quelques advertissements touchant la bien-seance & la belle ordonnance de nos machines à feu, ie passe à la distribution, ou oeconomie d'icelles.

Ad-

## Advertiſſement. I.

Ie treuve que ce ne ſera pas un petit ornement à nos machines recreatiuès
& pyrotechniques, ſi l'Ingenieur a tant d'adreſſe que de pouvoir mettre
judicieuſement en pratique les ordres d'Architecture; ſoit qu'il veüille
baſtir des palais, dreſſer des arcs triomphaux, éleuer des pyramides ou
des obeliſques, conſtruire des tours, ériger des colomnes, ou quelques
unes de leurs parties ſeulement, repreſenter des fontaines & tant d'autres
choſes ſemblables,dont les ordonnances dépendent de l'architecture civile.  Voila pourquoy ie ſuis d'avis que nous dreſſions toutes ces pieces ſuivant un ordre ou Ionique, ou Corinthien, ou Romain que quelques autres appellent Italique & mixte.  Il eſt bien vray que l'ordre Dorique, qui
eſt veritablement le maſle de tous les ordres, ſemble eſtre le plus propre
pour les arcs triomphaux, les obeliſques, les pyramides & toutes les autres machines qu'on peut ériger pour honorer les conqueſtes des grands
Capitaines,qui auront remporté quantité de belles victoires ſur leurs ennemis : mais toutefois parce que ces jours de triomphe ſont ordinairement
ſi comblez de joye,d : cris d'alegreſſe,& d'applaudiſſemèts publiques,à cauſe
de ces heureux ſuccez & du prix ineſtimable de l'honneur & de la gloire
que ces braves guerriers ſe ſont acquis, qu'il ſemble qu'on n'en peut pas
donner aſſez de teſmoignages exterieurs, d'où vient que ces ouvrages triomphaux veulent eſtre excellemment bien élabourez, & paréz de tous les
ornements les plus riches, qu'on peut s'imaginer,neantmoins avec une certaine majeſté qui raviſſe les cœurs par les yeux: c'eſt pourquoy le Romain
eſt le plus propre pour cet effet:car il eſt tout à fait triomphale,& à en ſoy ie
ne ſçay quelle grauité,& authorité royale acompagnée d'une grace nompareille: ce qui a obligé les Romains à s'en ſeruir ſi ſouuent dans des pareilles
rencontres, Comme on peut conjecturer par ces arcs triomphaux de Conſtantin,& de L. Septimius Seuerus ( pour ne point parler de ceux de Trajan
& des autres Empereurs Romains,leſquels Omphrius Panvinuṣa remarqué
juſqu'au nombre de quatorze) qui pour la plus part paroiſſent encore aujourd'huy tous entiers dans Rome.

L'ordre Corinthien & l'Ionique s'accorderont bien avec les ouvrages
nuptiaux & feſtes natales; car la fabrique en eſt extrémement delicate &
feminine,dont le premier eſt comparé à une jeune fille ſuperbement attiſ-
fée, & parée de ſes plus beaux attours; l'autre paroiſt comme une bonne
matrone ſans fard & ſans ſuperfluitez,couverte d'une robe fort modeſte:Ces
meſmes ordres pourront auſſi ſervir à toutes ces machines qu'on preparera pour les ſeux de joye qui ſe ſont aux ſacrées ceremonies & jours de devotion ; pourveu toutefois que ces ouvrages ſoient en lieu où ils puiſſent
eſtre veus du monde pendant le jour , car quelle apparence de conſommer
ſon temps,ſa peine, & ſon argent à la fabrique d'une choſe qui ne doit ſubſi
ſter que quatre moments, pareſtre fort eſloignée de nos yeux, & peut-
eſtre dans les tenebres de la nuit.

Les feſtins & les banquets veulent pareillement avoir un ordre de Corin-
the : puiſque c'eſt dans ces jours de recreations, que chacun fait eſclater
ſon luxe, ſa vanité,& toutes les ſuperfluitez qu'il ſe peut imaginer.

Les ordres les plus plats & les moins enjolivéz, ſont touſiours les plus
beaux pour les fontaines, tel qu'eſt le Toſcan , & le Dorique entre-meſlé
de Ruſtique : car elles doivent repreſenter ie ſçais quoy d'aſpre & de groſſier : mais on pourra neantmoins corriger cete rudeſſe par des autres or-
B b b dre

dres plus delicats, & elebourez fuivant les regles de l'architecture, particuliérement fi on les employe en des temps qui exigent quelque chofe de
plus relevé que le commun:ou bien fi d'avanture elles eftoient toutes nuës,
& fans aucun ornement exterieur, on y feindra du coquillage en apparence, finon on y ajuftera des petits gamayeux, des veritables cailloux, & petites conques marines.

### Advertiffement. 2.

Tous ces ornements accidentels,foit qui foient à plein relief, ou a platte
peinture feront bien judicieufement ordonnéz,fans qu'il y paroiffe aucune confufion,ou incongruité dans leur ordonnance.    En forte qu'aux inaugurations & facres des Rois,on y appropriera des ftatuës qui reprefente-
ront des hiftoires facrées:aux triomphes des conqueftes; aux nopces & nativitez,des dances,des balets, des bonnes cheres & autres femblables divertiffements; & en fin aux banquets, des fictions qui exprimeront les ca-
reffes mutuelles & la joye qui regnent ordinairement dans les feftins &
affemblées des amis.    Voyla pourquoy on fe fervira des couronnes & des
fceptres aux facres des Rois,mais aux inaugurations, on employra les mi-
tres ducales, les armoiries des provinces, & des citez particulieres, les
clefs des villes & des places, & toutes autres chofes femblables qui regardent particulierement l'eftat & la condition de ceux qu'on éleve à quelque
degré d'honneur ecclefiaftique.

Pour ce qui concerne les ouvrages des triomphes,on les pourra tirer des
ornements de la colomne de Trajan l'Empereur, que le Senat Romain avoit
autrefois fait eriger à fes fignalées vertus,comme une marque perpetuelle de
fa reconnoiffance : voicy l'ordonnance dans laquelle George Fabrice le
Chemnicien nous la depeint,dans fa Rome Chap. 7. *Columna ipfa pario mar-*
*more incruftata,qua res geftæ Trajani, & præcipuè bellum Dacicum eft expreffum.*
*Cernere in ea eft formas munitionum.popugnaculorum,pontium,navium : item for-*
*tia militum opera,lignantium,ædificantium,caftra metantium,foffas agentium , é-*
*quos adaquantium,trophæa ferentium,in triumpho euntium: item formas thoracum*
*galearum, clypeorum,fcutorum, zonarum,lituorum, pugionum, pilorum, gladiorum,*
*pharetrarum,aliorumque armorum. Ab ea parte in qua infcriptio eft , victoriæ funt*
*alatæ,cum duabus aquilis.* &c.

Cete colomne eftoit reuetuë d'une croufte du plus beau marbre Parien
qu'on pût voir fur lequel eftoient reprefentez tous les beaux faits d'armes
de l'Empereur Trajan,& principalement la guerreDacique.On y pouvoît ay-
femēt remarquer toutes les places fortifiées,les baftions &ravelins,les ponts,
& les vaiffeaux de guerre : outre cela tous les atteliers des entrepreneurs,&
les employs differents des foldats,vous y voyez d'un cofté ceux qui fcioiēt
coupoient & charpentoient les bois,ceux qui d'un autre cofté les affem-
bloient,icy on en voioit qui formoient & fortifioiēt un camp,là d'autres qui
conduifoient des lignes d'approches & des retranchements, ceux cy abbre-
voient leurs chevaux , ceux là eftoient chargez de trophées, & ces autres
fembloient conduire un Conquerant en triomphe : d'ailleurs vous y voyez
des corcelets, morions, gàntelets, pavois, efcus, ceintures, trompetes,poig-
nards, javelines,efpées, carquois, & toutes fortes de pareilles armes.Voyez
le refte chez l'autheur mefme.

Prudence nous depeint fort naïvement dans fon liv.2.parlant de Simma-
chus Prefet de la ville,les arcs triomphaux , & les ornements defquels on
avoit acoûtumé de les parer par ces vers.

*Fru-*

*Frustra igitur currus summo miramur in arcu,*
*Quadrijuges stantesque duces in curribus altis,*
*Fabricios,Curios,hinc Drusos,inde Camillos,*
*Sub pedibusque ducum captivos poplite flexo,*
*Sub iuga depressos, manibusque in terga retortis.*

Sur les corniches des ces arcs triomphaux nous ne voyons ce dit-il que des chariots de triomphes des conquerants pompeusement trainéz sur des chars triomphants,des Fabrices,des Curius, des Druses , & des Camilles, & des Captifs humiliéz aux pieds des vainqueurs ayans les mains garrotées par derriere le dos.

A toutes ces histoires icy on poura adjoûter des bouquets militaires de diverses sortes,ou des couronnes desquelles nous avons parlées cy dessus:mais on prendra bien garde de les employer dans les triomphes sans confusion & bien à propos : c'est à dire qu'apres une victoire remportée en pleine campagne on pourra se servir des couronnes de laurier , apres une ville forcée & une place emportée,on y en mettra des ailées ; pour un combat navale, des couronnes garnies de poupes & de proües ; celles de füeillages de chesne pour ceux qui auront conservé leurs concitoiens : pour un siége levé des couronnes d'herbes des prés ; d'olivier pour ceux qui auront rendu la paix à leur patrie. Le Pyrotechnicien sera pendre aussi quantité de guirlandes & de festons ( que les Italiens ont ainsi appellé de ce mot *festivitas*) comme des marques de joye : or ces festons sont des certains ornements ou jonchées de fleurs , de füeilles & de fruits entretissus les uns parmis les autres par un agreable meslange, & une diversité ravissante des fruits, se rencontrans avec les fleurs & des fleurs avec les füeilles. Si est-ce toutefois qu'on fait plus d'estime dans les ouvrages triomphaux des festons & guirlandes,où il y a peu de fleurs , mais force fruits entremeslez de füeilles, & de rameaux de Liére ou de Laurier : outre cela il vous sera permy de mesler parmy vos ornements des rameaux destachéz , des fueillages de Liére,de Laurier, d'Olivier , de Pampre de vignes indifferemment arrengées, non pas à la volée pourtant , & sans sçavoir si on a pas quelque raison contraire pour les mettre dans un autre lieu,ou dans une autre posture.

Aux ouvrages sacrés on employra des Cherubins,des palmes,des pommes de grenades, des croix, des estoiles,des emblémes sacréz , representans des misteres pieux & divins , pour toucher les cœurs aux spectateurs , & leurs faire naître dans l'ame des bons mouvements de pieté & de devotion.

Les ornements & accessoires desquels on embellit les machines qu'on erige aux jours des nopces , des nativitez,des festins & banquets , sont les bouquets tissus de roses, de lys, de violettes, de narcisses & d'autres fleurs : bref de quantité de fruits, comme sont les pommes, les poires les raisins de toutes sortes, les prunes, les olives, les nesfles, les dattes, les citrons, les Oranges, les grenades, les coings, les melons, les comcombres , & pepons & mille autres sortes de fruits que vous connessez aussi bien que moy,lesquels toutefois vous reliérez en encarpes ou festons,avec des füeilles d'olivier ou de vignes entremeslées, ou bien vous les ajusterez en divers lieux comme nous dirons cy dessous ; ce qui donnera une grace nompareille à vostre architecture pyrotechnique : il ny aura point de danger d'y representer quâtité de petits oyseaux naïvement dépeints & branchéz sur des rameaux de palmiers, ou sur des grappes de raisins : outre cela des cornes d'abondance, des espics, & des manipules de froment ou

seigle

feigle en efpics : d'avantage dans les convives & feftins,vous y pourrez faire peindre ou mettre en relief des couppes , des taffes , des phioles , des
bouteilles , des cruches, des barils , des tonneaux , des plats mefme chargez de viandes , des paniers pleins de deffert , des affietes & des coûteaux
& toutes autres uftenfilles de table, & ce qui paroiftra auffi beaucoup toutes fortes d'inftruments de mufique , tels que font les cytres , les guiter-
res , les mandores , violons , baffes , flutes , cornets , haut-bois, & toutes
chofes femblables. Aux rejouiffances des nopces vous y reprefenterez particuliérement les armes tant de l'efpoux que de l'efpoufée : on les attachera, ou fur la frife ( fi ce font des colomnes ) ou contre le fuft de la colomne
mefme, enjolivées de fleurs, de fuëilles,& de rubans tout à l'entour ; ou bien
on les pendra dans les pierres d'attête des bafes; en fin on les placera ou
l'on les jugera le plus à propos, pourveu qu'ils ne troublent en rien l'ordre
& la fymmetrie de voftre architecture , pour ce qui touche le fecret de faire pareftre en l'air des caracteres de feu artificiel, reprefentans les noms de
l'efpoux & de l'efpoufée,ou quelques autres devifes ingenieufes, ie n'en diray rien icy,puis que j'en ay de-ja fait mention ailleurs.

On ornera les fontaines de toutes fortes de coquillages , de petites pierres de diverfes couleurs, de petits gamayeux , pointes de Diamants , cailloux luifans,de l'un & de l'autre coral,des efclats de marbre : & de mille femblables petites fantaifies qui ferviront d'enjolivement foit qu'elles foient
naturelles ou feintes : de plus vous ferez peindre des reptiles & infectes de
toutes fortes, comme des crapaux, des grenoüilles , ferpents , couleuvres ,
lezards , viperes , fauterelles , cigales , efcarbots , hannetons , mouches,for-
mis , grillons , abeilles, araignées, chenilles , limaffons , fanfuës , efcreviffes,
& une infinité d'autres animaux qui hantent naturellement les eaux ; parmy lefquels vous pourrez encore entremefler des fleurettes , & herbes
aquatiques : comme auffi des muffles de lions , ou des teftes d'ours ayans
la gueule beante : vous y pourrez pareillement reprefenter quantité de petits animaux comme des heriffons, des belettes , efcurieux , des rats, des
loirs, lapins, lievres, loutres, & tant d'autres: & en fin tous ces oyfeaux dont
le fexe eft douteux tels que font, les oyes , les canards , les plongeons , les
farcelles, les cygognes,les cygnes, & les arondeles, & tous ceux qui font de
cete nature.

### Advertiffement. 3.

On fera les ornements & habits des ftatues humaines , des veftements les
plus anciens que l'on pourra tirer des monuments des antiquitez; tels
qu'eftoient jadis les habillements des Romains, car vous m'advoüerez qu'il
n'y a rien de fi beau,ny qui plaife d'avãtage à nos yeux que toutes ces ftatuës
couvertes de robes differentes en noms parmy eux;auffi bien qu'en figures,
car ils avoient la togate , la fagée, la pretexte, la trabée, la paludaire & l'efto-
lée, qui fe voient dans les reliques de ces anciennes ftructures & dans ces
vieilles medailles qui fe rencontrent encore aujourdhuy , la forme & l'ufage
defquels fe treuvent décrits chez Nonnius , Marcellus , Iuftus Lipfius , Rofinus, Dempfterus,& plufieurs autres anciens efcrivains.

Vous reveftirez fi vous voulez ces ftatuës de peaux de lions, de tigres, de
leopards, de linx , de pantheres, de loups, d'ours, & de pareils animaux fauvages & feroces, pour imiter en cela ce qu'ont fait autrefois ces Anciens
Heros qui fe font reveftus des depoüilles de ces beftes farouches.

Adjoutez encore à ces ornements toutes fortes d'armes militaires, lef-
quel-

quelles paraiſtront d'autant plus agreables aux yeux du monde, qu'elles repreſenteront plus vivement le viſage de cete groſſière antiquité.

Voila pourquoy ie treuve que ce ne ſera pas un petit ornement que d'y faire peindre ou relever en boſſe des fondes, fuſtibales, arcs, arbaleſtes, des eſpieux, lances, fariſſes, pertuiſannes, piques, & demyes-piques, des fleaux, des dards, javelines, eſtocs, zagayes, des haches, & des marteaux d'armes, des maſſes, des eſpées, & des ſabres, adjoutez y encore des boucliers, des eſcus, & des pavois, des halecrets, plaſtrons, cuiraſſes, hauſſe-cols, gantelets, taſſettes, genoüilliérez, & toutes les armes offenſives & deſſenſives dont ſe couvroient les anciens Romains: vous y pourrez mettre encore ces antiques eſcopetes arquebuſes, arcs, fleſches & carquois qui ont eſté en uſage du temps de nos peres: toutes ces armes orneront à ravir tous nos ouvrages artificiels, particuliérement les ſtatuës, les trophées, arcs triomphaux, & toutes autres choſes ſemblables.  En fin pour dire beaucoup de choſes en peu de mots vous vous donnerez de garde le plus qu'il vous ſera poſſible de ne point faire une choſe deux fois, ou qui ait de-ja eſté faite par un autre, ou qui ſoit trop vulgaire, mais vous inventerez touſiours quelque choſe de nouveau, changerez les fabriques, renverſerez les ordres, & varierez les ornements en telle ſorte, que vous puiſſiez cauſer de l'admiration, & de l'étonnement aux yeux de vos ſpectateurs, lors qu'ils verront des ſi grandes nouveautez dans vos inventions, des agréements ſi rauiſſants dans leurs ordonnances, & des effets dans la preparation des matieres, qui ſeront tout à fait au de là de leur eſperance & de leur attente: car comme dit Serlius, les choſes qui ſe font par une voye vulgaire, ſont bien quelquefois le ſubjet de nos loüanges, mais iamais de noſtre admiration.

## De l'Economie ou Diſtribution des ouvrages artificiels dans les Machines Pyrotechniques recreatives; & de quantité d'autres choſes touchant le meſme ſubjet.

L'Explication du Thematiſme, ou de la bien-ſeance qui s'obſerve dans les Machines Pyrotechniques recreatives, a eſté beaucoup plus prolixe que ie ne penſois pas qu'elle deût eſtre: mais i'eſpere traiter cete derniere partie avec bien plus de brieveté, par des certaines regles fort compendieuſes & ſuccinctes, par leſquelles ie vous donneray à conneſtre l'œconomie & la veritable diſtribution des ouvrages pyrotechniques dans les machines recreatives, qui comprendront ſuccinctement la pratique manüelle. Comme il s'enſuit.

### I.

D'abord que l'Ingenieur à feu aura conceu quelque belle penſée dans ſon eſprit pour le deſſein d'une machine pyrotechnique, il faut neceſſairement qu'il la ſçache bien exprimer par ſes idées, qui ſont l'Ichnographie, l'Orthographie, & Sçenographie: Et pour cét effet il eſt neceſſaire ſçavoir un peu deſſeigner, ou tout au moins crayonner (comme dit Vitruve) afin qu'il puiſſe avec moins de difficulté coucher ſes deſſeins ſur le papier tracer ſes plans, lever ſes profils, pour les pouvoir propoſer nettement à ceux qui font la deſpence des machines que l'on veut conſtruire.

### 2.

Ce ne ſera pas aſſez d'avoir Crayonné legerement ſur un papier la forme de la fabrique qu'il deſidera repreſenter, il ſera bon auſſi qu'il ſçache faire

des

des modeles & prototypes de bois de cire, de plaftre, de papier ou de linge collé emfemble, afin que par ce moyen tous les defauts, inconveni-
ants & deformitéz puiffent mieux paraiftre, & confequemment eftre corri-
géz avant que la machine foit baftie.

### 3.

Auffi toft qu'il aura veu que fon deflein agréera, il faut d'abord qu'il ayt
égard aux frais & à la defpenfe que l'on y veut faire, afin qu'il proportionne
les grandeurs de tous les corps fuivant la petite mefure du modele ; & qu'il
puiffe traitter avec les ouvriers defquels il a befoin pour luy ayder dans fon
entreprife ; faire marché avec eux tant pour leur falaire particulier, que pour
tout le refte de ce qui fera neceffaire pour mettre fa machine artificielle
dans la perfection qu'il fe fera propofé. C'eft ici où l'Ingenieur doit tefmoigner qu'il eft extrémement fidel & bon mefnager en la diftribution de
l'argent d'autruy : ce qui luy fera fort ayfé à faire, pourveu qu'il n'exige
pas des chofes qui foient difficile à recouvrer, ou de trop grand prix; s'il n'y
recherche pas fon intereft particulier, & fi fous efperance de recevoir des
prefens de fes ouvriers il ne depenfe pas trop liberalement, ou pluftot avec
trop de prodigalité les chofes defquelles il fera obligé de rendre conte, finon en cefte vie pour le moins en l'autre devant celuy qui ne peut eftre jamais trompé.

### 4.

Lors que l'on aura commencé à mettre la main à l'œuvre, tout de bon, il
prendra diligemment garde que tous fes ouvriers ne travaillent point negligemment à la preparation de toutes les matiéres, & quils ayent à obferver ponctuellement toutes les regles de noftre Art ; fans qu'ils en negligent
la moindre circonftance du monde, qu'ils conftruifent les fuzées, les petards, les globes, les tuyaux & ce qui s'enfuit, le plus exactement qu'il leur
fera poffible, afin que le tout puiffe reüffir à l'honneur de l'Architecte, que
l'on en tire un loüable effet, & que la depence n'en foit pas vaine.

### 5.

Premierement les Charpentiers feront fuivant la proportion des mefures
du modele, avec des foliveaux & autres pieces de bois, l'ordonnance de toute la machine, laquelle comprendra la grandeur & groffeur de tout le corps
de la fabrique future : mais toute vuide par dedans neantmoins, en baftif-
fant feulement, & faifant les affemblages des chantiers, & des membrures
avec les traverfes, afin que toute la fabrique foit ferme, & inébranlable
dans fon affiete. J'entens feulement parler icy des grandes machines telles
que font les palais, les arcs triomphaux, les tours, les chafteaux, & toutes
celles qui font de pareille confequence : car pour le regard des colomnes, des
piedeftaux, fontaines, obelifques, pyramides, ftatuës humaines, ou reprefentations de divers animaux, tous ces ouvrages requierrent une ordonnance toute particuliere : quoy que neantmoins on puiffe bien fe fervir de cete
voye pour en conftruire quelques uns de ceux-cy, comme vous le pouvez
remarquer ayfement dans les deffeins d'un dragon que ie vous reprefente
aux nombres 197 & 198, dont le premier vous donne à conneftre la bafe
fur laquelle toute la maffe de la machine doit eftre affemblée & baftie ;
l'autre fait voir la forme de tout le corps de l'animal, avec l'ordre & la difpofition interieure de tous les ouvrages pyrotechniques, & feux artificiels
qui entrent dans fa ftructure. Mais pour ce qui eft de l'ordonnance des
gran-

grandes, & puiſſantes machines, je vous les repreſente aux figures,tant orthographiques, que ſcenographiques du rempart d'un chaſteau deſſeigné en la lettre A, ſous le nombre 204. Il ſera auſſi fort aiſé d'eriger des tours rondes ou polygones, des colomnes ou des obeliſques,pourveu qu'elles ne ſoiēt pas trop grandes,ſur des troncs d'arbres,ouſur des grands blocs de bois ronds ou polyedres repreſentans à peu prés des tuyaux, comme je vous ay enſeigné au Chapitre ſuperieur : ( conſiderez la figure de la tour deſſeignée au nombre 204. dont la forme n'eſt pas beaucoup eſloignée de celle d'un certain tuyau décript & dépeint au Nomb. 192.) or les plus grandes ſeront baſties de groſſes poutres, longs ſoliveaux, & de bonnes planches leſquelles renfermeront dans leur interieur quantité de tuyaux, & autres ouvrages artificiels : adjoûtez encore à toutes ces inventions, des pilaſtres, des paraſtates,des architraves,des chapiteaux,des piedeſtaux,des colomnes, & des pyramides faites de planches; ou pour le moins formées de quatre ou pluſieurs guindes, perpendiculairement élevées ſur les angles des baſes, & ſe joignantes toutes en un point vers le haut ( ce qui eſt propre à la pyramide) ou bien vous formerez des parallelipipedes, ou des priſmes polyedres, ou des pyramides vuides, & percées de bout en bout, puis envelloppées de toile trempée de cire ou de colle, ou bien reveſtuës d'un papier collé, mais par dedans elles ſeront remplies, d'un ou de pluſieurs tuyaux, & de fuzées montantes avec leurs perches proprement adjuſtées dans les vuides,entre les tuyaux, & contre les parois de la machine meſme.

### 6.

On pourra pareillement former les ſtatuës humaines en deux façons comme auſſi celles de toutes ſortes de beſtes.

Premiérement : Le ſculpteur taillera en bois des corps avec tous leurs lineaments & leurs muſcles apparemment diſtinéts, ſuivant les meſures & la forme que le Pyrotechnicien ſe ſera propoſée; il les repreſentera ou nuds, ou reveſtus comme bon luy ſemblera: puis apres les avoir enduits de ſavon ou de cire,il les reveſtira d'une croûte eſpaiſſe d'une ou de deux lignes, faite d'une certaine boüillie ou paſte de papier petrie avec de l'eau de colle : on les feraſeicher par apres à petit feu:puis cete croûte qui couvre ladite ſtatuë eſtant ſeiche,elle ſera diviſée en deux parties,c'eſt à dire qu'elle ſera coupée des deux coſtez juſques ſur le bois avec un bon couteau cōmençant depuis le ſommet de la teſte,& continuant juſqu'à la plante des pieds : & par ainſi il vous ſera facile d'enlever cete peau de papier qui en ſa forme repreſentera la ſtatuë d'un hōme ou d'une beſte.Dans le vuide vous ajuſterez bien adroitement un ou pluſieurs tuyaux, leſquels auront eſté premiérement forméz ſuivant l'incurvation des membres de ce corps, bien liéz & bien garrotéz, de peur que la violence de la poudre ne les diſſipe avant qu'ils ayent fait leurs effets entiers : & ſi on ſe ſouviendra de les attacher tous ſur quelque baſe ſolide & ferme, afin qu'ils ne branſlent ny vacillent aucunement : en fin on les couvrira de cette couverture de carton, puis on recollera les commiſſures fort & ferme.

Il y en a qui ſe contentent de reveſtir de cete croûte de carton, un ſeul tuyau ſeulement,lequel paſſe de bout en bout à travers le corps de la ſtatuë; comme on le peut fort bien remarquer dans le ſimulacre de la Fortune deſſeigné au Nomb.202.Mais il s'y en treuve d'autres qui rempliſſent dextrement les bras, les cuiſſes,les mains, & les pieds,de fuzées courantes,ou de petards,ou bien de tuyaux fort artiſtement arrengez leſquels, ſe communi-

muniquent fucceffivement le feu par des petits canaux qui le portent de
l'un à l'autre jufques à la confomption du dernier.    Cét ordre icy fe peut
voir dans le deffein de cét autre fimulacre de Bachus deffeigné au N° 200 :
mais je vous adverty icy de rechef qu'il doit eftre ferme & areflé fur un ap-
puy folide, en forte qu'il ne branfle, ny ne pende en l'air: voila pourquoy il
eft neceffaire que le col, les bras, les reins, les cuiffes, les jambes, foient garnis de lames ou baguettes de fer courbées & pliées fuivant les angles qui
font formés tant des membres & du corps, que des membres entr'eux, lors
qui font courbèz, penchéz, racourcis, ou eftendus : & voire mefme le corps
entier fera fortifié par dedans de femblables garnitures, fi d'avanture il eft
dans une fituation panchée en arriere ou en avant, à droite où à gauche. Or
pour ce qui touche le moyen de trouver les grandeurs & ouvertures des
angles qui font formez par les differentes inflexions & recourbements
des membres & du corps, vous les pourrez ayfement prendre toutes avec
deux certaines petites regles attachées enfemble à l'un des bouts par un
petit axe qui paffe à travers, en forte que vous puiffies facilement les ouvrir
& les refferrer pour en former des angles obtus, aigus ou droits ou tels qu'ils
fe treuveront dans les replis de la ftatuë courbée : Cét inftrument eft fort
commun parmy tous les charpentiers & tailleurs de pierres : & ne reffemble par mal, quant à fa forme, a un compas de proportion, duquel on fe
pourra fort bien fervir dans un befoin pour faire cét effet.

La feconde voye que l'on tient pour former ces ftatuës eft telle : fuivant
la grandeur & forme de quelque corps, ils forment & compofent, avec
quantité de ces tuyaux de papier que nous avons décrit au nombre 189 la
moitié de la ftatuë à fçavoir la partie qui comprend la poitrine, les membel-
les, le ventre, le dos, & le refte des mèbres inferieurs puis avec des tuyaux un
peu plus petits, ils formēt le col, la tefte, les bras, les cuiffes, les mains, les pieds
& toutes les autres extremitéz du corps, en les pliant & façonnant tous
comme bon leur femble fur des globes de bois, chargez d'une matiére lente, & tellement percez en deux endroits, que le repli du membre le requerera : dans ces trous on y infere deux petits canaux, proprement ajuftéz
fur les fonds des tuyaux pour y donner entrée au feu, lors que ces boules
l'auront receu. Toutes ces circonftances eftans bien & deuëment prati-
quées, on reveft la ftatuë de quelque habillement de toile, ou de foye, ou
de papier fi vous voulez, taillé, coufu & bigarré fuivant le deffein de l'Architecte.   On ajufte fur le tuyau qui fait la tefte de la machine un mafque
de carton : on luy chauffe auffi des fouliers de papier aux pieds, & des
gands aux mains, ou bien on fait en forte qu'ils ne paroiffenr point.   On
met ordinairément dans la tefte, un globe chargé d'une matiére lente.
Quelque fois auffi on perce ces globes en plufieurs endroits, fi on veut faire
paraiftre une pluye, ou bien des grands rayons de feu, tels que produiffent
les globes fautans, c'eft ce que vous fait voir celuy fur lequel le fimulacre
de la Fortune eft pofé en la figure au nombre 202.

Il faut toutefois que je donne advis icy au Pyrobolifte, qu'il ait à diligemment affermir par deffous, tous les tuyaux qui forment les membres du
corps, & de les unir & accoupler tellement l'un avec l'autre qu'ils puiffent ayfement eftre feparez par la violence de la poudre, afin que les premiers
n'entrainent pas quant & foy ceux qui ne feront pas confommé ; car autrement toute voftre entreprife ne produiroit pas les effets que vous vous
en feriez promis.

On

7.

On reveftira tous les animaux que l'on defirera reprefenter de leurs propres peaux, afin qu'approchans plus prés du naturel, ils trompent mieux les yeux des fpectateurs : toutefois on aura foin de couper ces peaux toutes en petites pieces puis les recoudre affez legerement & à grands points, afin que lors que les feux d'artifices viendront à faire leurs efforts pour fortir, ils ne rencontrent aucun obftacle qui les puiffe retarder, les faire biaifer, ou rebrouffer chemin ; mais que d'une action libre ils puiffent s'enlever en l'air fans fe faire aucune violence, ny fouffrir la moindre contrainte du monde dans leur depart. Il faut entendre la mef-me chofe des habillements des ftatuës humaines,foit qu'ils foient de papier, de toile peinte, ou de foye : particulierement fi les feux d'artifice font tel-lement difpofez dans ces corps, que non feulement on ait deffein de les faire enlever perpendiculairement, mais auffi obliquement, à droite & à gauche.

8.

Les Globes aquatiques feront pareillement reveftus d'efcailles de poif-fons,d'ailes ou de plumes d'oifeaux de mer ou de riviere.

9.

Les reveftures des chafteaux, des palais, des arcs triomphaux, des tours &c. s'ils font fait de planches apres les avoir garnis par dedans de diver-fes efpeces de tuyaux & d'autres feux artificiels feront couvertes de quan-tité de petards de papier ou de fer ; en formant des canaux fur leurs plans oppofez, & ajuftant les petards de la mefme façon que ie vous l'ay enfei-gnée cy deffus dans la conftruction des boucliers & des efcus, & dans le mefme ordre qui fe void aux figures deffeignées au nombres 200, 201, & 204,aux lettres B & D.

10.

Entre plufieurs regles methodiques fur lefquelles vous pouvez fonder toute l'ordonnance & la bien-feance de cét art en tant que pratique, & la belle difpofition des feux d'artifice, voicy la plus generale que ie vous peux donner : à fçavoir qu'il n'y ait aucune particule dedans, ny fur la machine qui ne foit occupée de quelque feu artificiel : Voila pourquoy toutes les poutres, foliveaux, traverfes, planches & ais, les chapiteaux des colomnes ( s'il y en a ) les incombes, les paraftates, les lifteaux, les ca-nellures, les corniches, les frifes, les architraves, les modillons, dentil-les, faillies, trigliphes, les goutes & clochettes, les metopes, & en fin les plinthes, piedeftaux, apophiges, & les bafes, de plus tous les enrichiffe-ments & arceffoirs comme les couronnes, fuëillages, feftons, fruits, fuëil-les,fleurs,diverfes beftioles,infeces & reptiles,les armories & efcus,armes de toutes fortes, & pour dire beaucoup en un mot tout ce qui fait corps ne de-meurera point depourveu, foit de petards, d'eftoiles ou d'eftincelles, de fu-zées courantes,ou de montantes,ou de petits mortiers chargez de globes à feu. Pour ce qui touche la façon de conftruire les baffins avec leurs piedef-taux,& le moyen de garnir les marches & degrez des fontaines avec les pe-tards & fuzées,on le pourra remarquer ayfement aux figures marquées fous les lettres C & D.

11.

On difpofera quelques petards de fer en byaizant, d'autres feront pofez perpendiculairement à l'horizon : mais leurs lumieres feront tournées aux uns deffus aux autres deffous, une partie à droite, & l'autre à gauche

C c c                                                                    ainfi ainſi ils feront tous diverſement & alternativement diſpoſez le long des canaux. On obſervera auſſi bien diligemment que les doubles petards, c'eſt à dire ceux qui en contiendront deux ou trois autres plus petits, ayent leur ſituation perpendiculaire à l'horizon.

### 12.

Or comme toutes ſortes de choſes ne plaiſent pas à toutes ſortes de perſonnes; & que ce qui agréï à l'un & bien ſouvent deſaprouvé d'un autre : & conſideré d'ailleurs que nos ouvrages ne doivent pas eſtre approuvéz d'une perſonne ſeulement d'entre tous les ſpeâateurs; mais diligemment examinez de pluſieurs à qui il eſt neceſſaire que le Pyrotechnicien obeïſſe; pourveu que cete pluralité ait dans l'eſprit aſſez de force & de capacité pour juger de nos ouvrages, car autremenr il vaudra beaucoup mieux plaire à peu, & plaire à gens qui y ſoyent bien entendus, que non pas rechercher les applaudiſſements d'une populaſſe ignorante, ou en craindre leurs diſcours ſçandaleux & mediſants. Voila pourquoy il entremeſlera parmy ces petards, des ſuzées courantes ou montantes, & d'autres inventions pyrotechniques, afin que de temps en temps, & par intervalles elles partent & s'enlèvent en l'air pour augmenter leur divertiſſement & éviter leurs reproches. De plus ſi l'Ingenieur treuve à propos, ou ſi celuy qui fait la dépenſe de toute la fabrique veut abſolument que l'on faſſe voir quantité de feux tout d'un temps, ou que la deſcharge des petards ſoit plus frequente, on fera faire grand nombre de lumieres en divers endroits de la machine, par leſquelles le feu puiſſe eſtre introduit quand on voudra, dans les ouvrages qui ſont renfermez dans le corps de la fabrique. Car il y en a des certains qui ont de coûtume de faire une ſeule lumiere ſur le ſommet de la machine ſeulement, afin que toute la maſſe de ces feux faſſe ſon effet, comme par un ordre ſucceſſif, & continuel : mais en cecy il faut ſuivre la volonté de l'Ingenieur : il eſt bien vray que cete façon de donner feu aux machines eſt bien artificieuſe, mais l'autre eſt bien plus ſeure & moins perilleuſe.

### 13.

On fait grand eſtime dans ces ouvrages icy des feux de diverſes couleurs : comme ſi par exemple il eſtoit beſoin de repreſenter une arc en ciel, une flamme infernale; de l'eau, ou des eſtoiles, ou bien quelque autre choſe de ſemblable : en ce cas l'ingenieux Pyroboliſte ira rechercher toutes les regles & compoſitions que nous avons données cy deſſus touchant la bien ſeance & legitime conſtruction des ſuzées montantes. De plus s'il faut faire paraître des eſclairs ou quelque lumiere extraordinaire qui ſoit preſque auſſi toſt eſuanoüie que veuë, il le fera ayſement avec un peu d'ambre jaune, ou de Colophone, de gomme de genevre, ou de poix navale bien pulverizée.

### 14.

Que ſi l'Ingenieur à feu à deſſein de repreſenter dans ſes fontaines artificielles, une croix, une eſtoile, une pluye, une arc en ciel ou quelque choſe de ſemblable, il fera faire de tuyaux d'argile (car les compoſitions que nous employons dans nos feux d'artifice pour lentes qu'elles puiſſent eſtre ſont fondre toutes ſortes de metaux, à cauſe du ſoulfre & du Sulpetre, & des autres matieres chaudes & violentes qui ſont meſlées parmy) leſquels feront faits de la meſme forme & façon que ceux dont les maîtres fonteniers ſe ſervent pour repreſenter ces meſmes figures :

res : On les fera plus larges par deſſus afin qu'ils puiſſent boucher , &
couvrir fort proprement les orifices des tuyaux ou des globes. Les compoſitions dont on les remplira feront fort lentes, parmy leſquelles on me-
ſlera certaines portions de matieres produiſantes des flammes de toutes
couleurs , & des eſtincelles en grandiſſime abondance : tous ces tuyaux
d'argile façonnez ſuivant l'artifice que nous avons dit , feront pareillement chargez de la meſme compoſition tant qu'ils en pourront contenir.

## 15.

On employra toute la diligence poſſible à bien conduire les canaux , bien
ajuſter les petards, & fuzées , & à proprement arrenger les autres feux artificiels. Car c'eſt en ce bel ordre que giſt toute la grace des ouvrages c'eſt
là où l'Ingenieur fait paraiſtre ſon bon jugement , bref c'eſt de ce ſoin que
depend abſolument ſon ſalut & ſa vie , & non ſeulement ſa ſienne propre,
mais auſſi celle de ſes ouvriers , & de tous les ſpectateurs : car pour vous
en avoüer le peril i'ay veu beaucoup de machines artificielles , mais à la
verité fort peu qui ayent bien reüſſies ; veuque la plus part prenant feu par
tout & en un moment , ont fait perdre la vie à pluſieurs , brulé une partie du peuple , & eſtropié quantité de malheureux qui s'eſtoient portez
à ces ſpectacles pour y recevoir du contentement, Or le diligent Pyroboliſte évitera ayſement tous ces inconveniens , & tant d'autres fautes qui
ſont tres dangereuſes à commettre , s'il charge premieremenr tous ſes canaux d'une matiere lente , de laquelle il ait experimenté la bonté par pluſieurs fois , l'appreuve toutefois d'avantage ces petites meſches faites d'eſtoupes pyrotechniques bien ſeiche & bien travaillée , car moy meſme les
ay ſouvent miſes en uſages & m'en ſuis fort bien trouvé : toûtefois ſoit que
vous vous en ſerviez , ou ſoit que vous trouviez les compoſitions lentes
plus à propos , l'une & l'autre ſera renfermées dans des canaux de cuivre
( car ceux de bois ſont auſſi toſt bruſlez , ou crevent par le milieu, ceux
de plomb ſe fondent à la moindre chaleur du monde, ceux de fer ſe rougiſ-
ſent & s'emflamment auſſi toſt , d'ou s'enſuit un peril evident que le feu
ne s'inſinuë dans la matiere de la fabrique meſme , comme dans la charpenterie, dans les toiles, ou dans le papier , ce qui cauſeroit la ruine entiere
de toute l'entrepriſe de l'artifice : mais pour les canules de cuivre elles ne
s'eſchauffent que difficilement à cauſe de la denſité de leur metail comme
nous avons dit ailleurs ) leſquelles on enveloppera des nefs d'animaux imbus de colle dans laquelle on aura diſſout un peu d'alun de plume à l'eſpaiſſeur ou environ d'une ligne : puis apres on couchera toutes ces canules
dans les canaux des planches, ou bien on les ajuſtera toutes nuës d'un feu
à l'autre.

Les jointures & commiſſures des canules feront bien diligemment relu-
tées avec de l'argile, ou bien avec ces nerfs meſmes empaſtez de force colle,
afin qu'elles s'entretiennent toutes fort & ferme , & que le feu n'en puiſſe
pas ſortir ſi aiſement : outre cela vous y ferez quantité de petits ſoûpiraux
pour donner vent au feu : car autremēt, ou il ſe ſuffoqueroit dans les tuyaux
ou bien il les feroit crever par tout : on fera toutefois ces ſoûpiraux avec tant
de precaution & d'adreſſe, qu'ils puiſſent non ſeulemēt jetter leurs flammes
& leurs eſtincelles fort loin des autres ouvrages artificiels , mais afin que ſi
d'ailleurs les canules & petits conduits ſont cachez dans les canaux des ſolives & des planches, ou pour le moins s'ils ſont attachez par dehors , puiſſent donner feu aux petards & fuzées veuque le feu prēdra avant par quantité d'ēdroit à meſure que les petards ſe dechargerōt; mais néanmoins con-

ſidere

fideré que ces fouspiraux ne font pas fuffifans pour evacuer les immondices qui s'engendrent dans les tuyaux de la fumée des matieres impures & grofſiéres; c'eſt pourquoy on fera des certains égouts, qui ſeront des ouvertures aſſez grandes, par leſquelles la craſſe & les ſaletez ſe déchargeront, & par où le feu prendra vent tout enſemble : Mais il les faut toutefois ordonner avec tant de prudence que le feu ne puiſſe en aucune façon arriver juſques à la pure & nuë compoſition de laquelle les corps renferméz dans la machine ſont chargez, mais qu'elles ſoient portées hors par d'autres canules metalliques ſans aucun peril.

Sur toutes choſes on ſe donnera bien de garde d'approcher de la machine tant par dedans que par dehors aucune meſche, ny feu, afin d'oſter toute occaſion aux malheurs qui en pourroient arriver. Au reſte il n'eſt pas beaucoup neceſſaire ce me ſemble d'enſeigner icy le moyen ny l'ordre qu'on doit tenir dans la diſpoſition de ces canaux, puiſque difficilement en peut-on eſtablir aucune regle, à cauſe d'une infinie varieté dans l'ordonnance des ouvrages; & ie ne doute aucunement que celuy qui entreprendra de mettre la main à des entrepriſes ſi chatoüilleuſes, n'obſerve ſi exactement ces advertiſſements que ie luy ay donnez, qu'il ny commettra aucune faute, joint que i'eſpere que le nouveau Pyrotechnicien pourra tirer une grande connneſſance de l'artifice, de l'ordonnance. & de la communiquation de ces feux, par ces figures tant orthographiques que ſcenographiques que ie luy ay tracées au net avec tant de ſoin.

16.

La dernier choſe de quoy ie deſire que vous ſoyez tous advertis : c'eſt que ſur toutes choſes ceux qui ſeront employez à la fabrique de ces ouvrages ſeront fort ſobres, gens de bien, chaſtes, & pieux, qui s'empeſcheront de jurer, blaſphemer, ny meſme de proferer aucunes parolles deshonneſtes : car tout ainſi comme dans toutes nos actions nous ne pouvons rien faire de bien ſans un aſſiſtance particuliere de la Divine Bonté; à plus forte raiſon dans le perilleux maniment de ces ouvrages de feu, devons nous avec une fervente devotion, pureté de cœur auſſi bien comme de corps, benir, & adorer Dieu dans la crainte de ſes jugements, implorer ſon ayde & ſes graces divines, afin qu'il luy plaiſe faire bien reüſſir toutes nos entrepriſes, & nous preſerver de tous les dangers qui nous environnent : car dans tout ce temps, il faut croire que nous pouvons mourir autant de fois qu'il y a de moments; veu qu'un battement un peu trop violant, ie ne dis pas ſeulement d'une pierre contre une pierre, d'un fer ou de quelque autre metail à l'encontre d'un autre, mais les ſimples frottements de deux pieces de bois, la rencontre de deux cordes un peu trop rude, qué diſ-je, le choc de deux pailles, doivent eſtre autant de cauſes de nos apprehenſions, qu'ils le peuvent veritablement eſtre de noſtre ruine, & de la perte de noſtre vie parmy ces dangereuſes occupations.

Le reſte de ce qui concerne l'achevement de ces machines artificielles, s'adreſſe particuliérement aux mareſchaux, charpentiers, dinandiers, menuiſiers, tourneurs, maſſons, orphebvres, ſculpteurs, plaſtriers, peintres & à pluſieurs autres ouvriers & artiſans, leſquels toutefois dependent abſolument de l'Ingenieur à feu, qui prēdra garde à ce qu'ils obſervent preciſemēt ſes ordres & ſe conforment unanimement aux regles qu'il leur a preſcriptes. Voila pourquoy il ſçaura les ouvrages qu'il leur doit mettre entre les mains; cōſiderera leur travail, leur en dira ſon ſentiment, ne les mettra point en œuvre quils ne ſoint bons & bien faits, rejettra les deffectueux & ceux

qui

qui feront travaillez avec trop de negligence : car s'il y arrive quelque
malheur dans ces ouvrages, on en imputera point la caufe à ces manneu-
vres ; mais bien à l'Ingenieur qui aura conduit toute l'entreprife : comme
en effet puifque toute la gloire & l'honneur des beaux fucces de ces inventions retourne à l'autheur de toute la fabrique, de mefme par un effet
contraire, s'il y arrive quelque difgrace par fes mauvais ordres, tout le blame
la honte & la confufion retombera fur l'entrepreneur, & le rendra auffi
confus, qu'il auroit efté glorieux, fi le tout avoit forti l'effet qu'il s'en eftoit
promis.

Or apres avoir mis fin icy, & impofé comme on dit la colophone à
tous ces ouvrages artificiels recreatifs, defquels i'ay difcouru ce me
femble fuffifamment, & peut-eftre plus long temps, que quelqu'uns n'auroient fouhaité, nous pafferons en fin à la feconde partie de ce livre en
laquelle nous nous entretiendrons des feux artificiels ferieux & militaires.

# PARTIE SECONDE
## DE CE LIVRE
### Des Maffes, des Miffiles, & des Armes Pyrotechniques mi-
### litaires & ferieufes.

## Chapitre I.

### Des Olles ou Pots à feu, des Phioles, & Bouteilles, des Boëtes,
### des Conges & des Cruches à feu.

Parmy tous les ouvrages deffenfifs Pyrotechniques defquels nous
nous fommes propofé de vous entretenir dans la feconde partie de ce
livre nous ferons paraiftre fur les premiers rangs les olles ou pots à
feu, les phioles, les bouteilles, les boëtes, les cruches & cantres &
toutes fortes de femblables vaiffeaux d'argille ou de verre, pour eftre plus
fimples dans leur compofition, & beaucoup moins artificiels que les autres qui fuivront par apres. Ie vous les ay enveloppéz tous dans un feul
chapitre à raifon qu'ils fe preparent tous d'une mefme façon mais non pas
toutefois en toutes fortes de façons, car le plus fouvent ce qui entre
dans la preparation de l'un, n'eft pas toufiours propre pour la charge d'un
autre, à caufe de la diverfité de leurs figures & de leurs grandeurs. Nous
remarquons donc icy plufieurs & divers moyens pour emplir & charger
trois certains petits vaiffeaux.

#### Moyen 1.

On verfe premiérement dans quelque vaiffeau de la chaux vive fubtilement pulverizée, & paffée par un tamis affez fin en telle quantité que
elle rempliffe juftement la troifiéme partie du vaiffeau : puis on acheve
de le remplir jufques aux bords d'une bonne poudre grenée, en fuite
de quoy on le bouche bien exactement par deffus avec un fort papier premiérement, ou avec une rotule de bois puis on l'enveloppe par apres
d'un linge bien poiffé. On attache au col, aux oreilles, ou aux anfes
(fi le vaiffeau eft de terre) certains bouts de méches, de la mefme façon

qu'on le peut remarquer en la figure marquée 206. Ce vaisseau estant ainsi
preparé, apres en avoir allumé les mesches par les deux bouts, sera jetté
de quelque lieu élevé parmy les ennemis comme par exemple du haut d'un
rempart, d'une muraille, ou d'un bastion de quelque forteresse dans le fos-
sé, ou dans les lieux les plus proches si on les veut jetter avec la main ;
mais avec des machines propres à cét effet s'il est qu'estion de les élancer
dans des distances esloignées, comme dans les lignes & travaux des ennemis ( & par cete derniere voye ces mesmes vaisseaux pourront estre envoyez par les assiegeans dans les places assiegées ; on s'en pourra aussi servir
quelquefois dans les combats navales lors que les vaisseaux viennent à se
joindre & à s'abborder l'un l'autre, là où ils seront des prodigieux effets dans
la confusion des soldats, des matelots, & des attirails qui se rencontrent
ordinairement dans des lieux si estroits : car aussi tost qu'ils seront tombéz
sur le pont du vaisseau, ou qu'ils auront rencontré quelque objet dur, ils
ne manqueront à se rompre, & s'eclatter en mille morceaux, à cause de la
fragilité de leur matiere, ensuite de quoy la poudre s'espandra par tout,
les mesches allumées qui seront engagées avec le fracas du reste tomberont
dessus, d'ou s'ensuivra une flamme espouvantable, la perte de beaucoup
des ennemis, & peut-estre l'incendie de tout le vaisseau : d'ailleurs la chaux
s'élevant en l'air & faisant élever une poussiére espaisse formera comme un
tourbillon qui sera fort nuisible & presque insupportable à ceux qui s'y
treuveront enveloppéz. Quelque-fois au lieu de chaux on y employra
de la cendre de chesne ou de fresne ; à condition qu'elle soit bien tamisée,
afin que ces atomes en soient presque imperceptibles.

## Moyen 2.

Quelque-fois on prepare des vaisseaux de terre ou de verre, qui ont les
cols assez longs dont le vuide a environ la largeur d'une once, & ressemblent proprement à des matras, retortes, ou phioles d'Alambiques ;
on leur remply le ventre de poudre grenée avec certaine portions de mercure sublimé & de Bol d'Armenie. Quelque-fois on messe parmy des certains
fragments de fer pour en former comme une gréle. Les cols seront remplis d'une matiére lente, en fin on y met le feu, puis on les jette où l'on veut
qu'ils produisent leurs effets.

## Moyen 3.

Si d'avanture le vaisseau est fort capable & qu'il ait l'orifice assez ample,
à sçavoir de trois ou quatre doigts de largeur, on meslera parmy la poudre grenée certaine, quantité de petards de fer doubles ou multipliez, &
preparez suivant leur ordre, ou bien si vous voulez vous inserez dedans des grenades manüelles sans tuyaux mais seulement remplies de
leur charge ordinaire jusques aux bords ; la figure des vaisseaux desseignez au nombre 206 vous fait voir l'un & l'autre, le premier desquels marqué d'un A, renferme des grenades à main, l'autre en la lettre B contient
des petards de fer.

## Moyen 4.

Il y en a qui remplissent ces mesmes vaisseaux de compositions fort vio-
len-

lentes & tellement ardentes qu'on ne les peut suffoquer par aucun moyen:
nous en avons décrit plusieurs de cete nature cy deſſus. Celles que nous
avons ordonnées pour preparer les pluyes de feu ſeront fort propres pour
cét effet, & particuliérement celles qui produiſent le feu Grec: car c'eſt
dans des ſemblables vaiſſeaux qu'on le renfermoit comme nous avons de-ja
monſtré ailleurs   Cela n'empeſchera pas pourtant que ie ne vous en de-
crive icy quelques unes fort particulieres deſquelles les Pyrotechniciens de
ce temps ont de coûtume de remplir ces vaiſeaux, la premiere eſt celle que
nous donne Fioravantus: Prenez du Vernix duquel on dore les cuirs 10 ℔,
du Soulfre vif 6 ℔, de l'Huyle de reſine 2 ℔, du Salpetre ℔ß, de l'Oliban
1 ℔, du Camphre 6 ʒ, de la meilleure eau de Vie 14 ʒ, mettez-les tous dans
un vaiſſeau & les meſlez bien enſemble ſur un feu lent & moderé & vous
en formerez une certaine mixtion, dans laquelle vous tremperez une
quantité d'eſtoupe, laquelle eſtant miſe dans des pots, puis allumée
produira un feu inextinguible, en quelque lieu qu'on le puiſſe jetter.
   Uſanus nous décrit celle cy au traité troiſiéme de ſon Artillerie Chap. 20.
Prenez de la poudre à canon, du Soulfre, du Salpetre, du Sel Ammoniac de chacun ℔ß, du Camphre 2 ʒ, reduiſez les tous en poudre fort ſubtile, puis les paſſez par un fin tamis: adjoutez y encore une pincée de ſel
commun, c'eſt à dire autant qu'on en peut prendre avec trois doigts: puis
apres renfermez le tout dans un vaiſſeau ou de terre verniſſée, &
verſez par deſſus de l'huyle d'olives; ou de petrole ou de lin, ou de
noix, ou bien de la graiſſe fonduë autant qu'il en faut pour donner à voſtre
compoſition la conſiſtence d'une boüillie ou d'une confection aſſez eſpaiſſe.  Meſlez-les bien tous enſemble & les incorporez, puis en ayant pris
un peu à l'écart obſervez ſi cete matiére brûle violemment, & ſi vous avez
de la difficulté à l'eſtindre en y jettant de l'eau: car ſi vous remarquez que
elle eſt foible vous y adjouterez de la poudre pyrique. Lors que vous l'aurez dans le point que vous la deſirez rempliſſez en des pots, des cruches
ou ſemblables vaiſſeaux de terre ou de verre.
   Vous pourrez renfermer dans ceſdits vaiſſeaux des fragments de cete
matiére liquefiée que ie vous ay enſeignée cy deſſus dans la prepation de
la pluye de feu, apres les avoir enveloppéz d'eſtoupes pyrotechniques, ou
bien des boulets de la groſſeur d'une noix Italique faits de la compoſition
ſuivante: puis vous remplirez les vuides d'une bonne poudre grenée, melée avec de la poudre battuë.  Voicy ce qui entre dans ladite compoſition:
Prenez du Salpetre, & de la poudre à canon de chacun 2 ℔, du Soulfre
℔ß, de la Colophone ʒ iiij, du Camphre ʒ ij, du Sel Ammoniac ʒ j. Mettez
les tous enſemble & les incorporez, puis les petriſſez avec de l'huyle de
lin ou d'olives, bref formez-en des balles de la groſſeur d'une groſſe noix.
Ces balles brûlent puiſſamment lors qu'elles ſont une fois enflammées, en
telle ſorte que ſi elle viennent à tomber ſur le pont d'un vaiſſeau elles percent en moins de rien la planche de part en part, mettent le feu par tout où
elles s'attachent, bruſlent & emflamment les matieres les plus reſiſtantes
au feu, & ce que ie treuve de plus eſtrange dans la nature de cet artifice
c'eſt qu'il eſt impoſſible non ſeulement d'en eſtouffer la flamme par aucun
moyen que ſe ſoit, mais au contraire s'augmente & prend des nouvelles forces à meſure quon luy jette de l'eau pour le ſuffoquer.
   Tous ces vaiſſeaux ſeront couverts de toiles cirées, ou poiſſées, comme
nous avons dit des autres cy deſſus: On attachera aux oreilles ou anſes
( s'il y en a:& faut qu'il y en ait; car elles y ſont non ſeulement commodes
                                                                          mais

mais auffi neceffaire ) des bouts de meche fort & ferme, de peur qu'ils ne
tombent.    Que fi d'avanture ces pots n'ont ny oreilles ny anfes ny mefme
le col affez long pour y arrefter des meches, en ce cas on pourra enduire
toute la fuperficie exterieure de colle pyrotechnique ou de goudron feulement, & par ce moyen vous y pourrez ayfement attacher des mefches
tout à l'entour.

### Advertiffement.

Que les olles & pots ardents de cete façon, & divers vaiffeaux remplis
de feu pour embrafer les édifices, & tout autre fubjet combuftible
ayent efté mis en ufage jadis par les Anciens, la chofe en eft hors de contro-
verfe par les tefmoignages que nous en avons rapportéz d'une infinité prefque d'auteurs dans la defcription des grenades manuelles, & de la pluye
de feu.    Vous m'advoüerez toutefois que tous ces vaiffeaux à feu des Anciens n'eftoient que des divertiffements d'enfans, des pures bagatelles, &
moins que des ombres en comparaifon des nos pots à feu modernes, à
caufe qu'ils manquoient pour lors de noftre foudroyante poudre à canon, par le moyen de laquelle nous pouvons produire par tout des effroyables embrafements, brûler, ou eftouffer la plus part de nos ennemis,
particulierement fi on en remplit des grenades ou des petards, & qu'on
les renferme dans ces vaiffeaux, & que dans cet eftat on les élance à travers les ennemis comme nous avons dit cy deffus.

# Chapitre II.

### Des Couronnes & Bouquets à feu que les Allemands appellent
*Pech & Sturm-krantzen.*

Quiconque a de l'ambition pour s'acquerir une couronne ailée ou
navale, & qui defire d'en eftre honnoré de la main de fon Prince
ou de fon Roy ( qui font les fuperbes marques de la gloire & de
la recompenfe que la vertu affecte fi paffionnement) il faut de
neceffité qu'il fçache premierement manier nos couronnes Pyrotechniques, faut qu'il les ait toutes efpreuvées s'il à deffein de s'en voir une de
laurier fur la tefte, car c'eft par celles-cy que l'on paffe à celles qui nous
comble d'honneur & de gloire apres que nous nous les fommes acquifes:
Les noftres brûlent, ie l'advoüe, & piquent bien fouvent ceux qui les
empoignent genereufement, mais qui eft celuy qui ne fçait pas que les rofes fe cüeillent entre les efpines, & que nos contentements les plus chers,
prennent naiffance au milieu des cuifantes douleurs de mille defplaifirs
qui s'oppofent toufiours à la conquefte du bien que nous pourfuivons; per-
fone ne s'eft jamais acquis de la gloire que ce n'ait efté par la voye des difficultez des peines & des travaux;ce n'eft pas une petite loüange qu'on puiffe
donner à un foldat de dire qu'il fçait & qu'il veut patir ; cete feule loüange
qu'on donne à la grandeur de fon courage,quoy que le refte luy menque,eft
le jufte prix de fa vertu.Voila pourquoy ie dis que quiconque fera couronné
de nos guirlandes à feu aura la tefte chargée d'un grand fardeau,mais il n'en
fera pas toute-fois moins fuperbement orné, s'il a la gloire pour but de fes
actions, s'il m'efprife toutes les difficultez, & qu'il fouffre avec conftance
toutes les traverfes qui peuvent luy rendre difficile la recherche d'un bien
qui

qui n'a point de prix. Or ie m'en vay vous apprendre dans la ſuite de ce diſcours de qu'elles ſleurs nos couronnes doivent eſtre tiſſuës.

Faites faire un long ſac d'une bonne toile de lin ou de chanvre, qui ne ſoit pas plus large que de quatre ou ſix pouces; mais long de trois ou quatre pieds. Rempliſſez-le de quelqu'une de ces compoſitions que nous avons ordonnéez cy deſſus pour les globes à feu : quant à ce qui eſt des compoſitions ſuivantes on s'en ſervira pour les bouquets particuliers.

### 1.

Prenez du Salpetre 3 ℔, du Soulphre 1 ℔, de la Poudre 2 ℔, du Verre Pulverizé ℔ β.

### 2.

Prenez du Salpetre 3 ℔, du Soulphre ℔ 1, du Charbon ℔ β, du Verre Pulverizé ℥ iiij.

### 3.

Prenez de la Poudre 2 ℔, du Salpetre 3 ℔, de la Colophone ℔ β, battez-les bien delié & les incorporez tous enſemble. Auſſi toſt que vous aurez remply un ſac de quelqu'une de ces compoſitions, formez-en un cercle, puis joignez les bouts & les couſez bien enſemble : & pour les rendre plus fermes, ou de peur que les fils ne venans à ſe rompre dans le temps de la combuſtion il ne retournent à leur premiere droiture, on paſſera par le milieu un cercle de fer de la meſme grandeur que le tour interne du bouquet, avec lequel on l'enveloppera de corde tout à l'entour & de nœuds entrelaſſez ſuiuant quelqu'une de ces methodes que nous avons enſeignées cy deſſus pour la ligature des globes à feu. Eſtans ajuſtez de la ſorte vous engagerez dedans des petards de fer chargez de bonne poudre & de balles de plomb, par le moyen de certaines pointes de fer qu'on y aura fait au deſſous, ou bien on les diſpoſera ſelon le meſme ordre que ie vous fais voir en la figure d'un bouquet au Nomb. 207. ou en celle du Nomb. 208.

La troiſiéme eſpece de couronne que ie vous preſente au Nº 209. eſt ſeulement toute brochée de pointes de fer barbillonnées, afin que celuy ſur la teſte de qui elle tombera ne puiſſe l'empoigner pour s'en deffaire ; mais qu'il ſoit contraint de brûler tout vif, & par cete eſpece de ſupplice il emporte quant & ſoy la veritable couronne de martyr.

Quelquefois auſſi on attache tout à l'entour de ces couronnes, & bouquets des grenades à main de la groſſeur d'un globe de fer d'une ou de deux livres peſant. Mais elles auront des petits tuyaux longs de trois ou quatre doigts inſerez en viz dans leurs orifices, afin qu'elles ſe puiſſent arreſter ferme avec leſdites couronnes & bouquets, & pour cete meſme raiſon on les lie bien ſerré avec du fil de fer. Vous voyez la figure d'un tel bouquet au nombre 210.

L'uſage de ces guirlandes & bouquets ne differe en rien de ces pots à feu, & vaiſſeaux d'argile que ie vous ay décripts au chapitre ſuperieur; j'adjoûte ſeulement cecy, ſçavoir que vous aurez ſoin d'y percer deux ou trois trous, par où le feu puiſſe paſſer en un meſme temps dans la matiere artificielle ; & ainſi eſtans allumees de tous coſtez, vous les jetterez là où bon vous ſemblera.

**D d d**

Cha-

# Chapitre III.

### Des Cercles à feu, ou Spheres artificielles.

Si vous avez compris la façon de composer les couronnes à feu suivant la methode que ie vous ay donnée cy dessus, vous n'aurez pas beaucoup de difficulté d'ajuster des spheres artificielles qui ne sont faites que de plusieurs cercles passez l'un dans l'autre en croix. Preparez seulement comme nous avons fait trois ou quatre couronnes, à telle condition toutefois quelles puissât entrer l'une dans l'autre, depuis le plus grand cercle jusques au plus petit, c'est à dire que la circonference interieure du premier sera justement la circonference exterieure du second, derechef la circonferêce interieure du secôd renfermera exactement la circonference interieure du troisiéme: & ainsi consecutivement ils seront tous tellement proportionnez que la rondeur externe de l'un puisse estre receu concentriquement dans la rondeur interne de l'autre ; les ayant tous dans cete juste proportion inserez-les les uns dans les autres: à sçavoir les deux premiers à angles droits, les deux autres plus petits pareillement à angles droits entre'ux ; mais avec les grands à demys angles droits seulement: ou si vous en avez d'avantage disposez-les tousiours en telle sorte qu'ils se coupent mutuellement à angles aigus par le haut & par le bas aux points diametralement opposez : que si vous voulez, vous en pourrez aussi mettre de travers en tel ordre qu'il vous plaira, pourveu que vous les arrestiez bien ferme avec du fil de fer ou de cuivre : car si vous ne les reliez que de ficelles les nœuds en seront aussi tost coupez par le feu, & par ainsi toute vostre besogne se separera, & se dissippera sans faire l'effet que vous en auez esperé.

Ie vous adverty icy que vous avez besoin de grands cercles pour construire ces spheres : Ie veux dire qui ayent plusieurs pieds de circonference : le plus grand par exemple aura 15 pieds de tour en sa circonference exterieure : mais pour ceux-là qui sont compris dedans, tireront leurs circonferences dans son espesseur. Il est aussi necessaire de les plonger tous dans du goûdron, & d'y percer des trous en divers endroits, afin que toute la masse prenne feu de tous costez, & par consequent qu'elle ne puisse estre empoignée, ny suffoquée par qui que se soit dans le temps quelle sera parmy les ennemis, où elle fera des desordres espouvantables. Ie ne vous ay pas desseignée la figure de cete sphere, parce qu'il est assez aisé de se l'imaginer par le discours que nous en avons fait & par les figures de nos couronnes artificielles. Pour le regard de celle que vous voyez au nomb. 211. elle ne se prepare pas tout à fait de cete façon : voicy comme quoy Hanzelet veut qu'on la construise.

Prenez un cercle de bois ou de fer pour le mieux, de ceux que les tonneliers employent à relier les tonneaux à vin, ou autres liqueurs : enduisez-le par tout de goûdron meslé avec de la poudre pyrique, par apres prenez une bande de toile de la mesme longueur que la circonference, mais de la largeur de trois pouce seulement, couvrez-en ce cercle, & le remplissez d'une composition faite d'une livre de poudre, d'une once de Soulfre, de 3 ℔ de Salpetre, & arrousée d'un peu d'huyle de lin ou de petrole ; on y pourra aussi mesler parmy des petits morceaux de Soulfre. Cela fait cousez bien proprement cete toile, & la reliez de fil par tout, puis percez avec un poinçon de fer des trous en divers endroits; dans lesquels vous insererez de l'estoupe py-
rotech-

technique : En fin vous chargerez de foulfre toute la fuperficie exterieure
du cercle & l'envelopperez d'eftoupes , hormis les amorces , dans lefquelles on a inferé l'eftoupe pyrotechnique, qui demeureront libres.   Or
cecy n'eft que la moitie de l'ouvrage. Vous en preparez donc encore un autre de la mefme forte ( ou bien plufieurs fi vous voulez ) puis les ayant mis
l'un dans l'autre,vous les lierez bien ferré avec un fil de fer , de peur qu'ils
ne fe feparent lors qu'on viendra à les jetter de quelque lieu eflevé parmy
les ennemis.  Les ayant preparez de la forte vous mettrez le feu aux eftoupes pyrotechniques inferées dans les amorces, & attendrez qu'elles foient
bien alluméez & qu'elles ayent portées le feu dans la compofition , premier
que de les envoyer au lieu où elles doivent faire leurs effets,

# Chapitre I V.

## Des Cylindres artificiels.

Ie repete encore icy derechef ce que ie vous ay de-ja tant de fois redit
que nous ne fommes ingenieux dans noftre art , qu'a l'exemple des autres pour la recherche des inventions des ouvrages Pyrotechniques. Car
ie ne nie pas que nous ne relevons plufieurs chofes de noftre temps dans
cét art ( pour les autres ie ne m'en mefle pas ) que nous difons avoir efté
inconnuës aux anciens , lefquelles toutéfois pour mon regard ie ne peux
croire qu'ils ayent ignorées tout à fait : & peut-eftre bien que nos enceftres
ont eu une plus parfaite conneffance des chofes que nous nous imaginons
eftre de noftre invention que nous mefmes ( excepté feulement quelque
petite galenterie de quoy noftre art fe vante eftre la premiere caufe)mais qui
par lapfe de temps fe font infenfiblement abolies & ne font par venuës jufques à nous ; ou les hommes font maintenant d'un tel naturel , que
d'abord qu'ils fe font attachez à quelque piece de ces antiquitéz avec tant
foit peu d'attention , ils penetrent auffi toft jufques au fonds, ils en de-
couvrent les fecrets affez ayfement , puis leur vanité leur enflant le cœur
dans leur bon fuccez , ils s'imaginent en eftre les inventeurs : dou vient
qu'ils les debitent non feulement comme leurs propres ouvrages , les
vantent & les loüent hautement : mais encore meprifent arrogamment
tous ces braves autheurs des fiécles paffez, qui n'ont pas eu moins de foin
que nous à les cultiver : Pour moy i'advoüé que tous ont efté des grands
hommes, remplis d'efprit & d'inventions, mais on m'accordera auffi que
nous meritons bien d'avoir quelque part en leurs loüanges , en ce que
nous fçavons adjoûter quantité de chofes à leurs ingenieufes pratiques ;
faire le choix de celles qui nous font propres,les trier d'avec celles qui nous
femblent inutiles,puis apres les avoir decraffées d'une certaine rouille que la
longueur des années leur avoit contractée,leur rendre leur premier luftre.
Or ie tiendray toufiours ferme dans cete opinion que j'ay fi fouvent pro-
noncée dans cét oeuvre pour quelque argument apparent qu'on me puiffe
apporter : à fçavoir que les ouvrages des Anciens font tous eftropiez , &
imparfaits fans noftre poudre foudroyante,& qu'ils n'ont feulement veu que
les ombres & non pas les veritables idées de nos efpouvantables & admirables inventions de guerre. Ie vous en ay de-ja expofées quelques unes cy
deffus & apres les avoir balancées avec nos modernes, ie vous ay fait voir de
combien les noftres les furpaffoiët & en dignité & en nobleffe.  En voicy

D d d 2                                    quan-

tité d'autres qui fuivent : premiérement ie veux vous confirmer dans ce
Chapitre par les tefmoignages de plufieurs autheurs que le cylindre pyrotechnique a efté une invention des plus antiques que les Anciens
ayent mis en ufage ; puis ie vous feray voir ce que les autheurs modernes y
ont adjouté de nouveau.

Faifons paraiftre Vegefe fur les premiers rangs, pour nous dire fon fentiment touchant les cylindres : voicy comme il en parle en fon liv 4,chap
8, où il nous enfeigne à preparer plufieurs efpeces de machines, pour la
deffence des murailles : *Rotæ quoque de lignis viridibus ingentiffimæ fabrican-
tur vel intercifi ex validiffimis arboribus cylindri (quas taleas vocant)ut fint volu-
biles lævigantur : quæ per pronum labentia fubito impetu bellatores fternunt,
equofque folent deterrere.* On conftruifcit ce dit-il des grandes & puiffantes roües de bois vert ; ou bien apres avoir coupé des gros troncs d'arbres,
on en formoit des cylindres ( qu'ils appelloient des rouleaux ) & les arron-
diffoit-t'on bien,afin de les rendre plus roulants ; lefquels on precipitoit
impetueufement le long des penchans, & du haut des montagnes pour en
accabler les ennemis, & donner l'efpouvante à leur chevaux. Faifons venir enfuite Ammianus Marcellinus pour nous dire ce qu'il en penfe en fon
livre 31 ; *Nonnulli fcalas vehendo, afcenfufque innumeros ex omni latere paran-
tes fub oneribus ipfis obruebantur, contrufis per pronum faxis . & columnarum
fragmentis, & cylindris.* C'eft à dire que la plus part de ceux qui faifoient
leur efforts pour monter à l'affaut, ou pour Efcalader les murailles demeu-
roient accablez fous le poids des groffes pierres, des grandes pieces de colomnes, & des puiffans cylindres qu'on rouloit le long des penchans &
des taluds des murailles.

Il eft donc tres conftant par les tefmoignages de ces deux autheurs,pour
ne point m'arrefter aux autres, que les Anciens ont mis les cylindres en
ufage. Mais pour accabler feulement les plus hardis de leurs ennemis qui
venoient à l'efcalade, qui le plus fouvent ne faifoit que les eftropier, rompre leurs efcheles & brifer les machines fur lefquelles ces pefantes maffes
tomboient par hazard : laiffans & les foldats & les ouvrages qui en eftoient
tant foit peu efloignez hors de danger. Mais nos cylindres fo nt maintenant beaucoup plus artificieux, & plus efficaces, car non feulement ils
brifent par leur pefanteur tout ce fur quoy ils tombent, mais auffi tuent &
maffacrent les foldats les plus efloignez, renverfent & fracaffent les machines, lors qu'apres les avoir vuidé on y renferme dedans des pierres, des
cailloux,des carreaux de fer,& toutes chofes femblables qui par la force de
la poudre renfermée font envoyez ça & là,à droite & à gauche pour tuer,
maffacrer,rompre, & renverfer tout ce qui rencontrent en leur chemin.
Mais notez que pour plus grande feureté on les relie par les deux bouts &
par le milieu fur l'endroit de la poudre avec des bons cercles de fer : Et
voila la premieré efpece de nos cylindres, duquel ie vous fais voir la figure
au nombre 212 en laquelle la letrre A vous marque une rotule ou tampon de bois duquel on bouche les orifices du cylindre.

La Seconde efpece qui reffemble à celuy cy fe void au nombre 213,il eft
armé tout à l'entour de pointes barbillonnées,pour accabler non feulement
par leur pefanteur,par leur mortelles entrailles,par leurs flammes & leur feu
( en quoy ils reffemblent aux premiers ) mais auffi pour deftruire par leurs
pointes & éguillons, les foldats qui fe hazardent à un affaut, ou à gagner
le haur d'une breche. Celuy-cy fe relie auffi bien ferré par les deux bouts
avec des bons cercles de fer.

La

La troifiéme efpece de ces cylindres qu'on peut remarquer au nombre
214 eft encore plus pleine d'artifice & fait des plus pernicieufes executions
que les deux premiers, car on luy remplit fa capacité de quantité de grenades à main, & de petards multipliez, chargez fuivant leur methode acoû-
tumée, parmy lefquels on verfe autant de poudre qu'il en faut pour remplir les efpaces vuides qui fe treuvent entre ces corps ronds. Or ce cylindre
fe fait ordinairement de deux demy-cylindres évuidez de la mefme forte
que le profil marqué fous A vous le fait voir. Or pour les arefter bien ferme lors qu'ils font rejoints on fait paffer par le diametre de leur efpeffeur
deux coings de bois percez par les bouts de deux trous dans lefquels on infere deux petites clavicules de bois pour les tenir areftez, & ferrer les deux
pieces en telle façon que les materiaux renfermez ne puiffent prendre
vent lors qu'ils auront conceu le feu. On ajufte fur tous ces cylindres des
petits tuyaux de bois qui paffent jufques à la poudre, lefquels on remply
d'une de ces compofitions que nous avons ordonnées cy deffus pour les
tuyaux de toutes fortes de grenades.

En fin ie vous donne encore icy une quatriéme efpece de cylindres, de
laquelle ie crois que les anciens ont eu quelque conneffance, fi nous adjoûtons foy à Saluftius, car voicy ce que ie treuve dans fes fragments : *Saxa-
que ingentia, & axe vinctæ trabes, per pronum incitabantur, axibufque emine-
bant in modum ericii militaris veruta binum pedum.* Il dit qu'on rouloit de
ce temps là tout le long des penchans, des grands cartiers de rochers, & des
poutres entieres attachées fur des effieux, ou qui eftans montées fur des roües reffembloient à des cavaliers de frife où à des chauffes trappes militaires.
Mais bon Dieu jufqu'à quel point eftrange n'avons nous pas porté cete efpece de cylindres par le moyen de noftre poudre? car cete invention com-
parée avec les noftres n'eftoit qu'une pure ombre de celle que vous voyez
deffeignée au nomb. 215, Et pour n'eftre point jugé menteur ie veux faire
voir par la conftruction de la noftre, la difference qu'il y a entre l'une &
l'aurre, & ce que l'on a adjoûté de nouveau à la noftre; la defcription en
eft tirée de la Pyrotechnie d'Hanzelet. Prenez un cylindre évuidé de la
même façon que font nos tuyaux recreatifs, c'eft à dire qui ait un trou dans
fa hauteur, large de trois ou quatre doigts : rempliffez-le d'une compofition telle que nous l'avons difpenfée pour la charge des tuyaux recreatifs.
Sa fuperficie exterieure exceptées les bafes fera toute brochée de longues
pointes de fer, entre lefquelles on difpofera des grenades d'une mediocre
grandeur, engagées dans les cylindres par leur petits tuyaux, mais il faut
qu'ils foient de fer, & qui foient engagez en viz dans les orifices defdites
grenades d'un cofté & de l'autre dans le cylindre, ( voyez la figure A.) afin
que la grenade foit d'autant plus ferme arreftée fur le cylindre : ces tuyaux
feront d'une telle longueur qu'ils puiffent paffer jufques fur la compofition renfermée dans le corps du cylindre. Le tout eftant difpofé de la
forte vous montrez cedit cylindre fur deux roües vulgaires, telles que font
celles d'un chariot, avec fes effieux, dont la groffeur refpondra exactement à la grandeur des orifices du cylindre, en forte qu'ils y puiffent entrer pour y eftre areftez bien ferme. Il feront pareillement percez de bout
en bout d'un trou large d'environ d'un poûce de chaque cofté, ces trous
feront remplis d'une compofition dont on charge d'ordinaire les tuyaux des
grenades. En fin cete furieufe maffe ( à qui pour fon admirable conftruction, & pour fes eftranges effets on pourroit fans crime donner le nom de
machine ) fera poiffée par tout : puis apres l'avoir allumée par les deux

extremitez des axes elle fera precipitée parmy les ennemis : pour y produite des effets plus eftranges & plus pytoyables que mille autres dont les
anciens fe foient jamais fervy : Vous dire comment cela fe pourra faire il
ny a perfonne pour peu verfé dans noftre art qui foit qui ne puiffe
bien fe l'imaginer : pour moy ie ne fuis pas d'avis de m'arrefter à vous entretenir fur une matiere fi claire & fi manifefte, joint que ie fuis preffé d'ailleurs à vous faire voir la conftruction des autres feux qui nous reftent à
vous decrire.

# Chapitre V.

## Des Sacs à feu.

La façon de fe fervir de nos Sacs artificiels dans les deffences des affauts & des efcalades ne differe en rien de celle des cylindres precedents; pour ce qui eft de leur preparation la voicy. Prenez une barre
de bois affez groffe, & longue de plufieurs pieds, faites la équarrer
comme un parallelipipede : que les deux extremitez foyent faites en pointe en forme de pyramide : puis percez ce bois de deux trous à angles
droits, affez proche des deux bouts; cela fait paffez à travers deux grandes
chevilles de bois garnies de pointes de fer comme vous pouvez voir en la
figure du Nomb. 316. en la lettre A, fur cete piece de bois attachez un
fac d'une bonne & forte toile affez grand & ample neantmoins, afin qu'il
puiffe renfermer dans fa capacité une grande quantité de ces compofitions,
qui fervent aux globes à feu. Puis apres l'avoir lié à ce bois par les extremitez & remply tout d'un temps par l'orifice fuperieur d'une compofition
convenable on le battera fort & ferme en l'entaffant jufqu'à ce qu'il fe foit
acquis la dureté que nous donnons aux globes à feu lors que nous les preparons. En fin trempez toute la maffe dans du goudron, puis l'enveloppez d'eftoupes. Voyez en s'il vous plait la figure au Nomb. 216.

Le deffein de cét autre fac deffeigné au Nomb. 281, eft prefque femblable au precedent, finon que fa groffeur eft uniforme par tout fans eftre
plus enflé ny ventru par le milieu qu'aux extremitez, tel que nous vous
avons depeint l'autre, il eft tout rond comme un cylindre, joint qu'il
n'a point d'effieu qui paffe d'un bout à l'autre comme le precedent; mais
feulement des petits tuyaux de bois attachez bien ferme aux deux extremitez du fac remplis d'une compofition lente. La defcription du fuperieur vous en apprendra la compofition, la figure vous rendra le refte fort
aifé.

# Chapitre VI.

## Des Tonneaux & Barils artificiels.

Que les tonneaux auffi bien que les cylindres décrits cy deffus ayent
efté fort vulgairement mis en ufage entre quantité d'inventions
dont les anciens Grecs auffi bien que les Romains, & tant d'autres
nations qui ont vefcu de leur temps fe font fervy pour la deffence
des places, cela fe peut aifement connestre par le difcours que ie m'en
vay

vay vous en faire. Premierement voicy les parolles de Dionis Caſſius en ſon lib. 56. parlant de Tibere qui avoit aſſiegé une place ſituée au haut d'un rocher dans le Dannemarcq. *Dalmatarum alii lapides multos aut fundis emittebant , aut manu devolvebant , alii rotas , alii currus totos petris plenos ; alii arcas ſive dolia rotunda facta more gentis , & lapidibus referta demittebant.* Par où vous entendez que les aſſiegez ne ſe contentoient pas ſeulement de rouler grand nombre de pierres , des roües, des chariots chargez de cailloux , des coffres remplis de pierres, mais encore des grands tonneaux ronds faits à la mode du païs chargez de pareille marchandiſe. Heron rapporte quelque choſe de ſemblable en ſon Chap. 1. *Columnas, Rotas, currus quadrirotos ponderibus onuſtos, vaſa textilia, lapidibus aut terrâ madefactâ repleta, cujuſmodi ſunt ea quæ ex tabulis figura circuli cempoſita, vinum, oleum, & tales liquores ſuſcipiunt:* On faiſoit rouler du haut en bas des colomnes , des roües, des chariots chargez de peſants fardeaux , & ſur tout des vaiſſeaux ronds compoſez , d'un aſſemblage de douves, tels que ſont ceux qu'on employe à conſerver le vin, l'huyle, & toutes ſortes de ſemblables liqueurs, leſquels ils rempliſſoient de cailloux , de pierres , & de terre mouïllée pour en rendre la rencontre plus dangereuſe. Ammianus a auſſi des pareils ſentimēts en ſon liv: 20. *Et vimineæ crates cum procederent, conſidenter, eſſentque parietibus contiguæ ; dolia deſuper cadebant , molæ , & columnæ fragmenta , quorum nimiis ponderibus obruebantur pugnatores.* Or comme on eut paſſé le foſſé à la faveur des clayes & qu'avec beaucoup de confiēce on les eut portées juſqu'au pied des murailles ; on vit fondre d'en haut des tonneaux , des grands cartiers de rochers, & des fragments de colomnes, deſquels les aſſiegez ſe treüverent plutoſt accabléz quils n'en eurēt preveu la cauſe. Or ie vous dis encore derechef icy que toutes les authoritez de ces eſcrivains ne nous preuvent rien autre choſe, ſinon que toutes ces inventions ſervoient à accabler les ennemis, ou à ruiner leurs machines par la gravité de leur poids: & veritablement l'artifice n'en eſt pas ſi inconnu, ny la pratique ſi difficile, que nous ne puſſions les mettre en uſage, auſſi bien comme eux, ſi nous les jugiōs neceſſaires à la defance de nos places: mais noſtre poudre foudroyante a treuvée des expedians bien plus efficaces pour exterminer ceux qui entreprennent ſur nos vies & ſur nos biens. Voila pourquoy nous preparons maintenant des grands tonneaux au centre deſquels nous arreſtons un petit vaiſſeau plein de poudre ſur un eſſieu qui paſſe par le milieu, ou bien nous y mettons une groſſe & puiſſante grenade, laquelle nous environnons de pierres, de cailloux, de carreaux de fer , & de ſemblables d'ēnrées , puis nous rempliſſons tous les eſpaces vuides de chaux vive: les tonneaux eſtant pleins autant qu'ils peuvent eſtre , nous les faiſons renfoncer, & bien relier de cercles de fer , en fin apres y avoir ajuſtéz des tuyaux, pour porter le feu juſques dans la poudre nous les jettons de la ſorte du haut des remparts parmy les ennemis , où ils font plus de ravages en un inſtant que toutes les machines des Anciens n'en auroint pù faire en dixjours.

Or les effets de ces inventions prodigieuſe ſont ſi eſpouvantables qu'il n'eſt pas poſſible de vous les pouvoir faire comprendre , bien loing de vous les faire croire , à moins que vous ne vous ſoyez treuvé en quelque occaſion où elles ayent eſte employées & que vous les ayez veuës de vos propres yeux. Car je ne crois pas que l'eſprit humain pût jamais inventer une peſte plus pernicieuſe que celle là, pour deſtruire l'ennemy dans le ſiege d'une place laquelle il s'opiniatre d'emporter par force, pour moderer la violēce de ſes aſſauts, & pour arreſter les courages les plus determinez à la perte

de

de leur propre vie. Nous avons un exemple des horribles effets de ces machines meurtrieres dans le fiege de S. André en Efcoffe, arrivé en l'an de Noftre Sauveur 1524 : auquel un de ces tonnneaux chargé de poudre de pierres & carreaux de fer, ayant efté roulé du haut en bas parmy les ennemis, bleffa plus de fix cens foldats dans un affault : entre lefquels il s'en treuva trois cens vingt & un de morts fur la place. Nous apprenons cete hiftoire de Hierofme Ruffeli Italien, dans les preceptes qu'il nous donne de la milice moderne.

Les affiegeans pourroient auffi affez ayfement jetter des pareils tonneaux dans les villes & places affiegées ( & mefme des cylindres & des facs ) s'ils avoient des machines propres à cela : ce qui leur feroit fort facile, s'ils vouloient remettre en ufage les anciennes baliftes : defquelles nous ne parlerons pas icy d'avantage puifque nous en avons fuffifamment fait mention ailleurs.

On peut auffi quelquefois cacher ces bariques artificielles fous terre, dans un paffage fort eftroit, à l'entrée d'une place, ou devant la porte d'une ville : dans lefquelles on aura ajufté fort adroitement un roüet d'arquebufe garny d'une bonne pierre à fuzil, avec une longue ficelle qui s attachera à la detente pour le faire debander lors qu'on voudra faire joüer la mine : mais vous aurez foin de faire paffer ce fil par un canal foufterain en telle forte qu'il ne paraiffe nullement. Que fi ce moyen ne vous plaît pas, vous pourrez pour le plus certain y mettre un morceau de mefche, ou de noftre eftoupe pyrotechnique retortè d'une telle longueur qu'elle puiffe durer jufques au temps que l'ennemy doit pareftre pour entrer par cét endroit : en telle forte toutéfois que le bout de la mefche qui fera allumée puiffe refpirer l'air par un canal de cuivre ou de fer lequel viendra jufqu'à la fuperficie de la terre, depeur que le feu demeurant accablé fous fa propre cendre il ne s'efteigne, & par confequent ne trompe voftre attente. Mais ie n'ay que faire de m'en donner d'avantage de peine, l'ingenieur qui aura l'efprit bon, trouvera des expediants affez pour faire reüffir fon deffein.

Nous treuvons que la neceffité fuggera autrefois divers moyens aux affiegez non feulement pour rompre & renverfer les machines des affiegeans à force de pierres, & par le poids des puiffantes maffes qu'ils élançoient à l'encontre, mais auffi pour les brûler & reduire en poudre. Voila pourquoy entre autres expediens qui jugeoient propres pour cete execution ils rempliffoient des barils & tonneaux de matieres ardentes, puis les envoyent parmy les ouvrages des ennemis. Tefmoing Cefar livre 2 de la guerre civile parlant des Maffiliens affiegez : *Ubi ex ea turri quæ circum effent opera tueri fe poffe confifi funt , mufculum fexaginta pedes longum ex materia bipedali , quem à turri lateriria ad turrim hoftium murumque producerent , facere inftituerunt : cujus mufculi hæc erat forma. Duæ primùm trabes in folo æquè longæ , diftantes inter fe pedes quatuor collocantur : inque eis columellæ pedum in altitudinem quinque defiguntur. Has inter fe capreolis molli faftigio conjungunt , ubi tigna quæ mufculi tegendi causâ ponunt , collocentur. Eò fuper tigna bipedalia injiciunt , eaque laminis clavifque religant : ad extremum mufculi tectum trabefque extremas , quadratas regulas , quatuor patentes digitos defigunt : quæ lateres , qui fuper mufculo ftruantur , contineant. Ita faftigiato atque ordinatim inftructo ut trahes erant in capreolis collocatæ , lateribus lutoque mufculus , ut ab igni qui ex muro jaceretur tutus effet , contegitur. Supra lateres coria inducuntur , ne canalibus aqua immiffa lateres diruere poffit. Coria autem , ne rurfus igni ac lapidibus corrumpantur , centonibus conteguntur.*

*Hoc*

*Hoc opus omne tectum vineis ad ipsam turrim perficiunt, subitoque in oppinanti-
bus hostibus, machinatione navali, phalangis subjectis ad turrim. hostium admo-
vent,ut ædificio jungatur. Quo malo perterriti subito oppidani,saxa quam maxima
possunt vectibus promovent,præcitataque muro in musculum devolvunt. Ictum fir-
mitas materiæ sustinet, & quicquid incidit fastigio musculi delabitur. Id ubi vi-
dent, mutant consilium. Cupas tædâ ac pice refertas incendunt, easque de muro in
musculum devolvunt.Involutæ labuntur; delapsæ ab lateribus longuriis furcisque
ab opere removentur.Interim sub musculo milites vectibus infima saxa turris hostium convellunt.Compluribus jam lapidibus ex ea quæ suberat turri subductis, re-
pentina ruina pars ejus turris concidit.*

En sorte que ces pauvres & miserables assiegez n'ayans pas pû ruiner une
certaine machine qu'on avoit dressée pour abbattre leurs tours, à cause de
la resistance de la couverture qui estoit à l'espreuve des pierres & de l'eau
qu'on y pouvoit jetter,ils s'adviserent de remplir des tonneaux de poix,& de
bitume, puis les rouler tous ardens du haut en bas des murs sur cete
machine, quoy que cét expediant ny servit de rien, veu que ces corps ronds
ne pouvans demeurer arreftéz sur le comble qui estoit elevé en pointe,rou-
loient à bas, joint que d'ailleurs les soldat en esloignoient promptement le
feu avec des grandes perches de peur qu'il ne s'y attachât par les costez.

Cete invention m'agréet fort, mais ses effets me deplaisent infiniment.
Il est bien vray qu'ils en eussent veu des beaucoup plus violents,si ces malheureux eussent eu quelque connéssance de nostre poudre à canon, & si
dans des si pressantes necessitez ils eussent eu la science & l'adresse de preparer des tonneaux tels que ie les vous ay decripts cy dessus. Il n'y a galleries pour impenetrables qu'elles paraissent, il n'y a couverture si forte;
cuirs de beufs, ny madriers, blindes, ny chandeliers assez espais, il n'y a
hommes armez les fussent-ils d'acier jusques aux dents, qui puissent souffrir le choc des cailloux & carreaux de fer, ny des grenades que nous ren-
fermons ordinairement dans ces pernicieuses machines. Heureux qui en
auroit pù éviter la fureur,ou qui par sa fuite auroit pù donner ordre a son
salut, avant que le feu fut passé dans la poudre! bien loing de s'en approcher pour esloigner nos tonneaux de leurs engins avec leurs fourches.

Ie vous ay desseigné les formes de nos tonneaux artificiels aux nombres 219, 220, & 221. Mais la derniere figure vous represente deux
barils ensilez sur un mesme axe de fer : lesquels ne sont pas remplis de pierres, mais bien de grenades,de petards,& de poudre grenée, reliez de bons
cercles de fer, & brochez tout à l'entour de grandes pointes d'acier; la
raison pourquoy on les arme de la sorte,est pour prevenir le dessein de certains avanturiers qui pourroient se hazarder à les couper à coup de haches avant que le feu fut porté dans la capacité des tonneaux ; c'est pour
cela mesme qu'on les arreste sur un essieu de fer, & qu'on garny les roués
de bandes de fer & de liens de pareille matiere.

Que si d'avanture ces bariques artificielles ne sont pas trop pesantes, on
en pourra faire provision pour les combats de mer, en charger sur les vaisseaux de guerre, & dans les occasions les envoyer à travers les navires des
ennemis,de mesme que nos pots à feu.

Vous aurez grand soin de bien arrester les tuyaux qui contiennent l'a-
morce : car c'est en cecy que gist tour l'artifice autrement vous courez
risque de voir vôtre travail inutile.

Eee Dans

Dans les deux precedentes figures les lettres AA vous marquent un petit baril rempli de poudre,& une grenade, qui se mettent aux centres des tonneaux. Le reste s'apprendra aisément par les figures.

# Chapitre VII.

### Des Falots & Flambeaux Pyrotechniques.

Nous n'entendons icy par ce mot de Falots rien autre chose sinon des certains brandons de feu d'artifice qu'on envoye de loing ou de prés parmy les ouvrages des ennemis pour les embraser promptement. Pour dire la verité on les met fort peu, ou point du tout en usage aujourd'huy; les Anciens s'en sont autrefois fort heureusement servy an rapport de Vitruve lib. 2. chap. 9. *Divus Cæsar cum exercitum habuisset circa Alpes imperavissetque municipiis præstare commeatus, ibique esset castellum munitum, quod vocabatur Larignum, tunc qui in eo fuerunt, naturali munitione confisi, noluerunt imperio parere. Itaque imperator copias jussit admoveri. Erat autem ante castelli portam turris ex hac materia, alternis trabibus transversis ( uti Pyra ) inter se composita altè, ut possit de summo sudibus & lapidibus accedentes repellere: tunc verò cum animadversum est, alia eos tela præter sudes non habere, neque posse longius à muro propter pondus jaculari, imperatum est fasciculos ex virgis alligatos, & faces ardentes ad eam munitionem accendentes mittere. Itaque celeriter milites congesserunt. Postquam flamma circa illam materiam virgas comprehendisset, ad cælos sublata, effecit opinionem uti videretur jam tota moles concidisse. Cum autem ea per se extincta esset, & requieta turrisque intacta apparuisset, admirans Cæsar, jussit extra telorum missionem eos circumvallari. Itaque timore coacti oppidani cum se dedissent, quæsitum unde ea essent ligna quæ ab igni non læderentur: tunc ei demonstrarunt, eas arbores, quarum in his locis maximæ sunt copiæ,& ideo id castellum Larignum, item materies Larigna est appellata.*

Ie vous exposeray cecy en quatre mots. Cesar ayant ses troupes aux environs des Alpes, assez proche un chasteau qu'on appelloit Larigne à cause de certains arbres de ce nom qui y croissoient en abondance le fit sommer à se rendre. Mais comme ceux qui le tenoient se fioient à la fortification naturelle du lieu ils ne voulurent point se sous-mettre à la premiere semonce que l'Empereur leur en fit faire, ce qui obligea Cesar à faire advancer ses troupes, vers ce lieu pour s'en rendre maitre, mais il rencontra à la porte du chasteau, un puissant obstacle à sçavoir une tour fort haute, bastie de grandes poutres posées l'une sur l'autre de travers, à la façon d'un bucher, d'où les assiegez estoient resolus de se deffendre fort & ferme avec des zagayes, estocs, & pierres: de quoy Cesar s'estant apperceu, & qu'ils n'avoyent poins d'armes qui pussent luy nuire qu'à la portée de leurs bras, il fit apporter quantité de fagots, & les jetter à l'entour de cete redoute de bois avec force flambeaux & brandons de feu qu'on y envoya parmy, ce qui fût incontinant fait: le feu s'attacha en effet fort afprement à ce bois qu'on y avoit jetté, & fit élever tant de flamme & de fumée que l'on creut fermement que la tour seroit tout à fait consommée,

Mais

Mais auſſi toſt que ce feu fût eſteint & que la flamme ſut diſparuë on ſut
bien eſtonné de revoir la tour auſſi entiere comme auparavant, ce que Ceſar ayant remarqué comme un effet prodigieux commenda qu'on eût à la
ſerrer de pres, & s'en approcher juſques à la portée de leurs armes, cecy
donna l'eſpouvante aux aſſiegéz tellemēt qu'ils ſe rendirent bien toſt apres
Ceſar leur ayant demandé d'où venoit ce bois qui reſiſtoit ainſi à la violence des flammes : ils luy montrerent les arbres que ce terroir produiſoit
abondamment, du nom deſquels ils avoient appellé leur chaſteau Larigne.
    Silius nous fait auſſi mention de ces falots *In pugna Cannenſi.*

> *Ullum nec deſit teli genus, hi ſude pugnant,*
> *Hi pinu flagrante cient, hi pondere pili,*

Lucan meſme *in Pharſalica :*

> *-- inde ſagittæ*
> *Inde faces & ſaxa volant.*

Vigile en parle auſſi en quelque endroit

> *Iamque faces & ſaxa volant, furor arma miniſtrat.*

Lipſius en ſon 5 lib. *Poliorceticon*, nous explique de quelle matiere les Anciens avoient de coûtume de preparer ces torches, en ces termes. *Fuere faces
communes illæ, è picea, larice, abiete & quibus in uſum luminis domi etiam uſi; etſi
hæc credo paulò robuſtiores aut grandiores. Has manu jaciebant, & deſtinabant in
machinas propinquas: ſed & iis pugnabant.*

    Les falots les plus communs eſtoint ceux qui ſe faiſoient de pin, de ſapin,
& d'un autre bois preſque de meſme nature, deſquels il ſe ſervoient non ſeulement pour leur uſage particuliers dans leurs maiſons, mais auſſi dans leurs
combats, & à mettre le feu aux machines des ennemis lors qu'ils en eſtoint
aſſez proche pour les y pouvoir élancer avec le bras.

    Tout cecy eſt de-ja vieil: mais voicy Paulus Piaſecius Eveſque de Premiſle
& le plus celebre de nos analiſtes, qui nous en rapporte des exemples un
peu plus recens, dans un paſſage où il fait mention de Wielkoluki ville de
Moſcovie autrefois aſſiegée & priſe par EſtienneRoy de Pologne, il en parle
en ces termes ; *Arx verò erat foſſa profundiori circumdata, & loco muri ejus pa-
ries, ex immenſa in latum & altum roborum mole compaginatus, quem vallum con-
tiguum ceſpitico vertice exæquans, firmum & ad omnem machinationem impetum
immobilem reddebat, ut nulla vi alia, niſi incendio labefaſtari potuiſſet &c.* puis
en ſuite de quelques autres diſcours : *Zamoyſcius Cancellarius cum legione ſua
in alteram fluminis ripam arci adverſam trajecerat, ibique aggeribus excitatis, machinas contra primaria arcis propugnacula bifariam erexit Ab altera verò parte
Rex foſſas propè arcem duci, tormentaque contra hoſtiles munitiones dirigi fecit,
& biduo in eo opere inſumpto, prima Septembris tormenta vibrari cæpta, quatuor diebus mœnia arcis quatiebant; ſed irrito eventu, cum parietes terrâ repleti
& vallo ſuſtentati, iſtus pilarum tormentorum non reciperent, donec cuniculis
aſtis, unum propugnaculum everſum, ignem ex copioſiore pulvere nitrato ibi aſ-
ſervato concepit, & ſummo niſu reſtinguentibus illud Moſchis, alia parte ſubjeſtæ
ſub veſperum parieti faces ſulphureæ, quæ multis horis latentes humiditate ſoli ex-
tinſtæ credebantur, media noſte oborto validiori vento agitatæ exarſeruût. Moxque flammis inde dilatatis tota arx quinta Septembris deflagravit. Moſchos ex
incendio erumpentes furor militaris excepit, vix tertia parte omnium qui ibi fuerant ſervata &c.*

    Par où vous pouvez entendre que le Roy de Pologne conſiderant que
ſon artillerie n'avoit pû esbranler pendant quatre jours entiers les remparts
de cete place qu'il avoit aſſiegée, il fut contraint d'avoir recours à la mine

d'un

d'un cofté, & de faire jetter de l'autre quantité de torches & de flambeaux faits d'une matiere foulfrée qui fur la minuit à la faveur d'un vent qui s'éleva, embraferent toutes les baricades & clofures qui n'eftoient faites que de bois, lors que l'on y penfoit le moins,& qu'on croyoit mefme qu'ils fuffent entierement efteins.

Voila tout ce que ie pouvois vous dire touchant l'ufage & les effets des torches & falots artificiels: il me refte feulement à vous informer comme quoy vous les pourez preparer fuivant les regles de noftre art,en cas que d'avanture la neceffité vous oblige à vous en fervir. Prenez doncques du Soulfre 8 parties, de la Colophone 2 parties, du Salpetre 4 parties ,de la Poix ,noire 1 partie, de la Cire β partie, de la Terebenthine 1 partie : apres avoir mis tous ces ingredians dans un pot de terre verniffée, ou d'airain faitez les fondre fur des charbons ardents; lors qui feront fondus jettez dedans du vieil linge bien lavé & bien deffeiché, ou bien de l'eftoupe; imbibez-là bien de cete matiere, puis l'ayant tirée de là enveloppez-en un bafton affez long avant qu'elle foit refroidie, & la liez bien ferré de fil de fer ou de laiton : mais il faudra que premiérement vous attachiez quelques clous à ce bafton, afin que la compofition adhere mieux. Voftre flambeau eftant preparé de la forte, vous le pourrez allumer affeurement, le porter,ou le jetter là où bon vous femblera fans crainte que ny le vent ny la pluye le puiffent efteindre,au contraire ardra dans l'eau & fous l'eau avec une opiniatreté merueilleufe, jufqu'à fon entiere confomption, & ne pourra jamais eftre fuffoqué à moins que de l'accabler ou de fable ou de cendre.

# Chapitre VIII.

### Des Flefches ardentes.

Ce que nous appellons icy fagettes ou flefches ardentes, eft ce qu'on nommoit auttefois des *Malleoles*: quoy que neantmoins certains autheurs les confondent avec les flambeaux & manipules. Comme fait Nonius Marcellus qui dit que : *Malleoli funt manipuli fpartei pice contecti qui incenfi aut in muros aut teftudines jaçiuntur.* Feftus s'y trompe de mefme : *Malleoli vocantur non folum parvi mallei, fed etiam ii qui ad incendium faciendum aptantur, videlicet ad fimilitudinem priorum.* Comme auffi Tite Live : *alii ftuppam picemque & malleolos ferentes tota collucentes flammis acie advenere.* Mais Herodianus s'explique un peu mieux quand il parle de la forme des Malleoles ,quoy que neantmoins il ne laiffe de leur donner quelquefois le nom de torche,car comme il en parle en fon liv. 8, difcourant fur le fiege d'Aix : *Sed & machinis admotis faces injiciebant pariter pice & refinâ oblitas, & in extremo fagittæ mucronem habentes, quæ cum accenfæ deferrentur, infixæ & inhærentes machinis, facilè eas comburebant.* Mais de tous les Autheurs ie n'en treuve point qui ait donné une defcription plus pertinente, de la forme,de l'ufage, & de la façon de les preparer que Ammianus lib. 23.Il nous la donne en ces termes : *Malleoli teli genus figuratur hac fpecie : Sagitta eft cannea inter fpiculum & arundinem multifido ferro coagmentata quæ in muliebris coli formam, quo nentur linea flamina, concavatur ventre fubtiliter, & plurifariam patens, atque in alveo ipfo ignem cum aliquo fufcipit alimento & fi emiffa lentius arcu in valido ( ictu enim rapidiore*

ex

*extinguitur.* ( c'eſt icy où l'on peut remarquer le beſoin qu'ils avoient de noſtre Salpetre & de noſtre poudre pyrique leſquels ſont ſi puiſſans qu'ils peuvent conſerver le feu dans tous nos miſſiles pyrotechniques, malgré l'impetuoſité des vents, & la rapidité des mouvements les plus viſtes; mais au contraire s'emflamment d'avàntage lors qu'ils ſe treuvent attaquéz par ces ennemis eſtrangers) *ſi hæſerit uſquam tenaciter cremat, aquiſque conſperſa acriores excitat æſtus incendiorum , nec remedio ullo quam ſuperinjeéto pulvere conſopitur.* Le malleole eſt une eſpece d'armes fait comme un grand dard de canne , armé d'un fer de pluſieurs doubles entre la pointe & le roſeau , il a juſtement la forme d'une quénoüille , on le creuſe ſubtilement par de-dans & en pluſieurs ſortes , puis on le remplit de quelque aliment capable de côcevoir le feu, & en cét eſtat on l'envoye où l'on veut avec une arc, mais par un mouvement fort moderé neantmoins , car s'il eſt porté avec trop de viteſſe , la flamme s'eſteindra infailliblement, s'il s'arreſte, ou qu'il s'atta-che en quelque endroit il brûle puiſſamment; ſi vous y jettez de l'eau le feu s'irrite & en augmente ſa flamme de plus en plus , en fin il ne vous ſe-ra pas poſſible de l'eſteindre qu'en l'accablant de pouſſiere ou de ſable. Ve-geſe parle des Malleoles preſque au meſme ſens lib. 4. Chap. 18. *Malleo-li velut ſagittæ ſunt, & ubi adhæſerint (quia ardentes ſunt) univerſa conflagrant.* Enée qui eſt un eſcrivain fort ancien , *in libello Poliorcetico cap.* 32. appelle cete eſpece d'armes ſimplement des fleſches ardentes de meſme que nous; ce que vous pourrez remarquer par ſes parolles qu'Iſaac Caſaubon nous a traduites en Latin. *Adverſus magnas* (ce dit-il) *machinas ſuper quibus multi ar-mati admoventur, & ex quibus tela mittuntur, cum alia tum catapultæ & ſundæ, atque etiam in teéla arundinacea ſagittæ igniferæ,*

Voila ce que j'avois à vous dire touchant les fleſches ardentes des An-ciens : reſte à vous expoſer brievement les noſtres & vous enſeigner com-me quoy on les pourra conſtruire, vous en trouverez de trois ſortes aux nombres 222, 223. & 224. La conſtruétion de la premiere eſt telle: faites faire un petit ſac de la grandeur d'un oeuf d'oye, ou de cygne d'une figure longue , ou ronde, de meſme que nous vous en avons deſſeignéz quelques uns pour les globes à feu. Rempliſſez-le d'une compoſition ſaite de 4 ℔, de Salpetre clarifié , d'une ℔ de Soulfre, de Poudre battuë 1 ℔, de Cam-phre β ℔, de Colophone ℔ β. Ou bien de celle-cy qui eſt ſaite de 2 ℔ de Salpe-tre , de 2 ℔, de Poudre, de Soulphre 1 ℔, de Colophone ℔ β, Adjoûtez y ſi vous voulez celle-cy qui eſt d'egale vertu avec les deux precedentes dans laquelle entrent 8 ℔, de Salpetre , de la Poudre 6 ℔, & du Soulphre 4 ℔, Lors que vous aurez bien remply ce ſac faites un trou par le milieu dans le-quel vous paſſerez une fleſche commune , telle qu'on a de coûtume de ti-rer avec les arcs ou arbaleſtes. Faites en ſorte qu'elle paſſe le ſac de tout le fer , puis paſſez immediatement par deſſous le fonds du ſac une petite che-ville de bois à travers la fleſche, ou bien l'arreſtez avec deux ou trois cloux afin que ledit ſac ne branſle point , & qu'il ne retourne vers les panaceaux lors qu'il ſera dans l'air , ou quand il s'attachera ſur quelque objet re-ſiſtant.

Cela ſait on l'enveloppera de ficelle entretiſſuë, comme la figure le de-monſtre , ou comme nous vous l'avons enſeigné dans la conſtruétion des globes ardents. En fin enduiſez toute la ſuperficie du ſac de poix liquide meſlée avec de la poudre battuë , puis apres y avoir donné feu par deux pe-tits trous qu'on percera proche la lame, vous l'envoyrez où bon vous ſemb-lera, avec un arc, ou arbaleſte.

Des deux autres dards celuy qui est marqué du nomb. 223 a une hemi-
phere concave à la teste, dans laquelle on engage une grenade à main, ou un
globe ardent lors qu'on a dessein de porter le feu dans quelque lieu. En fin
le troisiéme a une certaine boëte au bout, laquelle on remplit de quelqu'une
de ces compositions que nous avons décrites cy dessus. Le diligent Pyroboliste en treuverà d'avantage chez Brechtelius partie 2. chap 3. de sa
Pyrotechnie. Chez Ufanus en son 3 traité chap. 23. Hanzelet pag. 162,
Hierosme Ruscel, pag. 48. & chez quantité d'autres autheurs qui en parlent
assez au long.

Or il est tres aysé à conjecturer par la suite de nostre discours, à quoy les
flesches ardentes peuvent estre utiles, quoy qu'on n'en fasse pas grand estime aujourdhuy & que la plus part des personnes sans experience s'imaginent qu'elles ne peuvent pas estre beaucoup propres pour porter le feu
dans quelque lieu, ou peut-estre à cause que dans les sieges modernes on
n'a pas eu occasion de les mettre en usage. Toutefois Ufanus nous raporte
dans son troisiéme traité d'Artillerie chap. 23. que l'Espagnol s'en est servy
fort heureusement dans les sieges d'Ypres & d'Ostende. Mais si je repre-
nois l'histoire un peu plus haut, ie pourrois vous produire une infinité d'ex-
ēples par lesquels ie vous ferois aduoüer que leur vertu est admirable & que
l'usage n'en est pas à mepriser. Or pour ne point embarasser ce chapitre d'un
grand nōbre de tesmoins que ie pourrois faire comparaître icy, ie me cōten-
teray de Martin Cromer parlant des beaux explois de guerre executez par
les Polonois lib. 26. devant la ville de Choinice assiegée par le Roy Casimir en
l'an de N. S. 1466. lequel rapporte cecy: *nec multo nostri post* (il entend les Polonois) *sagittis ignem jaculati noctu oppidum incenderunt ita, ut quarta ejus cum
frumento conflagraret.* marque que l'usage en est excellent puisque par cete
voye ils embraserent une bourgade en telle sorte que la quatriéme partie
en fût consommée avec tout le froment; vous treuverez mille exemples
de cecy chez d'autres autheurs. Mais s'il y a lieu où l'on puisse s'en servir
commodement, c'est dans les combats navales pour mettre le feu aux mats
& aux voiles des ennemis; particulierement de celles qui sont armées de
pointes de fer. Car veritablement ie ne crois pas qu'il y ait chose plus dangereuse dans des pareilles occasions que ces flesches ardentes, parce que
estans une fois embarassées parmy les voiles & les cordages on ne pourroit
pas les arracher aisément ce qui les brûleroint sans relâche, joint qu'il seroit
impossible d'en esteindre les flammes à moins que de caller les voiles, pendant ce temps ie vous laisse à penser si les agresseurs pourroient aborder
les vaisseaux, les ruiner & les saccager par le moyen des advantages que leur
auroient donnéz ces flesches ardentes: car qu'est ce ie vous prie qu'un vaisseau qui ne va point à la rame particulierement, lors qu'il se void ruiné de
voiles en pleine mer, & au milieu de ses ennemis, sinon un oyseau dans
l'air sans ailes, un homme sans pieds & sans mains, bref un corps sans ame.
En fin on pourra jetter la nuit toutes ces especes de flesches sans les allumer, dans les maisons des places assiegées, afin que ce feu surprenne d'autant plus les habitains, qu'ils auront moins preveu des effets si funestes à
leur ruine. Mais pour faire cecy adroitément, il faut inserer dans les amorces
des sacs, ou dans les orifices des deux autres, un petit morceau d'esponge allumée & preparée suivant que nous l'avons enseignée, au lib. 3, chap. 28. l'u-
sage & la necessité que vous en aurez vous y rendront sçavans.

Cha-

# Chapitre IX.

### Des Lances à feu.

N os Lances ardentes reſſemblent preſque à une eſpece de longs javelots qu'on appelloit autrefois Phalarices, & qu'ordinairement en
élançoit à l'encontre des ennemis avec des machines ou bië à force
de bras. Eſcoutez ce qu'en dit Vegeſe touchant la premiere voye de
les darder : *Quod ſi oppidani exire non audeant , majore Balliſta malleolos vel
phalaricas cum incendio deſtinant.* Nous parlerons de la ſeconde un peu plus
bas. Voyons premiérement ce que diſent les eſcrivains en faveur de leur
forme, de leur preparation & de leurs effeʿts. L'autheur cy deſſus cité lib.
4. c. 18. apres nous avoir décrit les malleoles. *Phalarica, autem ad modum haſtæ, valido præfigitur ferro; inter tubum & haſtile ſulphure, reſina, bitumine, ſtuppiſ-
que convolvitur , infuſo oleo quod incendiarum vocant , quæ balliſtæ impetu deſti-
nata, perrupto munimine ardens figitur ligno , turritamque machinam frequenter
incendit.* Les Phalarices eſtoient une eſpece de dards arméz d'un puiſſant fer
bien aceré , leſquels entre le fer & la hampe eſtoient garnys de ſoulphre
de reſine, de bitume,& d'eſtoupes parmy quoy on meſloit de l'huyle ardente , puis en cet eſtat on les élançoit par le moyen des baliſtes dans les ouvrages des ennemis, à travers leurs baſtiments, où ils s'attachoient tous ardens , & conſequemment cauſoient des incendies eſpouvantables. Tite
Live decad. 2. lib. 1. nous rapporte que le Phalarice eſt proprement une arme Sagontine. *Erat Saguntinis Phalarica miſſile telum , haſtili oblongo , & cætera tereti præter quam ad extremum unde ferrum extabat , id ſicut in pilo qua-
dratum ſtuppa circumligant , linebantque pice , ferrum autem tres in longum habebat pedes , ut cum armis tranſigere corpus poſſet , ſed id maximè etiamſi adhæſiſ-
ſet in ſcuto , nec penetraſſet in corpus , pavorem faciebat.* Lipſius adjoûte encore cecy ſur ce paſſage de Tite Live : *Terrible telum ſi examinatis viſu& iʿtu:
hæc talia quid niſi præludia noſtrorum fulminum ?* Silius fait auſſi mention des
Phalarices des ces Sagontins au ſubjet de Tite Live,

> *Armavit clauſos , & portis arcuit hoſtem*
> *Librari multa conſueta Phalarica dextra*
> *Horrendum viſu robur, cëlſiſque nivoſæ*
> *Pyrenes trabs leʿta jugis cui plurima cuſpis,*
> *Vix muris toleranda lues,ſed cætera pingui*
> *Unʿta pice, atque atro circumlita ſulphure ſumat.*
> *Fulminis hæc ritu ſummis è mænibus arcis*
> *Incita, ſulcatum tremula ſecat aëra flamma.*

Lucan lib. 1. Pharſal, vers, 195.

> *Quid nunc verſant jaculis levibuſque ſagittis*
> *Perditis , hæſuros nunquam vitalibus iʿtus ?*
> *Hunc aut tortilibus vibrata phalarica nervis*
> *Obruet , aut vaſti muralia pondera ſaxi*
> *Hunc aries ferro, balliſtaque limine portæ*
> *Submoveat, ſtat non fragilis pro Cæſare murus.*

Vir-

Virgile raconte des chofes effroyables touchant les effets de cete efpece d'armes lib.9.de fes Æneid.

> *Non jaculo , neque enim jaculo vitam ille dediſſet ,*
> *Sed magnum ſtridens contorta Phalarica venit*
> *Fulminis acta modo , quam nec duo taurea terga*
> *Nec duplici ſquamma lorica fidelis , & auro*
> *Suſtinuit , collapſa ruunt immania membra.*

Nous treuvons encore chez Servius s'arreſtant ſur ce paſſage de Virgile, où il nous explique fort au long l'etimologie de ce dard, ſa forme,& ſa figure en ces termes : *de hoc telo legitur , quia eſt ingens torno factum habens ferrum cubitale ſupra quod veluti quædam ſphæra , cujus pondus etiam plumbo augetur , dicitur enim ignem habere adfixâ ſtuppa circumdatum , & pice oblitum,incenſumque aut vulnere hoſtem aut igne conſumit : hoc autem telo pugnatur de turribus , quas phalas dici manifeſtum eſt , unde & in circo phalæ dicuntur diviſiones inter Euripum & metas,quod ibi conſtructis ad tempus turribus , his telis pugna ediſolebat,hinc Phalarica haſta , ſicut alia muralis.* En forte qu'il croit que ce genre d'armes eſtoit un bois aſſez long armé d'un fer long d'une coudée ſur lequel on ajuſtoit comme une certaine ſphere dans laquelle on metoit du plomb pour la rendre plus peſante,quelques uns croyent qu'on y attachoit du feu par le moyen de certaines eſtoupes imbuës de poix,de laquelle on l'enveloppoit, puis on l'allumoit avant que de l'envoyer parmy les ennemis. Il eſt tres manifeſte qu'on les appelloit *Phales*, du nom des tours d'où l'on les élancoit : de là eſt venu ce mot de Phalarice , & dard phalarique, à la difference des autres qu'on nommoit murales à cauſe qu'on les lançoit du haut des murailles.

Tacite les appelle en quelques endroits des dards & lances ardentes : *Crates vineaſque parantibus adactæ tormentis ardentes haſtæ.* Or c'eſt ce nom que nous avons retenu pour nous : par un commun conſentement de tous nos pyrotechniciens & Pyroboliſtes.Car les Italiens les appellent *Dardi di fuoco* : les Francois ne nous les nomment pas autrement que *Lances & Piques à feu*: les Allemands *Fewer-picken*, les Flamends *Vyer-ſpiſſen* : & en fin nous autres Polonois *Ogniſtæ Wlocznie*,ou *Kopiie.*

S'il vous plait voir la figure de nos lances à feu jettez les yeux au nombre 225 : pour le regard de leur conſtruction, elle eſt de celles que nous avons ordonnées pour les fleſches de la premiere eſpece , il ny a que cete ſeule difference,à ſçavoir qu'elles renferment en ſoy quâtité de petards de fer vulgairement preparéz,& tels que font ceux que nous avons ordonnez pour les globes à feu,c'eſt en quoy elles ſurpaſſèt de beaucoup les phalarices des anciens , ou au contraire c'eſt en cela que les phalarices les ſurpaſſent ; car à grand peine pourrions nous aujourdhuy envoyer nos lances à feu avec nos pieces d'Artillerie de la meſme façon que les Anciens élancoient leurs Phalarices par le moyen de leurs Baliſtes, & Catapultes, comme il paroiſt par les teſmoignages des Autheurs que nous avons citez cy deſſus.

Mais en eſchange de ces lances,nous avons d'autres brandons artificiels pour faire les meſmes effets que faiſoient autrefois les phalarices : leſquels nous pouvons commodement envoyer chez les ennemis avec nos canons. C'eſt de quoy l'on arme maintenant les ſoldats dans les aſſauts des places & forterſſes , dans les preſſantes attaques des villes forcées , & dans les abordemens des vaiſſeaux.Comme en effet cete eſpece d'armes eſt horrible & eſpouvantable à qui en confidere les eſtranges executions : car imaginez vous que les ſoldats font armez d'autant de piſtolets, que cete ſorte d'armes

mes

mes renferme en foy de petards de fer : & confequemment un foldat armé d'une pareille lance fait le devoir de plufieurs moufquètaires : & d'avantage il les furpaffe encore de beaucoup, car non feulement il a le feu & le plomb, qu'il fait pleuvoir fur fes ennemis , mais encore le fer & la hampe de la lance, de quoy il fe peut deffendre de ceux qui luy refte à combatre : joignez encore à cela que fi l'affaut fe fait de nuit, il fert de flambeau à fes compagnons , & leur fait affez de clarté pour decouvrir les embafcades des ennemis, & s'empefcher d'en eftre furpris.

# Chapitre X.

## Des Tuyaux à feu.

Ie ne vous ay depeint qu'une feule efpece de ces tuyaux à feu militaires fous le nombre 226, laquelle eft femblable à celle des tuyaux recreatifs deffeignez au N° 195. Mais ie ne treuve rien qui empefche que nous n'employons tous les recreatifs dans des occafions militaires , apres en avoir ofté les matieres qu'on y avoit employéez pour former les feux de joye , & remis en leur place quelques compofitions de celles qui fe preparent pour la perte & ruine des ennemis, à fçavoir les grenades manüelles, les petards, & toutes chofes femblables ; comme vous le pourrez remarquer dans la figure mefme ; en laquelle au lieu de petards de papier , j'ay aresté bien ferme fur la fuperficie exterieure du tuyau nos petards militaires. Il y a encore une autre chofe en quoy nos recreatifs different de ces militaires : à fçavoir qu'on les pourra faire portatifs ny plus ny moins que nos lances à feu cy deffus décriptes. Au refte ie vous adverty que tous ces petards doivent eftre tellement difpofez qui foient tournez directement vers l'ennemis, pour fe decharger fur eux.

# Epilogue.

Voila Amy Lecteur la tafche de la premiere partie de noftre Artillerie achevée avec autant de diligence que la foibleffe de noftre nature me la pù permettre, que fi vous, & toutes les honeftes gens en peuvent tirer quelque chofe d'utile, ie ne me repentiray point du travail , de la dépenfe, ny de tant de belles heures de ma vie que i y ay employéez. Au contraire fi ie reconnois que mon labeur vous ait efté agreable, voftre eftime m'élevera le courage, & m'obligera à m'attacher à quelque chofe de plus fublime & de plus digne de vous : tout cecy n'eft qu'un avant-jeu des deffeins que ie medite, & que ie me fuis propofé de donner au public pourveu qu'il plaife à la Divine Bonté feconder mes intentions. I'advoüe qu'en effet i'ay obmis quantité de chofes en ce petit ouvrage, tant pour les feux recreatifs que pour les ferieux & militaires, mais ie veux bien que vous fçachiez que ce n'a pas efté tant par ignorance que par le mefpris que i'en ay fait, ou que i'ay treuvé bon de differer à un autre temps, ou bien parce qu'une partie auroit deja efté preoccupée : à quoy vous adjouterez l'importunité de l'imprimeur qui ne m'a donné aucune relâche Au refte fi j'ay choppé en quelque endroit, ou s'il m'eft efchappé quelque chofe qui n'ait pas toute fa grace requife, comme ie fçais qu'il m'eft arrivé fort fouvent, ie vous en deman-

mande pardon , ie n'ay ny crainte , ny honte d'eſtre repris pourveu que ce
ſoit par des amis,& qu'ils le faſſent amiablement;car pour la mediſance & la
correction impertinente,elles ne peuvent provenir que d'un eſprit envieux
ou bouffon.Pour moy ie me mocque de tous ces critiques & de leurs jugements au lieu de leur chanter des injures.Mais que diſ-je n'auroit-il pas
mieux valu , pour conſerver la bonne opinion que ceux qui me conneſſent,
auroit de-ja conceu de ma reputation , de me taire , que de parler ſi haut ,
particulierement en une telle matiere, qui renferme en ſoy la conneſſance
de pluſieurs facultez , où il ſera bien difficile que ie n'aye commiſe quelque
faute , & par conſequent que ie n'aye donnée ſuffiſante occaſion aux mal-
veillans(dont ie ne manque pas)à remordre ſur l'une ou ſur l'autre des ſcien-
ces que j'ay enveloppées dans mon ouvrage.    Mais tout cela ne nous épouvante point encore ; parce que les amis qui ſeront ſages & prudents, nous
rendront des charitables offices d'amis:car vouloir conteſter avec des folz &
des ennemis en armes égales , c'eſt ſe vouloir rendre ſemblable à eux. Au
reſte l'amour propre de mes ouvrages ne m e ſera point meſconnoiſtre dans
les ſentiments que i'en ay ; ie ſçais & ie l'advove que ie ſuis homme & par
conſequent ſujet à faillir. Et pour confeſſer la verité en un mot il y a beaucoup de ſotiſes parmy toutes les choſes humaines , beaucoup de temerité,
beaucoup de ſuperſtitions, & beaucoup de frivoles, entre leſquelles ie con-
ſens qu'on mete les noſtres pour parler & conclure avec Sçaliger.

Au Commencement ſans commencement , à la Fin ſans fin , au Iour ſans
nuit , à l'Ouvrier ſans ſalaire , au Createur ſans depence , à la
Sçience ſans diſcipline,au Triomphateur ſans guerre ,
à la Perptuité ſans moments , ſoit à jamais
Loüange, Honneur, & Gloire.

# Excuſe au Lecteur.

J'avois touſiours ſouhaité Amy Lecteur, avec une extreme paſſion de mettre au jour ce fruit de mon eſprit , dans la plus grande perfection qu'il me
ſeroit poſſible,avant que de vous le faire voir.    Mais j'ay eu tant de malheur
que peut eſtre outre les deffauts que ie n'ay pas pû éviter par une fragilité
naturelle au reſte des hommes,il s'y eſt gliſſé certaines ableſſies auquelles il
m'a eſté impoſſible de donner ordre , quoy que j'y aye apportée toute la diligence qu'on ſe peut imaginer , ſoit que s'y eſt eſté par le peu de ſoin ou
l'ignorance meſme des imprimeurs,& ouvriers eſtrangers,de qui nous avons
eſté obligé de nous ſervir dans cete impreſſion, ou ſoit que le correcteur qui
en devoit prendre un ſoin tres particulier, n'ait pas ſuffiſamment examiné
nos pages,premier que de les faire mettre ſous la preſſe.    Mais quoy qu'il
en ſoit ie vous ſupplie de nous pardonner , & de vous ſouvenir que nous
ſommes tous hommes ; au reſte ſi vous rencontrez quelques mots transpo-
ſez, quelques lettres omiſes,changées, ou ſuperfluës,  prenez la peine de les
corriger vous meſme avec la plume,de peur que tels deffauts ne rendent voſtre lecture infructueuſe. Voicy toutes les fautes que j'ay pû decouvrir dans
la reveüe generale de noſtre livre,leſquelles vous corrigerez de la ſorte.

ligne

| | | | |
|---|---|---|---|
| pag. 2. ling. 25. lisez. tentées. | pag. 108. l. 22. l. 920 pour 290. |
| p. 4. l. 43. l. duquel *pour* auquel | p. 111. l. 31. l. speculatif |
| ibid. l. 47. l. c'est *pour* ce. | p. 115. l. 20. l. du *pour* de |
| p. 5. l. 7. l. comme *pour* com- | p. 120. l. 40. l. mais ie vous dy |
| ibid. l. 14. l. posez. | p. 121. l. 37. l. ; *pour* : |
| p. 9. l. 32. l. Betinus. | p. 130. l. der. l. au renuoy de la page de |
| p. 14. l. 2. l. des *pour* de. | tant de lots &c. |
| p. 15. col. 2. l. 59 *pour* 99. | p. 139 l. 31. l. en pointe par le bas |
| p. 21. l. 12. l. une tt. | vers la &c. |
| p. 24. l. 12. l. 12; | p. 144. l. 21. & aux autres *ostez* jusques |
| p. 25. l. 36. l. vous *pour* nous. | p. 148. l. 47. l. consommera. |
| p. 27. l. 29. l. foyent *pour* foit. | p. 155. l. 21. l. quelque petite fuzée. |
| p. 32. l. 4. l. que *pour* qui. | ibid. l. der. l. longueur & largeur |
| ibid. l. ce poids se met. | p. 162. l. 24. l. si la chose est telle & |
| p. 33. l. 1. l. Rige *pour* Rigue. | voir si elles &c. |
| p. 35. 37. l. 43. 31. l. des *pour* de. | p. 163. l. pen. l. excellence |
| p. 41. l. 6. l. ces *pour* ce. | p. 164. l. 31 l. comme il est |
| p. 46. l. 6. l. difference. | p. 165. l. 36. l. horizontaux |
| ibid. l. 42. l. desseignée. | p. 166. l. 11. l. les semences |
| p. 47. l. 14. l. qu'elles. | p. 168. l. 14. l. par les Allemands |
| p. 54. l. 21. l. en usage. | p. 172. l. 6. l. ils l'appellent |
| p. 61. l. 10. l. quartiers. | p. 176. l. 36. l. un peu de chaleur |
| p. 62. l. 17. l. seigle. | p. 177. l. 9. l. de la *pour* que la |
| ibid. l. 37. l. desquelles. | p. 208. l. 37. l. leur en renvoyer |
| p. 73. l. 51. l. que le rond. | ibid. l. 31. l. de Hulst |
| p. 78. l. 41. l. les nostres. | p. 220. l. 37. l. rondes *pour* ronds. |
| p. 81. l. 13. l. mention | p. 230. l. 47. l. ses gens |
| ibid. l. 29. l. qu'elles | p. 238. l. 1. l. crampons |
| p. 83. l. 9. l. ses *pour* ces | p. 250. l. 47. l. sur laquelle |
| p. 91. l. 42. l. consommées | p. 281. l. pr. l. il sera |
| p. 92. l. 4. l. tel *pour* telle | p. 282. l. 39. l. poësle à frire *pour* ra- |
| p. 93. l. 5. l. qui n'en | fraichissoir. |
| ibid. l. 9. l. des varietez. | p. 285. l. 38. l. de telle grosseur. |
| p. 73 l. 23. l. en seve. | p. 288. l. 44. l. 800000. |
| p. 101 l. 40. l. que ce ne soit. | p. 301. l. 49. l. du feu *pour* de feu |
| p. 104 l. 38. l. deüement. | p. 329. l. 34. l. espadon. |

Pour ce qui est du reste des fautes cher lecteur, j'espere que vous aurez assez de bonté pour les marquer avec la plume, à mesure que vous les rencontrerez afin de les preparer pour une seconde edition.

Que si d'ailleurs vous treuvez quelques deffauts dans mes figures vous pouvez en accuser le graveur, car pour moy i'y ay apporté tout le soin que i'ay pù pour les rendre autant exactes & parfaites qu'il estoit possible. I'espere toutefois que vous n'y aurez aucune difficulté qui vous puisse arrester : car nos descriptions sont assez prolixes pour vous esclaircir dans vos doutes. Au reste que si vous desirez tirer quelque fruit de nostre travail & de vostre lecture, montrez vous aussi curieux dans la pratique manüelle de nos ouvrages Pyrotechniques, que judicieux examinateur de nos deffauts.

Le Relieur aura soin d'inserer ces figures entre les Pages suivant l'ordre des caracteres qu'elles portent au bas.

| | | | | | | | |
|---|---|---|---|---|---|---|---|
| A Pag. | 11 | F Pag. | 149 | L Pag | 205 | Q Pag. | 534 |
| B | 21 | G | 153 | M | 242 | RS | 370 |
| C | 42 | H | 159 | N | 249 | TV | 385 |
| D | 109 | I | 169 | O | 321 | W | 389 |
| E | 131 | K | 189 | P | 341 | X | 395 |

Fff 2

# TABLE

## DES LIVRES,DES CHAPITRES,

des Appendices , & des Corollaires , de cete Premiere
Partie d'Artillerie.

### CHAPITRES DV LIVRE PREMIER

#### De la Regle du Calibre.

### CHAPITRES DV LIVRE SECOND

#### Des Matieres & des materiaux qu'on a de coûtume d'employer dans la Pyrotechnie.

# CHAPITRES DV LIVRE TROISIEME

## Des Fuzées.

Fff 3                                                            De

## CHAPITRES DV LIVRE QVATRIEME

### Des Globes ou Balles à feu.

## CHAPITRES DE LA PREMIERE PARTIE

### Des Globes Recreatifs.

## CHAPITRES DE LA SECONDE PARTIE

### Des Globes ferieux preparéz pour les ufages militaires.

Co-

## CHAPITRES DU LIVRE CINQVIEME.

De diverses Machines de guerre fixes ou mobiles, Masses, Engins & autres Armes Pyrotechniques, tant recreatives que serieuses ou militaires.

## CHAPITRES DE LA PREMIERE PARTIE.

Des Machines, Engins, Masses, Missiles, & Armes Pyrotechniques, artificielles & recreatives.

## CHAPITRES DE LA SECONDE PARTIE.

Des Masses, des Missiles & des Armes Pyrotechniques militaires & serieuses.

III. Des

## F I N.

1960

Made at Dunstable, United Kingdom
2023-03-02
http://www.print-info.eu/

19013702R00276

Made at Dunstable, United Kingdom
2023-03-02
http://www.print-info.eu/

19013702R00276